"十二五"普通高等教育本科国家级规划教材

北京市高等教育精品教材

清华大学有机化学MOOC教材

有机化学

（第二版）

主　编　李艳梅　赵圣印　王兰英

副主编　罗自萍　李兆陇　黄智敏　麻　远

科学出版社

北　京

内 容 简 介

本书是"十二五"普通高等教育本科国家级规划教材。全书共 17 章,按照以官能团分章的方式编排,每章最后设置了相应的习题。本书内容精练,重点突出。在选材和举例方面,注重实用性和前沿性,许多实例来自于科研。在内容设置上,在教授基础知识的同时,注重培养学生思考和探究能力,几乎每个章节都设立了思考、导引和探究项目,可供学生讨论。书中还设置了拓展阅读部分,以拓展学生的知识面。本书的另一特色是引入理论计算,对每种官能团的代表化合物都拟合出形象的电荷分布示意图,便于读者理解化合物结构与反应性的关系。此外,为适应双语教学需要,本书对常用的有机化学名词和重要概念标注了英文。

作为清华大学有机化学 MOOC 的配套教材,全书在重要知识点位置设置了二维码,可扫描链接至 MOOC 相应知识点的讲解、动画展示、实验演示或讨论探索等。有机化学 MOOC 内容均由清华大学一线教授、副教授讲授。

本书可作为高等院校化学工程、材料科学、环境工程、生物工程等相关专业少学时有机化学课程的教材,也可供其他对有机化学感兴趣的读者阅读。

图书在版编目(CIP)数据

有机化学/李艳梅,赵圣印,王兰英主编. —2 版. —北京:科学出版社,2014.6

普通高等教育"十一五"国家级规划教材　北京市高等教育精品教材
ISBN 978-7-03-040790-0

Ⅰ.①有…　Ⅱ.①李…　②赵…　③王…　Ⅲ.①有机化学-高等学校-教材　Ⅳ.①O62

中国版本图书馆 CIP 数据核字(2014)第 113322 号

责任编辑:陈雅娟　丁　里 / 责任校对:赵桂芬　张小霞
责任印制:霍　兵 / 封面设计:迷底书装

科 学 出 版 社 出版
北京东黄城根北街 16 号
邮政编码:100717
http://www.sciencep.com

北京市密东印刷有限公司印刷
科学出版社发行　各地新华书店经销

*

2011 年 1 月第　一　版　　开本:787×1092　1/16
2014 年 6 月第　二　版　　印张:27 1/2
2024 年 12 月第二十三次印刷　　字数:701 000
定价:**68.00 元**
(如有印装质量问题,我社负责调换)

第二版前言

本书面世以来,得到诸多同行专家和读者好评,被清华大学等三十余所院校选为化工、应化、材料、环境、生物、医学、药学等近化学类专业本科生的有机化学教材。本书先后入选普通高等教育"十一五"国家级规划教材、"十二五"普通高等教育本科国家级规划教材,2013 年被评为北京市高等教育精品教材,本书所依托的清华大学有机化学课程先后升级为国家精品课程、国家精品资源共享建设课程。2013 年,有机化学课程被清华大学选为首批 MOOC(Massive Open Online Course,大规模开放在线课程)建设课程之一。

为适应新时期高等教育改革发展趋势,"落实立德树人根本任务",贯彻"坚持创新在我国现代化建设全局中的核心地位",积极创新有机化学课程教学思路,全面地反映学科的核心知识点和基本特点,我们在第一版基础上,召开了三次教材建设研讨会,结合兄弟院校特别是使用本书院校教师的建议,对第一版教材进行了修订和完善:

(1) 调整了部分章节的框架,修改了一些知识点的引入和展开方式。重新编写了习题和参考资料,修订了"导引"、"探究"、"思考"和"拓展"等内容。对书中重要化学概念、典型化学反应、核心化学结构式均做了双色设计。有机化学知识点纷繁复杂,且联系紧密,将一些重点、难点突出显示,有利于学生快速把握有机化学核心知识点。

(2) 为每一类化合物绘制电荷分布示意图,并辅以反应位点及反应类型的示意图,将纷繁的反应归于分子结构的位点及其特性,从而实现从电荷分布的角度探讨有机化合物结构及反应特性,从反应中电子的得失角度来理解和归类反应,深入浅出地介绍有机化学的基本原理。为增强其直观效果,我们将所有电荷分布示意图改为双色设计,大大提高教材的可读性,有利于学生学习效率提升。

(3) 科技的快速发展对传统课堂教学形成冲击的同时,也提供了突破和创新的平台。以MOOC 为代表的新型教学模式带来了新的学习方式,也要求教材需要适应甚至引领学习模式的变革。受此启发,本次修订还进行了 MOOC 与传统教学互动的尝试,学生通过扫描书中的160 余个二维码,便可直接链接至清华大学化学系教授、副教授讲授的该知识点的视频、动画演示或相关研讨(http://www.xuetangx.com)。

此外,我们还配合本书构建了有机化学教师教学群(QQ:294493700,小熊维尼有机化学教学群),共同探讨有机化学教学问题、交换教学信息和资源。

本次修订工作,我负责全书的整体框架修订和部分章节的完善或更新,并重新编写了习题和参考资料,修订了"导引"、"探究"、"思考"和"拓展"等内容。重庆大学罗自萍老师负责第2～4 章的修订工作;南昌航空大学黄智敏老师负责第 5、6、15 章的修订工作;清华大学李兆陇老师负责第 7、13、17 章的修订工作;东华大学赵圣印老师负责第 8～11 章的修订工作;清华大学麻远老师负责第 12、14 章的修订工作。我的博士生赵德胜计算并绘制了电荷分布示意图、协助我完成了全书的校对工作。我的助理邱天负责全书习题和习题答案的核

对、编排,吴军军同学也参与了部分校对和封底设计工作。在此,向他们一并表示最诚挚、最衷心的感谢。本次修订还得到了清华大学 985 名优教材立项资助。

同时还要感谢科学出版社的编辑们对本书的倾心付出,与他们关于教育和出版理念的讨论令我受益匪浅。

由于能力所限,虽经修订,书中谬误及不当之处仍难避免,欢迎读者批评、指正。

李艳梅

2023 年 6 月于清华园

第一版前言

有机化学是化学科学中极为重要的一个分支,也是最有魅力的基础学科之一。目前通用的不同版本、不同年份的《有机化学》,是众多优秀教师教学经验的总结,可以说是百家争鸣、各有千秋。

在多次教学研讨会上,我结识了来自西北大学、东华大学、重庆大学和南昌航空大学的同行,大家在交流中萌生了汇集各校教学经验,共同编写一本《有机化学》的想法。因此,我和清华大学的同事们以及上述高校的同行们共同着手,开始这本书的写作。

我们的立足点是针对选修少学时有机化学课程的学生,教材内容精练,重点突出。为培养学生的探究能力,我们在相应章节中设立了探究项目,引导学生进行探究。相应的思考题可供学生讨论,而拓展阅读部分不仅可以拓展学生的知识面,还可以拓展学生的思路。书中还有一些标记星号的章节,由授课老师决定是否讲授。

由于有机化学的知识点多,而且相互联系十分密切,因此要想凝练内容、深入浅出地介绍知识,内容取舍就成了最大的问题。本书本着删减旧知识、添加新知识这一原则,在选材和举例方面注重实用性和便捷性,在编写中尝试用新反应或实际过程中采用的反应为载体,介绍经典的知识(书中的许多实例取材于文献)。而且在介绍完整知识体系的同时,尽量联系前沿的有机化学科研进展,进行知识的拓展,启发学生思考,力争使学生打好基础的同时,也有适当的提升。有机化学的发展日新月异,很多最新的文献讲述了一些便捷、创新的合成方法。因此,本书的很多内容参考了近年来最新报道的一些科研成果。此外,有机化学的研究进展对化学工业的发展有着重要的指导作用,所以,本书中提到一些有机化学应用方面的实例,相信这些内容能给学生耳目一新的感觉。在每一章的末尾,我们还设计了一些习题,实质上是对知识的总结理解。让学生能在学习完一章的内容后,对重点和难点有较好的把握,力争克服学习有机化学一看就会、一做就忘、一写就错的局面。

根据我们多年教学的体会,有机化合物结构与功能的关系是有机化学的核心,在理解有机化合物的化学反应时,掌握有机化合物的电子分布情况尤为重要。在以往的有机化学教材中,这种电子云密度分布往往只给出定性的说明,例如何种官能团通过何种作用吸电子或推电子。在本书中,对于每种官能团的代表性化合物,我们都通过理论计算拟合出形象的电子分布密度图。采用这样的形式,给学生直观的感觉,使学生在学过某一类化合物后,在头脑中会形成该类化合物电子云分布情况的形象图形。在电子分布密度图中可以清楚地看出官能团或者取代基对整个分子电性的影响,进而很容易理解反应该如何进行。我们希望通过这种形式,使学生感觉学习起来比较生动,对各类化合物分别有整体、形象的认识,这是本书的一个特点。

在本书编写的过程中,清华大学李艳梅老师负责全书的编排,各章导引、思考、拓展等环节的编写以及全书的统稿,并编写第1章和第16章;重庆大学罗自萍老师负责编写第2~4章;南昌航空大学黄智敏老师负责编写第5、6、15章;清华大学李兆陇老师负责编写第7、13、17章;东华大学赵圣印老师负责编写第8~11章;清华大学麻远老师负责编写第12、14章;西北大学王兰英老师负责全书的球棍模型、电子分布密度的计算和绘制工作;东华大学赵圣印老师参加了最后的统稿工作。在此要衷心感谢各位老师的辛勤工作。

感谢我的博士生赵镭、靳璐和陈媚莎同学,他们多年担任我的助教,在本书的编写过程中做了大量的工作。感谢我的助理王玉波,她做了大量文档处理工作。感谢我的学生:2009 年全国高中生化学竞赛金牌获得者清华大学化学系化学-生物基科班的姬少博以及邱天、马迪、施杰等同学,他们从学生的视角审阅了全书,针对本书展开了激烈的争论,提出了大量建设性的意见。

感谢所有支持和帮助我的人!

李艳梅

2010 年 9 月于清华园

目　录

第1章 绪 论

1.1 有机化合物和有机化学

有机化学是研究有机化合物及化学原理的一门学科。它包含了对碳氢化合物及其衍生物的组成、结构、性质、反应及制备的研究。它与人们的日常生活息息相关,是化学学科的一个重要分支。

人类几千年前就已得到了有机化合物。例如,我国古代的酿酒、制醋、制糖和制皂。在18世纪,人们从葡萄汁中提取酒石酸,从尿中提取尿素,从柠檬汁中提取柠檬酸,从鸦片中提取吗啡。但是,一直到19世纪初,化学家们始终认为有机物都是来源于生物体内,它们只能在受到"生命力"(vital force)的作用时才能形成,无法通过合成得到。1828年,F. Wöhler(维勒)首次利用无机化合物氰酸铵合成了尿素,这是人类有机合成化学的重大开端,并且打破了"生命力"学说,是有机化学史上的重要转折点。虽然当时这项开创性的成果并未得到很多化学家的认可,但到了1847年,H. Kolbe(柯尔伯)合成出乙酸;1854年,M. Berthelot(贝特罗)合成出油脂,"生命力"学说才被彻底摒弃,有机化学进入了新时代。

随着有机化学的发展,经典的有机结构理论逐渐建立。1858年,德国化学家Kekulé(凯库勒)和英国化学家Couper(库帕)首次提出碳四价和碳链的概念;1861年,俄国化学家Butlerov(布特列洛夫)提出了化学结构的系统概念;1874年,荷兰化学家J. H. van't Hoff(范特霍夫)和J. A. Le Bel(勒贝尔)同时提出了四面体型学说,建立了立体有机化学的基础,并解释了对映异构和几何异构现象。

进入20世纪,随着价键理论的形成、量子化学的建立和发展、分子轨道理论和分子轨道对称守恒原理的揭示,人们对化学键的微观本质有了更深的了解。由此,也奠定了现代结构理论的基础。伴随着仪器的进步和分析手段的提高,有机化学正在大踏步地前进。

1.2 有机化合物的特征

通常,有机化合物和无机化合物的性质有较大的不同。要深入了解有机化学,首先需要了解有机化合物的主要特征。

1.2.1 有机化合物的结构特征

通常认为有机化合物是碳氢化合物及其衍生物(但组成不是关键,关键是性质),碳原子是有机化合物中的核心原子。碳元素处于元素周期表第二周期第四主族,外层电子排布为$2s^2 2p^2$。其电负性为2.5,近似为电负性最大的元素(氟,4.1)和最小的元素(铯,0.7)的电负性的平均值,因此表现出既不易得电子,也不易失电子,通常以共价键与其他原子或原子团相连。碳原子外层有四个电子,因此可形成四个共价键。

有机化合物中碳原子的自身成键能力很强,易以单键、双键或叁键形式相互连接。

有机化合物的性质,不仅取决于元素的组成和性质,还取决于分子的结构。相同分子式的

分子,由于结构不同,性质可以有很大的差别,这就是所谓的同分异构现象(isomerism,见 2.1),这类化合物称为同分异构体(isomer)。同分异构现象是造成有机化合物数量庞大的原因之一。

1.2.2 有机化合物的性质特征

有机化合物的结构特征使它的性质与无机物有本质的区别。有机化合物自身在物理和化学性质上有共同的特点:

易燃性:绝大多数有机化合物都容易燃烧,而大多数无机化合物不燃烧。

熔点低:有机化合物在室温下常为气体、液体或低熔点的固体。它们以共价键结合,分子与分子间的作用力较小,故熔点较低。而无机化合物晶格能较大,需要较高的能量才能破坏,故熔点较高。

难溶于水:一般的有机化合物极性较小,而水的极性很强,介电常数很大,根据"相似相溶"原理,有机化合物大多难溶于水,易溶于非极性或极性小的有机溶剂。

反应速率慢:有机化合物的反应速率较慢,分子需要达到一定的能量才能发生反应。所以通常需要加热或加催化剂,且反应时间长。

副反应多:有机化合物分子大多是由多个原子结合而形成的复杂分子,所以当它和一种试剂发生反应时,分子的各部分可能都受影响,从而与原料或者产物继续反应。因此,有机化合物的反应常会伴随着不同的副反应,最终得到的产物往往是混合物。

1.3 共 价 键

分子中的原子通过化学键(chemical bond)相互结合。常见的化学键有共价键(covalent bond)、离子键(ionic bond)和金属键(metallic bond)。有机化合物分子中最常见的为共价键。

1.3.1 共价键的形成及相关理论

1916 年,Lewis(路易斯)首次提出了共价键的理论。该理论认为分子中的原子都有形成惰性气体电子结构的趋势。共价键就是通过共用电子对来实现两电子或八电子的稳定结构的,即"八隅规则"(octet rule)。最简单的例子是两个氢原子通过共用电子对形成氢分子,从而使每个氢原子都形成类似氦原子的稳定结构。

$$H \cdot + \cdot H \longrightarrow H : H \quad 即 \ H—H$$
$$（Ⅰ） \qquad （Ⅱ）$$

（Ⅰ）式中,通过共价结合的外层价电子表示的电子结构式为 Lewis 结构式(Lewis structure formula),（Ⅱ）式中的短线则表示成键电子。

Lewis 理论提出了共价键这种新的成键方式,对于研究化合物有重要的意义。但是该理论并没有解释共价键的本质,也无法解释某些不形成惰性气体电子层结构的分子,如 PCl_5 的结构本质。

价键理论(valence-bond theory,简称 VB 法)和分子轨道理论(molecular orbital theory,简称 MO 法)是建立在量子力学基础上的处理分子中化学键的理论,现简介如下。

1. 价键理论

量子力学计算结果表明,两个具有 $1s^1$ 电子构型的氢原子彼此靠近时,两个 1s 电子以自旋相反的方式形成电子对,从而使体系的能量降低,形成稳定状态。由图 1-1 可见,当距离为 r_0 时,体系的势能最低,处于最稳定的状态。

氢分子形成的共价键从电子云角度考虑,可视为两个氢原子的 1s 轨道在两核间重叠,使两核间的电子云密度增大,两个原子核被高密度的电子云吸引而结合在一起(图 1-2)。

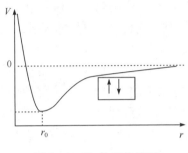

图 1-1 H_2 体系势能图

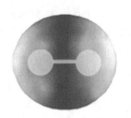

图 1-2 H_2 电荷分布示意图
(静电势等值面图)

将对氢分子的计算处理结果推广到一般的共价键,就形成了以量子力学为基础的价键理论。其要点如下:

(1) 共价键的形成。两原子各有一个未成对电子且自旋反平行,当两个电子相互接近时可形成电子对。一对电子形成一个共价键。形成的共价键越多,体系能量越低,形成的分子越稳定。因此,各原子中的未成对电子将尽可能多地形成共价键。

(2) 共价键的键型。电子云重叠越多,形成的键越强。所以在电子云密度越大的地方越容易发生原子轨道的重叠,形成键能更强的共价键,这就是共价键的方向性。成键的两个原子间的连线称为键轴。按成键与键轴之间的关系,共价键的键型主要有 σ 键和 π 键。

σ 键:将 σ 键轨道沿着键轴旋转任意角度,其轨道图形及符号均保持不变,即 σ 键轨道对键轴呈圆柱形对称(图 1-3)。例如:s-p_x,p_x-p_x。

2p和1s   2p和2p

图 1-3 沿键轴方向电子云重叠形成的轨道为 σ 轨道,生成的键为 σ 键

π 键:成键轨道围绕键轴旋转 180°时,图形重合,但符号相反(图 1-4)。例如,两个 $2p_z$ 沿 z 轴方向重叠。

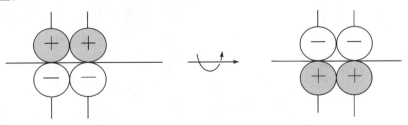

图 1-4 两个原子的 p 轨道侧面重叠形成的轨道为 π 轨道,形成的键为 π 键

（3）饱和性。一个原子的未成对电子在配对后,就不能与其他电子配对。

（4）杂化。在形成多原子分子的过程中,中心原子的若干能量相近的原子轨道可进行杂化,形成一组新的能量相等的轨道,即杂化轨道(hybridized orbital)。这样可使成键能力更强。在杂化过程中形成的杂化轨道的数目等于参与杂化的轨道数目。

在碳原子中一般存在 sp、sp^2 和 sp^3 三种杂化方式。s 和 p 之间形成的杂化轨道,能量高于 s 而低于 p,p 的成分越多能量越高。s 无方向性,p 有方向性。当 p 的成分增大时,轨道与核的距离逐渐增大,所形成的键也越来越长。

不同杂化态的碳原子可视为具有不同的电负性,从 sp 到 sp^2 再到 sp^3,随着杂化轨道中 s 成分的减少,杂化轨道与原子核的距离越来越远,原子核对杂化轨道中电子的吸引力也越来越弱,即电负性越来越小。不同杂化态碳的电负性顺序为 $C_{sp} > C_{sp^2} > C_{sp^3}$。

sp 杂化是 2s 轨道和一个 2p 轨道杂化,得到能量完全相同的两个 sp 杂化轨道,每个轨道中 s 和 p 成分各占 1/2,如图 1-5 所示。sp^2 杂化为 2s 轨道和两个 2p 轨道进行杂化,每个轨道中 s 占 1/3,p 占 2/3,如图 1-6 所示。同理,sp^3 杂化即 2s 轨道和三个 2p 轨道进行杂化,每个轨道中 s 占 1/4,p 占 3/4,如图 1-7 所示。

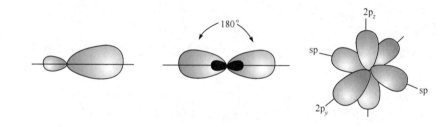

图 1-5　碳原子的 sp 杂化轨道

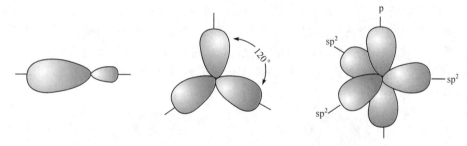

图 1-6　碳原子的 sp^2 杂化轨道

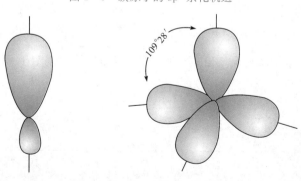

图 1-7　碳原子的 sp^3 杂化轨道

2. 分子轨道理论

分子轨道理论认为分子中的电子不再从属于某个原子,而是在整个分子空间范围内运动。在分子中电子的运动状态可用相应的分子轨道波函数 φ(称为分子轨道)来描述。原子轨道的线性组合法(linear combination of atomic orbitals,简称 LCAO 法)是分子轨道理论最常用的方法。分子轨道由不同能级的轨道组成,每两个自旋相反的电子占据一个轨道。电子由能量最低的轨道开始排布,逐次向高能量轨道排布。

一个分子的分子轨道数目与参与组合的原子轨道数目相等。例如,氢分子中的两个原子轨道可以组合成两个分子轨道。两个分子轨道的能量之和等于原来的两个原子轨道能量和。其中一个能量比原子轨道低的分子轨道称为成键轨道(bonding orbital),能量较高的分子轨道称为反键轨道(antibonding orbital),如图 1-8 所示。成键轨道在两个原子核间无节面,反键轨道有节面。

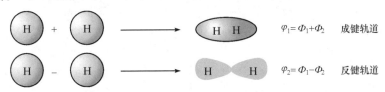

$\varphi_1 = \Phi_1 + \Phi_2$　　成键轨道

$\varphi_2 = \Phi_1 - \Phi_2$　　反键轨道

图 1-8　成键轨道和反键轨道

Φ_1 和 Φ_2 分别表示两个原子轨道的波函数,φ_1 和 φ_2 分别表示原子轨道线性组合后得到的分子轨道的波函数。

原子轨道组成分子轨道还必须满足三条原则:

(1) 能量相近原则:组成分子轨道的原子轨道只有在能量接近时才能成键(图 1-9)。如果两个原子轨道能量相差很大,那么生成的成键轨道与能量较低的原子轨道的能量接近,从而无法得到稳定的分子轨道(图 1-10)。

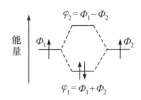

图 1-9　能量相近的原子轨道
组合成的分子轨道

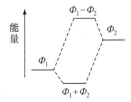

图 1-10　能量相差较远的原子轨道
组合成的分子轨道

(2) 对称性匹配原则:位相相同的原子轨道才能组合成分子轨道。如图 1-11 所示,当一个 s 轨道与 p 轨道的一个相同位相重叠时,能有效地成键,组成分子轨道。而一个 s 轨道与 p 轨道的两个不同位相(相反符号)同时重叠时,这两部分相互抵消,无法成键(图 1-12)。

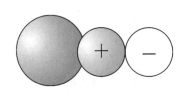

图 1-11　相同位相轨道间的组合

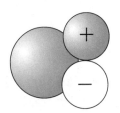

图 1-12　不同位相轨道间的组合

(3) 最大重叠原则:重叠的方向性要求两个电子云之间重叠的区域最大,这样形成的键最稳定。

1.3.2 共价键的键参数

共价键的参数包括键长、键角和键能,键的极性和可极化性也可反映键的性质。

1. 键长

键长(bond length)指形成共价键的两个原子核之间的平均距离。因为原子核之间的距离受到核间引力、斥力及其他环境因素的制约,所以两核之间的距离会发生变化。键长是这种动态核距离的平均值。常见共价键的键长与键能见表 1-1。

表 1-1　常见共价键的键长与键能

键	键长/nm	键能/(kJ·mol^{-1})	键	键长/nm	键能/(kJ·mol^{-1})
C—H	0.1056~0.1115	415.2	C=C	0.1337±0.0006	610.0
C—N	0.1472±0.0005	304.6	C≡C	0.1204±0.0002	835.0
C—O	0.1430±0.001	357.7	C=O	0.1230±0.001	736.4
C—S	0.181(5)±0.001	272.0	C=N	0.1270	748.9
C—F	0.1831±0.005	485.3	C≡N	0.1158±0.0002	880.2
C—Cl	0.1767±0.0002	338.6	O—H	0.0960±0.0005	462.8
C—Br	0.1937±0.0003	284.5	N—H	0.1038	390.8
C—I	0.2130±0.001	217.6	S—H	0.1350	347.3
C—C	0.1541±0.0003	345.6			

2. 键角

键角(bond angle)指分子内两个相邻化学键之间的夹角。键角与分子的空间结构密切相关,受成键原子及周围原子或基团的影响。

甲烷(或四氯化碳)　　　　丙烷　　　　二氯甲烷

甲醛　　　　甲醚　　　　乙烯

3. 键能

键能(bond energy)指分子中共价键断裂或生成时所吸收或释放能量的平均值,是该化学键强度的一种量度。分子中某一个键断裂或生成时所吸收或释放的能量称为**解离能**(bond dissociation energy)。双原子分子的键能等同于解离能。而对于多原子分子来说,键能与解

离能并不完全相等。例如,甲烷分子四个 C—H 键的解离能各不相同,它的键能则为四个解离能的平均值。

$$CH_4 \longrightarrow \cdot CH_3 + H\cdot \qquad \text{键的解离能} = 435kJ \cdot mol^{-1}$$

$$\cdot CH_3 \longrightarrow \cdot \ddot{C}H_2 + H\cdot \qquad \text{键的解离能} = 443kJ \cdot mol^{-1}$$

$$\cdot \ddot{C}H_2 \longrightarrow \cdot \ddot{C}H + H\cdot \qquad \text{键的解离能} = 443kJ \cdot mol^{-1}$$

$$\cdot \ddot{C}H \longrightarrow \cdot \ddot{C}\cdot + H\cdot \qquad \text{键的解离能} = 339kJ \cdot mol^{-1}$$

$$\text{键能}=(435+443+443+339)kJ \cdot mol^{-1}/4=415kJ \cdot mol^{-1}$$

4. 键的极性

分子中通过共价键相连的两个原子对原子间的电子具有吸引力。当成键电子受到相同的吸引力而均匀地分布在两个原子之间时,原子间的共价键没有极性。当成键电子受到不同的吸引力从而无法均匀分布时,两个原子间产生一个正电中心和一个负电中心,这种共价键有极性。

键的极性与成键原子的电负性(electronegativity)有关,成键原子的电负性差值越大,键的极性也就越大。当成键原子的电负性相差很大时,可以认为成键电子对完全转移到电负性较大的原子上,这时原子转变为离子,形成离子键。常见元素电负性如下:

H	C	N	O	F	Cl	Br	I	S	P	Si	B
2.2	2.5	3.1	3.5	4.1	3.2	2.7	2.2	2.4	2.1	1.7	2.0

偶极矩(dipole moment)是反映分子或键极性大小的量度。在空间中具有两个大小相等、符号相反的电荷的分子构成一个偶极(偶极矩的方向用 +—→ 表示,从正电荷指向负电荷)。正、负电荷间的距离 d 与正电中心或负电中心所带的电荷值 q 的乘积为偶极矩,用 μ 表示。$\mu=q\times d$,单位为 C·m(库仑·米)。在双原子分子中,键的偶极矩即分子的偶极矩;但多原子分子的偶极矩则是整个分子中各个共价键偶极矩的矢量和。例如:

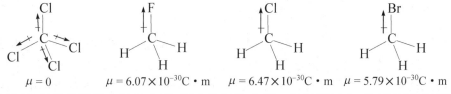

$$\mu = 0 \qquad \mu = 6.07\times10^{-30}C \cdot m \qquad \mu = 6.47\times10^{-30}C \cdot m \qquad \mu = 5.79\times10^{-30}C \cdot m$$

偶极矩为零的分子是非极性分子,反之为极性分子。偶极矩越大,分子的极性越强。

5. 键的可极化性

极化是指在外加电场的作用下,共价键的电子云分布发生变化,从而引起键极性的改变。例如,在外加电场下,无极性的氧气分子的正、负电荷中心发生分离,产生键距。这个键距与极性共价键的偶极矩不同,前者是暂时的,而后者是永久的。

$$O—O \longrightarrow O^+—O^- \quad E^+$$

$$\mu = 0 \qquad \mu > 0$$

不同化合物的共价键感受外界电场的影响而产生极化的能力不同,这种能力称为可极化

性。原子的电负性越大,原子半径越小,那么它对外围电子的束缚能力就越强,该原子形成的共价键的可极化性也就越小。相反,则共价键的可极化性就越大。键的可极化性与分子的反应性密切相关。

1.3.3 诱导效应

因分子中原子或基团的电负性不同而引起成键电子云沿着原子链向某一方向移动的效应称为诱导效应(inductive effect)。诱导效应沿着分子链传递,并迅速减弱,一般经过三个共价键后可忽略不计。

$$\overset{\delta\delta\delta+}{CH_3} \longrightarrow \overset{\delta\delta+}{CH_2} \longrightarrow \overset{\delta+}{CH_2} \longrightarrow \overset{\delta-}{F}$$

当 $H—\overset{|}{\underset{|}{C}}—$ 上的 H 原子被 X 基团取代后,若成键电子的电子云向 X 偏移,则称 X 是吸电子基团,此时 X 的电负性或吸电子能力要大于 H。由 X 引起的诱导效应称为吸电子诱导效应,用−I 表示。若成键电子的电子云向 C 偏移,则称 X 是给电子基团,此时 X 的电负性或吸电子能力要小于 H。由 X 引起的诱导效应称为给电子诱导效应,用＋I 表示。

具有−I 效应的原子或原子团的相对强度如下:

对同族元素

$$—F>—Cl>—Br>—I$$

对同周期元素

$$—F>—OR>—NR_2$$

具有＋I 效应的原子团主要是烷基,其相对强度如下:

$$(CH_3)_3C—>(CH_3)_2CH—>CH_3CH_2—>CH_3—$$

诱导效应根据所处的环境还可以分为静态诱导效应和动态诱导效应。静态诱导效应是静态分子中所表现出的内在固有的诱导效应。在化学反应中,极性试剂进攻分子的反应中心,从而改变成键电子的电子云分布状况,这种诱导效应属于动态诱导效应。

1.3.4 共价键的断裂与有机反应基本类型

共价键是有机化合物分子中原子的主要结合形式。有机化学反应中必然存在着旧键的断裂和新键的形成。共价键的断裂方式通常有均裂(homolysis)和异裂(heterolysis)两种。

共价键断裂时,成键电子对平均分配给两个原子的断裂方式为均裂。例如甲苯的自由基取代反应制备氯化苄(参见第 4 章 4.4.5)。

均裂反应所生成的带有单个电子的原子或基团称为自由基(free radical),如 Br・、CH_3・、HO・、⬠・、$(CH_3)_3C$・。光照、高温或自由基引发剂均能促使这类反应的发生。反应中得到的自由基具有很高的能量,是活泼的反应中间体(intermediate)。因为它存在尚未配对的电子,所以容易和其他分子继续反应,生成更加稳定的八隅体结构。这种以自由基为中间体的反应称为自由基型反应(free radical reaction)。图中⌒表示单电子转移:

$$Y:X \xrightarrow{\text{均裂}} Y・ + X・$$

当共价键断裂时,成键的电子对保留在其中一个原子上的断裂方式为异裂。例如卤代烃

的亲核取代反应(参见第 6 章 6.3.1)。

酸、碱或极性条件能促使这类反应发生,同时产生正、负离子,这类反应称为离子型反应(ionic reaction)。生成的正、负离子与自由基一样,很不稳定,容易继续发生反应。因此,它们也都属于活性中间体。图中 ⌢ 表示双电子转移:

$$C : Y \longrightarrow C^+ + :Y^-$$

碳正离子
(carbocation)

$$C : Y \longrightarrow C: + Y^+$$

碳负离子
(carbanion)

若化学反应中,旧键断裂与新键形成同时发生,反应中没有自由基或正、负离子中间体生成,则该反应称为协同反应(synergistic reaction)。这类反应为数不多,如一些 Diels-Alder(第尔斯-阿尔德)反应(参见第 3 章 3.11.2 和第 17 章)。

这三类反应的主要区别见表 1-2。

表 1-2 三类有机反应的主要区别

类型	键断裂方式	中间体	催化剂的影响
自由基型反应	均裂	自由基	引发剂
离子型反应	异裂	正、负离子	酸、碱
协同反应	协同	无	无

化学反应中,通常反应物不是经过一次共价键的断裂和生成就形成产物,而是需要经历一些中间步骤。中间步骤所产生的物质称为中间体。例如,一个分为两步进行的反应,反应先经过过渡态(transition state)形成中间体,中间体再经过另一过渡态形成产物。在多步反应中,过渡态和中间体会更多。这种对化学反应的描述称为反应历程或反应机理(reaction mechanism)。

1.4 分子间相互作用力

前文所探讨的化学键是分子中原子与原子的相互作用力。这种原子间的相互作用是很强的作用力,因而是决定分子化学性质的重要因素。分子间也存在相互作用力,相对于化学键而言,分子间的相互作用力较弱,但是它对化合物的物理、化学性质以至生物大分子的形状和功能产生重要的影响。以下将介绍几种常见的分子间相互作用力。

1.4.1 偶极-偶极相互作用

偶极-偶极相互作用(dipole-dipole interaction)是极性分子间的相互作用,由一个分子带部分正电荷的一端和另一个分子带部分负电荷的一端相互吸引而产生。图 1-13 是具有永久偶极的极性分子间的相互作用。

偶极-偶极相互作用影响许多有机化合物的性质,如图 1-14 所示,丙酮中的羰基电负性较大,氧原子带有部分负电荷,碳原子带有部分正电荷,因此丙酮分子间可发生偶极-偶极相互作用。偶极-偶极相互作用导致极性分子间结合更为紧密,熔点、沸点等物理性质与非极性分子不同。

图1-13 极性分子间的偶极-偶极相互作用　　　图1-14 丙酮的偶极-偶极相互作用

1.4.2 范氏力

分子中电子的不断运动,原子核的不断振动,使分子的正、负电荷中心不断发生瞬间相对位移,从而产生瞬间偶极。瞬间偶极又可诱导邻近的分子产生偶极(诱导偶极)。瞬间偶极和诱导偶极的相互作用产生范德华力(van der Waals force),又称范氏力。由于瞬间偶极不断地产生、诱导和相互作用,因而范氏力始终存在,这是一种很弱的分子间相互作用力。

范氏力在极性分子和非极性分子间都存在,力的大小与分子间的接触面积有关。范氏力虽然很弱,但是在自然界中起着很广泛的作用。

1.4.3 氢键

氢原子与一个原子半径较小且电负性较强并带有未共用电子对的原子(通常是 N、O、F 等原子)结合时,电子云偏向电负性较强的原子,使氢原子几乎成为裸露的质子而显电正性。此时,带部分正电荷的氢原子可与另一分子中电负性强的原子以静电力相互作用,形成氢键(hydrogen bond)。氢键以虚线表示。例如:

$$H—\overset{..}{\underset{|}{O}}:\cdots H—\overset{H}{\overset{|}{\underset{|}{O}}}:\cdots H—\overset{..}{\underset{|}{O}}:$$

氢键也是一种偶极-偶极相互作用。与其他分子间相互作用相比,氢键较强,但是远弱于一般的共价键。许多化合物的物理、化学性质与氢键有关,一些生物大分子(蛋白质、核酸等)的空间结构也与氢键有关。氢键对于生物大分子的分子构象、生物功能等有显著的影响。

思考:

下列化合物哪些可以通过氢键自身缔合?哪些虽不能自身缔合,但能与水形成氢键?哪些既不能自身缔合也不能与水形成氢键?

　　　　C$_2$H$_5$OH　　C$_5$H$_{11}$Br　　CH$_3$COOH　　C$_2$H$_5$OC$_2$H$_5$　　CH$_3$COCH$_3$　　C$_2$H$_5$NH$_2$

1.4.4 疏水相互作用

非极性分子在水相环境中相互聚集从而避开水的斥力,这种弱的非共价相互作用称为疏水相互作用(hydrophobic interaction)。

1.5 有机反应中的酸碱概念

在有机化学中,酸碱理论也有了相应的扩展和延伸。常用的三种酸碱理论如下。

1.5.1 Brönsted 酸碱理论

Brönsted(勃朗斯特)酸碱理论认为,能够释放质子的分子或离子是酸,能够接受质子的分子或离子是碱。

酸释放质子后形成的酸根,称为该酸的共轭碱(conjugate base);碱接受质子后形成的质子化合物,称为该碱的共轭酸(conjugate acid)。从本质上讲,Brönsted 酸碱理论认为酸碱反应是将酸中的质子释放给碱,因此该理论又称为质子酸碱理论。例如:

$$CH_3COOH + H_2O \Longrightarrow CH_3COO^- + H_3O^+$$
$$\text{酸} \qquad \text{碱} \qquad \text{酸的共轭碱} \quad \text{碱的共轭酸}$$

有机化学中,酸通常含有与电负性较强的原子(如 N、O)相连的氢原子,从而易于释放质子。例如:

$$F_3C-\underset{\underset{O}{\|}}{C}-O-H \qquad H_3C-\overset{\overset{H}{|}}{\underset{\underset{H}{|}}{N}} \qquad \text{⌬}-O-H \qquad \text{⌬}-SO_3H$$

$$CH_3CH_2-O-H \qquad O_2N-\text{⌬}-\underset{\overset{\|}{O}}{\overset{O}{\|}}{C}-O-H$$

碱通常是含有 O、N 等原子的分子或含有负电荷的离子。例如:

$$H_3C-\overset{-}{N}-H \qquad H_3C-O^- \qquad CF_3CH_2O^- \qquad \text{⌬}-O^- \qquad CH_3CH_2O^-$$

有的有机物既是酸又是碱。例如:

$$CH_3CH_2NH_2 \qquad CH_3CH_2OH$$

酸(碱)的强度取决于释放(接受)质子的能力,释放(接受)质子的能力越强,酸(碱)的强度就越高。据此,我们可以说明,强酸的共轭碱一定为弱碱,而强碱的共轭酸一定为弱酸,反之亦然。

酸的强度可以在许多溶剂中测量,最为常见的是水溶液。在水溶液中,用酸的解离常数 K_a 来表示酸的强度,表达式为 pK_a($pK_a = -\lg K_a$)。pK_a 值越小,酸性越大。当 $K_a > 1$($pK_a < 0$)时,为强酸;当 $K_a < 10^{-4}$($pK_a > 4$)时,为弱酸。碱的强度用碱的解离常数 K_b 表示,表达式为 pK_b($pK_b = -\lg K_b$)。pK_b 值越小,碱性越大。水溶液中,一对共轭酸碱的解离常数之积为水溶液的解离常数:$K_a K_b = K_w = 1.0 \times 10^{-14}$。因此,一对共轭酸碱的强度通常只用 K_a 或 pK_a 表示即可。

1.5.2 Lewis 酸碱理论

Lewis 酸碱理论认为:能够接受外来电子对的分子或离子,即电子对的接受体,称为 Lewis 酸;能够给出电子对的分子或离子,即电子对的给予体,称为 Lewis 碱。Lewis 酸碱反应是指酸从碱接受一对电子对,形成酸碱络合物的反应。

在 Lewis 酸碱理论中,Lewis 酸通常为正离子(如 Li^+、Ag^+、R^+、NO_2^+ 等)或是能够接受电子的分子(如 BF_3、$AlCl_3$、$FeCl_3$、$SnCl_4$、$ZnCl_2$ 等)以及分子中的极性基团(如 $C=O$、$-C\equiv N$等)。Lewis 酸能够在化学反应中接受一对电子,因此可作为亲电子试剂。Lewis 碱通常为含有孤对电子原子的化合物(如 NH_3、ROH、RNH_2、$ROCH_3$ 等)或负离子(如 R^-、RO^-、OH^- 等)。Lewis 碱能够在反应中提供电子对。

Lewis 酸和 Lewis 碱通过酸碱加合反应(电子对给体与电子对受体之间形成配位键)形成的产物为 Lewis 酸碱加合物,如 ROH_2^+。

需要指出的是,Lewis 酸碱理论和 Brönsted 酸碱理论在本质上并没有矛盾,Lewis 碱与

Brönsted 碱一致,而 Lewis 酸碱范围比 Brönsted 酸碱更为广泛。二者在有机化学中均有重要的用途。

*1.5.3 软硬酸碱理论

Lewis 酸碱反应包括了许多种类的化学反应,但是反应进行的难易程度在该理论中并没有得到明确的体现。Pearson(佩尔森)于 1963 年提出了软硬酸碱理论,该理论利用"软"和"硬"来形容酸碱抓住电子的松紧程度,即释放和获取电子的难易。抓电子紧的酸(碱)称为硬酸(碱),反之称为软酸(碱)。硬酸中心原子的体积小、正电荷数高、可极化性低,而软酸则相反。硬碱给予体的原子电负性高,可极化性低,不易被氧化,不易失去外层电子,而软碱则相反。Pearson 还提出了"硬酸优先与硬碱结合,软酸优先与软碱结合"的经验规则。

"软"和"硬"并没有明确的界限,某些化合物会处于软和硬的交界处。常见的软硬酸碱见表 1-3。

表 1-3 常见的软硬酸碱

	硬	交界	软
酸	H^+,Li^+,Na^+,K^+,Mg^{2+}, Ca^{2+},Al^{3+},Cr^{3+},Fe^{3+} BF_3,$Al(CH_3)_3$,$AlCl_3$ SO_3,RCO^+,CO_2 HX(能形成氢键的分子)	Fe^{2+},Cu^{2+},Zn^{2+} $B(CH_3)_3$,SO_2,R_3C^+ $C_6H_5^+$	RX,$ROTs$ Cu^+,Ag^+,Hg^{2+},CH_3Hg^+ $(BH_3)_2$,RS^+ Br^+,I^+,HO^+,Br_2,I_2 CH_2(卡宾)
碱	H_2O,HO^-,F^-,Cl^-,AcO^- PO_4^{3-},SO_4^{2-},ClO_4^-,NO_3^- ROH,R_2O,RO^- NH_3,RNH_2,N_2H_4	$PhNH_2$,C_5H_5N N_3^-,Br^-,NO_2^-,SO_3^{2-} N_2	RSH,R_2S,RS^-,HS^- I^-,SCN^-,CN^- R_3P C_2H_4,C_6H_6,R^-,H^-

1.6 有机化合物的分类

有机化合物的结构及性质具有明显的规律性,这种规律性就是指导分类的基本原则。通常,有机化合物按照分子结构有两种分类方法:按碳骨架分类和按官能团分类。

1.6.1 根据碳骨架分类

有机化合物分子中的碳原子相互连接构成分子的骨架,即碳骨架。按照碳骨架形式通常可以将有机化合物分为以下几类。

1. 开链化合物

开链化合物(open chain compound)分子中的碳原子通过单键、双键或者叁键连接成链状,不形成闭合的环。例如:

$$CH_3CH_2CH_2CH_2CH_2CH_3 \qquad CH_3CH_2C{\equiv}CCH_3 \qquad CH_3CH{=}CH_2 \qquad CH_3CH_2OH$$
正己烷   2-戊炔   丙烯   乙醇

开链化合物最初是在油脂中发现的,因此也称脂肪族化合物。

2. 碳环化合物

碳环化合物(carbocyclic compound)分子中含有完全由碳原子组成的环,根据碳环的特点又可分为以下两类:

(1) 脂环化合物(alicyclic compound)。

分子中的碳原子通过单键、双键或者叁键连接成闭合的环,性质与脂肪族化合物相似,可以视为开链化合物关环而成。例如:

环戊烷　　　环戊二烯　　　环己醇

(2) 芳香族化合物(aromatic compound)。

分子中含有一个由碳原子组成的在同一平面内的闭环共轭体系。它们中大多含有苯环结构,性质与脂肪族化合物有较大区别,具有"芳香性"。例如:

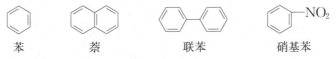

苯　　　　萘　　　　联苯　　　　硝基苯

3. 杂环化合物

杂环化合物(heterocyclic compound)分子中含有由碳原子和其他原子(如 O、N、S 等)连成的环。例如:

呋喃　　　噻吩　　　吡啶

1.6.2　根据官能团分类

官能团是分子中比较活泼而容易发生反应的原子或基团。一般而言,含有相同官能团的化合物具有相似的性质。常见官能团见表 1 – 4。

表 1 – 4　常见官能团

有机物分类	官能团名称	官能团结构	举例
烯烃	碳碳双键	$\diagdown C=C\diagup$	$CH_2=CH_2$
炔烃	碳碳叁键	$-C\equiv C-$	$CH\equiv CH$
卤代烃	卤原子	$-X$	$CH_3-X(X = F,Cl,Br,I)$
醇和酚	羟基	$-OH$	CH_3CH_2OH,C_6H_5OH
醚	醚键	$(C)-O-(C)$	$CH_3CH_2OCH_2CH_3$
醛和酮	羰基	$\begin{matrix}-C-\\ \parallel\\ O\end{matrix}$	CH_3COCH_3,CH_3CHO
羧酸	羧基	$-COOH$	CH_3COOH

续表

有机物分类	官能团名称	官能团结构	举例
酯	酯基	—COOR	$CH_3COOC_2H_5$
酰胺	酰胺基	—CONH_2	CH_3CONH_2
胺	氨基	—NH_2	$C_6H_5NH_2$，CH_3NH_2
硝基化合物	硝基	—NO_2	CH_3NO_2
硫醇	巯基	—SH	C_2H_5SH
磺酸	磺酸基	—SO_3H	—SO_3H，CH_3SO_3H

思考:

请说出下列两个有机药物中碳碳键形成各含有哪种杂化方式,含有哪些官能团。

(1) 米索前列醇

(2) 米非司酮

1.7　有机化合物构造式的写法

构造是指有机分子中原子相互连接的次序和方式。不同的分子构造可以使分子中的原子产生不同的相互作用和影响,从而产生不同的分子性质。分子的构造通过构造式来表示,一般有电子式、蛛网式和键线式三种表达方式。

1.7.1　电子式

电子式(Lewis式)使用原子的元素符号和电子符号来表示分子的构造。书写电子式需要写出原子的最外层电子,一般用一对电子表示单键,两对电子表示双键。除了成键电子外,未成键电子也要表示出来。例如:

1.7.2　蛛网式及结构简式

蛛网式(Kekulé式)使用原子的元素符号和价键符号来表示分子的构造。书写蛛网式时,使用一根短横线表示一个共价键。例如:

（蛛网式结构图）

为了方便书写,可以将蛛网式的共价键符号省去,称为结构简式(condensed structural formula)：

$$CH_3CH_2CH_2CH_3 \qquad CH_3CHCH_2CHCH_3 \qquad CH_3CHCH_2CHCH_2CH_3$$

$$CH_3 \quad CH_3 CH_3 \quad CH_2CH_3$$

更进一步,可以将侧链写入括号内,并合并主链上的亚甲基。例如：

$$CH_3(CH_2)_2CH_3 \quad (CH_3)_2CHCH_2CH(CH_3)_2 \quad (CH_3)_2CHCH_2CH(CH_2CH_3)_2$$

侧链简写的规则是,当最左端的碳链有数个相同的侧链基团时,将侧链加括号写在所连碳左侧;除此以外,将侧链基团加括号写在所连碳的右侧。

1.7.3　键线式

键线式(skeletal formula)将碳氢原子的元素符号进一步省略,只保留碳原子的锯齿形骨架(每个端点及每个拐点都代表一个碳原子)。需要注意的是,碳、氢之外的元素符号不能省略。单线表示单键,双线表示双键,三线表示叁键。例如：

$$CH_3CH_2CH_2CH_3 \equiv \qquad CH_3CHCH_2CH_2C=CH_2 \equiv$$

$$OH Cl$$

1.8　有机化合物命名的基本原则

1.8.1　几个与命名相关的词

对有机化合物进行命名,首先要了解表示碳原子结构和基团的专有词汇。

(1) 当需要命名分子的碳原子数小于十时,采用天干来表示碳原子数目：甲、乙、丙、丁、戊、己、庚、辛、壬、癸。十个以上则以十一、十二、……数字表示。例如,CH_4 为甲烷;CH_3CH_3 为乙烷;$CH_3(CH_2)_{10}CH_3$ 为正十二烷。

(2) 分子中,用伯(primary)、仲(secondary)、叔(tertiary)、季(quaternary)或是 $1°$、$2°$、$3°$、$4°$ 来表示一个碳原子与不同数目的碳原子相连的情况。与一个、两个、三个、四个碳原子相连的碳原子分别称为伯碳($1°$)、仲碳($2°$)、叔碳($3°$)、季碳($4°$),与伯碳、仲碳、叔碳相连的氢原子分别称为伯氢、仲氢、叔氢。例如：

(3)"基"(-yl)是指一个化合物从形式上去掉一个单价的原子或原子团的剩余部分。通常用 R—表示。简单的烷基通常用习惯命名法来命名。从直键烷烃链端碳原子上去掉一个氢原子形成的烷基,称为正某(烷)基。例如:$CH_3CH_2CH_2$—为正丙基。

具有 $CH_3CH(CH_2)_n$—($n = 1,2,3$) 构造特点的基,称为异某(烷)基。例如:
$$\underset{CH_3}{|}$$

$(CH_3)_2CH$— $(CH_3)_2CHCH_2$— $(CH_3)_2CHCH_2CH_2$—
异丙基 异丁基 异戊基

另外,"新"表示链的端基有 $\underset{\underset{CH_3}{|}}{\overset{\overset{CH_3}{|}}{CH_3-C-CH_2-}}$ 结构,且无其他侧链,如该基团称作新戊基。

一些常见的简单烷基命名及缩写见表 1-5。

表 1-5　常见基团及其缩写

基团	英文名称	缩写	中文名称
CH_3—	methyl	Me	甲基
CH_3CH_2—	ethyl	Et	乙基
$CH_3CH_2CH_2$—	n-propyl	n-Pr	正丙基
$\underset{H_3C}{\overset{H_3C}{\diagdown}}CH-$	isopropyl	i-Pr	异丙基
$\underset{H_3C}{\overset{H_3C}{\diagdown}}CH-CH_2-$	isobutyl	i-Bu	异丁基
$\underset{H_3C}{\overset{H_3C-CH_2}{\diagdown}}CH-$	sec-butyl	s-Bu	仲丁基
$\underset{\underset{CH_3}{|}}{\overset{\overset{CH_3}{|}}{H_3C-C-}}$	tert-butyl	t-Bu	叔丁基

"亚基"(-ylene):一个化合物从形式上去掉两个单价或一个双价的原子或原子团的剩余部分。通常用 R= 表示。

思考:

请命名以下两个亚基:$CH_3CH=$ 和 $-CH_2CH_2-$。

"次基"(-ylidyne):一个化合物从形式上去掉三个单价(同一原子)或一个三价的原子或原子团的剩余部分。通常用 R≡ 表示。

复杂的烷基用系统命名法来命名。选择带有自由价碳原子的最长碳链作为主链,根据主

链中的碳原子数目称为某基。从自由价碳原子开始定为 1 位,将主链碳原子顺序编号,在某基的名称之前写出所具有的支链的位次和名称。例如:

$$CH_3CH_2CH-\quad CH_3CHClCH_2CH_2-\quad H_3C-\diamondsuit$$
$$\overset{|}{CH_3}$$

　　　1-甲基丙基　　　　　　　3-氯丁基　　　　　　3-甲基环丁基

1.8.2　系统命名的基本原则

系统命名法又称 IUPAC 命名法,是国际上普遍适用的一种命名方法。它是结合国际上通用的国际纯粹与应用化学联合会(IUPAC,International Union of Pure and Applied Chemistry)修订的命名原则与我国文字特点制定的命名法。系统命名法的基本步骤和原则如下:

　1) 选母体

选取母体的第一步为确定母体官能团。根据母体官能团确定母体属于哪一类化合物。在命名中一般将官能团"辈分"高的选作母体官能团。官能团的"辈分"高低如下排列:

高"辈分"官能团:—COOH,—SO₃H,—CHO,—CO—

高"辈分"官能团: $-COOH,-SO_3H,-CHO,-CO-$

中"辈分"官能团: $-OH,-SH,-NH_2,-NHR,-NR_2$

低"辈分"官能团: $-R,-NO,-NO_2,-X$

导引:

> 化合物中的官能团有"辈分"高低之分。但是一旦确定了母体官能团,其余官能团就"沦落"为取代基,一视同仁地用"顺序规则"处理。

确定母体官能团后,再选取含有母体官能团的最长的碳链作为主链。例如:

$$\overset{CH_2CH_3}{\underset{OH}{CH_3\overset{|}{C}CH_2COOH}}$$　　主链为戊酸(母体官能团为羧基)

　　3-甲基-3-羟基戊酸

拓展:

> 也可采用官能团的优先次序来确定母体官能团: $-COOH > -SO_3H > -COOR > -COX > -CONH_2 > -CN > -CHO > -CO- > -OH > -SH > -NH_2 > -OR > -R > -X > -NO_2$。排在前面的官能团优先选为母体官能团。

　2) 编号

首先按照使母体官能团位次最小的方式进行编号。如果两种编号方式得到母体官能团的位次是一样的,则选择取代基位次较小的编号方式。

　3) 书写

书写的基本格式:取代基位号-取代基名称-母体官能团位号-母体。当母体官能团位号为 1 时可省略不写。若分子中含有几个相同的支链,书写时在支链前加"二、三"等数字,同时,表示支链位置的几个阿拉伯数字之间用逗号隔开。例如:

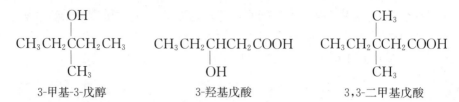

3-甲基-3-戊醇   3-羟基戊酸   3,3-二甲基戊酸

1.8.3 特殊情况的处理

在命名的过程中,经常会遇到一些特殊情况。下面所列出的是特殊情况下命名的一些原则。

原则一:如有多个等长的候选主链,则选含有支链数目最多的为主链。例如,下面的结构选取 b 作为主链。

$$CH_3CH_2CH_2CH - CH \begin{array}{l} C_2H_5 \quad CH_3 \\ \\ CH_3 \end{array} a \\ b$$

原则二(最低系列规则):若两条候选主链链长相同,且支链数也相同,则选支链位号最小的为主链,并以此规则编号。

例如 $CH_3CHCHCH_2CHCH_3$,取代基的位号可以是 2,3,5 或 2,4,5。因为 2,3,5 对比 2,4,5 是最低系列,所以选 2,3,5 作为取代基位号。化合物命名为 2,3,5-三甲基己烷。

拓展:

取代基位号的比较方式:两种编号方式的取代基位号分别为[2,3,5]和[2,4,5]时,先比较第一个最小的编号,两种编号方式的第一个取代基位号均为2,相同。再比较第二个编号,两种编号方式的第二个取代基位号分别为3和4,3＜4,因此前一种编号方式[2,3,5]比后一种编号方式[2,4,5]系列更低,故选择[2,3,5]作为取代基的位号。

下文"顺序规则(2)"中关于多原子取代基优先原则的讨论中,在比较与第一个 C 相连的第二个原子时,也采取类似的方式比较,不同之处在于先比较原子序数最大的原子。

当主链上连有不同取代基时,则按照"顺序规则"将较小的基团写在前面。取代基"顺序规则"的具体内容如下:

(1) 单原子取代时,将各取代的原子按原子序数按从大到小排列,同位素则按质量大小排列,原子序数越大的(命名中的"大基团")越优先。常见的几种元素优先顺序如下:I＞Br＞Cl＞S＞P＞F＞O＞N＞C＞D＞H。

(2) **多原子取代基的优先原则**:对于不同的取代基,按第一个原子的原子序数从大到小排列,第一个原子原子序数越大的越优先,如—SH＞—OH。当第一个原子原子序数相同时,再比较与它相连的其他原子的原子序数,也由大到小排列,如此类推。例如,—CH₂Br 和—CH₂CH₃ 的比较。这两个基团的第一个原子都是 C,—CH₂Br 基团中与第一个 C 相连的是 (Br,H,H),—CH₂CH₃ 基团中与第一个 C 相连的是(C,H,H),因为(Br,H,H)的原子序数大于(C,H,H)的原子序数,因此—CH₂Br 基团优先于—CH₂CH₃ 基团。

(3) 含有不饱和基团的优先原则：对于含有不饱和基团的取代基，如果是双键，则可视为一个原子以单键的形式与两个相同的原子相连。如果是叁键，则可视为一个原子与三个相同原子以单键的形式连接。同理类推。

例如，$-C\equiv CH$ 、$-\overset{H}{\underset{}{C}}=CH_2$ 、$-\overset{H_2}{\underset{}{C}}-CH_3$ 基团大小的比较。 $-C\equiv CH$ 可以视为

$-\overset{(C)}{\underset{(C)}{C}}-\overset{(C)}{\underset{(C)}{C}}-H$ ， $-\overset{H}{\underset{}{C}}=CH_2$ 可以视为 $-\overset{(C)}{\underset{H}{C}}-\overset{(C)}{\underset{H}{C}}-H$ ，因此，最后排序为

$-C\equiv CH > -\overset{H}{\underset{}{C}}=CH_2 > -\overset{H_2}{\underset{}{C}}-CH_3$ 。

原则三：如果两个不同取代基所取代的位置按两种编号法位号相同，则从顺序较小基团的一端开始编号。

原则四：书写时顺序较小的基团列于前。

$$\overset{1}{C}H_3\overset{2}{C}H_2\overset{3}{C}H_2\overset{4}{C}H\overset{5}{C}H_2\overset{6}{C}H_2\overset{7}{C}H_2\overset{8}{C}H\overset{9}{C}H_2\overset{10}{C}H_2\overset{11}{C}H_3$$

$$CH_2CH_2CH_3 \qquad CH(CH_3)_2$$

4-丙基-8-异丙基十一烷

原则五（复杂支链的命名）：如果支链上还有取代基，则从与主链相连的碳原子开始，将支链的碳原子依次编号，支链上取代基的位置就由这个编号所得的位号表示。例如：

$$\overset{11}{C}H_3\overset{10}{C}H_2\overset{9}{C}H\overset{8}{C}H_2\overset{7}{C}H-\overset{6}{C}HCH_2\overset{4}{C}H_2\overset{3}{C}H_2\overset{2}{C}H\overset{1}{C}H_3$$

$$CH_3 \quad CH_3 \quad \overset{1}{C}H_2 \qquad\qquad CH_3$$

$$\overset{2}{C}H-CH_3$$

$$\overset{3}{C}H_2-\overset{4}{C}H_3$$

2,7,9-三甲基-6-(2-甲基丁基)十一烷

大部分有机化合物可以采用上述的命名通法进行命名。但是，有一些化合物(如环烷烃、芳香族化合物、羧酸衍生物等)的命名比较特殊，这将在后面叙述。

1.9 有机化学的研究方法

有机化学着重研究天然或人工合成化合物的性质和结构。为了达到这一目的，需要遵从科学、系统的研究方法。通常的研究方法有如下步骤。

1. 分离提纯

从自然界提取的有机物通常是掺杂其他物质的混合物。而对于人工进行的有机化学反应，由于反应复杂，副反应较多，所需的产物也都混杂有各种副产物和杂质。因此，除去杂质、提纯产物是进行有机化学研究的必要步骤。

分离提纯的方法有很多，常见的有萃取、重结晶、蒸馏、升华、层析等。研究时，需要根据有机物的特点以及客观的实验条件挑选合适的提纯方法。

2. 物理、化学性质测定

提纯后的有机物可以进行物理常数的测定,如熔点、沸点、相对密度等。同时需要测定有机物中各种元素的构成和相对含量,进而测定有机物的相对分子质量和分子式。测定这些物理和化学性质是进一步分析有机物结构的基础。

3. 结构分析

有机物的相对分子质量和分子式无法帮助我们全面了解其性质,进一步的分析需要确定化合物的构造及空间结构。由于有机物结构的多样性和复杂性,其测定就成为十分繁琐的工作,需要设计合理的实验路线,综合各方面的信息来推测及验证。近几十年来,随着各种物理分析方法应用于有机化学领域,我们在判定有机物结构方面也有了更丰富、更强大的工具,如紫外光谱、红外光谱、核磁共振波谱(氢谱和碳谱)、质谱(详见第 7 章)以及 X 射线衍射等方法,应用这些方法可帮助我们确定化合物的结构。

4. 合成

确定有机物的结构后,要进一步研究有机物的性质,就需要批量获取其样品。但是由于有机物的数量成千上万,大多数有机物都无法从自然界简单获取或从市场购买得到,这就要求研究者能够人工合成所要研究的有机物。通过合理地设计实验步骤,使用适当的试剂和实验条件,研究者可以由简单的反应物开始,一步一步构建目标分子。对于有机合成的研究,不仅仅局限于获得目标分子,也包含优化合成方法,以及研究合成方法的局限性和应用范围。只有适应性广泛、产率较高的合成方法才会得到普遍的应用。

5. 机理研究

有机反应通常不是一步反应,而是由一系列的反应构成。要更深入地理解有机反应,就需要理解反应每一步转化的过程,包括过渡态的形成、键的断裂和生成以及各步的相对反应速率大小等。而更进一步的反应历程还需要考虑反应物、催化剂、反应的立体化学、产物以及各物质的用量等。对反应历程的研究是有机化学研究的重要组成部分,需要通过精细的实验设计来证实每一步的反应过程,以及在不同条件下的反应变化。

不过也应该看到,任何实验方法都有其内在的局限性。一名优秀的有机化学研究者不仅需要认识到这些局限性,更应该能够合理地结合各种实验结果进行分析和判断。

习　　题

1. 请解释下列名词。
   (1) 有机化合物　　　　(2) 共价键　　　　　(3) 同分异构　　　　(4) 杂化
   (5) 偶极矩　　　　　　(6) 诱导效应　　　　(7) 异裂　　　　　　(8) 范德华力
   (9) 键角　　　　　　　(10) Lewis 酸　　　　(11) 疏水作用　　　　(12) 官能团
2. 请指出下列分子哪些是具有偶极的,并指出方向。
   (1) H_2O　　　　　　　(2) HBr　　　　　　　(3) CCl_4
   (4) $CHCl_3$　　　　　　(5) CH_3CH_2OH　　　(6) O_2
3. 将下列化合物按极性大小排列。
   (1) CH_4　　　　　　　(2) CH_3F　　　　　　(3) CH_3Cl

(4) CH_3Br (5) CH_3I

4. 请解释造成烷烃碳碳单键、双键、叁键键长区别的原因。（$C—C$ 的键长为 154pm，$C\!=\!C$ 的键长为 134pm、$C\!\equiv\!C$ 的键长为 120pm）

5. 请将下列化合物按 Lewis 酸、Lewis 碱、Lewis 酸碱加合物分类。

(1) Cu^{2+} (2) NH_3 (3) $FeCl_3$ (4) CH_3NH_2

(5) CH_3CN (6) $C_2H_5OC_2H_5$ (7) CH_3COOH (8) CH_3OH

6. 指出下列式子的共轭酸碱对。

(1) $CH_3COOH + H_2O \rightleftharpoons H_3O^+ + CH_3COO^-$

(2) $H_2SO_4 + CH_3OH \rightleftharpoons CH_3OH_2^+ + HSO_4^-$

(3) $(CH_3)_3N + HNO_3 \rightleftharpoons (CH_3)_3NH^+ + NO_3^-$

7. 请写出下列分子价电子层的 Lewis 结构式。

(1) H_2S (2) NH_3 (3) CH_4

(4) CH_2O (5) CH_3OCH_3 (6) H_3PO_4

(7) $CH_3CH\!=\!CH_2$ (8) CH_3COOH (9) C_2H_2

8. 请将下列各组基团按吸电子诱导效应由大至小排列。

(1) A. I   B. F   C. Br   D. Cl

(2) A. OR   B. F   C. NR_2

(3) A. NR_3^+ B. NR_2

9. 将下列式子改成键线式。

(1)
$$
\begin{array}{ccc}
& CH_2CH_2CH_2CH_3 & CH_2CH_2CH_3 \\
& | & | \\
CH_3CH_2CHCH_2CH_2CH_2CHCH_2CHCH_2CH_3 \\
& | \\
& CH_2CH_3
\end{array}
$$

(2)
$$
\begin{array}{c}
O \\
\parallel \\
CH_3CH_2C-O-CH_2CH_2CH_2CH_2Br
\end{array}
$$

(3) $CH_3CH_2C\!\equiv\!CCH_2CH_2CH_2OH$

(4)

10. 用普通命名法对下列烷烃或取代基进行命名。

(1) $CH_3CH_2CH_2CH_2CH_2CH_3$

(2)
$$
\begin{array}{c}
CH_3 \\
| \\
H_3C-C-CH_3 \\
| \\
H
\end{array}
$$

(3)
$$
\begin{array}{c}
CH_3 \\
| \\
H_3C-C-CH_2CH_2CH_3 \\
| \\
H
\end{array}
$$

(4)
$$
\begin{array}{c}
CH_3 \\
| \\
H_3C-C-CH_3 \\
| \\
CH_3
\end{array}
$$

(5) 异丙基   (6) 异丁基

(7) 叔丁基   (8) 4-氯环己基

(9)
$$
\begin{array}{c}
(CH_3)_2CHCH_2CHCH_2- \\
| \\
CH_3
\end{array}
$$

(10)

(11)

11. 一个含有一个氧原子的醇分子中碳的含量为 68.2%，氢的含量为 13.6%。试写出这个化合物的分子式及可能的结构式。

12. 一个分子含有碳、氢、氧、氮四种原子，且每个分子中含有两个氧原子。经过元素定量分析得知，碳原子含量为 49.5%，氮原子含量为 28.9%，氧原子含量为 16.5%。试写出该化合物的分子式。

第 2 章　饱和烃:烷烃和环烷烃

只含碳、氢两种元素的有机化合物称为碳氢化合物,简称烃(hydrocarbon)。烃是最简单的有机化合物,当烃分子中的氢原子被其他原子或原子团取代后,可以得到一系列的衍生物(如 RX、ROH 等)。因此,常将烃类视为有机化合物的母体。

根据烃分子中碳原子间的连接方式,可对烃进行如下分类:

$$
烃
\begin{cases}
开链烃(脂肪烃)
\begin{cases}
饱和烃——烷烃\\
不饱和烃——烯烃、炔烃、二烯烃等
\end{cases}\\
闭链烃(环烃)
\begin{cases}
脂环烃——环烷烃、环烯烃、环炔烃\\
芳香烃——苯及其衍生物、多环芳烃
\end{cases}
\end{cases}
$$

在烷烃(alkane)分子中,除了碳原子间以单键互相连接成链外,碳原子的其余价键全部与氢原子结合,即烷烃分子中的碳原子达到了与其他原子结合的最大限度,属于饱和烃。

2.1　通式、同系列和同分异构

甲烷是最简单的烷烃,只含一个碳原子,分子式为 CH_4。甲烷广泛存在于自然界,是沼气和天然气的主要成分。

从石油和天然气中分离出来的烷烃,除甲烷外,还有乙烷、丙烷、丁烷、戊烷等,它们的分子式分别为 C_2H_6、C_3H_8、C_4H_{10}、C_5H_{12} 等。由上述化合物的分子式可以看出,任意两个烷烃在组成上都相差一个或若干个 CH_2,因此可以用通式 C_nH_{2n+2} 来表示。除此之外,这些烷烃的结构和化学性质也相似,物理性质则随碳原子的数目呈规律性的变化。我们把具有上述特征的一系列化合物称为同系列,同系列中的各化合物互称为同系物(homolog)。相邻的两个同系物在组成上的差值,即 CH_2,称为系差(homologous difference)。

考察烷烃的结构可以发现:烷烃中的甲烷、乙烷和丙烷分子中碳原子的连接方式都只有一种,但从丁烷开始,分子中的碳就有若干种不同的排列方式。例如,丁烷有两种排列方式:

$$CH_3CH_2CH_2CH_3 \qquad CH_3CH(CH_3)_2$$

正丁烷　　　　　　　异丁烷

正丁烷和异丁烷的分子式相同,但结构不同,具有不同的物理性质,属于不同的物质。人们将这种具有相同分子式而结构不同的现象称为同分异构现象,而将分子式相同、结构不同的化合物称为同分异构体(isomer)。由于分子中碳原子的排列方式不同而产生的异构现象称为构造异构(constitutional isomer)。

戊烷有三种构造异构体,正戊烷、异戊烷和新戊烷:

$$CH_3CH_2CH_2CH_2CH_3 \qquad CH_3\underset{\underset{CH_3}{|}}{CH}{-}CH_2CH_3 \qquad CH_3\underset{\underset{CH_3}{|}}{\overset{\overset{CH_3}{|}}{C}}CH_3$$

戊烷(正戊烷)　　　2-甲基丁烷(异戊烷)　　2,2-二甲基丙烷(新戊烷)

烷烃的构造异构体的数目随分子中碳原子数目的增加而增加,但构造异构体数目的增加

远比碳原子数增加得快(表 2-1)。

表 2-1 烷烃构造异构体的数目

碳原子数	构造异构体数	碳原子数	构造异构体数	碳原子数	构造异构体数
1~3	1	7	9	15	4347
4	2	8	18	20	366319
5	3	9	35		
6	5	10	75		

Ⅰ 烷 烃

2.2 烷烃的命名

烷烃的命名可采用普通命名法和系统命名法。常见烷烃普通命名法名称见表 2-2;系统命名法参照 1.8 节所介绍的原则,其中化合物的母体为烷烃。

表 2-2 普通命名法

烷烃	中文名	英文名*	烷烃	中文名	英文名*
CH_4	甲烷	methane	C_7H_{16}	庚烷	heptane
C_2H_6	乙烷	ethane	C_8H_{18}	辛烷	octane
C_3H_8	丙烷	propane	C_9H_{20}	壬烷	nonane
C_4H_{10}	丁烷	butane	$C_{10}H_{22}$	癸烷	decane
C_5H_{12}	戊烷	pentane	$C_{11}H_{24}$	十一烷	undecane
C_6H_{14}	己烷	hexane	$C_{20}H_{42}$	二十烷	eicosane

* 烷烃的英文名称以"ane"为词尾。

2.3 烷烃的结构

2.3.1 烷烃的结构

为了形象地展示分子的立体形状,常采用立体模型来表示。常用的有两种:一种是 Kekulé 模型,也称球棍模型;另一种为 Stuart(斯陶特)模型,也称比例模型,如图 2-1 所示。

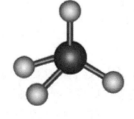
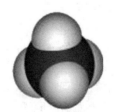

(a) sp³ 杂化轨道　　　　(b) 甲烷的球棍模型　　　　(c) 甲烷的比例模型

图 2-1 甲烷的结构

甲烷是最简单的烷烃,其分子式为 CH_4,近代物理方法研究证明甲烷分子为正四面体结构,其中碳原子位于正四面体的中心,四个氢原子位于四面体的四个顶点,H—C—H 键角为 109°28′,四个 C—H 键长均为 0.11nm。

甲烷分子中,碳原子采取 sp³ 杂化形成四个成键轨道,它们对称轴间的夹角为 109°28′。氢原子的 1s 轨道沿着碳原子 sp³ 杂化轨道的对称轴方向与之重叠,形成C—H σ 键。

其他烷烃分子中的碳原子也都采取 sp³ 杂化,相邻碳原子各以一个 sp³ 杂化轨道沿对称轴

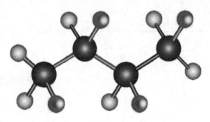

方向重叠,形成分子中的 C—C σ 键,碳原子再以 sp³ 杂化轨道与氢原子的 1s 轨道重叠,形成C—H σ 键,其中 C—C σ 键平均键长为 0.154nm。

因为烷烃分子中碳原子的价键呈四面体型分布,所以三个碳以上烷烃分子的碳链是锯齿形的,如图 2-2 所示丁烷的形状。但为了书写方便,通常仍以直链的形式表达烷烃的结构。

图 2-2 丁烷的形状

2.3.2 烷烃的构象

由于 σ 键的轴对称性,构成烷烃的碳碳单键可以绕键轴旋转而不引起碳碳单键的断裂。但是,这种旋转会使分子中的原子或基团的相对位置不断改变,产生许多不同的空间排列方式。这种由于围绕单键旋转而产生的分子中各原子或原子团在空间的不同排布方式称为构象(conformation)。它们形成的异构体称为构象异构体(conformational isomer)。

1. 乙烷的构象

当乙烷分子中的两个碳原子围绕碳碳单键旋转时,两个碳原子上的氢原子可处于若干不同的位置,产生若干种空间排列方式,即乙烷的构象可以有无数种,其中一种是一个碳原子上的每一个氢原子处在另一个碳原子上的两个氢原子正中间——交叉式构象(氢原子相距最远的构象);另一种则是两个碳原子上的各个氢原子正好处在相互重叠的位置上——重叠式构象(氢原子相距最近的构象)。交叉式构象和重叠式构象是乙烷无数构象中的两种极端情况。

对于不同的构象异构体,通常有两种表示方法。

透视式是从分子的侧面观察分子,可直接反映碳原子和氢原子在空间的排列情况,但各个氢原子的相对位置不能很好地表达出来。

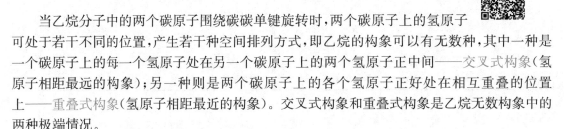

重叠式(eclipsed)　　　　　　　　　交叉式(staggered)

Newman(纽曼)投影式是用投影方式观察和表达有机分子立体结构的方法。以乙烷为例,即将乙烷的模型放在纸面上,使碳碳单键与纸面垂直,从碳碳单键的上方向下看,投影时用一个点表示上面的碳原子,从这一点出发彼此以 120°夹角向外伸展的三条线表示与该碳原子相连的三个 C—H σ 键;用圆圈表示下面的碳原子,从圆圈向外伸出的互为 120°夹角的线表示这个碳原子上的键。

交叉式　　　　　　重叠式

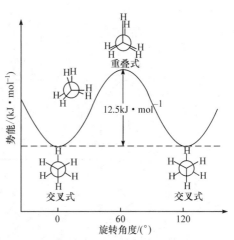

图 2-3　乙烷不同构象的势能关系图

在乙烷的重叠式构象中，前后两个碳原子上的氢原子相距最近，相互之间的排斥力最大，分子能量最高，是最不稳定的构象。在交叉式构象中，碳原子上的氢原子相距最远，相互之间的排斥力最小，分子能量最低。在交叉式构象和重叠式构象之间，还有无数种构象，其能量介于两者之间（图 2-3）。从乙烷分子各种构象的势能 (potential energy) 关系图可见，交叉式构象的能量比重叠式构象低约 $12.5kJ \cdot mol^{-1}$，所以交叉式构象是乙烷的优势构象。室温下，分子间的碰撞可产生 $83.8kJ \cdot mol^{-1}$ 的能量，这足以越过上述能垒，而使各种构象迅速互变，成为无数种构象异构体的动态平衡混合物，无法分离出其中某一种构象异构体。但大多数乙烷分子以最稳定的交叉式构象形式存在。

拓展：

乙烷交叉式构象比重叠式构象稳定的更重要的原因是 C—H 键之间的超共轭效应 (hyperconjugation) ［周公度. 大学化学，2001,16(5)：51-52；Weinhold F. Nature, 2001, 411：539；Bickelhaupt F. M. , et al. Angew Chem Int Ed, 2003, 42：4183；Weinhold F. Angew Chem Int Ed, 2003, 42：4188］。

2. 丁烷的构象

可将丁烷视为乙烷分子中每个碳原子上的一个氢原子被甲基取代而得，丁烷的构象也可用 Newman 投影式表示。以 $C_2—C_3$ 键轴为标准，图 2-4 是丁烷分子绕 $C_2—C_3$ 键轴旋转所形成的几种典型构象的 Newman 投影式。

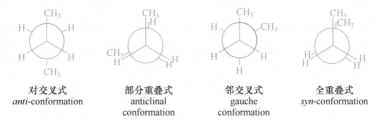

图 2-4　丁烷的构象

它们之间的能量关系见图 2-5。

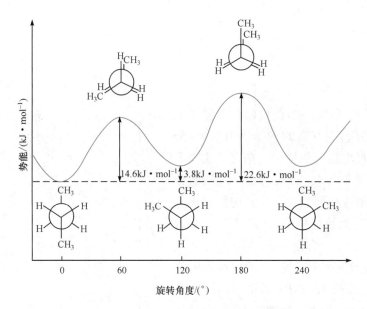

图 2-5 丁烷不同构象的势能关系图

在对交叉式构象中,两个体积较大的甲基处于对位,相距较远,故分子的能量最低;邻交叉式构象中,两个甲基处于邻位,相距较近,两个甲基之间的空间斥力使这种构象的能量比对交叉式的高,因此较不稳定;全重叠式构象中的两个甲基及氢原子都各处于重叠位置,相互间作用力最大,分子的能量最高,是最不稳定的构象。因此几种构象的稳定性次序为对交叉式>邻交叉式>部分重叠式>全重叠式。

丁烷各种构象的能量差别不大,它们之间也能相互转变。因此,丁烷实际上也是构象异构体的混合物,但是主要以对交叉式和邻交叉式构象存在,前者约占 70%,后者约占 30%。其他构象的比例很小,全重叠式实际上不存在。

拓展:

全氟代烷烃的构象却是螺旋状。这是由于与氢原子相比,氟原子具有低的极化度和稍大的范德华半径。进一步阅读可参考:卿凤翎等.有机氟化学.北京:科学出版社.2007。

3. 其他烷烃的构象

随着正烷烃碳原子数的增加,它们的构象也随之复杂,但其优势构象都与正丁烷类似,是能量最低的对交叉式。因此,直链烷烃碳链的空间排列绝大多数是锯齿形。

2.4　烷烃的物理性质

烷烃的物理性质常随碳原子数的增加而呈规律性的变化。直链烷烃的物理性质见表 2-3。

表 2-3　一些直链烷烃的物理常数

名称	熔点/℃	沸点/℃	相对密度(d_4^{20})
甲烷	−182.6	−161.7	
乙烷	−172.0	−88.6	
丙烷	−187.1	−42.2	0.501
丁烷	−135.0	−0.5	0.579
戊烷	−129.3	36.1	0.626
己烷	−94.0	68.7	0.659
庚烷	−90.6	98.4	0.684
辛烷	−56.8	125.7	0.703
壬烷	−53.7	150.8	0.718
癸烷	−29.7	174.1	0.730
十一烷	−25.6	195.9	0.740
十二烷	−9.6	216.3	0.749

　　常温常压下，含四个或四个以下碳原子的烷烃是气体，含五～十六个碳原子的直链烷烃是液体，含十七个碳原子及以上的烷烃是固体。

2.4.1　沸点

　　液体沸点的高低取决于分子间作用力的大小，分子间作用力增大，物质的沸点也相应升高。

　　烷烃是非极性分子，非极性分子间吸引力为范氏力，范氏力与分子中原子的数目和体积约成正比。随着碳原子数增加，分子间范氏力增大，烷烃的沸点也相应升高。由于范氏力只有在近距离内才能有效地起作用，它随着距离的增加而很快地减弱。在相同碳原子数烷烃的构造异构体中，当支链数增加时，这些分子不能像直链烷烃那样充分接近，分子间范氏力减弱，导致物质的沸点也相应地降低。例如，正戊烷沸点为 36.1℃，异戊烷沸点为 28℃，新戊烷沸点为 9℃。

2.4.2　熔点

　　熔点的高低与分子间作用力的大小以及分子在晶格中的排列有序性有关。

　　直链烷烃熔点的变化基本上也随着相对分子质量的增加而升高，与碳原子数的关系曲线呈锯齿形递变规律，即含奇数碳原子的烷烃和含偶数碳原子的烷烃分别构成两条熔点曲线。这也许是因为在晶体中偶数碳原子烷烃分子的排列更紧密。

　　此外，烷烃的熔点随着分子的对称性增加而升高。分子的对称性增加，分子的排列更紧密，分子间作用力增大，物质的熔点也相应升高。例如，正戊烷熔点为 −129.8℃，异戊烷熔点为 −159.9℃，新戊烷熔点为 −16.8℃。

思考：

下列各种情况下，A 和 B 是同一种化合物吗？

(1) A 和 B 的熔点不同。

(2) A 和 B 的熔点相同。

（3）A 和 B 的熔点相同,将二者相混后熔点改变。

（4）A 和 B 的熔点相同,将二者相混后熔点不变。

2.4.3　密度

烷烃是所有有机化合物中密度最小的一类化合物,其相对密度均小于 1。直链烷烃的相对密度也随碳原子数的增加而升高,最终接近于 0.78 。

2.4.4　溶解度

烷烃分子是非极性的,根据"极性相似者互溶"的经验规律,烷烃易溶于非极性或极性较小的苯、氯仿、CCl_4、乙醚等有机溶剂,而难溶于水和其他强极性溶剂。

2.5　烷烃的化学反应

探究:

请根据以下数据推测烷烃的反应性。电负性:C 2.5;H 2.2;键能(kJ·mol^{-1}):C—H 415;C—C 345;C—Cl 339;C—Br 285;C—I 218;C—S 272。

思路:烷烃中只有 C—H 键和 C—C 键,这些键的键能都比较大,难以断裂,因此烷烃通常不易发生反应;碳与氢的电负性差别不大,如果发生键断,则易发生均裂。

有机化合物的性质取决于其结构。烷烃是饱和链烃,分子中只存在牢固的 C—C σ 键和 C—H σ 键,所以烷烃具有相对较高的稳定性。在室温下,烷烃与强酸(如浓硫酸、浓硝酸)、强碱(如 NaOH)、强氧化剂(如 $K_2Cr_2O_7$、$KMnO_4$)、强还原剂(如 Zn/HCl)均不反应,但在适当的温度、压力或催化剂的作用下,烷烃也可以和一些试剂发生反应(图 2-6)。本教材通过量化计算,绘出各典型化合物的静电势等值面图,作为电荷分布示意图,以便学生直观了解各类化合物的电荷分布情况。烷烃(以乙烷为例)的电荷分布示意图如图 2-7。烷烃分子中没有明显的富含电子或缺少电子的区域,因此一般不与离子型试剂或富含(或缺少)电子的试剂发生化学反应。

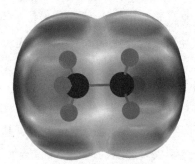

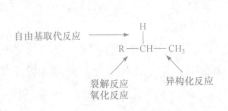

图 2-6　烷烃发生化学反应时化学键断裂位置　　　　图 2-7　乙烷的电荷分布示意图

2.5.1　氧化、热解和异构化

无机化学中所讨论的氧化还原反应是指涉及电子得失的反应,而有机化学

中则定义：引入氧或脱氢为氧化；引入氢或脱氧为还原。

1. 烷烃的氧化

烷烃在高温和足够的空气中完全燃烧，生成二氧化碳和水，并放出大量的热。因此，烷烃广泛用作燃料。例如：

$$CH_4 + O_2 \longrightarrow CO_2 + H_2O \qquad \Delta H = -891 kJ \cdot mol^{-1}$$
$$C_2H_6 + O_2 \longrightarrow CO_2 + H_2O \qquad \Delta H = -1560.8 kJ \cdot mol^{-1}$$

标准状态下，1mol 纯粹烷烃完全燃烧（生成二氧化碳和水）时所放出的热量称为燃烧热（heat of combustion，以 ΔH_c 表示）。燃烧热是重要的热化学数据，可以通过实验测定。

低级烷烃（$C_1 \sim C_6$）蒸气与空气混合至一定比例时，遇到火花会发生爆炸。众所周知的瓦斯爆炸的原因就是空气中混有甲烷，在极短的时间放出大量的热而又不能迅速消散。甲烷的爆炸极限是 $5.53\% \sim 14\%$。

在催化剂存在下，烷烃在其着火点以下可以被氧气部分氧化。氧化的结果是碳链在任何部位都可能断裂，生成碳原子数少于原来烷烃的含氧有机物（如醇、酮、酸等）。

$$R-R' + O_2 \longrightarrow R-OH + R'-OH$$
$$R-CH_2-CH_2-R' + O_2 \xrightarrow[110℃]{MnO_2} RCOOH + R'COOH$$

由于原料便宜，这类反应在工业上极具重要性，如工业上常用高级烷烃制备高级醇和高级脂肪酸，由此得到的脂肪酸可替代动、植物油制造肥皂。

2. 烷烃的热解

烷烃在没有氧气存在下的热分解反应称为裂解（cracking）反应或热解。裂解反应是一个复杂的过程。烷烃分子的碳原子数越多，裂解产物越多；反应条件不同，产物也不同。但不外乎是由烷烃分子的 C—C 键和 C—H 键的断裂而生成的产物。σ 键断裂时，两个碎片各取得共价键的一个电子（均裂），生成自由基。例如：

$$CH_3CH_2CH_2CH_3 \begin{cases} \rightarrow CH_3CH_2 \cdot + CH_3CH_2 \cdot \\ \rightarrow CH_3 \cdot + CH_3CH_2CH_2 \cdot \\ \rightarrow CH_3CH_2CH_2CH_2 \cdot + H \cdot \end{cases}$$

自由基不稳定，易通过碳氢键断裂（β-断裂）生成烯烃：

$$CH_3CH_2 \cdot + CH_3CH_2 \cdot \longrightarrow CH_3CH_3 + CH_2=CH_2$$
$$CH_3 \cdot + CH_3CH_2CH_2 \cdot \longrightarrow CH_3CH=CH_2 + CH_4$$
$$CH_3CH_2CH_2CH_2 \cdot + H \cdot \longrightarrow CH_3CH_2CH=CH_2 + H_2$$

或自由基相互结合，生成稳定化合物，例如：

$$CH_3 \cdot + CH_3CH_2 \cdot \longrightarrow CH_3CH_2CH_3$$

可见，烷烃通过热解反应可以生成相对分子质量较小的烷烃和烯烃的复杂混合物。

裂解反应对化学工业十分重要。化工原料乙烯、丙烯等在工业上都是通过石油裂解得到的。此外，工业上还利用烷烃的催化裂化将高沸点重油转变为低沸点汽油。

3. 异构化反应

由化合物的一种异构体转变为另一种异构体的反应，称为异构化反应（isomerization

reaction)。在适当条件下,直链烷烃可以发生异构化反应转变为支链烷烃。例如:

$$CH_3-CH_2-CH_2-CH_3 \xrightarrow[HBr]{AlBr_3} CH_3-\overset{\overset{\displaystyle CH_3}{|}}{CH}-CH_3$$

又如,正己烷在无水三氯化铝和盐酸三乙胺形成的离子液体催化剂的作用下,可以转变为 2,2-二甲基丁烷、2,3-二甲基丁烷、2-甲基戊烷以及 3-甲基戊烷四种异构体。

利用烷烃的异构化反应,可以提高汽油的质量。表示汽油抗爆性的辛烷值就是以异辛烷(作为抗爆性优良的标准)和正庚烷(作为抗爆性低劣的标准)为基准的。

2.5.2 取代反应

烷烃分子中的 C—H σ 键在通常情况下比较稳定,不易发生断裂。但在适当条件下,烷烃分子的氢原子也能被其他原子或原子团取代,该反应称为取代反应(substitution reaction)。

烷烃与卤素在室温和黑暗中并不发生反应,但在光照、加热或引发剂的存在下,可以发生反应生成卤代烷和卤化氢,这类反应称为卤代反应(halogenation reaction)。例如:

$$CH_4 + Cl_2 \xrightarrow{光照} CH_3Cl + HCl$$
$$\text{氯甲烷}$$

$$CH_3CH_2CH_3 + Br_2 \xrightarrow{光照} CH_3CH_2CH_2Br + CH_3\overset{\overset{\displaystyle }{|}}{C}HCH_3$$
$$\qquad\qquad\qquad\qquad\qquad\qquad |$$
$$\qquad\qquad\qquad\qquad\qquad\qquad Br$$
$$\qquad\qquad\text{1-溴丙烷}\qquad\qquad\text{2-溴丙烷}$$

1. 反应历程

研究表明,烷烃卤代反应历程是自由基取代。以甲烷的氯代为例:甲烷和氯气在室温和暗处不发生反应,但在光照、加热(250~400℃)或某些引发剂作用下,分子中的氢被氯原子逐步取代,得到不同氯代物的混合物:

$$CH_4 \xrightarrow[光照]{Cl_2} CH_3Cl \xrightarrow[光照]{Cl_2} CH_2Cl_2 \xrightarrow[光照]{Cl_2} CHCl_3 \xrightarrow[光照]{Cl_2} CCl_4$$
$$\text{甲烷}\qquad\text{一氯甲烷}\qquad\text{二氯甲烷}\qquad\text{三氯甲烷}\qquad\text{四氯化碳}$$

工业上常将这些氯代物的混合物作为溶剂使用。反应条件对上述四种氯代产物的组成有很大影响,其中,原料物质比例的影响最大,当甲烷与氯气以 10:1 的量比进行反应时,主要产物为一氯甲烷;当甲烷与氯气以 0.263:1 的量比进行反应时,主要产物为四氯化碳。

甲烷的氯代反应首先是氯分子吸收光能或热能分解为两个氯原子:

$$Cl-Cl \xrightarrow[或\triangle]{h\nu} 2Cl\cdot \qquad\qquad \Delta H = +242.6kJ\cdot mol^{-1} \qquad\qquad (1)$$

即氯分子中的共价键发生均裂,生成两个带有单电子的氯自由基。氯自由基由于未达到八隅体的稳定结构,非常活泼,在反应体系中与甲烷分子发生碰撞时,很容易夺取甲烷中的氢原子形成氯化氢,同时产生一个新的自由基——甲基自由基:

$$Cl\cdot + H:CH_3 \longrightarrow CH_3\cdot + HCl \qquad\qquad \Delta H = +4.2kJ\cdot mol^{-1} \qquad 吸热 \quad (2)$$

思考:

为什么在此过程中不发生下述反应?

$$CH_4 + Cl\cdot \longrightarrow CH_3Cl + H\cdot$$

甲基自由基也非常活泼,与氯分子发生碰撞时,很容易夺取一个氯原子生成氯甲烷和一个新的氯自由基:

$$CH_3 \cdot + Cl—Cl \longrightarrow CH_3Cl + Cl \cdot \qquad \Delta H = -108.4 kJ \cdot mol^{-1} \qquad 放热 \quad (3)$$

新生的氯自由基又可以重复进行反应(2),生成新的甲基自由基后又重复反应(3),如此循环,这样的反应称为自由基链式反应(chain reaction)。其中,(1)是产生自由基的反应,称为链引发过程(initiation),(2)和(3)是自由基不断延续的过程,称为链增长过程(propagation)。当链式反应进行到一定的阶段时,自由基与体系中可反应的共价化合物碰撞的概率减小,自由基之间相遇的概率增大,自由基之间彼此结合,生成稳定的分子:

$$Cl \cdot + Cl \cdot \longrightarrow Cl_2 \tag{4}$$
$$CH_3 \cdot + \cdot CH_3 \longrightarrow CH_3CH_3 \tag{5}$$
$$\cdot CH_3 + Cl \cdot \longrightarrow CH_3Cl \tag{6}$$

反应(4)、(5)、(6)使链式反应不能继续发展,称为链终止(termination)。

可见,链式反应一般是由链引发、链增长和链终止三类基元反应构成。

甲烷的氯代通常不会停留在一氯代阶段。在上述反应过程的链增长阶段,当生成的氯甲烷达到一定浓度时,体系中的氯自由基也可与之反应,生成氯甲基自由基和氯化氢,氯甲基自由基又可与氯分子作用,这样逐步生成二氯甲烷、三氯甲烷和四氯化碳:

$$Cl \cdot + H:CH_2Cl \longrightarrow \cdot CH_2Cl + HCl$$
$$\cdot CH_2Cl + Cl—Cl \longrightarrow CH_2Cl_2 + Cl \cdot$$
$$Cl \cdot + H:CHCl_2 \longrightarrow \cdot CHCl_2 + HCl$$
$$\cdot CHCl_2 + Cl—Cl \longrightarrow CHCl_3 + Cl \cdot$$
$$Cl \cdot + H:CCl_3 \longrightarrow \cdot CCl_3 + HCl$$
$$\cdot CCl_3 + Cl—Cl \longrightarrow CCl_4 + Cl \cdot$$

因此,甲烷的氯代反应通常得到四种氯代物的混合物,通过控制反应条件可使其中一种成为主产物。

2. 甲烷氯代反应能线图

反应过程中的能量关系一般用反应进程-能量曲线图(简称能线图)表示,能线图是以反应进程为横坐标,反应物、过渡态、中间体及产物的势能为纵坐标所作的图。在甲烷的氯代反应中,当氯自由基与甲烷分子接近到一定距离时,氢原子与氯原子之间开始部分成键,甲烷分子中的 C—H 键则伸长变弱,体系的能量逐渐增大,至过渡态时能量达到最高。

$$Cl \cdot + H—CH_3 \longrightarrow \left[\overset{\delta\cdot}{Cl}\cdots H\cdots\overset{\delta\cdot}{CH_3}\right]^{\neq} \longrightarrow CH_3 \cdot + HCl$$
过渡态

随着 H—Cl 键的进一步形成,体系的能量逐渐降低,直至形成甲基自由基和氯化氢(图 2-8)。

根据过渡态理论,反应物与过渡态之间的能量差是形成过渡态所必需的最低能量,称为活化能(activation energy),用 E_a 表示。活化能来源于反应粒子的碰撞动能,发生碰撞时动能变为势能。当有足够的动能变为势能就可达到过渡态(能垒的顶部)而发生反应。活化能越高,表明反应中所需越过的能垒越高,反应越难进行,反应速率也越慢。由图 2-8 可以看出,在氯甲烷的形成过程中,反应(2)的活化能比反应(3)高,说明这一过程中,反应(2)是速率较慢的一

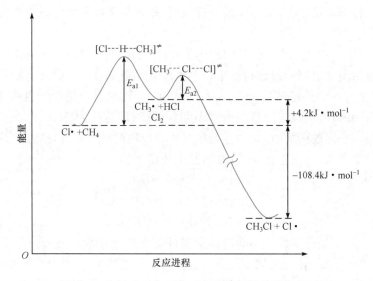

图 2-8　氯自由基与甲烷反应生成氯甲烷的能线图

步，即整个反应的决速步(rate determining step)。也就是说，甲基自由基的形成是甲烷氯代的关键步骤。

3. 反应活性与自由基稳定性

其他烷烃的卤代反应与甲烷相似，也是自由基取代反应。但是三个碳以上的烷烃分子中的氢原子类型不止一种，发生卤代反应时，卤原子取代的位置各异，因此，多碳原子烷烃的卤代产物比较复杂。例如，1-丁烷分子中有两种不同的氢原子，发生氯代反应时，其一氯代产物有两种：

$$CH_3CH_2CH_2CH_3 + Cl_2 \xrightarrow[25℃]{光} CH_3CH_2CH_2CH_2Cl + CH_3CH_2CHCH_3$$
$$\underset{|}{}\ Cl$$

　　　　　　　　　　　　　　　　　　　1-氯丁烷　　　　　2-氯丁烷
　　　　　　　　　　　　　　　　　　　　28%　　　　　　 72%

从上述反应式可以看出，氯原子取代丁烷分子中的伯氢原子时生成 1-氯丁烷，取代仲氢原子时生成 2-氯丁烷。丁烷分子中可被氯取代的伯氢有六个，仲氢有四个。按这一比例，相应的两种氯代异构体产物的比例应该为 3∶2，但事实上为 28∶72。这说明伯、仲氢原子被氯取代的活性是不一样的。两者相对活性大小可按下式计算：

$$\frac{仲氢}{伯氢} = \frac{72/4}{28/6} = \frac{3.86}{1}$$

又如，异丁烷发生氯代反应时，其一氯代产物也有两种：

　　　　　CH₃　　　　　　　　　　　　　CH₂Cl　　　　　　CH₃
　　　　　|　　　　　　　　　　　　　　　|　　　　　　　　|
CH₃—C—H + Cl₂ $\xrightarrow[25℃]{光}$ CH₃—C—H ＋ CH₃—C—Cl
　　　　　|　　　　　　　　　　　　　　　|　　　　　　　　|
　　　　　CH₃　　　　　　　　　　　　　CH₃　　　　　　　CH₃

　　　　　　　　　　　　　　　　2-甲基-1-氯丙烷　　 2-甲基-2-氯丙烷
　　　　　　　　　　　　　　　　　　 64%　　　　　　　　36%

在异丁烷分子中，伯氢原子有九个，叔氢原子只有一个，被氯原子取代的概率比为 9∶1，但

实际上一氯代产物的比例为 64：36，表明叔氢比伯氢更容易被氯取代。叔氢与伯氢的相对活性为

$$\frac{叔氢}{伯氢} = \frac{36/1}{64/9} = \frac{5.06}{1}$$

研究表明，氢原子的反应活性主要取决于其种类，而与烷烃的种类无关。例如，丙烷伯氢与 1-丁烷伯氢的活性基本相当。对于室温下光引发的氯代反应，烷烃中不同种类氢原子的相对活性为

$$伯氢：仲氢：叔氢 \approx 1：4：5$$

反应的难易由其活化能即过渡态能量高低决定。由于过渡态不稳定，不能分离出来进行测定。根据 Hammond(哈蒙特)假设，烷烃取代反应决速步活化能的高低主要取决于相应的、与过渡态的稳定性一致的活性中间体的稳定性。活性中间体的稳定性越高，过渡态的势能越低。烷烃的卤代反应按自由基历程进行，活性中间体烷基自由基的形成是卤代反应的决速步。因此，烷基自由基的稳定性越高，则反应的活化能越低，相应烷烃分子中的氢越容易被取代。

烷基自由基是通过烷烃分子中 C—H 键断裂形成的，显然，C—H 键的键解离能越低，相应的烷基自由基越容易形成。图 2-9 是不同类型 C—H 键的键解离能以及生成的烷基自由基的能量高低的示意图。

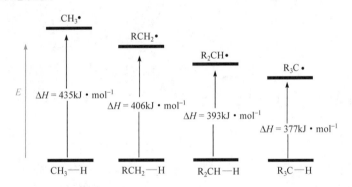

图 2-9 烷基自由基的能量高低示意图

由图 2-9 不难得出，烷基自由基生成的容易(稳定性)次序为 $R_3C \cdot >$ $R_2CH \cdot > RCH_2 \cdot > CH_3 \cdot$。

在甲基自由基中，碳原子采取 sp^2 杂化。三个 sp^2 杂化轨道分别与三个氢原子的 1s 轨道重叠形成三个 C—H σ 键，这三个 σ 键处于同一平面上。此外还有一个未杂化的 p 轨道，其对称轴垂直于三个 σ 键所在的平面，甲基自由基的单电子就在这个 p 轨道上，因此，甲基自由基为平面结构(图 2-10)。其他烷基自由基也具有与甲基自由基相似的平面结构。

图 2-10 甲基自由基的结构

烷基自由基中，含单电子的碳原子上连接的取代基越多，由于电子效应产生的稳定作用越大(参见 3.10.3)，相应自由基越稳定。

4. 卤素的反应活性与选择性

研究不同卤素与烷烃的反应发现，氟与烷烃的反应过于剧烈，不易控制，甚至引起爆炸；烷烃与碘的反应很难进行，碘代烷通常用其他方法制备；有应用价值的卤代反应只有氯代和溴代

反应,氯代反应速率大于溴代。

表 2-4 的数据可以很好地解释各种卤素与烷烃的反应活性。

表 2-4　甲烷卤化反应的反应热与活化能

决速步 $X \cdot + CH_3-H \longrightarrow CH_3 \cdot + H-X$			$\Delta H^{\ominus}/(kJ \cdot mol^{-1})$	$E_a/(kJ \cdot mol^{-1})$
F	439.3	568.2	−128.9	+4.2
Cl	431.8		+7.5	+16.7
Br	366.1		+73.2	+75.3
I	298.3		+141	>+141

进一步研究不同卤素与烷烃的反应时发现,不同卤素对烷烃分子中氢原子的选择性也不同。例如:

$$CH_3CH_2CH_3 + Br_2 \xrightarrow{\text{光照}} CH_3CH_2CH_2Br + \underset{\underset{Br}{|}}{CH_3CHCH_3}$$
$$\qquad\qquad\qquad\qquad\qquad\qquad 3\% \qquad\qquad\quad 97\%$$

$$CH_3CH_2CH_3 + Cl_2 \xrightarrow{\text{光照}} CH_3CH_2CH_2Cl + \underset{\underset{Cl}{|}}{CH_3CHCH_3}$$
$$\qquad\qquad\qquad\qquad\qquad\qquad 45\% \qquad\qquad\quad 55\%$$

$$\underset{\underset{CH_3}{|}}{\overset{\overset{CH_3}{|}}{CH_3-C-H}} + Br_2 \xrightarrow{\text{光照}} \underset{\underset{CH_3}{|}}{\overset{\overset{CH_2Br}{|}}{CH_3-C-H}} + \underset{\underset{CH_3}{|}}{\overset{\overset{CH_3}{|}}{CH_3-C-Br}}$$
$$\qquad\qquad\qquad\qquad\qquad\qquad\qquad \text{痕量} \qquad\qquad\quad >99\%$$

可见,溴代反应的选择性比氯代高。反应中,溴原子对烷烃分子中活性较大的叔氢原子有较高的选择性(伯氢:仲氢:叔氢≈1:82:1600)。无论是氯代还是溴代,温度越高,反应选择性越差。

II　环烷烃

环烷烃(cycloalkane)是分子中具有以碳原子通过单键互相连接而成的环状骨架结构的饱和烃。按照分子中所含碳环的数目,可将环烷烃分为单环烷烃、二环烷烃和多环烷烃;按照分子中所含碳环的大小,又可将环烷烃分为小环(三、四元环)、普通环(五～七元环)、中环(八～十一元环)和大环(十二环以上)。

2.6　环烷烃的命名

环烷烃的命名比较特殊,需要单独介绍。

2.6.1　单环烷烃

单环烷烃的通式为 C_nH_{2n},与同碳数的烯烃互为同分异构体。

　　单环烷烃的命名通常以环烷烃为母体,根据环中碳原子总数称为环某烷。如果环上有支链,则将支链作为取代基。当取代基不止一个时,则将环上的碳原子进行编号,并使取代基具有最小的位次;当有不同取代基时,优先小基团。例如:

甲基环戊烷　　　　　　1,1-二甲基环己烷　　　　1-甲基-3-乙基环己烷　　　4-甲基-1,2-二乙基环己烷

　　在环烷烃分子中,碳环的存在限制了 C—C σ 键的自由旋转。因此,当环烷烃分子中有多个取代基时,可能会有顺反异构现象,命名时还需要指明是顺式还是反式构型(学习"对映异构"后会发现,仅用"顺"、"反"进行命名并不合适)。

顺-1-甲基-4-异丙基环己烷　　　　　反-1-甲基-4-异丙基环己烷

　　当环上有复杂取代基时,可将环作为取代基命名。例如:

$CH_3CH_2CH_2$—CH—CH—C—CH₃

2,2,3-三甲基-4-环丙基庚烷

2.6.2　多环烷烃

1. 螺环烃

　　两个碳环之间共用一个碳原子的脂环烃称为螺环烃(spiroalkane)。其中,两个碳环共用的碳原子称螺原子(spiro atom)。命名时根据环中所含碳原子总数确定母体名称,加上词头"螺"(英文用 spiro 表示),再将连接在螺原子上的两个环的碳原子数目(螺原子除外)按由小到大的次序写在"螺"和母体名称之间的方括号里,数字之间用圆点隔开。例如:

螺[4.4]壬烷　　　　螺[2.5]辛烷
spiro[4.4]nonane　　spiro[2.5]octane

　　当有取代基时,应将其位置表示出来。编号时从第一个非螺原子开始,先编较小的环,经过螺原子再编第二个环,在此前提下尽量使取代基具有最小的位次。例如:

4-甲基螺[2.5]辛烷
4-methylspiro[2.5]octane

2. 桥环烃

共用两个或两个以上碳原子的环烷烃称为桥环烃(bridged hydrocarbon)。

桥环烃中公用的碳原子称为桥头碳(bridgehead carbon)。分子中碳环的数目可根据将环变为开链烃所需打断的最少的 C—C 键的数目进行确定,如二环、三环等。命名时根据组成环的碳原子总数确定母体名称,加上词头二环、三环、……再将各桥所含碳原子的数目(桥头碳原子除外)按由大到小的次序写进词头和母体名称之间的方括号里,数字之间用圆点隔开。例如:

二环[4.4.0]癸烷   二环[3.2.1]辛烷
bicyclo[4.4.0]dectane   bicyclo[3.2.1]octane

当有取代基时,从一个桥头碳开始进行编号,先编最长桥到另一个桥头碳;再沿次长桥回到第一个桥头碳;最短的桥最后编,并尽量使取代基具有最小的位次。例如:

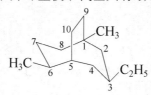

1,6-二甲基-3-乙基二环[3.3.2]癸烷
1,6-dimethyl-3-ethylbicyclo[3.3.2]dectane

拓展:

在多环烃分子中,如果存在没有通过主桥头碳的碳链,用数字(碳链中无碳原子时,用零表示)作为上标标明它的位置,位号之间用逗号分开。例如:

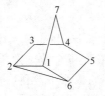

三环[2.2.1.0^{2,6}]庚烷   五环[4.2.0.0^{2,5}.0^{3,8}.0^{4,7}]辛烷
tricyclo[2.2.1.0^{2,6}]heptane   pentacyclo[4.2.0.0^{2,5}.0^{3,8}.0^{4,7}]octane

结构复杂、碳环数目多的脂环烃通常采用俗名。例如:

    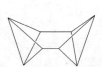

立方烷   房烷   篮烷   金刚烷   八角烷
cubane   houseane   basketane   adamantane   octabisvalene

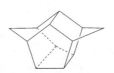　

双环丁烷　　螺桨烷　　棱柱烷　　四拱柱烷　　重排甾烷
bicyclobutane　propellane　prismane　peristylane　diasterane

2.7　环烷烃的结构与构象

2.7.1　小环烷烃的结构与稳定性

从热力学的角度来看,化合物燃烧热的高低与其稳定性的大小密切相关。在烃类化合物中,燃烧热与分子中所含碳原子和氢原子数目有关,开链烷烃分子中每增加一个亚甲基单元,燃烧热增加 658.6 kJ·mol^{-1}。环烷烃的燃烧热也与亚甲基单元的数量有关,但与开链烷烃不同的是,环烷烃分子中每个亚甲基的燃烧热不是一个定值,而是因环的大小不同存在明显的差异(表 2-5)。

表 2-5　一些环烷烃的燃烧热

名称	成环碳数	分子燃烧热 /(kJ·mol^{-1})	—CH$_2$—的 平均燃烧热 /(kJ·mol^{-1})	名称	成环碳数	分子燃烧热 /(kJ·mol^{-1})	—CH$_2$—的 平均燃烧热 /(kJ·mol^{-1})
环丙烷	3	2091	697	环辛烷	8	5310	664
环丁烷	4	2744	686	环壬烷	9	5981	665
环戊烷	5	3320	664	环癸烷	10	6636	664
环己烷	6	3951	659	环十四烷	14	9220	659
环庚烷	7	4637	662	开链烷烃	—	—	659

从表 2-5 中可以看出,由环戊烷到环丙烷,成环碳原子数越少即环越小,每个亚甲基的燃烧热越大;随着环的增大,每个亚甲基的燃烧热逐渐降低,这说明在小环烷烃中,环越小能量越高,因此越不稳定。从环己烷开始,每个亚甲基的燃烧热趋于恒定,其中,环己烷和环十四烷分子中每个亚甲基的燃烧热与开链烷烃每个亚甲基的燃烧热相当。以上分析表明环烷烃的稳定性与环的大小有关。

为了解释环的大小与环烷烃的稳定性之间的关系,1885 年 A. Baeyer(拜尔)提出了张力学说(strain theory)。他假定碳原子成环时处于同一平面,并排成正多边形。而饱和环烷烃的成环碳原子均为 sp^3 杂化,因此可用公式:偏转角=(109°28′-正多边形内角)/2 来计算不同环烷烃中 C—C—C 键角与 sp^3 杂化轨道的正常键角 109°28′的偏离程度。

例如,Baeyer 张力学说认为环丙烷的三个碳原子在同一平面上,成正三角形,键角为 60°。要使键角由正常的 109°28′ 变为 60°成环,必须进行压缩(屈挠),使两个价键各向内压缩(109°28′-60°)/2=24°44′,即形成环丙烷时,每个键需向内偏转约 24.7°,这就使分子内部产生张力(Baeyer 张力或角张力)。Baeyer 学说认为,键的偏转角度越大,环的张力越大,稳定性就越差,越容易发生开环反应,以解除张力。同理可以计算其他环烷烃分子中价键的偏转角度:

环丙烷	环丁烷	环戊烷	环己烷	环庚烷	环辛烷
24.7°	9.8°	0.8°	−5.3°	−10.05°	−12.7°

从 Baeyer 张力学说中可以得出结论,三元、四元环很不稳定,环戊烷是最稳定的,环己烷以上的环烷烃又不稳定。这与小环不稳定这一实验事实相符,但与其他环的稳定性事实不符,说明这一理论还未从本质上认识问题。该理论的主要缺点是将所有的环烷烃都按平面结构处理。实际上,从环丁烷开始,成环碳原子均不在同一平面上。例如,环丁烷的结构是蝴蝶型,环戊烷为信封型或半椅型。

蝴蝶型   信封型   半椅型

此外,环丙烷和环丁烷分子中,成环碳原子的 sp^3 轨道之间的重叠并不是典型的沿键轴方向的"头对头"σ键。实际测得环丙烷分子中相邻碳原子用于成键的 sp^3 轨道对称轴的夹角为 105.5°。这说明,为了使分子的能量达到最适合的程度,环丙烷中的价键既大致保持原来轨道间的角度,又达到一定程度重叠而形成一个弯曲的键,或称为香蕉键(banana bond,图 2 - 11)。

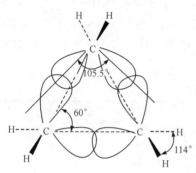

图 2 - 11　环丙烷分子中的弯曲键

与沿键轴重叠的 σ 键相比,弯曲键中轨道的重叠程度比较小,而且电子云分布于环外,因此环丙烷分子中的 C—C σ 键比一般烷烃分子中的 σ 键弱,并且能量高。这就是环丙烷稳定性差、容易开环的一个原因。

环丙烷的三个碳原子在同一平面上,任意两个碳原子上的 C—H 键都处于重叠式构象,相互之间存在斥力。因此,除角张力外,环丙烷张力比较大的另一个原因是由重叠式构象引起的扭转张力。

近代测试结果表明,环丁烷的 C—C—C 键角为 111.5°,也存在角张力,但其弯曲键中原子轨道的重叠程度比环丙烷的大,因此,环的稳定性比环丙烷高。环戊烷及以上的环烷烃,由于不是平面结构,分子中的 C—C—C 键角都保持 109°28′,几乎不存在角张力。由七到十二个碳原子组成的环烷烃分子中虽然不存在角张力,但是由于分子内氢原子比较拥挤,也存在扭转张力。只有相当大的环(如环二十二烷)的稳定性才与环己烷相当。经测定,环二十二烷的碳原子不在同一平面上,分子呈皱折型,如图 2 - 12 所示。

图 2 - 12　环二十二烷的结构

2.7.2　环己烷的构象

电子衍射法研究表明环己烷不是平面结构,两个典型的构象是椅式(chair)构象和船式(boat)构象,如图 2 - 13 所示。

在环己烷的船式构象中,所有的 C—C—C 键角为 109°28′,没有角张力。但是其相邻碳原

子上的 C—H 键并非全在交叉式位置上。从 Newman 投影式(图 2-14)可以清楚地看到：C_2—C_3、C_5—C_6 上的 C—H 键都在重叠式的位置上，因而存在扭转张力；此外，船头的两个碳原子上的两个向内伸的 H 原子之间距离只有 0.18nm，小于范德华半径之和(0.24nm)，两个 H 原子互相排斥，存在张力。因此，船式构象的能量比较高，比椅式构象高 28.9kJ·mol^{-1}。

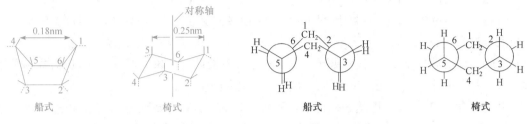

图 2-13　环己烷的两个典型构象　　　　图 2-14　环己烷椅式和船式构象的 Newman 投影式

椅式构象中，所有的 C—C—C 键角为 109°28′，且 Newman 投影式显示任何相邻碳原子上的 C—H 键也都是交叉式。可见，环己烷的椅式构象无角张力，扭转张力也很小，基本上是无张力环，能量最低。常温下，船式和椅式可以互相转化，在平衡体系中，椅式占 99.9%以上。

在环己烷椅式构象中，六个碳原子在空间分布于两个互相平行的平面上：C_1、C_3、C_5 在一个平面上，C_2、C_4、C_6 在另一个平面，两个平面相距 50pm。椅式环己烷的每一个碳原子都连有两种 C—H 键，一种与分子的对称轴平行，称为直立键，也称 a 键 (axial bond)；另一种与分子对称轴呈 109°28′ 的倾斜角，称为平伏键，也称 e 键(equatorial bond)，如图 2-15 所示。

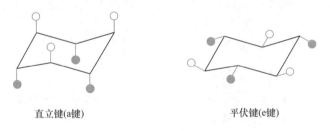

直立键(a键)　　　　　　　　　　平伏键(e键)

图 2-15　环己烷椅式构象中的两种键

十二个碳氢键中，六个在环平面的下方(图 2-15 中实心小球所连的键)，六个在环平面的上方(图 2-15 中小圆圈所连的键)。

环己烷可通过分子的热运动由椅式构象Ⅰ翻转为椅式构象Ⅱ。这时，构象Ⅰ中的 a 键转变为构象Ⅱ中的 e 键，e 键则转变为 a 键，如图 2-16 所示。两种构象异构体之间的能垒为 46kJ·mol^{-1}，常温下这种翻转很快，环己烷实际上是这两种椅式构象的动态平衡体系。

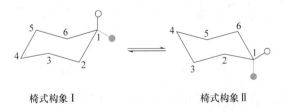

椅式构象Ⅰ　　　　　　　　　椅式构象Ⅱ

图 2-16　环己烷椅式构象的翻转

2.7.3 取代环己烷的构象

环己烷衍生物绝大多数以椅式构象存在,且大都可以进行椅式翻转。但由于取代基的存在,翻转前后往往是两种结构不同的分子。

研究表明,环己烷分子中,处于环同侧以 a 键连接的氢原子之间的距离与氢原子的范德华半径之和相当,没有张力。

一取代环己烷分子中,取代基处于 a 键和处于 e 键的两种构象的能量不同,在椅式构象平衡体系中所占的比例也不同。下面以 1-甲基环己烷为例说明。

甲基在直立键时,由于甲基的范德华半径较大,与 C_3、C_5 上 a 键 H 原子的距离小于范德华半径之和,互相排斥,势能升高;构象翻转后,甲基处于 e 键,向外伸去,它与 C_3、C_5 上的 H 原子的距离增大,没有排斥作用,故势能较低。因此,e-甲基构象比较稳定,在平衡体系中占 95%,为优势构象。

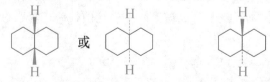

a-甲基 5% e-甲基 95%

环己烷的各种一元取代物都是以取代基在 e 键上的构象为优势构象。当取代基(如叔丁基)的体积很大时,几乎仅以这一种构象形式存在。

环己烷有多个取代基时,往往是 e 键上取代基最多的构象最稳定。如果环上有不同的取代基,则体积大的取代基连在 e 键上的构象最稳定。

*2.7.4 十氢合萘的构型

十氢合萘分子可视为由两个环己烷环共用两个碳原子而组成,有顺、反两种异构体:

H   H   H

或

H   H   H

顺-十氢合萘   反-十氢合萘

桥头上的氢可以省去,用一个圆点表示向上方伸出的氢:

顺-十氢合萘   反-十氢合萘

十氢合萘分子中的环己烷环都以稳定的椅式构象存在。顺型异构体中一个环己烷环以一个 a 键和一个 e 键与另一个环连接,而反型异构体中一个环己烷环以两个 e 键与另一个环连接,所以,反型十氢合萘比顺型十氢合萘更稳定。

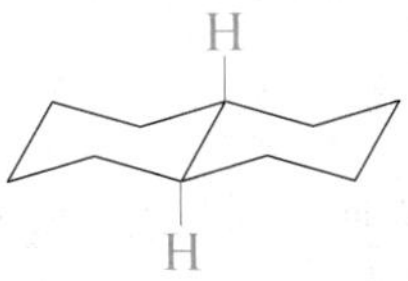

反-十氢合萘 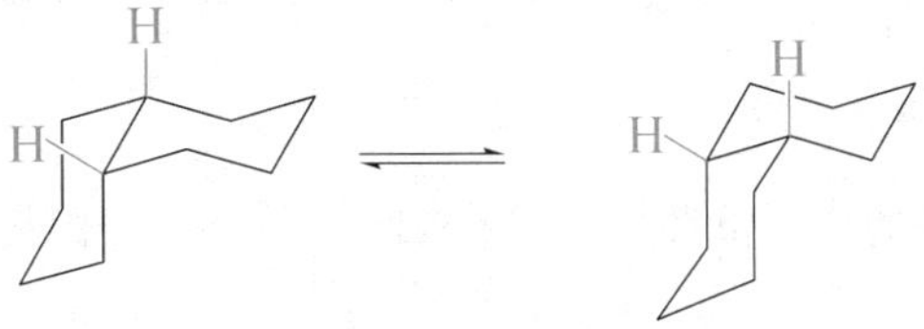   顺-十氢合萘

思考:

顺-和反-十氢合萘之间稳定性之差为 $8.4kJ \cdot mol^{-1}$,但是只有在非常剧烈的条件下才能从一个异构体转变成另一个,而环己烷的椅式和船式的稳定性之差为 $23.5kJ \cdot mol^{-1}$,却能在室温下很快地互变,为什么?

2.8 环烷烃的物理性质

低级环烷烃如环丙烷和环丁烷在常温下为气体,环戊烷为液体,高级环烷烃为固体。

环烷烃与相应的链烃相比,具有较高的熔点和沸点,相对密度也比相应烷烃高,但仍小于1。这是分子结构影响的结果:环烷烃由于成环,结构较紧密,分子排列的有序性大,分子间作用力较大。一些环烷烃的物理常数见表 2-6。

表 2-6 一些环烷烃的物理常数

名称	沸点/℃	熔点/℃	相对密度(d_4^{20})	折射率(n_D^{20})
环丙烷	-32.9	-127.6	0.720(-79℃)	
环丁烷	12.4	-80.0	0.703(0℃)	1.4260
环戊烷	49.3	-93.8	0.746	1.4064
环己烷	80.8	6.5	0.779	1.4266
环庚烷	118.3	-12.0	0.810	1.4449
环辛烷	150.0	14.3	0.835	1.458

2.9 环烷烃的化学反应

从结构可以看出,普通环烷烃的化学性质应该与相应的链烷烃相似,但环丙烷、环丁烷等小环环烷烃分子中存在较大的张力,所以性质活泼,具有一些特殊的反应。

2.9.1 取代反应

环烷烃与烷烃相似,在光照或高温条件下可发生自由基取代反应。例如:

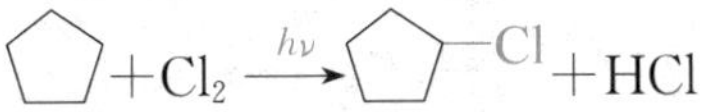

环戊烷   氯代环戊烷

$$\text{环己烷} + Br_2 \xrightarrow{h\nu} \text{溴代环己烷} + HBr$$

2.9.2 催化氢化

在催化剂的作用下环烷烃可与 H_2 作用,发生开环而与 H_2 加成生成烷烃,反应的难易与环的大小有关。

$$\triangle + H_2 \xrightarrow[80℃]{Ni} CH_3CH_2CH_3$$
环丙烷　　　　　　　丙烷

$$\square + H_2 \xrightarrow[200℃]{Ni} CH_3CH_2CH_2CH_3$$
环丁烷　　　　　　　丁烷

$$\pentagon + H_2 \xrightarrow[300℃]{Pt} CH_3CH_2CH_2CH_2CH_3$$
环戊烷　　　　　　　戊烷

环己烷以上的环烷烃通常难以发生催化加氢反应。

上述反应表明,环的大小不同,环烷烃的稳定性不同,加氢反应的条件也不同,其中,三元、四元环等小环容易开环,说明其稳定性小。

2.9.3 与卤素或卤化氢的开环反应

环丙烷及其衍生物不仅容易加氢,而且易与卤素溶液发生开环反应。例如:

$$\triangle + Br_2 \xrightarrow[常温]{CCl_4} BrCH_2CH_2CH_2Br$$
环丙烷　　　　　　　1,3-二溴丙烷

环丁烷与溴溶液在常温下不发生反应,在加热下才能进行开环反应,生成 1,4-二溴丁烷。

$$\square + Br_2 \xrightarrow[加热]{CCl_4} BrCH_2CH_2CH_2CH_2Br$$
1,4-二溴丁烷

由于三元环也可与 Br_2/CCl_4 反应,因此,不能用溴褪色法区别小环烷烃和烯烃,但可以区别环己烷和己烯。

卤化氢在常温下也能使环丙烷发生开环。

$$\triangle + HBr \longrightarrow CH_3CH_2CH_2Br$$
1-溴丙烷

环丙烷的烷基衍生物与卤化氢加成时,环的破裂发生在含氢最多和最少的两个成环碳原子之间,加成方向符合 Markovnikov(马尔可夫尼可夫)规则,简称马氏规则,即氢原子加在含氢较多的成环碳原子上。

$$\triangle + HBr \longrightarrow$$
2-溴丁烷

2,3-二甲基-2-溴丁烷

2.9.4 氧化反应

环烷烃与烷烃一样，对氧化剂比较稳定。常温下环烷烃不与一般的氧化剂（如 $KMnO_4$、O_3）反应，即使是环丙烷在常温下也不能使 $KMnO_4$ 褪色。

在加热条件下，环烷烃可与强氧化剂发生反应。例如：

己二酸

2.10 烷烃和环烷烃的制备

烷烃和环烷烃可利用不饱和烃加氢（详见 3.4.1、3.8.4 和 4.4.4），Corey-House 合成法（详见 6.3.4），卤代烷的还原（详见 6.3.3）以及羧酸的脱羧反应（详见 10.3.5）等反应制备。

Ⅲ 饱和烃的来源及石油产业

烷烃和环烷烃的工业来源主要是石油。石油是古代海洋或湖泊中的生物经过细菌、温度、压力及无机物等漫长的催化作用演化形成的。石油经分馏可以得到各种馏分，见表 2-7。

表 2-7 石油的主要馏分

馏分	组分	沸点温度/℃	所含的主要成分
轻质组分	$C_1 \sim C_6$	<30	甲烷、乙烷、丙烷等
较中组分	$C_5 \sim C_6$	30~80	环戊烷、环己烷、石油醚等
中质组分	$C_7 \sim C_{22}$	40~380	甲基环戊烷、甲基环己烷、汽油、煤油、柴油等
重质组分	C_{20} 以上	不挥发	重柴油、润滑油、凡士林、石蜡、沥青等

饱和烃的另一来源是天然气。所谓天然气，是指自然形成的蕴藏于地层中的烃类和非烃类气体。天然气的主要成分为甲烷，其次为乙烷和丙烷，此外还含有少量的其他烷烃。

从石油中分离出来的汽油、煤油、柴油以及润滑油最初只是用作燃料和润滑剂，随着以石油为原料的有机化工的迅速发展，石油产业已成为基础化工和能源化工的根本，在国民经济的发展中占有极其重要的地位。随着我国工业化进程加快、城镇化和消费方式不断升级，石油消费迎来了又一个起点。但石油作为一次能源是非常有限的，必须节约能源和寻找新能源，以缓解日益严峻的石油危机。

习 题

1. 将下列物质按沸点由高到低排序。

(1) 己烷　　　(2) 辛烷　　　(3) 3-甲基庚烷　　　(4) 正戊烷

(5) 2,2-二甲基戊烷　　(6) 2-甲基己烷　　(7) 2,2,3,3-四甲基丁烷

2. 排列化合物的沸点,其中(X=Cl、Br、I)。

(1) $CH_3(CH_2)_4X$　　　　　　　　(2) $CH_3(CH_2)_5X$

(3) $CH_3CH_2CH_2CH_2CH_2CH(CH_3)X$　　(4) $CH_3CH_2C(CH_3)_2X$

(5) $CH_3CH_2CH_2CH(CH_3)X$

3. 写出下列物质的结构式。

(1) 乙基环丁烷　　　　　(2) 环辛烷　　　　　　(3) 叔丁基环己烷

(4) 环丁基环己烷　　　　(5) 1-甲基-3-乙基环丁烷　(6) 二环[3.3.0]辛烷

(7) 1,4-二甲基二环[2.2.2]辛烷　(8) 5-甲基螺[3.4]辛烷

4. 将下列的投影式改为透视式,透视式改为投影式。

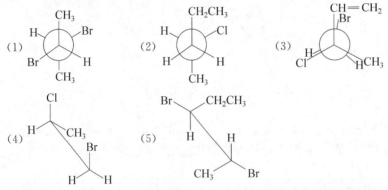

5. 试写出 2-甲基丁烷绕 C_2—C_3 轴旋转的较稳定的构象,并指出其中哪个构象最稳定。

6. 用 Newman 投影式画出下列化合物的构象。

(1) 以 C_2—C_3 为标准的正丁烷的邻交叉式构象

(2) 1,1,2,2,-四溴乙烷的最稳定的交叉式构象

(3) 1,2-二溴乙烷最不稳定的构象

7. 写出丙烷的主要构象式,并推测其能量曲线的形状。

8. 推测 2-甲基丁烷与氯气反应可以得到几种一取代产物,各产物大致的含量。指出反应历程类型,可形成几个中间体,哪个中间体最稳定。

9. 某烷烃的相对分子质量为 86,溴代时有 5 种一溴代物,试写出该烷烃的结构式。

10. 某饱和烷烃相对分子质量为 114,在光照条件下与氯气反应,仅能生成一种一氯代物,试推出其结构式。

11. 如果烷烃溴代时,不同类型氢原子溴代的相对活性为伯氢∶仲氢∶叔氢=1∶80∶1600,试预测2-甲基丙烷发生溴代反应时各一溴代产物的含量。

12. 写出戊烷热解时的可能产物及其形成过程。

13. 比较下列自由基的稳定性大小。

(1) $CH_3\overset{\bullet}{C}HCH(CH_3)_2$　　　　(2) $CH_3CH_2\overset{\bullet}{C}(CH_3)_2$

(3) $CH_3\cdot$　　　　　　　　　　(4) $(CH_3)_2CHCH_2CH_2\cdot$

14. 命名下列化合物。

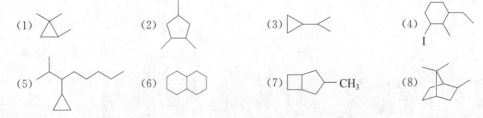

(9) 　　(10) 　　(11)

15. 写出下列化合物最稳定的构象。

(1) 顺-1,2-二氯环己烷

(2) 反-1-甲基-3-异丙基环己烷

(3) 顺-1-甲基-4-溴环己烷

(4)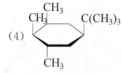

16. 写出下列化合物最稳定的构象(·表示桥头氢原子伸向纸面上方)。

(1)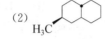

(2)

(3)

17. 写出下列反应的主要产物。

(1) —CH₃+Br₂ $\xrightarrow{\text{光照}}$

(2)

(3)　+HI⟶

第 3 章　不饱和烃：烯烃、炔烃和二烯烃

本章介绍含有碳碳不饱和键的链状烃类化合物，包括：烯烃、炔烃和二烯烃。

Ⅰ　烯烃

烯烃(alkene)是一类含有碳碳双键的不饱和烃。由于烯烃比相应烷烃少两个氢原子，故名烯烃，其通式为 C_nH_{2n}。含相同碳数的烯烃和单环环烷烃互为构造异构体。

3.1　烯烃的结构

近代物理方法研究表明，烯烃的结构特点是含有碳碳双键，该双键由一个 σ 键和一个 π 键组成。

乙烯是最简单的烯烃，分子式为 C_2H_4。乙烯分子中，碳原子的价电子采取 sp^2 杂化形式。形成乙烯时，两个碳原子各自以一个 sp^2 杂化轨道沿键轴方向以"头对头"方式重叠形成一个碳碳 σ 键；再各自以两个 sp^2 杂化轨道与两个氢原子的 1s 轨道形成两个碳氢 σ 键，这五个键处于同一平面，如图 3-1 所示。每个碳原子余下的未参与杂化的 2p 轨道的对称轴均垂直于乙烯分子所在的平面，即它们互相平行，可"肩并肩"地侧面重叠，形成碳碳之间的第二个键，π 键。可见碳碳双键的两个键并不等同，其中 σ 键的电子云呈轴对称，重叠程度大，键能较高；而 π 键电子云不像 σ 键那样集中于两个碳原子的连线上，而是分布于分子平面的上方和下方，电子云呈平面对称，重叠程度低。π 键比 σ 键弱，成为烯烃分子中的薄弱环节；同时，在整个分子中，电子向外暴露的态势非常突出，易受到缺电子试剂的进攻，发生亲电加成反应。这就是烯烃比烷烃活泼的原因。

光谱研究和电子衍射也证实乙烯为平面分子(图 3-2)，H—C—C 的键角接近于 120°，碳碳双键键长 0.134nm。

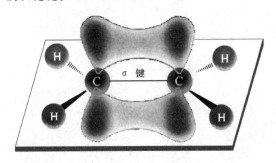

图 3-1　乙烯分子中的 σ 键和 π 键

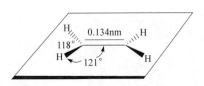

图 3-2　乙烯分子的形状和键参数

π 键的成键方式决定它不能像 σ 键那样可以绕键轴自由旋转，因为旋转会导致两个 p 轨道离开平行状态，而不能达到最大程度的重叠，这就意味着 π 键的断裂(图 3-3)。

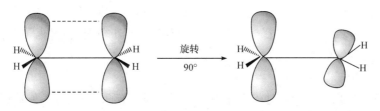

图 3-3　碳碳双键旋转示意图

3.2　烯烃的异构和命名

3.2.1　烯烃的异构

　　烯烃的异构现象比烷烃复杂。四个碳以上的烯烃因碳链的不同和双键在碳链上的位置不同可以产生各种构造异构体。此外，由于双键不能自由旋转，因此，当以双键连接的两个碳原子上各连接不同的原子或原子团时，就会产生烯烃的另一种异构现象——顺反异构。例如，丁烯有如下四种异构体：

$CH_3{-}CH_2{-}CH{=}CH_2$

$\underset{H}{\overset{H_3C}{}}C{=}C\underset{H}{\overset{CH_3}{}}$

$\underset{H}{\overset{CH_3}{}}C{=}C\underset{CH_3}{\overset{H}{}}$

$CH_3{-}\underset{CH_3}{\overset{\displaystyle|}{C}}{=}CH_2$

　　1-丁烯　　　　　　　　顺(cis)-2-丁烯　　　反(trans)-2-丁烯　　　2-甲基丙烯

　　其中，顺-2-丁烯和反-2-丁烯是顺反异构体(cis-trans isomer)，是两种物质，具有不同的沸点及物理性质。

　　顺反异构属于立体异构，是由于分子中存在着限制旋转的因素（如碳碳双键、碳环等），且双键或碳环的两个碳原子连有不同的原子或原子团时所产生的异构现象。顺反异构体之间在原子组成、键接顺序以及官能团位置上均相同，只是分子中各原子或原子团在空间的排列方式不同。分子中各原子或原子团在空间的排列称为构型(configuration)。构型与构象最重要的区别在于构型异构体之间不能通过 σ 键的旋转实现互变。

　　除了烯烃以外，环烷烃、含 C=N 的化合物（如肟）等也有顺反异构现象。

3.2.2　烯烃的命名

　　烯烃一般采用 IUPAC 系统命名法，命名原则遵从有机化合物命名通法，其中母体为"烯"，编号时优先照顾母体官能团双键。例如：

$CH_3CH_2\underset{\underset{CH_3}{\overset{\displaystyle|}{}}}{C}HCH{=}CHCH_3$

　　　　　　4-甲基-2-己烯　　　　　　　　　3,3,6-三甲基环己烯

　　烯烃去掉一个氢后剩下的一价基团称为烯基。例如：

$CH_2{=}CH{-}$　　　　$CH_3{-}CH{=}CH{-}$　　　　$CH_2{=}CH{-}CH_2{-}$

　　　乙烯基　　　　　　　　丙烯基　　　　　　　　　烯丙基

烯烃的命名有两点特殊之处：

（1）当主链碳原子数多于十个时，用中文数字表示，并在烯字前面加一个"碳"字。例如，$CH_3(CH_2)_{13}CH{=}CH_2$ 命名为 1-十六碳烯。当双键处于 1 位时，标号也可以省略，如 1-十六碳烯也可称为十六碳烯。

（2）顺反异构体。

存在顺反异构的烯烃，命名时还需标明其构型。通常有两种方法：一种是顺/反命名法，另一种是 Z/E 命名法。

顺/反命名法是根据烯烃分子中双键上不同碳原子上连接的相同原子或原子团的相对位置进行命名的，相同原子或基团处于双键同一侧的，称为顺式，反之为反式。例如：

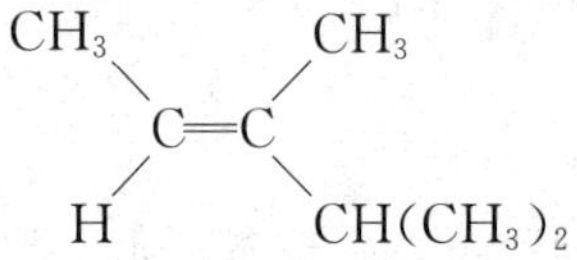

顺-3,4-二甲基-2-戊烯 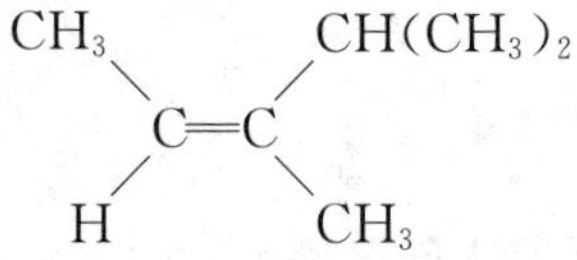　　　　　反-3,4-二甲基-2-戊烯

当顺反异构体的双键碳原子上连有四个不同原子或基团时，依据顺/反命名法进行命名就会发生困难。例如：

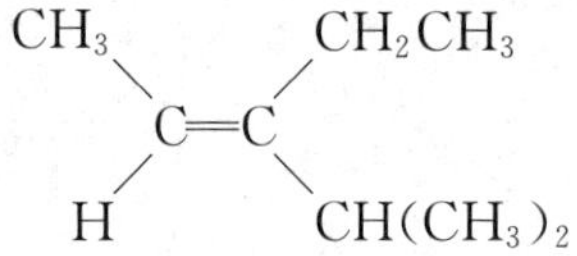

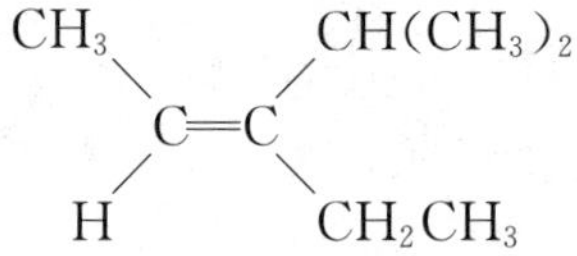

为了解决这个问题，IUPAC 规定用 Z（德文 zusammen，同）、E（德文 entgegen，对）标记烯烃顺反异构体的 Z/E 命名法。

Z/E 命名法是通过比较烯烃分子中相关原子或基团的先后次序（根据次序规则比较，见1.8 节有机化合物命名的基本原则）来区别顺反异构体的。IUPAC 规定，以双键相连的两个碳原子上的较优基团位于双键的同侧者，其构型为 Z 型；反之，则为 E 型。例如：

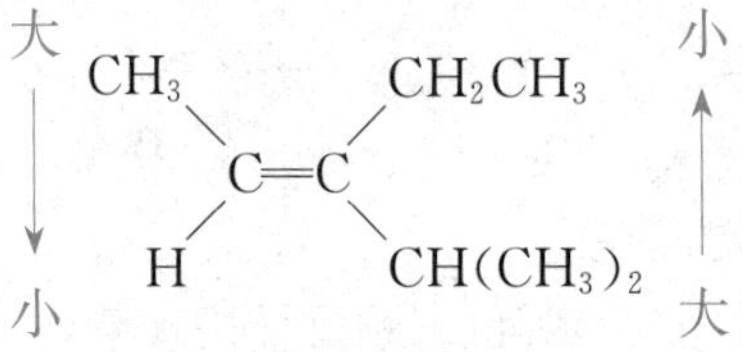

(E)-4-甲基-3-乙基-2-戊烯 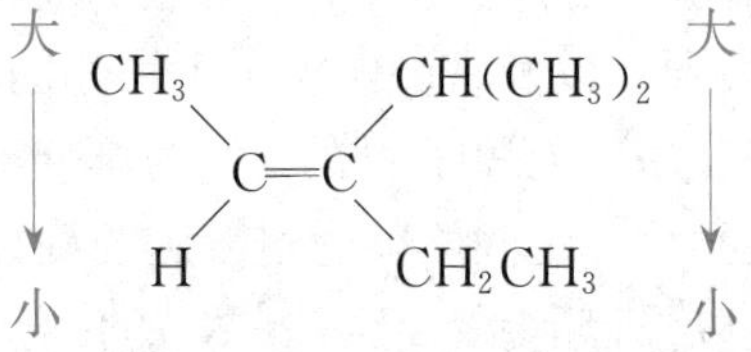　　　　　(Z)-4-甲基-3-乙基-2-戊烯

箭头方向表示与双键碳原子相连的两个原子或基团的优先次序由大到小，当两个箭头的方向一致时是 Z 型，反之，则为 E 型。

Z/E 构型标记法适用于所有顺反异构体，它与顺/反构型标记法相比更具有广泛性。这两种标记法之间没有必然的联系，顺式构型不一定是 Z 构型，反式构型也不一定是 E 构型。例如：

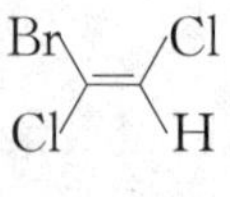

(Z)-1,2-二氯溴乙烯　　(E)-1,2-二氯溴乙烯

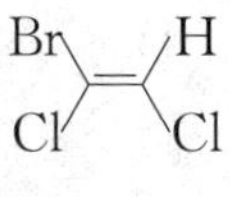

反-1,2-二氯溴乙烯　　顺-1,2-二氯溴乙烯

当烯烃分子中含有不止一个双键时，应分别标明每个双键的构型。主链的编号有两种可能时，则应从 Z 型双键的一端开始编号。例如：

(2Z,5E)-2,5-庚二烯

3.3 烯烃的物理性质

常温常压下,四个碳以下的烯烃是气体,含有五～十八个碳的烯烃是液体,高级烯烃为固体。烯烃的沸点随相对分子质量的增加而升高,相对密度小于 1。烯烃难溶于水,易溶于苯、石油醚、氯仿等非极性或弱极性有机溶剂。一些烯烃的物理常数见表 3-1。

表 3-1   一些烯烃的物理常数

名称	结构式	熔点/℃	沸点/℃	相对密度(d_4^{20})
乙烯	$CH_2{=}CH_2$	-169.5	-103.7	
丙烯	$CH_3CH{=}CH_2$	-185.2	-47.7	
1-丁烯	$CH_3CH_2CH{=}CH_2$	-184.3	-6.4	
顺-2-丁烯		-139.3	4.0	0.621
反-2-丁烯		-105.5	0.9	0.604
2-甲基丙烯	$(CH_3)_2C{=}CH_2$	-140.3	-6.9	
1-戊烯	$CH_3(CH_2)_2CH{=}CH_2$	-138.0	30.1	0.643
2-甲基-1-丁烯	$CH_3CH_2C{=}CH_2$ 上接 CH_3	-137.6	31.2	0.650
3-甲基-1-丁烯	$(CH_3)_2CHCH{=}CH_2$	-168.5	25	0.648
1-己烯	$CH_3(CH_2)_3CH{=}CH_2$	-139.8	63.5	0.673
1-庚烯	$CH_3(CH_2)_4CH{=}CH_2$	-119.0	93.6	0.697
1-十八碳烯	$CH_3(CH_2)_{15}CH{=}CH_2$	17.5	179.0	0.791

在烯烃分子中,饱和碳原子采取 sp^3 杂化,双键碳原子为 sp^2 杂化,因此这两种碳原子的电负性不同,C_{sp^2}—C_{sp^3} 键具有偶极矩;此外 π 电子云流动性比较大,与烷烃相比,烯烃较易极化而成为有偶极矩的分子。

对称取代的烯烃分子中,反式异构体是对称分子,偶极矩等于零;顺式异构体的两个取代基在双键同一侧,偶极矩不等于零,分子间除了有范氏力,还有偶极-偶极相互作用,故顺式异构体的沸点一般比反式异构体略高。但顺式异构体的对称性比较低,在晶格中的排列不如反式异构体紧密,故顺式异构体的熔点通常比反式异构体略低。例如,顺-2-丁烯的沸点为 3.7℃,熔点为-139℃,反-2-丁烯的沸点为 1℃,熔点为-105℃。上述数据说明,顺反异构体

的物理性质,如偶极矩、熔点、沸点、相对密度、折射率等方面都存在差异。

3.4 烯烃的化学反应

烯烃分子中的碳碳双键由一个 σ 键和一个 π 键组成,其中的 π 键比较弱,在反应中容易被打开,所以烯烃的化学性质不同于烷烃,非常活泼。从烯烃的电荷分布示意图(图 3-4)来看,烯烃分子中的双键区域是富含电子的区域,是烯烃反应的核心位点,易被缺少电子的亲电试剂进攻。最典型的反应是加成反应,反应结果在双键碳原子上加两个原子或原子团(图 3-5)。

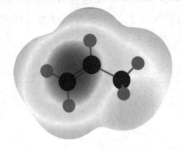

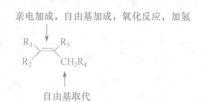

图 3-4　烯烃电荷分布示意图　　图 3-5　烯烃发生反应时化学键断裂位置

3.4.1　催化氢化

在通常情况下,烯烃不易与氢发生反应,但在催化剂铂(Pt)、钯(Pd)、镍(Ni)等的作用下,烯烃可以与氢加成生成烷烃,所以也称为催化氢化(catalytic hydrogenation)。常用的催化剂为 5% 或 10% 钯碳和 Raney Ni(雷尼镍)。

$$CH_2{=}CH_2 + H_2 \xrightarrow{\text{催化剂}} CH_3CH_3$$

公认的催化氢化历程如下:催化剂将烯烃和氢吸附在其表面上,这种吸附不是一种简单的物理吸附,而是一种化学吸附。吸附后,氢分子在催化剂上发生键的断裂,形成活泼的氢原子,氢原子与络合在催化剂上的烯烃双键的碳原子结合,将烯烃还原成烷烃。

双键碳原子上所连的取代基越少,越有利于烯烃在催化剂表面的吸附。因此,烯烃的相对氢化速率为乙烯>一取代乙烯>二取代乙烯>三取代乙烯>四取代乙烯。

大部分催化氢化都是顺式加成,即新形成的碳氢 σ 键都在双键的同一面。

3.4.2　亲电加成反应

导引:

C=C 键含有一个强的 σ 键和一个弱的 π 键,易发生加成反应。反应时将 π 键打开,生成两个 σ 键,即破坏一个弱的 π 键,形成两个强的 σ 键,热力学上有利。 C=C 键富含电子,易被带正电荷或缺电子的亲电试剂进攻,发生亲电反应,动力学上有利。总之, C=C 键易发生亲电加成反应。

烯烃分子中,π 键电子云不像 σ 键那样集中于两个碳原子的连线上,而是分布于分子平面的上方和下方,受原子核的束缚比较小,可极化性强,容易受到缺电子试剂的进攻。

常见的与烯烃发生加成反应的亲电试剂(electrophile)有卤素、卤化氢、硫酸及一些无机酸等。

1. 与卤素加成

烯烃容易与卤素发生加成反应,生成邻二卤代物。例如:

$$CH_2{=}CH_2 + Br_2 \longrightarrow \underset{\substack{| \\ Br}}{CH_2}{-}\underset{\substack{| \\ Br}}{CH_2}$$

1,2-二溴乙烷

烯烃与溴反应后,可使溴的红棕色褪去,现象非常明显,实验室和工业上常利用此反应来鉴别烯烃。

卤素中,氟与烯烃的加成过于剧烈,往往导致碳链的断裂,生成含碳原子数较少的化合物;碘与烯烃很难反应。所以,烯烃与卤素的加成通常是指与氯和溴的加成,且与氯的反应速率比溴快。卤素与烯烃加成活性顺序为 $F_2{>}Cl_2{>}Br_2{>}I_2$。

烯烃与溴水的反应在室温下就可迅速发生,而与干燥的溴的四氯化碳溶液反应很慢;将烯烃和溴置于内壁涂有石蜡的容器中反应很难发生,向反应体系中加入少量水等极性试剂,反应迅速进行,说明反应需要极性条件。

将乙烯通入含氯化钠的溴水中,除主要生成 1,2-二溴乙烷外,还生成 1-氯-2-溴乙烷和2-溴乙醇:

$$CH_2{=}CH_2 + Br_2 \xrightarrow[\text{水溶液}]{NaCl} \underset{\substack{| \quad | \\ Br \quad Br}}{CH_2{-}CH_2} + \underset{\substack{| \quad | \\ Br \quad Cl}}{CH_2{-}CH_2} + \underset{\substack{| \quad | \\ Br \quad OH}}{CH_2{-}CH_2}$$

1,2-二溴乙烷　　　1-氯-2-溴乙烷　　　2-溴乙醇

上述实验结果表明反应是分步进行的。

当溴分子接近烯烃分子时,烯烃分子中的 π 电子诱使溴分子发生极化,其中一个溴原子带部分正电荷,另一个溴原子带部分负电荷。受极化的溴分子以 $Br^{\delta+}$ 进攻烯烃,烯烃则提供 π 电子与之结合,生成一个环状溴鎓离子(bromonium ion),同时,溴分子发生异裂产生溴负离子。在这一步反应中,烯烃分子中 π 键的断裂以及溴分子中 σ 键的断裂都需要能量,速率较慢,是整个反应的决速步骤。

溴鎓离子

溴鎓离子不稳定,受到体系中的负离子从环的背面进攻,形成反式加成产物,即产物中新加上的两个原子或基团是从碳碳双键的两面分别加到两个双键碳原子上的。后一步反应速率较快。

因此,将乙烯通入含氯化钠的溴水中,除主要生成 1,2-二溴乙烷外,还生成 1-氯-2-溴乙烷和 2-溴乙醇。这是因为在反应的第二步,带正电荷的溴鎓离子既能与 Br^- 反应,也能与氯化钠

溶液中的 Cl^- 和水中 OH^- 反应。

2. 与卤化氢加成

烯烃与卤化氢气体反应生成相应的卤化物。

$$CH_2{=\!\!=}CH_2 + HX \longrightarrow \underset{\underset{H}{|}}{CH_2}{-}\underset{\underset{X}{|}}{CH_2}$$

浓的氢卤酸也能和烯烃发生上述反应,其中,氢碘酸最容易加成,氢溴酸次之,浓盐酸则需在氯化铝的催化下才能反应,表明它们的反应活性顺序为 $HI > HBr > HCl$。

烯烃与卤化氢的反应也是分两步进行的,首先由卤化氢解离出的质子进攻烯烃,生成碳正离子中间体,然后卤负离子与之结合生成加成产物。以乙烯为例:

$$CH_2{=\!\!=}CH_2 + H{-}X \xrightarrow{\text{慢}} \underset{\text{碳正离子}}{CH_3{-}CH_2^+} \xrightarrow{X^-} CH_3{-}CH_2X$$

其中,第一步是整个反应的决速步骤。

乙烯是对称分子,卤化氢与之反应时,无论氢原子加在哪一个碳原子上,产物都是相同的。丙烯与卤化氢加成时,生成两种产物,其中主产物为 2-溴丙烷。

$$CH_3{-}CH{=\!\!=}CH_2 + HBr \longrightarrow \underset{\underset{H\ \ Br}{|\ \ \ |}}{CH_3{-}CH{-}CH_2} + \underset{\underset{Br\ \ H}{|\ \ \ |}}{CH_3{-}CH{-}CH_2}$$

$$\text{1-溴丙烷} \qquad\qquad \text{2-溴丙烷(主要产物)}$$

这是由于 HBr 与 $CH_3{-}CH{=\!\!=}CH_2$ 反应时形成两种碳正离子中间体。

$$\underset{\underset{H}{|}}{CH_3{-}CH{-}CH_2} \quad (i) \qquad 和 \qquad \underset{\underset{H}{|}}{CH_3{-}CH{-}CH_2} \quad (ii)$$

拓展:

碳正离子分类:$3°$碳正离子,R_3C^+;$2°$碳正离子,R_2HC^+;$1°$碳正离子,RH_2C^+。

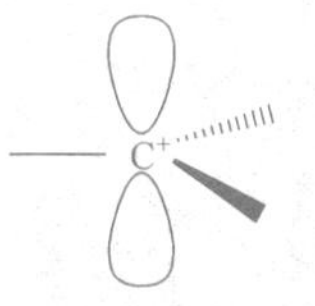

图 3-6　碳正离子的结构

碳正离子的稳定性与其结构(图 3-6)有关。碳正离子中带正电的碳具有三个 sp^2 杂化轨道,它与其他原子或基团相连的三个 σ 键处于同一个平面上,不含电子的空 p 轨道则垂直于这个平面。

根据静电学,一个带电体系的稳定性取决于其电荷的分布,电荷越分散,体系越稳定。烷基的超共轭效应使其表现出给电子超共轭效应(参见 3.10.3),当烷基与碳正离子的中心碳原子相连时,这种供电性可以使其正电荷得到分散。显然,中心碳原子所连的烷基越多,如 $3°$ 碳正离子 $(CH_3)_3C^+$,正电荷分散程度越高,相应碳正离子越稳定,即一般烷基碳正离子的稳定性次序为 $3° > 2° > 1° > CH_3^+$。

丙烯与卤化氢反应时,产生两种碳正离子,其中,i 是 $1°$碳正离子,ii 是 $2°$碳正离子,ii 比 i 稳定,更容易生成,因此丙烯与卤化氢反应时主要经过中间体 ii,加成产物以 2-溴丁烷为主。

拓展：

俄国化学家 V. Markovnikov(马尔科夫尼科夫)在研究不对称烯烃的加成时,根据大量实验事实总结出一条规律:凡不对称烯烃与卤化氢等极性试剂进行加成时,试剂中带正电的部分总是加在含氢较多的双键碳原子上,试剂中带负电的部分总是加在含氢较少的双键碳原子上。这个经验规律通常称为 Markovnikov 规则,简称马氏规则。例如：

$$CH_3-\overset{\overset{\displaystyle CH_3}{|}}{C}=CH_2 + HCl \longrightarrow CH_3-\overset{\overset{\displaystyle CH_3}{|}}{\underset{\underset{\displaystyle Cl}{|}}{C}}-\overset{}{\underset{\underset{\displaystyle H}{|}}{CH_2}}$$

马氏规则的本质是形成更稳定的碳正离子中间体。

思考：

$CF_3CH=CH_2$ 与 HBr 的加成符合马氏规则吗? 其加成产物是什么?

由碳正离子作为中间体的反应往往伴随重排反应的发生,有的反应甚至以重排产物为主要产物。例如：

$$CH_3-\overset{\overset{\displaystyle CH_3}{|}}{\underset{\underset{\displaystyle CH_3}{|}}{C}}-CH=CH_2 + HBr \longrightarrow CH_3-\overset{\overset{\displaystyle CH_3}{|}}{\underset{\underset{\displaystyle CH_3}{|}}{C}}-\overset{}{\underset{\underset{\displaystyle Br}{|}}{CH}}-CH_3 + CH_3-\overset{\overset{\displaystyle CH_3}{|}}{\underset{\underset{\displaystyle Br}{|}}{C}}-\overset{}{\underset{\underset{\displaystyle CH_3}{|}}{CH}}-CH_3$$

重排产物

上述重排产物的生成是由于在反应中产生的 2°碳正离子通过甲基 1,2-迁移,重排为更加稳定的 3°碳正离子。

$$CH_3-\overset{\overset{\displaystyle CH_3}{|}}{\underset{\underset{\displaystyle CH_3}{|}}{C}}-CH=CH_2 \xrightarrow{H^+} CH_3-\overset{\overset{\displaystyle CH_3}{|}}{\underset{\underset{\displaystyle CH_3}{|}}{C}}-\overset{+}{C}H-CH_3 \xrightarrow{重排}$$

2°碳正离子

$$CH_3-\overset{+}{\underset{\underset{\displaystyle CH_3}{|}}{C}}-CH-CH_3 \xrightarrow{Br^-} CH_3-\overset{\overset{\displaystyle CH_3}{|}}{C}-\overset{}{\underset{\underset{\displaystyle CH_3}{|}}{CH}}-CH_3$$

3°碳正离子

不对称烯烃与溴化氢的加成取向一般遵循马氏规则,但光照或有过氧化物(ROOR)存在时,加成方向是反马氏规则的,这种现象是 1933 年 M. S. Kharasch(卡拉斯)等发现的,称为过氧化物效应或 Kharasch 效应。例如：

$$CH_2=CHCH_2CH_3 \xrightarrow{HBr} \begin{cases} CH_2-CHCH_2CH_3 \quad 马氏产物 \\ \overset{|}{H} \quad \overset{|}{Br} \\ \\ CH_2-CHCH_2CH_3 \quad 反马氏产物 \\ \overset{|}{Br} \quad \overset{|}{H} \end{cases}$$

过氧化物或光照

烯烃在光照或有过氧化物存在时与溴化氢的加成是按自由基反应历程进行的:过氧化物

中的过氧键—O—O—属于弱键,很容易发生均裂产生自由基,所产生的自由基则引发烯烃的自由基加成反应。

链引发　　　　　　　$R-O-O-R \longrightarrow 2R-O\cdot$

$R-O\cdot + HBr \longrightarrow R-OH + Br\cdot$

链增长　　　　　　　$R'CH=CH_2 + Br\cdot \longrightarrow R'\overset{\cdot}{C}HCH_2Br$

$R'\overset{\cdot}{C}HCH_2Br + HBr \longrightarrow R'CH_2CH_2Br + Br\cdot$

链终止　　　　　　　$Br\cdot + Br\cdot \longrightarrow Br_2$

$$2R'\overset{\cdot}{C}HCH_2Br \longrightarrow \underset{BrH_2C \quad\quad CH_2Br}{R'CH-CHR'}$$

$R'\overset{\cdot}{C}HCH_2Br + Br\cdot \longrightarrow R'CHBrCH_2Br$

从概率上而言,在链增长阶段可能生成两种自由基:

$$R'CH=CH_2 \xrightarrow{\quad Br\cdot \quad} \begin{cases} R'\overset{\cdot}{C}HCH_2Br \quad iii \\ R'CHBr\overset{\cdot}{C}H_2 \quad iv \end{cases}$$

其中,iii 是 2°自由基,iv 是 1°自由基,即 iii 比 iv 更稳定,比较容易生成。生成的 2°自由基再与溴化氢作用,得到的就是反马氏规律的加成产物。

由于氯化氢的共价键比较牢固,在链引发阶段不容易生成氯自由基;碘化氢的共价键比较弱,在链引发阶段容易生成碘自由基,但其活性比较低,在链增长阶段很难与烯烃加成。因此,烯烃与氯化氢和碘化氢反应时均不存在过氧化物效应,只有与溴化氢反应时才有过氧化物效应。

3. 与水加成

在酸的催化下,烯烃可以直接与水发生加成反应生成醇。例如:

$$CH_2=CH_2 + H_2O \xrightarrow[300℃,7MPa]{H_3PO_4} CH_3-CH_2-OH$$

$$CH_3-CH=CH_2 + H_2O \xrightarrow[250℃]{H_3PO_4} \underset{\quad\quad\quad OH}{CH_3-CH-CH_3}$$

这是工业上生产乙醇和异丙醇最重要的方法之一,即烯烃直接水合法,产物的选择性遵循马氏规则。

通过烯烃与硫酸反应后再水解来制备醇,是工业上生产低级醇的方法之一,称为烯烃间接水合法。例如:

$$CH_2=CH_2 \xrightarrow[\text{2) } H_2O,90℃]{\text{1) } 98\% H_2SO_4} CH_3-CH_2-OH$$

$$CH_3CH=CH_2 \xrightarrow[\text{2) } H_2O,50℃]{\text{1) } 80\% H_2SO_4} \underset{\quad\quad\quad OH}{CH_3-CH-CH_3}$$

$$CH_3-\underset{CH_3}{\overset{CH_3}{\underset{\|}{C}}}=CH_2 \xrightarrow[\text{2) } H_2O, 25℃]{\text{1) } 63\% H_2SO_4} CH_3-\underset{OH}{\overset{CH_3}{\underset{|}{\overset{|}{C}}}}-CH_3$$

烯烃与硫酸的加成也是离子型的亲电加成,加成产物为烷基硫酸氢酯,反应的取向遵循马氏规则。例如:

$$CH_3-CH=CH_2 + HOSO_2OH \longrightarrow CH_3-\underset{OSO_2OH}{\overset{|}{C}H}-CH_3 \xrightarrow{H_2O} CH_3\underset{OH}{\overset{|}{C}H}-CH_3$$

异丙基硫酸氢酯

生成的烷基硫酸氢酯可以溶于硫酸,因此上述反应也可用于除去烷烃、卤代烃等物质中所含的少量烯烃杂质。同时烷基硫酸氢酯也容易水解,生成醇。

由乙烯、丙烯和异丁烯与硫酸反应的条件可以看出,烯烃双键碳原子上连接的烷基越多,越容易与硫酸加成,即烯烃的反应活性越高。不同烯烃与水加成反应活性顺序(与其他亲电试剂的反应情况也类似)如下:

$$(CH_3)_2C=C(CH_3)_2 > (CH_3)_2C=CH(CH_3) > (CH_3)_2C=CH_2 >$$
$$CH_3CH=CH_2 > CH_2=CH_2$$

思考:

$F_2C=CF_2$ 是否容易发生亲电加成反应?

4. 与次卤酸加成

烯烃与氯或溴的水溶液或碱性水溶液反应,可以生成 β-卤代醇:

$$CH_2=CH_2 + X_2 + H_2O \longrightarrow \underset{X}{\overset{|}{C}H_2}-\underset{OH}{\overset{|}{C}H_2}$$

反应的结果相当于在烯烃分子上加了一个次卤酸分子,所以通常称为与次卤酸加成。

不对称烯烃参与反应时,也遵循马氏规则。例如:

$$\underset{CH_3}{\overset{CH_3}{\underset{\|}{C}}}=CH_2 + \overset{\delta-}{HO}-\overset{\delta+}{Br} \longrightarrow CH_3-\underset{OH}{\overset{CH_3}{\underset{|}{\overset{|}{C}}}}-\overset{Br}{\overset{|}{C}H_2}$$

实际反应时并不是先制得次卤酸,再与烯烃加成,而是经历一个环状卤鎓离子中间体:

卤鎓离子　　　　　锌盐

反应的第一步与加卤素时相同,烯烃与卤素作用生成一个环状卤鎓离子中间体。第二步是水分子从环状卤鎓离子的背面进攻,形成锌盐(羟基氧上的孤对电子结合质子形成的盐),锌盐脱去质子生成卤代醇。

5. 硼氢化反应

烯烃与硼烷加成生成三烷基硼烷的反应称为**硼氢化反应**(hydroboration)。

$$3RCH\!=\!CH_2 + \frac{1}{2}B_2H_6 \xrightarrow{\text{THF}} 3(RCH_2CH_2)_3B$$

乙硼烷   三烷基硼烷

由于甲硼烷(BH_3)分子中,硼原子的价电子层只有 6 个电子,而不是 8 个,不稳定,故甲硼烷不能独立存在。乙硼烷是能独立存在的最简单的硼烷。在硼氢化反应中,常用乙硼烷的无水四氢呋喃(THF)溶液,在 THF 中乙硼烷解离为甲硼烷的 THF 络合物。实际上进行硼氢化的是以络合物形式存在的甲硼烷。

在硼烷分子中,硼的电负性(2.0)比氢(2.2)略小,在烯烃的硼氢化反应中,首先是缺电子的硼进攻电子云密度较高的双键碳原子,形成一个四元环的过渡态,氢原子随后由硼迁移到双键碳上。

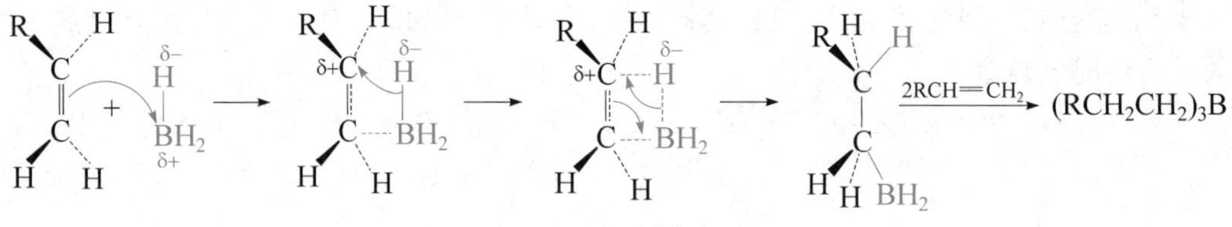

四元环过渡态

从上述历程可以看出,硼原子和氢原子是从碳碳双键的同一侧加到两个双键碳原子上的,这种加成方式称为顺式加成。

将烯烃经硼氢化反应生成的烷基硼烷,在氢氧化钠水溶液中用过氧化氢氧化,可以生成醇。

$$(RCH_2CH_2)_3B \xrightarrow{H_2O_2/OH^-} 3RCH_2CH_2OH + B(OH)_3$$

烯烃的硼氢化反应以及烷基硼烷在碱性条件下氧化水解反应联合起来称为**硼氢化-氧化反应**,其反应结果是在烯烃的碳碳双键上加一分子水,是烯烃间接水合制备醇的方法之一,而且可以制备一级醇。

不对称烯烃经硼氢化-氧化反应得到的是反马氏规则的加成产物(反应时,硼原子进攻的是空间位阻较小的双键碳原子),加成是顺式的,且没有重排产物。例如:

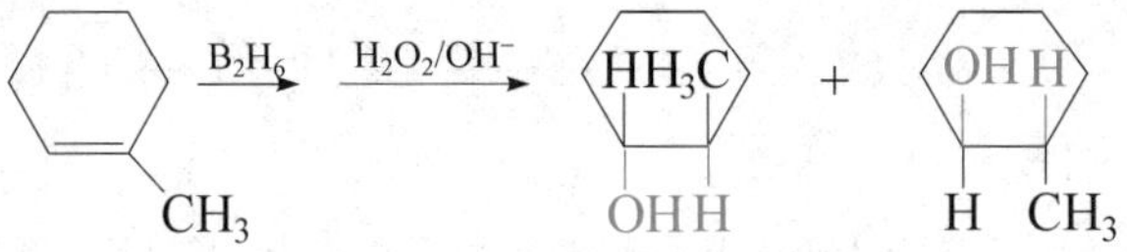

3.4.3 氧化反应

烯烃容易发生氧化反应,但氧化产物随氧化剂和反应条件的不同而不同。

1. 臭氧氧化

将含有 6%~8% 臭氧的氧气在低温下通入烯烃或烯烃的惰性溶液中,烯烃被氧化成不稳定的**臭氧化物**(ozonide)。

$$\ce{C=C} \xrightarrow{O_3} \ce{-C-C-} \longrightarrow \ce{C-C}$$

一级臭氧化物　　二级臭氧化物

臭氧化物水解可得两分子羰基化合物和过氧化氢。

$$\ce{C-C} \xrightarrow{H_2O} \ce{C=O} + \ce{O=C} + H_2O_2$$

为了防止羰基化合物中醛的继续氧化,通常在还原剂(如锌粉)存在下进行水解。例如:

$$\underset{CH_3}{\overset{CH_3}{C}}=CH_2 \xrightarrow{O_3} \xrightarrow{Zn/H_2O} \underset{CH_3}{\overset{CH_3}{C}}=O + HCHO$$

由于烯烃经臭氧化-水解反应所得的羰基化合物保持了原来烯烃的部分碳架结构,因此,通过测定反应生成产物的结构,就可反推出原来烯烃的结构。

烯烃的臭氧化反应可用于合成醛、酮,有时也用于合成羧酸。例如,利用油酸臭氧化反应制备壬二酸:

$$CH_3(CH_2)_7CH=CH(CH_2)_7COOH \xrightarrow{O_3} CH_3(CH_2)_7CH \overset{O}{\underset{O-O}{\diamond}} CH(CH_2)_7COOH$$

$$\xrightarrow[50\sim70℃]{乙酸锰} CH_3(CH_2)_7 \overset{O}{\overset{\|}{C}}-OH + HO-\overset{O}{\overset{\|}{C}}-(CH_2)_7-\overset{O}{\overset{\|}{C}}-OH$$

壬酸　　　　　　　壬二酸

壬二酸主要用于制造一系列重要工业原料,如壬二腈(尼龙-9 的中间体)、壬二酸二辛酯(增塑剂)和聚壬二酸酐(绝缘材料)等。

2. 高锰酸钾、四氧化锇氧化

烯烃很容易被高锰酸钾氧化,氧化产物取决于反应条件。在酸性、碱性或加热条件下用高锰酸钾进行氧化,烯烃分子均在碳碳双键处断裂:链端的 $\ce{=CH2}$ 基团被氧化成二氧化碳; $\ce{=CHR}$ 基团被氧化后生成羧酸; $\ce{=CR2}$ 被氧化后生成酮。例如:

$$\underset{CH_3}{\overset{CH_3}{C}}=CH_2 \xrightarrow{KMnO_4,H_2O,H^+} H_3C-\underset{CH_3}{\overset{CH_3}{C}}=O + CO_2 + H_2O$$

丙酮

$$\underset{C_2H_5}{\overset{CH_3}{C}}=CHCH_3 \xrightarrow{KMnO_4,H_2O,H^+} C_2H_5-\underset{CH_3}{\overset{CH_3}{C}}=O + O=\overset{OH}{\overset{|}{C}}-CH_3$$

丁酮　　　乙酸

烯烃与高锰酸钾反应的现象非常明显,即高锰酸钾溶液的紫色褪去,因此该反应是鉴定烯

烃的常用方法之一。因为氧化产物与烯烃的结构有关,此反应也可用于烯烃结构的推断。

用稀、冷的高锰酸钾水溶液进行氧化时,烯烃被氧化成顺式邻二醇。

$$\text{C=C} \xrightarrow[\text{低温}]{\text{KMnO}_4/\text{H}_2\text{O}} \left[\begin{array}{c} \text{O} \quad \text{O}^- \\ \text{Mn} \\ \text{O} \quad \text{O} \\ \text{C—C} \end{array} \right] \xrightarrow{\text{H}_2\text{O}} \underset{\text{顺式邻二醇}}{\overset{\text{OH OH}}{\text{C—C}}}$$

用四氧化锇在乙醚、四氢呋喃等溶剂中也能将烯烃氧化成顺式邻二醇,产率比用稀、冷的高锰酸钾水溶液氧化时高。但四氧化锇价格昂贵,而且有毒,一般只用于难以制得的烯烃的氧化。较经济的方法是用 H_2O_2 及催化量的 OsO_4,先用 OsO_4 与烯烃反应,OsO_4 被还原为 OsO_3,OsO_3 与 H_2O_2 反应再产生 OsO_4,如此反复,直至反应完成。

$$\text{C=C} \xrightarrow[\text{乙醚}]{\text{OsO}_4} \left[\begin{array}{c} \text{O} \quad \text{O} \\ \text{Os} \\ \text{O} \quad \text{O} \\ \text{C—C} \end{array} \right] \xrightarrow{\text{H}_2\text{O}} \underset{\text{顺式邻二醇}}{\overset{\text{OH OH}}{\text{C—C}}}$$

3. 环氧化反应

在烯烃的双键上引入一个氧原子而形成环氧化物的反应,称为环氧化反应(epoxidation)。环氧乙烷是最简单的环氧化合物,工业上常采用在银催化剂存在下用空气氧化乙烯来制备。

$$\text{CH}_2\text{=CH}_2 + \text{O}_2 \xrightarrow[250℃]{\text{Ag}} \underset{\text{环氧乙烷}}{\overset{\text{O}}{\text{CH}_2\text{—CH}_2}}$$

烯烃用有机过氧酸(RCO_3H)等环氧化试剂进行氧化时,也能生成环氧化物,该环氧化反应是顺式加成,生成的环氧化物保持原来烯烃的构型。

$$\text{C=C} + \text{RCO}_3\text{H} \longrightarrow \underset{\text{环氧化物}}{\overset{\text{O}}{\text{C—C}}} + \text{RCO}_2\text{H}$$

常用的有机过氧酸有过氧乙酸、过氧三氟乙酸、过氧苯甲酸等。

3.4.4 α-氢卤代

烯烃分子中与碳碳双键直接相连的烷基碳原子称为 α-碳原子,α-碳原子上的氢原子称为 α-氢原子。

拓展:

"烯丙位"通常是很活泼的反应位点,因为无论是离子型反应还是自由基型反应,所经历的烯丙型反应中间体都很稳定(形成 p-π 共轭体系):

　　烯烃分子中的 α-氢原子很容易发生自由基取代反应,其取代反应活性一般比烷烃的叔氢原子还高。这主要是因为烯烃失去 α-氢原子后可以形成烯丙基自由基,由于 p-π 共轭效应(见 3.10.2),烯丙基自由基的稳定性比较高。

　　在低温条件下,烯烃与卤素溶液反应时,卤素分子进攻碳碳双键发生加成,生成邻二卤代物;在高温或光照条件下,烯烃与纯卤素反应,分子中的 α-氢原子被卤原子取代,生成 α-卤代烯烃。例如:

$$CH_3—CH=CH_2 + Cl_2 \xrightarrow{500\sim600℃} ClCH_2—CH=CH_2 + HCl$$

　　烯烃的高温卤代反应与烷烃的卤代反应一样,也是自由基取代反应,反应中间体是稳定性比较高的烯丙基自由基。

$$Cl—Cl \longrightarrow 2Cl·$$

$$Cl· + CH_3—CH=CH_2 \longrightarrow \overset{·}{C}H_2—CH=CH_2 + HCl$$
烯丙基自由基

$$\overset{·}{C}H_2—CH=CH_2 + Cl_2 \longrightarrow ClCH_2CH=CH_2 + Cl·$$

思考:

为什么在高温下卤素与烯烃发生自由基 α-H 卤代反应,而不与双键发生自由基加成反应?

　　烯丙位上的溴代反应通常采用 N-溴代丁二酰亚胺(简称 NBS)作为溴代试剂。例如:

N-溴代丁二酰亚胺,NBS

3.4.5　聚合

　　由小分子单体合成聚合物的反应称为聚合反应(polymerization reaction)。烯烃在适当条件下可以通过分子间的反复加成而聚合起来,这种反应称为加聚反应。例如,常见的聚合物聚乙烯、聚氯乙烯就是通过乙烯、氯乙烯的聚合反应得到的。

$$n CH_2=CH_2 \xrightarrow[\text{高温,高压}]{\text{催化剂}} \text{---}\!\!\left[CH_2—CH_2\right]\!\!\text{---}_n$$
聚乙烯

$$n CH_2=CH—Cl \xrightarrow{\text{引发剂}} \text{---}\!\!\left[\begin{array}{c}CH_2—CH\\ |\\ Cl\end{array}\right]\!\!\text{---}_n$$
聚氯乙烯

　　由一种小分子单体进行的聚合反应称为均聚,所形成的聚合物称为均聚物,均聚物的种类非常有限。如果采用两种或两种以上的单体进行聚合,不仅可以增加聚合物的品种,而且可以改变聚合物的性能。例如,苯乙烯和 1,3-丁二烯通过共聚可以合成性能优异的丁苯橡胶。

$$n CH_2=CH—CH=CH_2 + n CH_2=CH \longrightarrow \text{---}\!\!\left[CH_2—CH\right]\!\!\text{---}_n\!\!\left[CH_2—CH=CH—CH_2\right]\!\!\text{---}_n$$

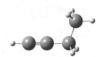

II 炔烃

分子中含有碳碳叁键的不饱和烃称为**炔烃**(alkyne)。炔烃比相应烷烃少四个氢原子,其通式为 C_nH_{2n-2},其中,碳碳叁键是炔烃的官能团。

3.5 炔烃的结构

最简单的炔烃是乙炔,结构式为 H—C≡C—H。

乙炔分子的碳原子采取 sp 杂化。形成乙炔分子时,两个碳原子各用一个 sp 杂化轨道以"头对头"的形式互相重叠形成一个 C—C σ键,每个碳原子又分别用一个 sp 杂化轨道与氢原子的 1s 轨道重叠形成 C—H σ键。这三个 σ键在同一条直线上,即键角为 180°(图 3-7)。此外,两个碳原子的 p_y 轨道互相平行,"肩并肩"重叠形成一个 π 键,两个 p_z 轨道也同样形成一个 π 键,这两个 π 键互相垂直。

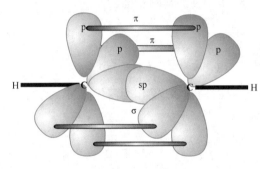

可见,炔烃分子中的碳碳叁键是由一个 σ键和两个互相垂直的 π 键组成的。由于 π 键的存在,以叁键相连的碳原子围绕其 σ 轴的旋转也同样受阻。但是,由于碳碳叁键是直线形的,故没有顺反异构体。

与 sp^2、sp^3 杂化轨道相比较,sp 杂化轨道所含的 s 成分较多,碳原子核对 sp 杂化轨道中电子的束缚能力较强,所以炔烃分子中的叁键碳原子的电负性较强。

图 3-7 乙炔分子中的 σ键和 π 键

各种不同杂化状态的碳原子的电负性顺序为 $C_{sp} > C_{sp^2} > C_{sp^3}$。这也就是乙炔分子中 C—H 键的键长(0.106nm)比乙烯(0.108nm)和乙烷(0.110nm)的 C—H 键的键长短的原因。

3.6 炔烃的命名

炔烃的命名遵从有机化合物命名通法,其母体为"炔",编号时优先照顾叁键。例如:

$$CH_3CH_2CHC≡CCH_3$$
$$|$$
$$CH_3$$

$$CH_3—C≡C—C≡C—C≡C—CH_3$$

4-甲基-2-己炔   2,4,6-辛三炔

分子中同时含有双键和叁键的不饱和烃称为"烯炔"。根据系统命名规则,命名时选取包含双键和叁键的最长碳链作为主链,化合物名称中"炔"字放在最后,主链碳原子数目在烯中体现出来;编号时使双键和叁键的位次最小。例如:

$$CH_2=CHCH_2CHC≡CCH_2CH_3$$
$$|$$
$$CH_3$$

$$HC≡CCH_2CH=CHCH_3$$

4-甲基-1-辛烯-5-炔   4-己烯-1-炔

采用不同编号方式时,如果双键和叁键处于相同位次,则使双键具有最小的位次。例如:

$$CH_3C \!\equiv\! CCHCH_2CH \!=\! CHCH_3$$
$$| \atop CH \!=\! CH_2$$

5-乙烯基-2-辛烯-6-炔

3.7　炔烃的物理性质

炔烃的物理性质与烷烃、烯烃基本相似，但简单炔烃的沸点、熔点、密度等通常略高于碳原子数相同的烷烃和烯烃。这是由于炔烃分子较短小、细长，分子可以彼此很靠近，分子间范氏作用力很强。乙炔、丙炔和 1-丁炔在常温常压下为气体。炔烃的沸点比含相同碳原子数的烯烃高 10～20℃。末端炔烃（端炔）的沸点比叁键在中间的同分异构体（非端炔）低。炔烃的相对密度小于 1，在水中的溶解度很小，易溶于苯、四氯化碳、石油醚等有机溶剂。一些炔烃的熔点和沸点见表 3-2。

表 3-2　一些炔烃的熔点和沸点

名称	熔点/℃	沸点/℃	名称	熔点/℃	沸点/℃
乙炔	−81.8（在压力下）	−82.0（升华）	3-甲基-1-丁炔	−89.7	29.5
丙炔	−102.5	−23.3	1-己炔	−124	71.4
1-丁炔	−122.5	8.5	1-庚炔	−80.9	99.8
1-戊炔	−98.0	39.7	1-辛炔	−70.1	125.9
2-戊炔	−101	55.5			

3.8　炔烃的化学反应

炔烃的官能团是碳碳叁键，其中的 π 键容易被打开，所以炔烃具有与烯烃相似的化学性质，如与卤素、卤化氢等试剂发生亲电加成反应（从炔烃的电荷分布示意图图 3-8 可以看出，炔烃的碳碳叁键之间是富含电子的区域，易被缺电子的亲电试剂进攻），与臭氧、高锰酸钾等发生氧化反应。不同的是炔烃还能与醇、酸等含有活泼氢原子的化合物发生亲核加成反应（从图 3-8 也可看出，在炔烃端炔的碳原子外侧电子密度低，可被富含电子的亲核试剂进攻）。此外，炔烃分子中连接于碳碳叁键上的氢具有弱酸性，可以与碱金属、强碱以及 Ag^+、Cu^+ 等重金属盐发生反应生成金属化合物（图 3-9）。

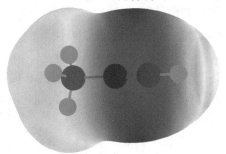

图 3-8　炔烃电荷分布示意图

图 3-9　炔烃发生反应时化学键断裂位置

3.8.1 酸性及炔氢的特性反应

由于 sp 杂化碳原子的电负性较大,故在 $\equiv C-H$ 中,形成碳氢键的电子对主要位于碳原子的周围,使氢原子带部分正电荷,反应中容易以质子的形式离去,从而使炔烃具有酸性(比水弱)。化合物酸性强弱常用电离常数 K_a 的负对数 pK_a 表示,pK_a 值越小,酸性越强。

	H_2O	CH_3CH_2OH	$CH\equiv CH$	NH_3	$CH_2\equiv CH_2$	CH_3-CH_3
pK_a	15.7	15.9	25	34	44	50

通常将直接连在叁键碳原子上的氢称为炔氢。乙炔及其一元取代物分子中含有炔氢,具有一定的弱酸性,可与钠、钾等碱金属或氨基钠等强碱反应形成金属炔化物,反应动力为生成比炔更弱的酸。例如:

$$2Na + 2HC\equiv CH \xrightarrow{110℃} 2HC\equiv CNa + H_2\uparrow$$
$$\text{乙炔钠}$$

$$NaNH_2 + RC\equiv CH \xrightarrow{\text{液氨}} RC\equiv CNa + NH_3$$
$$\text{氨基钠} \qquad\qquad\qquad \text{炔化钠}$$

炔化钠是强的亲核试剂,可以与伯卤代烷发生亲核取代反应(详见 6.3.1),生成碳链增长的炔烃,这类反应称为炔烃的烷基化反应(alkylation reaction)。该方法是由低级炔烃制备高级炔烃的重要方法之一。例如:

$$HC\equiv CNa + CH_3CH_2Br \xrightarrow{\text{液氨}} HC\equiv CCH_2CH_3 + NaBr$$
$$\text{乙炔钠} \qquad\qquad\qquad\qquad \text{1-丁炔}$$

拓展:

炔钠还可以与醛、酮中的羰基发生亲核加成反应,形成炔醇。例如:

乙炔和端炔中的炔氢还可以被 Ag^+、Cu^+ 等金属离子取代,通过将乙炔或 $RC\equiv CH$ 型炔烃加入硝酸银或氯化亚铜的氨溶液中,立即生成不溶性金属炔化物。

$$HC\equiv CH + 2Ag(NH_3)_2^+ \longrightarrow AgC\equiv CAg\downarrow + 2NH_4^+ + 2NH_3$$
$$\text{乙炔银(白色)}$$

$$CH_3C\equiv CH + Ag(NH_3)_2^+ \longrightarrow CH_3C\equiv CAg\downarrow + NH_4^+ + NH_3$$
$$\text{丙炔银(白色)}$$

$$HC\equiv CH + 2Cu(NH_3)_2^+ \longrightarrow CuC\equiv CCu\downarrow + 2NH_4^+ + 2NH_3$$
$$\text{乙炔亚铜(砖红色)}$$

上述反应非常灵敏,常用于鉴别具有 $-C\equiv CH$ 结构的端炔。此外,生成的金属炔化物与盐酸或硝酸作用时可重新分解为原来的炔烃,所以也可用于从混合物中分离、纯化端炔。

$$CH_3C\equiv CAg + HNO_3 \longrightarrow CH_3C\equiv CH + AgNO_3$$
$$CuC\equiv CCu + 2HCl \longrightarrow HC\equiv CH + 2CuCl$$

上述金属炔化物干燥后受热或受到撞击均会发生强烈爆炸,故在反应结束后,应立即加入稀硝酸或盐酸使之分解。

3.8.2　亲电加成反应

炔烃分子中含有碳碳叁键,可以发生加成反应。从表面上看,炔烃分子中含有两个活泼的 π 键,应该比烯烃活泼。但事实上烯烃可使 Br_2 的 CCl_4 溶液立即褪色,而炔烃则需要几分钟后才能使之褪色(通常需要催化剂),表明炔烃与溴的反应比烯烃慢。

这是由于 sp 杂化碳原子的电负性比 sp^2 杂化碳原子的电负性大,因此电子与 sp 杂化碳原子结合得更为紧密。碳碳叁键虽然比碳碳双键多一个 π 键,却不容易提供电子与亲电试剂结合,因此炔烃的亲电加成反应比烯烃慢。

1. 与卤素加成

炔烃与卤素的加成反应分步进行,先生成二卤代烯烃,进一步反应则生成四卤代烷:

$$HC\equiv CH \xrightarrow{Br_2} BrCH=CHBr \xrightarrow{Br_2} \underset{Br\ \ Br}{\overset{Br\ \ Br}{HC-CH}}$$

1,2-二溴乙烯　　　1,1,2,2-四溴乙烷

反应有时需要加入 FeX_3 或 SnX_2 作为催化剂。

炔烃与溴加成的反应历程与烯烃相似,先形成三元环溴鎓离子,然后溴负离子从背面进攻环状中间体,形成反式加成产物。例如:

$$CH_3-C\equiv C-CH_3 \xrightarrow{Br_2} \cdots \longrightarrow \cdots$$

环状溴鎓离子　　　　　反-2,3-二溴-2-丁烯

上述环状溴鎓离子中双键的存在使角张力进一步增大,也就是说,炔烃形成的三元环中间体不及烯烃生成的三元环中间体稳定,因此,炔烃与卤素的加成反应速率比烯烃慢。当分子中同时含有碳碳双键和碳碳叁键时,加成反应首先发生在双键上。例如:

$$CH_2=CH-CH_2-C\equiv CH + Br_2 \longrightarrow \underset{Br\ \ \ \ \ Br}{CH_2-CH-CH_2-C\equiv CH}$$

4,5-二溴-1-戊炔

2. 与卤化氢加成

炔烃与卤化氢加成反应也分两步进行,可分别生成卤代烯烃和偕二卤代烷,通过控制条件可使反应停留在第一步。炔烃与卤化氢的加成反应历程与烯烃相似,但反应速率比烯烃慢。不对称炔烃与卤化氢的加成反应取向符合马氏规则。例如:

$$CH_3C\equiv CH \xrightarrow{HCl} \underset{Cl}{CH_3-C=CH_2} \xrightarrow{HCl} \underset{Cl}{\overset{Cl}{CH_3-C-CH_3}}$$

2-氯丙烯　　　　　2,2-二氯丙烷

3. 与水加成

炔烃与水的加成通常在硫酸及硫酸汞的催化下进行,碳碳叁键上加一分子水后先生成一种不稳定的化合物——烯醇。烯醇分子中的羟基直接连在双键上,很不稳定,一般发生分子内重排转变为相应的酮式,这种重排称为烯醇式-醛(酮)式互变异构(keto-enol tautomerism)。例如:

$$RC\equiv CH + HOH \xrightarrow[H_2SO_4]{HgSO_4} \left[\begin{array}{c} R-C=CH_2 \\ | \\ OH \end{array} \right] \xrightarrow{重排} \begin{array}{c} R-C-CH_3 \\ \| \\ O \end{array}$$

$$\qquad\qquad\qquad\qquad\qquad\quad 烯醇式 \qquad\qquad\qquad 酮式$$

$$HC\equiv CH + HOH \xrightarrow[H_2SO_4]{HgSO_4} \left[\begin{array}{c} CH_2=CH \\ | \\ OH \end{array} \right] \xrightarrow{重排} CH_3CHO$$

$$\qquad\qquad\qquad\qquad\qquad\quad 乙烯醇 \qquad\qquad\qquad 乙醛$$

不对称炔烃与水的加成反应取向符合马氏规则,因此,乙炔的一元烷基取代物与水加成生成甲基酮,二元烷基取代物与水加成通常生成两种酮的混合物,只有乙炔的水合生成乙醛。

3.8.3 亲核加成反应

在适当的条件下,端炔可与氢氰酸、乙醇、乙酸等亲核试剂发生加成反应,但这类反应不是亲电加成,而是亲核加成(nucleophilic addition)。例如,乙炔与氢氰酸在氯化铵-氯化亚铜水溶液中发生加成反应,生成丙烯腈。

$$HC\equiv CH + HCN \xrightarrow[NH_4Cl]{CuCl} CH_2=CHCN$$

$$\qquad\qquad\quad 氢氰酸 \qquad\qquad\qquad 丙烯腈$$

反应中,由氢氰酸产生 CN^- 作为亲核试剂进攻叁键的端碳原子,生成碳负离子,后者再与质子结合生成加成产物。由于反应是由亲核试剂的进攻引起的,故为亲核加成。

乙炔与醇、羧酸的亲核加成反应可分别制备乙烯基醚和羧酸乙烯酯。

$$HC\equiv CH + ROH \xrightarrow[加压]{碱} CH_2=CH-O-R$$

$$\qquad\qquad\qquad\qquad\qquad 乙烯基醚$$

$$HC\equiv CH + RCOOH \xrightarrow[加热]{催化剂} \begin{array}{c} CH_2=CH-O-C-R \\ \| \\ O \end{array}$$

$$\qquad\qquad\qquad\qquad\qquad\qquad 羧酸乙烯酯$$

思考:

炔烃比烯烃难以进行亲电加成反应,而炔烃比烯烃易进行亲核加成反应,为什么?

3.8.4 还原反应

炔烃催化加氢可以得到烯烃,如果进一步加氢则得到烷烃。

$$CH_3-C\equiv C-CH_3 \xrightarrow{H_2 \atop Pt} CH_3-CH=CH-CH_3 \xrightarrow{H_2 \atop Pt} CH_3CH_2CH_2CH_3$$

反应停留在哪一步取决于所用催化剂。例如,采用 Pt、Pd、Ni 等高活性催化剂且氢气过量时,反应往往不易停留在烯烃阶段;若用活性比较低的催化剂,如 Lindlar(林德拉)催化剂或 P-2 催化剂,则可以部分加氢生成烯烃。Lindlar 催化剂是将沉积在碳酸钙上的金属钯用喹啉或乙酸铅处理,使其活性降低。P-2 催化剂是用硼氢化钠还原乙酸镍得到的 Ni_3B(硼化镍)。使用这两种催化剂主要生成顺式烯烃。例如:

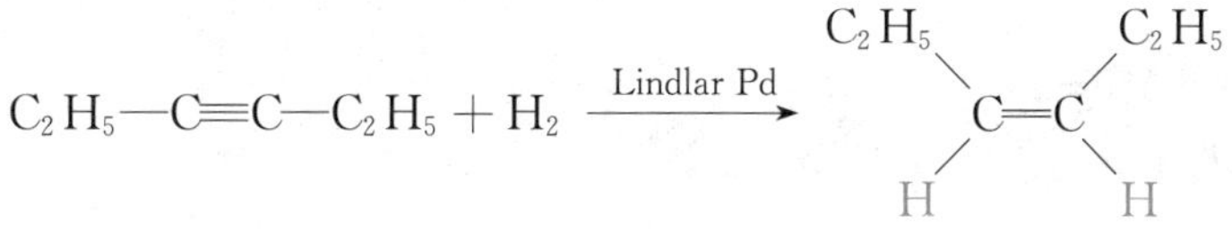

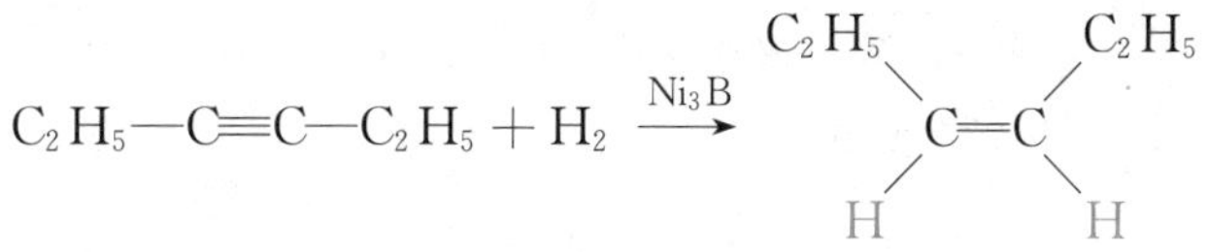

$$C_2H_5-C\equiv C-C_2H_5 + H_2 \xrightarrow{\text{Lindlar Pd}} \begin{array}{c} C_2H_5 \quad C_2H_5 \\ C=C \\ H \qquad H \end{array}$$

$$C_2H_5-C\equiv C-C_2H_5 + H_2 \xrightarrow{Ni_3B} \begin{array}{c} C_2H_5 \quad C_2H_5 \\ C=C \\ H \qquad H \end{array}$$

炔烃在液氨中用金属钠还原时,则主要生成反式烯烃。例如:

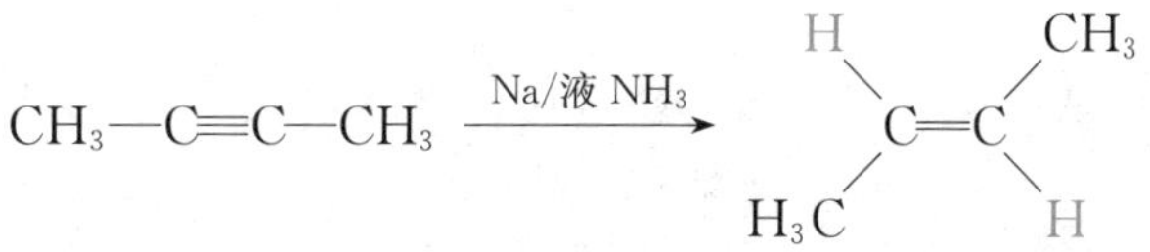

$$CH_3-C\equiv C-CH_3 \xrightarrow{Na/液\ NH_3} \begin{array}{c} H \qquad CH_3 \\ C=C \\ H_3C \qquad H \end{array}$$

3.8.5　氧化反应

与烯烃相似,炔烃也能与臭氧、高锰酸钾等氧化剂发生反应,生成二氧化碳或羧酸。例如:

$$CH_3-C\equiv CH \xrightarrow{KMnO_4} CH_3COOH + CO_2 + H_2O$$

$$CH_3-C\equiv C-C_2H_5 \xrightarrow[\text{2) } H_2O]{\text{1) } O_3} CH_3COOH + C_2H_5COOH$$

利用炔烃的氧化反应,可以定性检验碳碳叁键的存在以及它在炔烃分子中的位置。

3.8.6　聚合

乙炔在不同条件下可发生二聚或三聚,生成不同的化合物。例如:

$$2HC\equiv CH \xrightarrow[NH_4Cl]{CuCl} CH_2=CH-C\equiv CH$$

乙烯基乙炔(生产氯丁橡胶及甲醇胶等的原料)

$$3HC\equiv CH \xrightarrow[\text{催化剂}]{\text{高温}} \bigcirc$$

苯

乙炔在稀土络合催化剂等的作用下可发生聚合,生成聚乙炔。

$$nHC\equiv CH \xrightarrow{\text{高温}} -[HC=CH]_n$$

聚乙炔

拓展:

Click Chemistry(点击化学):2001 年诺贝尔化学奖获得者、美国 The Scripps Research Institute 的研究员 K. B. Sharpless(夏普利斯)发展出一种名为"Click Chemistry"的新技术,这项技术所具有的高效性和高控制性在化学合成领域掀起了一场风暴。

点击化学的代表反应为叠氮与炔在一价铜催化下的 1,3-偶极[3＋2]环加成反应(copper-catalyzed azide-alkyne cycloaddition),其反应过程如下所示。该反应条件温和、处理简单、产物单一、反应收率高,已经在药物制备等过程中广泛应用。

$$R_1 \!-\!\!\equiv\ +\ N_3 \!-\! R_2 \xrightarrow{\text{Cu(I)}} \quad \underset{R_1}{\underset{\|}{\text{N}}}\!\!-\!R_2$$

Ⅲ 二烯烃

二烯烃的通式是 C_nH_{2n-2},它与具有相同碳原子数的炔烃互为同分异构体,但二者分子中所含官能团不同,是官能团异构体。

3.9 二烯烃的分类和命名

分子中含有两个或两个以上双键的碳氢化合物称为多烯烃。其中含有两个碳碳双键的碳氢化合物称为二烯烃(alkadiene)。例如:

$$CH_2\!=\!C\!=\!CH_2 \qquad CH_2\!=\!CHCH_2CH\!=\!CH_2 \qquad CH_2\!=\!CH\!-\!CH\!=\!CHCH_3$$

　　　丙二烯 　　　　　　　1,4-戊二烯 　　　　　　　　　1,3-戊二烯

3.9.1 二烯烃的分类

根据两个碳碳双键的相对位置,可将二烯烃分为三类。

累积二烯烃(cumulative diene):两个碳碳双键连在同一个碳原子上,如丙二烯,两端的氢原子位于相互垂直的两个平面内。由于两个 π 键连在同一碳原子上,因此丙二烯不稳定,加热时发生重排形成丙炔。

孤立二烯烃(isolated diene):两个碳碳双键被两个或两个以上的单键隔开,如 1,4-戊二烯。由于分子中双键之间的距离较远,彼此间不影响,因此孤立二烯烃的性质与一般烯烃相似。

共轭二烯烃(conjugated diene):两个碳碳双键仅被一个单键隔开,如 1,3-戊二烯。因其结构上的特殊性,共轭二烯烃具有与一般烯烃不同的化学性质,是二烯烃中最重要的一种。

3.9.2 二烯烃的命名

二烯烃的命名与烯烃相似。例如:

(2E,4E)-3-甲基-2,4-己二烯

由于两个双键之间的单键可以旋转,共轭二烯烃存在构象异构体。一种构象是两个双键位于单键的同一侧,用 s-顺表示,另一种构象是两个双键分别位于单键的两侧,用 s-反表示,其中,s 代表两个双键间的单键。例如:

s-顺-1,3-丁二烯　　　　　　s-反-2-甲基-2,4-己二烯

3.10　共轭二烯烃的结构与共轭效应

3.10.1　共轭二烯烃的结构

从图 3-10 中可以看到,共轭二烯烃的外层电子分布比较平均,碳碳双键的电子密度比一般双键的小,而间隔的碳碳单键的电子密度比一般单键大,电子有一定的离域效应。

3.10.2　共轭效应

1. π-π 共轭效应

1,3-丁二烯分子中两个双键之间虽然间隔一个单

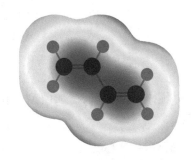

图 3-10　二烯烃电荷分布示意图

键,但距离较近。分子中四个碳原子都是 sp^2 杂化,处在同一平面上,每个碳未参与杂化的 p 轨道相互平行,两个 π 键的电子云可以在一定程度上相互重叠。这样,双键的 π 电子云并不像结构式所示那样"定域"在 $C_1—C_2$ 和 $C_3—C_4$ 之间,而是扩展到四个碳原子的周围,这种现象称为电子的离域,具有电子离域现象的分子称为共轭分子。像 1,3-丁二烯这种单双键交替排列的体系属于共轭体系,称为 π-π 共轭体系。

电子的离域体现了分子中原子之间的相互影响。在共轭分子中,由于 π 电子在整个体系中的离域,任何一个原子受到外界的影响,均会影响分子的其余部分,这种电子通过共轭体系传递的现象称为共轭效应(conjugative effect)。由 π 电子离域体现的共轭效应称为 π-π 共轭效应。

电子衍射法测定的键长数据表明:1,3-丁二烯分子中 π 键的键长(0.134nm)比单烯烃的双键(0.133nm)略长,而 $C_2—C_3$ 间的键长(0.146nm)明显小于烷烃中碳碳单键的键长(0.154nm),表明其中单、双键的键长发生了平均化。键长平均化是共轭体系的特点之一。

烯烃的氢化热可反映出烯烃的稳定性。表 3-3 是一些烯烃和二烯烃的氢化热数据。

表 3-3　一些烯烃和二烯烃的氢化热

化合物	分子的氢化热 /(kJ·mol⁻¹)	平均每个双键的氢化热 /(kJ·mol⁻¹)	化合物	分子的氢化热 /(kJ·mol⁻¹)	平均每个双键的氢化热 /(kJ·mol⁻¹)
$CH_2=CH_2$	136.5	136.5	$CH_2=CHCH_2CH=CH_2$	254.4	127.2
$CH_3CH=CH_2$	125.2	125.2	$CH_2=C=CH_2$	298.5	149.3
$CH_3CH_2CH=CH_2$	126.8	126.8	$CH_2=CH—CH=CH_2$	238.9	119.5
$CH_3CH_2CH_2CH=CH_2$	125.9	125.9	$CH_3CH=CH—CH=CH_2$	226.4	113.2

从表 3-3 中的数据可以看出:孤立二烯烃中每个双键的氢化热与单烯烃近似,表明孤立二烯烃的稳定性与一般烯烃相同;共轭二烯烃的氢化热比孤立二烯烃低,说明共轭双烯具有较低的体系能量,比一般烯烃稳定。

2. p-π 共轭效应

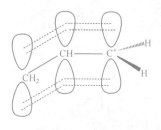

图 3-11　烯丙基碳正离子中的 p-π 共轭

烯丙基碳正离子中,三个碳原子都是 sp^2 杂化,处在同一平面上。除形成碳碳 σ 键和碳氢 σ 键外,每个碳原子还余下一个未参与杂化的 p 轨道,它们相互平行,可以侧面重叠,形成共轭体系(图 3-11)。该共轭体系可以看成是 p 轨道与 π 键的共轭,称为 p-π 共轭。p-π 共轭体系中电子的离域作用称为 p-π 共轭效应。

凡与双键碳原子直接相连的原子上有未参与成键的 p 轨道,且该 p 轨道可以与双键 p 轨道发生侧面重叠时,都能形成 p-π 共轭体系。例如,在烯丙型自由基、卤代乙烯、烷基乙烯基醚等体系中均存在 p-π 共轭效应。

*3.10.3　超共轭效应

研究各种烯烃和二烯烃的氢化热时可以发现,双键碳上有取代基的烯烃和二烯烃的氢化热比未取代的烯烃和二烯烃的氢化热低,表明取代基的存在可使烯烃和二烯烃的稳定性增加。

双键碳上有取代基而引起的稳定作用,是由于与双键相邻烷基的 C—H σ 键电子云和双键的 π 电子云发生一定程度的重叠(图 3-12),电子发生离域而使分子的能量得以降低,稳定性增加。但与 π-π 共轭相比,这种作用要弱得多。由 σ 轨道参与的共轭称为超共轭(hyperconjugation)。由 σ 轨道与双键的 π 轨道产生的超共轭称为 σ-π 超共轭。

碳正离子的稳定性也与超共轭效应有关。碳正离子中带正电的碳具有三个 sp^2 杂化轨道,此外还有一空的 p 轨道,与碳正离子直接相连的烷基的 C—H σ 键可以和此空轨道有一定程度的重叠(图 3-13),从而使 C—H σ 键的电子部分离域到空 p 轨道上,结果使碳正离子的正电荷有所分散而增加了其稳定性。由 σ 轨道与 p 轨道产生的超共轭称为 σ-p 超共轭。

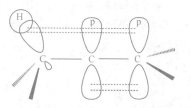

图 3-12　C—H σ 键的 σ-π 超共轭

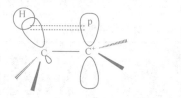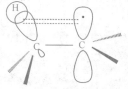

图 3-13　C—H σ 键的 σ-p 超共轭

显然,参与超共轭的 C—H σ 键越多,即与碳正离子相邻的烷基越多,碳正离子的正电荷越分散,碳正离子就越稳定。因此,碳正离子的稳定性次序为 $3°>2°>1°>CH_3^+$。

烷基自由基的结构与碳正离子相似,其稳定性也与超共轭效应有关(图 3-13),因而具有

相似的稳定性次序:$3° > 2° > 1° > CH_3 \cdot$。

*3.10.4　共振论

根据价键理论,共价键是由自旋相反的电子配对形成的,形成共价键的电子仅在成键两原子间的区域运动。通常用以表示有机化合物分子结构的经典结构式就是以价键理论为基础的。

对于 1,3-丁二烯、烯丙基自由基等存在离域体系的结构,经典结构式的表述却不能令人满意。为了解决这方面的问题,美国化学家 L. C. Pauling(鲍林)于 1931 年提出共振论。共振论的基本观点是,如果用一个经典结构式不能确切地表达一个分子、离子或自由基的结构时,可以用几个经典结构式的叠加来描述。叠加又称为共振,这些可能的经典结构则称为共振结构(resonance structure)或极限结构。因此,可以认为存在离域体系的分子、离子或自由基是由几种经典结构杂化而产生的杂化体(hybrid)。共振杂化体的表示方法是将几种可能的极限结构式用双箭头符号"↔"联系起来。例如,烯丙基碳正离子可认为是如下两个共振结构共振产生的杂化体:

$$CH_2=CH-\overset{+}{C}H_2 \longleftrightarrow \overset{+}{C}H_2-CH=CH_2$$

但是共振杂化体不是几种极限结构的混合物,在几种极限结构之间也不存在某种平衡。极限结构实际上是不存在的,只是因为没有合适的结构式表达共振杂化体,所以用极限结构的共振来描述。

共振杂化体的极限结构式的书写不是任意的,必须遵循一些基本原则:

(1) 所有的极限结构式都必须符合 Lewis 结构式。

$$\overset{-}{C}H_2-N\equiv N: \longleftrightarrow\!\!\!| \longleftrightarrow CH_2=N\equiv N:$$

在上述极限结构式中,后一个式子的中间氮原子不符合八隅体结构。

(2) 表示同一个离域体系的极限结构式,其原子的排列顺序应完全相同,不同的只是电子的排列。如果用弯箭头表示电子的转移,则可以由一种极限结构式推出另一种极限结构式。例如:

$$\overset{+}{C}H_2-\overset{..}{\underset{..}{O}}-CH_3 \longleftrightarrow CH_2=\overset{+}{O}-CH_3$$

$$\overset{-}{C}H_2-\overset{\overset{O}{\|}}{C}-CH_3 \longleftrightarrow CH_2=\overset{\overset{\overset{-}{O}}{|}}{C}-CH_3$$

(3) 表示同一离域体系的极限结构式,其未成对电子数必须相等。例如:

$$CH_2=CH-\overset{.}{C}H_2 \longleftrightarrow\!\!\!| \longleftrightarrow \overset{.}{C}H_2-\overset{.}{C}H-\overset{.}{C}H_2$$

共振论认为一个离域体系的不同极限结构具有不同的稳定性,不同稳定性的极限结构对共振杂化体的贡献也不同。稳定性越高的极限结构,对共振杂化体的贡献越大。判定极限结构稳定性的规则大致有:

(1) 具有相同结构的极限结构的稳定性相同,对共振杂化体的贡献也相同。例如:

$$CH_2=CH-\overset{.}{C}H_2 \longleftrightarrow \overset{.}{C}H_2-CH=CH_2$$

由结构相同或相近的极限结构参与形成共振杂化体时,参与共振的极限结构数目越多,杂化体的能量越低,稳定性较高。

(2) 极限结构中的共价键越多,该极限结构的稳定性越大。例如:

$$CH_2=CH-CH=CH_2 \longleftrightarrow \overset{+}{C}H_2-CH-CH=\overset{-}{C}H_2$$

后一个式子的共价键数目较少,所以稳定性较差,对共振杂化体的贡献较小。

(3) 没有电荷分离的极限结构的稳定性最高。具有电荷分离的极限结构中,符合电负性原则,即正电荷处在电负性较小的原子上、负电荷处在电负性较大的原子上的极限结构具有较高的稳定性;两个异号电荷相距越远,稳定性越小,两个同号电荷相距越近,稳定性越小。例如:

$$CH_2=CH-\overset{+}{C}H-\overset{..}{\underset{..}{O}}: \longleftrightarrow CH_2=CH-CH=\overset{..}{\underset{..}{O}}:$$

稳定性小(电荷分离)

$$\overset{+}{C}H_2-CH-CH=\overset{-}{C}H_2 \longleftrightarrow \overset{+}{C}H_2-CH=CH-\overset{-}{C}H_2$$

稳定性小(异号电荷距离较远)

共振论在解释离域体系的稳定性、描述反应历程、判定反应取向等方面具有重要的作用。

3.11 共轭二烯烃的化学反应

双键的存在使共轭二烯烃具有与一般烯烃相似的化学性质,如1,3-丁二烯能与氢气、卤素、卤化氢等发生加成反应。由于结构上的特点(图3-10),共轭二烯烃比一般烯烃更容易发生加成反应,并且在反应中具有与单烯烃及孤立二烯烃不同的一些规律。

孤立二烯烃,如1,4-戊二烯,与卤素、卤化氢等亲电试剂发生加成反应时,两个双键可以分步加上两分子亲电试剂:

$$CH_2=CHCH_2CH=CH_2 \xrightarrow{Br_2} \underset{\underset{Br}{|}}{C}H_2-\underset{\underset{Br}{|}}{C}HCH_2CH=CH_2 \xrightarrow{Br_2} \underset{\underset{Br}{|}}{C}H_2-\underset{\underset{Br}{|}}{C}HCH_2\underset{\underset{Br}{|}}{C}H-\underset{\underset{Br}{|}}{C}H_2$$

1,4-戊二烯   4,5-二溴-1-戊烯   1,2,4,5-四溴戊烷

上式表明反应中两个双键均独立地进行反应,如同在两个不同的分子中。

3.11.1 1,4-加成

共轭二烯烃与卤素、卤化氢等亲电试剂发生加成反应时,有两种加成产物:

$$CH_2=CH-CH=CH_2+Br_2 \longrightarrow \underset{\underset{Br}{|}}{C}H_2-\underset{\underset{Br}{|}}{C}H-CH=CH_2 + \underset{\underset{Br}{|}}{C}H_2-CH=CH-\underset{\underset{Br}{|}}{C}H_2$$

$$CH_2=CH-CH=CH_2+HBr \longrightarrow \underset{\underset{H}{|}}{C}H_2-\underset{\underset{Br}{|}}{C}H-CH=CH_2 + \underset{\underset{H}{|}}{C}H_2-CH=CH-\underset{\underset{Br}{|}}{C}H_2$$

上述结果表明共轭二烯烃与亲电试剂加成时有两种方式。一种是在一个双键上加成,试剂的两部分加在相邻的两个碳原子上,称为1,2-加成;另一种是试剂的两部分加在共轭体系的两端,结果使共轭双键原有的两个双键变成了单键,而在 C_2-C_3 之间生成一个新的双键,这种加成方式称为1,4-加成(共轭加成)。

在1,3-丁二烯分子中,四个 π 电子形成了一个 π-π 共轭体系,当分子的一端受到试剂进攻时,这种作用可以通过共轭链传递到分子的另一端。在1,4-加成中,共轭体系作为一个整体参与反应,因此也称为共轭加成(conjugate addition)。

与溴化氢加成时,反应第一步是 1,3-丁二烯分子受到质子的进攻,生成碳正离子中间体Ⅰ:

$$CH_2=CH-CH=CH_2 + HBr \longrightarrow CH_2=CH-\overset{+}{C}H-CH_3 \quad (Ⅰ)$$

碳正离子(Ⅰ)是烯丙型碳正离子,其正电荷的离域性可用共振式表示:

$$\left[CH_2=CH-\overset{+}{C}H-CH_3 \longleftrightarrow \overset{+}{C}H_2-CH=CH-CH_3 \right]$$

量子化学的计算表明,烯丙型碳正离子的正电荷并不局限在某一个碳原子上,而是在共轭体系两端碳原子上带的正电荷更多一些,因此,碳正离子(Ⅰ)的结构也可用下式表示:

$$\overset{\delta+}{C}H_2=\!=\!=CH=\!=\!=\overset{\delta+}{C}H-CH_3$$

在加成反应的第二步,溴负离子进攻 C_2 或 C_4,分别生成 1,2-加成和 1,4-加成产物:

1,2-加成产物

1,4-加成产物

1,2-加成和 1,4-加成是同时发生的,两种产物的比例取决于反应物的结构、产物的稳定性等,也与反应条件如反应温度、反应时间、溶剂条件有关。通常情况下,在较高的反应温度(40℃)以 1,4-加成产物为主,在较低的反应温度(-80℃)以 1,2-加成为主。1,2-加成产物随温度的升高可以重排成 1,4-加成产物。

这是由产物的稳定性(热力学控制)和反应速率(动力学控制)两者因素决定的。由于超共轭效应的影响,1,4-加成产物比 1,2-加成产物稳定。因为 1,4-加成产物有 5 个 C—H σ 键与双键发生 σ-π 超共轭,而 1,2-加成产物仅有一个 C—H σ 键与双键发生 σ-π 超共轭。而就反应的速率而言,它受控于反应活化能大小。1,2-加成所需的活化能较小(反应过渡态的稳定因素较多,能量较低),故反应速率较快。因此,低温时为速度控制(反应温度较低时,碳正离子与溴负离子的加成是不可逆的,生成产物的比例取决于反应速率),1,2-加成产物为主产物;而在较高温度时,是热力学控制,产物的稳定性起主要作用,1,4-加成产物为主产物。

3.11.2　Diels-Alder 反应

共轭二烯烃可以与某些具有碳碳双键或叁键的不饱和化合物发生反应,生成环状化合物,称为双烯合成(diene synthesis)。该反应是德国化学家 O. Diels(第尔斯)和 K. Alder(阿尔德)于 1928 年发现的,故名为 Diels-Alder 反应。例如,以下反应为典型的 Diels-Alder 反应,可用于共轭二烯烃的鉴别。

顺丁烯二酸酐　　　　　1,2,3,6-四氢化苯二甲酸酐

双烯合成中,提供共轭双键的化合物称为双烯体(diene),提供重键的化合物称为亲双烯体(dienophile)。研究表明,双烯体上连有给电子基团(如—CH_3、—OCH_3 等)、亲双烯体上连有吸电子基团(如—CN、—COR、—CHO、—COOR、—NO_2 等)时,反应更容易进行。

Diels-Alder 反应过程中,旧键的断裂与新键的形成在同一步骤中协同完成,经过一个环状过渡态。这就要求共轭二烯烃以 s-顺式构象参与反应,如果双烯体的两个双键被固定在反式位置,如

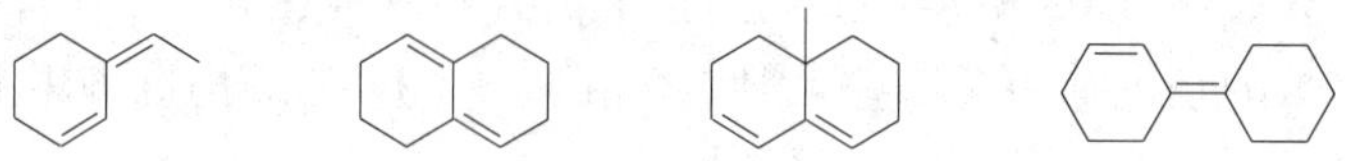

s-反式构象

则不能发生环加成反应。

Diels-Alder 反应是可逆反应,在一定条件下,可发生逆向的开环反应。例如:

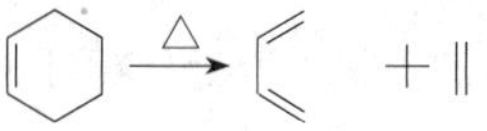

双烯合成是共轭二烯烃特有的反应,是将链状化合物转变为六元环化合物的重要方法,在有机合成中已被广泛应用。

3.11.3 聚合

由于分子中存在碳碳双键,共轭二烯烃也很容易发生加成聚合反应,即共轭二烯烃可以作为小分子单体,通过分子间的反复加成而成为具有相对高分子质量的聚合物。例如:

$$nCH_2{=}CH{-}CH{=}CH_2 \xrightarrow{\text{引发剂}} \text{(}CH_2{-}CH{=}CH{-}CH_2\text{)}_n$$

1,3-丁二烯   聚丁二烯

共轭二烯烃分子中有两个双键,在加聚反应中也有 1,2-加成和 1,4-加成两种方式,相应生成 1,2-加聚产物和 1,4-加聚产物;对于碳碳双键上有取代基的共轭二烯烃,则还有 3,4-加聚产物。例如,2-甲基-1,3-丁二烯(通常称为异戊二烯)发生聚合时有三种类型的聚合产物:

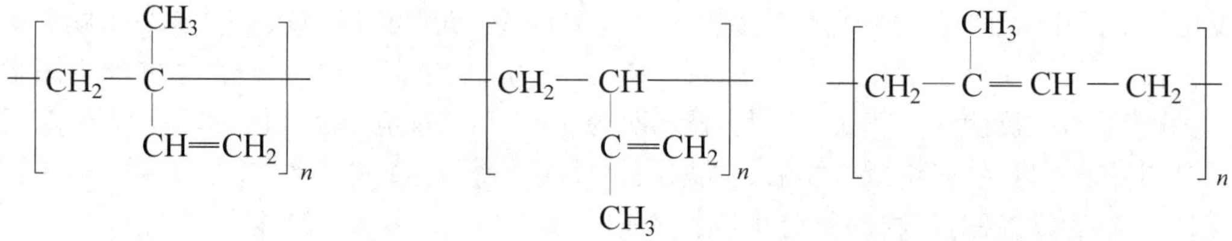

1,2-加聚产物   3,4-加聚产物   1,4-加聚产物

1,4-加聚产物的主链上存在碳碳双键,与双键碳原子相连的碳原子不能绕主链自由旋转,因此产生顺式-1,4-加聚产物和反式-1,4-加聚产物:

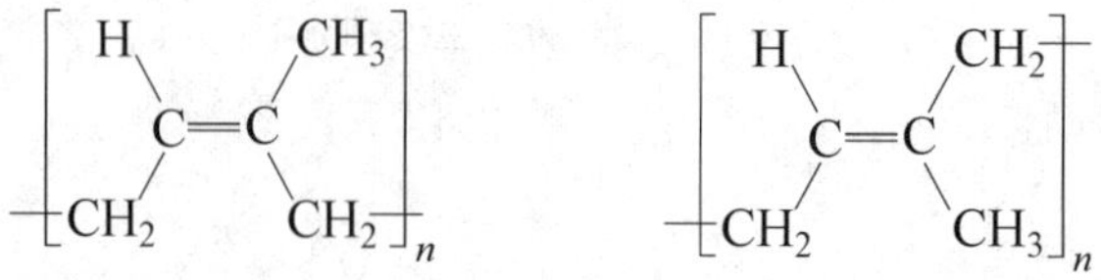

顺式-1,4-加聚产物   反式-1,4-加聚产物

顺式和反式聚合物在性能上的差异很大。例如,顺式-1,4-聚异戊二烯是性能优异的橡胶,而反式加聚物则是半结晶的塑料。

3.12　烯烃和炔烃的制备

3.12.1　烯烃的制备

乙烯、丙烯和丁烯等低级烯烃都是化学工业的重要原料。现在低级烯烃主要是通过石油的各种馏分裂解和原油直接裂解获得(详见 2.5.1)。

烯烃的实验室制法主要由醇或卤代烃等消除水或卤化氢制备：

(1) 醇脱水。醇容易在浓硫酸或氧化铝等催化下脱水而得到烯烃(详见 8.3.3)。

(2) 卤代烷脱卤化氢。

此反应一般在乙醇溶液中进行。在强碱(常用氢氧化钾和氢氧化钠)存在下，卤代烷脱去一分子卤化氢而得烯烃(详见 6.3.2)。

(3) 炔烃的还原反应。

炔烃在 Lindlar 催化剂的作用下可部分氢化，优先生成顺式烯烃(详见 3.8.4)。

(4) 由 Wittig 反应制备。

由三苯基膦与卤代烃发生取代反应制得烃代亚甲基三苯基鏻盐，而后与醛、酮等发生反应。醛、酮分子中羰基的氧原子被亚甲基(或取代亚甲基)取代，生成相应的烯烃与三苯基氧膦，该反应称为羰基烯化反应或 Wittig(维悌希)反应(详见 9.4.6)。

3.12.2　炔烃的制备

1. 由烯烃制备

实验室制备炔烃可以通过烯烃与卤素加成得到二卤代烷，然后脱卤化氢的方法实现。例如：

$$CH_3CH{=\!\!=}CHCH_3 \xrightarrow[CCl_4]{Br_2} CH_3\overset{\overset{\displaystyle Br}{|}}{\underset{\underset{\displaystyle H}{|}}{C}}\!-\!\overset{\overset{\displaystyle Br}{|}}{\underset{\underset{\displaystyle H}{|}}{C}}CH_3 \xrightarrow[\text{乙醇}]{KOH} CH_3\overset{\overset{\displaystyle H}{|}}{C}{=}\underset{\underset{\displaystyle Br}{|}}{C}CH_3 \xrightarrow{NaNH_2} CH_3C{\equiv}CCH_3$$

2. 由取代反应制备

乙炔或末端炔烃可以与金属钠或氨基钠作用得到炔钠，炔钠是强的亲核试剂，可以与伯卤代烷发生 S_N2 反应得到碳链增长的炔烃(详见 3.8.1)。

Ⅳ　不饱和烃的来源及橡胶产业

低级烯烃如乙烯、丙烯和几种丁烯的一个重要来源是石油的加工产品。一方面，通过分离直接蒸馏石油所得的炼厂气可以获得乙烯、丙烯，但数量有限；另一方面，将炼油厂出来的高沸点馏分通过高温裂解可以得到裂解气，其中含有大量的烯烃。此外，将从天然气中得到的乙烷、丙烷、丁烷等进行高温裂化也可获得乙烯、丙烯。

乙炔是有机合成的重要原料。电石法是最古老但迄今为止仍在工业上普遍使用的乙炔合成方法，由于成本高、能耗大，许多发达国家已逐步将廉价的天然气作为生产乙炔的原料。

橡胶是具有高弹性的材料，是国民经济各个领域和人们生活中不可替代的重要材料之一。

根据来源的不同,橡胶分为天然橡胶和合成橡胶。在合成橡胶的生产中,共轭二烯烃的重要地位不容忽视,其中,尤以 1,3-丁二烯和异戊二烯最为重要。

1,3-丁二烯和异戊二烯都可以从石油裂解气的相应 C_4、C_5 馏分中提取出来,也可以通过相应烷烃或烯烃的脱氢氧化获得。例如:

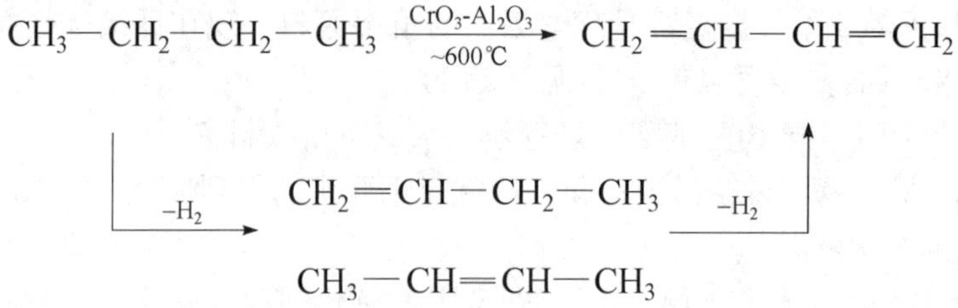

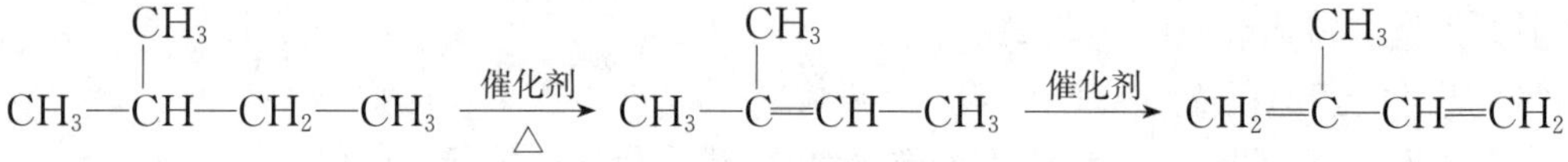

$$CH_3{-}CH_2{-}CH_2{-}CH_3 \xrightarrow[\sim 600℃]{CrO_3{-}Al_2O_3} CH_2{=}CH{-}CH{=}CH_2$$

$$\xrightarrow{-H_2} CH_2{=}CH{-}CH_2{-}CH_3 \xrightarrow{-H_2}$$

$$CH_3{-}CH{=}CH{-}CH_3$$

在 Ziegler-Natta(齐格勒-纳塔)催化剂的作用下,1,3-丁二烯和异戊二烯都可以发生配位聚合,分别生成顺式的顺丁橡胶和合成天然橡胶,它们都是重要的具有优异性能的合成橡胶品种。

1,3-丁二烯   顺丁橡胶

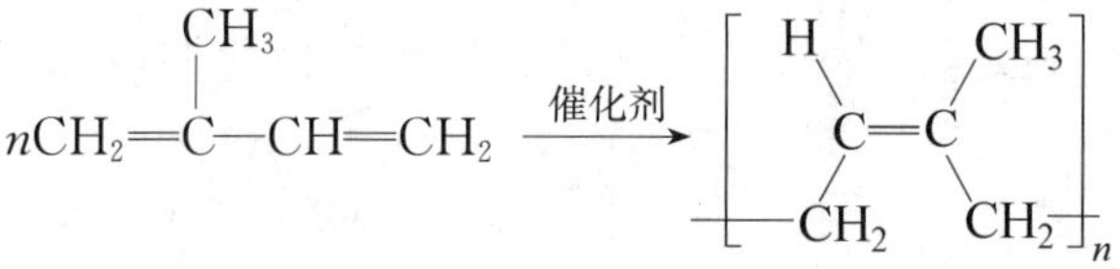

异戊二烯   合成天然橡胶

习　题

1. 写出分子式为 C_4H_8 的化合物的所有异构体的结构式并命名。

2. 判断下列化合物是否为共轭化合物,有无顺反异构现象。

(1) $CH_2{=}CHCH_2CH{=}CHCl$ (2) $CH_3CH{=}C{=}CHCH_3$

(3) 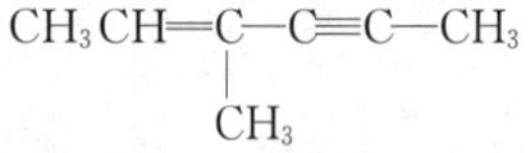 $CH_3CH{=}C{-}C{\equiv}C{-}CH_3$ (4) 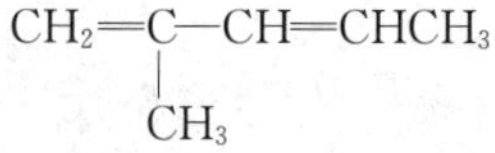 $CH_2{=}C{-}CH{=}CHCH_3$
$\qquad\qquad\quad |$ $\qquad\qquad |$
$\qquad\qquad\;\; CH_3$ $\qquad\quad CH_3$

3. 用 Z/E 法确定下列化合物的构型。

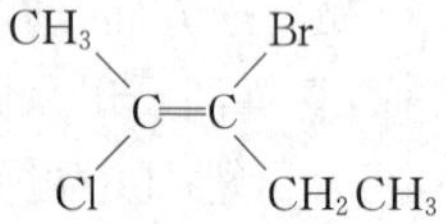

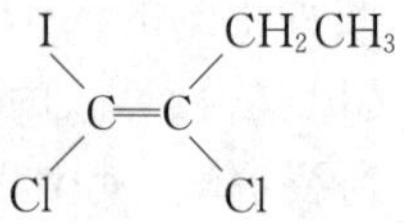

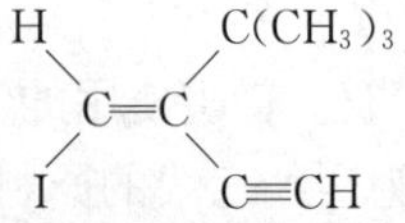

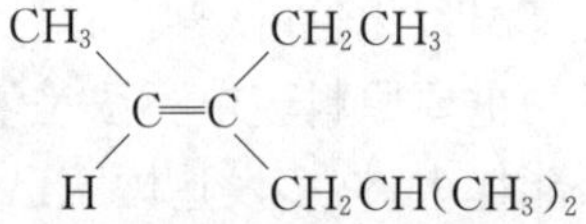

4. 写出分子式为 C_6H_{10} 的所有共轭二烯烃的同分异构体,并用系统命名法加以命名。

5. 比较下列各组化合物的熔点和沸点的高低,并说明理由。

(1) 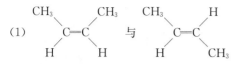　与

(2) $CH_3-C\equiv C-CH_3$　与　$CH_3CH_2C\equiv CH$

6. 写出 1-甲基环辛烯与下列试剂反应的产物。

(1) Br_2/CCl_4　　(2) H_2SO_4/H_2O　　(3) (a) B_2H_6, (b) H_2O_2, OH^-　　(4) (a) OsO_4, (b) H_2O

(5) $C_6H_5CO_3H$　　(6) $HBr/(PhCO)_2O$　　(7) (a) O_3, (b) Zn/H_2O

7. 4-甲基环戊烯在少量的过氧化物和 NBS 作用下反应,生成的主要产物是什么? 写出该反应的反应历程。

8. 试写出下列反应的主要产物。

(1) $CH_3-\underset{\underset{}{CH_3}}{C}=CH_2 + HBr \longrightarrow$

(2) $\langle\!\!\bigcirc\!\!\rangle\!=CH_2 + Cl_2 + H_2O \longrightarrow$

(3) $CH_2=CHCCl_3 + HCl \longrightarrow$

(4) $CH_3CH_2CH_2C\equiv CH + H_2O \xrightarrow[H_2SO_4]{HgSO_4}$

(5) $CH_3C\equiv CNa + CH_3CH_2Br \longrightarrow$

(6) $CH_2=CH-CH=CH_2 + Br_2 (1mol) \longrightarrow$

(7) $\xrightarrow[H^+]{KMnO_4}$

(8) $\bigcirc\!\!\!-$ $+HBr \xrightarrow{光照}$

(9) $\xrightarrow[2) H_2O_2, OH^-]{1) B_2H_6}$

(10) $\bigcirc\!\!-C\equiv C-CH_3 \xrightarrow{Na/液 NH_3}$

(11) $\xrightarrow{CH_3COOOH}$

9. 试用简单的方法区别下列化合物。

(1) 甲基环丙烷、丁烷、1,3-丁二烯与 1-丁烯

(2) 环戊烷、环戊烯、1-戊炔与乙基环丙烷

10. 下列反应的主要产物是什么? 反应过程中是否发生碳正离子的重排?

(1) $CH_3-\underset{\underset{CH_3}{|}}{\overset{\overset{CH_3}{|}}{C}}-CH=CH_2 \xrightarrow{H_2/Pt}$

(2) $CH_3-\underset{\underset{CH_3}{|}}{\overset{\overset{CH_3}{|}}{C}}-CH_2-CH=CH_2 \xrightarrow{HI}$

(3) $CH_3-\underset{\underset{CH_3}{|}}{\overset{\overset{CH_3}{|}}{C}}-CH=CH_2 \xrightarrow[光照]{HBr}$

11. 试比较下列碳正离子的稳定性大小。

12. 某化合物的分子式为 C_7H_{10},经催化加氢可生成分子式为 C_7H_{14} 的烃,C_7H_{10} 经臭氧化还原反应生成 $OHC-CHO$ 和 $OHCCH_2CH(CH_3)CHO$,试写出该化合物的结构式及所发生反应的反应式。

13. 在下列结构中各存在哪些类型的共轭?

(1) $CH_2=CH-\overset{\bullet}{C}HCH_3$

(2) $\overset{-}{C}H_2-CH=CH-CH_3$

(3) $CH_2=CH-\overset{-}{C}H-\underset{\underset{CH_3}{|}}{C}=CH_2$

(4) $CH_2=CH-CH=CH-\overset{+}{\underset{\underset{CH_3}{|}}{C}}-CH_3$

14. 试比较下列化合物与 1,3-丁二烯发生 Diels-Alder 反应的活性。

(1) $CH_2\!=\!CH\!-\!CH_2Cl$ (2) $CH_2\!=\!CH\!-\!CN$ (3) $CH_2\!=\!CH\!-\!CH_2CH_3$

15. 完成下列反应：

(1)

(2)

(3)

(4)

(5)

16. 下列极限结构式中,哪些是错误的? 说明理由。

(1) $CH_3\!-\!CH\!=\!CH\!-\!CH\!=\!CH_2 \longleftrightarrow CH_3\!-\!CH\!=\!CH\!-\!\overset{+}{C}H\!-\!\overset{-}{C}H_2$

(2) $CH_2\!=\!CH\!-\!CH\!=\!CH_2 \longleftrightarrow CH_2\!=\!CH\!-\!\overset{\bullet}{C}H\!-\!\overset{\bullet}{C}H_2$

(3) $CH_2\!=\!CH\!-\!\overset{..}{\underset{..}{Cl}}: \longleftrightarrow :\overset{-}{C}H_2\!-\!CH\!=\!\overset{..}{\underset{..}{Cl}}{}^{+}$

(4) $CH_2\!=\!CH\!-\!\overset{..}{\underset{..}{O}}\!-\!H \longleftrightarrow CH_3\!-\!CH\!=\!\overset{..}{O}:$

17. 以乙炔、丙炔为有机原料合成下列化合物。

(1) 1-丁烯   (2)   (3) $CH_3\!-\!\overset{\displaystyle O}{\overset{\|}{C}}\!-\!CH_3$

18. 化合物 A、B、C、D、E 和 F 的分子式均为 C_4H_8,均能够使溴褪色。C、D、E、F 能够使高锰酸钾溶液褪色,而 A 和 B 不能。热的酸性高锰酸钾浓溶液氧化 C 和 D 分别得到丙酸和丙酮,氧化 E、F 均得到乙酸。A 光照下发生一氯代,得一种氯代产物,而 B 有三种产物。试推断上述五种化合物的结构。

19. 分子式为 C_7H_{10} 的某开链烃 A,可发生下列反应：A 经催化加氢可生成 3-乙基戊烷；A 与 $AgNO_3/NH_3$ 溶液反应可产生白色沉淀；A 在 $Pd/BaSO_4$ 作用下吸收 1mol H_2 生成化合物 B；B 可以与顺丁烯二酸酐反应生成化合物 C。试推测 A、B、C 的结构。

20. A、B、C 三种烃的分子式均为 C_6H_{12},在室温下都能使溴的四氯化碳溶液褪色,加入高锰酸钾时,A、B 不能使其褪色,C 能使其褪色,但无二氧化碳气体产生；在常温下与 HBr 反应时,A、C 主要生成3-甲基-3-溴戊烷,B 则主要生成 3-甲基-2-溴戊烷。试推测 A、B、C 的结构。

21. 回答下列有关反应历程的问题。

(1) 写出该反应的反应历程。

(2) 指出该反应的五元环产物比四元环产物容易生成的原因。

第4章 芳 烃

在有机化学发展初期,芳香族化合物(aromatics)指的是一类从植物胶里提取得到的具有芳香气味的物质。但目前已知的芳香族化合物中,大多数是没有香味的,因此,芳香这个词已经失去了原有的意义,只是由于习惯而沿用至今。

芳烃是芳香族化合物的母体,通常指分子中含有苯环结构的碳氢化合物。少数非苯芳烃虽然不含苯环,但含有与苯环相似的环状结构和化学性质。芳烃易发生取代反应,不易氧化,在一定条件下能发生加成反应。

芳香烃主要来源于煤、焦油和石油。现代用的药物、炸药和染料等大多数是由芳烃合成的。燃料、塑料、橡胶及糖精等也以芳香烃为原料。

4.1 芳烃的分类、异构和命名

4.1.1 芳烃的分类

根据分子中是否含有苯环、所含苯环的数目以及苯环间的连接方式,可将芳烃分为三类。

(1) 单环芳烃:分子中只含一个苯环的碳氢化合物,如苯、乙苯、苯乙烯等。

苯	乙苯	苯乙烯
benzene	ethylbenzene	styrene

(2) 多环芳烃:分子中含有两个或两个以上苯环的芳烃。例如:

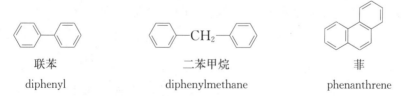

联苯	二苯甲烷	菲
diphenyl	diphenylmethane	phenanthrene

(3) 非苯芳烃:分子中不含苯环,但具有芳香性的烃类化合物。例如:

环戊二烯负离子 环庚三烯正离子

4.1.2 芳烃的异构

若不考虑侧链烷基的异构,苯的一元衍生物只有一种。

取代基相同的二取代苯有三种异构体,通常用邻(*o*-)、间(*m*-)、对(*p*-)加以区分。例如:

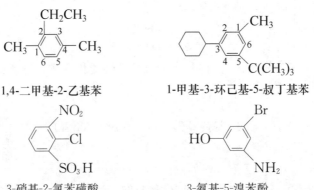

邻二甲苯　　　　　　　　间二甲苯　　　　　　　　对二甲苯

取代基相同的三取代苯也有三种异构体,通常用连、偏、均等表示烷基的相对位置。例如:

连三甲苯　　　　　　　　偏三甲苯　　　　　　　　均三甲苯

4.1.3　芳烃的命名

结构比较简单的单取代苯的命名是以苯环作为母体,烷基、卤原子、硝基和亚硝基都视为取代基,称为某烷基苯、卤苯、硝基苯和亚硝基苯。其他基团与苯环一同视为苯的衍生物。例如:

	—NH$_2$	—OH	—CHO	—COR	—SO$_3$H	—COOH
官能团	氨基	羟基	醛基	酰基	磺酸基	羧基
母体	苯胺	苯酚	苯甲醛	苯某酮	苯磺酸	苯甲酸

苯环上有多个取代基时,母体的确定分两种情况。情况一,只有烷基、卤素、硝基和亚硝基这几种取代基,此时以苯为母体。情况二,含除情况一之外的其他基团时,按照以下顺序选择母体:—NO$_2$、—X、—R、—OR、—NH$_2$、—OH、—CO—、—CHO、—CN、—CONH$_2$、—COX、—COOR、—SO$_3$H、—COOH(见1.8节)。此顺序中排在越后面的基团越被优先选为母体官能团。编号时,将母体官能团作为起点。编号时应符合最低系列原则(详见1.8.3),而当应用最低系列原则无法确定哪一种编号优先时,应让顺序规则(详见1.8.3)中较小的基团位次尽可能小。

1,4-二甲基-2-乙基苯　　　　　　　　1-甲基-3-环己基-5-叔丁基苯

3-硝基-2-氯苯磺酸　　　　　　　　3-氨基-5-溴苯酚

如果苯环上连有较复杂的取代基,则可将侧链当作母体,苯环当作取代基。苯分子上去掉一个氢原子后剩余的部分称为苯基(phenyl),用 Ph-表示;芳烃分子的芳环上去掉一个氢原子后剩余的部分称为芳基(aryl),用 Ar-表示。例如:

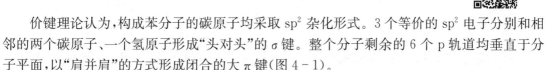

苯乙烯　　　　　　　　　　1,2-二苯基乙烷

2-甲基-4-乙基-2-苯基己烷　　　(Z)-5-甲基-2-苯基-2-己烯

4.2　苯的结构

4.2.1　价键理论观点

价键理论认为,构成苯分子的碳原子均采取 sp^2 杂化形式。3 个等价的 sp^2 电子分别和相邻的两个碳原子、一个氢原子形成"头对头"的 σ 键。整个分子剩余的 6 个 p 轨道均垂直于分子平面,以"肩并肩"的方式形成闭合的大 π 键(图 4-1)。

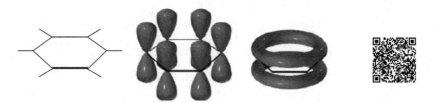

图 4-1　苯的大 π 键

4.2.2　分子轨道理论观点

分子轨道理论把苯描述为一种离域的结构,6 个 p 原子轨道彼此作用,形成 6 个 π 分子轨道(图 4-2)。其中 3 个是能量较低的成键轨道,3 个是能量较高的反键轨道。成键轨道有两个是能量相同的,称为"简并轨道",同样,反键轨道中也有一对简并轨道。电子则填满 3 个成键轨道。

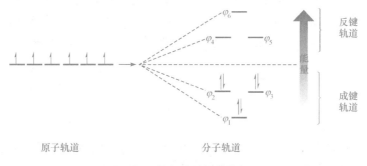

图 4-2　苯的分子轨道能级图

*4.2.3　共振论观点

共振论认为苯共振于无限个极限结构之间,其中两个极限结构(i)和(ii)的贡献最大。这

两个结构是能量很低、稳定性等同的极限结构,它们之间共振引起的稳定作用是很大的。而其他极限结构的能量较高,对体系能量的降低贡献很少。

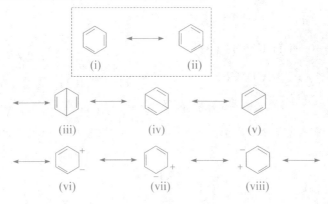

4.3 芳烃的物理性质

苯及其同系物多为有特殊香味的无色液体,密度比水小,但比相应脂肪烃、环烷烃、环烯烃大。表 4-1 是一些常见芳香烃的物理性质。

表 4-1 一些常见芳香烃的物理性质

名称	熔点/℃	沸点/℃	相对密度(d_4^{20})	名称	熔点/℃	沸点/℃	相对密度(d_4^{20})
苯	5.5	80.1	0.879	连三甲苯	−25.5	176.1	0.894
甲苯	−95	110.6	0.866	偏三甲苯	−43.9	169.2	0.876
乙苯	−95	136.1	0.867	均三甲苯	−44.7	164.6	0.865
丙苯	−99.6	159.3	0.862	萘	80.3	218.0	1.162
异丙苯	−96	152.4	0.862	蒽	2.7	354.1	1.147
间二甲苯	−47.9	139.1	0.864	菲	101.1	340.2	1.179
对二甲苯	13.2	138.4	0.861				

单环芳烃的沸点与相对分子质量有关,含相同碳原子数的各种同分异构体的沸点差别不大;每增加一个 CH_2 单位,沸点相应升高约 30℃。芳烃的熔点除与相对分子质量有关外,还与分子的对称性有关,对称性高的对位异构体的熔点一般比邻位和间位异构体的高。苯及其同系物都不溶于水,易溶于乙醚、石油醚、四氯化碳等有机溶剂。苯、甲苯、二甲苯等液态芳烃是许多有机化合物的优良溶剂。

4.4 单环芳烃的化学性质

苯及其同系物的化学性质与饱和烃、不饱和烃的化学性质明显不同。苯及其同系物虽然都是高度不饱和化合物,但是由于苯环有闭合大 π 键结构,具有特殊的稳定性。从苯环的电荷分布示意图(图 4-3)可见,苯环是富含电子的区域,易被缺电子的亲电试剂进攻。加成反应会导致 π 共轭体系的破坏,所以难以发生;取代反应可保持苯环的结构,故单环芳烃最重要的反应是取代反应。单环芳烃发生反应时常见的化学键断裂位点见图 4-4。

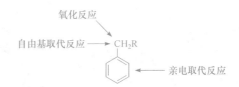

图 4-3　苯环电荷分布示意图　　　　图 4-4　单环芳烃发生反应时化学键断裂的位置

4.4.1　亲电取代反应

苯环碳原子所在平面的上、下方都集中着电子,易于向亲电试剂提供电子,因此苯环容易发生亲电取代反应(electrophilic substitution)。苯环典型的亲电取代反应有卤代、磺化、硝化以及 Friedel-Crafts(傅瑞德尔-克拉夫茨)烷基化和酰基化反应。反应的历程如下:

首先,在催化剂的作用下产生有效亲电试剂(electrophilic reagent)E^+:

$$E\text{—}Nu \xrightarrow{\text{催化剂}} E^+ + Nu^-$$

带正电的亲电试剂 E^+ 进攻苯环,形成一个不稳定的碳正离子中间体:

与π电子云形成的加合物　　　碳正离子中间体

π络合物　　　　　σ络合物

可见,碳正离子中间体(又称为 σ 络合物)是由苯环提供两个电子与亲电试剂 E^+ 结合生成 σ 键而形成的,相应碳原子的 sp^2 杂化轨道变成 sp^3 杂化轨道,苯环原有的闭合大 π 键结构遭到破坏。由于形成 σ 键时使用了一对电子,苯环上只剩下四个 π 电子,它们离域在苯环其余的五个碳原子上。从共振的观点,碳正离子中间体可以用三个极限结构式表示:

由于碳正离子中间体的能量较高,不稳定,因此,易从 sp^3 杂化碳原子上失去一个质子,生成取代产物,恢复稳定的大 π 键:

碳正离子中间体之所以不与亲核试剂 Nu^- 结合生成加成产物,是因为加成的结果会破坏芳环的大 π 键,反应所需能量高,产物不稳定;而取代反应过程中失去质子恢复稳定的芳环结构所需能量较低,产物较稳定,反应更容易进行(图 4-5)。

1. 卤代反应

苯在铁粉或铁盐等的催化下与氯或溴反应生成相应的卤代苯,同时放出卤化氢。例如:

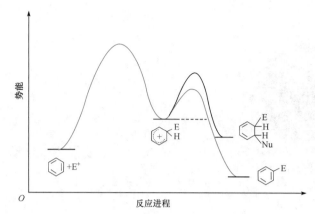

图 4-5   苯发生亲电取代反应和亲电加成反应的能量示意图

$$\text{苯} + Br_2 \xrightarrow{FeBr_3} \text{溴苯} + HBr$$

在卤代反应中,铁盐(如 $FeCl_3$)等催化剂的作用是与卤素(如 Cl_2)络合,促进卤素分子异裂,产生有效亲电试剂 Cl^+。Cl^+ 进攻苯环,形成碳正离子中间体,随后从碳正离子中间体上失去一个质子,生成取代产物;同时,脱下的质子与 $FeCl_4^-$ 作用,重新生成 $FeCl_3$。在决速步中,由缺电子的 Cl^+ 进攻富电子的苯环,发生取代反应,因而属于亲电取代反应。

$$Cl_2 + FeCl_3 \longrightarrow Cl^+ + FeCl_4^-$$

$$\text{苯} + Cl^+ \xrightarrow{\text{慢}} \text{中间体} \xrightarrow[\text{快}]{FeCl_4^-} \text{氯苯} + H^+$$

$$H^+ + FeCl_4^- \longrightarrow HCl + FeCl_3$$

2. 硝化反应

苯与浓硝酸和浓硫酸的混合物(常称混酸)作用,生成硝基苯:

$$\text{苯} + \text{浓 } HNO_3 \xrightarrow[50\sim60℃]{\text{浓 } H_2SO_4} \text{硝基苯} + H_2O$$

生成的硝基苯若要继续硝化,则需提高反应温度和混酸的浓度:

$$\text{硝基苯} + \text{发烟 } HNO_3 \xrightarrow[100℃]{H_2SO_4} \text{间二硝基苯} + H_2O$$

在硝化反应中,混酸中的硝酸作为 Lewis 碱从酸性更强的硫酸中获取一个质子,随后失去一分子水,形成有效亲电试剂硝酰正离子 NO_2^+。硝酰正离子进攻富含电子的苯环,形成碳正离子中间体,随后从碳正离子中间体上失去一个质子,生成硝基苯。硝化反应通常为放热反应。除硝酸和硫酸外,常用的硝化试剂还包括硝酸和发烟硫酸、发烟硝酸和发烟硫酸、硝酸和乙酸、硝酸和乙酸酐等。含硝基的化合物通常为淡黄色至黄色的固体和液体。

$$\underset{\text{Lewis 酸}}{2H_2SO_4} + \underset{\text{Lewis 碱}}{HO-NO_2} \Longrightarrow NO_2^+ + 2HSO_4^- + H_3O^+$$

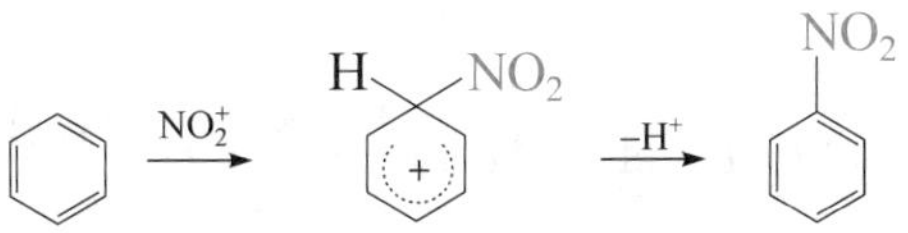

3. 磺化反应

当芳烃与浓硫酸作用时,苯环上的氢原子被磺酸基取代的反应称为磺化反应。例如:

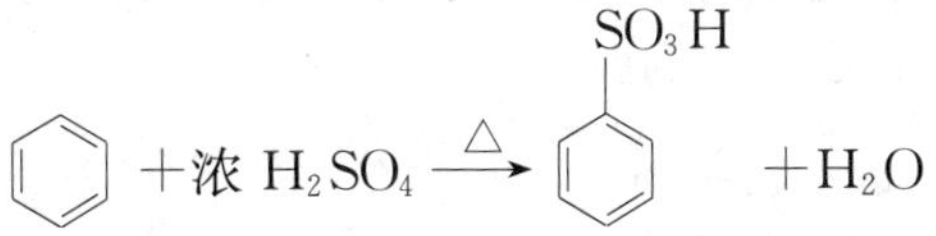

通常认为磺化反应的亲电试剂是三氧化硫,可由发烟硫酸直接提供,或由两分子硫酸脱水生成:

$$2H_2SO_4 \rightleftharpoons SO_3 + HSO_4^- + H_3O^+$$

在三氧化硫分子中,硫原子最外层只有六个电子,属于缺电子的试剂,且氧的电负性大于硫,反应中易由带部分正电荷的硫原子进攻苯环,发生亲电取代反应:

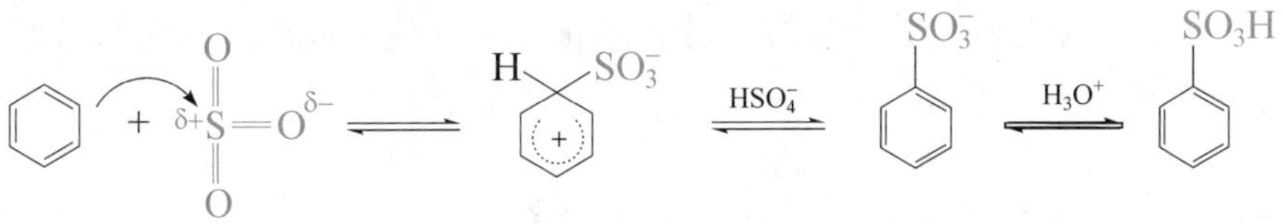

与苯环上的其他亲电取代反应不同的是,磺化反应是一个可逆反应。苯磺酸在$100 \sim 175$℃时与水作用,可脱去磺酸基:

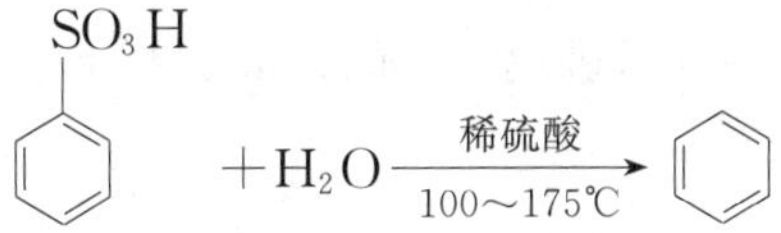

磺化反应的可逆性在芳香族化合物的分离提纯及合成中具有重要意义。

4. Friedel-Crafts 反应

Friedel-Crafts 反应是在芳环上引入烷基和酰基最重要的方法,在有机合成上具有很大的实用价值。

1) Friedel-Crafts 烷基化反应

Friedel-Crafts 烷基化是指芳烃在无水三氯化铝等 Lewis 酸的催化下,苯环上的氢被烷基取代的反应:

$$ArH + RX \xrightarrow{AlCl_3} ArR + HX$$

AlCl$_3$ 是 Friedel-Crafts 烷基化反应活性最高的催化剂,此外,FeCl$_3$、ZnCl$_2$、HF、H$_2$SO$_4$ 等均可作为催化剂。

在 Friedel-Crafts 烷基化反应中,进攻苯环的亲电试剂是烷基碳正离子:

$$R—Cl + AlCl_3 \longrightarrow R^+ + AlCl_4^-$$

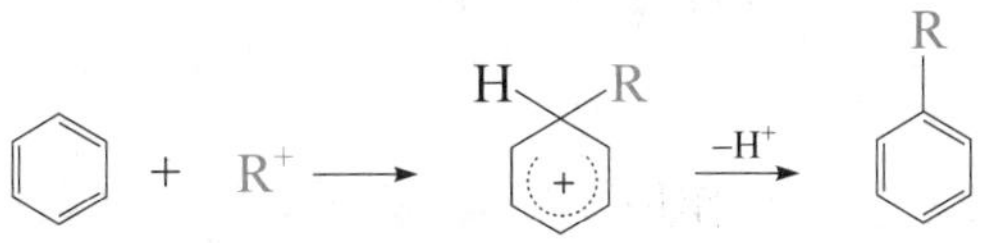

在催化剂作用下能产生烷基碳正离子的化合物,如卤代烷、烯烃、环氧乙烷和醇等均可作

为烷基化试剂。例如：

$$\text{苯} + CH_3CH=CH_2 \xrightarrow{AlCl_3} \text{苯}-CH(CH_3)_2$$

$$\text{苯} + H_2C-CH_2(\text{环氧}) \xrightarrow[2) H_2O]{1) AlCl_3} \text{苯}-CH_2CH_2OH$$

由于 Friedel-Crafts 烷基化反应的中间体是碳正离子,当所用的烷基化试剂含有三个或三个以上碳原子时,常伴随重排反应。例如:

$$\text{苯} + CH_3CH_2CH_2Cl \xrightarrow{AlCl_3} \text{苯}-CH_2CH_2CH_3 + \text{苯}-CH(CH_3)_2$$

丙苯 30%　　　异丙苯 70%

由于生成的烷基苯比苯活泼,容易发生多元取代,生成二烷基苯和多烷基苯,因此常通过加入过量的芳烃和调节反应温度来加以控制。

2) Friedel-Crafts 酰基化反应

Friedel-Crafts 酰基化反应是指活泼的芳香族化合物与酰氯或酸酐在无水 $AlCl_3$ 等的催化下生成芳香酮的反应。例如:

$$\text{苯} + CH_3-CO-Cl \xrightarrow{AlCl_3} \text{苯}-CO-CH_3 + HCl$$

乙酰氯　　　　苯乙酮

在 Friedel-Crafts 酰基化反应中,进攻苯环的亲电试剂是酰基正离子:

$$RCOCl + AlCl_3 \longrightarrow R-C^+(=O) + AlCl_4^-$$

$$\text{苯} + R-C^+(=O) \longrightarrow \text{中间体} \xrightarrow{-H^+} \text{苯}-CO-R$$

由于羰基的致钝作用,Friedel-Crafts 酰基化反应不存在多元取代;此外,酰基正离子比较稳定,不重排。因此,制备含有三个或三个以上碳原子的直链烷基取代苯通常是通过先进行酰基化反应制成芳酮,然后还原羰基来实现。例如:

$$\text{苯} + CH_3CH_2CH_2COCl \xrightarrow{AlCl_3} \text{苯}-COCH_2CH_2CH_3 \xrightarrow[HCl]{Zn-Hg} \text{苯}-CH_2CH_2CH_2CH_3$$

当苯环上存在硝基、磺酸基、氰基等致钝基团时,均不能发生 Friedel-Crafts 烷基化、酰基化反应。因此,可用硝基苯作为 Friedel-Crafts 反应的溶剂。酰基苯是重要的有机合成原料,可以转化为醇、烷基苯和胺等化合物。

* 5. 氯甲基化反应与 Gattermann-Koch 反应

1) 氯甲基化反应

苯与甲醛、氯化氢在无水氯化锌作用下反应,可生成氯化苄,该反应称为氯甲基化(chloromethylation)反应:

反应中,甲醛与氯化氢作用,产生有效亲电试剂:$[H_2\overset{+}{C}=OH]Cl^- \longleftrightarrow [H_2\overset{+}{C}-OH]Cl^-$,最终产物氯化苄中的氯原子非常活泼,可以转化为各种有用的化合物。

2) Gattermann-Koch 反应

Gattermann-Koch(加特曼-科赫)反应是在 Lewis 酸及加压情况下,芳烃与等量的一氧化碳和 HCl 的混合气体发生作用,生成相应芳香醛的反应。在实验室中常用加入氯化亚铜来代替工业生产的加压方法:

$$\text{苯} + CO + HCl \xrightarrow[\triangle]{AlCl_3, CuCl} \text{苯甲醛} \quad (90\%)$$

该反应中有效亲电试剂为 $[HC\!=\!\overset{+}{O}]AlCl_4^-$。

4.4.2 加成反应

芳香烃在结构上的特点是具有环共轭体系,表现在化学性质上的一个突出特点是不容易发生加成反应。例如,苯在室温下不能与卤素、硫酸等发生加成反应。但在特定条件下,苯也能与卤素等发生加成反应。例如:

$$\text{苯} + 3Cl_2 \xrightarrow{\text{紫外线}} \text{六氯化苯} \qquad \gamma\text{-异构体}$$

六氯化苯   γ-异构体

六氯化苯也称 1,2,3,4,5,6-六氯环己烷或六六六,其 γ-异构体杀虫能力最强,曾大量用作农药使用。由于六六六的结构稳定,在自然条件下不易降解,容易污染环境,后来被禁止使用。

4.4.3 氧化反应

苯在一般条件下不容易发生氧化反应,常见的氧化剂如稀硝酸、高锰酸钾、铬酸等均不能使苯环氧化。但是,在高温和五氧化二钒的催化下,苯环也会发生破裂,被氧化生成顺丁烯二酸酐。

$$\text{苯} + O_2 \xrightarrow[400\sim450℃]{V_2O_5} \text{顺丁烯二酸酐 (maleic anhydride)}$$

顺丁烯二酸酐(maleic anhydride)

顺丁烯二酸酐也称马来酸酐或顺酐,是重要的有机化工中间体,工业上用于生产不饱和聚酯树脂、醇酸树脂、农药和纸张处理剂等。

4.4.4 还原反应

苯的芳香性使其不易被一般的还原剂还原,常见还原苯的方法有催化加氢法。

$$\bigcirc +3H_2 \xrightarrow[\text{加温,加压}]{Ni} \bigcirc$$

此外,还有 Birch(伯奇)还原:利用碱金属(钠或钾)在液氨与醇的混合液中,与芳烃反应,苯环可被还原成不共轭的 1,4-环己二烯。

$$\bigcirc \xrightarrow[\text{NH}_3\text{(液)-C}_2\text{H}_5\text{OH}]{Na} \bigcirc$$

导引:

还有哪些化合物的还原反应中用到金属钠和液氨?

4.4.5 芳烃侧链的反应

在烷基苯分子中,直接与苯环相连的碳原子称为 α-碳原子,α-碳原子上所连的氢原子称为 α-氢。受苯环的稳定作用,烷基苯的 α-氢原子比较活泼,容易发生氧化、取代等反应。

1. 氧化反应

甲苯、乙苯等含有 α-氢的烷基苯在高锰酸钾、铬酸、浓硝酸等氧化剂的作用下,侧链可被氧化。凡有 α-氢的侧链,不论烷基碳链的长短,氧化后都生成一个与苯环相连的羧基;没有 α-氢的侧链则不易被氧化。例如:

$$H_3CH_2C-\bigcirc-C(CH_3)_3 \xrightarrow[\triangle]{KMnO_4} HOOC-\bigcirc-C(CH_3)_3$$

4-叔丁基苯甲酸

只有当苯环和一个三级碳原子或一个极稳定的侧链相连时,在强烈的氧化条件下,侧链才得以保持,苯环被氧化成羧基:

$$CH_3-\underset{\underset{CH_3}{|}}{\overset{\overset{CH_3}{|}}{C}}-\bigcirc \xrightarrow{[CrO_3, H_2SO_4]} CH_3-\underset{\underset{CH_3}{|}}{\overset{\overset{CH_3}{|}}{C}}-COOH$$

三甲基乙酸

2. 卤代反应

在光照、高温或自由基引发剂(如过氧化苯甲酰、偶氮二异丁腈等)存在下,卤原子可以取代烷基苯侧链上的氢原子,反应一般发生在 α 位。例如:

$$\overset{CH_3}{\bigcirc} +Cl_2 \xrightarrow{\text{光照}} \overset{CH_2Cl}{\bigcirc}$$

反应按自由基历程进行,反应的活性中间体为苄基自由基(benzyl radical):

$$Cl—Cl \xrightarrow[\text{或}\triangle]{h\nu} 2Cl\cdot$$

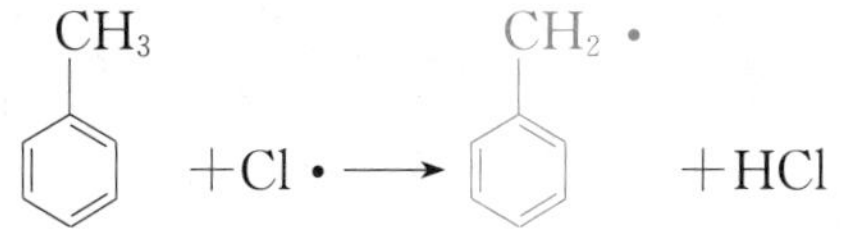

+Cl· ⟶ 苄基自由基 +HCl

+Cl—Cl ⟶ +Cl·

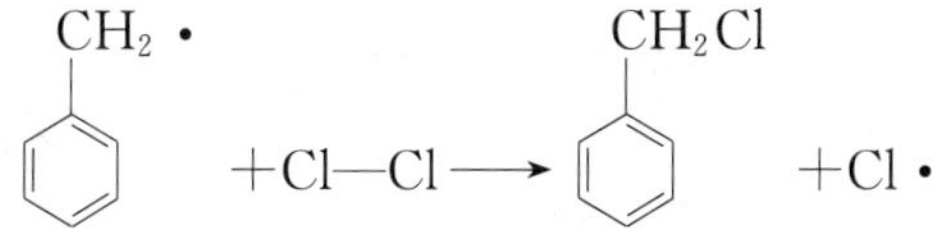

由于苄基自由基的单电子所处的 p 轨道能与苯环发生 p-π 共轭,因此,苄基自由基具有与烯丙基自由基相似的稳定性。

当氯气过量时,氯化苄可以进一步氯代,生成二氯化苄和三氯化苄:

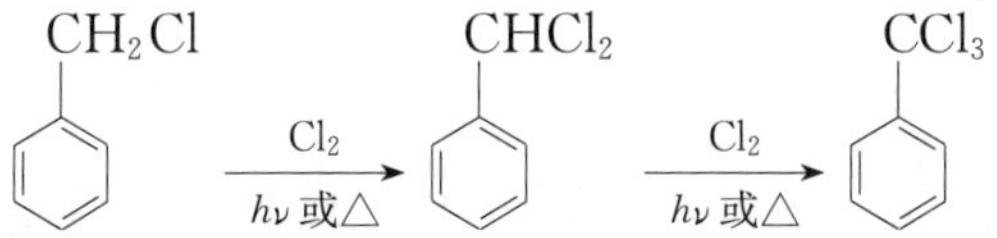

氯化苄、二氯化苄和三氯化苄分别是合成苯甲醇、苯甲醛和苯甲酸的中间体。

烷基苯侧链的溴代反应也可用 NBS(见 3.4.4)作溴化试剂。

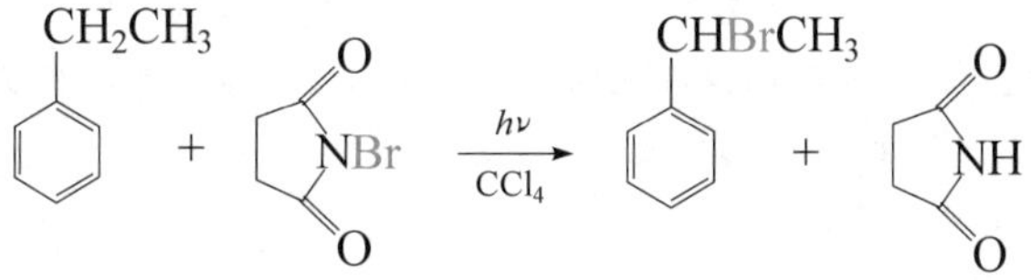

4.5　芳环亲电取代反应的定位规律

当苯环上已有一个取代基时,若再发生亲电取代反应,原有的不同取代基将对苯环产生不同的影响。一方面,有的取代基会降低苯环的电子云密度,有的则增加苯环的电子云密度,致使反应速率明显不同(表 4-2);另一方面,第二个取代基进入苯环的位置与苯环上原有取代基的性质有关,或者说环上原有取代基对新进入的基团有定位作用(orienting effect,或称定位效应)。通常将苯环上原有的取代基称为定位基(director)。

表 4-2　一取代苯的硝化反应速率及硝化产物的比例

取代基	相对速率	硝化产物			$o+p/m$
		$o-$	$m-$	$p-$	
—OH	很快	55	痕量	45	100/0
—OCH$_3$	2×10^5	74	15	11	85/15
—NHCOCH$_3$	快	19	2	79	98/2
—CH$_3$	25	58	4	38	96/4

取代基	相对速率	硝化产物			$o+p/m$
		$o\text{-}$	$m\text{-}$	$p\text{-}$	
$-C(CH_3)_3$	16	12	8	80	92/8
$-F$	0.03	12	痕量	88	100/0
$-Cl$	0.03	30	1	69	99/1
$-Br$	0.03	37	1	62	99/1
$-I$	0.18	38	2	60	98/2
$-H$	1.0				
$-NO_2$	6×10^{-8}	6	93	1	7/93
$-CO_2C_2H_5$	3.7×10^{-3}	28	68	4	32/68
$-\overset{+}{N}(CH_3)_3$	1.2×10^{-8}	0	~100	0	11/89
$-COOH$	$<10^{-3}$	19	80	1	20/80
$-SO_3H$	慢	21	72	7	28/72
$-CF_3$	慢	0	100	0	0/100

探究:

取代基的定位效应解决的是在一个已经存在取代基的苯环上发生亲电取代反应时,新取代基将取代苯环的哪个位置的问题。从逻辑上推测,可能有以下几种定位情况:

(1) 由苯环上原来存在的取代基决定;

(2) 由苯环上新进入的取代基决定;

(3) 由苯环上原来存在的取代基和新进入的取代基共同决定;

(4) 原来苯环上存在的取代基和新进入的取代基都不产生影响。

以下实验事实与哪一种情况吻合? 此外,请再分析表 4-2 的数据,又得出了什么结论?

反应类型 底物	硝化反应		卤代反应		磺化反应	
	反应速率 变化情况	新取代基 主要取代位置	反应速率 变化情况	新取代基 主要取代位置	反应速率 变化情况	新取代基 主要取代位置
CH₃（苯环）	加快	$o\text{-},p\text{-}$	加快	$o\text{-},p\text{-}$	加快	$o\text{-},p\text{-}$
NO₂（苯环）	减慢	$m\text{-}$	减慢	$m\text{-}$	减慢	$m\text{-}$
Cl（苯环）	减慢	$o\text{-},p\text{-}$	减慢	$o\text{-},p\text{-}$	减慢	$o\text{-},p\text{-}$

4.5.1 三类定位基

根据基团对苯环的影响以及它们的定位情况,可将取代基分为三类(表 4-3)。

表 4-3　取代基的定位效应

定位	邻、对位定位基					间位定位基	
强度	最强	强	中	弱	弱	强	最强
取代基	—O⁻ —NHR —NH₂ —OH —OR	—NR₂ —NHCOR	—OCOR —C₆H₅ —CH₃ —CR₃	—NHCHO	—F —Cl，—Br，—I —CH₂Cl —CH＝CHCO₂H —CH＝CHNO₂	—COR，—CHO —CO₂R，—CONH₂ —CO₂H，—SO₃H —CN，—NO₂ —CF₃，—CCl₃	—NR₃⁺
基团的电子效应	具有给电子诱导效应和给电子共轭效应	—CH₃给电子超共轭效应，—CR₃只有给电子诱导效应，其余基团的吸电子诱导效应小于给电子共轭效应			各基团的吸电子诱导效应大于给电子共轭效应	—CF₃、—CCl₃只有吸电子诱导效应，其余基团具有吸电子诱导效应和吸电子共轭效应	只有吸电子诱导效应
性质	活化基					钝化基	

1. 第一类定位基

第一类定位基是致活的邻、对位定位基，它们使苯环活化，并使新引进的取代基主要进入原取代基的邻位和对位。属于这一类的基团有：—NR₂、—NHR、—OH、—NHCOR、—OR、—OCOR、—R、—Ar 等。

2. 第二类定位基

第二类定位基是致钝的间位定位基，它们使苯环钝化，并使新引进的取代基主要进入原取代基的间位。属于这一类的基团有：—N⁺R₃、—NO₂、—CCl₃、—CN、—SO₃H、—CHO、—COR、—COOH、—COOR 等。

从上述基团的结构可以看出，邻、对位定位基与苯环直接相连的原子上一般不含重键，多数带有孤对电子；间位定位基与苯环直接相连的原子上一般连有重键或带有正电荷（—CCl₃、—CF₃除外）。

3. 第三类定位基

第三类定位基是致钝的邻、对位定位基，它们使苯环钝化，但使新引进的取代基主要进入原取代基的邻位和对位。属于这一类的基团有：—F、—Cl、—Br、—I、—CH₂Cl、—CH＝CHNO₂ 等。

4.5.2　定位规律的解释

单取代苯分子中取代基的定位效应与该取代基的诱导效应、共轭效应、超共轭效应等电子效应有关，此外，空间位阻也有一定的影响。

1. 第一类定位基的定位规律

从电子效应来看，第一类定位基是给电子基团，它们使苯环上的电子云密度增大，对所生成的碳正离子中间体具有稳定作用，使亲电取代反应易于发生。但是，亲电试剂进攻邻位、对位和进攻间位时生成的碳正离子的稳定性是不同的，因此，邻、对位取代产物和间位取代产物的比例也不同。

以甲苯为例，由于甲基的给电子超共轭效应，苯环上电子云密度增大，亲电反应活性增大，因此是致活基团。当亲电试剂进攻甲基的邻位、对位和间位时，生成的三种碳正离子的结构可用共振式表示：

进攻邻位

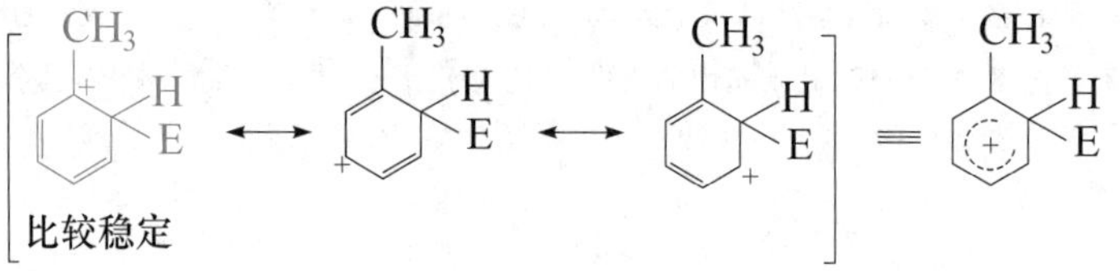

进攻对位

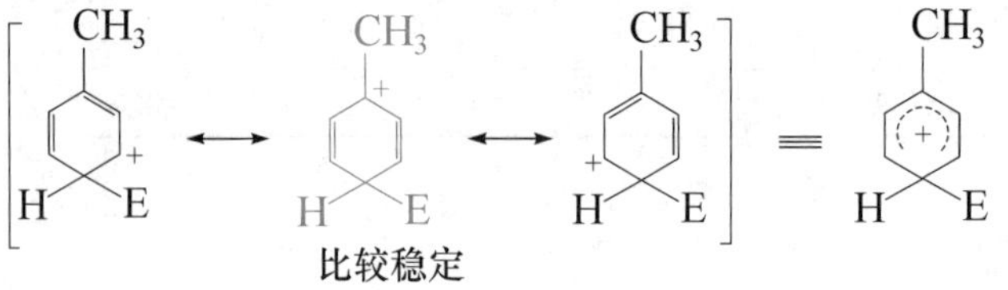

进攻间位

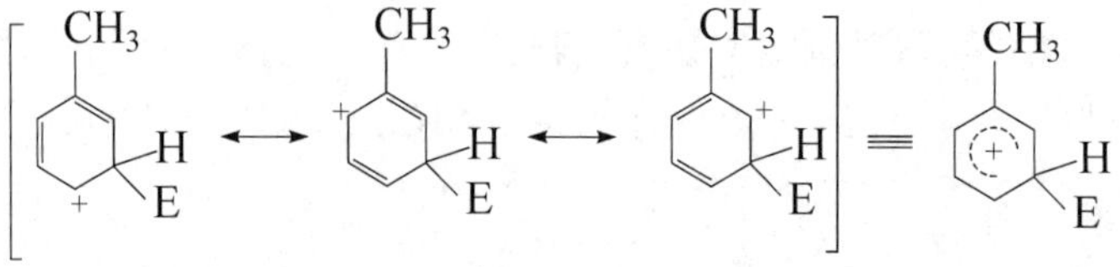

当亲电试剂进攻甲基的邻位或对位时，生成的碳正离子中间体的三种极限结构中，都有一个是叔碳正离子，其带正电荷的碳原子直接与甲基相连，甲基的给电子超共轭效应使其正电荷得到分散，稳定性增加，它们对共振杂化体贡献较大，使邻、对位产物容易生成。而进攻间位时生成的碳正离子，三种极限结构都是仲碳正离子，而且带正电的碳原子都不直接与甲基相连，正电荷分散程度较小，稳定性较差，难以生成。

可见，甲苯发生亲电取代反应时，亲电试剂更容易进攻邻、对位而不是间位，因此，主要生成邻、对位取代产物。

其他烷基与甲基的定位效应相似，但烷基的体积增大时，其位阻效应将导致邻位取代产物比例减少。

第一类定位基的另一种类型是带有孤对电子的原子团，如—NR_2、—NHR、—OH 等。以羟基为例，当亲电试剂进攻苯酚羟基的邻位、对位和间位时生成三种碳正离子中间体，它们的结构可用共振式表示：

进攻邻位

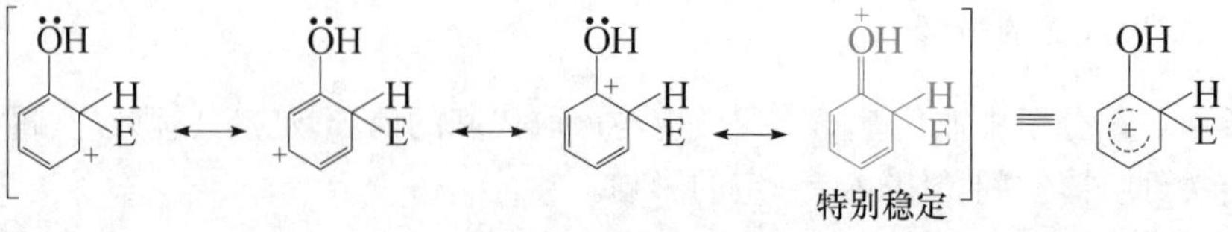

进攻对位

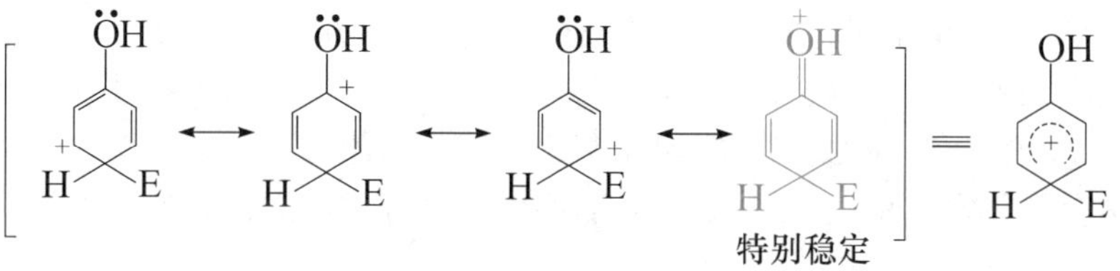

进攻间位

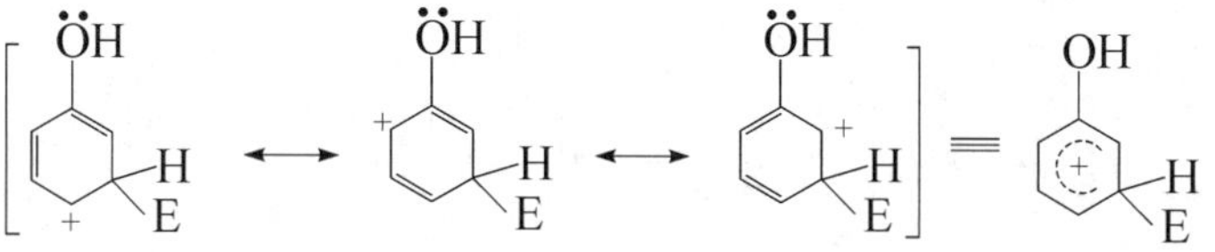

　　仅从诱导效应来看,氧的电负性比碳大,具有吸电子的作用。但是,从苯酚发生亲电反应产生的碳正离子中间体来看,亲电试剂进攻羟基的邻位、对位时都有一个特别稳定的极限结构,在这两种极限结构中,羟基氧原子的孤对电子通过 p-π 共轭作用分散到苯环上,使每个原子都具有完整的外电子层结构,这种给电子的共轭稳定作用远远大于吸电子的诱导效应,使邻、对位取代反应的速率大大提高。在间位取代的中间体的共振式中没有这种特别稳定的结构。因此,苯酚的亲电取代反应比苯容易,且主要发生在羟基的邻位和对位。

2. 第二类定位基的定位规律

　　从电子效应来看,第二类定位基是吸电子基团,它们使苯环上的电子云密度降低,所生成的碳正离子中间体的正电荷比较集中、不稳定,使亲电取代反应难以发生,但它们对苯环邻、对位的钝化作用大于间位。

　　以硝基苯为例,硝基苯的邻位、对位受到进攻生成的碳正离子的几种极限结构中,都有一个特别不稳定,在这两个极限结构中,带正电的碳原子与硝基直接相连,硝基的强吸电子作用使它们的正电荷更加集中,由它们参与形成的共振杂化体的稳定性较差,不易形成。而间位受到进攻生成的碳正离子的三种极限结构中,带正电的碳原子都没有直接与硝基相连,稳定性相对较高而比较容易生成。

进攻邻位

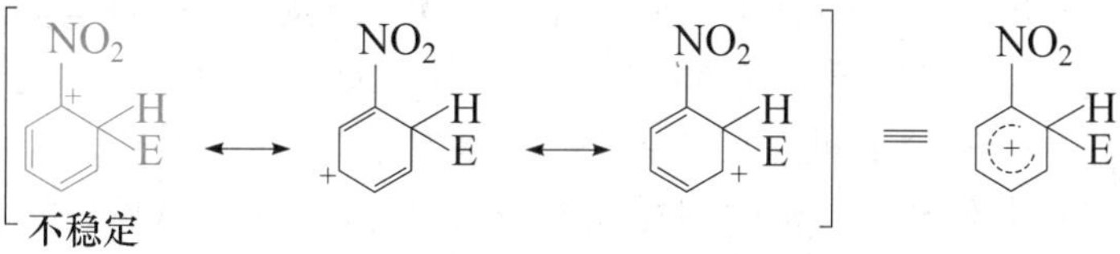

进攻对位

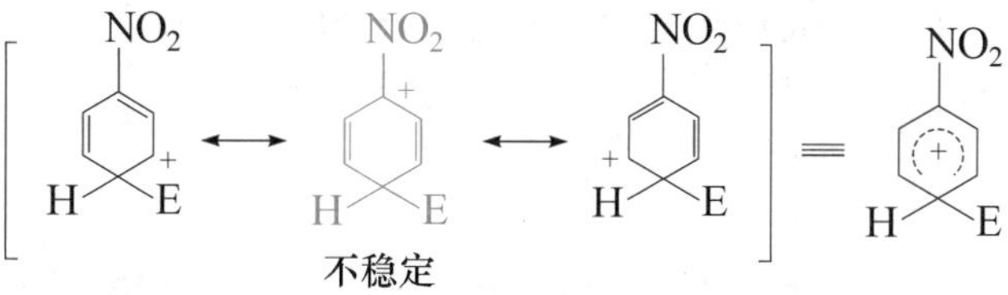

进攻间位

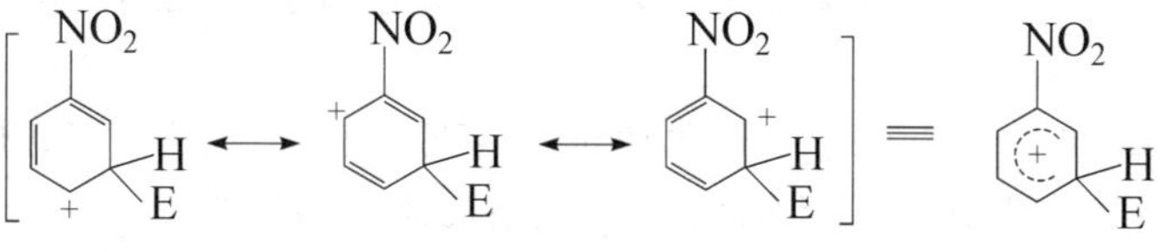

　　可见,硝基苯发生亲电取代反应时,邻、对位比间位更难发生,因此,主要生成间位取代产物。

3. 第三类定位基的定位规律

　　卤素的电负性比碳大,从诱导效应来看,第三类定位基是吸电子基团,它们使苯环上的电

子云密度降低,起钝化作用。但另一方面,卤原子的未共用电子对可与苯环发生 p-π 共轭,使电子部分离域到苯环上,即具有给电子的共轭效应。从总的效果来看,卤原子的吸电子诱导效应强于给电子共轭效应,因此第三类定位基团是钝化基团。

以下再分析其定位特性。以氯苯为例,亲电试剂进攻不同位置的结果:

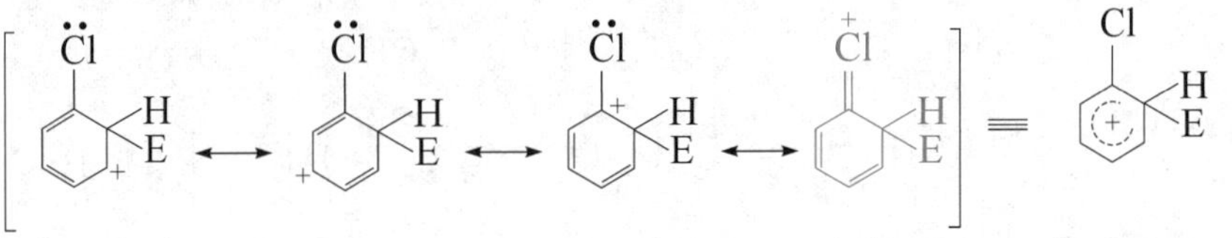

所有碳原子满足八隅体结构
特别稳定

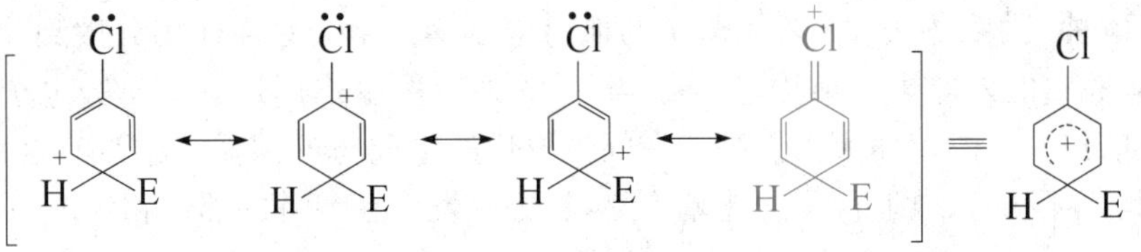

所有碳原子满足八隅体结构
特别稳定

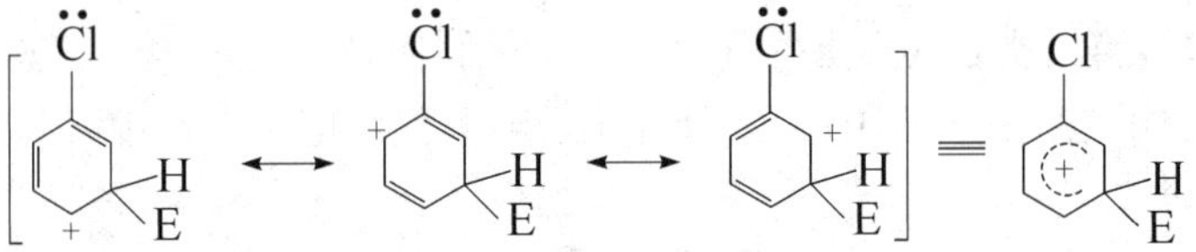

与苯酚相似,氯苯亲电取代生成的碳正离子中间体中,也有两种特别稳定的极限结构对共振杂化体贡献较大,使邻、对位取代产物容易生成。

可见,氯原子吸电子的诱导效应使氯苯的亲电取代反应比苯难,而其给电子共轭效应使邻、对位取代产物成为主要产物。

从图 4-6 可以看出:与—OH、—Cl 处于邻位、对位的碳原子所带负电荷的量均大于处于间位的碳原子,因此,亲电取代反应发生在电子云密度相对较大的邻、对位上,所以它们都是邻、对位定位基。与—NO₂ 处于间位的碳原子所带负电荷的量大于处于邻位、对位的碳原子,因此,亲电取代反应发生在电子云密度相对较大的间位上,所以—NO₂ 是间位定位基。从环中碳上所带负电荷的总量可以看出:取代苯的环上电子云密度大小顺序为苯酚>苯>氯苯>硝基苯,因此,亲电取代反应的活性顺序是苯酚>苯>氯苯>硝基苯。

4.5.3 二取代苯的定位规律

当苯环上有两个取代基时,可根据这两个取代基的定位效应预测第三个取代基进入苯环的位置。

(1)当两个取代基定位作用一致时,则由原定位规则决定第三个取代基进入苯环的位置。例如,下列化合物发生亲电取代时,取代基主要进入箭头所指的位置。

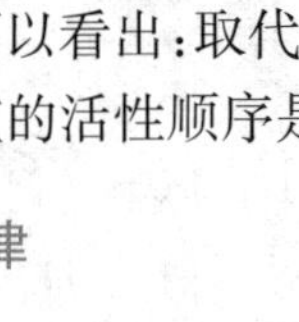

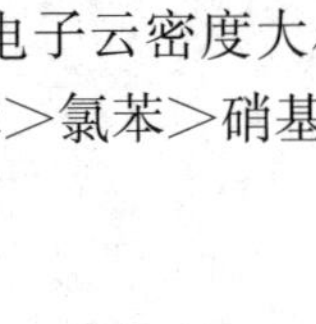

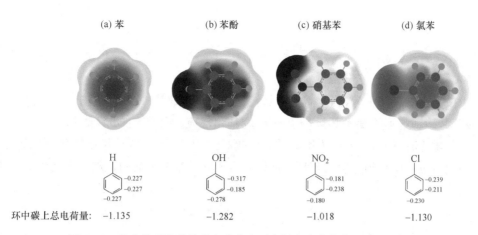

图 4-6　几个典型取代苯的电荷分布示意图和电荷分布（NBO 电荷）

　　当原有的两个取代基处于间位时，由于空间位阻，第三个取代基很难进入原有两个取代基之间。

　　（2）两个取代基属同一类，但定位作用不一致时，第三个取代基的位置主要由定位效应强的取代基决定。例如：

两个取代基强弱相差不大时，得混合物。

　　（3）两个取代基属不同类，由第一类定位基定位。例如：

但产物主要在第二类定位基的邻位。例如：

　　这种现象称为邻位效应。

4.5.4　定位规律在有机合成上的应用

　　有机合成是各种各样的单元有机化学反应及其组合的应用，在合成含有多个取代基的芳香族化合物时，通常需要应用苯环上亲电取代反应的定位规律，设计合理的合成路线。例如，以苯为原料合成间硝基苯甲酸：

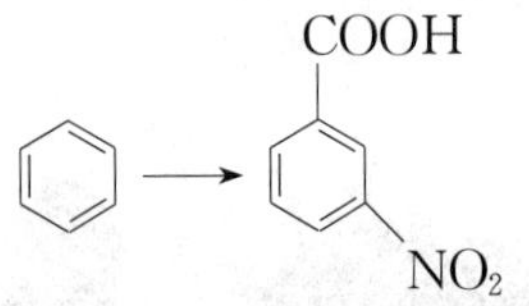

由于羧基不能直接引入,因此需由甲基转化。但是合成第一步不能进行硝化,因为硝基是强致钝基团,硝基苯不能发生 Friedel-Crafts 烷基化反应,所以第一步只能先引入甲基。但甲苯发生硝化反应时,硝基主要进入甲基的邻位或对位,因此,只能先将甲基转化为羧基,再利用羧基的间位定位效应将硝基引入苯环。所以苯合成间硝基苯甲酸的合理合成路线是烷基化→氧化→硝化。

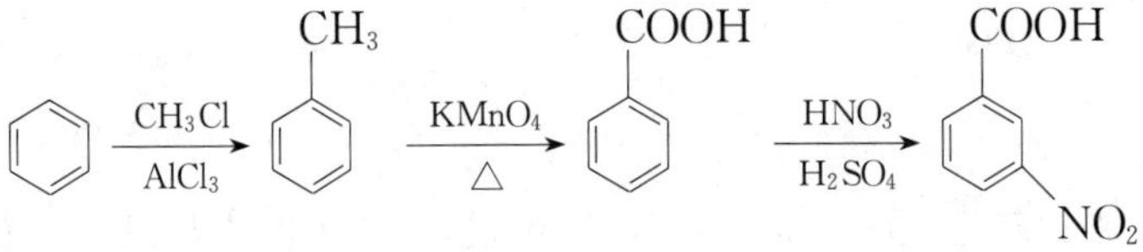

由于磺化反应的可逆性,有机合成中常通过引入磺酸基帮助定位。例如,由苯合成邻硝基异丙苯:

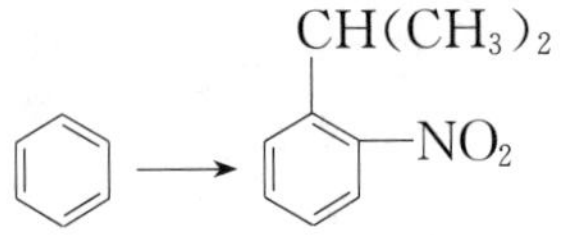

为了使硝基主要进入异丙基的邻位,可利用磺化反应在较高温度下进行时产物以对位为主的特点,将磺酸基引入异丙基的对位,然后通过硝化反应将硝基引入异丙基的邻位,最后利用水解反应将磺酸基除去。

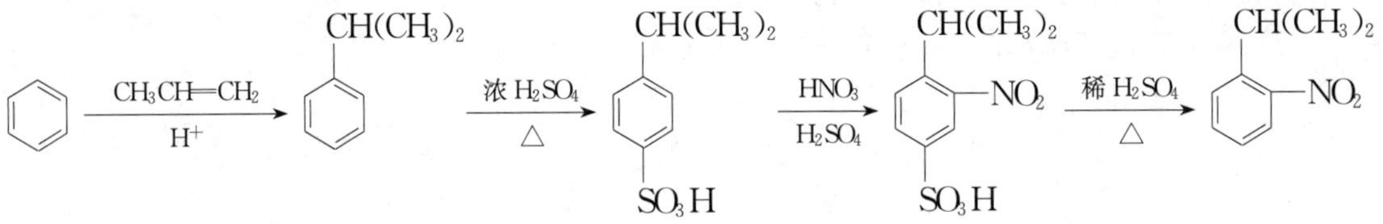

4.6 稠环芳烃

4.6.1 多环芳烃的分类

根据苯环间的连接方式可将多环芳烃分为以下三类:

(1) 联苯(biphenyl)类:两个或两个以上的苯环以单键直接相连的烃类化合物。例如:

联苯　　　　　　　　　三联苯

(2) 多苯代脂肪烃:脂肪烃分子中的氢原子被两个或两个以上的苯环取代的产物。例如:

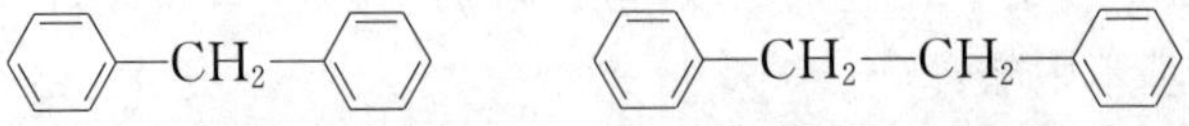

二苯甲烷　　　　　　　1,2-二苯基乙烷

(3) 稠环芳烃(condensed aromatics):分子中含有两个或两个以上的苯环,彼此共用两个

相邻的碳原子稠合而成的芳烃,如萘、蒽、菲等。

萘(naphthalene)　　　蒽(anthracene)　　　菲(phenanthrene)

在稠环芳烃中,许多由四个或四个以上的苯环稠合而成的多环芳烃有致癌作用,称为致癌烃。例如:

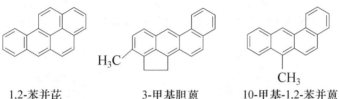

1,2-苯并芘　　　　3-甲基胆蒽　　　10-甲基-1,2-苯并蒽

4.6.2　萘

萘在煤焦油中含量为 6%,是含量最多的一种稠环芳烃。纯净的萘是无色片状晶体,熔点 80.3℃,沸点 218℃,容易升华,有特殊气味,不溶于水。

萘的分子式为 $C_{10}H_8$,结构与苯相似,也是平面分子,分子中十个碳原子的未杂化 p 轨道形成了一个闭合的共轭体系。X 射线衍射测定结果表明,萘分子中的碳碳键的键长不完全相等。萘分子中的碳原子有固定的编号,其中,1,4,5,8 位称为 α 位,2,3,6,7 位称为 β 位。

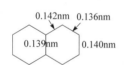

图 4-7　萘的电荷分布示意图

萘的电荷分布见图 4-7。萘的化学性质与苯相似,但比苯更容易发生取代、加成等反应。

1. 取代反应

萘可以发生卤代、硝化等典型的亲电取代反应。由于 α 位的电子云密度比 β 位的大,因此,亲电取代反应主要发生在 α 位上。例如:

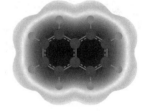

α-氯萘　93%

萘与浓硫酸发生磺化反应的产物与反应温度有关。在 80℃ 以下反应时,主要生成 α-萘磺酸;当温度升高到 165℃ 时,以 β-萘磺酸为主要产物。

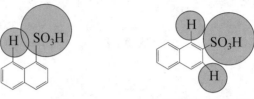

    萘的 α 位比较活泼,在低温时磺化反应受动力学的控制,主要生成 α-萘磺酸。但是,由于磺酸基的体积比较大,与异环 8 位上的氢原子之间存在比较大的空间位阻,α-萘磺酸的稳定性较差。

α-萘磺酸, 空间位阻大 β-萘磺酸, 空间位阻小

    另一方面,磺化反应是可逆的,高温条件下,α-磺化的逆反应速率增加,而高温可以提供 β-萘磺酸生成所需的活化能,且 β-萘磺酸分子中空间位阻较小,稳定性高,因此在高温时磺化反应受热力学的控制,主要生成 β-萘磺酸。

    萘比苯活泼,发生 Friedel-Crafts 烷基化反应时生成多种复杂产物,实际应用价值不大。生成的产物与所用溶剂的极性密切相关:在二硫化碳、四氯化碳等非极性溶剂中反应,产物以 α-取代为主;在硝基苯等极性溶剂中则主要生成 β-取代产物。例如:

$+CH_3COCl \xrightarrow[\text{硝基苯}]{AlCl_3}$

90%

    萘的一元取代物发生亲电取代反应时,产物取决于已有取代基的性质。已有取代基为第一类定位基时,主要发生同环取代反应。原取代基在 1 位时,新引入基团优先进入 4 位;原取代基在 2 位时,则新引入基团优先进入 1 位。例如:

NHCOCH$_3$ $+ClSO_3H \longrightarrow$ NHCOCH$_3$

α-乙酰萘胺   氯磺酸   4-乙酰氨基-1-萘磺酸

CH$_3$ $\xrightarrow[80℃]{HNO_3\text{-}HOAc}$ NO$_2$ CH$_3$

    间位定位基使芳环钝化,因此,萘环上有这一类基团时,亲电取代反应主要发生在异环的 α 位。例如:

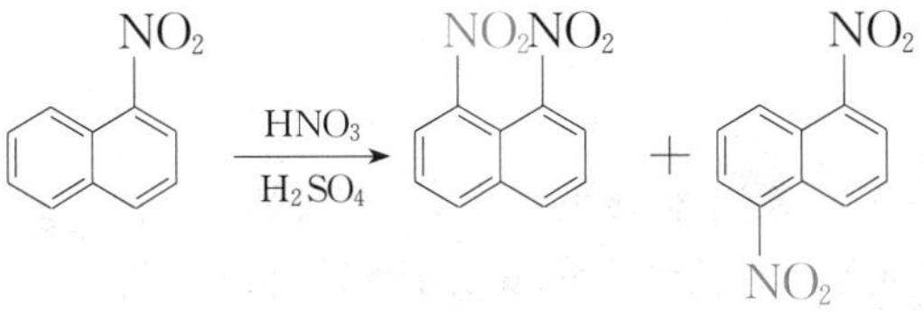

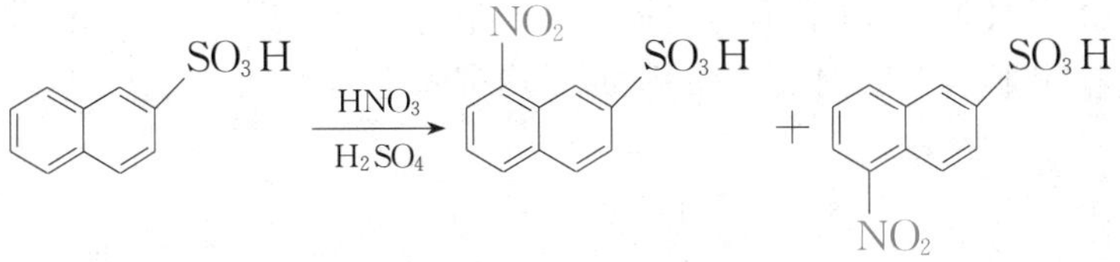

2. 氧化反应

萘环比苯环更容易被氧化。例如,萘在室温下就可以被三氧化铬的乙酸溶液氧化,生成 1,4-萘醌。

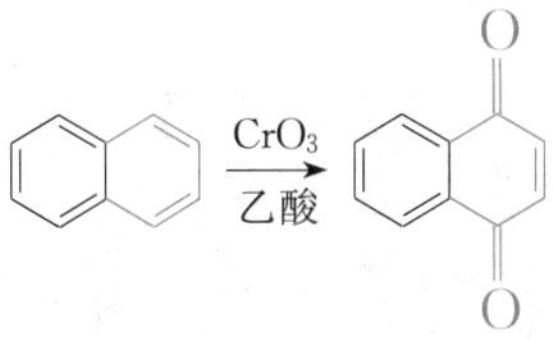

1,4-萘醌

在相同条件下,烷基萘的氧化反应也发生在萘环上,因此不能用氧化侧链的方法来制备萘甲酸。

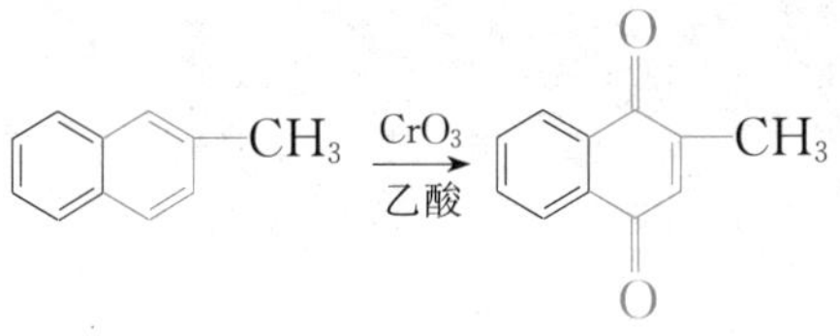

邻苯二甲酸酐是重要的化工原料,工业上通过萘的高温氧化来生产。

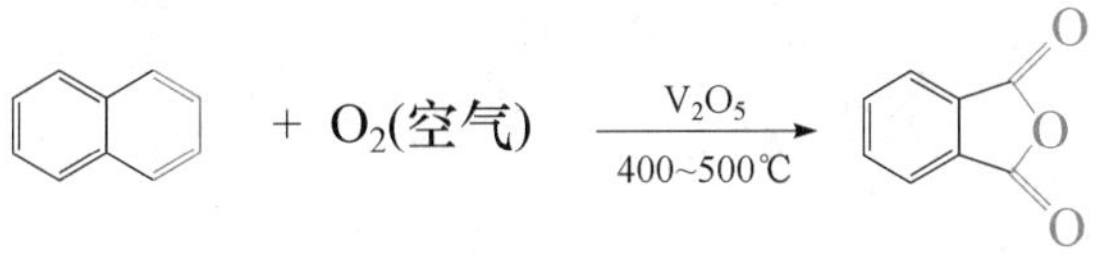

邻苯二甲酸酐

3. 还原反应

萘在催化剂存在下与氢加成,可以生成四氢合萘或十氢合萘。

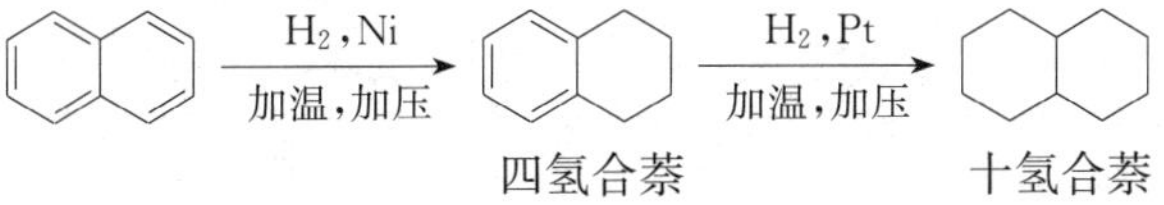

四氢合萘　　　　十氢合萘

萘也可以用金属钠和乙醇还原,低温时生成 1,4-二氢萘,温度较高时生成四氢合萘。

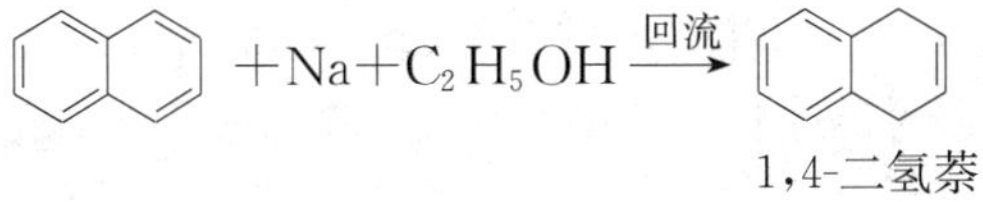

1,4-二氢萘

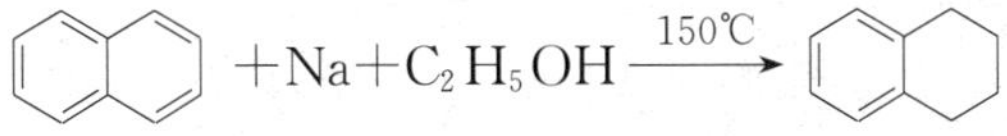

四氢合萘

4.6.3 蒽和菲

蒽和菲也是从煤焦油中分离出来的稠环芳烃,它们的分子式都是 $C_{14}H_{10}$,互为同分异构体。蒽是无色的单斜片状晶体,有蓝紫色的荧光;菲是无色有荧光的单斜片状晶体。蒽和菲都是由三个共平面的苯环稠合而成,不同的是蒽分子中的三个苯环以线形方式稠合,而菲分子中三个苯环以角形方式稠合,两种化合物的碳原子均有固定的编号。

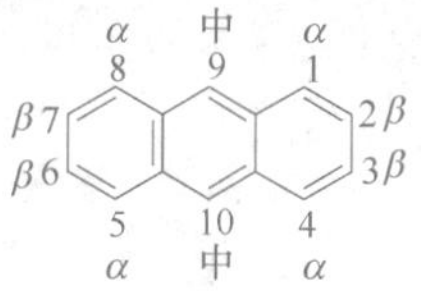

蒽 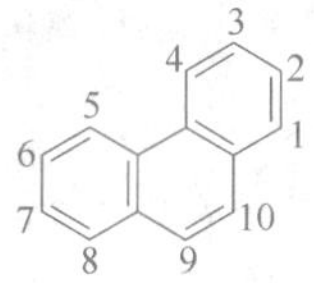　　　　　　　　　　　菲

在蒽和菲分子中,9,10 位是最容易发生反应的位置,反应后生成的产物分子中至少保留了两个完整的苯环。例如:

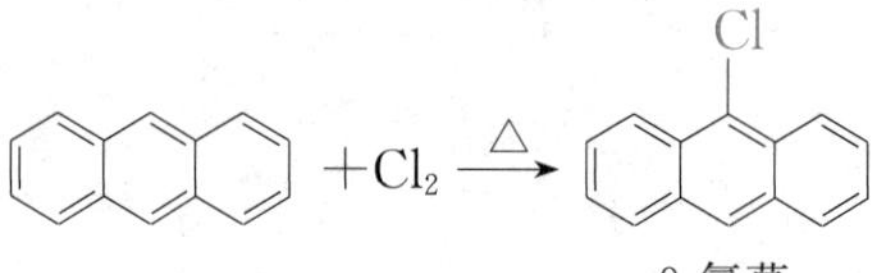

9-氯蒽

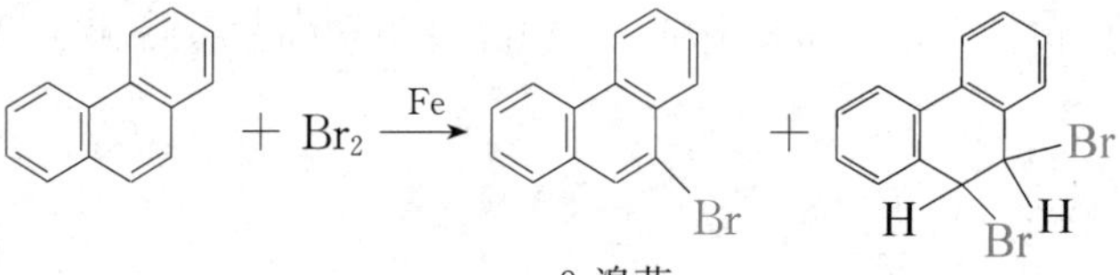

9-溴菲　　　　　（取代产物中常伴随加成产物）

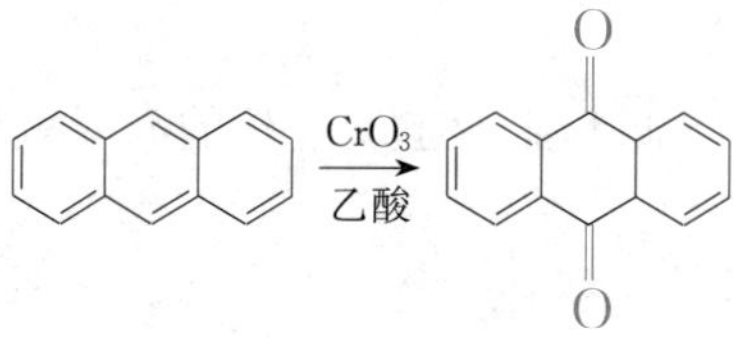

9,10-蒽醌

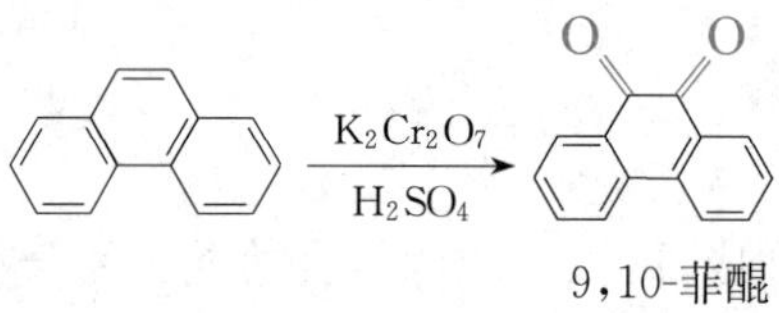

9,10-菲醌

4.6.4 富勒烯

1985 年,英国化学家克罗托博士发现了一种碳元素的团簇化合物 C_{60}。人们根据其结构特征命名为富勒烯(fullerene)。C_{60} 的分子结构为球形 32 面体,是由 60 个碳原子以 20 个六元环和 12 个五元环连接而成的足球状空心对称分子,故又称为足球烯(footballene),见图 4-8。1990 年,科学家以石墨作为电极,在直流电下首次人工合成了 C_{60}。C_{60} 是继石墨、金刚石之后的碳的第三种同素异形体。分子轨道计算表明,足球烯具有较大的离域能。

此外,C_{50}、C_{70}、C_{78}、C_{82}、C_{84}、C_{90} 等也是由非平面的五元环、六元环等构成的封闭式共轭烯,

外观呈球形或椭球形,也有管状等其他形状,因此,富勒烯是一系列由纯碳组成的原子簇化合物的总称。

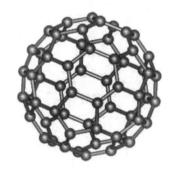

图 4-8　C_{60}的结构

富勒烯自首次报道后就引起科学界的轰动,短短十几年时间已经发展成为一门物理、化学、材料科学、生命科学等多学科交叉的新型研究领域。稳定的富勒烯十分有限,但其广阔的富勒烯衍生物显示出极大的功能,为富勒烯科学的进一步探索留下了无限的遐想空间。

4.7　非苯芳烃

苯的分子式为C_6H_6,其分子中六个碳原子的六个 p 轨道形成闭合大 π 键,因此,苯具有与一般链状共轭体系不同的芳香性(aromaticity)。是不是所有具有环状共轭结构的体系都具有芳香性?

1931 年,Hückel(休克尔)根据分子轨道理论计算结果提出一个判定化合物芳香性的简单规则:一个单环闭合共轭体系,只有当成环原子处于同一平面,且 π 电子数为$4n+2$时($n=0,1,2,3,\cdots$),才具有芳香性。这个规则称为 Hückel($4n+2$)规则。

由 n 个碳原子组成的单环共轭多烯的通式为C_nH_n,当这 n 个碳原子处于同一平面时,由它们的 n 个 p 原子轨道可以组成 n 个分子轨道。这些分子轨道能级可以用一个简单的方法表示,即用一个顶点朝下的圆内接正多边形来表示。其中,圆内接正多边形的各个顶点的位置代表体系中各个分子轨道能级的高低,处于过圆心位置上的能级为未成键原子轨道的能级,如图 4-9 所示。

由图中不难看出,当单环共轭体系 C_nH_n 的 π 电子数为 3、5、7 等奇数时,体系中存在一个单电子,是不稳定的自由基结构,不具有芳香性;当 π 电子数为 2、6、10 等时,即符合$4n+2$条件时,这些 π 电子正好将成键轨道填满,电子为稳定的闭壳层结构,类似于惰性气体的电子排布,体系的能量较低,显示芳香性。

通常将 $n\geqslant10$ 的单环共轭多烯称为轮烯(annulene)。命名时以轮烯作为母体,将环碳原子数置于方括号内称为某轮烯。例如,[14]轮烯、[16]轮烯、[18]轮烯等。但有时也将环丁二烯、苯和环辛四烯分别称为[4]轮烯、[6]轮烯和[8]轮烯。常见的几种轮烯的结构如下:

　　[4]轮烯　　[8]轮烯　　[10]轮烯　　　　[18]轮烯

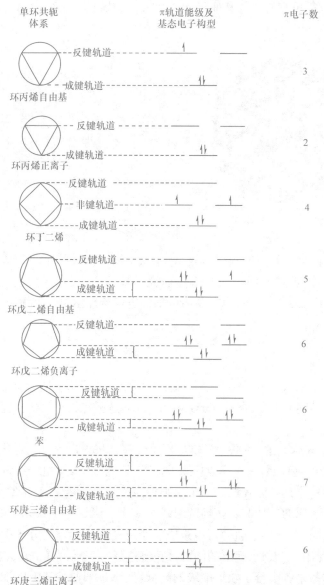

图 4-9 单环共轭体系的分子轨道能级及基态的电子构型

环丁二烯的四个碳原子虽然共平面,但 π 电子数不符合 $4n+2$ 规则,不具有芳香性。从图 4-9 中也可以看出,环丁二烯分子中有两个 π 电子填充在非键轨道上,因此能量较高,特别不稳定。

苯的 π 电子数为 6,六个位于同一平面的碳原子形成了闭合的共轭体系,符合休克尔规则,是典型的芳香性化合物。

环辛四烯 π 电子数为 8,不符合 $4n+2$ 规则,且其分子中的八个碳原子不在同一平面上,所以也没有芳香性。

在[10]轮烯分子中,环内两个处于反式双键上的氢原子之间存在强烈的排斥作用,分子内的碳原子不在同一平面上,虽然其 π 电子数符合 $4n+2$ 规则,但是没有芳香性。

[18]轮烯分子中的十八个碳原子基本在同一平面上,其 π 电子数为 18,符合 $4n+2$ 规则,具有芳香性。

总之,当轮烯的环碳原子在同一平面上,环内没有或很少有空间排斥作用,且 π 电子数符合 $4n+2$ 规则时,则具有芳香性,属于非苯芳烃。

除轮烯之外,某些具有共轭体系的离子也具有芳香性,也属于非苯芳烃。例如,环丙烯正离子、环戊二烯负离子、环庚三烯正离子以及环辛四烯双负离子等,它们的 π 电子数都符合 $4n+2$ 规则,且都形成了平面的闭合环状共轭结构,因此都具有芳香性。

| 环丙烯 | 环戊二烯 | 环庚三烯 | 环辛四烯 |
| 正离子 | 负离子 | 正离子 | 双负离子 |

䓬可以视为环戊二烯负离子和环庚三烯正离子稠合而成,分子中共有 10 个 π 电子,符合 $4n+2$ 规则,是典型的非苯芳烃。

拓展:

环丙烯正离子是最小的具有芳香性的环系,现在已合成了许多环丙烯正离子类化合物,例如:

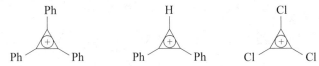

4.8 芳烃的来源及煤炭产业

芳烃的一个来源是石油。石油裂解的副产物中含有芳烃,将裂解的副产物进行分馏可以得到苯、烷基萘等,但产量有限。此外,将从石油中分离得到的 $C_6 \sim C_8$ 馏分进行芳构化处理也可以得到芳烃。

芳烃的主要来源是煤焦油。将煤隔绝空气加热到 1000℃ 进行干馏,可得煤焦油,其主要成分为芳香族化合物和一些含硫含氮的杂环化合物。将煤焦油进行分馏,可以根据分馏温度范围的不同得到相应的芳烃粗品,见表 4-4。为了得到可以工业应用的芳烃,常采用超临界萃取、萃取精馏或分子筛吸附等方法进一步分离提纯。

表 4-4 煤焦油中的芳烃馏分

馏分名称	沸点范围/℃	所含的主要烃类
轻油	<170	苯、甲苯、二甲苯等
中油	170~230	异丙苯、均四甲苯、萘、甲基萘等
重油	230~280	联苯、苊等
蒽油(绿油)	280~360	蒽、菲及其衍生物,芘(少量)等

煤化工是将煤炭通过化学方法转换为气体、液体和固体产品或半产品,而后进一步加工成化工、能源产品的工业。随着油价的逐步攀升,煤化工作为能源产业的一大支柱,再一次得到了人们的重视。我国煤炭资源总量丰富,但人均剩余探明可采资源储量少,为此必须将煤炭资源进行综合利用,实现煤气化、煤制油,尽量降低煤炭作为终端能源使用的比例。

习　　题

1. 写出下列化合物的结构式。

　　(1) 环戊基苯　　　　　(2) 苯乙炔　　　　　　(3) 苄溴　　　　　(4) 1-氟-2,3-二溴苯

　　(5) 对甲基苯酚　　　　(6) α-溴萘

2. 写出分子式为 C_7H_6BrCl 的苯的三元取代物的所有同分异构体。

3. 命名下列化合物。

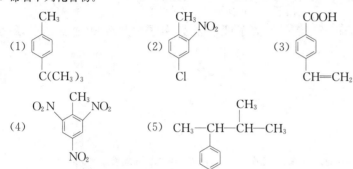

4. 试写出下列反应的主要产物。

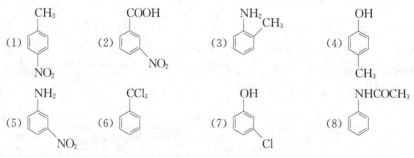

5. 用箭头表示下列化合物发生亲电取代反应时,取代基主要进入苯环的哪个位置。

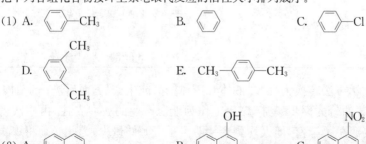

6. 把下列各组化合物按环上亲电取代反应的活性大小排列成序。

　　(1) A. 苯-CH_3　　　　　B. 苯　　　　　C. 苯-Cl

　　　　D. 1,3-二甲苯　　　　E. CH_3-苯-CH_3

　　(2) A. 萘　　　　　B. 1-萘酚（OH）　　　　　C. 1-硝基萘（NO_2）

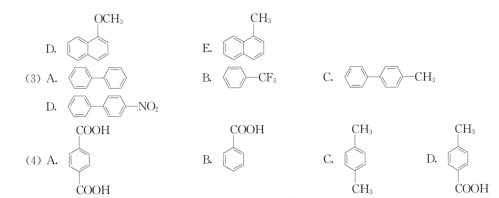

7. 下列化合物哪些可以发生 Friedel-Crafts 反应?

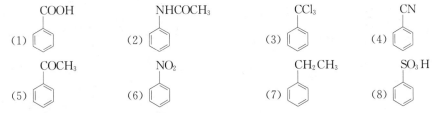

8. 试用极限结构式表示苄基正离子。

9. 试写出下述反应的历程。

(1) $\xrightarrow{H_2SO_4}$

(2) ![structure with CH_3 and CH_2COCl] $+ CH_2=CH_2 \xrightarrow{AlCl_3}$![product]

10. 写出下列化合物在强氧化剂作用下的氧化产物。

(1) ![p-chlorotoluene]

(2) ![1-butyl-4-tert-butylbenzene]

(3) ![styrene]

11. 试写出下列反应的主要产物。

(1) ![ethylbenzene] $+Cl_2 \xrightarrow{FeCl_3}$

(2) ![ethylbenzene] $+Cl_2 \xrightarrow{h\nu}$

(3) ![benzene] $+$![epoxide] $\xrightarrow{AlCl_3}$

(4) ![PhCH_2CH_2CH_2Cl] $\xrightarrow{AlCl_3}$

(5) ![benzene] $+$![succinic anhydride] $\xrightarrow{AlCl_3}$

(6) ![benzene] $+$![cyclohexene] $\xrightarrow{H^+}$

(7) ![benzene] $+CH_3CH_2CH_2OH \xrightarrow{H^+}$

(8) ![isopropylbenzene] $\xrightarrow{KMnO_4/H^+}$

(9) ![toluene]$-CH_3 \xrightarrow[AlCl_3]{ClCH_2CH_2CH_2COCl}$

12. 由苯、甲苯出发合成下列化合物。

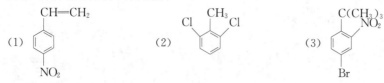

13. 命名下列化合物。

(1)

(2)

14. 试写出下列反应的主要产物。

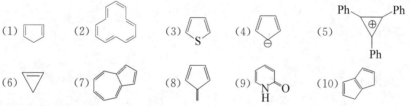

15. 芳烃 A 的分子式为 $C_{10}H_{14}$，有五种可能的一溴代物 $C_{10}H_{13}Br$，A 经氧化得到化合物 B，分子式为 $C_8H_6O_4$。B 经硝化后只得到一种分子式为 $C_8H_5O_4NO_2$ 的硝化产物 C。试推断 A、B 和 C 的结构，并写出相关反应式。

16. 判别下列化合物哪些具有芳香性。

(1) ⬠   (2) ⬡   (3) ⟨S⟩   (4) ⟨⊖⟩   (5)

Ph   Ph

Ph

(6) △   (7)   (8)   (9) ⟨NH=O⟩   (10)

17. 佳乐麝香是美国 I.F.F 公司首先研制成功的一种三环异色满型合成麝香，是一种无色黏稠液体，具有浓郁细腻的香气。佳乐麝香采用以下合成路线合成。

试写出化合物（Ⅰ）和（Ⅱ）的结构，并写出各步反应历程。

18. 化合物茚（C_9H_8）存在于煤焦油中，能迅速使 Br_2/CCl_4 溶液和稀 $KMnO_4$ 溶液褪色，温和条件下吸收 1mol 氢气而生成茚满（C_9H_{10}），较剧烈还原时生成分子式为 C_9H_{16} 的化合物。茚经剧烈氧化生成邻苯二甲酸。试推测茚及茚满的结构。

第5章 对映异构

同分异构是有机化学中一个十分普遍的现象。有机化学的同分异构分为构造异构(constitutional isomer)和立体异构(stereoisomer),其中立体异构体又包括构型异构体和构象异构体。在第3章中讨论的顺反异构是一种构型异构,本章讨论构型异构的另一种情况——对映异构(enantiomer)。

5.1 手性和对称性

5.1.1 偏振光和物质的旋光性

自然光是一束在各个不同平面上,垂直于光前进方向上振动的光。当自然光通过一个Nicol(尼科尔)棱镜时,只有与棱镜晶轴平行的光才能通过。这种通过棱镜后只在一个平面上振动的光称为平面偏振光(plane-polarized light),简称偏振光。

自然光　　　　　　　　Nicol 棱镜　　　　　　　平面偏振光

当偏振光透过一些物质(液体或溶液)如水、酒精等时,偏振光的振动方向不发生改变,这类物质称为非旋光性物质。但当偏振光通过另外一些物质如乳酸、葡萄糖等时,偏振光振动平面旋转一定角度,物质的这种能使偏振光振动平面旋转的性质称为旋光性或光学活性(optical activity)。乳酸、葡萄糖等这些具有旋光性的物质称为旋光物质或光学活性物质。能使偏振光振动平面向右(顺时针方向)旋转的物质称为右旋体(dextrorotatory),用(+)表示;能使偏振光振动平面向左(逆时针方向)旋转的物质称为左旋体(levorotatory),用(-)表示。旋光性物质使偏振面旋转的角度称为旋光度,通常用 α 表示。

5.1.2 旋光仪和比旋光度

平面偏振光偏转的角度可以用旋光仪(polarimeter)测出。旋光仪(图 5-1)主要由一个单色光源、两个 Nicol 棱镜和一个盛液管组成。第一个 Nicol 棱镜称为起偏镜,其作用是将光源射来的光变成偏振光。第二个 Nicol 棱镜称为检偏镜,当偏振光通过盛有样品的盛液管后,偏振光的振动平面旋转了一定的角度,要将检偏镜旋转一定角度后偏振光才能通过。检偏镜旋转的角度可由与之相连的刻度盘读出,这就是所测样品的旋光度。

每一种旋光性物质在一定条件下都有一定的旋光度,但测定旋光度时溶液的浓度、盛液管的长度、温度、光波的波长都影响旋光度的数值。因此,为了能比较物质的旋光性能,通常将溶液的浓度规定为 $1\mathrm{g \cdot mL^{-1}}$,盛液管长度为 1dm 的条件下测得的旋光度称为该物质的比旋光度(specific rotation),通常用 $[\alpha]_{\lambda}^{t}$ 表示。但实际测定时,总是用较稀的溶液,可通过以下公式计算比旋光度:

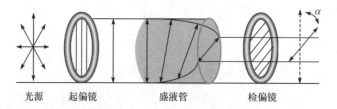

图 5-1　旋光仪构造示意图

$$[\alpha]_\lambda^t = \frac{\alpha}{l(\text{dm}) \cdot c(\text{g} \cdot \text{mL}^{-1})}$$

式中，α 是旋光仪测得的旋光度；c 是溶液的质量浓度，单位为 $\text{g} \cdot \text{mL}^{-1}$；$l$ 是盛液管的长度，单位是 dm；λ 是所用光源的波长；t 是测定时的温度。

一般测定旋光度时，用钠光灯作为光源，通常以 D 表示。例如，葡萄糖水溶液使偏振光右旋，在 20℃时用钠光灯作为光源，其比旋光度为 52.5°，可表示为 $[\alpha]_D^{20} = +52.5$（水）。

5.1.3　分子的手性与旋光性

早在 1848 年，Pasteur(巴斯德)在进行晶体研究时发现，酒石酸钠铵盐在低于 28℃的温度下形成两种不同的晶体，且互为镜像。这是晶体对映异构现象的最初发现。Pasteur 借助放大镜用镊子将两种晶体分离出来，结果发现这两种晶体配成的溶液一个左旋、一个右旋。Pasteur 推断这两种分子内原子的空间排布是不对称的，后来这一推断被证实是正确的。

伸出我们的双手可以发现，左、右手互为实物和镜像，但彼此不能重合，手的这种特征称为手性(chirality)。在研究有机分子结构时，发现有些有机化合物分子，如氟氯溴甲烷、乳酸、2-丁醇等，它们的实物和镜像也不能重合。

有机化学中，将不能与其镜像重合的分子称为手性分子。这种实物和镜像不能重合而引起的异构称为对映异构，其实物和镜像是一对对映体(enantiomer)。

5.1.4　分子的对称性与旋光性

手性分子具有旋光性。一个化合物的分子是否有手性，取决于分子实物与其镜像是否能互相重合。可以利用分子的对称性判断该分子是否有手性。如果一个分子既没有对称面，又没有对称中心，那么该分子有手性。

如果有一个平面能将分子分成两部分，且一部分正好是另一部分的镜像，那么这个平面就是这个分子的对称面；如果能在分子中找到一个点，以分子任何一点与其连线，都能在延长线上找到自己的镜像，则这个点为该分子的对称中心。

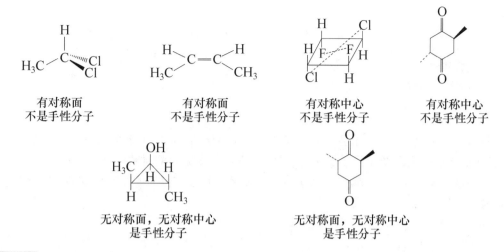

有对称面　　　　　有对称面　　　　　有对称中心　　　　　有对称中心
不是手性分子　　　不是手性分子　　　不是手性分子　　　　不是手性分子

无对称面，无对称中心　　　　　　无对称面，无对称中心
是手性分子　　　　　　　　　　是手性分子

思考：

乙烯和乙炔分子是否有对称面、对称轴、对称中心？

5.2　含一个不对称碳的化合物

含有一个不对称碳(该碳原子上所连的四个基团互不相同)的化合物,不论不对称碳原子连接的四个原子或基团差别是大还是小,甚至是同位素(如 H 和 D),这种分子都具有旋光性,是手性分子。例如,以下分子均具有手性:

$$CH_2CH_2CH_2CH_2CH_2Br$$
$$H—C—CH_3$$
$$CH_2CH_2CH_2CH_2CH_2CH_2Br$$

$$H$$
$$HO—C—CH_2CH_2CH_3$$
$$D$$

$$H$$
$$H_3C—C—CH_2CH_3$$
$$^{13}CH_3$$

5.2.1　构型的表示

手性碳原子立体构型的表示方式有:球棍式、楔形式和 Fischer(费歇尔)投影式。

球棍式: 将不对称碳原子和与它相连的原子或基团画成球,并标出原子或基团的符号,用棍表示原子或基团与手性碳间的共价键,用立体关系表示出原子或基团在空间的排列关系。这种表示式清晰直观,但书写麻烦。

楔形式: 将不对称碳原子放在纸平面上,用实线表示与手性碳原子同在纸平面上的共价键,用虚线表示伸向纸平面内的共价键,用楔形线表示伸向纸平面外的共价键。

Fischer 投影式: Fischer 投影式是用平面形式来表示具有手性碳原子分子立体构型的方式。投影的规定是将手性碳原子置于纸面,以水平和竖直两线的交点代表这个手性碳原子,其中与水平线相连的两个基团位于纸面上方,与垂直线相连的两个基团位于纸面下方。习惯上将碳链放在纵向,且将命名时编号最小的碳原子放在上方。以乳酸为例:

球棍式　　　　　楔形式　　　　　Fischer投影式

显然,Fischer 投影式书写起来比球棍式和楔形式方便,常用于书面表达。但书写时必须注意:Fischer 投影式不能离开纸面翻转 180°,否则就会变成它的对映体,但是可以在纸面上旋转 180°。在 Fischer 投影式中,手性碳上的两个基团或原子交换奇数次得其对映体,交换偶数次得到原来结构。例如:

在纸面上翻转 180°(基团交换奇数次)　　　在纸面上旋转 180°(基团交换偶数次)
构型改变(不同的异构体)　　　　　　　构型不变(相同的分子)

对于含有两个或多个手性碳原子的化合物,也可以用同样的方法转换成 Fischer 投影式。例如,下列结构的化合物可以从楔形式转换成 Fischer 投影式。

旋转

楔形式　　　　　　　　　　　　　　Fischer投影式

5.2.2 构型的标记

手性碳构型的标记法有两种。

1. D/L 构型标记法

D/L(D 是拉丁文 dextro 字首,意为“右”;L 是拉丁文 leavo 字首,意为“左”)标记法是以甘油醛为参照标准来确定的,在有机化学发展早期使用很普遍,现主要在糖化学和蛋白质化学中使用。规定在 Fischer 投影式中手性碳上的羟基在右侧的甘油醛构型为 D 型,羟基在左侧的甘油醛构型为 L 型。其他物质的构型以甘油醛为参照标准,在不改变中心碳构型的条件下,由 D-甘油醛构型衍生得到的化合物的构型就是 D 型,由 L-甘油醛构型衍生得到的化合物的构型就是 L 型。例如,由 D 型甘油醛氧化成的甘油酸是 D 型的,由 L 型甘油醛氧化成的甘油酸是 L 型的。显然这种规定是相对的,使用也不方便。

衍生　　　　　　　　　　衍生

D-(－)-甘油酸　　　D-(＋)-甘油醛　　　　L-(－)-甘油醛　　　L-(＋)-甘油酸

2. *R/S* 构型标记法

R/S 构型标记法是广泛使用的一种方法。它依据不对称碳原子上四个不同的原子或基团在"次序规则"中的排列次序来表示手性碳原子的构型。首先按次序规则将不对称碳原子 *C上连的四个原子或基团(a、b、c、d)按优先次序排列成序,如 a>b>c>d。

将次序最小的(d)放在观察者的远方,其他三个面向观察者。如果其他三个基团由大到小划圈为顺时针方向,这种构型为 *R* 型,用字母 *R*(拉丁字文 rectus 的字首,意为"右")标记;如果为逆时针方向则为 *S* 型,用字母 *S*(拉丁字文 sinister 的字首,意为"左")标记。

以 2-丁醇为例:

$$CH_3$$
H——OH
$$CH_2CH_3$$

$$CH_3$$
HO——H
$$CH_2CH_3$$

OH>C_2H_5>CH_3>H

逆时针方向,(*S*)-2-丁醇   顺时针方向,(*R*)-2-丁醇

同理可以判断出,D 型和 L 型甘油醛不对称碳原子的构型分别是 *R* 构型和 *S* 构型。需要注意的是,D 构型不一定是 *R* 构型,L 构型也不一定是 *S* 构型,反之亦然。

此外,还没有发现 *R*、*S* 构型和旋光方向有明确对应规律。

5.2.3 对映体和外消旋体

含有一个不对称碳原子的化合物,其分子结构中既没有对称面,也没有对称中心,因此具有旋光性。这类分子必定存在一个与之互为实物和镜像关系的异构体,二者组成一对对映异构体。

$$COOH$$
HO——H
$$CH_3$$

$$COOH$$
H——OH
$$CH_3$$

(＋)-乳酸   (－)-乳酸

一对对映异构体中,其中一个是右旋体,另一个是左旋体。二者比旋光度数值相同,符号相反。

对映异构体是两种不同的化合物。例如,从肌肉中分离得到的乳酸使偏振光右旋,是右旋体,比旋光度为 $[\alpha]_D^{15}=+3.82$(水);从葡萄糖发酵得到的乳酸使偏振光左旋,为左旋体,比旋光度为 $[\alpha]_D^{15}=-3.82$(水)。

对映体是实物与镜像的关系,其分子中任何两个原子之间的距离都相等,分子的能量相同,在非手性环境中对映体表现出来的性质除旋光度之外没有区别,如熔点、沸点、溶解度及化学反应的速率等都相同。而在手性环境中,对映体的性质却不同,如与手性试剂反应、在手性溶剂或手性催化剂催化下的转化速率等都不相同。大多数生物分子是手性的,对映体显示出不同的生物活性。

如果把两个对映体等量混合,则旋光性消失。这个混合物称为外消旋混合物(racemic mixture)或外消旋体(racemate),用(±)-或 *dl*-表示。例如,从牛奶中得到乳酸就是外消旋体,无旋光性,称为外消旋乳酸,写为(±)-或 *dl*-乳酸。外消旋体与纯对映体(右旋体或左旋体)除旋光性不同外,其他物理性质如熔点、沸点、折射率等也不同。例如,(＋)-乳酸和(－)-乳酸的熔点是 53℃,而(±)-乳酸的熔点是 18℃。

5.3 含两个及多个不对称碳的化合物

有机化合物随着分子中不对称碳原子数目的增加,异构现象变得复杂,异构体的数目也增多。含 n 个不对称碳原子的化合物,其旋光异构体数最多为 2^n 个。

5.3.1 含两个不同不对称碳的化合物

氯代苹果酸分子中含有两个不对称碳原子,每个不对称碳原子所连的四个基团不完全相同。每个手性碳原子都各有两种不同的构型,它们可以组成以下四个不同的立体异构体:

$$
\begin{array}{c}
{}^{1}\text{COOH} \\
{}^{2}| \\
{}^{*}\text{CHOH} \\
{}^{3}| \\
{}^{*}\text{CHCl} \\
{}^{4}\text{COOH}
\end{array}
$$

COOH	COOH	COOH	COOH
H—OH	HO—H	H—OH	HO—H
H—Cl	Cl—H	Cl—H	H—Cl
COOH	COOH	COOH	COOH
(Ⅰ)	(Ⅱ)	(Ⅲ)	(Ⅳ)
(2S,3S)	(2R,3R)	(2S,3R)	(2R,3S)

其中,(Ⅰ)和(Ⅱ)、(Ⅲ)和(Ⅳ)分别组成两对对映异构体。等量混合(Ⅰ)和(Ⅱ)或(Ⅲ)和(Ⅳ)形成两个外消旋体。而(Ⅰ)与(Ⅲ)、(Ⅰ)与(Ⅳ)、(Ⅱ)与(Ⅲ)、(Ⅱ)与(Ⅳ)不是实物与镜像的关系,称为非对映异构体(diastereoisomer)。非对映异构体比旋光度值不同,其他物理性质和化学性质也不同。

5.3.2 含两个相同不对称碳的化合物

酒石酸分子中含有两个相同的不对称碳原子,每个不对称碳原子所连的四个基团彼此相同。按照每个手性碳原子都各有两种不同的构型,它们可以组成以下四个立体异构体:

COOH	COOH	COOH	COOH
H—OH	HO—H	HO—H	H—OH
HO—H	H—OH	HO—H ≡	H—OH
COOH	COOH	COOH	COOH
(Ⅰ)	(Ⅱ)	(Ⅲ)	(Ⅳ)
(2R,3R)	(2S,3S)	(2S,3R)	(2R,3S)

(Ⅰ)和(Ⅱ)为一对对映异构体,(Ⅲ)和(Ⅳ)实际上是同一个化合物。在(Ⅲ)分子结构中存在对称面(图中虚线所示的位置),因此(Ⅲ)可以用虚线将分子分成实物和镜像,没有旋光性,这种异构体称为内消旋体(meso compound 或 meso form)。内消旋体与外消旋体不同:内消旋体是单一分子,之所以没有旋光性是由于分子内含有平面对称性因素,两个相同而构型相反的左旋体和右旋体在同一分子内相互抵消形成的;而外消旋体是由一对对映体等量组成的

混合物。酒石酸只有三种立体异构体：

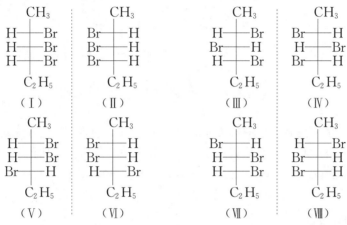

5.3.3 含多个不对称碳的化合物

2,3,4-三溴己烷有三个不对称碳原子，可写出八个旋光异构体。

在 这 八 个 旋 光 异 构 体 中 ，（Ⅰ）与（Ⅱ）、（Ⅲ）与（Ⅳ）、（Ⅴ）与（Ⅵ）、（Ⅶ）与（Ⅷ）是四对对映
体。（Ⅰ）和（Ⅲ）、（Ⅰ）和（Ⅴ）、（Ⅰ）和（Ⅶ）都只有一个不对称碳原子的构型不同，这种含多个
不对称碳原子、但只有一个不对称碳原子的构型不同的旋光异构体称为差向异构体（epimer）。
如果构型不同的不对称碳原子在链端，则称为端基差向异构体（anomer）。其他情况，分别根
据构型不同的碳原子的位置称为 C_n 差向异构体。

5.4 环状手性化合物

多数情况下，二取代环烷烃既有顺反异构，又有对映异构。例如，1,2-环丙烷二甲酸存在
顺、反两个几何异构体，连接羧基的两个碳原子又都是不对称碳原子。

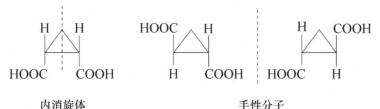

在顺式异构体中存在对称面，所以无旋光活性，为内消旋体。反式异构体为手性分子，存
在一对对映异构体。

在分析环烃顺反异构和对映异构问题时，可以简单地将环视为平面结构来处理。例如，分
析 1,2-二甲基环己烷的光学活性时，可将分子中的六元环视为平面型的正六边形。进行分析

可以得出：由于分子中存在对称面，因此该分子没有旋光性。

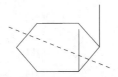

拓展：

上述的分析方法称为"平面分析法"。如果采用六元环的构象(椅式)进行分析，则为"构象分析法"。对于取代的环己烷而言，平面分析与构象分析得出的结论相同。例如：

平面分析　　　　　　　　　　　　构象分析

存在对称面，无旋光性　　　　　为一对对映体组成的外消旋体，无旋光性

5.5　其他不含不对称碳原子的手性化合物

判断一个分子是否具有手性的标准是看分子的实物与镜像是否重合，或者判断分子中是否存在对称面或对称中心。不对称碳并不是分子具有手性的判据。内消旋酒石酸分子虽然有不对称碳原子，但这个分子没有手性。另一方面，具有手性的分子，也不一定含有不对称碳原子。

5.5.1　丙二烯型化合物

在 $CH_2=C=CH_2$ 分子中，三个碳原子在一条轴上，与中间 sp 杂化碳原子相连的两个 π 平面相互垂直，两端两个碳原子上所连的氢也在相互垂直的面上。当两端碳原子上所连基团各不相同时，该分子既没有对称面也没有对称中心，分子无对称性，存在一对对映异构体。

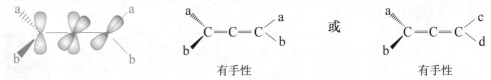

例如，1935 年 Mills(米尔斯)合成的光活性 1,3-二苯基-1,3-二(α-萘基)丙二烯。

$$C_6H_5 \quad C=C=C \quad C_6H_5 \\ \alpha\text{-}C_{10}H_7 \qquad\qquad C_{10}H_7\text{-}\alpha$$

$$C_6H_5 \quad C=C=C \quad C_6H_5 \\ \alpha\text{-}C_{10}H_7 \qquad\qquad C_{10}H_7\text{-}\alpha$$

与丙二烯型化合物结构相似的还有螺环化合物、环外双键化合物。它们的共同特征是使不同基团保持在互相垂直的平面上。例如：

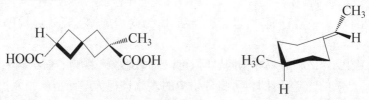

5.5.2 联苯型化合物

联苯型光学异构体是在 1920 年发现的。它是指联苯分子中的两个苯环均被不对称地取代且连接两个苯环的单链旋转受阻的一类化合物(图 5-2)。这类旋光异构体是因取代基位阻太大,旋转受阻引起的,因此也称位阻异构体。在联苯型光学异构体中,邻位上的基团要足够大,使两个苯环不能共平面,且苯环邻位上的取代基不相同,这时整个分子无对称面和对称中心,具有手性,存在一对旋光对映体。同理,若一个或两个苯环上所连基团相同时则无手性。

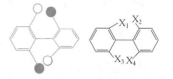

图 5-2 联苯型手性分子

例如:

HOOC NO$_2$ O$_2$N COOH   Br H$_3$C   Br HO CH$_3$ CH$_3$

CH$_3$ CH$_3$

O$_2$N COOH   HOOC NO$_2$ H$_3$C OH   Br CH$_3$

*5.6 前(潜)手性碳和分子的前(潜)手性

以丙酸 CH_3CH_2COOH 为例。仅从结构简式来看,分子中的两个 α-氢是相同的。

若用 Fischer 投影式表示,然后分别用羟基取代左边的氢或右边的氢,结果无手性的 α-碳原子就转变成不对称碳原子,无手性的丙酸就转变成有手性的乳酸。左边的氢被羟基取代得 S-($+$)-乳酸,而右边的氢被羟基取代得 R-($-$)-乳酸。这就说明,实际上两个 α-氢在立体化学上是有区别的。

COOH   COOH   COOH
H ——|—— H   H被OH取代   HO ——|—— H   +   H ——|—— OH
CH$_3$ CH$_3$ CH$_3$
潜手性碳原子 S-(+)-乳酸 R-(-)-乳酸

在有机化学中,将一个无手性的分子(如丙酸)经一个原子或基团取代后失去其对称性而变成非对称手性分子的性质称为前(潜)手性(prochirality),原来对称的、无手性的分子称为前(潜)手性分子,发生变化的碳原子称为前(潜)手性碳原子或原手性碳原子。而前手性分子中一对相同的原子或基团,取代后将导致 R 构型的称为前 R 某原子(或基团),另一个则称为前 S 某原子(或基团)。

前手性的概念在生物化学反应中非常重要,因为生物体内的反应绝大多数是经酶催化的,而酶是手性的生物分子,其手性基团能识别与之作用的底物分子的前 S 和前 R 基团,所以酶催化的反应是立体专一的。

* 5.7　不对称合成与拆分

手性化合物的制备通常可以通过不对称合成和外消旋体拆分两条途径来完成。

5.7.1　不对称合成

通过反应将分子中的一个对称的结构单元转化为不对称的结构单元,并产生不等量的立体异构产物,这种过程称为不对称合成,又称手性合成。常见的不对称合成方法有以下几种。

1. 生物合成

生物催化的不对称合成是以微生物和酶为催化剂,立体选择性控制合成手性化合物的方法。酶的高反应活性和高度的立体选择性一直是人们梦寐以求的目标,有机合成和精细化工行业越来越多地利用生物催化转化天然或非天然的底物,获得有用的中间体或产物。目前常用于生物催化的有机反应主要有水解反应、酯化反应、还原反应和氧化反应等。自 20 世纪 90 年代以来已成功地用于合成 β-内酰胺类抗生素母核、维生素 C、L-肉毒碱、D-泛酸手性前体、氨基酸、前列腺素等。光学纯氰醇是一类重要中间体,它们的合成可通过氰醇酶催化的羟氰化反应来实现。例如,使用脱脂杏仁粗粉中含有的氰醇酶,可将邻氯苯甲醛进行不对称羟氰化反应,合成(R)-邻氯扁桃酸,该法可以高效地不对称合成抗血栓药氯吡格雷。

氯吡格雷

2. 化学合成

通过不对称反应立体定向合成是获得手性化合物最直接的方法,主要有手性源法、手性助剂法、手性试剂法和催化不对称合成方法等。

手性源合成是以天然手性物质为原料,经构型保持或构型转化等化学反应合成新的手性物质。在手性源合成中,所有的合成转变都必须是高度选择性的,通过这些反应最终将手性源分子转变成目标手性分子。碳水化合物、有机酸、氨基酸、萜类化合物及生物碱是非常有用的手性合成起始原料,并可用于复杂分子的全合成中。例如,采用天然的(一)-D-酒石酸为原料,合成抗肿瘤活性天然产物(+)-Goniothalesdiol。

(+)-Goniothalesdiol

手性助剂法利用手性辅助剂和底物作用生成手性中间体,经不对称反应后得到新的反应中间体,回收手性辅助剂后得到目标手性分子。药物(S)-萘普生就是以酮为原料,利用手性助剂——酒石酸酯的不对称诱导作用来制备的。已存在的手性中心对新手性中心的形成产生不对称诱导作用,使生成的溴代产物中 RRS-构型远多于 RRR-构型。例如:

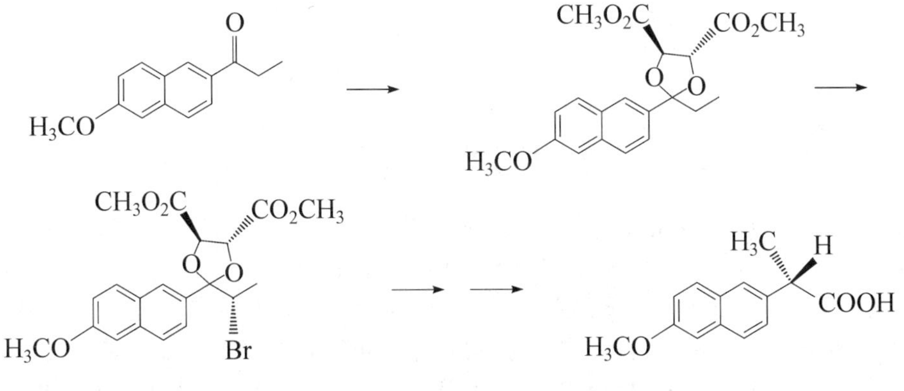

RRS-构型　　　　　　　　　　　　　　　(S)-萘普生

　　手性试剂法是利用手性试剂和前手性底物作用生成光学活性产物。目前,手性试剂诱导已经成为化学诱导中最常用的方法之一。例如,α-蒎烯衍生的手性硼试剂已用于前列腺素中间体的制备。

　　在不对称合成的诸多方法中,最理想的是催化不对称合成。它具有手性增殖、高对映选择性、经济、易于实现工业化的优点,所用的手性实体仅为催化量。手性实体可以是简单的化学催化剂或生物催化剂,选择一种好的手性催化剂可使手性增殖 10 万倍。1990 年,诺贝尔化学奖获得者哈佛大学 Corey(科里)教授称不对称催化中的手性催化剂为"化学酶"。这是化学家从合成的角度将生物酶法化学化,即化学型的手性催化剂代替了生物酶的功能。2001 年,诺贝尔化学奖授予在不对称催化领域作出杰出贡献的 Knowles(诺尔斯)、Noyori(野依良治)和 Sharpless(夏普利斯)三位化学家,显示出不对称催化研究在化学学科发展中的影响。不对称氢化、不对称氧化和酮的不对称还原等反应得到了广泛发展,在药物合成中广泛应用。例如,L-多巴是治疗帕金森氏病的一种有效药物,临床使用其(S)-异构体,合成中采用 Rh-DIPAMP 为手性催化剂,催化氢化前手性脱氢氨基酸,制得 L-多巴。L-多巴的合成路线如下:

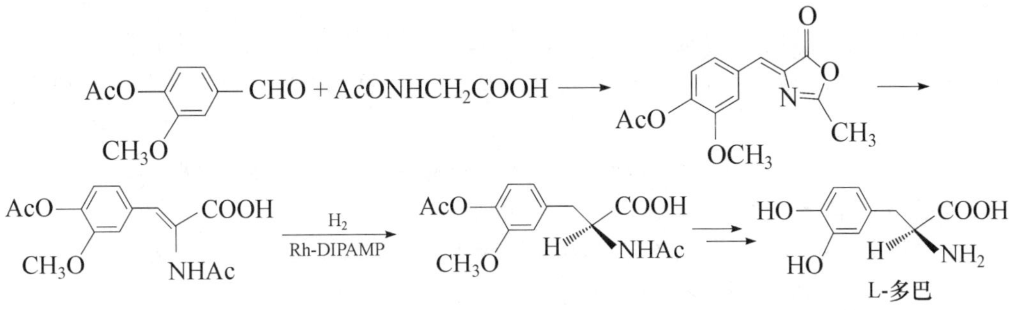

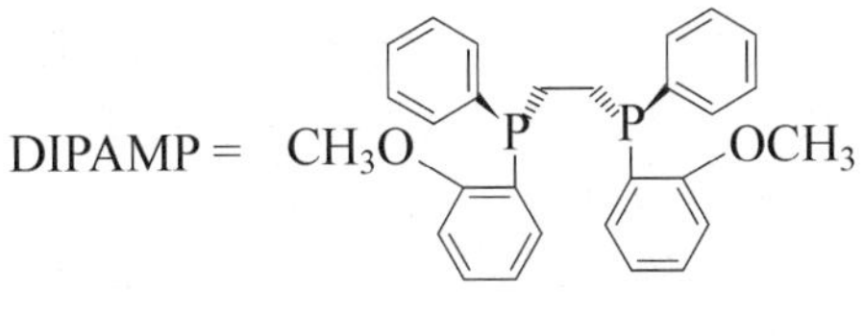

5.7.2　外消旋体的拆分

　　一个非手性化合物在非手性环境下引入第一个手性中心时,通常得到外消旋体。例如:

$$CH_3CH_2CH_2CH_3 + Cl_2 \xrightarrow{h\nu} CH_3\underset{\underset{Cl}{|}}{CH}CH_2CH_3 \qquad (\pm)$$

$$CH_3CH_2CHO + HCN \longrightarrow CH_3CH_2\underset{\underset{OH}{|}}{C}HCN \qquad (\pm)$$

$$\underset{O}{\overset{}{C}}CH_3 \xrightarrow[\quad]{BH_3\ H_2O} \underset{\underset{CHCH_3}{}}{\overset{OH}{|}} \qquad (\pm)$$

用物理或化学方法将外消旋体的一对对映体拆分成两个纯净的左、右旋体,这一过程称为外消旋体的拆分(resolution)。常用的拆分法有以下几种。

(1) 机械分离法:这是对能形成晶体的旋光物质而言的。1848 年,Pasteur 在显微镜下用镊子将酒石酸钠铵两种晶体分离出来,首次得到纯旋光异构体,在立体化学的发展中起到重要作用。但这种方法过于繁琐,且绝大多数对映异构体无法用这种方法分开,因此没有普遍实用价值。

(2) 化学法:该法是形成和分离非对映立体异构体的拆分法。在外消旋体中加入一种手性的拆分剂,使它和左、右旋体反应,得到非对映体产物,利用非对映体的溶解度等性质的不同将它们分开,再除去拆分剂,完成拆分。例如,拆分外消旋酸可选用与有光学活性的碱反应,形成非对映体的盐,再利用它们性质的差异进行分离。

$$(\pm) \quad + \quad (-) \longrightarrow \begin{matrix} (+)(-) \\ (-)(-) \end{matrix} \xrightarrow{\text{分离}} \xrightarrow{\text{酸}} \begin{matrix} (+) \\ (-) \end{matrix}$$

外消旋酸   旋光碱   非对映体

(沸点、溶解度、结晶性不同)

化学法是一种通用的方法,不限于拆分哪一类化合物的哪一种外消旋体,只要能找到合适的拆分剂和条件,就能够拆分。合适的拆分剂可以是各种手性的酸、碱、羰基试剂、各种手性配位试剂,也可以是色谱分离法中的手性吸附剂等,适用范围很广。选择拆分剂有以下原则:

(i) 拆分剂必须容易和被拆分的外消旋体形成非对映异构体盐,且易从分离后的非对映异构体中除去。

(ii) 在普通的溶剂中所形成的两个非对映异构体盐的溶解度差别必须显著,即其中一个非对映异构体盐能较易形成结晶析出。当然,也可以利用这两个非对映异构体其他性质的差异进行分离。

(iii) 拆分剂必须来源方便,价格低廉,易于制备或获得,在解析之后回收率高。

(iv) 拆分剂本身的化学性质稳定,光学纯度高。

常用的拆分碱性物质的拆分剂包括酒石酸、樟脑磺酸、苯基琥珀酸和扁桃酸等;拆分酸性物质的拆分剂包括马钱子碱、麻黄碱、奎尼丁和辛可宁等。

(3) 酶解法:酶是一种专一性生物催化剂,能选择性地识别特定构型的手性分子,并催化其转化反应。反应后,拆分对映异构体的问题就转化为分离两种不同物质的问题。例如:

$$H_2N\!\!-\!\!\overset{COOH}{\underset{CH_3}{|}}\!\!-\!\!H \;+\; H\!\!-\!\!\overset{COOH}{\underset{CH_3}{|}}\!\!-\!\!NH_2 \xrightarrow{Ac_2O} AcHN\!\!-\!\!\overset{COOH}{\underset{CH_3}{|}}\!\!-\!\!H \;+\; H\!\!-\!\!\overset{COOH}{\underset{CH_3}{|}}\!\!-\!\!NHAc \xrightarrow[\text{(取自猪肾)}]{\text{酰基转移酶}}$$

L-丙氨酸   D-丙氨酸

(±)-丙氨酸   外消旋体

$$H_2N \overset{\displaystyle COOH}{\underset{\displaystyle CH_3}{\rule{0pt}{0pt}}} H \quad + \quad H \overset{\displaystyle COOH}{\underset{\displaystyle CH_3}{\rule{0pt}{0pt}}} NHAc$$

L-丙氨酸　　　　D-乙酰丙氨酸

溶于乙醇　　　　不溶于乙醇

（4）色谱法：选择光活性的物质如淀粉、蔗糖、乳糖等作为柱色谱的手性固定相（吸附剂），当外消旋体经过色谱柱时，利用两个异构体与手性固定相的吸附力不同，使它们的洗脱速率不同而达到分离的目的。

（5）动力学法：所谓动力学拆分，是利用一对对映异构体与手性试剂的反应速率不同，在反应进行到一定的阶段中止反应，从而获得某一异构体的反应产物，而另一种异构体则主要以未反应的形式留存下来，从而达到有效拆分的目的。例如，利用烯丙基仲醇对映体进行 Sharpless 环氧化时相对速率差别较大的特点，可进行动力学拆分。

外消旋体　　　　　　　　e.e.>96%，R-构型　　　　　　e.e.>94%，赤式构型

利用动力学拆分原理，可以通过上述一个反应得到两种结构不同的手性化合物，即光学活性的烯丙基仲醇和 2,3-环氧仲醇。

这种方法原理与酶法类似，不同的是这里使用的是手性化学试剂，而酶法拆分采用的是生物手性试剂——酶。

5.7.3　对映体过量百分数和光学纯度

如果在不对称合成中生成的两个光活性物质是一对对映异构体，其构型分别用 R、S 表示，则手性合成（或拆分）的效率可以采用对映体过量百分数（%ee，简称 ee 值）来表示。ee 值越高，产物的光学纯度越高。ee 值可以通过下式来计算。若 $[R]>[S]$，则

$$\%ee = \frac{[R]-[S]}{[R]+[S]} \times 100\%$$

$$\%ee=100\% \quad \text{立体专一反应}$$
$$\%ee>0 \quad \text{立体选择反应}$$
$$\%ee=0 \quad \text{无立体选择性反应}$$

手性合成（或拆分）的效率也可以用产物的光学纯度（optical purity，简称 OP 值）表示：

$$OP = \frac{[\alpha]_{\text{实测}}}{[\alpha]_{\text{纯试样}}} \times 100\%$$

式中，$[\alpha]_{\text{实测}}$ 为反应得到产物的比旋光度；$[\alpha]_{\text{纯试样}}$ 为纯旋光体的比旋光度。

在实验误差范围内，两种表示的结果相同。

5.8　手性与药物

手性在自然界是非常普遍的现象，作为生命活动重要基础的生物大分子，如蛋白质、多糖、核酸和酶等，几乎都是手性的。这些大分子在体内往往具有重要的生理功能。目前使用的药

物中很大一部分也具有手性。手性药物的药理作用是通过与体内大分子之间的严格手性匹配与分子识别来实现的。这是因为生物大分子(如酶、受体、抗体等)的活性部位都具有特定的手性结构,要求和它相互作用的生物活性分子(如神经递质、激素、药物、毒物等)具有与其相适应的立体结构,才能相互作用,从而产生生物活性。

对于手性药物而言,它们的不同立体异构体的生物活性强度存在着差异。手性药物不同光学异构体的药理作用差异大致有以下四种类型:

(1) 只有一种对映体具有药理活性。例如,氨氯地平的左旋体具有治疗高血压和心绞痛的活性,而右旋体没有此活性。

(2) 各对映体药理活性一致但强度不同。例如,左旋胃安的抗胆碱作用比右旋体强 4 倍;消炎镇痛解热药(S)-布洛芬比(R)-布洛芬强 28 倍;非甾体抗炎药萘普生(naproxen)的(S)-构型异构体的活性比其对映体的活性强 35 倍;β-受体阻断剂普萘洛尔(propranolol)的两个对映异构体的体外活性相差 98 倍。

(3) 一对对映体具有同等的或近乎同等的药理活性。例如,盖替沙星(gatifloxacin)分子中,由于哌嗪中甲基的取代而成为手性分子,但其左旋体和右旋体的活性差别不大,因此目前临床上用外消旋的盖替沙星。

(4) 两种对映体具有不同的药理活性,甚至有毒副作用。例如,丙氧吩右旋体有镇痛作用,左旋体有镇咳作用,生物活性类型不同;巴比妥酸盐中的(S)-异构体具有抑制神经活动的作用,可用作催眠镇痛药,而(R)-异构体却具有兴奋作用,生物活性类型相反。药物手性引起严重副作用的一个著名例子是,20 世纪 60 年代在欧洲发生的"反应停"事件:联邦德国某制药公司研究了一种名为"沙利度胺"的新药,该药对孕妇的妊娠呕吐疗效极佳,该公司在 1957 年将该药以商品名"反应停"正式推向市场。两年以后,欧洲的医生开始发现,本地区畸形婴儿的出生率明显上升,此后又陆续发现 12000 多名因母亲服用反应停而导致的海豹婴儿! 后来研究发现,反应停是一种手性药物,由分子组成完全相同仅立体结构不同的左旋体和右旋体混合而成,其中右旋体是很好的镇静剂,而左旋体则有强烈的致畸作用。

手性药物药理活性具有不确定性,这使得对对映体可能的副作用以及对生物体内手性的稳定性进行试验成为必然。1992 年,美国 FDA 规定,新的手性药物上市之前必须分别对左旋体和右旋体进行药效和毒性试验,否则不允许上市。2006 年 1 月,我国 SFDA 也出台了相应的政策法规。目前手性药物的研究已成为国际新药研究的主要方向之一。

5.9 异构体的分类

同分异构有两种基本类型。构造异构体是原子连接方式不同的化合物。我们已经见到的构造异构体有碳链异构体、官能团异构体、官能团位置异构体和互变异构体。

立体异构体是原子连接方式相同但几何形状不同的化合物。我们已经见到的立体异构体有对映异构体、非对映异构体和顺反异构体。实际上,顺反异构体只不过是一种特殊的非对映异构体,因为顺反异构体是非镜像关系的立体异构体。图 5-3 给出了异构体的一种分类方式(不同教材上有类似的分类,可参考)。

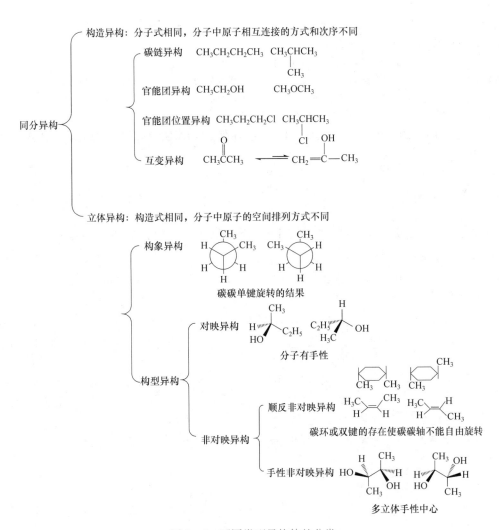

图 5-3 不同类型异构体的分类

习 题

1. 试解释下列各项的含义。
   (1) 旋光性　　(2) 右旋,左旋　　(3) 对映体　　(4) 比旋光度
   (5) 手性分子　(6) 构型与构象　(7) 手性　　　(8) 手性中心
   (9) 非对映体　(10) 内消旋化合物　(11) S,R　　(12) 外消旋化合物
   (13) 构型异构体　(14) 构象异构体

2. 下列叙述是否正确? 如不正确请举出恰当的例子说明之。
   (1) 立体异构体是分子中原子在空间有不同的排列方式。
   (2) 具有 R 构型的化合物是右旋(＋)的光学活性分子。
   (3) 旋光性分子必定具有不对称碳原子。
   (4) 具有 n 个不对称碳原子的化合物一定有 2^n 个立体异构体。
   (5) 非光活性分子一定不具有手性碳原子。
   (6) 具有不对称碳原子的分子必定有旋光性。
   (7) 具有实物与镜像关系的旋光异构体称为一对对映体。

3. 某化合物 10g，溶于甲醇，稀释至 100mL，在 25℃时用 10cm 长的盛液管在旋光仪中观察到旋光度为 ＋2.30°，试计算该化合物此时的比旋光度。

4. 比较左旋仲丁醇和右旋仲丁醇的下列各项性质。

    (1) 沸点   (2) 熔点   (3) 相对密度   (4) 比旋光度

    (5) 折光率   (6) 溶解度   (7) 构型

5. 下列化合物各含有几个手性碳原子？请用"＊"将它们标出。

    (1) $(CH_3)_2CHCHClCH_2CH_3$ (2) $CH_3CHBrCH_2CHClCHOHCH_3$ (3) $H_2NCH_2CHBrCOOH$

    (4) 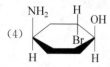   (5)

6. 薄荷醇的分子结构式是 。该分子中有几个手性碳原子？可能有多少立体异构体？

7. 找出下列化合物分子中的对称元素，并推测有无手性。如有手性，写出其对映体。

    (1)   (2)   (3)

    (4)   (5)   (6)

8. 3-氯-2-溴丁烷有多少个构型异构体？画出它们的 Fischer 投影式。用 R,S 表明手性碳原子的构型，指出它们相互之间的关系。

9. 用 R/S 标记下列化合物中不对称碳原子的构型。

    (1)   (2)   (3)   (4) $(H_3C)_2HC-C-H$

    (5)   (6)   (7)   (8)

    (9)   (10)

10. 用 Fischer 投影式表示下列化合物的结构。

    (1) (R)-2-甲基-1-苯基丁烷   (2) $(2R,3S)$-3,4-二氯-2-己醇

    (3) $(1R,2S,4R)$-2-氯-4-溴环己基甲酸   (4) $(1R,3S)$-1,3-二氯环戊烷

    (5) 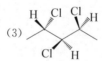   (6)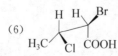

11. 画出并用 S 和 R 标记下列对映体（假若有对映体）。

    (1) 3-溴-己烷   (2) 3-甲基-3-氯戊烷

    (3) 1,3-二氯戊烷   (4) 2,2,5-三甲基-3-氯己烷

12. 写出下列化合物所有立体异构体的 Fischer 投影式(环状化合物用键线式表示),表明哪些是成对的对映体,哪些是内消旋体,说出哪些异构体可能有旋光性,并以 S 和 R 标记每个异构体。

(1) 2-甲基-1,2-二溴丁烷

(2) 1-氘-1-氯丁烷

(3) $CH_3CHBrCHOHCH_3$

(4) $C_6H_5CH(CH_3)CH(CH_3)C_6H_5$

(5) $CH_3CH_2CH(CH_3)CH_2CH_2CH(CH_3)CH_2CH_3$

(6) $HOCH_2CH(OH)CH(OH)CH(OH)CH_2OH$

(7) $\begin{array}{c} H_2C\!-\!CHCl \\ | \quad\quad | \\ H_2C\!-\!CHCl \end{array}$

(8) $\begin{array}{c} H_2C\!-\!CHCl \\ | \quad\quad | \\ ClHC\!-\!CH_2 \end{array}$

13. 试判断下列结构式哪些与所列分子式是同一化合物,哪些是其对映体。

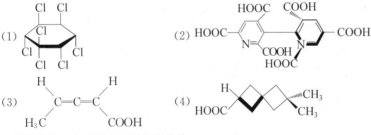

14. 写出 3-甲基-1-戊炔分别与下列试剂反应的产物。

(1) Br_2,CCl_4

(2) H_2,Lindlar 催化剂

(3) H_2O,H_2SO_4,$HgSO_4$

(4) $HCl(1mol)$

(5) $NaNH_2$,CH_3I

如果反应物是有旋光性的,哪些产物有旋光性?

哪些产物与反应物的手性中心有同样的构型关系?

如果反应物是左旋的,能否预测哪个产物也是左旋的?

15. 试判断下列构型的分子是否具有手性特征。

(1) 键线式结构图

(2) $HOOC$ ... $COOH$ 双吡啶羧酸结构图

(3) $\begin{array}{c} H \\ C=C \\ H_3C \quad COOH \end{array}$ (顺式结构)

(4) $HOOC$—螺环结构—CH_3,CH_3

16. 用化学和物理方法拆分下列外消旋体。

(1) $CH_3CH_2CH(NH_2)CH_3$ (2) $CH_3CH_2CH_2CH(CH_3)COOH$ (3) $CH_3CH_2CH(OH)CH_3$

17. 写出分子式为 C_4H_7Cl 的环状一卤代化合物的所有异构体,并指出哪些属于构造异构,哪些属于顺反异构、对映异构和非对映异构。

18. 有一旋光化合物 A(C_6H_{10}),能与硝酸银的氨溶液作用生成白色沉淀 B(C_6H_9Ag)。将 A 催化加氢生成 C (C_6H_{14}),C 没有旋光性。试写出 B、C 的构造式和 A 的对映异构体的投影式,并用 R/S 命名法命名。

19. 化合物 A 的分子式为 C_8H_{12},有光学活性。在铂催化下加氢得到 B,分子式为 C_8H_{18},无光学活性。如果用 Lindlar 催化剂小心氢化,则得到 C,分子式为 C_8H_{14},有光学活性。A 和钠在液氨中反应得到 D,分子式为 C_8H_{14},但无光学活性。试推测 A～D 的结构。

第6章 卤代烃 金属有机化合物

有机卤化物在自然界广泛存在,并在现代工业进程中发挥着重要的作用。在海藻和许多其他海洋生物中发现了成千上万的有机卤化物,森林大火和火山喷发释放出的气体中含大量氯甲烷。有机卤化物用途众多,其中最有价值的是作为工业溶剂、吸入式麻醉剂、制冷剂和杀虫剂等。

6.1 卤代烃的分类、异构、命名和结构

卤代烃(alkyl halide)是指烃分子中一个或多个氢原子被卤原子(氟、氯、溴、碘)取代的化合物。

卤代烃因 C—X 键是极性键,性质较活泼,能发生多种化学反应转化成各种其他类型的化合物,所以是有机合成的重要中间体,在有机合成中起着桥梁的作用。

6.1.1 卤代烃的分类

按卤原子的数目可分为:一元卤代烃、二元卤代烃、三元卤代烃等;按烃基结构可分为:饱和卤代烃、不饱和卤代烃、卤代芳烃;按卤素所连的碳原子的类型,可分为伯卤代烃、仲卤代烃、叔卤代烃。

$$R{-}CH_2{-}X \qquad R_2CH{-}X \qquad R_3C{-}X$$

伯卤代烃	仲卤代烃	叔卤代烃
一级卤代烃(1°)	二级卤代烃(2°)	三级卤代烃(3°)

拓展:

"芳香族卤代烃(卤代芳烃)"——只有卤原子与芳环直接相连时。

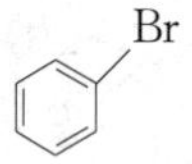

芳香族卤代烃 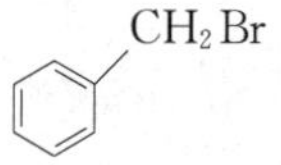 脂肪族卤代烃

拓展:

$$CH_2{=}CH{-}CH_2X \qquad\qquad\qquad CH_2{=}CH{-}X$$

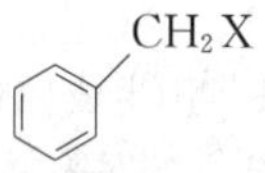

烯丙型 苯甲型 乙烯型 卤苯型

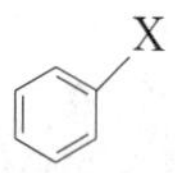

6.1.2 卤代烃的异构

卤代烃的同分异构体数目比相应烷烃的异构体数目多。例如,一卤代烃除了具有碳架异构体外,还有因卤原子在碳链上的位置不同而引起的同分异构现象。当分子中存在手性碳原子时,还有旋光异构体。例如:

$$CH_3CH_2CH_2CH_2Cl \qquad \overset{\displaystyle *}{CH_3CH_2CHCH_3} \qquad CH_3CHCH_2Cl \qquad CH_3CCH_3$$

（分子结构图）

6.1.3　卤代烃的命名

卤代烃的命名可采用有机化合物命名通法,卤原子通常作为取代基。

6.1.4　卤代烃的结构

在卤代烃分子中,碳卤 σ 键是由碳的 sp^3 杂化轨道与卤原子的一个 sp^3 杂化轨道(也有认为是 p 轨道)经轴向重叠形成的。卤原子的电负性比碳原子大,碳卤键是极性共价键。碳原子带部分正电荷,卤原子带部分负电荷 $\overset{\delta+}{C} \rightarrow \overset{\delta-}{X}$。由于 F、Cl、Br、I 的电负性依次降低,因此相应碳卤键的极性也依次降低。随着卤原子半径的增大,键强度(键能)减弱。所以饱和卤代烃的反应活性为 RI>RBr>RCl>RF。表 6-1 列出卤代甲烷的键长、键能和偶极矩的数据。

表 6-1　卤代甲烷的键长、键能和偶极矩

卤代甲烷	键长/pm	键能/$(kJ \cdot mol^{-1})$	偶极矩 $\mu/(10^{-30}C \cdot m)$
CH_3F	139	452	6.07
CH_3Cl	178	351	6.47
CH_3Br	193	293	5.97
CH_3I	214	234	5.47

6.2　卤代烃的物理性质

在卤代烃中,氯甲烷、溴甲烷、氯乙烷、氯乙烯、溴乙烯和一氟代烃是气体,一般低级卤代烃是无色液体,高级卤代烃是固体。卤代烃的沸点随分子中碳原子数的增加而升高。烃基相同的卤代烃,其沸点关系是碘代烃>溴代烃>氯代烃。支链越多的异构体沸点越低。

一氯代烷的相对密度小于1,溴代烷、碘代烷和多卤代烷的相对密度都大于1。在同系列中,卤代烷的相对密度随碳原子数的增加而下降。卤代芳烃的相对密度均大于1。

卤代烃均不溶于水,而溶于弱极性或非极性的乙醚、苯和烃等有机溶剂,某些卤代烃本身即是很好的有机溶剂,如二氯甲烷、氯仿和四氯化碳等。

在卤代烃分子中,随着卤原子数目的增多,化合物的可燃性降低。例如,甲烷可作为燃料,氯甲烷有可燃性,二氯甲烷则不燃,而四氯化碳可作为灭火剂;氯乙烯、偏二氯乙烯可燃,四氯乙烯则不燃。某些含氯和含溴的烃或其衍生物还可作为阻燃剂。许多卤代烃有累积性毒性,并可能有致癌作用,使用时必须注意防护。

一些常见卤代烃的物理常数见表 6-2。

表 6-2 一些常见卤代烃的物理常数

烃基	氯代烃		溴代烃		碘代烃	
	沸点/℃	相对密度	沸点/℃	相对密度	沸点/℃	相对密度
$CH_3—$	−24	0.920	3.5	1.732	42.5	2.279
$CH_3CH_2—$	12.2	0.910	38.4	1.430	72.3	1.933
$CH_3CH_2CH_2—$	46.2	0.892	71.0	1.351	102.4	1.747
$H_2C\diagup$	40.0	1.336	99.0	2.490	180.0(分解)	3.325
$HC\diagup$	61.2	1.489	151.0	2.890	升华	4.008
$—C—$	76.8	1.595	189.5	3.420	升华	4.32
$—CH_2CH_2—$	83.5	1.257	131.0	2.170		
$H_2C{=}CH—$	−14.0	0.911	16.0	1.493	56.0	2.037
$H_2C{=}CHCH_2—$	45.0	0.938	71.0	1.398	103.0	
⬡—	132.0	1.106	156.0	1.495	188.5	1.832
⬡—$CH_2—$	179.0	1.102	201.0	1.438		1.734
⬡—	143.0	1.000	166.2	1.336	180.0(分解)	1.624

6.3 卤代烃的化学反应

在卤代烃分子中,C—X 键是极性共价键(电荷分布见图 6-1)。卤原子相对比较活泼,容易被其他原子或基团取代,或通过化学反应转化为多种其他有机化合物或金属有机化合物,故卤代烃及其衍生物在有机合成上具有重要意义。卤代烃发生化学反应时常见的化学键断裂位置见图 6-2。

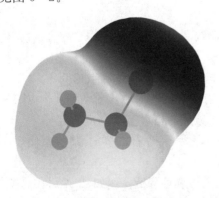

图 6-1 卤代烃电荷分布示意图

图 6-2 卤代烃发生化学反应时
化学键断裂的位置

6.3.1 卤代烃的亲核取代反应

在卤代烃分子中,碳卤键的极性使得与卤原子直接相连的 α-碳原子具有电正性,容易被带

有负电荷或未共用电子对的亲核试剂(nucleophile,以 Nu 表示)如 RO^-、HO^-、CN^-、ROH、H_2O、NH_3、$^-ONO_2$ 等进攻,卤素带着碳卤键的一对电子以负离子的形式离去,而碳与亲核试剂上的一对电子形成一个新的共价键:

$$RX + ^-Nu \longrightarrow RNu + X^-$$

不同卤代烃的卤原子被取代的难易次序是 $RI > RBr > RCl \gg RF$。

由于反应是起始于亲核试剂的进攻而发生的取代反应,因此该反应称为亲核取代反应(nucleophilic substitution reaction,S_N)。

反应中受试剂进攻的物质称为底物(substrate),上述反应中卤代烃是反应的底物;卤原子被 Nu^- 取代,以 X^- 形式离去,称为离去基团(leaving group)。

1. 水解

卤代烃与强碱($NaOH$ 或 KOH)的水溶液共热,则卤原子被羟基(—OH)取代生成醇,这个反应称为卤代烃的水解反应。

$$RCH_2{-}X + NaOH \xrightarrow{水} RCH_2OH + NaX$$

卤代烃与水直接进行的水解反应是可逆反应,加 $NaOH$ 是为了加快反应的进行,使反应完全。但通常不用此法制备醇,因为卤代烃一般是由醇制备的。当在一些复杂分子上难以引入羟基时,可通过先引入卤原子,然后水解的方法来实现。

2. 醇解

卤代烃与醇钠在相应醇溶液中反应,卤原子被烷氧基(—OR)取代生成醚。

$$R{-}X + R'ONa \longrightarrow \underset{醚}{R{-}OR'} + NaX$$

这是制备醚尤其是不对称醚的一种常用方法,称为 Williamson（威廉姆森）合成法,也常用于合成硫醚或芳醚。采用该法以伯卤代烃效果最好,仲卤代烃效果较差,但不能使用叔卤代烃,因为叔卤代烃易发生消除反应生成烯烃。卤代醇在碱性条件下可以生成环醚。

3. 氨解

卤代烃与氨作用,卤原子被氨基(—NH_2)取代生成伯胺。

$$R{-}X + NH_3(过量) \longrightarrow R{-}NH_2 + NH_4X$$

因为生成的伯胺仍是亲核试剂,它可以继续与卤代烃作用,生成仲胺或叔胺的混合物,故反应要在过量氨的存在下进行。

4. 氰解

卤代烃与氰化钠或氰化钾作用,则卤原子被氰基(—CN)取代生成腈(R—CN)。

$$RCH_2X + NaCN \xrightarrow{醇} \underset{腈}{RCH_2CN} + NaX$$

卤代烃转变成腈后,分子中增加了一个碳原子,这是有机合成中增长碳链的方法之一。此反应不仅可用于合成腈,而且可将氰基转为其他官能团,如羧基(—COOH)、氨基甲酰基

（—CONH₂）等。氰化钠（钾）有剧毒，使用时要注意安全防护和环境保护。

5. 与 AgNO₃-醇溶液的反应

卤代烃与硝酸银的乙醇溶液反应，生成卤化银沉淀。

$$R—X+AgNO_3 \xrightarrow{乙醇} R—ONO_2 + AgX\downarrow$$
$$\qquad\qquad\qquad\quad 硝酸酯$$

此反应主要用于卤代烃的鉴别。对于不同的卤代烃，其活性次序是 RI＞RBr＞RCl；当卤原子相同而烃基结构不同时，其活性次序为烯丙位卤代烃或苄卤或 3°＞2°＞1°。例如，室温下，叔卤代烃或烯丙位卤代烃或苄卤与 AgNO₃ 的醇溶液立即反应，生成卤化银沉淀，而仲卤代烃则反应较慢，伯卤代烃通常需要加热才能有 AgX 沉淀生成。可以根据生成沉淀的快慢来判断各种卤代烃。

6.3.2 卤代烃的消除反应

在卤代烃分子中消去卤化氢生成烯烃的反应称为卤代烃的消除反应（elimination reaction，E）。由于碳卤键的极性及卤原子的吸电子作用，不仅 α-碳原子带有部分正电荷，β-氢原子也有一定的"酸性"，在碱的作用下卤代烃可消去 β-H 和卤原子，生成烯烃。该反应称为 β-消除反应或 1,2-消除反应。

$$\underset{\underset{H\quad X}{|\quad\ |}}{R—CH—CH_2} + NaOH \xrightarrow{醇} R—CH=CH_2 + NaX + H_2O$$

由一个分子脱去一些小分子，如 H_2O、HX、X_2 等，同时产生不饱和键的反应称为消除反应。消除反应是制备烯烃的一种方法。

不同卤代烃的消除反应活性不同，卤代烃消除反应的活性为 3°RX＞2°RX＞1°RX。如果仲卤代烃和叔卤代烃可能有两种或三种不同的 β-氢原子时，实验证明，卤代烃脱卤化氢时，主要是从含氢较少的相邻碳原子（β 碳原子）上脱去氢原子。换言之，卤代烃脱卤化氢时，主要生成双键碳原子上连有较多取代基的烯烃。这是一条经验规律，称为 Zaitsev（札依采夫）规则。例如：

$$\underset{\underset{Br}{|}}{CH_3CH_2CH_2CHCH_3} \xrightarrow{KOH,乙醇} CH_3CH_2CH=CHCH_3 + CH_3CH_2CH_2CH=CH_2$$
$$\qquad\qquad\qquad\qquad\qquad 69\% \qquad\qquad\qquad 31\%$$

$$\qquad 主 \qquad\qquad\qquad 次 \qquad\qquad\qquad 极少$$

$$\qquad\qquad\qquad\qquad\qquad 71\% \qquad\qquad\qquad\qquad 29\%$$

偕二卤代烃和连二卤代烃还可以脱去两分子卤化氢生成炔烃或共轭二烯烃。

$$R-\underset{H}{\overset{}{C}}H-\underset{X}{\overset{}{C}}H-\underset{X}{\overset{}{C}}H-\underset{H}{\overset{}{C}}H-R \xrightarrow{\text{KOH-醇}} R-CH=CH-CH=CH-R+2NaX+2H_2O$$

6.3.3　卤代烃的还原

卤代烃可以被还原为烷烃。碘代烃最容易被还原,氯代烃在较强的还原剂如氢化铝锂作用下可被顺利还原,反应只能在无水介质中进行。

$$R-X+LiAlH_4 \longrightarrow R-H$$

$$\underset{\quad\;\;}{\overset{\quad\;\;}{\bigcirc}}\!\!-\!\!\underset{Cl}{\overset{}{C}}H-CH_3 +LiAlD_4 \xrightarrow{\text{THF}} \underset{\quad\;\;}{\overset{\quad\;\;}{\bigcirc}}\!\!-\!\!\underset{D}{\overset{}{C}}H-CH_3$$

6.3.4　卤代烃与金属的反应　金属有机化合物

1. 金属有机化合物简介

卤代烃可以和许多金属作用,生成一类分子中含碳-金属键的化合物,称为金属有机化合物(organometallic compound)或有机金属化合物。用 R—M 表示,M 为金属。

金属有机化合物中金属与碳的键合性质及分子结构与金属在周期表中的位置有关,也与金属原子和碳原子的电负性差别有关。例如,碳与碱金属形成的键具有离子性,与 Mg、Al 等形成具有极性的共价键。

由于金属的电负性一般比碳原子小,因此形成的 C—M 共价键一般有极性。通常金属原子带有部分正电荷,而与之相连的碳原子带有部分负电荷,$\overset{\delta-}{C}-\overset{\delta+}{M}$ 键比较容易断裂,显示出活性。带有部分负电荷的碳原子通常作为亲核试剂进攻反应底物。

有机金属化合物性质活泼,能与多种化合物发生反应,可用作有机合成试剂、有机反应的催化剂等。近年来有机金属化合物在有机化学和有机化学工业中发挥着日益重要的作用。现仅就有机镁试剂和有机锂试剂简介如下。

2. 格氏试剂和有机锂试剂

1) 格氏试剂

卤代烃与金属镁在无水乙醚中反应,生成烃基卤化镁,又称 Grignard(格利雅)试剂,简称格氏试剂。

$$R-X+Mg \xrightarrow{\text{无水乙醚}} RMgX$$

$$X=Cl、Br$$

格氏试剂的结构还不完全清楚,一般认为是由 R_2Mg、$RMgX$、$(RMgX)_n$ 多种成分形成的平衡体系混合物,一般用 RMgX 表示。乙醚的作用是与格氏试剂络合成稳定的溶剂化物,四氢呋喃(THF)和其他醚类也可作为溶剂。格氏试剂的主要化学反应包括:

（1）与含活泼氢的化合物作用。

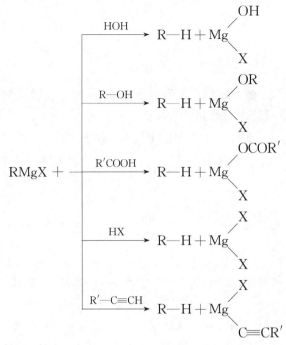

上述反应定量进行，在有机分析中可用于测定化合物所含活泼氢的数目。

格氏试剂遇水分解，所以在制备和使用格氏试剂时都必须用无水溶剂和干燥的容器，操作时要隔绝空气中的湿气。

（2）被氧化。格氏试剂很活泼，能慢慢吸收空气中的氧气而被氧化。因此使用时应避免与空气接触，最好是制得后立即进行下一步反应。

$$RMgX + O_2 \longrightarrow ROOMgX \xrightarrow{RMgX} ROMgX$$

（3）作为亲核试剂。

$\overset{\delta-}{C}—\overset{\delta+}{Mg}$ 是极性很强的键，且碳原子上带部分负电荷，因此可作为亲核试剂，与卤代烃（烯丙型、苯甲型或叔卤代烃）反应，生成烷烃。

$$R'X + RMgX \longrightarrow R'—R + MgX_2$$

RMgX 还可与醛、酮、酯、二氧化碳、环氧乙烷等反应，生成醇、酸等一系列化合物（详见第 9 章和第 10 章）。例如，格氏试剂与二氧化碳反应，生成比格氏试剂中的烃基多一个碳原子的羧酸。

$$RMgX + CO_2 \longrightarrow R\overset{\overset{O}{\|}}{C}OMgX \xrightarrow{H_2O} RCOOH + Mg(OH)X$$

格氏试剂在有机合成上用途极广，Grignard 因此而获得 1912 年的诺贝尔化学奖。

2）有机锂试剂

卤代烷与金属锂在非极性溶剂（无水乙醚、石油醚、苯）中反应生成有机锂化合物。

$$C_4H_9X + 2Li \xrightarrow{石油醚} C_4H_9Li + LiX$$

有机锂的性质与格氏试剂很相似，但更活泼，反应副产物更少。

烷基锂可与卤化亚铜反应生成二烷基铜锂。二烷基铜锂是有机合成中一种重要的烷基化试剂,称为有机铜锂试剂。例如:

$$2RLi + CuI \xrightarrow{\text{无水乙醚}} R_2CuLi + LiI$$

$$\text{二烷基铜锂}$$

$$(CH_3)_2CuLi + CH_3(CH_2)_3CH_2I \longrightarrow CH_3(CH_2)_4CH_3 + CH_3Cu + LiI$$

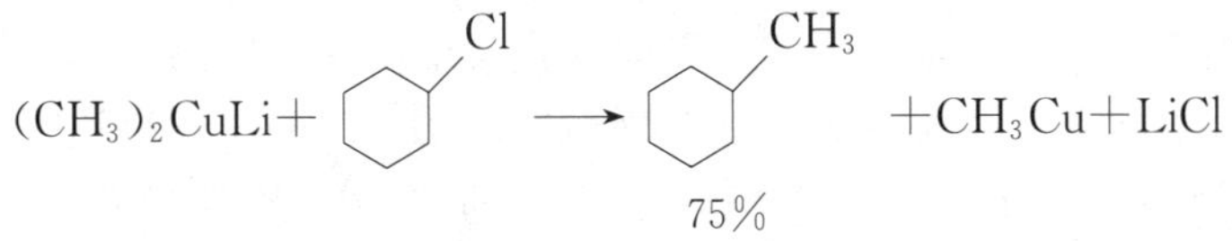

$$98\%$$

二烷基铜锂与卤代烷反应制备烷烃的方法称为 Corey-House 合成法。

3) 2010 年诺贝尔化学奖与金属有机化学

2010 年 10 月 6 日,瑞典皇家科学院宣布将 2010 年诺贝尔化学奖授予 R. F. Heck(赫克)、Ei-ichi Negishi(根岸英一)和 Akira Suzuki(铃木章)。这三名科学家因在钯催化交叉偶联反应方面的卓越研究获奖。这一成果广泛应用于制药、电子工业和先进材料等领域,使人类可以制造出复杂的有机分子。

R. F. Heck,美国人,1931 年出生于美国的斯普林菲尔德,1954 年在美国加利福尼亚大学洛杉矶分校获得博士学位。随后,他进入瑞士苏黎世联邦工学院进行博士后阶段的学习,后又进入美国特拉华大学工作并于 1989 年退休,现为特拉华大学名誉教授。1972 年,Heck 报道了卤代芳烃或烯烃与乙烯基化合物在过渡金属催化下形成C—C键的偶联反应(J Org Chem,1972,37:2320),该反应称为 Heck 反应:

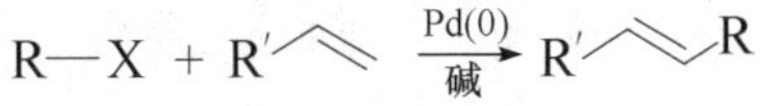

$$R-X + R' \diagup\!\!\!\!\diagdown \xrightarrow[\text{碱}]{\text{Pd(0)}} R' \diagup\!\!\!\!\diagdown R$$

Heck 反应通常需要碱参与和在钯催化下进行,其反应历程如下:

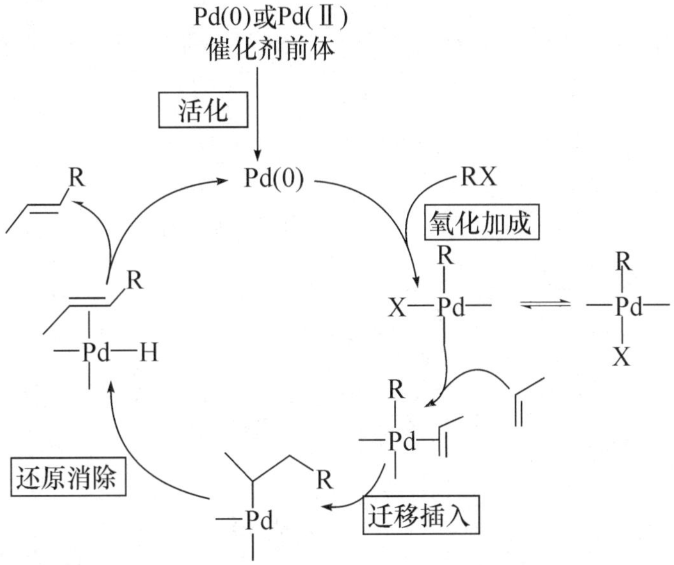

Ei-ichi Negishi,日本人,1935 年出生于中国长春,1958 年从东京大学毕业后进入帝人公司。1963 年在美国宾夕法尼亚大学获得博士学位,现任美国普渡大学教授。Negishi 于 1976 年报道了卤代芳烃与金属锌化合物在钯或镍催化剂存在下的偶联反应(Negishi 偶联反应,J Am Chem Soc,1976,98:6729):

$$R^1—X \qquad + \qquad R^2—Zn—X \qquad \xrightarrow[\substack{\text{溶剂/L(配体)}}]{\substack{NiL_n\text{或 }PdL_n\\(\text{催化剂})}} \qquad R^1—R^2$$

R¹=芳基,烯基,   R²=芳基,烯基,烯丙基,苄基,   L=PPh₃,P(o-tolyl)₃,   偶联产物

 炔基,酰基   类烯丙基,类炔丙基   dppe,dppp,dppb,dppf,

X=Cl,Br,I,OTf,OAc   X=Cl,Br,I   BINAP,diop,chiraphos

  Akira Suzuki,日本人,1930 年出生于日本北海道鹉川町,1959 年在北海道大学获得博士学位,此后他留校工作了一段时间。从美国普渡大学留学回国后,Suzuki 于 1973 年就任北海道大学工学系教授,现任北海道大学名誉教授。1981 年,Suzuki 报道了后来以他的名字命名的 Suzuki 反应(Synth Commun,1981,1:513),即在 Pd 配合物催化剂作用下,芳基或烯基硼酸或硼酸酯和氯、溴或碘代芳烃或烯烃的交叉偶联反应:

$$Ar—B(OH)_2 + Ar'—X \xrightarrow[\text{Na}_2\text{CO}_3 \text{ 溶液}]{\text{Pd(PPh}_3)_4} Ar—Ar' \qquad X=Cl,Br,I$$

  R. F. Heck、Ei-ichi Negishi 和 Akira Suzuki 在他们所开创的"钯催化交叉偶联反应"研究领域作出了杰出贡献,其研究成果使人类能有效合成复杂有机物。诺贝尔化学奖评奖委员会在颁奖词中认为"这是当今最精湛的化学技术之一",它为化学界提供了一个更为精确和有效的工具,极大地提高了化学家们创造先进化学物质的可能性。评奖委员会还盛赞"科学家们在实验室中的非凡创造赋予了化学这个传统学科以艺术的价值"。

6.4　饱和碳原子上亲核取代反应历程

  脂肪族卤代烃亲核取代反应可按两种历程进行:S_N1 和 S_N2。

6.4.1　单分子取代反应 S_N1

  实验证明:3°卤代烃等卤代烃的碱性水解亲核取代反应按 S_N1 历程进行。

$$\underset{\substack{|\\CH_3}}{\overset{\substack{CH_3\\|}}{CH_3—C—Br}} + OH^- \longrightarrow \underset{\substack{|\\CH_3}}{\overset{\substack{CH_3\\|}}{CH_3—C—OH}} + Br^-$$

$$r = k\left[(CH_3)_3C—Br\right]$$

  反应分两步进行,以三级溴丁烷的碱性水解为例:

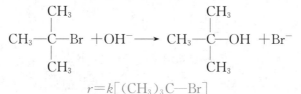

过渡态 (1)

过渡态 (2)

反应的第一步是叔丁基溴的 C—Br 键在溶剂作用下逐渐伸长,使碳原子上的正电荷和溴原子上的负电荷逐渐增加,经过渡态(1)并继续解离,直至生成活性中间体叔丁基正离子和溴负离子。由于 C—Br 共价键解离成离子需要的能量较高,这步反应的活化能较高,速率较慢,因此为反应的决速步。

反应的第二步是活性中间体叔丁基正离子与亲核试剂 OH⁻ 作用,生成产物叔丁醇。由于叔丁基正离子的能量较高而有较大的活性,它与 OH⁻ 的结合经过渡态(2)只需较少的能量,因此反应的速率很快。

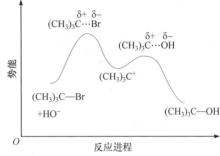

有机化学中,将只有一种分子参与决速步的亲核取代反应称为单分子亲核取代反应(unimolecular nucleophilic substitution),用 S_N1 表示。三级溴丁烷的碱性水解是 S_N1 反应,图 6-3 是三级溴丁烷碱性水解的势能变化示意图,它也反映了 S_N1 反应的共性。

S_N1 反应的特点如下:

(1) S_N1 反应的决速步是中心碳原子与离去基团之间化学键的异裂。由于这步反应的速率只取决于一种分子的浓度,因此,S_N1 反应在动力学上是一级反应。

图 6-3　三级溴丁烷碱性水解的
势能变化示意图

(2) 一般情况下,S_N1 反应是一个两步进行的反应。第一步生成的碳正离子采取 sp^2 杂化,是平面构型。第二步亲核试剂向平面任何一面进攻的概率相等。如果反应物的中心碳原子是手性碳,分子中又没有其他手性因素,那么从立体化学分析,产物应该是一对等量对映体的混合物——外消旋体(实际反应并非都如此,参见"离子对学说")。

$$\begin{array}{c}R_1\\R_2\stackrel{|}{\underset{R_3}{-}}C-Br\end{array} \longrightarrow \begin{array}{c}R_1\\C^+\\a\underset{R_2\ R_3}{}b\\HO^-\end{array} \longrightarrow \begin{array}{c}R_1\\HO-\underset{R_3}{\overset{|}{C}}R_2\end{array} + \begin{array}{c}R_1\\R_2\underset{R_3}{\overset{|}{C}}-OH\end{array}$$

a 构型转化　　b 构型保持

外消旋体

(3) S_N1 反应产生一个碳正离子中间体,如果该碳正离子中间体会发生重排生成一个较稳定的碳正离子,那么亲核试剂与碳正离子的结合就有两种选择性,可以生成两种产物。与重排碳正离子结合的产物称为重排产物。由于诱导效应的作用,与碳正离子相邻的碳上也会带有部分正电荷,因此该碳原子上的氢易以氢正离子的形式离去,同时氢与碳原子的共用电子对转为被碳与碳共用,生成消除产物烯烃。在 S_N1 反应中常伴有重排产物和消除产物的产生。例如:

$$\begin{array}{c}CH_3\\H_3C-\underset{CH_3}{\overset{|}{C}}-CH_2Br \xrightarrow[S_N1]{C_2H_5OH} H_3C-\underset{\underset{CH_3}{|}}{\overset{|}{C}}-CH_2^+\\1°C^+\end{array}$$

$$\xrightarrow{C_2H_5OH} \begin{array}{c}CH_3\\H_3C-\underset{CH_3}{\overset{|}{C}}-CH_2OC_2H_5\end{array}$$

$$\xrightarrow{重排} \begin{array}{c}CH_3\\H_3C-\overset{|}{C^+}-\overset{H_2}{C}-CH_3\\3°C^+\end{array} \xrightarrow{C_2H_5OH} \begin{array}{c}CH_3\\H_3C-\underset{OC_2H_5}{\overset{|}{C}}-\overset{H_2}{C}-CH_3\end{array}$$

$$\xrightarrow{-H^+} \begin{array}{c}CH_3\\H_3C-\underset{H}{\overset{|}{C}}=C-CH_3\end{array}$$

反应以哪种产物为主取决于各种反应的竞争。

6.4.2 双分子取代反应 S_N2

实验证明：溴甲烷的碱性水解反应是一步的反应

$$RCH_2Br + OH^- \longrightarrow RCH_2OH + Br^-$$

$$r = [RCH_2Br][OH^-]$$

具体过程如下：

过渡态

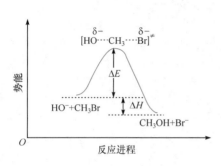

图 6-4 溴甲烷碱性水解进程中的能量变化

反应中，在离去基团溴原子离开中心碳原子的同时，亲核试剂 OH^- 与中心碳原子发生部分键合，即 C—Br 键的断裂与 C—OH 键的形成是同时进行的，无中间体生成。当 C—Br 键断裂与 C—O 键形成处于"均势"（Br⋯C⋯O）时，体系的能量最高，为过渡态。反应继续进行，最后 C—Br 键完全断裂，C—O 键完全形成，反应过程一步完成。其反应进程的能量变化如图 6-4 所示。

有机化学中，将两种分子参与决速步的亲核取代反应称为双分子亲核取代反应（bimolecular nucleophilic substitution），用 S_N2 表示。溴甲烷的碱性水解反应是一步反应（决速步），是双分子的，因此溴甲烷的碱性水解是 S_N2 反应。

S_N2 反应的特点如下：

（1）S_N2 反应是一步反应，只有一个过渡态。在过渡态中，中心碳原子采取 sp^2 杂化，它与五个基团相连，与中心碳原子相连且未参与反应的三个基团（溴甲烷的氢）与中心碳处于一个平面上，亲核试剂（OH^-）与离去基团（Br^-）处于与该平面垂直且通过中心碳原子的一条直线上，分别与中心碳 p 轨道的两瓣结合。

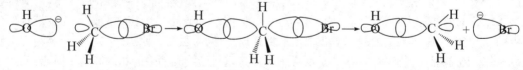

（2）在 S_N2 反应中，亲核试剂 OH^- 进攻中心碳原子时总是从离去基团溴原子的背面沿着碳原子和溴原子连接的中心线方向进攻。中心碳原子经历了由 sp^3 杂化转变为 sp^2 杂化，又转变成 sp^3 杂化的过程。这个过程中，中心碳原子与三个未参与反应的键就像一把伞在大风作用下发生翻转，这种翻转称为 Walden（瓦尔登）翻转，又称构型翻转。如果中心碳原子是手性碳原子，经 Walden 翻转后，产物的构型与反应物的构型相反。例如：

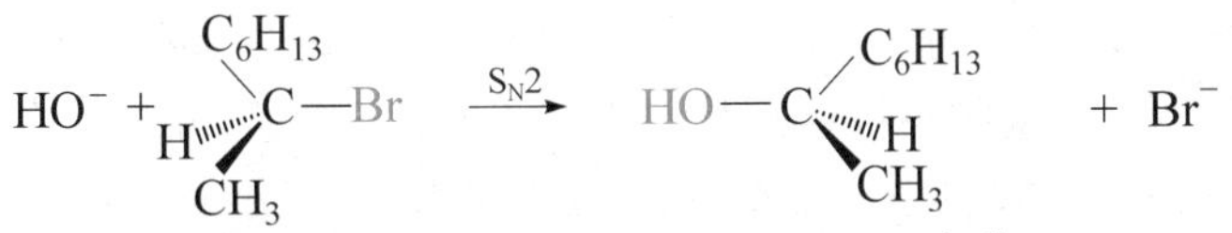

(−)-2-溴辛烷   (+)-2-辛醇
$[\alpha]=-34.2°$ $[\alpha]=+9.9°$

实验证明,中心碳原子的构型翻转是反应按 S_N2 历程进行时的立体化学特征。

思考:

经过 S_N2 反应后,左旋的反应物生成的产物是否一定是右旋的? S-构型的反应物生成的产物是否一定是 R-构型的?

(3) 在动力学上,溴甲烷的碱性水解是二级反应,反应的速率与 RCH_2Br 和 OH^- 的浓度均成正比。

*6.4.3 离子对机理

在有些情况下,S_N1 反应的产物往往不能完全外消旋化,而是构型翻转产物多于构型保持产物,因而产物具有旋光性。例如:

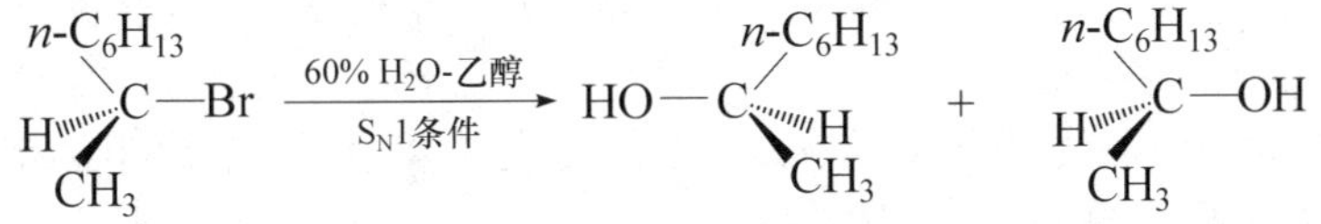

(−)-2-溴辛烷   (+)-2-辛醇   (−)-2-辛醇
                      67%   33%

为了解释这种实验现象,S. Winstein(温斯坦)提出了离子对(ion pair)机理。该机理认为,反应物在溶剂中的解离是分步进行的,可表示为

$$R{-}X \rightleftharpoons [R^+\ X^-] \rightleftharpoons [R^+ \parallel X^-] \rightleftharpoons [R^+]+[X^-]$$

紧密离子对   溶剂分隔离子对   自由离子

在紧密离子对中,R^+ 和 X^- 之间还有一定的相互作用,亲核试剂只能从背面进攻,导致构型翻转;在溶剂分隔离子对中,离子被溶剂隔开,亲核试剂虽然可以从介入溶剂的位置正面和背面两个方向进攻,但从空间位阻分析,从离去基团背面进攻更有利。因此,在这个阶段进行的取代反应,构型翻转的产物多于构型保持的产物;当反应物全部解离成自由的离子时,从正面和背面进攻的概率相同,得到外消旋产物。

在不同的 S_N1 反应中由于碳正离子的稳定性不同,由紧密离子转变成自由离子的速率不同,亲核试剂在不同阶段进攻碳正离子的概率也不同,因此产物外消旋化程度也不同。实验证明,碳正离子越稳定,产物的外消旋化程度越高。

*6.4.4 分子内亲核取代反应历程

有时某些底物发生反应时会有如下特点:①反应速率大于预计;②手性碳的构型完全保持,没有发生构型翻转或外消旋化。在这些情况下,通常有一个带有未共用电子对的基团位于离去基团的 β 位(有时也距离较远)。这种情况下的历程称为邻基参与历程(neighboring group participation)。

邻基参与历程主要由两步 S_N2 取代反应构成,每一步都导致构型翻转,所以净结果是构型保持。在该历程的第一步,邻位基团扮演亲核试剂的角色,从离去基团的背面进攻中心碳原

子,进行分子内的 S_N2 反应,又称分子内亲核取代反应。在离去基团离去时,邻位基团仍然键合在分子上。第二步中,外来的亲核试剂从邻位基团的背面进攻,取代了邻位基团。例如溴代乙醇的水解,邻位基团—COO$^-$在这里起到邻位促进作用。

$$\underset{\substack{\\ H_3C}}{\overset{\substack{H\\}}{C}}\underset{\substack{\\ O}}{\overset{\substack{\\ }}{C}}\overset{O^-}{} \xrightarrow{-Br^-} \underset{\substack{\\ H_3C \quad HO^-}}{\overset{\substack{H\\}}{C}}\overset{O}{C} \longrightarrow \underset{\substack{\\ H_3C}}{\overset{\substack{H\\ HO}}{C}}\overset{O^-}{C}\overset{O}{}$$

在有机化学反应中,有很多与此类似的邻基参与的亲核取代反应。若反应物中心碳原子邻近有分子内—COO$^-$、—O$^-$、—OR、—NR$_2$、—X、碳负离子等基团存在,且空间距离适当时,这些基团就可以借助它们的负电荷或孤对电子参与分子内的亲核取代反应。反应结果除得到亲核取代产物外,还常常导致环状化合物的形成。

$$\underset{\substack{\\ OH}}{\overset{Cl}{CH_2-CH_2}} \xrightarrow[-H_2O]{OH^-} \underset{\substack{\\ O^-}}{\overset{Cl}{CH_2-CH_2}} \xrightarrow{-Cl^-} \underset{\substack{\\ O}}{CH_2-CH_2}$$

6.5 影响亲核取代反应的因素

一个卤代烷的亲核取代反应究竟是 S_N1 历程还是 S_N2 历程,取决于烃基结构、亲核试剂性质、离去基团性质和溶剂极性等因素。

6.5.1 烃基结构的影响

卤代烃的烃基结构对 S_N1 和 S_N2 反应均有影响,但影响不同。

1. 对 S_N1 反应的影响

在 S_N1 反应中,由于决速步是碳正离子的生成,因此考察碳正离子的稳定性可以获知 S_N1 反应的速率。烷基正离子稳定性的次序如下:

$$R_3C^+ > R_2\overset{+}{C}H > R\overset{+}{C}H_2 > \overset{+}{C}H_3$$
$$CH_2=CH\overset{+}{C}H_2$$

烷基正离子越稳定,生成时的活化能越低,反应速率也越快。显然三级卤代烃最容易形成碳正离子,发生 S_N1 反应。从空间效应看,三级卤代烃碳上连有三个烷基,比较拥挤,如果形成碳正离子,三个烷基之间的夹角从 $109°28'$ 增大到 $120°$,可以减少拥挤,有助于解离(空助效应)。实验证明,不同烷基结构对 S_N1 反应速率的影响如下:

$$RBr \quad + \quad H_2O \xrightarrow{甲酸} ROH \quad + \quad HBr$$

反应物	$(CH_3)_3C-Br$	$(CH_3)_2CH-Br$	CH_3CH_2-Br	CH_3-Br
相对速率	10^8	45	1.7	1

综上所述,在 S_N1 反应中,卤代烃的活性次序如下:

$$R_3C-X > R_2CH-X > RCH_2-X > CH_3-X$$

另外,如果卤原子连接在桥环化合物的桥头碳原子上,而环又较小时,进行反应时,无论 S_N1 还是 S_N2 反应都很困难。因为碳正离子是 sp^2 杂化,平面三角构型,S_N1 反应时不易形成

碳正离子，S_N2 反应时不利于亲核试剂从背面进攻。例如：

2. 对 S_N2 反应的影响

在 S_N2 反应中，反应难易主要取决于过渡态形成的难易。由于过渡态是由反应物与亲核试剂共同形成的，因此当反应中心碳原子上连接的烃基较多(如三级卤代烃)时，过渡态显然比反应物拥挤程度增大更多，且难以发生 Walden 翻转，因此反应所需的活化能增加，反应速率降低。即由于空间效应的影响，当反应物的中心碳原子连有更多的烃基时，较难发生 S_N2 反应。例如：

$$RBr \quad + \quad KI \xrightarrow{丙酮} RI \quad + \quad HBr$$

反应物	CH_3Br	CH_3CH_2Br	$(CH_3)_2CHBr$	$(CH_3)_3CBr$
相对速率	150	1	0.01	0.001

β-氢原子被烷基取代后，同样由于增加了过渡态的拥挤程度，难于进行 S_N2 反应，但比 α-碳上的取代基影响小些。例如：

$$RBr \quad + \quad CH_3CH_2O^- \xrightarrow[55℃]{无水乙醇} ROCH_2CH_3 \quad + \quad Br^-$$

反应物	CH_3CH_2Br	$CH_3CH_2CH_2Br$	$CH_3\underset{CH_3}{\overset{\mid}{C}HCH_2Br}$	$CH_3\underset{CH_3}{\overset{CH_3}{\underset{\mid}{\overset{\mid}{C}}}}CH_2Br$
相对速率	100	26	3	0.00042

综上所述，在 S_N2 反应中，卤代烷的活性次序是 CH_3—X > RCH_2—X > R_2CH—X > R_3C—X。

6.5.2　离去基团的影响

由于 S_N1 和 S_N2 反应的决速步都包括 C—X 键的断裂，因此离去基团 X 的性质对 S_N1 和 S_N2 将产生相似的影响：离去基团的离去能力越强，亲核取代反应越易进行。

离去基团的离去能力可从 C—X 键的解离能和离去基团的稳定性来判断。键能越弱，离去基团的稳定性越好，该离去基团的离去能力就越强。

$$C—F>C—Cl>C—Br>C—I$$

C—X 的解离能(kJ·mol^{-1})：　485　　339　　285　　218

C—X 的可极化性：C—F <C—Br <C—Cl <C—I

C—X 键的解离能和可极化性大小均说明离去基团的离去能力次序是 $I^->Br^->Cl^->F^-$。

对于饱和碳原子上的亲核取代反应，除卤原子外，还有很多其他离去基团。常见离去基团的离去能力顺序为

好的离去基团

$$F^->OH^->RO^->NH_2^->RNH^->CN^-$$
$$\text{不好的离去基团}$$

6.5.3 亲核试剂的影响

S_N1 反应中,反应速率只取决于 RX 的解离,而与亲核试剂无关,因此试剂亲核性的强弱对反应速率不产生显著影响。

S_N2 反应中,亲核试剂参与过渡态的形成,其亲核性能的大小对反应速率将产生影响。一般地,进攻试剂的亲核能力越强,反应经过 S_N2 过渡态所需的活化能就越低,S_N2 反应越易进行。

亲核试剂的作用是提供一对电子与 RX 的中心碳原子成键,若试剂给电子的能力强,则成键快,亲核性就强。试剂亲核性与以下因素有关:

(1) 带有负电荷的亲核试剂比相应的中性共轭酸有更强的亲核性。

例如:$HO^->H_2O$;$RO^->ROH$;$NH_2^->NH_3$ 等。

(2) 进攻离子处于同一周期的不同亲核试剂,或相同进攻原子的亲核试剂,亲核性的顺序与碱性顺序一致。

例如:$R_3C^->R_2N^->RO^->F^-$,电负性越大,碱性越弱,越不易提供电子对。

$EtO^->HO^->C_6H_5O^->CH_3COO^-$,相同原子的负离子越稳定,碱性越弱。

(3) 处于同一主族的亲核试剂,亲核性的顺序与碱性顺序相反。

例如:$I^->Br^->Cl^->F^-$;$RS^->RO^-$;$R_3P>R_3N$。可极化性越大,亲核性越强。

(4) 空间因素。试剂的空间因素也会影响它们的亲核性。

例如:

$$CH_3O^- \quad CH_3CH_2O^- \quad (CH_3)_2CHO^- \quad (CH_3)_3CO^-$$
$$\xrightarrow{\quad\quad\quad\quad\quad\quad\quad\quad\quad\quad}$$
$$\text{碱性增强,但亲核性降低}$$

由于烷基的给电子诱导效应,氧原子上负电荷更集中,碱性更强,但是由于基团的体积也增大,空间位阻阻碍了试剂与底物的碳原子接近,因此亲核性反而下降。对于像 $(CH_3)_3CO^-$ 这样空间位阻很大的试剂,有时称为"大体积碱",一般没有亲核性。

6.5.4 溶剂的影响

不同溶剂对反应速率的影响也不同。通常极性溶剂有利于反应物的解离,而 S_N1 反应的第一步是卤代烷的异裂,因此,极性溶剂有利于 S_N1 反应,溶剂的极性越强越有利。而质子型极性溶剂易与亲核试剂形成氢键,降低了试剂的亲核性,不利于 S_N2 的进行。

值得注意的是,在极性溶剂中,质子溶剂和非质子溶剂对反应物的影响是不同的。质子溶剂(如水、醇、酸等)能与正、负离子发生溶剂化,有利于 S_N1 反应;而在极性非质子溶剂中,由于极性非质子溶剂不能很好地溶剂化亲核试剂,亲核试剂相对自由而活性较高,因此,相对而言极性非质子溶剂比极性质子溶剂更有利于 S_N2 反应。

常见的极性非质子溶剂有 N,N-二甲基甲酰胺(DMF)、二甲基亚砜(DMSO)、乙腈、丙酮、硝基甲烷和六甲基磷酰三胺(HMPA)等。

综上分析,将影响 S_N1 和 S_N2 反应的各种因素列于表 6-3 中。

表 6-3　影响 S_N1 和 S_N2 反应的各种因素

影响因素	S_N1	S_N2
底物结构	与碳正离子稳定性一致	过渡态空间位阻大时不利
	$R_3C-X>R_2CH-X>RCH_2-X>CH_3-X$	$CH_3-X>RCH_2-X>R_2CH-X>R_3C-X$
亲核试剂	亲核性强弱影响不大	亲核性强有利
离去基团	离去倾向大有利	离去倾向大有利
	$RI>RBr>RCl$	$RI>RBr>RCl$
溶剂	质子型极性溶剂>非质子型极性溶剂	非质子型极性溶剂>质子型极性溶剂

6.6　消除反应历程

卤代烃的消除为 β-消除或 1,2-消除反应,它的历程分为单分子消除反应历程(以 E1 表示)和双分子消除反应历程(以 E2 表示),现分述如下。

6.6.1　单分子消除反应 E1

实验表明:三级溴丁烷在无水乙醇中的消除反应是两步反应。具体反应过程如下:

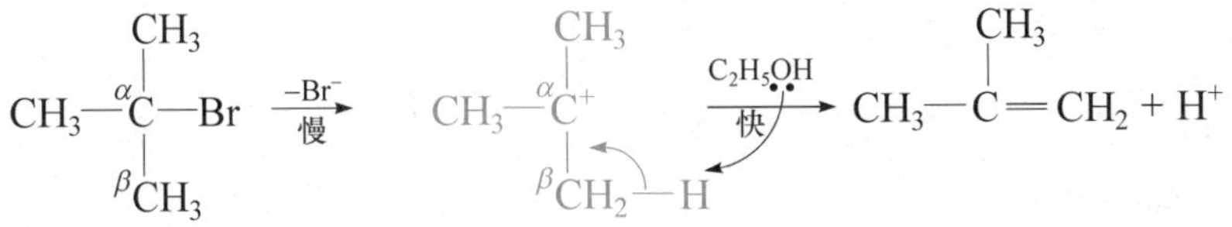

首先碳溴键异裂,生成三级碳正离子,然后溶剂乙醇分子的氧提供一对孤对电子与三级丁基正离子 β-氢结合,三级丁基碳正离子的碳氢键异裂,碳氢键上的一对电子转移至碳碳之间,生成异丁烯。第一步是决速步,第二步是快步骤。在决速步中只有一种分子参与了过渡态的形成,所以称为单分子消除反应(unimolecular elimination),用 E1 表示。

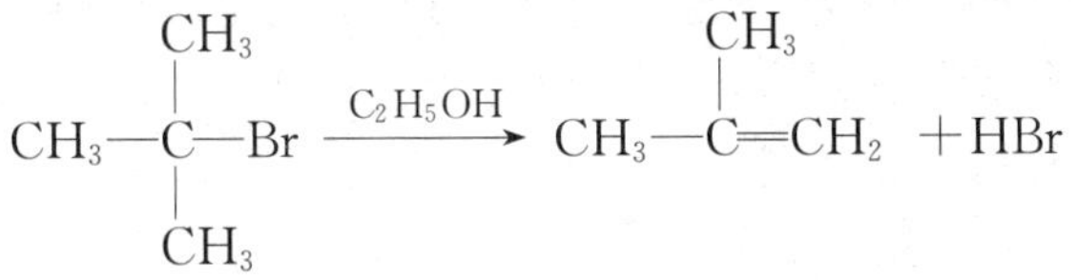

$$r=[(CH_3)_3C-Br]\qquad 一级反应$$

E1 反应的特点如下:①E1 反应是两步反应,有两个过渡态;②在 E1 反应中产生一个碳正离子,因此会伴有重排反应发生;③当卤代烃有两种不同的 β-氢时,主要生成 Zaitsev 产物;④当产物烯烃有顺反异构体时,以稳定的 E 型产物为主。

6.6.2　双分子消除反应 E2

实验表明:2-溴丁烷在乙醇钠-乙醇溶液中的消除反应是一步反应。具体反应过程如下:

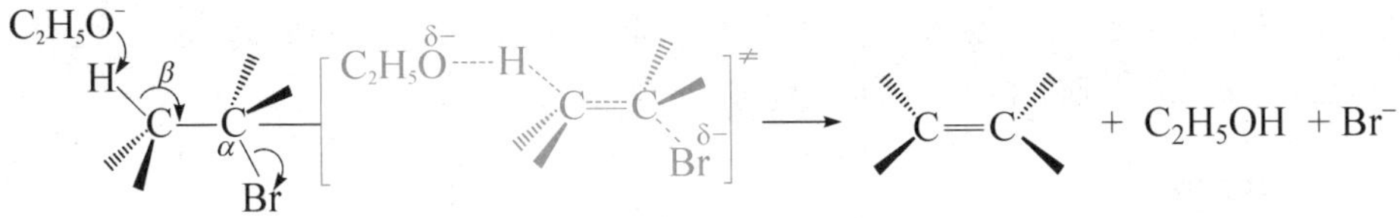

$$r=[(CH_3)_3C-Br][C_2H_5O^-]$$

反应时,碱性试剂 $C_2H_5O^-$ 逐渐接近 β-H,慢慢形成弱键,与此同时,β-碳和 β-氢之间的键以及 α-碳和溴原子之间的键逐渐减弱,α-碳和 β-碳之间的新键逐渐形成,直至体系达到能量最高的过渡态,最后旧键完全断裂,新键完全形成,体系释放能量形成产物。由于这是一个一步反应,有两种分子参与了过渡态的形成,因此称为双分子消除反应(bimolecular elimination),用 E2 表示。

E2 反应的特点如下:①E2 反应是一步反应,只有一个过渡态,无重排产物;②反应在浓的强碱条件下进行;③当卤代烃有两种不同的 β-氢时,主要生成 Zaitsev 产物;④被消除的两个基团必须处于反式共平面的位置(反式消除)。当有两种反式共平面的构象可选择时,稳定的构象为主要的消除构象,稳定的消除产物为主要的消除产物。

6.7　影响消除反应的因素

6.7.1　烃基结构的影响

烃基的结构对 E1 和 E2 反应均有影响。

对于 E1 反应,由于反应的慢步骤是生成碳正离子,而碳正离子稳定性由大到小的次序是 $3°>2°>1°$,因此叔卤代烃最容易发生反应。

对于 E2 反应,由于过渡态类似烯烃,而烯烃的稳定性是,双键碳原子上连接的烃基越多越稳定,由此可见叔卤代烃所形成的类似烯烃的过渡态最稳定,最容易生成。

综上所述,卤代烃进行消除反应时,无论是按 E1 还是按 E2 历程进行,卤代烃的活性次序都是叔卤代烃>仲卤代烃>伯卤代烃。

6.7.2　离去基团的影响

E1 和 E2 反应的慢步骤都涉及 C—X 键的断裂,因此卤原子离去的难易对两者均有影响:离去基团越易离去,反应越易进行。

6.7.3　进攻试剂的影响

由于 E1 反应的慢步骤是底物 C—X 键的异裂,因此进攻试剂对 E1 的反应速率无影响。而 E2 反应是进攻试剂进攻 β-氢原子,因此进攻试剂的碱性越强和/或浓度越大,越有利于 E2 反应。当使用浓的强碱进行消除反应时,通常是按 E2 历程进行。

6.7.4　溶剂的影响

溶剂的性质对 E1 和 E2 反应均有影响,但由于 E1 反应首先是 C—X 键的异裂,同时生成

电荷比较集中的碳正离子和卤负离子,因此增加溶剂的极性将有利于 E1 反应。

6.8　取代反应与消除反应的竞争

消除反应与亲核取代反应是由同一亲核试剂的进攻而引起的。进攻 α-碳原子引起取代反应,进攻 β-氢引起消除反应,所以这两种反应常常是同时发生和相互竞争的。究竟以何者为主,取决于烃基结构、亲核试剂碱性强弱、溶剂的极性和反应温度等诸多因素。

6.8.1　烃基结构的影响

$$\xrightarrow{\text{消除增加(E2)}}$$

$$CH_3X \quad 1°R{-}X \quad 2°R{-}X \quad 3°R{-}X$$

$$\xleftarrow{\text{取代增加(S}_N\text{2)}}$$

例如:

$$CH_3CH_2CH_2CH_2Br \xrightarrow{\dfrac{C_2H_5ONa}{C_2H_5OH}}$$

$$\xrightarrow[55℃]{E2} CH_3CH_2CH{=}CH_2 \quad 9.8\%$$

$$\xrightarrow[55℃]{S_N2} CH_3CH_2CH_2CH_2OC_2H_5 \quad 90.2\%$$

$$CH_3{-}\overset{\displaystyle CH_3}{\underset{\displaystyle CH_3}{C}}{-}Br \xrightarrow{\dfrac{C_2H_5ONa}{C_2H_5OH}}$$

$$\xrightarrow[25℃]{E2} CH_3{-}\overset{\displaystyle CH_3}{C}{=}CH_2 \quad 93\%$$

$$\xrightarrow[25℃]{S_N2} CH_3{-}\overset{\displaystyle CH_3}{\underset{\displaystyle CH_3}{C}}{-}OC_2H_5 \quad 7\%$$

因此,制备烯烃时宜用叔卤代烃,制备醇时最好用伯卤代烃。

6.8.2　试剂的影响

试剂的碱性越强,浓度越大,体积越大,越有利于 E2 反应;试剂的碱性较弱,浓度较小,体积较小,则有利于 S_N2 反应。

例如:

$$CH_3CH_2Br \xrightarrow{NH_3} CH_3CH_2NH_2 \quad (取代)$$

$$\xrightarrow{NaNH_2} CH_2{=}CH_2 \quad (消除)$$

$$CH_3CH_2Br + C_2H_5ONa \xrightarrow{乙醇} C_2H_5OC_2H_5 + CH_2{=}CH_2$$

$$\qquad\qquad\qquad\qquad\qquad\qquad 91\% \qquad\qquad 9\%$$

$$CH_3CH_2Br + NaNH_2 \xrightarrow{液氨} CH_3CH_2NH_2 + CH_2{=}CH_2$$

$$\qquad\qquad\qquad\qquad\qquad\qquad 10\% \qquad\qquad 90\%$$

6.8.3 溶剂极性的影响

增大溶剂的极性有利于取代反应,不利于消除反应。因此,由卤代烃制备烯烃时要用 KOH 的醇溶液,而由卤代烃制备醇时则要用 KOH 的水溶液。

6.8.4 反应温度的影响

升高温度有利于消除反应,因为消除反应的活化过程中要拉长 C—H 键,所以消除反应的活化能比取代反应的大。

6.9 其他卤代烃

6.9.1 双键和苯环位置对卤原子活性的影响

卤代烯烃和卤代芳烃的三种类型的结构特征如下。

1. 卤原子与不饱和碳直接相连

这类卤代烃(乙烯型或卤苯型)的碳卤键是由不饱和碳原子的 sp^2 杂化轨道与氯原子的 sp^2 轨道形成的 σ 键。由于氯原子的未共用电子对所在的 p 轨道可以与碳碳双键或苯环的 π 轨道构成 p-π 共轭体系(图 6-5),因此碳卤键具有一定程度的双键特点,致使它的键长和偶极矩减少,键能增大。因此这类卤代烃中 C—X 键很难断裂,卤原子的反应活性最差。例如,与硝酸银醇溶液在加热时也不发生反应。

图 6-5 氯乙烯和氯苯的结构

乙烯型卤代烃必须在强烈的条件下才能发生消除反应生成炔烃。

$$CH_3CH_2\underset{\overset{|}{H}}{C}=\underset{\overset{|}{Br}}{CH} \xrightarrow[\text{液 } NH_3]{NaNH_2} CH_3CH_2C\equiv CH + HBr \xrightarrow{\quad NaNH_2\quad} NH_3 + NaBr$$

$$PhC\underset{\overset{|}{H}}{=}\underset{\overset{|}{Br}}{CH} \xrightarrow{KOH,\sim 220℃} PhC\equiv CH + HBr \xrightarrow{\quad NaNH_2\quad} NH_3 + NaBr$$
66%

乙烯型卤代烃较难形成格氏试剂,需要在一定温度和 I_2 催化下,以 THF 作溶剂才可以制备。

另一方面,由于卤原子的吸电子诱导效应稍强于共轭效应,从而降低了双键的电子云密度,降低了这类卤代烃的亲电加成反应速率,但亲电加成产物仍符合马氏规则。

$$CH_2{=}CH{-}\overset{..}{\underset{..}{Cl}} \quad + \quad HCl \longrightarrow CH_3CHCl_2$$

2. 卤原子与烯烃(或炔烃、芳烃)的 α-碳相连

这类卤代烃(烯丙型和苯甲型)的碳卤键为由 α-碳原子的 sp^3 杂化轨道与氯原子的 sp^3 轨道形成的 σ 键。但当碳卤键断裂,卤原子带着一对电子离去时,α-碳原子将由 sp^3 杂化转化为 sp^2 杂化,未参与杂化的 α-碳原子的 p 轨道可以和碳碳双键或苯环的 π 轨道形成 p-π 共轭体系(图 6-6),使 α-碳原子上的正电荷得以分散,体系稳定。因此烯丙基型卤代烃比饱和卤代烃具有更活泼的化学性质。

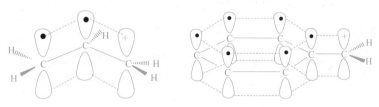

图 6-6　烯丙基与苄基碳正离子的结构

烯丙型和苯甲型(苄基型)卤代烃容易发生亲核取代反应。

$$CH_2\!=\!CHCH_2\!-\!Cl \xrightarrow[150℃]{NaOH,H_2O} CH_2\!=\!CHCH_2\!-\!OH$$
$$70\%$$

$$\text{C}_6\text{H}_5\!-\!CH_2\!-\!Cl \xrightarrow[4h]{NaCN,蒸气浴} \text{C}_6\text{H}_5\!-\!CH_2\!-\!CN$$
$$\sim\!85\%$$

进行 S_N1 反应时,$CH_2\!=\!CH\!-\!CH_2\!-\!Cl$ 中的 Cl 原子解离下来后,形成 p-π 共轭体系的碳正离子,使正电荷得到分散,体系趋于稳定,因此有利于 S_N1 反应的进行。

$$\overset{+}{CH_2\text{---}CH\text{---}CH_2} \equiv [CH_2\!=\!CH\!-\!\overset{+}{C}H_2 \longleftrightarrow \overset{+}{C}H_2\!-\!CH\!=\!CH_2]$$

当烯丙型卤代烃按 S_N2 历程发生反应时,由于 α-碳相邻 π 键的存在,可以和过渡态电子云交盖,过渡态能量降低,因而也有利于 S_N2 反应的进行。

$$HO^- + \underset{\substack{CH \\ \| \\ CH_2}}{CH_2\!-\!Cl} \longrightarrow \left[\underset{\substack{CH \\ \| \\ CH_2}}{HO\overset{\delta-}{\text{----}}\underset{\substack{H\ H}}{C}\overset{\delta-}{\text{----}}Cl}\right] \longrightarrow \underset{\substack{CH \\ \| \\ CH_2}}{HO\!-\!CH_2} + Cl^-$$

不同结构的卤代烃进行 S_N1 反应活性次序为

$$RCH\!=\!CHCH_2\!-\!X > R_2CH\!-\!X > RCH_2\!-\!X > CH_3\!-\!X > \begin{matrix} RCH\!=\!CH\!-\!X \\ \text{C}_6\text{H}_5\!-\!X \end{matrix}$$

$$\text{C}_6\text{H}_5\!-\!CH_2X$$

不同结构的卤代烃进行 S_N2 反应活性次序为

$$\begin{matrix} RCH\!=\!CHCH_2\!-\!X \\ \text{C}_6\text{H}_5\!-\!CH_2X \end{matrix} > CH_3\!-\!X > RCH_2\!-\!X > R_2CH\!-\!X > R_3C\!-\!X > \begin{matrix} RCH\!=\!CH\!-\!X \\ \text{C}_6\text{H}_5\!-\!X \end{matrix}$$

烯丙型卤代烃还易发生消除反应,优先生成共轭二烯烃。

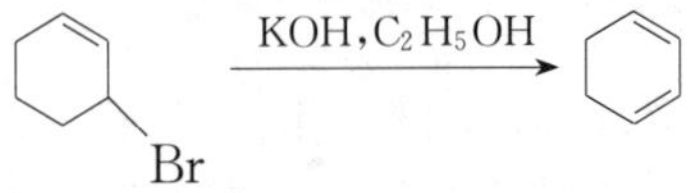

3. 卤原子与烯烃(或炔烃、芳烃)α-碳原子以外的饱和碳原子相连

在这类卤代烃分子中,卤原子与双键或苯环相距较远,相互影响较小,碳卤键的键能、卤代烃的结构特点及化学特性都与饱和卤代烃相似。

*6.9.2 卤代芳烃

由于卤素与苯环的相互影响,卤代芳环上既可以发生亲电取代反应,也可以发生环上的亲核取代反应。

1. 卤代芳烃的亲电取代反应

卤代芳烃可发生卤代、硝化、磺化、酰基化等反应。值得注意的是,与芳环直接相连的卤原子作为第三类定位基,使新引入基团进入它的邻位或对位,但它使苯环钝化,反应速率比苯的亲电取代反应速率慢。

2. 卤代芳烃的亲核取代反应

(1)水解反应。与苯环直接相连的卤原子一般难以水解,必须在高温、高压和催化剂作用下,才能发生反应。

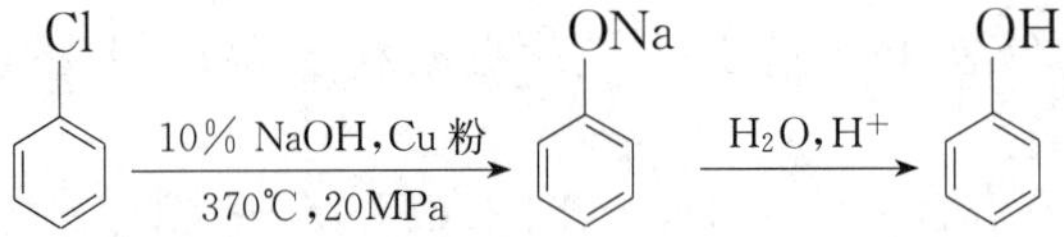

然而,当氯原子的邻位和(或)对位连有强吸电子基(如—NO_2、—SO_3H、—CN、—N^+R_3、—COR、—$COOH$、—CHO 等)时,水解反应就容易发生,且吸电子基越多,反应越容易进行。

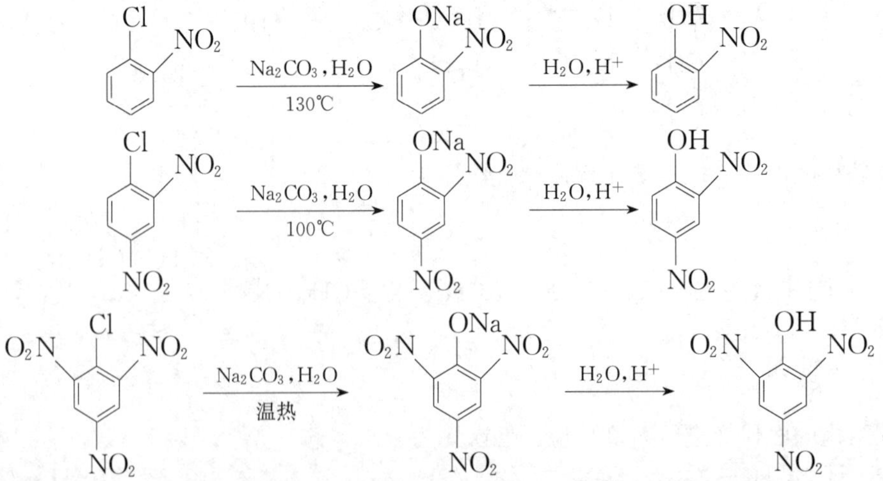

(2)氨解反应。与水解反应相似,芳卤必须在强烈的条件下才能与 NH_3 反应,生成芳胺。同样,当氯原子的邻位和(或)对位连有强吸电子基时,可加速反应的进行。

（3）芳环上的卤原子被其他亲核试剂（如 CN^-、RO^-、PhO^-、H_2NNH_2 等）取代的情况与水解、氨解相似。

3. 卤代芳烃亲核取代反应历程

卤代芳环上的亲核取代反应很难进行，当离去基团的邻位和（或）对位上有吸电子基团时，反应可以被活化，或反应被强碱催化而且经过芳炔中间体时也能顺利进行。卤代芳烃的亲核取代反应历程有两种。

1）S_NAr 历程

以对硝基卤苯为例说明。

第一步：亲核试剂进攻芳环，连接到苯环卤原子所在碳原子上，形成一个被共振稳定的碳负离子，这是反应的决速步。

第二步：卤原子以 X^- 形式离去，恢复芳环的稳定结构，生成产物。

这种反应历程称为 S_NAr 历程。

当苯环上连有强吸电子基时，尤其是在卤原子的邻位和（或）对位上时，由于吸电子的共轭效应和诱导效应的影响，能更好地分散负电荷，使碳负离子中间体更稳定，反应更容易进行。硝基（或其他吸电子基）处于间位时，因为只有诱导效应的影响，故影响较小。当苯环上连有给电子基时，负电荷更加集中而使碳负离子不稳定，故反应不易进行。

2）苯炔历程

以氯苯的氨解为例说明。

该历程也分两步：第一步在极强碱 KNH_2 的液氨溶液中，卤代苯可以发生消除反应，氯苯消去一分子 HCl，生成苯炔（benzyne）；第二步苯炔进一步与氨加成，在碳碳叁键上加一分子的 NH_3，使之恢复芳环的稳定结构。该历程称为消去-加成历程，又因该类反应是经过苯炔中间体完成的，故又称苯炔历程。

苯炔是具有高度反应活性的中间体，苯炔中存在一个特殊的碳碳叁键。苯炔中的碳原子

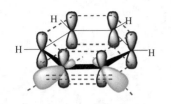

图 6-7 苯炔的结构

仍为 sp^2 杂化,碳碳叁键中,有一个 π 键是由 sp^2 轨道通过侧面微弱重叠形成的,并与苯炔环的大 π 体系相互垂直,其结构如图 6-7 所示。这两个 sp^2 轨道重叠形成的 π 键很弱且有张力,容易发生反应,因此,苯炔是合成多种化合物的有用中间体。此外,该 π 键与苯环中的共轭 π 键体系相互垂直,故苯环上连接的所有取代基对苯炔的生成与稳定,只存在诱导效应,而不存在共轭效应。

6.9.3 多卤代烃

1. 三氯甲烷

三氯甲烷($CHCl_3$)俗名氯仿(chloroform),是有香甜气味的无色液体,不燃,不溶于水,能溶解多种有机化合物,是常用的溶剂与合成原料。氯仿因有麻醉性,曾在 19 世纪用作麻醉剂,但由于氯仿光照下会氧化成有毒的光气,因此其作为麻醉剂是不安全的。为了避免光气的产生,氯仿应保存在密闭的棕色瓶中,加 1% 的乙醇可以破坏产生的光气。

2. 四氯化碳

四氯化碳(CCl_4)是无色液体,不溶于水,能溶解有机化合物,是常用的有机溶剂。四氯化碳沸点低、易挥发、蒸气密度大、不燃烧、不导电,常用作灭火剂,尤其适合电源附近灭火。四氯化碳受热蒸发后,其蒸气像一条毯子一样把火包住,隔绝空气使火熄灭。四氯化碳与金属钠在较高的温度能猛烈反应以致爆炸,所以当金属钠着火时,不能用它灭火。四氯化碳受热也能产生光气,故使用时要注意通风。

3. 三碘甲烷

三碘甲烷俗称碘仿,为黄色晶体或结晶粉末,有特殊的气味,加热易升华,难溶于水,可溶于乙醇,用作清洁剂和防腐剂。

4. 氯丹

氯丹(chlordane)又名氯化茚,系统命名名称为 1,2,4,5,6,7,8,8-八氯-2,3,3a,4,7,7a-六氢化-4,7-亚甲基-1H-茚,结构式为

氯丹是一种有机氯杀虫剂,简称 1068,为无色或淡黄色液体。工业品为琥珀色黏稠液体,有杉木气味。不溶于水,可溶于烃、酯、酮等有机溶剂,在碱性溶液中易脱氯化氢而失去杀虫能力。对昆虫有触杀、胃毒、熏蒸作用,主要用于防治地下害虫、白蚁等。

6.9.4 氟代烃

与氯、溴、碘相比,氟很活泼。氟原子的体积比较小,但其电负性很大,因此氟代烃的制法

和性质与其他卤代烃相比有很大差别。氟代烃具有许多独特性质,已在医药、农药以及生物活性物质制备等诸多方面获得了进一步的发展。

一氟代烷在常温时很不稳定,容易自行失去 HF 而变成烯烃。

$$CH_3CH\!\!-\!\!CH_3 \longrightarrow CH_3CH\!\!=\!\!CH_2 + HF$$
$$|$$
$$F$$

当同一碳原子上有两个氟原子时,性质就很稳定,不易发生化学反应,如 CH_3CHF_2、$CH_3CF_2CH_3$。全氟化烃(烷烃的氢原子全部被氟原子取代)极其稳定,有很高的耐热性和耐腐蚀性。

氟代烃的用途很广。$ClBrCHCF_3$ 可作麻醉药,它不易燃烧,比环丙烷、乙醚安全。CCl_2F_2、CCl_3F、$F_2ClC\!\!-\!\!CClF_2$ 是很多喷雾剂(杀虫剂、清洁剂)的推进剂。CCl_2F_2(Freon-22)、$HCClF_2$(Freon-12)是电冰箱和空调的制冷剂。

聚四氟乙烯(teflon)是一种非常稳定的塑料,能耐高温、强酸、强碱、无毒性、有自润作用,是有用的工程和医用材料,也可作炊事用具的“不粘”内衬。氟塑料是含有氟原子的塑料的总称。除上述聚四氟乙烯以外,聚三氟氯乙烯、聚偏氟乙烯以及某些含氟烃的共聚物也是氟塑料。它们一般具有良好的耐化学品腐蚀性、耐热性、耐寒性、电绝缘性,不易着火,可用于制造耐腐蚀和耐热的管道、换热器、泵、阀等。作喷雾剂推进剂或制冷剂的氯氟烃对地球周围的臭氧有破坏作用,臭氧层能滤除致皮肤癌的太阳紫外线,对人体健康有重要作用。有些国家已开始禁止使用含氯氟烃作为推进剂的喷雾剂。

6.10 卤代烃的制备

6.10.1 烷烃的卤代

在光照或加热条件下,烷烃可以与卤素反应得到卤代烃(详见 2.5.2,3.4.4 和 4.4.5)。

6.10.2 烯烃、炔烃与卤化氢或卤素加成

烯烃与卤化氢加成得到一卤代烃,加成遵循 Markovnikov 规则。烯烃与卤素加成得到二卤代烃。炔烃与卤化氢可以进行一分子加成,也可以进行两分子加成反应,分别得到一卤代烃和二卤代烃。炔烃与卤素加成可以得到二卤代烃或四卤代烃(详见 3.4.2 和 3.8.2)。

6.10.3 由醇制备

醇分子中的羟基被卤原子取代得到相应的卤代烃,常用氢卤酸、卤化磷和二氯亚砜等试剂。使用氢卤酸作试剂时,仲醇、叔醇的转化率较差,反应可能会有消除和重排副产物生成。其他试剂与醇反应基本无重排产物(详见 8.3.2)。

习 题

1. 写出 $C_5H_{11}Br$ 的所有异构体,用系统命名法命名,注明伯、仲或叔卤代烃。如有手性碳原子,以星号标出,并写出对映体的投影式。
2. 试预测下列各对化合物哪一个沸点较高。
   (1) 正戊基碘和正戊基氯　　　　　　　　(2) 正丁基溴和异丁基溴

(3) 正己基溴和正庚基溴　　　　　　　(4) 间氯甲苯和间溴甲苯

3. 指出下列各组化合物哪一个偶极矩较大。

(1) $C_2H_5Cl,C_2H_5Br,C_2H_5I$　　　　　(2) CH_3Br,CH_3CH_2Br

(3) $CH_3CH_2CH_3,CH_3CH_2F$　　　　　(4) $Cl_2C{=}CCl_2,CH_2{=}CHCl$

4. 下列物种哪些是亲电试剂？哪些是亲核试剂？

(1) $(CH_3)_2NH$　　　　　　(2) $NaCN$　　　　　　(3) $^+NO_2$

(4) $CH_3CH_2^+$　　　　　　(5) CH_3CO^+　　　　　(6) ^-OH

(7) $CH_3CH_2O^-$　　　　　(8) $CH_3CH_2\ddot{O}H$　　　　(9) H^+

5. 写出 1-溴丁烷与下列物质反应所得到的主要有机产物。

(1) NaOH(水溶液)　　　　　(2) KOH(醇溶液)　　　　　(3) Mg,乙醚

(4) (3)的产物+D_2O　　　　(5) NaI(丙酮溶液)　　　　(6) Na

(7) $CH_3C{\equiv}CNa$　　　　　(8) CH_3NH_2　　　　　(9) C_2H_5ONa,C_2H_5OH

(10) NaCN　　　　　　　　(11) $AgNO_3,C_2H_5OH$

6. 完成下列反应方程式。

(1) $CH_3{-}CH{=}CH_2+HBr \longrightarrow ? \xrightarrow{NaCN} ?$

(2) $CH_3{-}CH{=}CH_2+HBr \xrightarrow{过氧化物} ? \xrightarrow{H_2O,(KOH)} ?$

(3) $(R)\text{-}CH_3\underset{\underset{Cl}{|}}{C}HCH_2OH \xrightarrow[DMSO]{KCN} ?$

(4) $CH_3CH_2\underset{\underset{CH_3}{|}}{C}H\overset{\overset{Br}{|}}{C}HCH_2CH_3 \xrightarrow{Mg \atop Et_2O} ? \xrightarrow{CO_2} \xrightarrow{H_2O} ?$

(5) $\xrightarrow[EtOH,\triangle]{KOH}$

(6) $CH_3CHBrCH_2CH_2CHBrCH_3+2NaOH \xrightarrow{EtOH} ?$

7. 卤代烷与 NaOH 在 H_2O-EtOH 中进行反应,请指出哪些属于 S_N1 历程,哪些属于 S_N2 历程。

(1) 产物构型完全转化　　　　　　(2) 碱的浓度增加,反应速率加快

(3) 产物的构型部分转化　　　　　(4) 有重排产物

(5) 叔卤代烷速率大于伯卤代烷　　(6) 反应历程只有一步

(7) 增加溶剂含水量,反应速率加快　(8) 进攻试剂亲核性越强,反应速率越快

8. 下面各对亲核取代反应,各按何种历程进行? 哪一个更快? 为什么?

(1) $(CH_3)_3CBr+H_2O \xrightarrow{\triangle} (CH_3)_3COH+HBr$

$CH_3CH_2\underset{\underset{CH_3}{|}}{C}HBr+H_2O \xrightarrow{\triangle} CH_3CH_2\underset{\underset{CH_3}{|}}{C}HOH+HBr$

(2) $CH_3CH_2Cl+NaI \xrightarrow{丙酮} CH_3CH_2I+NaCl$

$(CH_3)_2CHCl+NaI \xrightarrow{丙酮} (CH_3)_2CHI+NaCl$

(3) $CH_3(CH_2)_3CH_2Br+NaOH \xrightarrow{H_2O} CH_3(CH_2)_3CH_2OH+NaBr$

$CH_3CH_2\underset{\underset{CH_3}{|}}{C}HCH_2Br+NaOH \xrightarrow{H_2O} CH_3CH_2\underset{\underset{CH_3}{|}}{C}HCH_2OH+NaBr$

(4) $CH_3CH_2\underset{\overset{|}{CH_3}}{CH}CH_2Br + CN^- \longrightarrow CH_3CH_2\underset{\overset{|}{CH_3}}{CH}CH_2CN + Br^-$

$CH_3(CH_2)_3Br + CN^- \longrightarrow CH_3(CH_2)_3CN + Br^-$

(5) $(CH_3)_2CHCH_2Cl \xrightarrow[\triangle]{H_2O} (CH_3)_2CHCH_2OH$

$(CH_3)_2CHCH_2Br \xrightarrow[\triangle]{H_2O} (CH_3)_2CHCH_2OH$

(6) $CH_3I + NaOH \xrightarrow{H_2O} CH_3OH + NaI$

$CH_3I + NaSH \xrightarrow{H_2O} CH_3SH + NaI$

(7)

9. 用化学法区别下列各组化合物。

(1) A. 正庚烷   B.   C. $CH_3(CH_2)_4CH_2Cl$

(2) A. —Cl   B.   C.

10. 排列下列每组化合物分别发生 S_N2、S_N1、E2、E1 反应活性的大小顺序。

   (1) A. 2-甲基-2-溴丁烷   B. 1-溴戊烷   C. 2-溴戊烷

   (2) A. 3-甲基-1-溴丁烷   B. 2-甲基-2-溴丁烷   C. 2-甲基-3-溴丁烷

11. 按照从大到小的顺序排列下列各组卤代烷对指定试剂的反应活性。

   (1) 在 2% 的 $AgNO_3$ 乙醇溶液中反应。

      A. 1-溴丁烷   B. 1-氯丁烷   C. 1-碘丁烷

   (2) 在 NaI 丙酮溶液中反应。

      A. 3-溴丙烯   B. 溴乙烯   C. 1-溴丁烷   D. 2-溴丁烷

   (3) 在 KOH 醇溶液中。

      A. 5-溴-1,3-环己二烯   B. 环己基溴   C. 3-溴环己烯

   (4) 在 NaOH 水溶液中。

      A. 苄基氯   B. 氯苯   C. 对硝基苄基氯   D. 对甲氧基苄基氯

12. 完成下列反应,指出反应历程(S_N2、S_N1、E2 或 E1)。

   (1) $CH_3CH_2CH_2CH_2Br + CH_3O^- \xrightarrow[CH_3OH]{50℃}$

   (2) $CH_3CH_2CH_2CH_2Br + (CH_3)_3CO^- \xrightarrow[CH_3OH]{50℃}$

   (3) $+ CH_3O^- \xrightarrow[CH_3OH]{50℃}$

   (4) $\xrightarrow[CH_3OH]{25℃}$

   (5) $CH_3CH_2\underset{\overset{|}{Br}}{CH}CH_2CH_3 + C_2H_5O^- \xrightarrow[C_2H_5OH]{50℃}$

   (6) $(CH_3)_3CO^- + CH_3\underset{\overset{|}{Br}}{CH}CH_3 \xrightarrow[(CH_3)_3COH]{50℃}$

(7) HO⁻ + (R)-2-溴丁烷 $\xrightarrow{25℃}$

(8) (S)-3-甲基-3-溴己烷 $\xrightarrow[CH_3OH]{25℃}$

(9) (S)-2-溴辛烷 + I⁻ $\xrightarrow[CH_3OH]{50℃}$

(10) $CH_3CH_2CH_2CH_2Cl + SCN^- \xrightarrow[H_2O]{C_2H_5OH}$

13. 下列化合物能否用来制备格氏试剂？为什么？

(1) $HOCH_2CH_2Br$ (2) $ClCH_2CH_2CH_2COOC_2H_5$ (3) $CH_2=CHCl$

(4) $CH_3\overset{O}{\overset{\|}{C}}CH_2Br$ (5) $HC\equiv CCH_2CH_2Br$ (6) ⟨⟩—Br

14. 下列化合物中哪些不能作为 Friedel-Craft 反应的烃基化试剂？

 A. CH_3CH_2OH B. $CH_3CH=CH_2$ C. ⟨⟩—Cl

 D. $CH_2=CHCl$ E. CH_3CH_2Cl F. ⟨⟩—CH_2Cl

15. 用格氏试剂合成下列化合物。（原料不多于六个碳原子）

(1) $CH_3(CH_2)_5CH=CH_2$ (2) $CH_3(CH_2)_7CH_3$

(3) $(CH_3)_2CH-CH_2CH=CH_2$ (4) ⟨⟩—$CH_2(CH_2)_4CH_3$

16. 由 1-溴丙烷制备下列化合物。

(1) 异丙醇   (2) 2-溴丙烷   (3) 1,1,2,2-四溴丙烷

(4) 2-己炔   (5) 1,2,3-三氯丙烷   (6) 2-溴-2-碘丙烷

17. 完成下列转化。

(1) $CH_3CH_2CH_2CHOHCH_3 \longrightarrow$ 正戊烷

(2)

(3) $(CH_3)_2C=CH_2 \longrightarrow (CH_3)_3C-O-CH_2CH(CH_3)_2$

(4) $CH_3CH=CH_2$ 和 $CH_3CH_2Cl \longrightarrow CH_3CH=CH-CH=CH_2$

18. 由苯和/或甲苯为原料合成下列化合物。（其他试剂任选）

(1) ⟨⟩—$O-CH_2$—⟨⟩
  NO_2

(2) Cl—⟨⟩—$\overset{O}{\overset{\|}{C}}$—⟨⟩—$Br$

(3) ⟨$\overset{CH_2CN}{\underset{Br}{\overset{NO_2}{}}}$⟩

(4) $\overset{H}{\underset{PhH_2C}{}}C=C\overset{H}{\underset{CH_2Ph}{}}$

19. 某烃 A 的分子式为 C_5H_{10}，它与溴水不发生反应，在紫外光照射下与溴作用只得到一种产物 C_5H_9Br(B)。将 B 与 KOH 的醇溶液作用得到 C_5H_8(C)，C 经臭氧化并在 Zn 粉存在下水解得到戊二醛。写出 A 的构造式及各步反应式。

20. 某烃 C_4H_8(A)，在较低温度下与氯作用生成 $C_4H_8Cl_2$(B)，在较高温度下作用则生成 C_4H_7Cl(C)。C 与 NaOH 水溶液作用生成 C_4H_7OH(D)；C 与 NaOH 醇溶液作用生成 C_4H_6(E)。E 能与顺丁烯二酸酐反应，生成 $C_8H_8O_3$(F)。试推测 A~F 的构造。

21. 化合物 A 与 Br_2-CCl_4 溶液作用生成一个三溴化合物 B。A 很容易与 NaOH 水溶液作用，生成两种同分异构的醇 C 和 D。A 与 KOH-C_2H_5OH 溶液作用，生成一种共轭二烯烃 E。将 E 臭氧化、锌粉水解后生

成乙二醛(OHC—CHO)和 4-氧代戊醛(OHCCH₂CH₂COCH₃)。试推导A～E的构造。

22. 用反应历程解释下列实验结果。

(1)

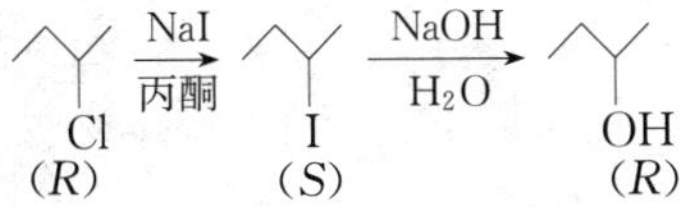

(2)

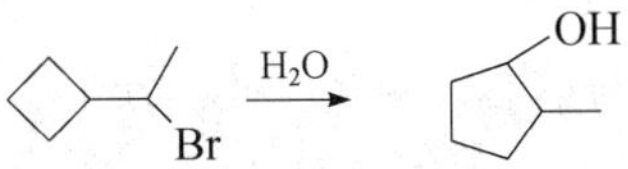

(3)

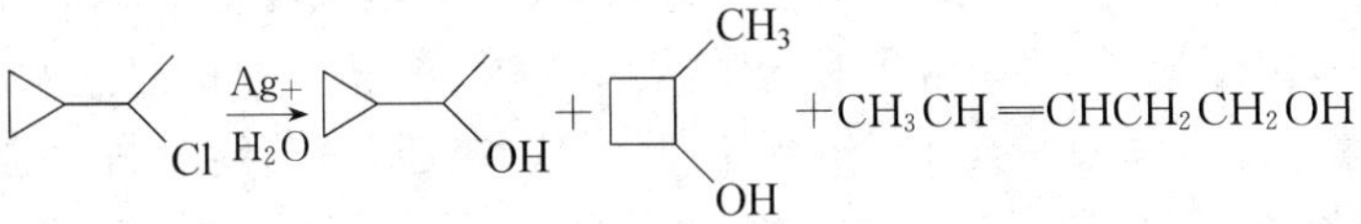

第7章　波谱分析在有机化学中的应用

　　早期有机化合物的结构往往要通过多个化学反应给出的信息来确定,对于分子结构复杂的有机化合物仅仅采用化学方法确定其结构是无能为力的,这在一定程度上限制了有机化学的发展。20世纪中叶以来,由于量子力学、电子和光学技术以及计算机科学的迅速发展,一批现代分析仪器逐渐问世,有机化学家在科学研究中广泛使用这些仪器来鉴定有机化合物的分子结构,大大加快了有机化学的发展和新有机化合物的发现。在这些仪器分析方法中,鉴定有机化合物结构最常用的方法有红外光谱(IR)、核磁共振谱(NMR)、紫外光谱(UV)和质谱(MS)。

7.1　电磁辐射

导引:

　　世界上的一切物质都是运动的,分子也不例外。

　　分子及其组成部分都以不同形式进行运动,每种运动形式都具有一定能量,即处于某一个能级。当分子或其组成部分的某种运动形式的能量发生变化时,就需要从一个能级跃迁到另一个能级,此时需要吸收或放出特定的能量,这个能量取决于分子或其组成部分的内在性质。

　　物理学家探测到了分子改变某种运动形式时所吸收或放出的能量,从这些能量的极其细微的差异获得了分子结构的信息,从而给了化学家一双洞悉微观的明亮的眼睛。

　　这是物理学对化学的一个极大贡献。

　　电磁波具有波粒二象性。辐射能的发射不是连续的,而是量子化的,这种能量的最小单位称为"光子"。1900年,德国物理学家M. Planck(普朗克)提出光子的能量(E)与其频率(ν)成正比:

$$E = h\nu$$

式中,h为Planck常量(6.63×10^{-34} J・s)。电磁辐射以光速($C = 3.0 \times 10^{10}$ cm・s^{-1})传递,其值等于频率与波长(λ)的乘积

$$C = \nu\lambda$$

因此每个光子所具有的能量与频率和波长的关系为

$$E = h\nu = hC/\lambda = hC\bar{\nu} \qquad \bar{\nu}\text{为波数(cm}^{-1}\text{),波长的倒数}$$

　　由以上公式可以得出:光子的能量与其频率(ν)成正比,即较高频率的电磁辐射比较低频率的电磁辐射具有更高的能量。

　　分子的不同层次的运动以及不同分子的相同层次的运动所吸收的电磁波频率不同,用仪器记录分子对不同波长电磁波的吸收情况,就可得到相应的谱图,从而推测结构信息。现代分子光谱和波谱大致包括由X射线区到射频区的电子能谱、紫外-可见光谱、红外光谱、微波谱、磁共振谱等吸收光谱。不同波长的电磁辐射作用于被测物质的分子,可引起分子内不同运动方式能量的改变,即产生不同的能级跃迁。紫外-可见波段的电磁波可引起分子外层价电子的

跃迁,因此紫外-可见光谱提供了分子外层价电子的信息;红外波段的电磁波可引起分子在各种振动能级之间的跃迁,因此红外光谱提供了分子中一些官能团(振动)的信息;而原子核在不同运动能级之间跃迁时,所吸收的电磁波波长处于无线电波区域,通过对该区域共振情况的研究,可探知不同原子核微环境的差异。不同的波谱和光谱技术与能级跃迁之间的关系如图7-1所示。

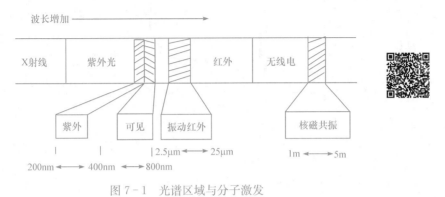

图 7 - 1　光谱区域与分子激发

　　在波谱分析这一章中见到的是一张张谱图,实际上它们记录的都是一些物理信号。对于这些信号,关键需要提取三大类信息:"信号的位置"(为什么在这个位置出峰?)、"信号的形状"(为什么会出现这种精细结构?)和"信号的强度"(信号的强弱意味着什么?)。

7.2　红外光谱

　　几乎所有含有共价键的化合物(无论有机物还是无机物)都会在红外区域吸收电磁辐射。红外可分为近红外、中红外和远红外三个区域(图7-2)。在近红外和远红外区域没有多少有机分子产生吸收,因而在红外光谱中较少使用。而中红外区的电磁辐射能量在 $47\sim4.7\text{kJ}\cdot\text{mol}^{-1}$,正好处于各种不同分子的振动态之间,因此这个区域对有机化学家研究有机化合物十分有用。有机分子振动的基频在此区域,该区域的范围为 $2.5\sim25\mu\text{m}$(波数 $4000\sim400\text{cm}^{-1}$)。

可见光	近红外	中红外	远红外	微波
$\lambda/\mu\text{m}$　　0.8	2.5	25	10^3	
$\bar{\nu}/\text{cm}^{-1}$　12500	4000	400	10	
分子跃迁　泛频　倍频	分子振动	晶格振动		
应用范围　官能团分析	结构分析	无机物		

图 7 - 2　红外光谱的区域

　　典型红外光谱图(infra-red spectroscopy)的纵坐标为吸光度(A)或透过率(T)。当以 $A\%$ 为纵坐标时,吸收峰朝向谱图的上方;如果是以 $T\%$ 为纵坐标,吸收峰向谱图的下方。横坐标通常以波长(μm)或波数(cm^{-1})表示吸收峰的位置。图7-3为正己烷的红外光谱图。红外光谱图中出现的是一些吸收峰的信号,各种吸收峰的位置和强度各不相同,这都取决于分子振动的方式以及参与振动的原子种类与连接方式。

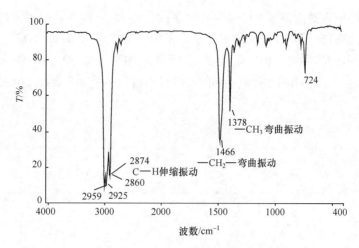

图 7-3 正己烷的红外光谱图

7.2.1 分子振动和红外光谱

1. 分子振动形式

有机分子由各种原子以化学键互相连接而成。可以用不同质量的小球代表原子,以不同硬度的弹簧代表各种化学键,它们以一定的次序互相连接,就成为分子的近似机械模型。

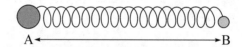

分子振动主要有伸缩振动(stretching)和弯曲振动(bending)两种形式。以亚甲基为例(图 7-4):

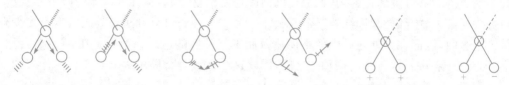

对称伸缩振动　不对称伸缩振动　对称面内弯曲振动　不对称面内弯曲振动　对称面外弯曲振动　不对称面外弯曲振动

图 7-4　分子振动形式
＋表示迎向读者,－表示远离读者

2. 分子振动与红外光谱

1) 吸收峰位置

双原子分子的伸缩振动可以简单描述为原子在相连两个原子之间的键轴方向上做简谐振动。根据经典力学,简谐振动服从 Hooke(胡克)定律。

$$\bar{\nu} = \frac{1}{2\pi C}\sqrt{K/\mu}$$

式中,$\bar{\nu}$ 为以波数表示的吸收频率;C 为光速;K 为键的力常数;μ 为两个相连原子的折合质量。

由上式可见,这些特征频率(能量)取决于所涉及的原子质量和连接原子的化学键类型:原

子质量越轻,振动越快,频率越高。也就是说,振动频率(波数)和原子的质量成反比。

同样,振动频率也与键的力常数有关,而 K 值与键长和键能有关。键长越短,键能越大,K 值也越大,$\bar{\nu}$ 值与 $\sqrt{K}$ 成正比,因此 $\bar{\nu}$ 值也越大。一般来讲,键的力常数基本上反映了 A—B 原子相连键的强度:对于 C—C 单键,K 值约为 $4.5 \times 10^5 \mathrm{dyn \cdot cm^{-1}}$(相当于吸收频率 $990\mathrm{cm^{-1}}$,$1\mathrm{dyn}=10^{-5}\mathrm{N}$);对于 C≡C 双键,则 K 值基本上增加一倍,约为 $9.7 \times 10^5 \mathrm{dyn \cdot cm^{-1}}$(相当于吸收频率 $1600\mathrm{cm^{-1}}$)。C—O 单键的 K 值约为 $5.75 \times 10^5 \mathrm{dyn \cdot cm^{-1}}$(相当于吸收频率 $1200 \sim 1000 \mathrm{cm^{-1}}$),C=O 双键的 K 值也基本上增加一倍,约为 $12.06 \times 10^5 \mathrm{dyn \cdot cm^{-1}}$(相当于吸收频率 $1600 \sim 1900 \mathrm{cm^{-1}}$)。

由于引起不同类型键的振动需要不同的能量,因而每一个官能团的化学键都会有一个特征的吸收频率。同一类化学键的振动频率非常相近,总是出现在某一范围内。例如,R—NH₂,当 R 由甲基变为丁基时,N—H 键的伸缩振动频率均在 $3372 \sim 3371 \mathrm{cm^{-1}}$,没有很大的变化,所以可以用红外光谱来鉴定有机分子中存在的特征基团。

2) 吸收峰强度

只有引起分子偶极矩发生变化的振动才会出现红外吸收峰,而对称炔烃(2-丁炔)C≡C 键的伸缩振动无偶极矩变化,因此在红外谱图上找不到该振动的吸收峰。

红外吸收强度取决于振动时偶极矩变化大小。化学键极性越强,振动时偶极矩变化越大,吸收峰强度越强。一般而言,伸缩振动导致偶极矩的变化较大,因此伸缩振动对应的红外吸收峰通常都强于弯曲振动的。极性键的伸缩振动强度一般较强。例如,O—H、N—H、C—H、C=O 等均为极性键,其伸缩振动吸收峰均为强峰。反之,两端取代基差别不大的 C—C 键的红外吸收峰则较弱。

对于同一化合物而言,红外吸收峰强度与样品浓度成正比,可利用 Lambert-Beer(朗伯-比尔)定律来描述:

$$A = \lg \frac{I_0}{I} = kcl$$

式中,A 为吸光度(absorbance);I_0 为入射光的强度;I 为透过光的强度;l 为光在溶液中经过的距离(一般为样品池的长度);c 为溶液的浓度;k 为吸光系数(absorptivity)。

利用 Lambert-Beer 定律,也可应用红外光谱对有机化合物进行定量分析。

7.2.2　有机化合物的特征频谱

利用红外光谱鉴定有机化合物就是确定基团和频率的相互关系。一般把红外谱图分为两个区,官能团区(functional group region)和指纹区(finger print region)(图 7-5)。位于 $4000 \sim 1350 \mathrm{cm^{-1}}$ 的官能团区为红外光谱的特征区,主要是一些伸缩振动的吸收峰。该区域的吸收峰较少,也较强,通常都可以被指认,在分析中有很大价值。低于 $1350\mathrm{cm^{-1}}$ 的区域($1350 \sim 400 \mathrm{cm^{-1}}$)吸收谱带较多,相互重叠,不易归属于某一基团。吸收带的位置可随分子结构的微小变化产生较大的差异,因而该区域的光谱图形千变万化,但对每种分子都是特征的,故将该区域称为指纹区。在指纹区内,每个化合物都有自己的特征图形,这对于结构相似的化合物,如同系物的鉴定极为有用。一些简单有机分子官能团化学键的红外吸收峰位置列于表 7-1。

表 7 - 1 一些简单有机分子官能团的特征红外吸收

键的振动类型	频率/cm⁻¹	强度	键的振动类型	频率/cm⁻¹	强度
C—H 烷基（伸缩）	3000～2850	s	羧酸（伸缩）	1725～1700	s
—CH₃（弯曲）	1450,1375	m	酯（伸缩）	1750～1730	s
—CH₂—（弯曲）	1465	m	酰胺（伸缩）	1700～1640	s
烯烃（伸缩）	3100～3000	m	酸酐（伸缩）	1810,1760	s
（弯曲）	1700～1100	s	C—O 醇、醚、酯、羧酸（伸缩）	1300～1000	s
芳烃（伸缩）	3150～3050	s	O—H 醇、酚（游离）（伸缩）	3650～3600	m
（面外弯曲）	1000～700	s	（氢键）（伸缩）	3400～3200	m
炔烃（伸缩）	3300	s	羧酸（伸缩）	3300～2500	m
醛基	2900～2800	w	N—H 伯胺和仲胺（伸缩）	3500	m
	2800～2700	w	C≡N 氰基（伸缩）	2260～2240	s
C=C 烯烃（伸缩）	1680～1600	m～w	N=O 硝基（伸缩）	1600～1500	s
芳烃（伸缩）	1600～1400	m～w		1400～1300	
C≡C 炔烃（伸缩）	2250～2100	m～w	C—X 氟（伸缩）	1400～1000	s
C=O 醛基（伸缩）	1740～1720	s	氯（伸缩）	800～600	s
酮（伸缩）	1725～1705	s	溴,碘（伸缩）	<600	s

注:s——强峰,m——中强峰,w——弱峰。

指纹区在推测不同化合物的细微结构差别时通常非常有用。例如,苯环上 C—H 键的面外弯曲振动的吸收频率常能确定环上取代基的位置,苯环上 C—H 键的面外弯曲振动在900～650cm⁻¹。单取代苯(如甲苯)在指纹区有两个强的吸收峰 760～720cm⁻¹ 和 700～670cm⁻¹。1,2-二取代苯可以出现三个吸收谱带 890～860cm⁻¹、815～770cm⁻¹ 和 690～650cm⁻¹。1,3-二取代苯可以出现两个强吸收峰 810～750cm⁻¹ 和 710～690cm⁻¹。1,4-二取代苯的分子具有对称性,只有 850～780cm⁻¹ 处一个吸收峰。1,2,4-三取代苯的特征吸收在 900～870cm⁻¹ 和 840～710cm⁻¹ 有两个谱带。1,2,3-三取代苯同样有两个吸收谱带 780～740cm⁻¹ 和 710～670cm⁻¹。1,3,5-三取代苯在 910～840cm⁻¹ 和 690～650cm⁻¹ 有两个特征吸收峰。红外光谱的这些特征吸收谱带对于苯环上取代基位置的确定十分有用。

7.2.3 有机化合物红外谱图举例

有机化合物的红外光谱图很复杂,一张红外谱图往往有几十个吸收谱带,各自对应分子中不同的振动方式,所以不可能对所有的吸收谱带予以指认。一般只能指认谱图中的几个吸收峰,以证明分子中存在何种类型的化学键或何种官能团。因此,仅仅凭一张红外光谱图不能够完全确定有机分子的结构,还应当借助于其他信息。

按照红外光谱的以下 4 个区域,可以由不同官能团引起的特征吸收峰来初步判断有机分子中可能存在的官能团。有机分子中的单键、叁键、双键官能团区和指纹区的归属如图 7-5 所示。

(Ⅰ)、(Ⅱ)和(Ⅲ)区为官能团区,主要是含氢的单键、各种叁键和双键的伸缩振动吸收峰。这些键的伸缩振动频率比较高,受分子中其他部分的影响比较小,因而具有较高的特征性。所有的烃类有机化合物在(Ⅰ)区都有特征吸收,如正己烷(图 7-3)和 1-己烯(图 7-6)。

比较图 7-3 和图 7-6 可见,正己烷的 C—H 伸缩振动吸收峰均在 3000cm⁻¹ 以下,1466cm⁻¹ 和 1378cm⁻¹ 处的强吸收分别为亚甲基和甲基的面内弯曲振动吸收峰;而 1-己烯除了具有与正己烷相同的吸收峰外,还在 3077cm⁻¹ (=C—H) 出现典型的 sp² 杂化 C_{sp^2}—H

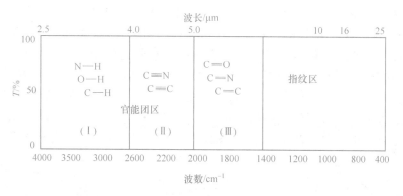

图 7-5　有机分子中典型的振动特征吸收区域

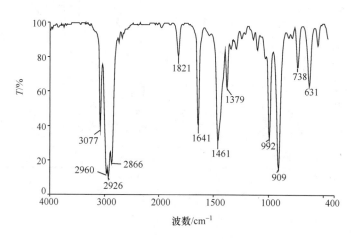

图 7-6　1-己烯的红外光谱

键的伸缩振动吸收,1641cm^{-1}处的 C=C 双键伸缩振动吸收,992cm^{-1}和 909cm^{-1}处的 C$_{sp^2}$—H 的面外弯曲振动特征吸收,该区域的特征吸收峰对于鉴定烯烃的顺反异构体非常有用。(Z)-2,5-二甲基-3-己烯和(E)-2,5-二甲基-3-己烯的红外光谱见图 7-7,前者在该区域的吸收峰在 751cm^{-1},而 E 型异构体在 971cm^{-1}。

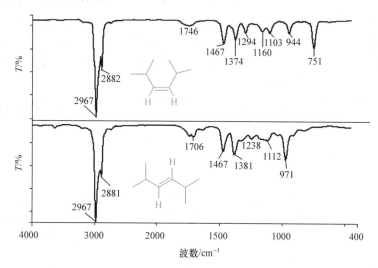

图 7-7　(Z)-2,5-二甲基-3-己烯和(E)-2,5-二甲基-3-己烯的红外光谱

图 7 - 8 是 2-己醇的红外光谱,它除了 sp³ 杂化的 C—H 键伸缩振动吸收峰外,还有一个重要的信息就是醇中 O—H 键的伸缩振动在 3351cm⁻¹ 处的宽峰,这是一个含有氢键的 O—H 伸缩振动特征吸收峰。应该指出,含 O—H、N—H 官能团的醇、酚、羧酸和胺等化合物,如果分子中能够形成氢键,可使它们的 O—H 键或 N—H 键键长变长,键的力常数 K 减小,频率降低。在红外谱图上表现为 O—H 或 N—H 伸缩振动峰变强、变宽,且向低波数移动。当醇或酚的浓度小于 $0.01\text{mol} \cdot \text{L}^{-1}$ 时,羟基为游离态,在 3630~3600cm⁻¹ 出现吸收峰。当浓度增加时,会产生二聚体,O—H 于 3515cm⁻¹ 出现吸收。如果浓度再增加,还会形成多聚体,则于 3400~3200cm⁻¹ 出现宽峰。

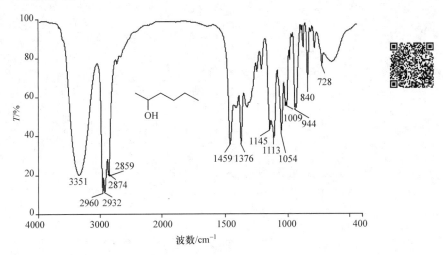

图 7 - 8　2-己醇的红外光谱

思考:

乙醇和乙二醇四氯化碳浓溶液的 IR 谱在 3350cm⁻¹ 处都有一个宽的 O—H 吸收带。当用四氯化碳稀释这两种醇溶液时,乙二醇红外谱图的这个吸收带不变,而乙醇红外谱图的这个吸收带被 3600cm⁻¹ 的一个尖峰替代。为什么?

醛、酮和羧酸及其衍生物都含有羰基,C═O 双键的伸缩振动在红外光谱中非常特征,一般在 1650~1800cm⁻¹。图 7 - 9 是 2-己酮的红外光谱图。可以看出,2-己酮除了含有与己烷相似的特征吸收外,在 1717cm⁻¹ 处有很强的峰,这是酮羰基的特征吸收。值得指出的是, C═O 双键伸缩振动在红外光谱中的吸收峰位置随所连接的原子和基团的不同而变化,主要的影响因素是诱导效应和共轭效应。

由于取代基具有不同的电负性,通过诱导作用引起了分子中电子云密度的改变,从而导致分子中化学键力常数 K 的变化,改变了基团的特征频率。例如:

$$
\begin{array}{cccc}
\overset{\displaystyle O}{\underset{\displaystyle R-C-R'}{\|}} & \overset{\displaystyle O}{\underset{\displaystyle R-C-Cl}{\|}} & \overset{\displaystyle O}{\underset{\displaystyle Cl-C-Cl}{\|}} & \overset{\displaystyle O}{\underset{\displaystyle F-C-F}{\|}} \\
\end{array}
$$

$$\bar{\nu}_{C=O} / \text{cm}^{-1} \quad\quad 1725 \quad\quad\quad 1800 \quad\quad\quad 1818 \quad\quad\quad 1928$$

由于共轭效应引起电子离域,原来的双键伸长,电子云密度降低,化学键力常数 K 减小,振动频率降低。例如:

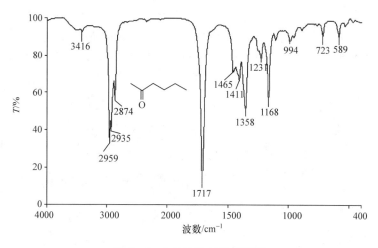

图 7 - 9　2-己酮的红外光谱图

	O	O	O
	‖	‖	‖
	R—C—R	R—C—⬡	R—C—NH₂
$\bar{\nu}_{C=O}$ /cm⁻¹	1710~1725	1695~1680	1630

7.2.4　红外光谱的应用

尽管通常不能仅凭红外光谱进行未知有机化合物的结构鉴定,但对于已知结构的有机化合物可以方便地用标准红外光谱图来对照鉴定。例如,目前市售的磺胺类药物有多个品种,如果要确定是何种药物可采用红外的标准谱图来对比。图 7 - 10 是 3 种不同构造的磺胺类药物的红外光谱,指纹区表现出明显的差异。更为方便的是,现代红外光谱仪储存有上万种已知化合物的标准红外谱图,在试样测定时就可以利用计算机内储存的标准红外光谱图进行模拟对比,迅速得出正确结果。

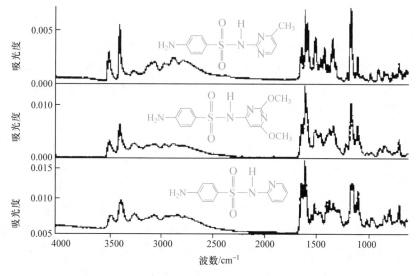

图 7 - 10　磺胺甲噁唑(SMZ)、磺胺二甲氧嘧啶(SDM)
和磺胺吡啶(SPD)的红外光谱

此外,采用红外光谱也可以方便地跟踪反应进程,考查反应过程中是否生成了目标产物。例如,在合成支链含有复杂金属络合物的聚苯乙烯和聚丙烯酰胺嵌段共聚物新型材料的过程中(图 7 - 11),仅通过跟踪羰基区域 C═O 键的特征吸收峰,就可以方便地确定该反应进行的程度。

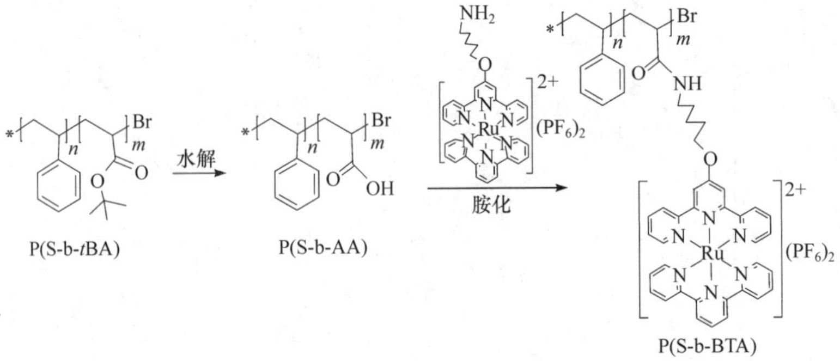

图 7 - 11　含有金属络合物的双嵌段聚苯乙烯和聚丙烯酰胺的合成

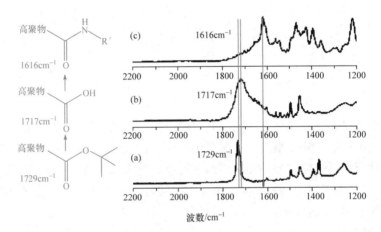

图 7 - 12　(a) P(S-b-*t*BA)、(b) P(S-b-AA)和(c)
P(S-b-BTA)在 2200~1200cm^{-1} 的红外光谱

从图 7 - 12 可以看出,聚苯乙烯和聚丙烯酸叔丁酯的嵌段共聚物 P(S-b-*t*BA)通过水解反应后得到相应的羧酸 P(S-b-AA),它们的 C═O 特征伸缩振动吸收由原来的 1729cm^{-1} 移至 1717cm^{-1}。P(S-b-AA)进一步与金属络合物进行胺化反应,得到的目标产物 P(S-b-BTA)的 C═O 特征伸缩振动吸收出现在 1616cm^{-1}。

7.3　核磁共振

核磁共振(nuclear magnetic resonance,NMR)可能是现代化学家分析有机化合物最有效的波谱分析方法。核磁共振的研究对象是具有磁矩的原子核。原子核是带正电荷的粒子,核自旋量子数 $I \neq 0$ 的原子核有自旋运动,其自旋运动将产生磁矩。将具有自旋磁矩的原子核放入强磁场并采用电磁波进行辐照时,这些原子核会吸收特定波长的电磁波而发生核磁共振现象。有机化合物中的 ^{1}H、^{13}C、^{19}F、^{15}N 和 ^{31}P 等原子核都具有磁矩(自旋量子数 $I \neq 0$),都能产生核磁共振(其中 $I = 1/2$ 的原子核最宜于核磁共振检测),而 ^{12}C、^{16}O 和 ^{32}S 没有核自旋($I = 0$),不能用 NMR 谱来研究。一些核的自旋量子数和天然丰度见表 7 - 2。组成有机化合物的元素中,

氢和碳都是不可缺少的元素,本教材仅就^{1}H NMR(核磁共振氢谱)和^{13}C NMR(核磁共振碳谱)进行简要讨论。

表 7-2　一些核的自旋量子数和天然丰度

核类型	I	天然丰度/%	核类型	I	天然丰度/%
^{1}H	1/2	99.985	^{16}O	0	99.759
^{2}H(D)	1	0.015	^{17}O	5/2	0.037
^{12}C	0	98.89	^{19}F	1/2	100
^{13}C	1/2	1.11	^{31}P	1/2	100
^{14}N	1	99.63	^{35}Cl	3/2	75.53
^{15}N	1/2	0.37	^{37}Cl	3/2	24.47

7.3.1　核磁共振氢谱的基本原理

核磁共振是由于无线电波与处于磁场中的自旋核的相互作用,引起核自旋能级跃迁而产生的。原子核是带正电的粒子,它的自旋产生一个小的磁矩。当这种小磁矩处于外磁场中时,将有 $2I+1$ 个取向。对于氢原子核(质子)而言,则有 $2\times(1/2)+1=2$ 种取向,即其磁矩与外加磁场方向相同或相反,如图 7-13 所示。

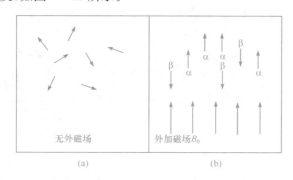

图 7-13　氢原子核在(a)无外磁场和(b)有外磁场中的取向情况

这两种取向相当于两个能级,其能量差(ΔE)与外加磁场的强度(B_0)成正比。
$$\Delta E = h\gamma B_0/2\pi$$
由 $h\nu = \Delta E = h\gamma H_0/2\pi$ 推出
$$\nu = \gamma B_0/2\pi$$
式中,ν 为无线电波频率;γ 为磁旋比,是原子核的特征常数;h 为 Plank 常量。

如果用能量为 $h\nu = \Delta E$ 的电磁波照射外磁场中的氢核,当电磁波的能量正好等于两个能级之差时,氢原子核(质子)就吸收电磁波的能量,从低能级跃迁到高能级,发生核磁共振。通过改变电磁波频率,记录不同氢原子的共振情况,即可获得核磁共振氢谱图(^{1}H NMR)。

一个质子的两种自旋态之间的能量差取决于外加磁场 B_0 的强度。图 7-14 表明了磁场强度 B_0 和自旋态能量差之间的相互关系,可以看出自旋态之间能量差与 B_0 成正比。

在核磁共振的测试中,样品管置于磁场强度很大(如 300MHz 的仪器为 7.04T,磁场强度高的仪器分辨率好,灵敏度高,谱图易于解析)的电磁铁腔中,用固定频率的无线电波照射时,在扫描发生器的线圈中通直流电,产生一微小的磁场使总磁场强度有所增加。当磁场强度达到一定的 B_0 值,使 $\Delta E = h\nu h\gamma B_0/2\pi$ 式中的频率 ν 值恰好等于照射频率时,样品中的某一类质子发生能级跃迁,吸收电磁波能量,得到能量吸收曲线,接收器就会收到讯号,记录仪则记录

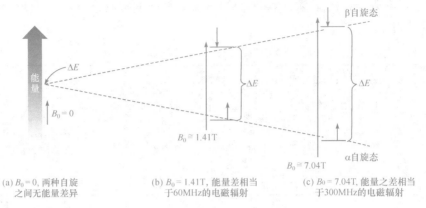

(a) $B_0=0$，两种自旋之间无能量差异

(b) $B_0=1.41T$，能量差相当于60MHz的电磁辐射

(c) $B_0=7.04T$，能量之差相当于300MHz的电磁辐射

图 7-14 自旋态与磁场强度能量差的相互关系

NMR 图谱。图 7-15 是核磁共振仪示意图。

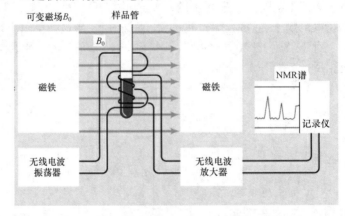

图 7-15 核磁共振仪示意图

图 7-16 为乙醇的 ^1H NMR 谱图。从图中的信号中可以提取出如下信息："信号的位置"——化学位移，"信号的(形状)裂分"——偶合常数，"信号的强度"——积分曲线。

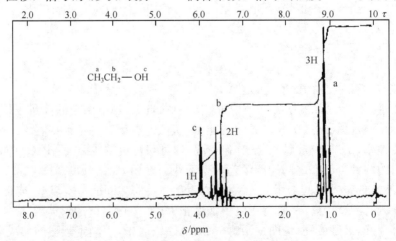

图 7-16 乙醇的 ^1H NMR 谱图

7.3.2　化学位移

1. 化学等价

分子中两个相同的原子处于相同的化学环境时称为化学等价(chemical equivalence),化学等价的质子(等价质子)在 NMR 谱图上的出峰位置相同。例如,CH_4 分子中的四个氢原子化学等价,都在同一个位置出峰,在 NMR 谱图上只有一组峰。CH_3CH_3 分子中的六个氢原子也是化学等价,在 NMR 谱图上也只有一组峰。但是,$CH_3^aCH_2^bCl$ 分子中的三个 H^a 原子与两个 H^b 原子却互为化学不等价,因此在 NMR 谱图上是不同的两组峰。

拓展:

> 等价质子(化学等价)与不等价质子的判断方法:将二者分别用一个试验基团取代,如果两个质子分别被取代后得到同一结构,则这两个质子等价;否则为不等价。

2. 化学位移

质子的共振频率(吸收峰位置)不仅由外加磁场与核的磁旋比来决定,而且受到质子周围的分子环境的影响。某一个质子实际受到的磁场强度不完全与外界磁场相同。质子由电子云包围,这些电子在外界磁场的作用下又产生一个感应磁场 $B_{感应}$。假若它的方向和外界磁场相反,这时质子所受到的实际磁场将减少一点,这种现象称为屏蔽效应(shielding effect)。

$$B_{有效} = B_0 - B_{感应}$$

屏蔽得越多,质子对外界磁场的感受就越少,只有增大外界磁场下质子才发生共振吸收。相反,假若感应磁场的方向和外界磁场相同,就相当于在外磁场下再增加一个小磁场,即增加了外加磁场的强度。此时,质子受到的实际磁场增加了,这种情况称为去屏蔽效应(deshielding effect)。电子的屏蔽和去屏蔽效应引起的核磁共振吸收位置的移动称为化学位移(chemical shift)。受到去屏蔽效应影响的质子通常在低场(谱图的左侧)出峰,而受到屏蔽效应影响的质子通常在高场(谱图的右侧)出峰。

1) 影响化学位移的因素

化学位移取决于核外电子云密度,因此影响电子云密度的各种因素都对化学位移有影响,其中影响最大的有电负性和各向异性效应。

(1) 电负性。

吸电子基团可降低氢原子核周围的电子云密度(减小感应磁场),使之受到去屏蔽效应的影响,该质子峰向低场(谱图左侧)移动。

电负性较大基团的诱导效应对有机化合物核磁共振谱化学位移的影响可以通过1-硝基丙烷的[1]H NMR谱来说明。图 7-17 是 1-硝基丙烷的[1]H NMR谱,图中三组吸收峰说明该分子中存在三种不同化学类型的氢核,各中心峰的化学位移值分别为 1.0ppm、2.0ppm 和 4.4ppm。由于硝基表现出强的吸电子效应,邻近 H^c 的电子云密度降低,电子云对该质子的屏蔽效应显著降低,产生最小的屏蔽效应(去屏蔽效应),因而 H^c 的化学位移出现在低场。由于诱导效应随碳链的延长而迅速降低,随着基团与硝基距离的增加,这种去屏蔽效应逐渐减小,因而 H^a 表现出最大的屏蔽效应,H^a 的化学位移出现在高场。因此,1-硝基丙烷中氢原子的化学位移值大小顺序为 $H^c > H^b > H^a$。

(2) 各向异性效应。

当分子中某些基团的电子云排布不呈球形对称时,它对邻近的氢原子核会产生一个各向

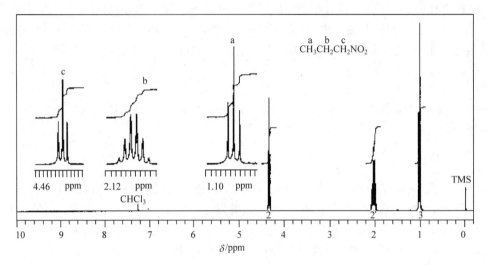

图 7 - 17   1-硝基丙烷的^{1}H NMR 谱（300MHz，CDCl$_3$）

异性的感应磁场(抗磁环电流或顺磁环电流)，从而使得处于某些空间位置的核受到屏蔽效应影响，而处在另一些空间位置的核受到去屏蔽效应影响。图 7 - 18 所示为在外加磁场 B_0 作用下乙炔质子受到的屏蔽效应和苯环质子受到的去屏蔽效应。

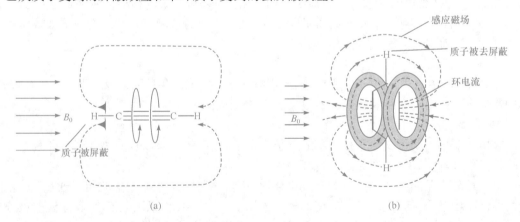

图 7 - 18   (a)乙炔质子受到的屏蔽效应和(b)苯环质子受到的去屏蔽效应示意图

可以看出，乙炔质子所处位置的感应磁场方向与外加磁场的方向是反平行的，质子所受到的有效磁场将减少，为屏蔽效应，因此相应的质子在高场产生共振吸收。而苯环上的质子所处位置的感应磁场方向与外加磁场的方向是一致的，增加了有效磁场的强度。此时，质子受到的磁场增加了，为去屏蔽效应，相应的质子就在低场产生共振吸收。图 7 - 19 是 3-苯丙炔的^{1}H NMR谱图，从图中可以看出，苯环上的 5 个质子的化学位移处于低场(δ 7.2～7.3ppm)，而炔基上的一个质子化学位移处于高场(δ 2.83ppm)。

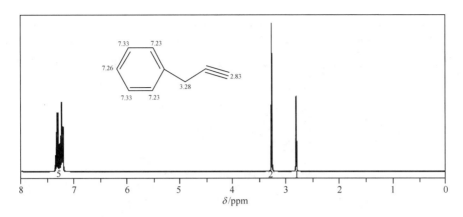

图 7 - 19　3-苯丙炔的 ^{1}H NMR 谱图（300MHz，CDCl$_3$）

2）化学位移的表示方法

直接采用共振时的磁场强度值或无线电波频率值来描述不同质子发生核磁共振的情况，这种方法很不实用，因为会导致给出一系列复杂的数字。所以在实际操作中一般都选择适当的化合物作为参照标准。^{1}H NMR 测定中最常用的参照物是四甲基硅烷（tetramethylsilane，简称 TMS），将它的质子共振位置定为 0。化学位移用 δ 表示，其单位为百万分之一（ppm）或 10^{-6}。

由于 TMS 的屏蔽效应比一般的有机分子大，故大多数有机化合物中质子的共振信号出现在它左侧。而且四甲基硅烷中有 12 个完全相同的氢质子，所得的吸收峰强度很高。具体测定时可以将 TMS 溶入被测溶液中，称为内标法；也可以将装有 TMS 的毛细管置于被测样品溶液中，称为外标法。

3）常见质子的化学位移值

对于同一分子中的氢核，由于化学环境的不同，其化学位移值不同。除了相邻基团的电负性、各向异性效应外，影响化学位移的其他因素还有范德华效应、溶剂效应及氢键等。图 7-20 和表 7-3 列出了连在不同官能团上氢原子的化学位移值。

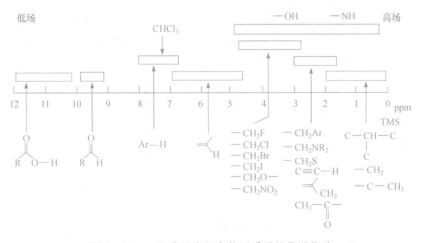

图 7 - 20　一些常见有机官能团质子的化学位移

表 7-3　与不同官能团相连的氢原子的化学位移

氢原子的类型	δ/ppm	氢原子的类型	δ/ppm	氢原子的类型	δ/ppm
TMS $(CH_3)_3Si$	0	Ar—C—H	2.2~3	RO—CO—C—H	2~2.6
环丙烷	0~1.0	F—C—H	4~4.45	HO—CO—C—H	2~2.6
RCH_3	0.9	Cl—C—H	3~4	R—COO—H	10.5~12
R_2CH_2	1.3	Cl_2C—H	5.8	R—CO—C—H	2~2.7
R_3CH	1.5	Br—C—H	2.5~4	R—CO—H	9~10
—C=C—H	4.6~5.9	I—C—H	2~4	R—CO—N—H	5~8
—C=C—CH_3	1.7	HO—C—H	3.4~4	R—O—H	4.5~9
—C≡C—H	2~3	R—O—C—H	3.3~4	Ar—O—H	4~12
—C≡C—CH_3	1.8	—OOC—H	5.3	R—NH_2	1~5
Ar—H	6~8.5	R—COO—C—H	3.7~4.1	O_2N—C—H	4.2~4.6

7.3.3　自旋偶合与自旋裂分

在有机化合物的 ^{1}H NMR 谱图中,等价质子吸收峰个数增多的现象称为裂分。产生裂分现象的原因是:质子本身就是一个小的磁体,每个原子不仅受外磁场和外围电子感应磁场的作用,也受邻近质子产生的小磁场的影响。在一般情况下,具有核自旋 $I=1/2$ 的 n 个 H^a 原子与另一组 H^b 原子相互作用[自旋-自旋偶合(spin-spin coupling),简称自旋偶合(spin coupling)],裂分形成 b 峰的数目为 $n+1$ 个($n+1$ 规律)。

根据这一规则,从 1,1-二氯乙烷的 ^{1}H NMR 谱图(图 7-21)中可以看出,在 2.1ppm 和 5.6ppm 出现两组峰,其中甲基(—CH_3)被裂分为二重峰(d),次甲基(CH—)被裂分为四重峰(q)。二重峰和四重峰的产生是由于相邻的氢核在外加磁场中产生不同局部磁场的相互影响。次甲基 CH^a—在 B_0 作用下有两种取向:同向和反向。同向取向使相邻的 CH_3^b—的氢感应到稍强的外磁场强度,其共振吸收稍向低场位移。反向取向使相邻的 CH_3^b—的氢感应到稍弱的

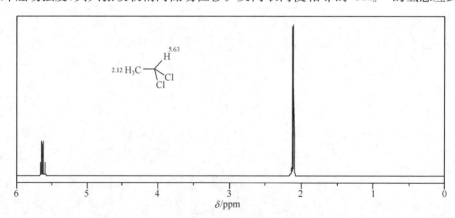

图 7-21　1,1-二氯乙烷的 ^{1}H NMR谱

外磁场强度,其共振吸收稍向高场位移,故 CH^a—使相邻的 CH_3^b—裂分为二重峰。同样,CH_3^b—中的三个氢在 B_0 作用下有四种取向,出现的概率比为 $1:3:3:1$,故 CH_3^b—在 B_0 作用下产生的局部磁场使 CH^a—裂分为四重峰。图 $7-22(a)$ 表明了 1,1-二氯乙烷中 CH^a—质子在外磁场作用下的取向和对 CH_3^b—的裂分。图 $7-22(b)$ 是 1,1-二氯乙烷中 CH_3^b—质子在外磁场作用下的取向和对 CH^a—的裂分。

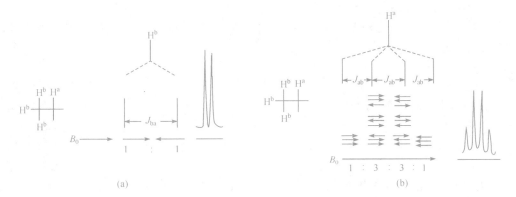

图 $7-22$　(a)1,1-二氯乙烷中 CH^a—质子在外磁场作用下的取向使 CH_3^b—质子裂分形成的信号;(b) 1,1-二氯乙烷中 CH_3^b—质子在外磁场作用下的取向使 CH^a—质子裂分形成的信号

自旋偶合的量度称为偶合常数(coupling constant),用 J 来表示,单位是 Hz。J 值的大小表明偶合作用的强弱。J_{ab} 表示 a 质子被 b 质子裂分的偶合常数,可以从裂分峰之间的距离测量到。在 1,1-二氯乙烷中只有 H^a 和 H^b 的偶合作用,因此二重峰之间和四重峰之间裂分的距离是相等的。利用核磁共振谱图中观察到的相同偶合常数可以指认质子之间的相关性。

在 2-碘丙烷中,两个甲基与次甲基的偶合也是相等的,其中两个甲基裂分为二重峰($J=7.5Hz$),次甲基受两个甲基 6 个 H 裂分为七重峰,偶合常数也是 7.5Hz。图 $7-23$ 是 2-碘丙烷的 ¹H NMR谱。

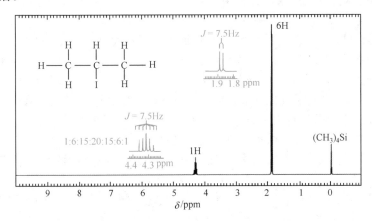

图 $7-23$　2-碘丙烷的 ¹H NMR谱

¹H 核磁共振谱的裂分是有规律的。如果只有两组相邻质子之间发生偶合裂分,那么其裂分峰的数目符合 $n+1$ 规则,如 1,1-二氯乙烷中 3 个甲基质子使次甲基质子的一个氢质子裂分为四重峰。但如果与相邻两组化学不等价的质子 n 和 n' 偶合,那么该质子的吸收峰数目将为 $(n+1)(n'+1)$。例如,化合物 $Cl_2CHCH_2CHBr_2$ 中的—CH_2—被相邻的两组化学不等价质子偶合裂分,因此它的吸收峰应为 $(1+1)(1+1)=4$ 重峰。而对1-硝基丙烷(图 $7-17$),中间

的—CH$_2^b$—吸收峰应为(3+1)(2+1)＝12重峰。但在实际的图谱中往往不能够观察到理论的裂分数,这主要是由于仪器的原因,边峰和中心峰的面积比相差过大,使得多重峰的数目不能够完全反映在核磁共振的图谱中。

裂分峰的相对面积满足二项展开式的各项系数之比。例如,二重峰 d(1∶1),三重峰 t(1∶2∶1),四重峰 q(1∶3∶3∶1),五重峰 p(1∶4∶6∶4∶1),六重峰 m(1∶5∶10∶10∶5∶1)。六重峰以上一般可表示为多重峰(m)。

一般来讲,两个质子相隔少于或等于三个单键时发生偶合裂分,相隔三个以上单键时,偶合作用极弱,偶合常数趋于零。

思考:

^{1}H NMR峰的裂分是由于相邻质子自旋产生小磁矩,从而对该质子的峰产生影响。核磁中一种称为"去偶"的技术可消除峰的裂分。请设计一种方法以达到"去偶"的目的。

7.3.4 积分常数

在^{1}H NMR 谱图中,每组峰的面积与产生该组信号的质子数成正比。比较各组信号的峰面积比值,可以确定各种不同类型质子的相对数目。例如,图 7-17 中 1-硝基丙烷的 H 质子比值为 H^a∶H^b∶H^c＝3∶2∶2。近代核磁共振仪都具有自动积分功能,可以在相应的谱图上记录下积分曲线(integral curve)。峰面积一般用阶梯式积分曲线来表示,积分曲线是由低场向高场。在有机化合物的^{1}H NMR 谱图中,从积分曲线的起点到终点的高度变化与分子中质子的总数成正比,而每一阶梯的高度则与相应质子的数目成正比。现代核磁共振仪中,计算机还可将分子中各个质子的面积比值数标于相应的峰下。

7.3.5 核磁共振氢谱解析

^{1}H NMR图谱提供了化学位移、偶合裂分(偶合常数)和积分面积等信息,核磁共振谱图的解析就是合理分析这些信息,根据有机化合物的分子式,归属相应的信息,正确推出与谱图相对应的分子结构。一般采取的步骤如下:

(1)首先确认峰的种类,辨别哪些是有用的信息、哪些是无用的信息,如出现的杂质峰、溶剂峰等。在分析样品时要尽可能除去杂质,以免影响正常的鉴定。在^{1}H NMR图谱中最常见的是溶剂峰。例如,使用 CDCl$_3$ 作溶剂,会在 7.2ppm 处出现一个单峰,这是氘代溶剂中含有的少量氢(^{1}H)所致。常见的氘代溶剂在^{1}H NMR图谱中的化学位移可以参阅相关的手册。

(2)根据分析图谱中有几组吸收峰,确定化合物可能有几种不同化学环境的氢核。

(3)根据吸收峰的化学位移,大致判断各组峰的质子类别(表 7-3)。

(4)根据积分面积比值或给出的质子数之比,结合分子式,确定各组峰所含的具体质子数目。

(5)根据峰的裂分情况($n+1$ 规则)、核偶合常数值,判断吸收峰之间的偶合关系,确定它们之间的相互位置及相应的化学环境。

例如,化合物 A 的分子式为 C$_{10}$H$_{12}$O$_2$,其^{1}H NMR谱图数值如下。如何证明化合物 A 是乙酸苯乙酯而不是其同分异构体丙酸苄酯?

δ 7.25ppm(m,5H);4.3ppm(t,2H);2.9ppm(t,2H);2.2ppm(s,3H)

由分子式可知该化合物为不饱和化合物,出现了四组不同化学环境的吸收峰。根据表 7-3 有关化学位移的信息,化学位移在 7.25ppm 的多重峰(m),积分面积为 5,表明分子中含有苯环,且为单取代苯。另外,含有两个相连的亚甲

基(均裂分为三重峰 t)和一个单独的甲基(s 单峰)。在较低场的亚甲基可能有—CH₂OCO—
的连接方式,甲基可能为—COCH₃连接,另一个亚甲基可能直接与苯环相连。以上分析表明
化合物 A 为乙酸苯乙酯,而不是丙酸苄酯。如果是后者,那么该甲基的化学位移应该更趋于
高场,甲基的偶合裂分应该是三重峰,相应与之相连的亚甲基偶合裂分应为四重峰。乙酸苯乙
酯和丙酸苄酯的¹H NMR数值归属如下,两者的¹H NMR谱图见图 7 - 24。

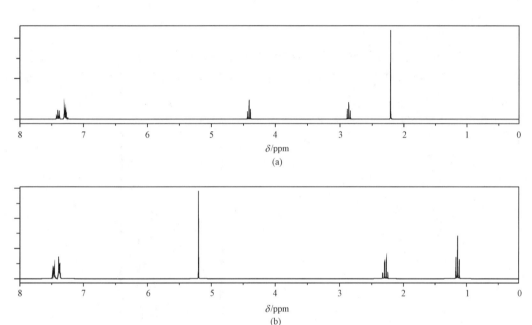

图 7 - 24　(a)乙酸苯乙酯和(b)丙酸苄酯的¹H NMR谱图

*7.3.6　核磁共振碳谱

　　有机化合物骨架都是由碳原子组成,与¹H 一样,¹³C核也具有核磁共振现象($I = 1/2$),
¹³C NMR可以提供很有用的结构信息。但由于碳元素的唯一具有核磁共振特性的同位素¹³C
的天然丰度仅为¹²C的 1.1‰(表 7 - 2),¹³C 核的磁旋比 γ 约是¹H核的 1/4,已知 NMR 灵敏度
与 γ^3 成正比,所以¹³C NMR 的灵敏度仅是¹H NMR的 1/5800(1.1‰×γ^3)。要得到一张有实
用价值的¹³C NMR谱图一般要扫描累加很长时间,需要样品量较大。不过 20 世纪 70 年代后,
脉冲傅里叶变换技术(PFT)和质子(宽带)去偶技术(所有等价碳都表现为单峰)等一系列技术
的应用,使得¹³C NMR成为常用的研究复杂有机分子的重要手段。

　　与¹H NMR相比,¹³C NMR谱具有许多优点:首先¹³C NMR的化学位移值范围很广(0～
220ppm),分辨能力远高于¹H NMR谱;在氢谱中¹H—¹H之间的偶合裂分十分重要,而
¹H—¹³C间的偶合裂分使图谱十分复杂,常规的碳谱采用去偶技术,使¹³C 的谱线都去偶形成
分离的单峰,使复杂的谱图简单化;在¹³C NMR谱图中,由于去偶,碳原子数与积分面积不存
在定量关系,因此图中没有积分曲线。图 7 - 25 是一些常见基团中碳原子的¹³C NMR化学位

移的范围。

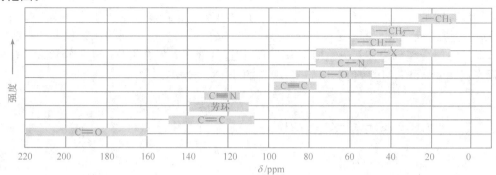

图 7 - 25 ¹³C NMR化学位移范围

利用¹³C NMR 技术可以很好地解析结构较为复杂的有机分子。例如,对于仅含 5 个碳原子的 1-氯戊烷,¹H NMR 谱只能表明 CH₃—和—CH₂Cl 上的质子吸收峰(分别为 0.9ppm 和 3.55ppm),而 CH₃CH₂CH₂CH₂CH₂Cl 上其他 C2、C3 和 C4 的 6 个质子仅在 1.4ppm 和 1.8ppm 处出现不容易解析的两组多重峰,如图 7 - 26(a)所示。

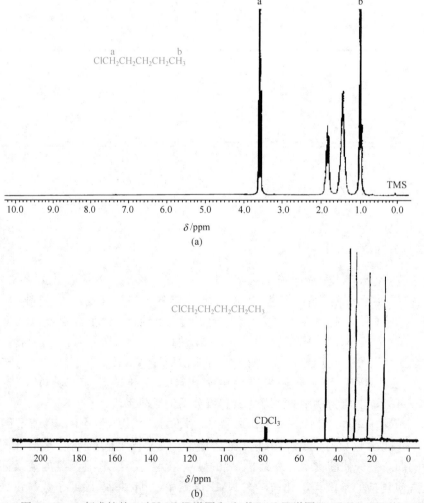

图 7 - 26 1-氯戊烷的(a)¹H NMR谱图和(b)¹³C NMR谱图(200MHz,CDCl₃)

与¹H NMR谱图相比,1-氯戊烷的¹³C NMR谱图[图 7-26(b)]清楚地出现了 5 个碳核的 5 组吸收峰,使其变得十分容易指认。同时¹³C NMR化学位移的数值也与¹H NMR类似,由于受到氯原子吸电子效应的影响,C^a 核受到去屏蔽作用,化学位移处于低场;而CH_3—离氯原子最远,受到屏蔽作用最大,其化学位移处于最高场。

$$Cl—CH_2—CH_2—CH_2—CH_2—CH_3$$

¹³C NMR的化学位移/ppm　　　45　　33　　29　　22　　14

同样,¹H NMR谱图一般不能很好地表明苯环上质子的化学环境差异,而利用¹³C NMR 谱图就能够很好地确定苯环上取代基的位置。例如,乙苯在¹³C NMR谱图上产生 6 组信号,它们分别为乙基上 2 个碳,与乙基相连苯环上的 1 个碳,苯环上的 2 位和 6 位上的两个邻位碳是等价的,苯环上的 3 位和 5 位上的两个间位碳也是等价的,再加上 4 位的一个碳,一共是 6 组信号。

再如,仅从 3-甲基苯酚的¹H NMR谱图[图 7-27(a)]难以清楚地指认苯环上取代基的情况,而测定它的¹³C NMR谱图[图 7-27(b)]可以清楚指认出苯环上各种不同位置的碳。

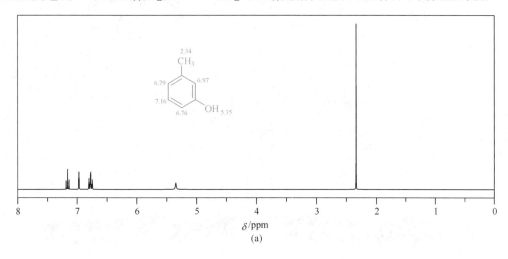

(a)

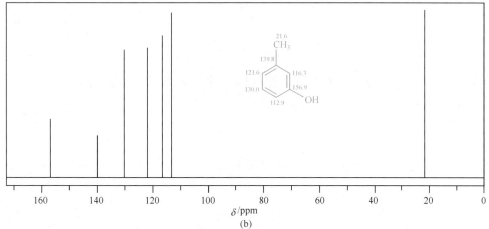

(b)

图 7-27　3-甲基苯酚的(a)¹H NMR谱图和(b)¹³C NMR谱图

在¹³C NMR谱图解析中应当注意谱线数与实际碳原子数的关系。如果分子无对称性,分子中的碳原子数应当等于质子去偶碳谱中的谱线数[图 7-27(b)]。谱线数少于碳数,则说明

分子中存在对称性。一般对称性越强,谱线数越少。如果碳谱中的谱线数多于分子中的碳原子数,那可能是溶剂峰、杂质峰或存在异构体等。图 7-28 是我国科学家合成的 $C_{50}Cl_{10}$ 的 ^{13}C NMR谱图[Science,304,699(2004)],由于分子高度对称,因此分子中的 50 个碳原子仅仅出现 4 组谱线,该谱图扫描累加了两万七千多次,噪声峰较强,同时也呈现了很强的 C_6D_6 溶剂峰。

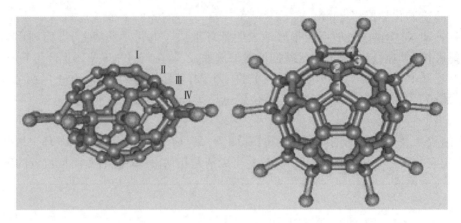

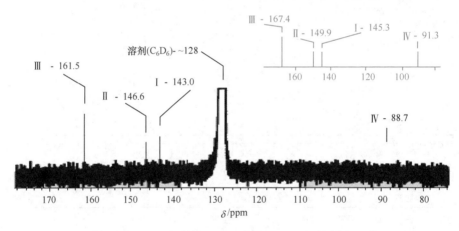

图 7-28　$C_{50}Cl_{10}$ 的 ^{13}C NMR谱图(750MHz,溶剂 C_6D_6)
右上角为计算机模拟图

目前,^{13}C NMR 已经成为有机化合物结构测定、构象分析、动态过程跟踪、反应活性中间体捕捉及反应历程研究中常用的方法和有力的工具。

拓展:

Chem Draw 等化学软件可以给出较简单化合物的 ^{1}H NMR 和 ^{13}C NMR 参考化学位移值和参考谱图。

7.4 紫 外 光 谱

7.4.1 电子跃迁与紫外光谱

紫外光谱(ultraviolet spectroscopy,UV)是电子光谱,可研究分子中电子的跃迁。紫外光区域的波长范围是 100~400nm,分为远紫外区(100~200nm)和近紫外区(200~400nm)。紫

外光谱通常指近紫外区的吸收光谱。波长在 400~800nm 的电磁波称为可见光谱。常用的分光光度计一般包括紫外和可见两部分。

在电子光谱中,价电子吸收一定波长的电磁辐射发生跃迁。有机化合物的价电子有三种类型:形成单键的 σ 电子、形成多重键的 π 电子、杂原子(氧、氮、硫、卤素等)上未成键的 n 电子。各类电子吸收紫外光后,由稳定的基态(成键轨道或非键轨道)向激发态(反键轨道)跃迁,各级轨道的能级见图 7-29。

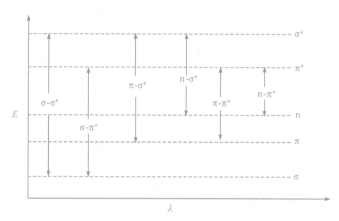

图 7-29　分子轨道能级及电子跃迁类型

由图 7-29 可知,可能的电子跃迁方式有 6 种。但实际上,由跃迁规律(轨道对称性的限制)所决定,有机分子最常见的跃迁主要为以下四种。

(1) σ→σ* 跃迁:σ 电子由能级最低的 σ 成键轨道向能级最高的 σ* 反键轨道的跃迁,需较高的能量,在近紫外区无吸收(波长范围<150nm)。

(2) n→σ* 跃迁:含有—OH、—NH₂、—S、—X 等基团的饱和烃衍生物,其杂原子上未成键的 n 电子被激发到 σ* 轨道。n→σ* 跃迁所需能量比 σ→σ* 低,但大部分吸收仍在远紫外区。

(3) π→π* 跃迁:不饱和有机化合物多重键 π 电子跃迁到 π* 轨道。孤立多重键 π 电子的 π→π* 吸收峰在远紫外区,对研究分子结构意义不大。但共轭多重键 π 电子的跃迁向长波递增,吸收峰一般在 200nm 以上,其吸收系数 k 值很大,为强吸收。

(4) n→π* 跃迁:当分子中含由杂原子形成的不饱和键(如 $C{=}O$、$C{\equiv}N$)时,杂原子上的 n 电子可跃迁到 π* 轨道。n→π* 跃迁所需能量少,产生的紫外吸收波长最长,但吸收强度弱。如果这些基团与 $C{=}C$ 共轭,形成含有杂原子的共轭体系,则 n→π* 的跃迁能级差减小,吸收峰向长波方向移动。

这几种跃迁方式的能级差顺序为 n→π* < π→π* < n→σ* < σ→σ*。若控制光源,使紫外光按波长由短到长的顺序依次照射试样分子,外层价电子就吸收相应波长的光,从基态跃迁到能量高的激发态。将吸收强度随波长的变化记录下来,得到的吸收曲线即为紫外吸收光谱,简称紫外光谱。

紫外光谱图的横坐标一般为波长(单位为 nm);纵坐标为吸收强度,多用吸光度 A、摩尔吸收系数 k 或 $\lg k$ 表示。吸收强度遵守 Lambert-Beer 定律:

$$A = \lg \frac{I_0}{I} = \lg \frac{1}{T} = kcl$$

式中,A 为吸光度;I_0 为入射光强度;I 为透射光强度;T 为透射率(以百分数表示);k 为摩尔

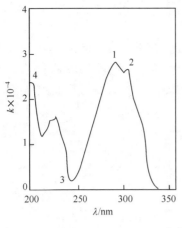

图 7-30 反-1,2-二苯乙烯的紫外吸收光谱

吸收系数,是浓度为 $1mol \cdot L^{-1}$ 的溶液在 1cm 厚度的样品池中,于一定波长下测得的吸收光,单位为 $L \cdot mol^{-1} \cdot cm^{-1}$(通常省略);$c$ 为溶液的浓度,单位为 $mol \cdot L^{-1}$;l 为液层厚度,单位为 cm。

图 7-30 是反-1,2-二苯乙烯的紫外吸收光谱。图中曲线的峰 1 称为吸收峰,对应的波长为最大吸收波长(λ_{max});2 为肩峰;曲线谷 3 对应的波长称为最小吸收波长(λ_{min});吸收很大但不成峰形的部分 4 称为末端吸收。

文献中报道的化合物紫外光谱数据为最大吸收波长及相应的摩尔吸收系数。有的同时报道最低谷的波长及其摩尔吸收系数。例如,丙酮的紫外吸收是 $\lambda_{max}^{正己烷}=279nm(k=15)$,表示丙酮在正己烷溶液中于 279nm 处有最大的吸收,该吸收峰的摩尔吸收系数为 15。

7.4.2 紫外谱图解析

1. 生色团、助色团、红移和蓝移

能吸收紫外光或可见光导致价电子跃迁的基团为生色团(chromophore),一般是具有不饱和键的基团,如 $C=C$、$C=O$、$C=N$ 等,主要产生 $\pi \rightarrow \pi^*$ 及 $n \rightarrow \pi^*$ 跃迁。不饱和程度的增加或共轭链的增长,可使紫外吸收峰向长波方向移动。例如,1,3,5-三辛烯的紫外吸收波长比共轭程度小的 1,3,6-辛三烯的吸收波长长。

$$\lambda_{max}=271nm \qquad \lambda_{max}=217nm$$

助色团(auxochrome)系指本身在紫外光或可见光区不显吸收,当连接一个生色团后,使生色团的吸收峰移向长波,并可能使其吸收强度增加的原子或基团,如—OH、—NH、—OR 和 X 等。

由于这种取代基或溶剂的影响,吸收峰向长波方向移动的现象称为红移(red shift);反之,则称为蓝移(blue shift)。

2. 紫外谱图解析

紫外吸收光谱反映了分子中生色团和助色团的特性,常用来推测不饱和基团的共轭关系,以及共轭体系中取代基的位置、种类和数目等。单独用紫外光谱图不能确定分子结构,使其应用有一定的局限性。但紫外光谱与其他波谱学方法结合,对许多骨架比较确定的分子,如萜类、甾族、天然色素、各种染料以及维生素等结构的鉴定,还是起着重要作用。例如,含有长链共轭体系的 β-胡萝卜素和番茄红素,是分子式均为 $C_{40}H_{56}$ 的四萜类化合物,采用 IR 或 NMR 难以指认,但可以方便地通过紫外光谱测定来区别。

β-胡萝卜素 $\lambda=482nm,451nm$ 和 430mm(石油醚)　　　番茄红素 $\lambda=506nm,475nm$ 和 447mm(石油醚)

对一未知化合物的紫外谱图,常可依靠经验规律先进行初步解析。

化合物若在 $220\sim700nm$ 无吸收,说明分子中不存在共轭体系,也不含 Br、I、S 等杂原子。$210\sim250nm$ 有强吸收($k=10000\sim25000$),说明分子中有两个双键的共轭体系,如共轭双烯或 α,β-不饱和醛、酮等。$250\sim290nm$ 有中等强度吸收($k=200\sim2000$),分子中可能含有苯环,峰的精细结构是苯环的特征吸收。$250\sim350nm$ 有弱吸收($k=10\sim100$),分子中可能含 $n\rightarrow\pi^*$ 跃迁基团,如醛、酮的羰基或共轭羰基。$300nm$ 以上有高强度吸收,可能有长链共轭体系;若吸收强度高并具有明显的精细结构,可能是稠环芳烃、稠杂环芳烃或其衍生物。

思考:

从结构上看,染料分子都含有大的共轭体系结构,而漂白剂一般都是氧化剂。请问漂白剂漂白的基本原理是什么?

紫外光谱的操作快速简便,能够很快确定共轭体系有机化合物的结构。例如,2-(1-环己烯)-2-丙醇在浓硫酸作用下脱水,可以发生 1,2-消除和 1,4-消除,分别生成两种不同的共轭烯烃,利用紫外光谱很容易确定其结构。已通过紫外光谱测定证明该反应主要为 1,4-消除的脱水产物(B),这与双键上连有较多取代基的烯烃较稳定的规律一致。

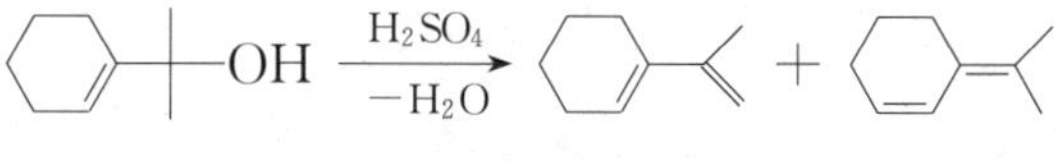

(A) 229nm   (B) 242nm

紫外光谱除了用于确定共轭体系中取代基的位置、种类和数目外,根据摩尔吸收系数可以精确定量化合物的浓度,从而可以通过固定在某化合物吸收的波长,根据紫外吸收峰吸光度的变化,测定反应化合物的纯度或者化学反应的动力学。

7.5 质 谱

质谱(mass spectrometry)法可以给出化合物的相对分子质量,并可给出关于分子式的信息,高分辨质谱还可以给出有关分子离子和碎片离子的精确质量。质谱分析具有样品用量少($<10^{-5}$ mg),灵敏度高等优点。特别是色谱与质谱联用技术以及一些新的质谱技术的应用,为有机混合物的分离以及生物大分子的鉴定和研究提供了快速、有效的分析方法。

7.5.1 质谱的基本原理

质谱是化合物分子在高真空条件下受电子流的轰击或在强电场等方法的作用下,失去一个外层电子而生成分子离子(M^+),同时发生某些化学键有规律的裂分,生成具有不同相对质量的带正电荷的离子。不同离子的相对质量 m 与其所带的电荷数 z 的比值(质荷比 m/z)被收集并记录下来,形成该化合物的质谱图。

质谱仪主要由高真空系统、进样系统、离子源、加速电场、质量分析系统、检测和记录系统组成(图 7-31)。目前使用的磁偏转质谱仪有单聚焦质谱仪和双聚焦质谱仪,前者为低分辨质谱仪,后者为高分辨质谱仪。此外还有四极杆质谱仪和扫描速度快的飞行时间质谱仪。目

前使用的离子化技术也很多,用于有机化合物分析的主要有电子轰击(EI)、化学电离(CI)、场离解(FI)、场解析(FD)、快原子轰击(FAB)、电喷雾电离(ESI)和基质辅助激光解析(MALDI)等方法,在有机化学研究中可以根据样品的特性而选择不同的方法。

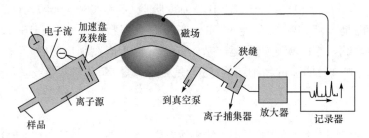

图 7-31 质谱仪工作示意图

图 7-32 是乙醇的质谱图,图中横坐标是电离后收集到的各种不同的质荷比 m/z,纵坐标是它的相对丰度(RI)(或强度)。图中质荷比最大的峰(m/z 46)通常为分子离子峰。最强的离子峰称为基峰(m/z 31),相对丰度为 100%,其他峰的峰高则用相对于基峰的百分数表示。由分子结构与裂解方式的经验规律,根据分子离子和各种碎片离子的质荷比及其相对丰度,就可以进行结构分析。

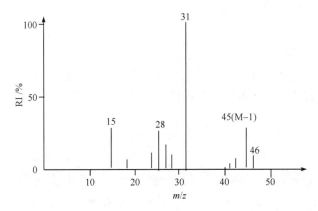

图 7-32 乙醇的质谱图

7.5.2 质谱解析

在质谱中出现的离子有分子离子、同位素离子、碎片离子、重排离子、多电荷离子、亚稳离子及二次离子,它们在结构分析上可用于确定有机化合物的相对分子质量和分子式。进一步可根据分子结构的裂解方式及经验规律,鉴定化合物的官能团,给出分子的结构信息。

1. 分子离子峰

在质谱解析过程中,分子离子具有特别重要的意义,它的指认为有机化合物的相对分子质量确定提供了可靠的信息。由于分子离子实际上是一个自由基型离子,该离子只带一个电荷,其 m/z 就是它的相对分子质量。如果能够正确指认质谱图上的分子离子峰,就可以直接在质谱图上读出被测化合物的相对分子质量。再根据分子离子和相邻质荷比较小的碎片离子的关系,可以判断化合物的类型及可能含有的基团。

在质谱图中分子离子峰(M^+)应该是含有最高质荷比的离子峰。大多数有机化合物在质谱图中都能够观察到分子离子峰,其相对强度取决于有机化合物的分子结构和稳定性。例如,芳香族化合物容易失去一个电子形成稳定的正离子,分子离子峰的强度较大。烷烃和醇类的分子离子峰的强度较弱,如图 7 - 32 中乙醇的分子离子峰就比较弱。但根据其脱水生成 $CH_2{=}CH_2^+$ m/z 28 的碎片离子峰和其他相关的碎片离子峰(m/z 31),可以容易推出乙醇的裂解规律。

$$CH_3 \!-\! CH_2 \!-\! \overset{\centerdot\,+}{O} \!-\! H \longrightarrow CH_3 \!\cdot\! + CH_2 {=} \overset{+}{O} \!-\! H$$
$$\qquad\quad m/z\ 46 \qquad\qquad\qquad\qquad m/z\ 31$$

烷烃分子的分子离子峰也很弱,如在大多数直链烷烃中基峰为 m/z 43,随着碎片离子的质荷比增加,它们的相对丰度逐渐降低。图 7 - 33 是正癸烷的质谱图,这些碎片峰是沿着每一个可能的 C—C 键断裂而产生的。

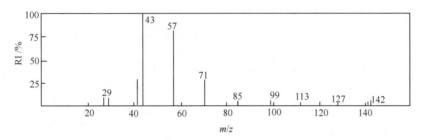

图 7 - 33　正癸烷的质谱图和断裂方式

含有苯环的芳香族化合物比较稳定,分子离子峰比较明显。例如,烷基苯的分子离子峰较强或中等,一般容易裂分为苄基正离子,由于存在苯环的共轭效应,形成的苄基正离子往往是基峰。图 7 - 34 是丙基苯的质谱图和断裂方式。

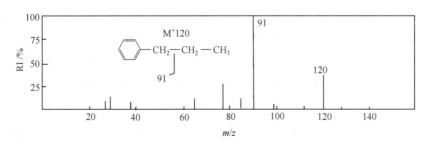

图 7 - 34　丙基苯的质谱图和裂分方式

2. 碎片离子峰

有机化合物大多由 C、H、O 和 N 元素组成,烃和含氧有机化合物的相对分子质量总是偶

数,而含奇数个氮原子的化合物的相对分子质量一定为奇数,也就是说,质荷比为偶数的单电荷分子离子峰不可能含奇数个氮原子。一般与烷烃和醇类似,简单有机胺分子离子峰的相对丰度比较低,需要根据相邻强度较大的碎片离子峰来确认。例如,三乙胺含有单个氮原子,质谱图(图 7 - 35)中高质荷比处有 m/z 100 和 m/z 101 两个峰,分析基峰 m/z 86 可以判断(101 − 86 = 15)为去掉了一个 · CH_3,那么可以判定奇数离子峰(m/z 101)为该化合物的分子离子峰,其他碎片离子峰的形成途径可能如下:

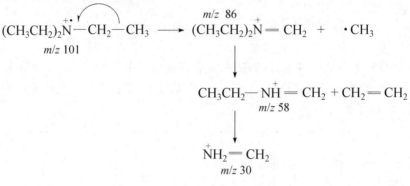

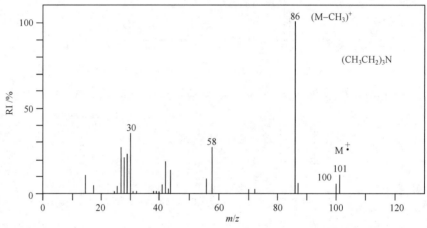

图 7 - 35　三乙胺的质谱图

3. 同位素峰

在质谱中,分子离子峰或碎片离子峰往往相邻有较其质荷比多质量 1 或 2 的峰,表示为 M+1 和 M+2 峰,这些峰称为同位素峰(isotope peak)。同位素峰的相对强度由同位素原子的天然丰度决定。常见元素的精确相对原子质量和天然同位素丰度见表 7 - 4。

表 7 - 4　常见元素的精确相对原子质量和天然同位素丰度

原子	相对原子质量	天然丰度/%	原子	相对原子质量	天然丰度/%
^{1}H	1.007825	99.98	^{35}Cl	34.968853	75.4
^{2}H	2.014102	0.015	^{37}Cl	36.965903	24.6
^{12}C	12.000000	98.89	^{79}Br	78.918336	50.57
^{13}C	13.003355	1.108	^{81}Br	80.916290	49.43
^{19}F	18.998403	100.00	^{127}I	126.904477	100.00

表中的数据表明:H 和 C 对 M+1 的相对强度贡献不太大,F 和 I 对 M+1 和 M+2 峰无影响,而 ^{37}Cl 和 ^{81}Br 对 M+2 峰的相对强度有很大的贡献。在卤代烃中,由于氯和溴的同位素在自然界中的天然丰度很大($^{35}Cl:^{37}Cl = 3:1$,$^{79}Br:^{81}Br$接近于1:1),因此在卤代烃质谱图的高质荷比处出现 M+2 峰,该处的峰即为同位素峰。通常对于一氯代烃 M+2 峰的相对强度一般是相应分子离子峰的三分之一。而对于单溴代烃的 M+2 峰一般应与其分子离子峰的相对强度相同。例如,在 1-溴丙烷分子中 ^{79}Br 占总溴的 50.6%,^{81}Br 占全溴的 49.4%,所以1-溴丙烷的 M:M+2=51:49,峰的强度几乎相等。质谱图中,如果在高质荷比处有两个相对丰度相等的 M 和 M+2 峰时,可以推测分子中含有单取代的溴原子。图 7-36 是 1-溴丙烷的质谱图。

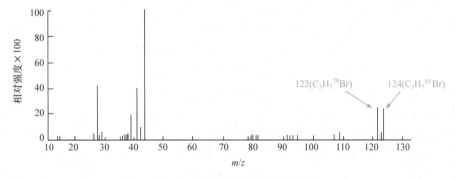

图 7-36　1-溴丙烷的质谱图

有机化合物中若含有多个氯和溴原子,其同位素峰的相对丰度可按$(a+b)^n$ 展开式的系数推算。如果同时存在氯或溴原子,则可按$(a+b)^m(c+d)^n$ 的展开式推算。式中,m 和 n 分别为分子中氯和溴原子的数目,a、b 和 c、d 在数值上可以近似为氯和溴同位素相对丰度的比值(3:1)和(1:1)。如果一个有机分子中含有两个氯原子,那么其同位素峰簇的相对丰度比为 M:M+2:M+4=9:6:1。我国科学家合成的含有更多氯原子$C_{50}Cl_{10}$的质谱图见图 7-37。

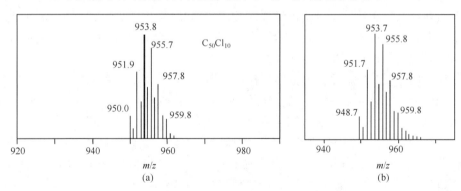

图 7-37　$C_{50}Cl_{10}$的质谱(a)实测图和(b)计算机模拟图

7.5.3　质谱新技术

近年来,质谱技术的发展主要集中在离子源和质量分析器两个核心部件。美国科学家 J. B. Fenn(芬恩)和日本科学家田中耕一分别因在电喷雾电离和基质辅助激光解析电离方面的杰出贡献,与瑞士科学家 K. Wüthrich(在核磁方面作出贡献)一起获得 2002 年诺贝尔化学奖。

出于复杂混合样品的分析需求,质谱经常与气相色谱或液相色谱联用,实现样品的多组分

定量与定性分析。气相色谱-质谱联用仪器（GC-MS）中，电子轰击离子源（electron ionization，EI）和化学电离离子源（chemical ionization，CI）是技术发展最成熟的常规离子源。GC-MS 适合于气体、易挥发有机物样品的测定。

在液相色谱-质谱联用仪器（LC-MS）中，发展最快的是新型软电离离子源，包括电喷雾离子源（electrospray ionization，ESI）、大气压化学离子源（atmospheric pressure chemical ionization，APCI）、大气压光电电离源（atmospheric pressure photo ionization，APPI）。ESI 源是样品液流在雾化气（N_2）辅助作用下，在高压电场中形成带电喷雾小液滴，小液滴因表面电荷聚集而发生库仑爆炸，使样品分子解离出来进入质谱。ESI 适于中至高极性小分子化合物。ESI 源因容易使样品带上多个电荷，而适合多肽、蛋白质等大分子分析。APCI 源是使样品液流在雾化气作用下被喷射通过加热区并气化，同时电晕放电针产生的电子流首先电离溶剂分子，生成反应离子，样品和反应离子发生离子-分子反应生成带电离子。一些弱极性或非极性有机化合物在 ESI 源和 APCI 源的作用下不容易电离，但在紫外光照射下容易吸收光子能量而电离。APPI 源就是在大气压下利用光化学作用将样品离子化的离子源。APPI 源很好地弥补了 ESI 源和 APCI 源在弱极性或非极性有机化合物电离上的缺憾。

此外，还有基质辅助激光解析电离飞行时间质谱（MALDI-TOF MS），它是近年来发展起来的一种新型软电离有机质谱。其原理是基质与样品混合在金属靶上形成共结晶薄膜，当用 337nm 激光照射结晶薄膜时，基质分子吸收脉冲激光能量，并将能量传递给样品分子，同时提供质子，促进样品分子的离子化，基质与样品分子瞬间气化电离，在电场作用下加速从质量分析器飞行而被检测。MALDI 技术通过引入基质分子，使待测分子不产生碎片，解决了非挥发性和热不稳定性生物大分子解析离子化的问题。它已成为检测和鉴定多肽、蛋白质、多糖、核苷酸、糖蛋白、高聚物以及多种合成聚合物的强有力工具。

2004 年美国普渡大学的 Cooks 研究组在 Science 上报道了一种电喷雾解吸电离（desorption electrospray ionization，DESI）技术。它直接将电喷雾的带电液滴和溶剂离子射向被分析物表面，就可以使样品表面的分子解吸附并带上电荷而被质谱检测。DESI 技术的突破在于它可以直接在大气压环境下分析未经任何处理的样品，如皮肤、砖块、花朵、尿迹、生理组织等。目前，DESI 电离技术只为少数专家所掌握，主要用于研究性使用，还没有商品化。DESI 源小型质谱在现场快速检测中具有非常好的应用潜力。

有机质谱因质量分析器不同而分为四极杆质谱、三重四极杆质谱、离子阱质谱、磁质谱、飞行时间质谱（TOF MS）、傅里叶变换质谱（FT-MS）等。四极杆质谱、三重四极杆质谱、离子阱质谱都属于低分辨质谱。高分辨质谱具有质量分辨率高、灵敏度高、相对分子质量精确、质量范围宽等强大功能，对确定化合物的元素组成和痕量成分在复杂背景中的确证和筛选、生物大分子分析等有重要意义。高分辨质谱的类型主要包括 TOF MS、磁质谱、傅里叶变换离子回旋共振质谱（FT ICR MS）、傅里叶变换静电场轨道阱（FT Orbitrap）。TOF MS 对小分子的分辨率可达 15000~20000 光谱半峰宽（FWHM），而 FT ICR MS 的分辨率高达 60000 光谱半峰宽，两者的检测灵敏度高至飞摩尔级。高分辨质谱对相对分子质量小于 500 的小分子的测定准确度在 5ppm 以下，可以提供化合物组成式信息，这对未知化合物的结构测定是非常重要的。近几年来高分辨串联质谱技术越来越受到青睐，各仪器公司最近都推出了电喷雾-四极杆/飞行时间串联质谱仪（ESI-Q/TOF MS）、电喷雾-离子阱/飞行时间串联质谱（ESI-IT/TOF MS）、电场轨道阱回旋共振组合质谱仪（LTQ / Orbitrap MS）等新型仪器，进一步拓展了质谱仪的应用领域。

拓展：

Sadtler 图谱集(Sadtler Spectra)是目前收集最多并连续出版的图谱集,包括标准图谱集(Sadtler Standard Spectra)、商业图谱集(Sadtler Commercial Spectra)和生化图谱集(Sadtler Biochemical Spectra),涉及的图谱有红外(棱镜)、红外(光栅)、紫外、拉曼、荧光、核磁共振氢谱、核磁共振碳谱等。

习　题

1. 分子中原子的振动方式有哪几种? 什么样的振动才能吸收红外光从而产生红外光谱?
2. 在红外光谱上波数为 $3800\sim1400\mathrm{cm^{-1}}$ 区称为官能团区,波数为 $1400\sim650\mathrm{cm^{-1}}$ 区称为指纹区。这两个区在推断化合物结构时各起什么作用?
3. 解释:乙醇和乙二醇四氯化碳浓溶液的 IR 谱在 $3350\mathrm{cm^{-1}}$ 处都有一个宽的 O—H 吸收带。当用四氯化碳稀释这两种醇溶液时,乙二醇光谱的这个吸收带不变,而乙醇光谱的这个带被 $3600\mathrm{cm^{-1}}$ 的一个尖峰替代。
4. 说明下图所示 2,3-二甲基-1,3-丁二烯的红外光谱中,用阿拉伯字母所标的吸收峰是什么键或基团的吸收峰。

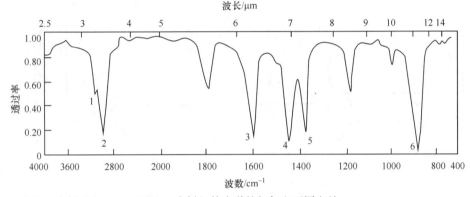

5. 简述 2-甲基-2-戊烯和 2,3,4-三甲基-2-戊烯红外光谱的相似和不同之处。
6. 下列四张 IR 图分别对应于苯、环己烷、氯仿和正己烷,请分别将它们归属。

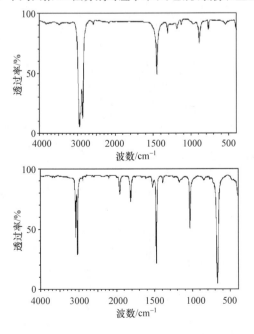

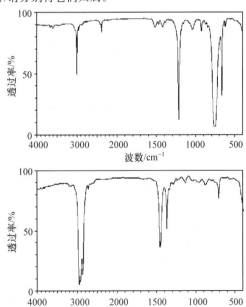

7. 下列化合物中各有几种等价质子？

    (1) $CH_3CH_2CH_3$ (2) $CH_3CH{=}CH_2$ (3) $CH_3CHClCH_2CH_3$ (4) 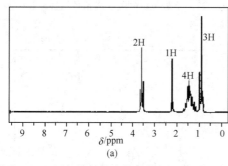   (5)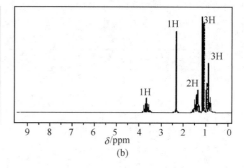

8. 下列化合物只有一个 NMR 信号，试写出各结构式。

    (1) C_5H_{12} (2) C_3H_6 (3) C_2H_6O (4) C_3H_4 (5) $C_2H_4Br_2$ (6) C_8H_{18}

9. 请将下列每个化合物的质子按化学位移值由大到小排列。

    (1) $CH_3CH_2CH_2Cl$ (2) CH_3CH_2OH (3) CH_3COOH (4) FCH_2CH_2Cl

    (5) $HC{\equiv}C{-}CH_3$ (6) $CH_3{-}CH{=}CH_2$ (7) $CH_3CH_2COOCH_3$

10. 用草图表示 $CH_3CH_2CH_2Cl$ 的三类质子在 ^1H NMR 谱图中的相对位置，并简述理由。

11. 说明下列化合物各有几组峰，每组峰各被裂分为几重峰，峰面积比为多少。

    (1) CH_3CH_2Cl (2) FCH_2CH_2Cl (3) $CH_3CH_2COOCH_3$

    (4) $HC{\equiv}C{-}CH_3$ (5) CH_3COOH

12. 分子式为 $C_4H_{10}O$ 的两个醇的 ^1H NMR谱图如下，何者为 1-丁醇？何者为 2-丁醇？

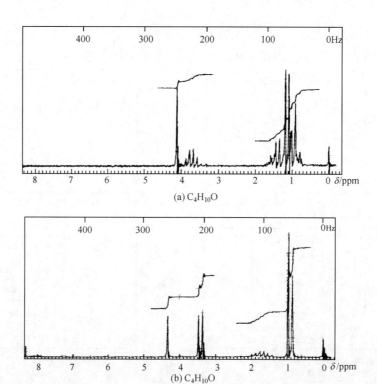

13. 给出与 NMR 图相符的化合物结构。

    (1)

(a) $C_4H_{10}O$

(b) $C_4H_{10}O$

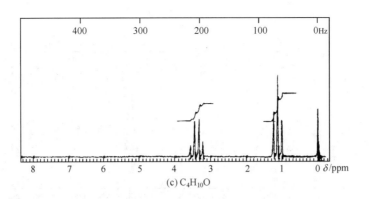

(c) $C_4H_{10}O$

(2)

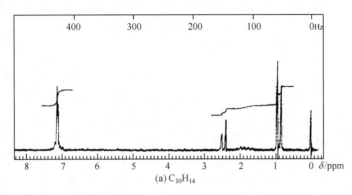

(a) $C_{10}H_{14}$

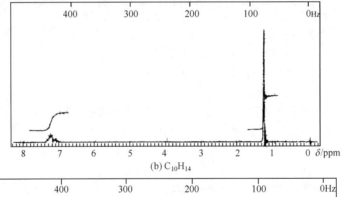

(b) $C_{10}H_{14}$

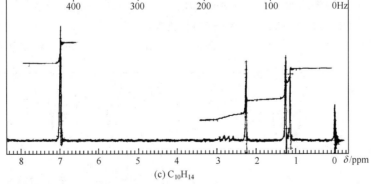

(c) $C_{10}H_{14}$

14. 根据红外光谱和核磁共振谱,推测化合物 C_8H_{16} 的结构。

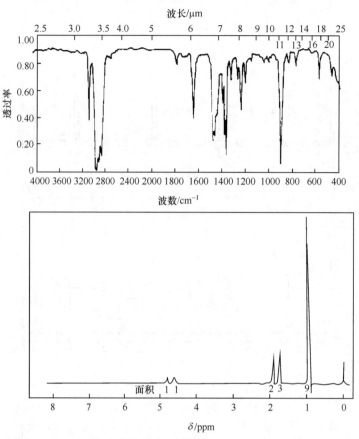

15. 有机化合物分子式为 $C_9H_{12}O$,红外光谱出峰位置为 $3600cm^{-1}$,$3000\sim2850cm^{-1}$,$1500cm^{-1}$,$1480cm^{-1}$,$810cm^{-1}$,$710cm^{-1}$。^1H NMR δ/ppm 7.2(s,5H),4.3(m,1H),3.9(d,1H),1.7(m,2H),0.9(t,3H)。推测其构造,并归属 IR 和^1H NMR。

16. 丙烷和丙醇分别能发生什么电子跃迁?它们的跃迁吸收带分别处在什么区域?

17. 将以下各化合物的紫外吸收最大吸收波长(λ_{max})值由大到小排列。

(1) $CH_2=CH_2$　　　　　　　(2) $CH_2=CH-CH=CH-CH=CH_2$

(3) $CH_2=CH-CH=CH_2$　　(4) $C_6H_5-CH=CH-C_6H_5$

18. 请解释什么是生色团,什么是助色团,并举例说明。

19. 请写出 CH_3CH_3 和 CH_3CH_2Cl 的分子离子峰和同位素峰。

20. 化合物的元素分析表明 C 62.1%,H 10.3%,O 27.6%。请根据如下 IR 和 MS 谱图推出化合物的结构。

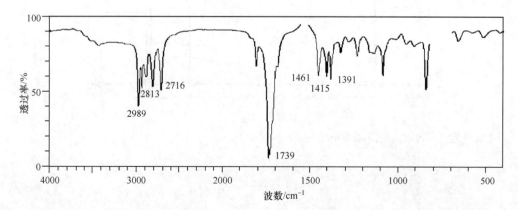

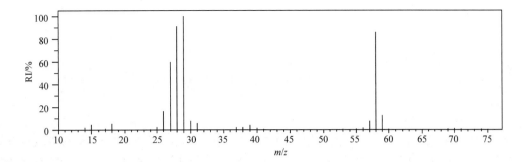

第 8 章　醇、酚和醚

醇和酚都是烃的含氧衍生物,含有相同的官能团羟基(hydroxy)(—OH)。醇(alcohol)为羟基与脂肪碳原子相连所得到的化合物;酚(phenol)为羟基与芳环上的碳原子直接相连的化合物;醚(ether)是醇或酚的衍生物,可视为醇羟基或酚羟基上的氢被烃基取代的化合物。例如:

CH_3CH_2OH 　　　　〈苯环〉—OH 　　　　$C_2H_5OC_2H_5$ 　　　　〈苯环〉—OCH_3

乙醇(ethanol)　　　苯酚(phenol)　　　乙醚 (ether)　　　苯甲醚(methyl phenyl ether)

Ⅰ　醇

8.1　醇的分类、命名和结构

8.1.1　醇的分类

根据分子中所含羟基的数目,可将醇分为一元醇、二元醇和多元醇等。

可以根据羟基所连的烃基不同将醇分为脂肪醇和脂环醇;根据羟基所连烃基的饱和程度不同,又可将醇分为饱和醇和不饱和醇。例如:

CH_3
　|
　CH—OH 　　　　〈环己基〉—OH 　　　　CH_2＝$CHCH_2OH$
　|
CH_3

脂肪醇　　　　　　　　脂环醇　　　　　　　不饱和醇

根据羟基所连碳原子的级数不同可分为伯醇、仲醇和叔醇。例如:

RCH_2—OH 　　　　　$\begin{matrix} R \\ | \\ C—OH \\ | \\ R^1 \end{matrix}$ (H) 　　　　　$\begin{matrix} R \\ | \\ R^1—C—OH \\ | \\ R^2 \end{matrix}$

伯醇(primary alcohol)　　　仲醇(secondary alcohol)　　　叔醇(tertiary alcohol)

8.1.2　醇的命名

醇的命名可采用有机化合物命名通法,母体为"醇"。不饱和醇的系统命名应选择含有羟基和不饱和键(双键或叁键)在内的最长碳链作为主链,编号时尽可能使羟基的位次最小。芳醇的命名可把芳基作为取代基。例如:

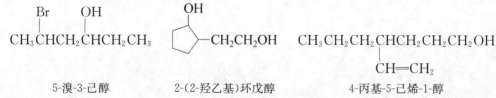

5-溴-3-己醇　　　　　　　2-(2-羟乙基)环戊醇　　　　　　4-丙基-5-己烯-1-醇

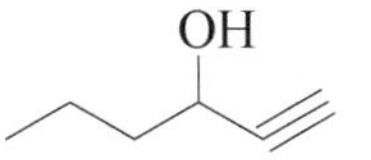

1-己炔-3-醇    2-苯乙醇(β-苯乙醇) 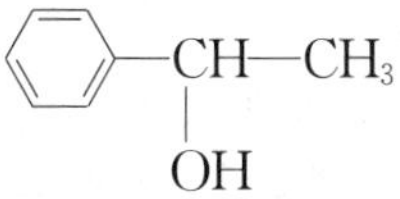   1-苯乙醇(α-苯乙醇) 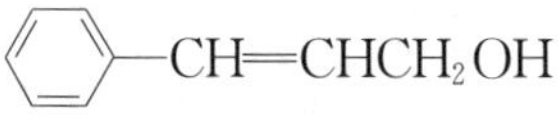   3-苯基-2-丙烯醇(肉桂醇)

含有两个以上羟基的多元醇,结构简单的常以俗名称呼。结构复杂的多元醇,其命名应选择含有尽可能多羟基的最长碳链作为主链,根据羟基的数目称为二醇、三醇等,并在名称前标明羟基的位次。因羟基通常是连在不同的碳原子上,所以当羟基数目与主链碳原子的数目相同时,可不标明羟基的位次。

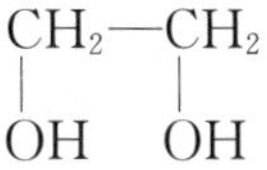

1,2-乙二醇   1,2,3-丙三醇   1,2-环戊二醇
(简称:乙二醇;俗名:甘醇)   (简称:丙三醇;俗名:甘油)

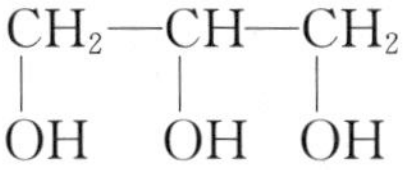

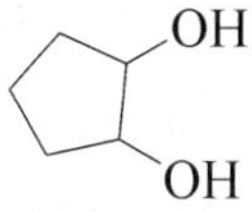

8.1.3 醇的结构

醇分子中 O—H 键是氧原子以一个 sp^3 杂化轨道与氢原子的 1s 轨道重叠而形成的;C—O键是碳原子的一个 sp^3 杂化轨道与氧原子的一个 sp^3 杂化轨道重叠而形成的。此外,氧原子还有两对孤对电子,分别占据另外两个 sp^3 杂化轨道,具有四面体结构。图 8-1 是甲醇和水的结构示意图。

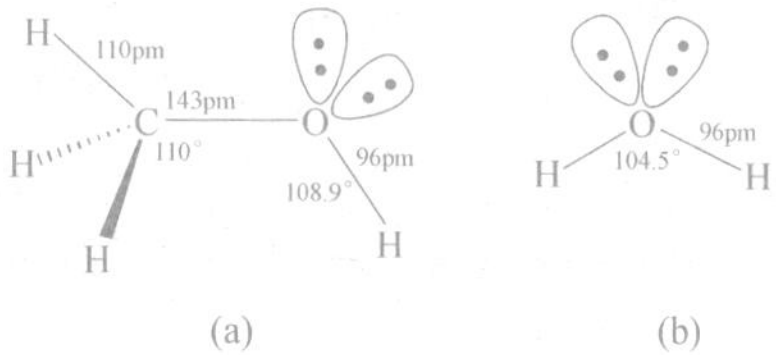

由于氧的电负性大于碳和氢,醇分子中的 C—O 键和 O—H 键都是极性键,醇是极性分子。

图 8-1 甲醇(a)和水(b)的结构

8.2 醇的物理性质与波谱特征

8.2.1 醇的物理性质

在常温下,含 1~4 个碳原子的直链饱和一元醇是无色有酒香味的液体;含 5~11 个碳原子的直链饱和一元醇为带有不愉快气味的油状液体;12 个碳以上的醇为无臭无味的蜡状固体。

低级直链饱和一元伯醇的沸点比相对分子质量相近的烷烃和卤代烃沸点高,这是由于醇分子间能通过氢键缔合。直链饱和一元醇的沸点随相对分子质量的增加而有规律地增加,每增加一个 CH_2,沸点升高 18~20℃。在醇的异构体中,直链伯醇的沸点最高,带支链的醇的沸点要低些;支链越多,沸点越低。醇分子间形成氢键如下所示:

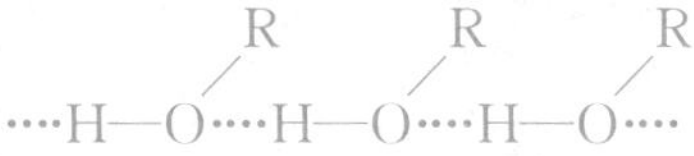

甲醇、乙醇、丙醇和异丙醇都能与水互溶。自正丁醇开始,随着烃基增大,在水中的溶解度降低,癸醇以上的醇几乎不溶于水。低级醇易溶于水,是因为醇分子与水分子间形成氢键。醇分子与水分子之间的作用力可以克服醇分子间的作用力,以及水分子间的作用力。但从正丁醇开始,随着烃基增大,烃基部分的范氏力增大,同时,烃基对羟基有位阻作用,阻碍了羟基与水分子形成氢键,因此在水中溶解度降低。多元醇含有两个以上羟基,可以形成更多的氢键,

故分子中所含羟基越多,沸点越高,在水中溶解度越大。

另外,醇在强酸中的溶解度也较大,这是因为它能与酸中的质子结合生成镁盐。镁盐为离子型化合物,可增加醇在水中的溶解度。一些常见醇的名称及物理常数见表8-1。

表8-1 一些常见醇的名称及物理常数

名称	结构式	熔点/℃	沸点/℃	相对密度(d_4^{20})	溶解度/[g·(100g H_2O)$^{-1}$]
甲醇	CH_3OH	−97	64	0.792	∞
乙醇	CH_3CH_2OH	−115	78	0.789	∞
丙醇	$CH_3CH_2CH_2OH$	−126	97	0.804	∞
异丙醇	$CH_3CHOHCH_3$	−88	82	0.789	∞
正丁醇	$CH_3(CH_2)_3OH$	−90	118	0.810	7.9
异丁醇	$(CH_3)_2CHCH_2OH$	−108	108	0.802	10.0
仲丁醇	$CH_3CH_2CHOHCH_3$	−114	100	0.807	12.5
叔丁醇	$(CH_3)_3COH$	25.5	83	0.789	∞
烯丙醇	$CH_2{=\!=}CHCH_2OH$	−129	97	0.855	∞
苯甲醇	$C_6H_5CH_2OH$	−15	205	1.046	4
乙二醇	$HOCH_2CH_2OH$	−13	197	1.113	∞
丙三醇	$HOCH_2CHOHCH_2OH$	18	290	1.261	∞

8.2.2 醇的波谱特征

1. 红外光谱

在红外光谱中,醇分子中游离 O—H 的伸缩振动吸收峰出现在 3500～3650cm^{-1},缔合的 O—H 在 3200～3400cm^{-1} 区域显示强而宽的吸收峰,为醇的特征吸收峰。伯醇的 C—O 键伸缩振动吸收峰在 1050～1085cm^{-1},仲醇的 C—O 键伸缩振动吸收峰在 1100～1125cm^{-1},而叔醇的 C—O 键伸缩振动吸收峰在 1150～1200cm^{-1}。图 8-2 为2-苯乙醇的红外光谱。

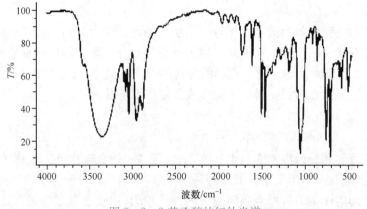

图 8-2 2-苯乙醇的红外光谱

2. 核磁共振氢谱

羟基的质子由于受分子间氢键的影响，其化学位移值不固定，与温度、浓度和氘代溶剂有关，化学位移一般在 1～5.5ppm。醇羟基质子的信号通常不与邻近质子的信号发生自旋-自旋偶合，在核磁共振谱中为一个单峰。由于氧原子的电负性较强，羟基所连碳原子上的质子的化学位移一般在 3.0～4.0ppm。

确定图谱中活性氢的方法是将重水（D_2O）加到所测样品中，由于 D 和 H 发生迅速交换，原来的羟基质子信号消失或者强度减小，同时在 $\delta=4.8$ppm 处出现一个水中氢的信号峰，由此可判断活泼氢（羟基氢）的信号。图 8-3 为 2-苯乙醇的 ^{1}H NMR谱，溶剂为氘代氯仿。

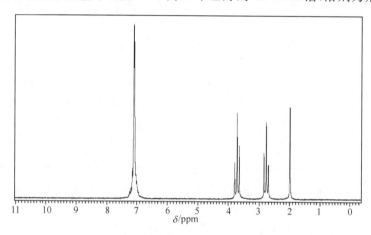

图 8-3 2-苯乙醇的 ^{1}H NMR谱

8.3 一元醇的化学性质

由醇的电荷分布示意图（图 8-4）可见，由于氧原子的电负性较大，O—H 易断裂，表现出酸性；氧原子周围电子云密度较大，可结合质子表现碱性，或作为亲核试剂与底物发生反应；氧原子的吸电子作用导致醇的 α 碳具有一定电正性，可被亲核试剂进攻；此外，氧原子的吸电子作用还会导致 αH 具有一定酸性，而且易被氧化。醇发生化学反应时化学键断裂的位置见图 8-5。

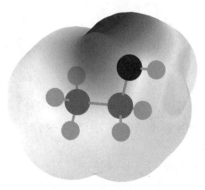

图 8-4 醇电荷分布示意图

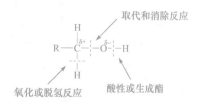

图 8-5 一元醇发生化学反应时化学键断裂位置

8.3.1 醇的酸性和碱性

1. 醇的酸性

醇和水分子都含有羟基,都是极性化合物,在一定条件下可解离出氢离子。醇与金属钠作用生成醇钠和氢气,但反应比水慢。例如,金属钠与乙醇的反应比较缓和,有氢气逸出,但不发生燃烧。利用这一特性,实验室中可用乙醇与金属钠反应制备乙醇钠,也常用异丙醇处理废弃的少量金属钠,而不致引起燃烧或爆炸。

$$2ROH + 2Na \longrightarrow 2RONa + H_2$$

从表 8-2 的 pK_a 数据可以看出醇都是较弱的酸,除甲醇之外,其余醇的酸性都比水弱。不同结构醇的酸性大小顺序为甲醇>伯醇>仲醇>叔醇,因此伯醇与钠的反应最快,而叔醇最慢。这是因为烷基的给电子诱导效应使 O—H 键的极性变弱。

表 8-2 一些常见醇和水的 pK_a 值

名称	pK_a	名称	pK_a	名称	pK_a
H_2O	15.7	$(CH_3)_2CHOH$	17.1	CF_3CH_2OH	12.4
CH_3OH	15.5	$(CH_3)_3COH$	18.0	$CF_3CH_2CH_2OH$	14.6
CH_3CH_2OH	15.9	$ClCH_2CH_2OH$	14.3	$CF_3CH_2CH_2CH_2OH$	15.4

醇的酸性比水弱,其共轭碱烷氧基负离子的碱性比 OH^- 强,所以醇钠遇水会水解为醇和氢氧化钠。

$$RONa + H_2O \longrightarrow NaOH + ROH$$

醇钠具有强碱性,可溶于过量的醇中,常用作碱性试剂或亲核试剂。例如,醇钠与卤代烃反应生成醚,该反应称为 Williamson 醚合成法。

$$RONa + R'CH_2X \longrightarrow RO—CH_2R'$$

工业上生产乙醇钠时,为避免使用昂贵的金属钠,采用乙醇与氢氧化钠反应并加入苯,以形成苯、乙醇和水的三元共沸物,带走反应中生成的水以促使平衡向产物乙醇钠的方向移动,最终可达到大规模生产乙醇钠的目的。

其他活泼金属如镁、铝等也可与醇反应生成醇镁和醇铝。醇镁和醇铝都是很重要的有机合成试剂。

$$C_2H_5OH + Mg \longrightarrow (C_2H_5O)_2Mg + H_2$$
$$(CH_3)_2CHOH + Al \longrightarrow [(CH_3)_2CHO]_3Al + H_2$$

2. 醇的碱性

醇羟基的氧原子含有孤对电子,醇又可作为碱。例如,乙醇能与强酸(硫酸)解离出来的 H^+ 结合生成鲜盐(质子化醇或烷氧镓离子),该鲜盐能溶解于浓硫酸,因此可利用这一性质将不溶于水的醇与烷烃以及卤代烃区分开。

$$R—\ddot{O}—H + H_2SO_4 \rightleftharpoons \left[R—\overset{+}{\underset{H}{\ddot{O}}}—H \right]^+ HSO_4^-$$

醇是 Lewis 碱,它能与质子或 Lewis 酸结合生成盐,盐的生成对醇的进一步反应起到了良好的促进作用。在以后的章节将会看到醇的若干重要反应,均涉及利用醇与强酸作用,生成鲜

盐这一性质。醇不能用无水氯化钙、无水氯化镁等干燥以制备无水醇,这是因为醇会与氯化钙、氯化镁等物质形成醇合物(醇化物,如 $CaCl_2 \cdot 4C_2H_5OH$,$MgCl_2 \cdot 6CH_3OH$),但可以用这一性质除去烃中少量的醇。

8.3.2　生成卤代烃

醇可以与多种卤化试剂作用,羟基被卤原子取代生成卤代烃。

导引：

　　醇和卤代烷由于都存在吸电子基团,因此都可以发生亲核取代反应。但是,为什么醇的亲核取代反应性比卤代烷弱? 为什么醇发生亲核取代反应时常需要酸作催化剂?

1. 醇与氢卤酸的反应

醇与氢卤酸发生亲核取代反应生成相应的卤代烃,这是制备卤代烃的重要方法之一。

$$R-OH + HX \longrightarrow RX + H_2O$$

反应中醇羟基的活性顺序为苄位和烯丙位醇＞叔醇＞仲醇＞伯醇,这是由于形成的碳正离子稳定性不同。

氢卤酸的酸性顺序为 $HI > HBr > HCl > HF$。HI 很容易与伯醇反应,HBr 需要加入硫酸增强酸性,HCl 需要与无水 $ZnCl_2$ 一起进行氯代反应。浓盐酸与无水 $ZnCl_2$ 所配成的溶液称为 Lucas(卢卡斯)试剂,可与不同的醇在常温下反应,叔醇反应最快,仲醇次之,伯醇最慢。反应中生成的氯代烷不溶于水,因此呈现浑浊或分层现象,观察反应中出现浑浊或分层的快慢,可以区分伯、仲、叔醇。但含六个碳以上的一元醇水溶性较差,一般不能利用 Lucas 试剂鉴别。甲醇、乙醇和异丙醇也不适用,这是因为生成的 CH_3Cl、CH_3CH_2Cl 为气体,而 $(CH_3)_2CHCl$ 沸点仅为 $36.5℃$,在未分层前已挥发。Lucas 试剂与伯、仲和叔醇的反应如下:

$$CH_3CH_2CH_2CH_2OH + HCl \xrightarrow[\text{加热才反应}]{ZnCl_2} CH_3CH_2CH_2CH_2Cl + H_2O \qquad \text{室温下无变化,加热后变浑浊}$$

$$\underset{\underset{CH_3}{|}}{\overset{\overset{CH_3}{|}}{H_3C-\underset{|}{\overset{|}{C}}-OH}} + HCl \xrightarrow[20℃,1min]{ZnCl_2} \underset{\underset{CH_3}{|}}{\overset{\overset{CH_3}{|}}{H_3C-\underset{|}{\overset{|}{C}}-Cl}} + H_2O \qquad \text{立即浑浊}$$

$$\underset{\overset{|}{OH}}{CH_3CHCH_2CH_3} + HCl \xrightarrow[20℃,10min]{ZnCl_2} \underset{\overset{|}{Cl}}{CH_3CHCH_2CH_3} + H_2O \qquad \text{放置片刻变浑浊}$$

由伯醇制备相应的溴代烷时,一般以溴化钠和浓硫酸为试剂。但制备碘代烷时不宜用此法,因为浓硫酸可使 HI 氧化为 I_2。在浓硫酸作用下仲醇可发生消除反应,因此,此法只适用于伯醇。

$$CH_3CH_2CH_2CH_2OH \xrightarrow[H_2SO_4]{NaBr} CH_3CH_2CH_2CH_2Br$$

伯醇与氢卤酸的反应一般按 S_N2 反应历程进行;仲醇、叔醇、烯丙醇、苄醇与氢卤酸反应一般按 S_N1 反应历程进行,由于生成碳正离子中间体,因此有的反应可能发生重排,甚至重排产物可能成为主产物。例如:

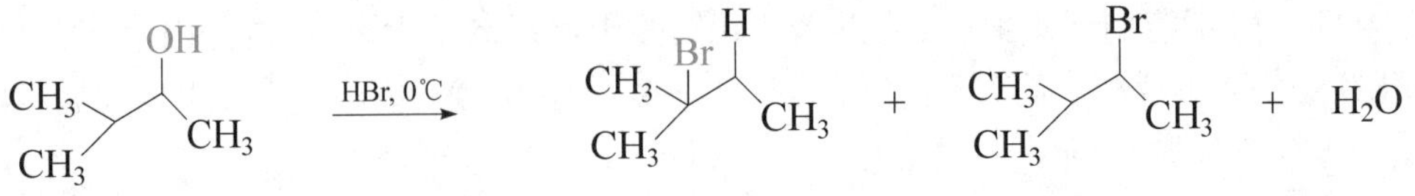

$$\text{主产物} \qquad\qquad \text{副产物（痕量）}$$

其反应历程如下：

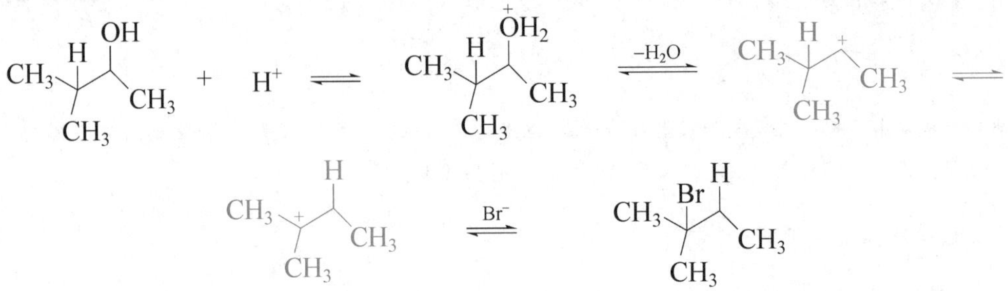

2. 醇与二氯亚砜反应

醇与二氯亚砜反应得到氯代烷，是制备氯代烷的常用方法之一。该反应条件温和，反应中生成的氯化氢和二氧化硫均为气体，易挥发除去而无残留物，经直接蒸馏可得纯的氯代烃。由于一般不发生重排反应，该方法是由伯醇和仲醇制备相应氯化物的较好方法。例如：

$$\text{CH}_3(\text{CH}_2)_3\underset{\underset{\text{C}_2\text{H}_5}{|}}{\text{CHCH}_2\text{OH}} + \text{SOCl}_2 \xrightarrow[\triangle]{\text{吡啶}} \text{CH}_3(\text{CH}_2)_3\underset{\underset{\text{C}_2\text{H}_5}{|}}{\text{CHCH}_2\text{Cl}}$$

3. 醇与卤化磷反应

用三氯化磷、五氯化磷等对醇进行亲核取代反应也是制备相应卤代烃的方法，这类卤化剂的活性比氢卤酸大，重排副反应也较少。例如：

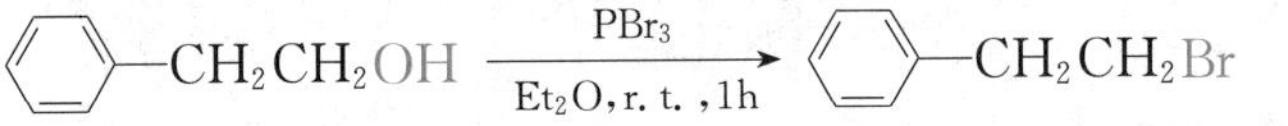

$$\text{C}_6\text{H}_5\text{—CH}_2\text{CH}_2\text{OH} \xrightarrow[\text{Et}_2\text{O,r.t.,1h}]{\text{PBr}_3} \text{C}_6\text{H}_5\text{—CH}_2\text{CH}_2\text{Br}$$

4. 经醇与磺酰氯反应为中间阶段的亲核取代反应

羟基为弱的离去基团，因此醇不易发生亲核取代反应。为了提高醇的反应活性，可将醇与磺酰氯（如对甲苯磺酰氯和甲烷磺酰氯等）反应，生成磺酸酯。磺酸根负离子为弱碱，是很好的离去基团，因此这类磺酸酯比醇更容易与 CN^-、烷氧基负离子、胺等进行亲核取代反应，分别生成腈、醚和胺类化合物。此外，磺酸酯也可以经氢化铝锂还原为烷烃。

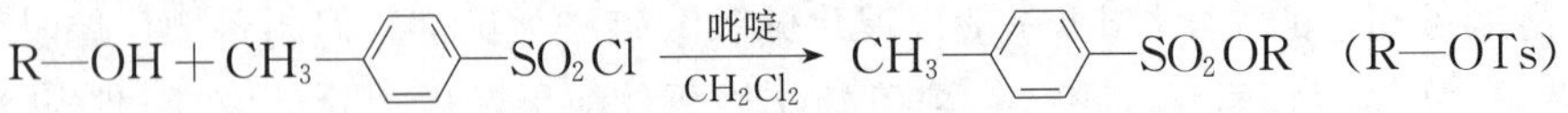

$$\text{R—OH} + \text{CH}_3\text{—}\underset{}{\text{C}_6\text{H}_4}\text{—SO}_2\text{Cl} \xrightarrow[\text{CH}_2\text{Cl}_2]{\text{吡啶}} \text{CH}_3\text{—C}_6\text{H}_4\text{—SO}_2\text{OR} \quad (\text{R—OTs})$$

$$\text{R—OTs} + {}^-\text{CN} \longrightarrow \text{R—CN} + {}^-\text{OTs}$$

$$\text{R—OTs} + {}^-\text{X} \longrightarrow \text{R—X} + {}^-\text{OTs}$$

$$\text{R—OTs} + \text{NH}_2\text{R}_1 \longrightarrow \text{R—NHR}_1 + {}^-\text{OTs}$$

$$\text{R—OTs} + {}^-\text{OR}_1 \longrightarrow \text{R—O—R}_1 + {}^-\text{OTs}$$

$$\text{R—OTs} + \text{LiAlH}_4 \longrightarrow \text{R—H} + {}^-\text{OTs}$$

例如：

$$\text{}\underset{}{\bigcirc}\!\!-NH_2 + CH_3CH_2CH_2CH_2OTs \xrightarrow{DMF} \underset{}{\bigcirc}\!\!-NHCH_2CH_2CH_2CH_3$$

鲨肝醇的合成也利用了类似的策略。反应以丙三醇为原料，在 HCl 作用下与丙酮进行亲核加成反应（详见 9.4.2），而后醇羟基与对甲苯磺酸十八醇酯反应，再脱去丙酮保护，得到鲨肝醇。

$$\begin{matrix} CH_2OH \\ | \\ CHOH \\ | \\ CH_2OH \end{matrix} \xrightarrow{Me_2CO,HCl} \begin{matrix} CH_2OH \\ | \\ CHO \\ | \\ CH_2O \end{matrix}\!\!\underset{CH_3}{\overset{CH_3}{<}} \xrightarrow[KOH,C_6H_5CH_3]{C_{18}H_{37}OTs} \begin{matrix} CH_2OC_{18}H_{37} \\ | \\ CHO \\ | \\ CH_2O \end{matrix}\!\!\underset{CH_3}{\overset{CH_3}{<}} \xrightarrow{EtOH,HCl} \begin{matrix} CH_2OC_{18}H_{37} \\ | \\ CHOH \\ | \\ CH_2OH \end{matrix}$$
$$\text{鲨肝醇}$$

8.3.3　脱水和消除反应

在不同的反应条件下，醇可以发生分子内脱水生成烯烃，也可以发生分子间脱水生成醚。

思考：

为什么卤代烷的消去反应在碱性条件下进行，而醇却在酸性条件下脱水？

1. 醇分子内脱水生成烯烃

醇在硫酸、磷酸或对甲苯磺酸等存在下，经加热（较高温度）发生消除反应，脱水生成烯烃。不同醇脱水生成烯烃由易到难的顺序为叔醇＞仲醇＞伯醇。醇脱水的消除反应取向与卤代烃消除卤化氢相似，符合 Zaitsev 规则，脱去的是含氢较少的碳上的氢原子，即生成双键碳上连有较多取代基的烯烃或共轭烯烃。如果醇脱水生成的烯烃有顺、反异构体时，主要得到反式产物。

$$CH_3CH_2OH \xrightarrow[180℃]{H_2SO_4} CH_2\!=\!CH_2 + H_2O$$

$$\underset{\underset{OH}{|}}{CH_3CH_2CHCH_3} \xrightarrow{H_2SO_4} \underset{80\%,主产物}{CH_3CH\!=\!CHCH_3} + \underset{20\%,副产物}{CH_3CH_2CH\!=\!CH_2}$$

首先发生的是醇羟基的质子化，再脱水形成碳正离子中间体，最后消除氢质子生成烯烃（E1 历程）。由于醇分子内脱水通常通过碳正离子中间体，因此有时会发生碳正离子重排。例如，1-丁醇在硫酸中发生脱水反应，主要产物是 2-丁烯，而不是 1-丁烯。

$$CH_3CH_2CH_2CH_2OH + H^+ \longrightarrow CH_3CH_2CH_2CH_2O^+H_2 \xrightarrow{-H_2O}$$

$$CH_3CH_2CH\!=\!CH_2$$

$$CH_3CH_2CH_2\overset{+}{CH_2} \xrightarrow{-H^+} $$

$$CH_3CH_2\overset{+}{CH}CH_3 \xrightarrow{-H^+} \underset{主产物}{CH_3CH\!=\!CHCH_3}$$

若是脂环醇，经碳正离子重排，可能导致扩环，得到扩环产物。例如：

$$\text{cyclopentyl-CH}_2\text{OH} \xrightarrow[-H_2O]{H^+} \text{cyclopentyl-CH}_2^+ \longrightarrow \text{cyclohexyl}^+\text{-H} \xrightarrow{-H^+} \text{cyclohexene}$$

2. 醇经分子间脱水生成醚

在较低温度时,伯醇主要发生分子间脱水反应生成醚,反应按 S_N2 历程进行。例如:

$$CH_3CH_2OH + CH_3CH_2OH \xrightarrow[140\text{℃}]{H_2SO_4} CH_3CH_2OCH_2CH_3 + H_2O$$

仲醇和叔醇在酸性条件下更易生成碳正离子,难以按 S_N2 历程进行,而主要以 E1 历程发生消除反应,得到烯烃。叔醇与伯醇混合物在酸催化下可脱水生成叔烷基伯烷基混醚,这是因为叔烷基在酸性催化剂存在下极易生成叔碳正离子,继而伯醇对此碳正离子进行亲核进攻,形成混醚。例如:

$$(CH_3)_3C\text{-OH} + CH_3OH \xrightarrow{15\% \ H_2SO_4} (CH_3)_3C\text{-O-}CH_3 + H_2O$$

汽油抗爆剂

在多数情况下,如果分子内脱水能形成五、六元环,则该反应更容易进行。例如:

$$HOCH_2CH_2CH_2CH_2\text{-OH} \xrightarrow[\triangle]{少量硫酸} \longrightarrow \longrightarrow \text{(四氢呋喃)} \quad 90\%$$

思考:

乙醇与浓硫酸在 140℃ 时反应生成乙醚,在 180℃ 时反应生成乙烯。两个反应的本质有什么不同?

8.3.4 醇的氧化反应

含有 α-H 的伯醇和仲醇可以被氧化或脱氢,生成相应的醛或酮,醛还可进一步氧化为羧酸。叔醇不含 α-H,在通常条件下不能被氧化,只有在强氧化剂存在下发生碳碳键断裂,生成小分子产物,但是这种反应一般无合成应用价值。常用的氧化剂包括 $KMnO_4$ 和 $K_2Cr_2O_7$ 等。

$$CH_3CH_2CH_2OH \xrightarrow[H_2SO_4, H_2O]{K_2Cr_2O_7} [CH_3CH_2CHO] \longrightarrow CH_3CH_2COOH$$

伯醇氧化时一般难以停留在中间产物醛的阶段,因为醛一旦生成则更易与氧化剂作用,得到羧酸。要使反应停留在生成醛的阶段,一般可以采用两种方法:①利用产物醛和原料醇的沸点差异,当生成的醛的沸点低于反应温度时,可经过分馏及时将醛蒸出,而不让醛被进一步氧化;②选择特殊的氧化剂,使氧化反应停留在醛的阶段,常用的氧化剂包括氯铬酸吡啶盐(PCC)和三氧化铬双吡啶络合物(Sarett 试剂)等。

$$\text{香茅醇} \xrightarrow{PCC} \text{香茅醛}$$

香茅醇   香茅醛

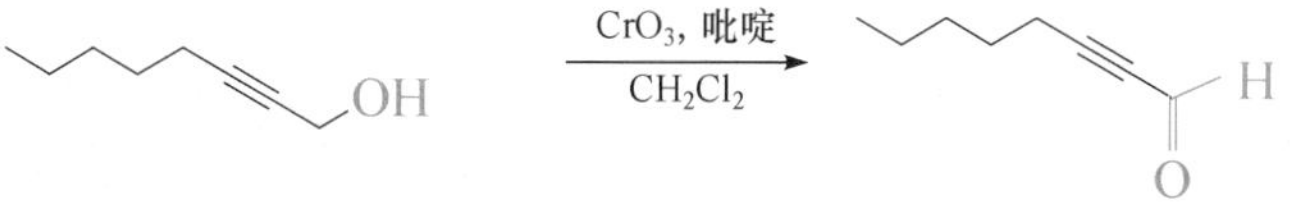

84%

Jones 试剂是由三氧化铬、硫酸与水配成的水溶液,可用于选择性氧化有机化合物。Jones 试剂可将仲醇氧化成相应的酮,而不影响分子中的双键或叁键,也可将烯丙醇(伯醇)氧化成醛。反应时一般把仲醇或烯丙醇溶于丙酮或二氯甲烷中,然后滴入 Jones 试剂进行氧化反应,反应通常在低于室温下进行。

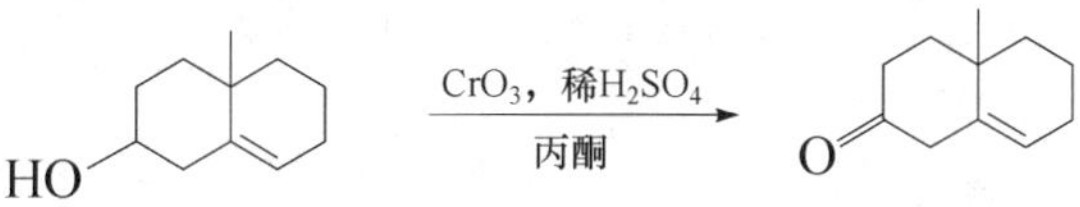

活性二氧化锰是选择性氧化 α,β-不饱和醇(如烯丙醇、炔丙醇和苄醇等)的氧化剂,其最大优点在于选择性好,反应条件温和,分子中的双键和叁键等不受影响。

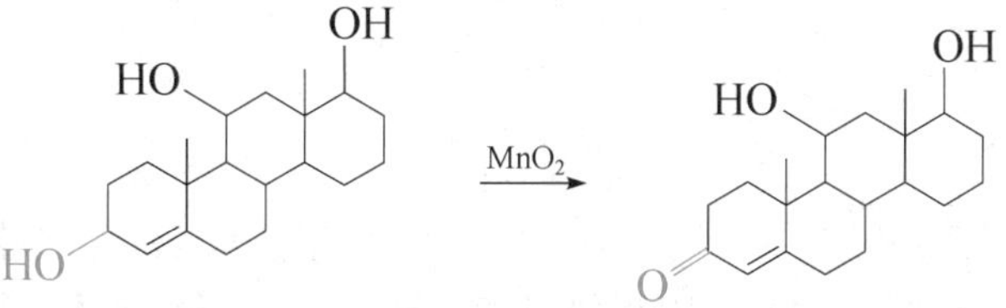

仲醇氧化只能得到酮,难以继续被氧化,可用于酮的合成。常用的氧化剂包括重铬酸钾、高锰酸钾、铬酐-吡啶和异丙醇铝等。

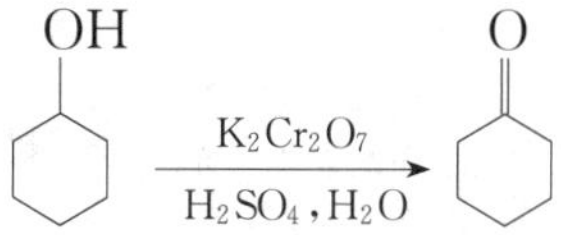

拓展:

二甲亚砜加入强亲电试剂如:草酰氯、乙酸酐或环己基碳二亚胺(DCC)等,在质子酸存在下,生成活性锍盐,后者极易和醇反应形成烷氧基锍盐,进而生成醛和酮。该反应条件温和,收率较好。其中醇用二甲亚砜和草酰氯氧化,用三乙胺等淬灭反应,该反应称为 Swern 氧化。例如:

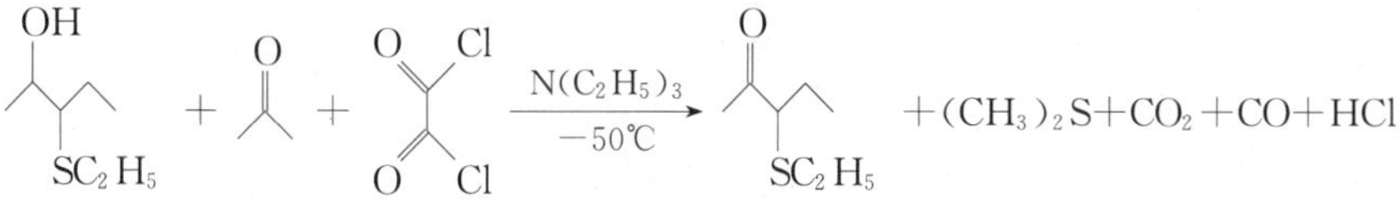

$$CH_3(CH_2)_8CH_2OH \xrightarrow[Et_3N,CH_2Cl_2,-60℃]{DMSO,(COCl)_2} CH_3(CH_2)_8CHO$$

85%

8.3.5 醇的脱氢反应

伯醇和仲醇可以在脱氢试剂(dehydrogenating agent)作用下失去氢,形成羰基化合物。醇的脱氢反应一般用于工业生产,常用铜或铜铬氧化物作为脱氢剂,在 300℃下使醇蒸气通过催化脱氢生成醛或酮。

$$CH_3CH_2CH_2CH_2OH \xrightarrow[300\sim345℃]{CuCrO_4} CH_3CH_2CH_2CHO$$

8.4 多元醇的特殊反应

8.4.1 邻二醇的氧化

邻二醇经高碘酸或四乙酸铅氧化，两个羟基之间的碳碳单键断裂，生成两分子的羰基化合物。例如：

$$\text{PhCH(OH)-C(CH}_3\text{)}_2\text{OH} \xrightarrow[\text{HOAc, H}_2\text{O}]{\text{H}_5\text{IO}_6} \text{PhCHO} + \text{CH}_3\text{COCH}_3$$

反应历程为

反应历程说明，顺式的邻二醇氧化反应速率较快，而环上的反式邻二醇氧化反应速率很慢。

如果三个或三个以上羟基相邻，则相邻羟基之间的 C—C 键都可以被氧化断裂，中间的碳原子则被氧化为甲酸。

8.4.2 频哪醇重排

频哪醇(pinacol)在酸性条件(如硫酸或盐酸)下可脱去一分子水，生成碳正离子中间体，碳正离子重排，生成频哪酮(pinacolone)。该反应称为频哪醇重排(pinacol rearrangement)。例如：

$$\text{H}_3\text{C-C(CH}_3\text{)(OH)-C(CH}_3\text{)(OH)-CH}_3 \xrightarrow{\text{H}_2\text{SO}_4} \text{H}_3\text{C-C(CH}_3\text{)}_2\text{-CO-CH}_3 \quad 72\%$$

频哪醇　　　　　　　　频哪酮

反应历程为

含有两个三级羟基的邻二醇在酸性条件下通常会发生频哪醇重排。频哪醇重排的特点如下：

(1) 如果四个烃基不同，则优先生成稳定的碳正离子。

（2）碳正离子重排时,芳基优先迁移。由于重排过程是富电子基团迁移,因此迁移速率顺序为供电子基取代的芳基＞苯环＞烷基。

（3）迁移的立体化学是反式迁移。

8.5 醇 的 制 备

8.5.1 由烯烃制备

1. 烯烃的水合

随着石油化工的发展,目前一些简单的醇如乙醇、异丙醇等可用烯烃直接水合,即用相应的烯烃与水蒸气在加热、加压和催化剂存在下直接反应生成醇。也可用烯烃间接水合,即烯烃用 98％ H_2SO_4 吸收后先生成烃基硫酸酯,再经水解得到醇(详见 3.4.2)。

2. 硼氢化-氧化反应

烯烃与乙硼烷通过硼氢化反应生成三烷基硼烷,而后不经分离,在碱性溶液中用过氧化氢直接氧化即可得到醇(详见 3.4.2)。

8.5.2 卤代烃的水解

卤代烃和稀的氢氧化钠水溶液进行亲核取代反应,可得到相应的醇(详见 6.3.1)。

8.5.3 羰基化合物的还原

醛、酮和羧酸衍生物经催化氢化或在氢化铝锂、硼氢化钠(钾)或活泼金属等还原剂的作用下可生成醇(详见 9.6.2 和 10.6.2)。

8.5.4 利用格氏试剂制备醇

1. 格氏试剂与环氧化合物的反应

格氏试剂与环氧乙烷反应,生成比格氏试剂的烃基多两个碳原子的一级醇。如果格氏试剂与取代的环氧乙烷反应,格氏试剂具有亲核性的烃基首先进攻空间位阻小的环碳原子,最终生成仲醇或叔醇(详见 6.3.4 和 8.14)。

2. 格氏试剂与醛、酮的反应

格氏试剂与醛、酮反应是制备醇的常用方法之一。格氏试剂与甲醛反应,生成比格氏试剂的烃基多一个碳的伯醇;与醛和酮反应,分别生成仲醇和叔醇(详见 9.4.4)。

3. 格氏试剂与羧酸衍生物的反应

通常条件下格氏试剂与酯反应很难停留在酮的阶段,直接得到醇。格氏试剂与甲酸酯反应,得到一个对称的二级醇;格氏试剂与其他羧酸酯反应,最终生成具有两个相同烃基的叔醇。格氏试剂与酰氯反应可制备醇,反应过程与格氏试剂和酯的反应情况相似(详见 10.6.3)。

Ⅱ 酚

酚是羟基与芳环直接相连形成的化合物,用 ArOH 表示。羟基与芳环侧链烷基相连不属于酚,而称为芳醇。

8.6 酚的分类和命名

根据羟基所相连芳环的不同,酚可分为苯酚、萘酚和蒽酚等;根据分子中所含酚羟基数目不同,可分为一元酚、二元酚和多元酚。

酚及其衍生物的命名可参考芳香族化合物的命名。一些示例如下:

3-甲基-4-溴苯酚	4-硝基-1-萘酚	间苯三酚	邻羟基苯甲酸(水杨酸)

8.7 酚的物理性质与波谱特征

8.7.1 酚的物理性质

由于能形成分子间的氢键,大多数酚为低熔点固体或高沸点的液体。邻硝基苯酚能形成分子内氢键,分子间不发生缔合,沸点相对较低。

酚微溶于水,能溶于热水,相对密度大约为 1。由于羟基的给电子作用使苯环易被氧化,因此酚类化合物往往因含有少量氧化产物而呈红色或褐色。许多酚具有杀菌和防腐作用。一些常见酚的名称和物理常数见表 8-3。

表 8-3 常见酚的名称和物理常数

名称	熔点/℃	沸点/℃	溶解度/[g·(100g H₂O)⁻¹]	pK_a
苯酚	43	182	8.2(15℃)	9.98
邻甲苯酚	31	191	2.5	10.28
间甲苯酚	11	202	0.5	10.8

续表

名称	熔点/℃	沸点/℃	溶解度/[g·(100g H₂O)⁻¹]	pK$_a$
对甲苯酚	35	202	1.8	10.14
对氯苯酚	43	220	2.7	9.38
对硝基苯酚	114	分解	1.7	7.15
邻苯二酚	105	245	45.1(20℃)	9.48
间苯二酚	111	281	147.3(12.5℃)	9.44
对苯二酚	173	285	6(15℃)	9.96
1,2,3-苯三酚	133	309	易溶	7.0
α-萘酚	96(升华)	288	不溶	9.31
β-萘酚	123	295	0.1	9.55

8.7.2 酚的波谱特征

酚的红外光谱与醇相似,在 $3200 \sim 3500 \text{cm}^{-1}$ 有一宽的吸收峰,为缔合羟基的峰。在极稀的溶液中,未缔合的羟基在 $3600 \sim 3640 \text{cm}^{-1}$ 显示吸收峰。酚中 C—O 键的吸收峰比醇略高,出现在 $1200 \sim 1250 \text{cm}^{-1}$。图 8-6 为对甲苯酚的红外光谱。

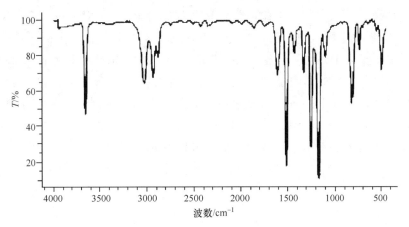

图 8-6 对甲苯酚的红外光谱

酚羟基的化学位移受温度、浓度和溶剂影响很大,为 $4 \sim 8 \text{ppm}$。图 8-7 为对异丙基苯酚的 ^{1}H NMR谱(以氘代氯仿为溶剂)。

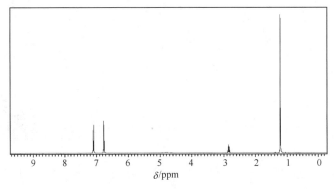

图 8-7 对异丙基苯酚的[1]H NMR谱

8.8 酚的化学性质

酚羟基是强活化基团,导致苯环上的电子云密度增大,反应活性增强。苯酚外层电子云密度分布见图 8-8。

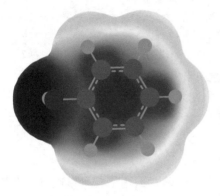

8.8.1 酚的酸性

酚具有酸性,其 pK_a 值约为 10,介于水(15.7)和碳酸(6.4)之间,而乙醇的 pK_a 为 17。酚能溶于 5% 氢氧化钠溶液,生成可溶于水的酚钠。若向酚钠溶液中通入二氧化碳,则苯酚又游离出来。利用这一性质可以鉴别苯酚,工业上还可用于回收和处理含酚废水。

$$\text{C}_6\text{H}_5-\text{OH} \xrightarrow{\text{NaOH}} \text{C}_6\text{H}_5-\text{ONa} + \text{H}_2\text{O} \xrightarrow{\text{CO}_2}$$
$$\text{C}_6\text{H}_5-\text{OH} + \text{NaHCO}_3$$

图 8-8 苯酚外层电子云密度分布图

酚羟基的氧原子为 sp^2 杂化,氧原子上有两对孤对电子,一对占据 sp^2 杂化轨道,另一对占据 p 轨道。氧原子的 p 电子云正好能与苯环的大 π 键电子云发生侧面重叠,形成共轭体系,从而增加了苯环上的电子云密度,致使氧原子周围的电子云密度下降(图8-8),O—H 键减弱,增强了羟基上氢的解离能力。同时,酚的酸性也受芳环上取代基的影响。当芳环上连有吸电子基时,芳环上的电子云密度减少,酚解离后形成的负电荷可得到有效分散而稳定,酸性增强;而给电子基增加了芳环上的电子云密度,使酚解离后形成的负电荷不能得到有效分散,酚盐负离子不稳定,氢不易解离,酸性减弱。例如:

OH	OH NO$_2$	OH NO$_2$	OH NO$_2$
pK_a 9.94	7.22	8.39	7.15

OH NO$_2$ NO$_2$	O$_2$N OH NO$_2$ NO$_2$	OH Cl	OH OCH$_3$
pK_a 4.09	0.25	9.38	10.21

8.8.2 酚醚和酯的生成

与醇类似,酚也能形成醚,但不能通过分子间脱水制备。苯酚在碱性条件下,可与伯卤代烃反应生成醚(Williamson 醚合成法)。

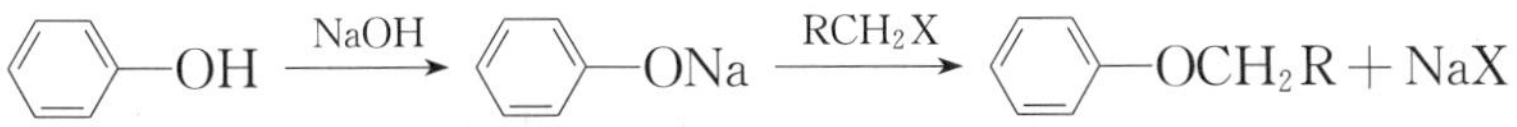

反应以酚氧基负离子作为亲核试剂,与伯卤代烃的反应通常按 S_N2 历程进行。如果采用仲卤代烃,则可能部分发生消除反应;若采用叔卤代烃,则主要以消除反应产物烯烃为主。例如:

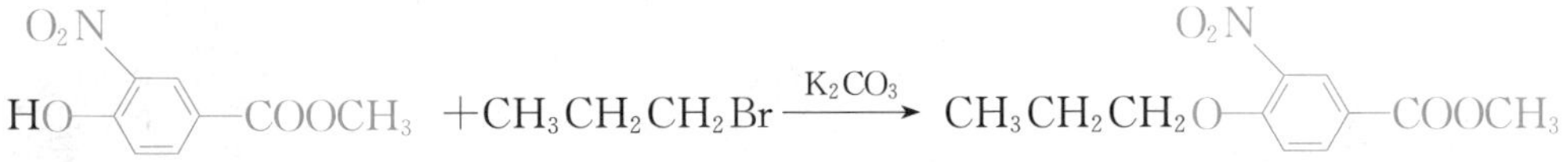

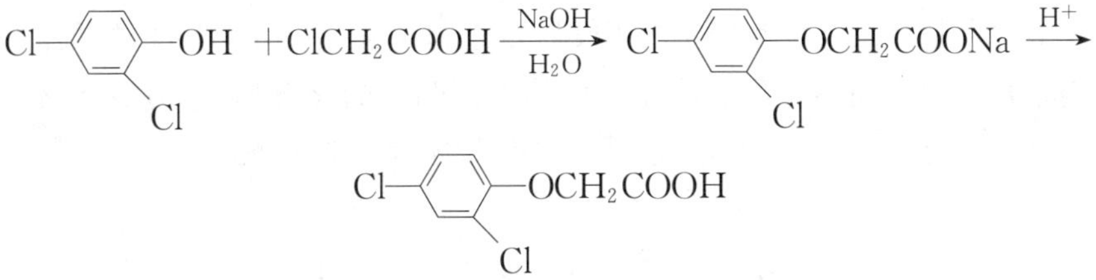

2,4-二氯苯氧基乙酸

(又称 2,4-D,是一种植物生长调节剂,也是一种除草剂)

在制备苯甲醚和苯乙醚衍生物时,通常以硫酸二甲酯 $(CH_3)_2SO_4$ 和硫酸二乙酯 $(C_2H_5)_2SO_4$ 作为甲基化和乙基化试剂。

二芳基醚的合成比较困难,这是因为卤代芳烃不活泼,很难与亲核试剂发生反应,但当卤原子的邻位或对位有强吸电子基团时,卤原子被活化,可以发生芳香族的亲核取代反应。例如:

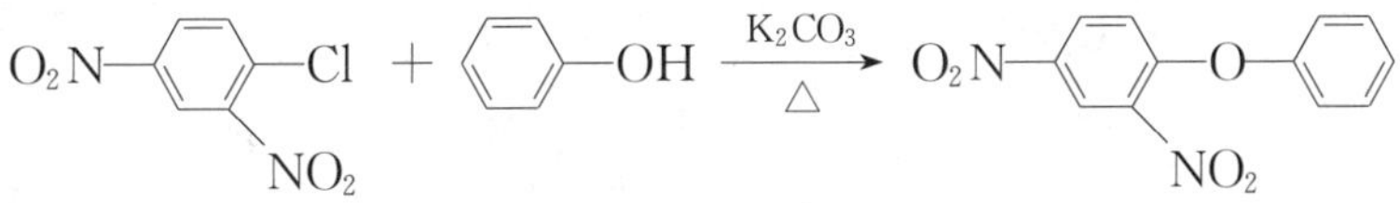

对于未活化的卤代芳烃,需要铜粉或亚铜盐作为催化剂,与酚钠反应得到芳醚,这是一种形成 C—O 键的 Ullmann(乌尔曼)反应。反应一般在非质子强极性溶剂中进行,以提高氧负离子的亲核性。

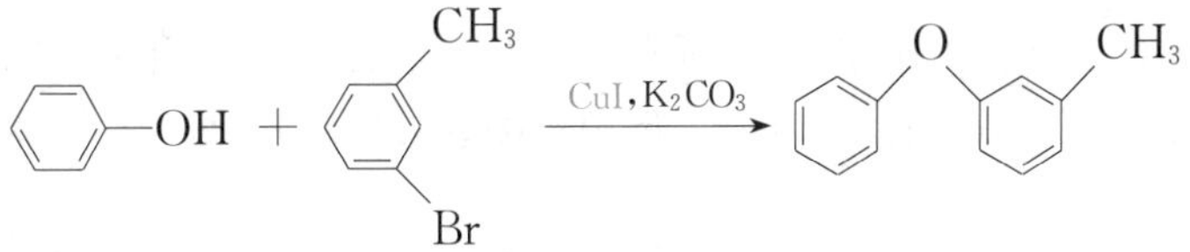

89%

酚在酸或碱催化下与酰氯或酸酐反应得到酯,但是难以与羧酸直接反应生成酯。例如,解热镇痛药阿司匹林(乙酰水杨酸)通过水杨酸的乙酰化反应制备。

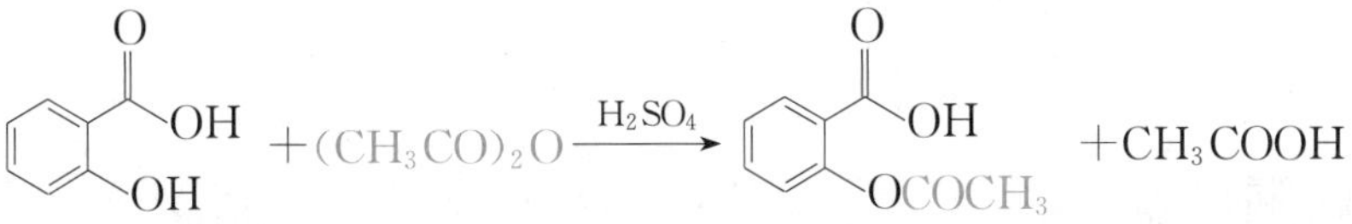

在通常条件下先使苯酚及其衍生物在碱性条件下形成酚钠盐,增强其亲核能力,而后与酰氯或酸酐反应,该反应称为 Schott-Bumann(斯考特-伯曼)酯化反应。例如,抗炎药扑炎痛的合成:

扑炎痛

8.8.3 酚与三氯化铁反应

含有烯醇式结构的化合物大多能与 $FeCl_3$ 发生显色反应。不同结构的酚与 $FeCl_3$ 溶液发生反应,可生成红、绿、蓝和紫等不同颜色的化合物:苯酚显蓝紫色,甲苯酚显蓝色,邻苯二酚显绿色。该反应可用于含有烯醇式结构化合物的鉴别。

烯醇式骨架

$$6C_6H_5OH + FeCl_3 \longrightarrow H_3[Fe(OC_6H_5)_6] + 3HCl$$
紫色

8.8.4 苯酚芳环上的亲电取代反应

1. 卤化反应

羟基为给电子基,因此苯酚很容易发生卤代反应。例如,苯酚与溴水反应,立即生成 2,4,6-三溴苯酚白色沉淀。该反应很灵敏,含有 $10\mu g \cdot g^{-1}$ 苯酚的水溶液和溴水反应也能生成三溴苯酚而析出。如溴水过量,则生成黄色的四溴苯酚衍生物沉淀。该反应常用于苯酚的定性检验和定量测定。

2. 硝化反应

苯酚很活泼,用稀硝酸即可硝化,生成邻位和对位硝化产物的混合物。如用浓硝酸硝化,则生成 2,4-二硝基苯酚和 2,4,6-三硝基苯酚。但由于酚易被硝酸氧化,反应产率不高。

反应所得到的邻位产物含有分子内氢键,沸点较低;而对位产物生成分子间氢键,沸点较高,因此可利用沸点差异,用水蒸气蒸馏方法分离。

对硝基苯酚通过分子间氢键形成的缔合结构

邻硝基苯酚通过分子内氢键
缔合形成的六元螯合物

3. 磺化反应

酚容易发生磺化反应。例如,苯酚与浓硫酸作用,生成羟基苯磺酸。但由于酚易被浓硫酸氧化,反应产率不高。一般在低温下磺酸基主要进入邻位,温度略高时则有利于进入对位,进一步磺化可生成 4-羟基-1,3-苯二磺酸。

磺酸基是吸电子基,当它连在苯环上时,可降低苯环上的电子云密度,使酚不易被氧化。

拓展:

对苯二酚用浓硫酸进行磺化时得到 2,5-二羟基苯磺酸,而后与碳酸钙成盐可制备羟苯磺酸钙,临床中用于治疗动脉和静脉硬化引起的疾病,如糖尿病引起的视网膜病变。

4. 氧化反应

酚很容易被氧化,在空气中长时间放置也可被空气中的氧气氧化,颜色由无色转变为粉色、红色甚至褐色。苯酚被氧化时不仅羟基被氧化,羟基对位的碳氢键也容易被氧化,生成对苯醌。

5. 还原反应

酚能通过催化加氢将芳环还原。例如:

$$\text{（苯酚）}—OH \xrightarrow{\text{H}_2,\text{Ni}} \text{（环己醇）}—OH$$

这是工业上生产环己醇的方法之一。

8.9 酚 的 制 备

8.9.1 异丙苯法

工业上合成苯酚的最主要方法是：苯与丙烯反应得到异丙苯，异丙苯经空气氧化生成氢过氧化异丙苯，后者在强酸或强酸性离子交换树脂作用下分解成苯酚和丙酮。

$$\text{（苯）} + CH_3CH=CH_2 \xrightarrow[\text{2.4MPa}]{\text{H}_3\text{PO}_4,250℃} \text{（异丙苯）CH(CH}_3)_2$$

$$\text{（异丙苯）CH(CH}_3)_2 \xrightarrow[\text{90~130℃,0.5~1MPa}]{\text{O}_2,\text{Na}_2\text{CO}_3,\text{H}_2\text{O,pH8.5~9.5}} \text{（）}\overset{\displaystyle CH_3}{\underset{\displaystyle CH_3}{C}}\text{—OOH}$$

$$\overset{\displaystyle CH_3}{\underset{\displaystyle CH_3}{C}}\text{—OOH} \xrightarrow[\text{60~65℃}]{\text{0.1\%~2\%H}_2\text{SO}_4} \text{（苯酚）OH} + CH_3\overset{\displaystyle O}{\underset{\displaystyle \|}{C}}CH_3$$

8.9.2 卤代芳烃水解

芳环上含有强吸电子基的卤代芳烃可发生水解反应，制备取代苯酚（详见 6.9.2）。

8.9.3 碱熔法

芳磺酸盐和无水氢氧化钠（钾）在高温下作用，磺酸基被羟基取代的反应即为碱熔反应。

$$\text{（）SO}_3\text{Na} \xrightarrow[\text{300℃}]{\text{NaOH}} \text{（）ONa} \xrightarrow{\text{HCl}} \text{（）OH}$$

8.9.4 重氮盐水解

重氮盐水解可生成酚，这是一个普遍的制备酚的方法，详见 11.9.2。

Ⅲ 醚

8.10 醚的分类和命名

根据醚分子中两个烃基结构的不同，可将醚分为饱和醚、不饱和醚和芳香醚；根据醚分子中两个烃基是否相同，可分为简单醚（单醚）和混合醚（混醚）。如果烃基和氧原子连接成环则

称为环醚。

对简单烷基醚命名时可采用普通命名法，即在醚字前面写出烃基的名称，混合醚按次序规则将两个烃基分别写出后加"醚"字，较小的烃基名称在前，较大烃基名称在后，芳香基放在脂肪烃基的后面。不饱和醚先写出饱和烃基再写不饱和烃基。例如：

$$CH_3CH_2OCH=CH_2$$

乙基乙烯基醚

苯基甲基醚（苯甲醚）

$$CH_3CH_2OCCH_3$$ 上下各有 CH_3

乙基叔丁基醚

结构复杂的醚通常采用系统命名法。命名时以烃为母体，选择最长的碳链作为主链，将碳原子数较小的烃基与氧原子连在一起作为烷氧基（RO—）。如果为不饱和醚，则选择不饱和程度较大的烃基为母体。环醚也称为环氧化合物。例如：

$$CH_3-CH-CH_2-CH_2-CH-CH_3$$ 下方 CH_3 与 OCH_3

2-甲基-5-甲氧基己烷　　　　四氢呋喃　　1,4-二氧六环　　环氧乙烷

8.11　醚的物理性质与波谱特征

8.11.1　醚的物理性质

除甲醚和甲乙醚为气体外，其余的大多数醚是无色、有特殊气味的液体，相对密度小于1。醚比相应的异构体醇的沸点低得多，很容易挥发。例如，甲醚的沸点是$-24℃$，乙醇的沸点是78℃。这是因为醚分子中没有羟基，不存在分子间氢键。但醚与水分子能形成氢键，因此四氢呋喃等能溶于水。乙醚只能微溶于水，而多数有机物易溶于乙醚，故常用乙醚从水溶液中萃取易溶于乙醚的物质。乙醚有麻醉作用，可作为外科手术的麻醉剂。部分常见醚的物理性质见表8-4。

表 8-4　部分常见醚的物理性质

名称	熔点/℃	沸点/℃	相对密度（d_4^{20}）
甲醚	-139	-25	
乙醚	-117	35	0.7137
丙醚	-12	90	0.7360
异丙醚	-86	68	0.7241
正丁醚	-95	142	0.7689
苯甲醚	-38	155	0.9961
二苯醚	27	258	1.0748
四氢呋喃	-65	67	0.8892
二氧六环	12	101	1.0337

8.11.2　醚的波谱特征

醚的红外光谱的特征吸收峰为C—O—C键的伸缩振动，在$1050\sim1300cm^{-1}$显示强而宽的峰。芳醚C—O—C键的吸收峰出现在$1200\sim1275cm^{-1}$。图8-9为苯乙醚的红外光谱。

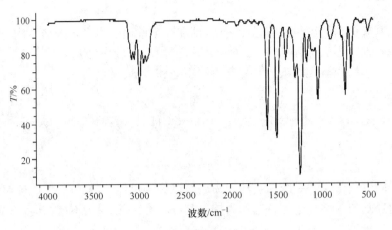

图 8-9 苯乙醚的红外光谱

8.12 醚的化学反应

醚分子中的氧原子为 sp^3 杂化，C—O—C 间有一定角度，因此醚不是线型分子，有极性。醚的化学性质相对稳定，在常温下，醚与许多试剂如氧化剂、还原剂、碱和活泼金属等都不发生反应。但在酸性条件下，醚可发生反应。

8.12.1 锌盐的形成

醚中的氧原子含有未共用电子对，作为 Lewis 碱与其他原子或基团（Lewis 酸）结合而形成的产物称为锌盐（oxonium salt）。锌盐是一种弱碱强酸盐，仅在浓酸中能稳定存在，遇水很快分解为原来的醚。利用此性质可以将醚从烷烃或卤代烃中分离出来，从而达到纯化的目的。

$$R—O—R+HX \longrightarrow \overset{\overset{H}{|}}{\underset{+}{R—O—R}}X^- \xrightarrow{H_2O} R—O—R+H_3^+O+X^-$$

锌盐

> **思考：**
>
> 为什么醚的亲核能力比醇弱？

醚分子中的氧原子带有孤对电子，是 Lewis 碱。因此，醚与 Lewis 酸如 BF_3 和 $AlCl_3$ 等也能生成锌盐，如三氟化硼或三氯化铝乙醚络合物。三氟化硼是气体，它能催化某些反应。市售三氟化硼为三氟化硼-乙醚络合物的溶液，在使用和运输时较为方便。

$$(CH_3CH_2)_2\overset{+}{\underset{\cdot\cdot}{O}}—\overset{-}{B}F_3 \quad 或 \quad (CH_3CH_2)_2O \rightarrow BF_3$$

$$(CH_3CH_2)_2\overset{+}{\underset{\cdot\cdot}{O}}—\overset{-}{A}lCl_3 \quad 或 \quad (CH_3CH_2)_2O \rightarrow AlCl_3$$

8.12.2 醚键的断裂

醚键很稳定，但与氢卤酸一起加热时会发生断裂，生成醇和卤代烷。HI 常用于断裂醚键，或用 KI/H_3PO_4 代替 HI；HBr 需要浓酸和较高的反应温度；HCl 断裂醚键效果较差。

醚键的断裂反应实质上是醚与强酸先形成锌盐,增加碳氧键的极性,使碳氧键变弱,将醚中不易离去的基因变为容易离去的基因,然后根据醚中烃基的构造不同发生 S_N1 或 S_N2 反应。伯烷基醚发生 S_N2 反应。例如:

$$CH_3OCH_2CH_3 + HI \longrightarrow CH_3CH_2I + CH_3OH$$

叔烷基醚易发生 S_N1 反应,它不仅能被 HI 断裂,还或被 $HCl + H_2SO_4$ 断裂。叔烷基醚发生醚键断裂时,还可能发生消除反应生成烯烃。例如:

$$(CH_3)_3COCH_3 \xrightarrow{H_2SO_4} (CH_3)_2C\!\!=\!\!CH_2 + CH_3OH$$

混合醚 C—O 键断裂的顺序为三级烷基>二级烷基>一级烷基>甲基>芳基。由于 p-π 共轭作用,Ar—O 键不易断裂,醚键总是优先在脂肪烃基的一侧断裂,生成苯酚和卤代烃。二芳醚 Ar—O—Ar 的醚键较稳定,不能被酸断裂。

$$(CH_3)_3COCH_3 + HI \longrightarrow (CH_3)_3CI + \ HOCH_3$$
$$\downarrow HI$$
$$\longrightarrow ICH_3 + H_2O$$

$$Cl-\!\!\!\bigcirc\!\!\!-OCH_3 \xrightarrow{HBr} Cl-\!\!\!\bigcirc\!\!\!-OH + CH_3Br$$

酚的烷基化和芳基醚断裂反应相结合使用可以在反应中保护酚羟基。例如:

$$CH_3O-\!\!\!\bigcirc\!\!\!- + \text{(马来酸酐)} \xrightarrow{AlCl_3} CH_3O-\!\!\!\bigcirc\!\!\!-\overset{O}{\overset{\|}{C}}-COOH \xrightarrow{HBr} HO-\!\!\!\bigcirc\!\!\!-\overset{O}{\overset{\|}{C}}-COOH$$

环醚与氢卤酸作用,醚键断裂生成卤代醇,可进一步卤化生成二卤代烃。例如:

$$\bigcirc\!\!\!O \xrightarrow{HBr} HOCH_2CH_2CH_2CH_2Br \xrightarrow{HBr} BrCH_2CH_2CH_2CH_2Br$$

苄基醚在钯催化下氢化,可以发生脱苄基反应。

$$\bigcirc\!\!\!-CH_2-O-R \xrightarrow[Pd/C]{H_2} \bigcirc\!\!\!-CH_3 + ROH$$

8.12.3 过氧化物的生成

许多烷基醚与空气接触或经光照后,α 位上的 H 会慢慢氧化,生成不易挥发的**过氧化物**(peroxide)。醚的过氧化物不稳定,又不易蒸发,受热时容易分解发生强烈爆炸。因此醚类化合物应尽量避免暴露在空气中,应在深色玻璃瓶中密封保存于阴凉处。在蒸馏醚之前,一定要检验是否含有过氧化物。有两种常用检验过氧化物的方法:用碘化钾-淀粉试纸检验,如醚中有过氧化物存在,KI 会被氧化为 I_2,I_2 使淀粉试纸变蓝;加入 $FeSO_4$ 和 KCNS溶液与醚一起振摇,如醚中有过氧化物存在,Fe^{2+} 会被氧化为 Fe^{3+},而与 CNS^- 作用生成血红色络合物。

$$CH_3CH_2OCH_2CH_3 \xrightarrow{O_2} CH_3\overset{OOH}{\overset{|}{C}}HOCH_2CH_3$$

除去醚中过氧化物的方法是加入适量的亚硫酸钠(Na_2SO_3)或者新配制的硫酸亚铁($FeSO_4$)溶液一起振摇,使过氧化物分解。市售无水乙醚中加有 $0.05\mu g \cdot g^{-1}$ 二乙基氨基二硫代甲酸钠作抗氧剂。

8.12.4　Claisen 重排

苯基烯丙基醚及其类似物在加热条件下发生分子内重排,生成烯丙基酚的反应,称为 Claisen(克莱森)重排。

该反应是一个周环反应,反应过程中不形成活性中间体,而是通过电子迁移形成环状过渡态(详见第 17 章)。

若苯基烯丙基醚的两个邻位已有取代基,则烷基可迁移到对位。

8.13　醚 的 制 备

8.13.1　Williamson 合成法

用醇钠和卤代烃在无水条件下反应得到醚的方法称为 Williamson 合成法。该方法既可以合成对称醚,也可以合成不对称醚。除卤代烃外,磺酸酯和硫酸酯也可用于合成醚(详见 6.3.1,8.3.1 和 8.8.2)。

8.13.2　Ullmann 反应制备

对于二芳醚的合成,通常采用 Ullmann 反应制备(详见 8.8.2)。

8.13.3　醇分子间的脱水

醇在酸性催化剂的作用下,可以脱水得到醚(详见 8.3.3)。

Ⅳ　环醚和冠醚

8.14　环　醚

环氧乙烷是最简单的环醚。与一般的醚不同,环氧化合物分子中由于存在有张力的三元环,性质非常活泼,在酸碱的催化下可以与某些亲核试剂(如醇、氨、酸和格氏试剂等)反应,导致环氧环打开。环氧乙烷与亲核试剂作用,结果都是在亲核试剂分子中引入羟乙基。因此,环氧乙烷常用作羟乙基化试剂。例如:

结构不对称的环氧化合物开环时,由于环氧环中两个碳原子是不等同的,当亲核试剂进攻时,涉及开环的方向问题。一般而言,当用酸作催化剂时,亲核试剂进攻含取代基较多的环碳原子,此时主要由电性因素决定。这是因为当酸催化时,由于氧原子的质子化,碳氧键进一步削弱,环氧环中碳原子带有一定正电荷,碳氧键距离增大。由于碳正离子在取代基较多的碳上更稳定,因此该碳原子更易受到亲核试剂的进攻。

当用碱催化时,亲核试剂主要进攻含取代基较少的碳原子,此时主要由立体因素控制。因为在碱催化下,可以增强亲核试剂的亲核能力。此时碳环上的电荷本身较弱,对亲核试剂进攻的影响较小,受环碳周围位阻的影响较大。因此在碱催化下,连有较少取代基的碳原子容易受亲核试剂的进攻。

8.15 冠　醚

冠醚(crown ether)是 20 世纪 60 年代合成得到的含有多氧大环的醚类化合物,结构中含有重复的—OCH_2CH_2—单元。由于它们状似皇冠,故统称冠醚。冠醚可视为多分子乙二醇缩聚而成的大环化合物。

冠醚命名的通式为"m-冠-n",其中 m 为组成大环的氧和碳原子总数,n 为环中的氧原子总数。例如:

12-冠-4　　　　　　　18-冠-6　　　　　　　二苯并-18-冠-6

冠醚具有特殊的大环孔状结构,在冠醚中处于环内侧的氧原子由于具有未共用电子对,可

以与金属离子形成配位键,且不同结构冠醚的空穴大小不同,因此对金属离子具有较高的络合选择性。例如,18-冠-6 能与 K^+ 形成稳定的络合物,而 12-冠-4 与 Li^+ 形成稳定的络合物,冠醚的这种性质可以用来分离金属离子。

同时,由于冠醚分子中亲油性的亚甲基排列在环的外侧,因而可利用冠醚使盐溶于有机溶剂,或者将盐从水相转移至有机相,在有机合成中常将冠醚作为相转移催化剂(phase transfer catalyst),使非均相反应得以顺利进行,提高收率。但由于冠醚价格昂贵,且毒性较大,使用后难回收,因此其应用受到一定程度的限制。

习　题

1. 命名下列化合物或写出下列化合物的结构式。

(1)　(2)　(3)

(4)　(5)　(6)

(7) 5-甲基-2-异丙基苯酚(百里酚)　　　　(8) (E)-3-己烯-2-醇

(9) 2,2-二-(4-羟基苯基)丙烷　　　　(10) 2-乙氧基-3-戊醇

2. (1) 写出分子式为 $C_5H_{12}O$ 的所有异构体并用系统命名法命名,指出其中的伯、仲、叔醇。

(2) 试设计一个实验除去环己醇中的少量苯酚。

3. 用化学方法鉴别下列各组化合物。

(1) $CH_2{=\!=}CHCH_2OH, CH_3CH_2CH_2OH, CH_3CH_2CH_2Cl$

(2) $CH_3CH_2CH(OH)CH_3, CH_3CH_2CH_2CH_2OH, (CH_3)_3COH$

4. 将下列各组化合物指定性质的活泼程度从小到大排列成序。

(1) 比较下列各化合物在水中的溶解度,并说明其理由。

　A. $CH_3CH_2CH_2OH$　　　　　B. $CH_2(OH)CH_2CH_2OH$　　　　C. $CH_3OCH_2CH_3$

　D. $CH_2(OH)CH(OH)CH_2OH$　　　E. $CH_3CH_2CH_3$

(2) 将下列化合物按沸点由高到低排列成序。

　CH_2OHCH_2OH　$CH_3OCH_2CH_2OH$　CH_3CH_2OH　$CH_3CH_2OCH_3$

(3) 比较下列各组醇和 HBr 反应的相对速率。

　A. 苄醇、对甲氧基苄醇和对硝基苄醇

　B. 苄醇、α-苯基乙醇和 β-苯基乙醇

(4) 比较下列化合物的酸性强弱。

　A. $ClCH_2CH_2OH$　B. CH_3CH_2OH　C. $BrCH_2CH_2OH$

(5) 比较下列化合物的酸性强弱并解释。

5. 环己醇与下列各试剂有无反应？如有，请写出主要产物并命名。

    (1) 浓 H_2SO_4　　(2) CrO_3-H_2SO_4　　(3) 浓 H_2SO_4＋H_2O　　(4) 冷的稀 H_2SO_4

    (5) CH_3MgBr　　(6) PCl_3　　(7) H_2/Ni　　(8) Na

6. 完成下列反应。

    (1) $CH_3CH_2\underset{\underset{OH}{|}}{C}HCH_3 \xrightarrow{Na} \xrightarrow{C_2H_5Br}$　　(2) $\text{⬡}—OH + HCl \xrightarrow{\text{无水 } ZnCl_2}$

    (3) $CH_3(CH_2)_3\underset{\underset{OH}{|}}{C}HCH_3 \xrightarrow[OH^-]{KMnO_4}$　　(4) $CH_3(CH_2)_2\underset{\underset{OH}{|}}{C}HCH_2CH_3 \xrightarrow[\text{分子内}]{H_2SO_4}$

    (5) $(S)\text{-}C_2H_5\underset{\underset{CH_3}{|}}{C}HOH \xrightarrow{PCl_3}$　　(6) $\underset{\underset{OH}{|}}{C}H_2\underset{\underset{OH}{|}}{C}H\underset{\underset{OH}{|}}{C}H\underset{\underset{OH}{|}}{C}H_2 \xrightarrow{H_5IO_6}$

7. 写出下列化合物在酸催化下的产物。

    (1) $\underset{HO\quad OH}{|\quad\ |}$　　(2) $H_3C\underset{HO\quad OH}{\overset{Ph\quad Ph}{\underset{|\quad\ |}{\ }}}Ph$　　(3) $H_3C\underset{HO\quad OH}{\overset{H_3C\quad Ph}{\underset{|\quad\ |}{\ }}}Ph$

8. 解释下列实验事实。

    (1) 甲基叔丁基醚在硫酸作用下得到异丁烯和甲醇。

$$CH_3\underset{\underset{CH_3}{|}}{\overset{\overset{CH_3}{|}}{C}}-OCH_3 \xrightarrow[\triangle]{H_2SO_4} CH_3\underset{CH_3}{\overset{CH_3}{C}}=CH_2 + CH_3OH$$

    (2) 用无水 HI 断裂有旋光活性的甲基仲丁基醚，产生碘甲烷和仲丁醇，且仲丁醇的构型及光学纯度与原料一致。

$$\underset{H_3C}{\overset{CH_3CH_2}{H-}}C-OCH_3 \xrightarrow{HI} \underset{H_3C}{\overset{CH_3CH_2}{H-}}C-OH + CH_3I$$

9. 完成下列反应。

    (1) $CH_3—\text{⬡}—OH \xrightarrow{?} CH_3—\text{⬡}—O\overset{\overset{O}{\|}}{C}CH_3$　　(2) $\text{⬡(OH)} + ClCH_2CH_2CH_2I \xrightarrow{NaOH}$

    (3) 2,?-二羟基氯苯 $\xrightarrow[H_2SO_4]{K_2Cr_2O_7}$　　(4) 3-甲基苯酚 $\xrightarrow{FeCl_3}$

    (5) $\text{⬡—OH} \xrightarrow{Br_2}$

10. 完成下列反应。

    (1) $\text{⬡}—OCH_2CH_3 \xrightarrow{HBr}$　　(2) 四氢吡喃-2-甲基 $\xrightarrow{HI(\text{过量})}$

    (3) $\text{⬡}—CH_2CH_3 \xrightarrow{H_2/Ni}$　　(4) 2,6-二甲基烯丙基苯醚 $\xrightarrow{\triangle}$

(5) $\xrightarrow[\text{2)}H_2SO_4, H_2O]{\text{1)}C_2H_5Br, Mg}$

11. 完成下列反应。

(1) $\xrightarrow{\triangle}$?

(2) —$CH_2CH_2CH_2OH \xrightarrow{SOCl_2}$

(3) $\xrightarrow[\text{NaOH}]{(CH_3)_2SO_4}$

(4) $(CH_3)_3CBr + CH_3CH_2CH_2ONa \longrightarrow$

(5) $(CH_3)_3CONa + CH_3CH_2CH_2Br \longrightarrow$

(6) $\xrightarrow{CH_3CH_2MgBr} \xrightarrow{H_3O^+} \xrightarrow{KMnO_4}$

(7) $C_6H_5CH_2C(CH_3)_2$ (OH) $\xrightarrow[\triangle]{H^+}$

(8) —$OH \xrightarrow{HNO_3}$

(9) $\xrightarrow{H_2SO_4} \xrightarrow{\text{稀冷 } KMnO_4} \xrightarrow{HIO_4}$

12. 写出下列反应机理。

(1) $\xrightarrow[\triangle]{H^+}$

(2) $\xrightarrow{HCl, ZnCl_2}$

(3) $\xrightarrow{H_2SO_4}$ +

13. 新戊醇在 H_2SO_4 存在下加热可生成不饱和烃。将不饱和烃臭氧化后,在锌粉存在下水解,就可得到一个醛和酮。试写出反应的历程及各步反应产物的构造式。

14. 有一化合物 A 的分子式为 $C_5H_{11}Br$,和 NaOH 水溶液共热后生成 $C_5H_{12}O(B)$。B 具有旋光性,能和钠作用放出氢气,和浓硫酸共热生成 $C_5H_{10}(C)$。C 经臭氧化和在还原剂存在下水解,则生成丙酮和乙醛。试推测 A~C 的结构,并写出各步反应式。

15. 由化合物(A)$C_6H_{13}Br$ 所制得的格利雅试剂与丙酮作用可生成 2,4-二甲基-3-乙基-2-戊醇。A 可发生消除反应生成两种互为异构体的产物 B 和 C。将 B 臭氧化后,再在还原剂存在下水解,则得到相同碳原子数的醛 D 和酮 E。试写出各步反应式以及 A~E 的构造式。

16. 某化合物分子式为 $C_8H_{10}O$,IR 谱在 $3350cm^{-1}$ 有宽峰。^1H NMR 中 δ/ppm:2.7(2H,三重峰);3.15(1H,单峰);3.7(2H,三重峰);7.2(5H,多重峰)。如用 D_2O 处理,δ 在 3.15 处氢信号消失。试推测该化合物的结构。

第 9 章　醛、酮和醌

碳原子以双键与氧原子相连的官能团称为羰基(carbonyl group)。羰基的碳原子分别与氢原子以及烃基(或另一个氢原子)相连所得到的化合物称为醛(aldehyde)。醛的官能团(—CHO)又称醛基。羰基碳与两个烃基相连的化合物称为酮(ketone),酮羰基有时也称为酮基。醌是一类不饱和的环己二酮。醛、酮和醌广泛存在于自然界,如樟脑、香兰醛等。同时羰基化合物也是动植物体内代谢过程中的一个重要中间体,如睾丸酮和麝香酮等。

I　醛和酮

9.1　醛和酮的分类和命名

9.1.1　醛和酮的分类

根据羰基所连接的烃基不同,可以将醛(酮)分为脂肪醛(酮)、芳香醛(酮);根据羰基所连接的烃基中是否含有不饱和基团,又可将醛(酮)分为饱和醛(酮)和不饱和醛(酮);根据分子中羰基的数目,可以分为一元醛(酮)、二元醛(酮)和多元醛(酮)等。

9.1.2　醛和酮的命名

醛和酮的命名可采用有机化合物命名通法,其中母体官能团为"羰基",母体化合物为"醛"或"酮"。

简单的酮可采用普通命名法,即按酮基所连接的两个烃基的名称来命名,一般小基团在前,大基团在后,称为某(基)某(基)酮。例如:

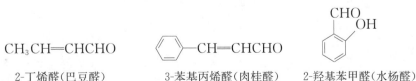

甲基乙基酮　　　　　　　　乙基环己基酮　　　　　　甲基苄基酮（1-苯基-2-丙酮）

另外,许多醛、酮也习惯用俗名,多数俗名都是按其氧化后所得的相应羧酸的俗名命名的。例如:

CH₃CH=CHCHO　　　　　〈苯环〉—CH=CHCHO　　　　〈苯环〉CHO OH

2-丁烯醛(巴豆醛)　　　　3-苯基丙烯醛(肉桂醛)　　　2-羟基苯甲醛(水杨醛)

当分子中同时含有醛基和酮基时,以醛为母体,将酮的羰基氧原子作为取代基,用氧代二字表示;也可以酮醛为母体,但需要说明酮基碳原子的位次。作为取代基时,—CHO称为甲酰

基(formyl),—CO—称为羰基,英文名为"oxo-"。例如:

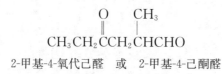

$$\underset{\text{2-甲基-4-氧代己醛 或 2-甲基-4-己酮醛}}{CH_3CH_2\overset{\overset{O}{\|}}{C}CH_2\overset{\overset{CH_3}{|}}{C}HCHO}$$

9.2 醛和酮的结构

羰基的碳氧双键与碳碳双键类似,由一个 σ 键和一个 π 键组成。羰基碳原子以 sp² 杂化轨道形成三个 σ 键,并且分布在同一平面上,键角接近于 120°,其中一个 sp² 杂化轨道和氧形成一个 σ 键,另外两个 sp² 杂化轨道和其他两个原子形成 σ 键。羰基碳原子上剩余的一个 p 轨道和氧原子上的一个 p 轨道垂直于三个 σ 键形成的平面,侧面重叠形成 π 键。

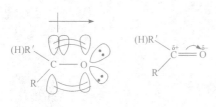

图 9-1 醛和酮的分子结构

碳氧双键与碳碳双键不同之处在于碳氧双键是极性键。由于氧原子的电负性较大,电子云偏向氧原子,氧原子周围的电子云密度增加,因此氧原子带有部分负电荷,而碳原子周围的电子云密度降低,带有部分正电荷。因此,羰基化合物是极性分子,具有一定的偶极矩。图 9-1 为醛和酮的分子结构。

9.3 醛和酮的物理性质和波谱特征

9.3.1 醛和酮的物理性质

常温下,甲醛是气体,含十二个碳原子以下的脂肪醛、酮为液体,高级脂肪醛和酮以及芳香醛、酮多为固体。

由于羰基是极性基团,因此醛、酮的沸点一般比相近分子质量的非极性化合物(如烃类)高;但羰基化合物分子之间不能形成氢键,所以醛、酮的沸点比相近分子质量的醇的沸点低。

由于醛、酮中的羰基能与水分子形成氢键,因此低级醛(酮)可与水混溶,但随着碳链的增长,水溶性降低。芳香醛(酮)微溶或不溶于水。醛、酮一般能溶于有机溶剂,丙酮和丁酮是良好的有机溶剂。一些醛、酮的物理常数见表 9-1。

表 9-1 部分醛和酮的物理常数

名称	熔点/℃	沸点/℃	相对密度(d_4^{20})	溶解度/[g·(100g H_2O)$^{-1}$]
甲醛	−92	−21	0.815	易溶
乙醛	−121	21	0.783	16
丙醛	−81	52	0.807	7
正丁醛	−99	76	0.817	4
丙烯醛	−87	53	0.841	易溶
苯甲醛	−56	178	1.046	0.33

续表

名称	熔点/℃	沸点/℃	相对密度(d_4^{20})	溶解度/[g·(100g H₂O)⁻¹]
丙酮	−95	56	0.792	∞
丁酮	−26	80	0.805	36
2-戊酮	−78	102	0.812	6.3
3-戊酮	−41	101	0.814	4.7
环己酮	−155	155	0.942	2.4
苯乙酮	21	202	1.026	不溶

9.3.2 醛和酮的波谱特征

1. 醛和酮的红外光谱

羰基化合物在 1680～1850cm⁻¹ 处有一个强的羰基伸缩振动吸收峰,这是鉴别羰基化合物的一个有效方法。醛基的C—H在 2720cm⁻¹ 处存在一个中等强度且尖锐的特征吸收峰,可用来鉴别醛基的存在。羰基红外吸收峰的位置与其相连的基团有关,如果羰基与邻近的基团发生共轭,则吸收峰向低波数方向移动。图 9-2 为 3-甲基-2-戊酮的红外光谱。

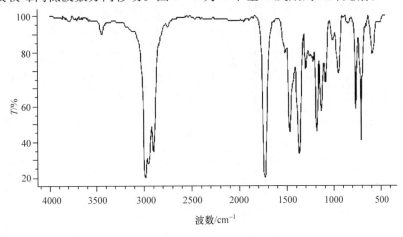

图 9-2 3-甲基-2-戊酮的红外光谱

2. 核磁共振谱

醛基上的氢由于受到羰基的去屏蔽效应影响,化学位移值一般为 9～10ppm,利用这个性质可以初步判断醛基的存在。与羰基相连的碳原子上的氢也受到羰基去屏蔽效应的影响,其化学位移通常在 2～3ppm。羰基碳的化学位移一般在 150～180ppm。图 9-3 为 3-甲基-2-戊酮的核磁共振氢谱(溶剂为氘代氯仿)。

3. 质谱

醛和酮的质谱图上通常可以看到分子离子峰,主要碎片峰源自羰基引起的 α-裂解和 McLafferty(麦克拉弗蒂)重排(简称麦氏重排)裂解。麦氏重排是指具有 γ-氢原子的侧链苯、烯烃、醛、酮等化合物经过六元环状过渡态使 γ-氢原子转移到带有正电荷的原子上,同时在

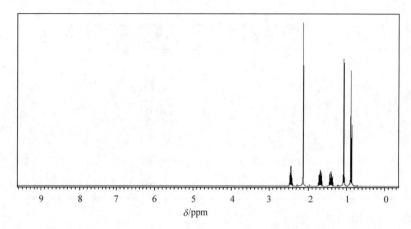

图 9－3　3-甲基-2-戊酮的核磁共振氢谱

α-、β-原子间发生裂解。图 9－4 为 3-甲基-2-戊酮的质谱。

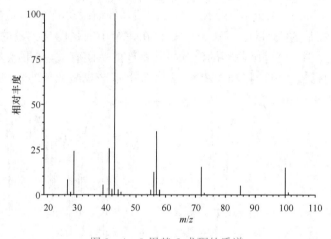

图 9－4　3-甲基-2-戊酮的质谱

　　3-甲基-2-戊酮的主要裂解方式如下：

$m/z=100$　　CH₃—C(=O)—CH(CH₃)—CH₂CH₃ + e⁻ ⟶ M⁺· $m/z=100$ + 2e⁻

$m/z=85$　　$\xrightarrow[\alpha-裂解]{-CH_3}$　$m/z=85$

$m/z=72$　　$\xrightarrow[麦氏重排]{-CH_2=CH_2}$　$m/z=72$

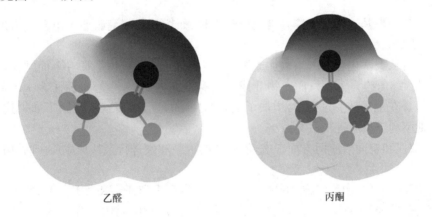

9.4 醛和酮的亲核加成反应

羰基是一个极性的不饱和基团,羰基碳带部分正电荷,容易受到亲核试剂的进攻而发生加成反应;羰基的吸电子诱导效应使 α-C 上的 α-H 比较活泼,易发生一系列反应。醛、酮的电荷分布见图 9-5。此外,醛、酮也可以发生氧化和还原反应等。醛、酮发生化学反应时化学键断裂的位置见图 9-6 所示。

乙醛　　　　　　　　　　　丙酮

图 9-5 醛、酮的电荷分布示意图

图 9-6 醛、酮发生化学反应时化学键断裂的位置

9.4.1 醛和酮的亲核加成反应概述

醛或酮分子中都含有活泼的羰基,具有许多相似的化学性质。醛或酮中的羰基(碳氧双键)与碳碳双键相似,也是由一个 σ 键和一个 π 键组成,能发生一系列加成反应。但羰基的碳原子带部分正电荷(氧原子带有部分负电荷,具有亲核性,可与亲电试剂反应;但从中间产物的角度考虑,带负电荷的氧比带正电荷的碳稳定,因而羰基中的碳原子具有更大的反应活性),所

以碳氧双键的碳原子容易受到带有负电荷或带孤对电子的基团或分子的进攻,而烯烃的碳碳双键容易受缺电子的亲电试剂的进攻(亲电加成)。醛、酮则容易在亲核试剂的进攻下发生加成反应,这种由亲核试剂进攻导致的加成反应称为亲核加成反应(nucleophilic addition reaction)。

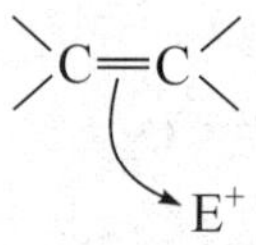

烯烃的亲电加成反应 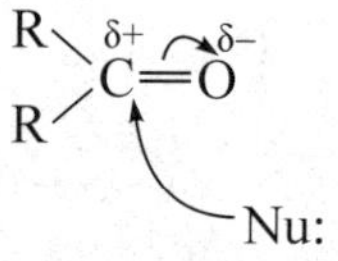　　　　醛、酮的亲核加成反应

羰基化合物与亲核试剂加成时,其反应历程可表示如下:

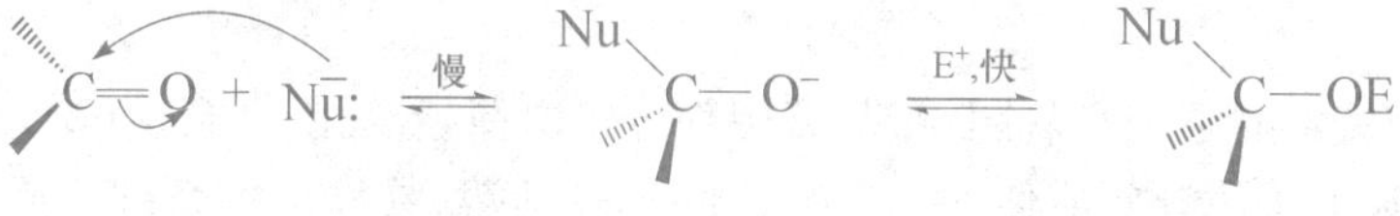

不同的羰基化合物进行亲核加成时反应活性不同,这种差异可从电子效应和空间效应两个方面进行解释。

电子效应:当羰基碳原子上连有给电子基团时(如烷基),羰基碳原子电子云密度增加,不容易进行亲核加成反应。

空间效应:从羰基化合物的亲电加成历程中可以看出,反应物 I 具有平面结构,羰基碳原子为 sp^2 杂化(键角约为 120°);而产物 II 或 III 具有四面体结构,中心碳原子为 sp^3 杂化(键角约为 109.5°)。在上述转变过程中,增加了空间的拥挤程度,因而羰基碳原子如果连有较多或较大基团,则不利于反应进行。

从电子效应和空间效应两方面考虑,不同结构的醛和酮进行亲核加成反应时,由易到难排序为:

$$HCHO > RCHO > ArCHO > CH_3COCH_3 > CH_3COR > RCOR > ArCOAr$$

一般而言,脂肪醛比芳香醛易于进行亲核加成反应,脂肪酮比芳香酮易于进行亲核加成反应。

羰基为平面型结构,通常亲核试剂从平面上方及下方进攻羰基的概率相同,得到一对对映体(等量)。

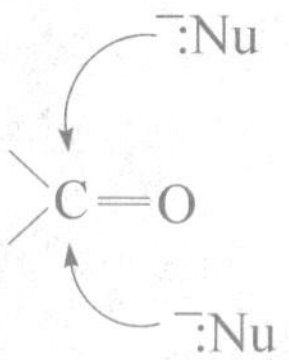

思考:

对于化合物 ,亲核试剂是从 a 方向进攻有利,还是 b 方向有利?

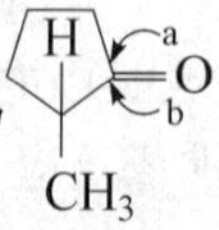

但是,当羰基的 α 位为不对称碳原子时,羰基平面的上、下方空间位阻不同,得到的异构体的量也不相同,产物分布满足 Cram(克拉姆)规则。

Cram 规则是判断含有不对称 α-碳原子的羰基化合物的主要加成产物的经验规则,由美国化学家 Cram 于 1952 年提出。他认为对羰基碳原子发生加成反应时,反应物的优势构象决定主要产物的构型,如图 9-7 所示。主要有两条规则:

(1) 当 α-碳原子上连接着具有微弱极性因素而又不能与金属原子配位的 L、M、S 三个基团(L 为最大基团,S 为最小基团,M 为中等基团),反应物的优势构象为最大基团 L 远离羰基。进攻试剂对羰基碳原子发生加成作用时,将倾向于从空间位阻较小的 S 基团一侧进攻羰基碳原子。

(2) 当不对称 α-碳原子上结合着一个可以与羰基氧原子形成氢键的基团(如羟基或氨基)时,则进攻试剂将从含氢键的环的空间位阻较小的一侧对羰基进行加成。Cram 规则是不对称合成的基础理论之一。

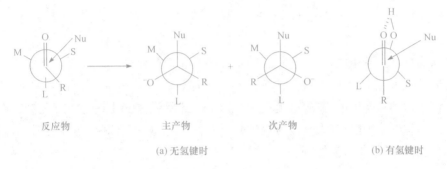

图 9-7 判断醛、酮亲核加成反应产物的 Cram 规则

9.4.2 与含氧亲核试剂的加成

1. 与水的加成

甲醛、乙醛、丙酮等小分子羰基化合物在水中的溶解性非常好,这不仅是因为它们与水分子之间可以形成氢键,还在于它们可以与水分子发生加成反应,生成水合物。这种水合物只有在一定浓度范围、一定温度下才比较稳定。游离的羰基水合物(同碳二元醇)极不稳定,会迅速脱水成为羰基化合物。

$$\begin{array}{c} H_3C \\ \\ H_3C \end{array} C{=}O + H_2O \ \underset{}{\overset{H_2O}{\rightleftharpoons}} \ \begin{array}{c} H_3C \quad OH \\ C \\ H_3C \quad OH \end{array}$$

在水中甲醛完全以水合物的形式存在;乙醛可有 50% 左右的水合物;而由于两个烷基的空间位阻作用,丙酮水合物很不稳定,极易脱水,因此丙酮溶液中的水合丙酮很少。如果醛、酮的烷基上有吸电子基团,使得羰基缺电子性质更加突出,这有利于生成水合物,水合平衡常数将增大(表 9-2)。

$$R_1R_2C{=}O + H_2O \rightleftharpoons R_1R_2C(OH)_2$$

$$K[H_2O] = \frac{[R_1R_2C(OH)_2]}{[R_1R_2C{=}O]}$$

表 9 - 2　部分醛、酮的水合平衡常数

	HCHO	CH₃CHO	CH₃CH₂CHO	(CH₃)₃CCHO	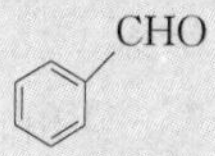 C₆H₅CHO
$K[H_2O]$	2×10^3	1.3	0.71	0.24	8.3×10^{-3}
	ClCH₂CHO	Cl₃CCHO	CH₃COCH₃	ClCH₂COCH₃	ClCH₂COCH₂Cl
$K[H_2O]$	37	2.8×10^4	2×10^{-3}	2.9	10

如果羰基与强吸电子基团相邻,则羰基反应活性增强,可以形成稳定的水合物。例如三氯乙醛非常容易与水加成,生成的水合物称为水合氯醛,后者是一种安全有效的催眠药物。

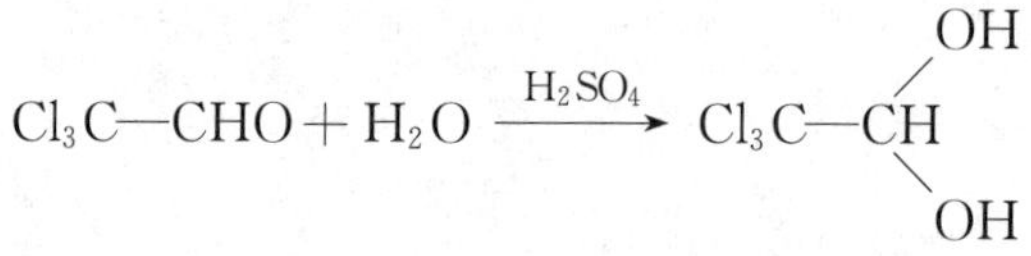

$$Cl_3C-CHO + H_2O \xrightarrow{H_2SO_4} Cl_3C-\overset{\displaystyle OH}{\underset{\displaystyle OH}{CH}}$$

通常认为环状三聚甲醛、三聚乙醛或四聚乙醛是它们的水合物之间脱水形成的。三聚甲醛还可由 60% 的甲醛水溶液在少量 H_2SO_4 存在下加热蒸馏制得;而甲醛溶液与 H_2SO_4 共热则生成不溶于水的多聚甲醛,其聚合度在 100 以上。纯甲醛在催化剂(如正丁胺)存在下可以聚合为线形结构的聚甲醛,其聚合度可达到数十万,是一类具有良好综合性能的工程塑料,可代替金属材料使用,如制造齿轮等。

2. 与醇的加成

在干燥的氯化氢或硫酸的催化作用下,一分子的醛或酮能与一分子的醇发生加成反应,生成半缩醛或半缩酮:

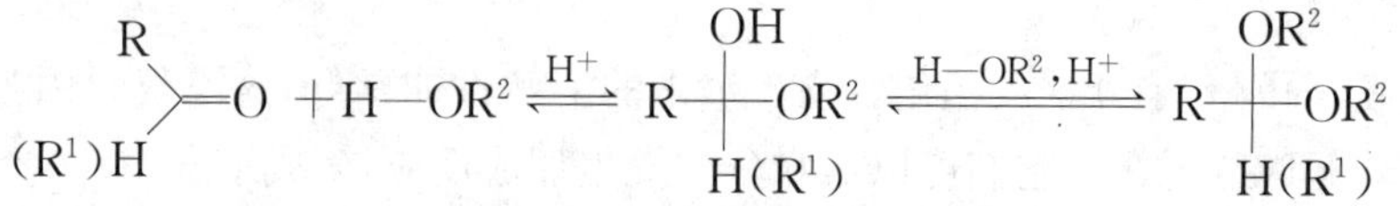

半缩醛(酮)　　　　　缩醛(酮)

半缩醛或半缩酮一般不稳定,容易分解为原来的醛或酮,一般很难分离得到。

半缩醛或半缩酮的羟基很活泼,在酸的催化下能继续与另一分子的醇发生反应,生成稳定的缩醛或缩酮。因此,通常将醛或酮与过量的醇发生反应,得到与两分子醇发生反应的产物缩醛或缩酮。

反应历程表示如下:

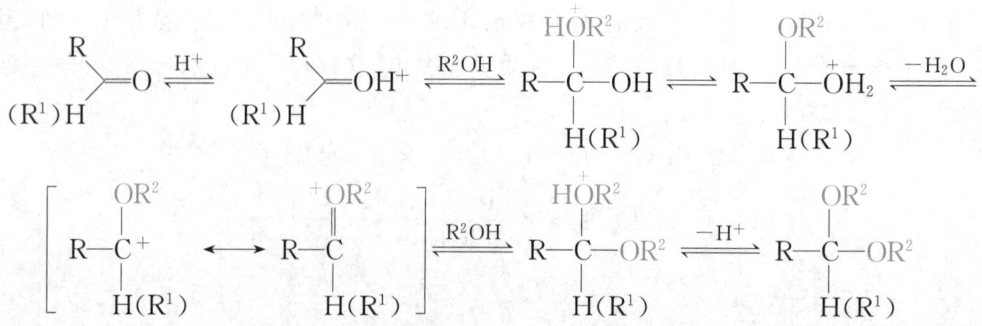

如果将酮在酸(如对甲苯磺酸等)催化下与乙二醇作用,并设法移去反应生成的水,可得到环状的缩酮。

在结构上,缩醛和缩酮与醚类似,对碱、氧化剂和还原剂相对稳定,但对酸敏感。在酸性水溶液中,缩醛或缩酮可以水解为原来的醛或酮。在有机合成中常利用生成缩醛或缩酮的反应来保护醛、酮的羰基。例如:

9.4.3 与含硫亲核试剂的加成

1. 与亚硫酸氢钠的加成

醛、脂肪族甲基酮以及含八个碳原子以下的环酮都能与亚硫酸氢钠发生加成反应,生成 α-羟基磺酸钠。产物 α-羟基磺酸钠易溶于水,但不溶于饱和亚硫酸氢钠溶液。因此,将醛、脂肪族甲基酮以及含八个碳原子以下的环酮与过量的饱和 $NaHSO_3$ 溶液一起振摇,α-羟基磺酸钠就会在反应液中析出,用该法可以鉴别醛、脂肪族甲基酮以及含八个碳原子以下的环酮。这个反应是可逆的,加入酸或碱可以使 α-羟基磺酸钠不断地分解为原来的醛或酮。因此,利用该过程可以分离或提纯醛、脂肪族甲基酮以及含八个碳原子以下的环酮。

例如,在工业生产上制备抗霉菌药十一烯酸的过程中,通常以蓖麻油酸甲酯为原料,经高温裂解得到庚醛和十一烯酸甲酯的混合物。将该混合物与饱和亚硫酸氢钠溶液反应,庚醛与亚硫酸氢钠反应生成加成物,十一烯酸甲酯则不反应。向反应液中加水,庚醛亚硫酸氢钠加成物溶于水而与十一烯酸甲酯分离,而后将十一烯酸甲酯分离、水解得到抗霉菌药十一烯酸。

$$CH_3(CH_2)_5CHOHCH_2CH = CH(CH_2)_7COOCH_3 \xrightarrow[\text{裂解}]{540\sim560℃}$$

蓖麻油酸甲酯

$$\nearrow CH_3(CH_2)_5CHO \quad \text{庚醛}$$

$$\searrow CH_2 = CH(CH_2)_8COOCH_3 \quad \text{十一烯酸甲酯}$$

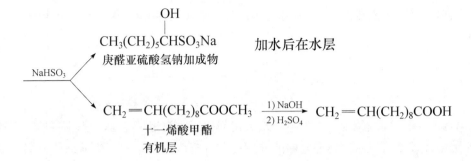

OH
|
CH₃(CH₂)₅CHSO₃Na 加水后在水层
庚醛亚硫酸氢钠加成物

NaHSO₃

CH₂=CH(CH₂)₈COOCH₃ —1) NaOH→ CH₂=CH(CH₂)₈COOH
十一烯酸甲酯   2) H₂SO₄
有机层

2. 与硫醇的加成

硫醇比相应的醇活泼,具有更强的亲核能力,在室温下即可与醛、酮反应直接生成缩硫醛或缩硫酮。由于反应所得到的缩硫醛或缩硫酮一般很难复原为原来的醛或酮,因此一般不用以保护羰基。但是它有一个很重要的用途,就是在吸附了氢的 Raney(雷尼)镍作用下被还原,使羰基间接还原为亚甲基。这是一个将羰基还原为亚甲基的简便方法,在有机合成中常应用。

$$R\!\!-\!\!C\!=\!O + HSCH_2CH_2SH \xrightarrow{H^+} \quad \xrightarrow{H_2,Ni} \quad R\!\!-\!\!CH_2$$

9.4.4 与含碳亲核试剂的加成

1. 与氢氰酸的加成

醛、脂肪族甲基酮以及含八个碳原子以下的环酮都能与氢氰酸发生加成反应,生成α-羟基腈(又称氰醇),该反应是在碳链上增加一个碳原子的方法之一:

$$CH_3CH_2\overset{O}{\underset{H}{C}} + HCN \rightleftharpoons CH_3CH_2\overset{OH}{\underset{H}{C}}CN$$

反应需要微量的碱,生成少量的 CN⁻ 进行亲核加成,但碱性不能太强,因为最后需要 H⁺ 才能完成反应。

氢氰酸有剧毒,易挥发(沸点 26.5℃)。故与羰基化合物反应时,一般是将无机酸滴加至醛(酮)和氰化钠水溶液中,使得氢氰酸一生成立即与醛(或酮)发生加成反应。但在加酸时应注意控制溶液的 pH 在 8 左右,以利于反应进行。

为了避免氢氰酸的毒性,一种改进的方法是将醛、酮先与亚硫酸氢钠反应,形成加成产物,然后将氰化钠或氰化钾水溶液加到上述反应液中,生成氰醇。在上述反应体系中的亚硫酸氢根离子起酸的作用。

$$R\overset{OH}{\underset{H}{-}}SO_3Na + NaCN \longrightarrow R\overset{OH}{\underset{H}{-}}CN + Na_2SO_3$$

α-羟基腈是有用的中间体,氰基能水解为羧酸,也能还原为氨基。例如,有机玻璃聚 α-甲基丙烯酸甲酯的单体 α-甲基丙烯酸甲酯是以丙酮为原料,与氢氰酸反应合成丙酮氰醇,然后在硫酸和甲醇中水解后制得。

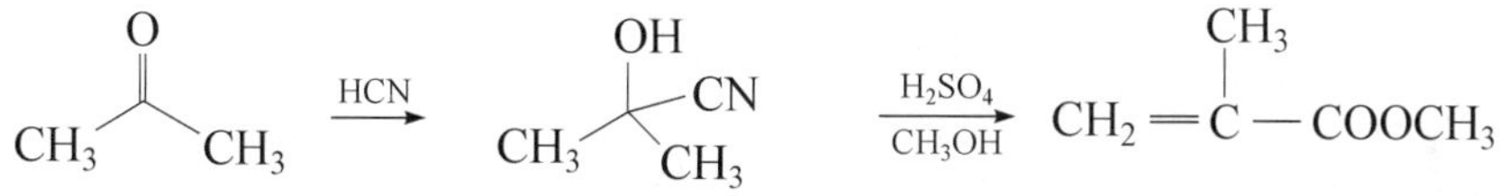

又如,乙酰乙酸乙酯衍生物分子中,羰基能与 NaCN 发生亲核加成反应,生成 α-羟基腈,而后在 Ni 催化下将氰基还原得到氨基化合物,再经过分子内环合可得到合成降血糖药格列美脲的中间体。

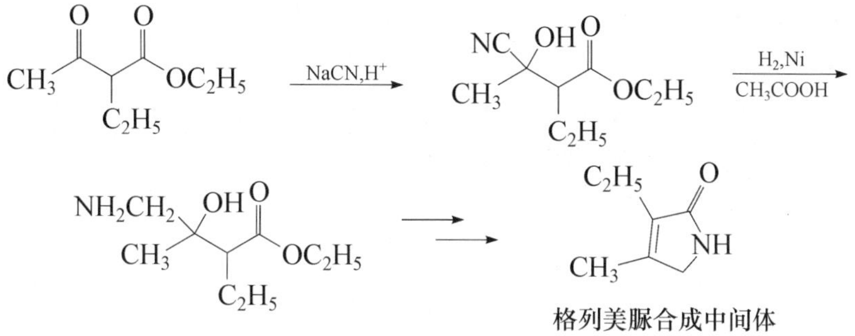

格列美脲合成中间体

2. 与金属有机试剂的加成

格氏试剂如同碳负离子,可对醛和酮进行亲核加成。反应首先生成四面体的醇化镁中间体,该加成产物不经分离,直接在酸性条件下水解可制得相应的醇:

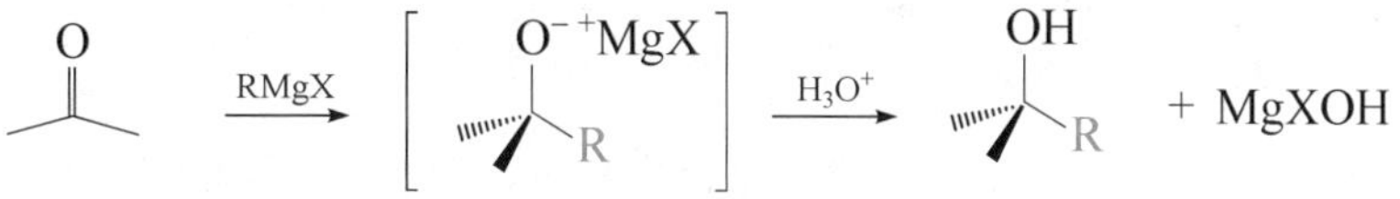

甲醛与格氏试剂反应和水解后可得到伯醇:

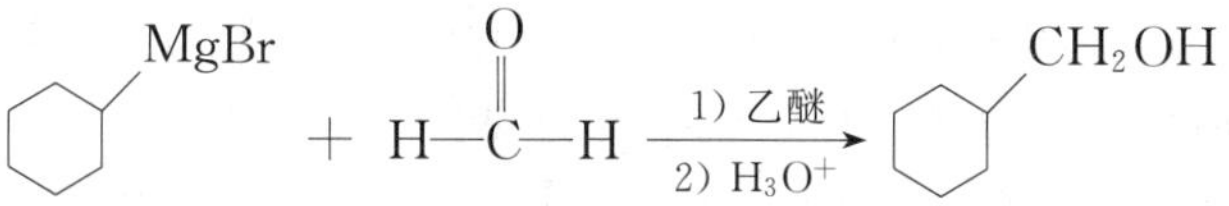

其他醛与格氏试剂加成再经水解得到仲醇:

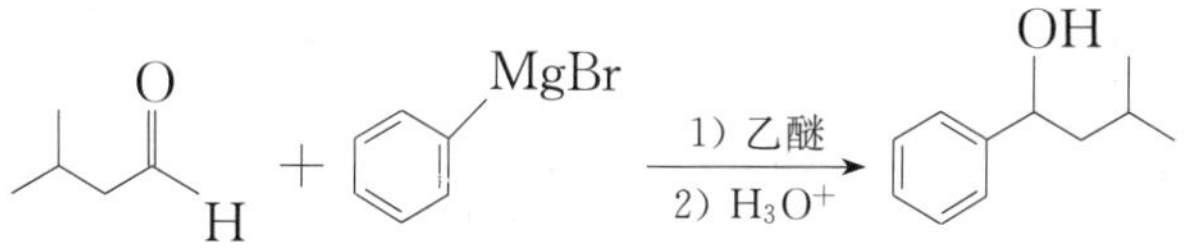

酮与格氏试剂加成和水解后得到叔醇:

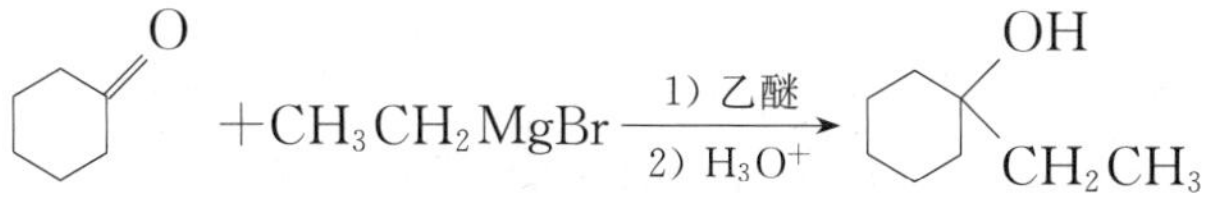

在有机合成中常利用此加成反应制取相应的伯、仲、叔醇。由于叔醇在强酸性条件下易脱水生成烯烃,通常用氯化铵水溶液代替盐酸或硫酸水溶液进行水解。

3. 与炔化物的加成

炔基负离子是很强的亲核试剂,可以与醛或酮发生亲核加成发应,生成 α-炔醇:

$$\begin{array}{l}\underset{R^2}{\overset{R^1}{\text{C=O}}} + R-C\equiv CNa \xrightarrow[-33℃]{液\ NH_3} \underset{R^2}{\overset{R^1}{\underset{C\equiv CR}{\text{C}}}}\text{O}^-\text{Na}^+ \xrightarrow{H^+,H_2O} \underset{R^2}{\overset{R^1}{\underset{C\equiv CR}{\text{C}}}}\text{OH}\end{array}$$

9.4.5 与含氮亲核试剂的加成

1. 与氨的加成

醛、酮与氨的反应一般比较困难，很难得到稳定的产物。如果用伯胺代替 NH_3，生成的是取代亚胺，称为 Schiff（席夫）碱。

亚胺（Schiff 碱）

脂肪族取代亚胺不稳定，但芳胺与芳醛生成的 Schiff 碱较为稳定，可以分离出来：

N-苯基苯甲亚胺

亚胺在稀酸中水解，又得到原来的羰基化合物及胺，因此这也是保护羰基的一种方法。

仲胺与羰基反应，中间产物也不稳定（一般而言，在同一个碳原子上连有一个羟基和一个氨基，与一个碳上同时连接两个羟基类似，这些结构都不稳定）。但是含 α-H 的醛、酮与仲胺先发生加成反应，然后脱去一分子水可生成稳定的烯胺：

烯胺

烯胺分子中与氮相连的碳原子上有一个双键，和含氧化合物烯醇很相似。由于在形成烯胺的过程中要脱去一分子水，因此该反应一般需要与溶剂（如苯或甲苯）共沸脱水，或者使用干燥剂（如分子筛等）脱水。该反应还需要酸（如对甲苯磺酸等）的催化。

烯胺分子中氮原子和烯烃碳原子均有亲核性：

在有机合成中，常利用烯胺碳原子的亲核性，进行酰基化、烷基化或 Michael（迈克尔）加

成反应等,以达到在羰基 α 位引入烃基的目的。其中烯胺多用哌啶、四氢吡咯和吗啉等与醛、酮反应制备:

60%

2. 与氨衍生物的加成

醛、酮与氨的衍生物($H_2N—Z$)如羟胺、肼、2,4-二硝基苯肼和氨基脲等作用,分别生成肟、腙、2,4-二硝基苯腙和缩胺脲等。反应通式如下:

Z	—OH,	—NH$_2$,	—HN—⬡,	—HN—(O$_2$N, NO$_2$)苯, —NHCNH$_2$ 等

H_2NZ　羟胺　　肼　　苯肼　　2,4-二硝基苯肼　　氨基脲

$>$=N—Z　肟　　腙　　苯腙　　2,4-二硝基苯腙　　缩氨基脲

oxime　hydrazone　phenylhydrazone　2,4-dinitrophenylhydrazone　semicarbazone

上述氨的衍生物通常称为羰基试剂,亲核性较弱,一般需要在酸(pH=4~5)的催化下反应。生成的加成产物大部分是结晶固体,具有固定的熔点,曾用于鉴别醛、酮。这些加成产物经酸性水解可复原成为原来的醛、酮,因此可利用这一性质分离和提纯醛、酮。2,4-二硝基苯腙为黄色固体,在薄层层析中常利用醛、酮与 2,4-二硝基苯肼反应显黄色来作为羰基化合物的显色剂。

$$CH_3CH_2CHO + O_2N—⬡(NO_2)—NHNH_2 \longrightarrow O_2N—⬡(NO_2)—NHN=CHCH_2CH_3$$

9.4.6　与 Wittig 试剂的反应

醛或酮与含磷试剂——烃代亚甲基三苯基膦反应,醛、酮分子中羰基的氧原子被亚甲基(或取代亚甲基)取代,生成相应的烯类化合物与三苯基氧膦,该反应称为羰基烯化反应,又称 Wittig(维悌希)反应。该烃代亚甲基三苯基膦称为 Wittig 试剂,由三苯基膦与卤代烃反应制备。在 Wittig 试剂中存在一个缺电子的磷原子(带正电荷)和一个富电子的碳原子(带负电荷),具有这种结构的化合物称为内鎓盐,也称 Ylide(叶立德)。

Wittig 试剂的制备分两步进行:Ph_3P 作为亲核试剂与卤代烷反应,生成鏻盐。鏻盐的 α-H 原子因受带正电荷磷的影响而显弱酸性,与强碱(如氢氧化钠、丁基锂等)反应生成 Wittig 试剂。

$$Ph_3P + {}^R_{R'}CHX \longrightarrow Ph_3^+PCHRR'X^- \xrightarrow[-n\text{-BuH, }-LiX]{n\text{-BuLi}} [Ph_3^+P—{}^-CRR' \longleftrightarrow Ph_3P=CRR']$$

鏻盐

Wittig 试剂

磷内鎓盐具有一定的碳负离子的性质,可与醛、酮发生亲核加成反应,而后脱去三苯基氧膦,得到烯烃。

例如:

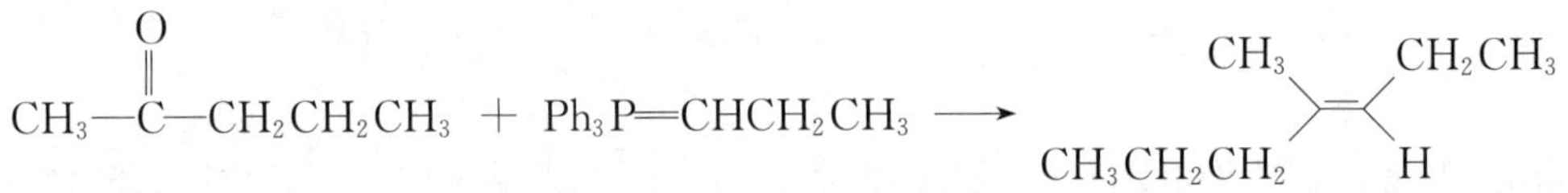

Wittig 反应是制备烯烃的重要反应,得到的产物双键位置固定,不发生重排,且产物多以反式为主,如在合成维生素 A 的过程中通过 Wittig 反应构建双键。

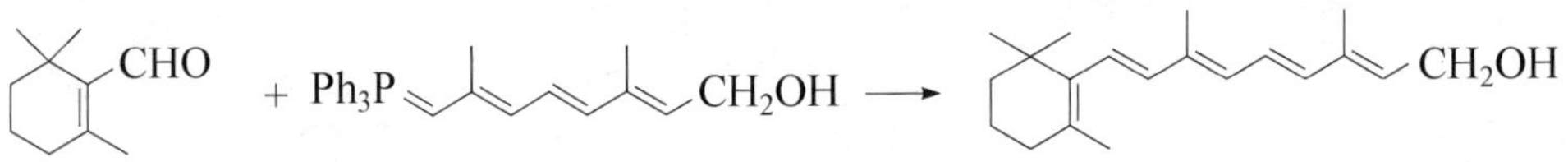

*9.4.7　Reformatsky 反应

醛或酮与 α-卤代酸酯(常用 α-溴代酸酯)和锌在惰性溶剂中反应,生成 β-羟基酸酯的反应称为 Reformatsky(瑞佛马斯基)反应:

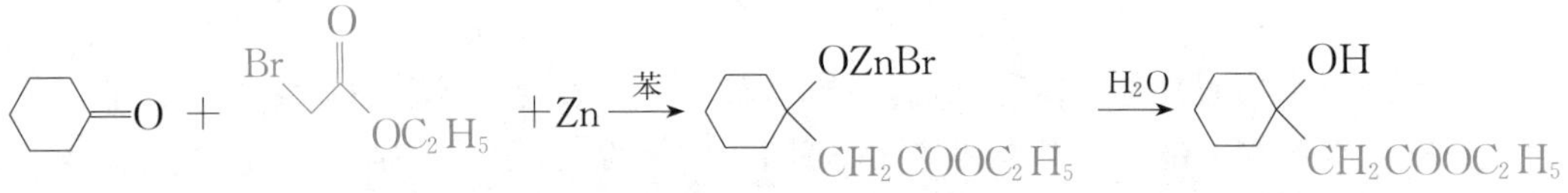

反应历程如下:首先 α-卤代酸酯与锌形成有机锌化合物,然后与醛、酮的羰基发生亲核加成而形成 β-羟基酸酯的锌盐,再经酸水解而得到 β-羟基酸酯。如果 β-羟基酸酯的 α-碳原子上具有氢原子,则在温度较高或脱水剂(如乙酐、质子酸等)存在下脱水而得到 α,β-不饱和酸酯。

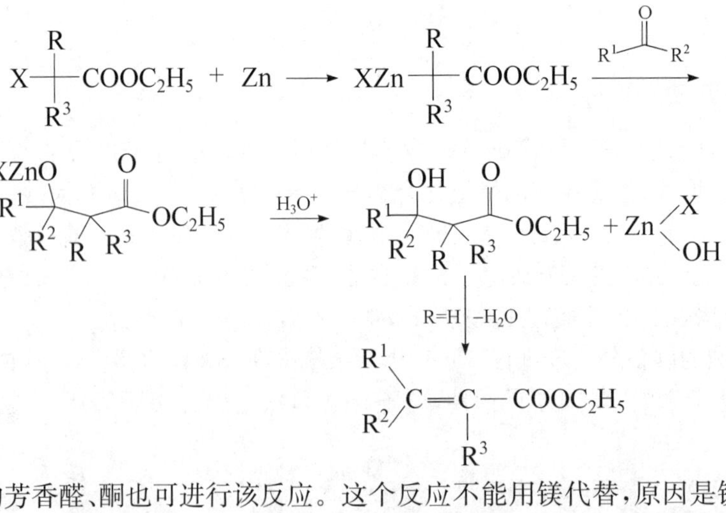

位阻较小的芳香醛、酮也可进行该反应。这个反应不能用镁代替,原因是镁太活泼,生成的金属镁化物会立即与未反应的 α-溴代酸酯中的酯基发生反应。有机锌试剂比较温和,只与醛、酮反应,不与酯基反应。

9.5 醛和酮 α-H 的反应

9.5.1 α-碳上氢原子的活泼性

醛、酮分子中 α-碳原子上的氢原子通常称为 α-H,由于受到羰基的吸电子诱导效应的影响,α-H 有解离成质子的倾向而显弱酸性。例如,乙醛 α-H 的 pK_a 约为 17,丙酮 α-H 的 pK_a 约为 20,而甲烷和乙烷的 pK_a 分别约为 49 和 50。

在酸催化下,羰基氧原子被质子化,增强了羰基的吸电子诱导效应,有助于 α-H 解离形成烯醇结构;在碱催化下,α-H 可直接与碱结合,生成碳负离子。反应过程如下:

$$H-CH_2-\overset{\delta+}{C}\overset{\delta-}{=}O \rightleftharpoons \begin{array}{l} H_2\bar{C}-C=O + H:B \\ H-CH_2-C=\overset{+}{O}H \rightleftharpoons H_2C=C-OH + H^+ \end{array}$$

酸、碱的催化能使 α-氢离去,形成的碳负离子通过电子离域又转变成烯醇负离子:

$$H-CH_2-C=O \underset{+H^+}{\overset{-H^+}{\rightleftharpoons}} {}^-CH_2-C=O \rightleftharpoons CH_2=C-\ddot{O}^- \underset{-H^+}{\overset{+H^+}{\rightleftharpoons}} CH_2=C-OH$$

　羰基化合物　　　　　碳负离子　　　　　烯醇负离子　　　　　烯醇式

在此平衡体系中,羰基化合物是主要存在形式。

9.5.2 卤代反应

醛、酮在酸或碱存在下,α-H 可被卤原子取代生成 α-卤代醛或酮。在酸性条件下,卤代反应可控制在一卤代产物阶段。例如:

$$Cl-\langle\rangle-\overset{O}{\overset{\|}{C}}-CH_3 \xrightarrow[CH_3COOH]{Br_2} Cl-\langle\rangle-\overset{O}{\overset{\|}{C}}-CH_2Br$$

以丙酮为例,酸催化反应如下:

$$CH_3-\overset{O}{\overset{\|}{C}}-CH_3 +H^+ \xrightarrow{快} CH_3-\overset{\overset{+}{O}H}{\overset{\|}{C}}-CH_3 \xrightarrow{-H^+,慢} CH_3-\overset{OH}{\overset{|}{C}}=CH_2 \xrightarrow{X_2,快}$$

$$CH_3-\overset{\overset{+}{O}H}{\overset{|}{C}}-CH_2X \xrightarrow{快} CH_3-\overset{O}{\overset{\|}{C}}-CH_2X$$

反应的实质是,烯醇一经生成即与卤素形成质子化的卤代酮,经失去质子便生成产物卤代酮。

如果在碱性条件下,则生成多卤代产物,反应一般进行到 α-H 完全被取代为止,且反应迅速。例如:

$$CH_3-\overset{O}{\overset{\|}{C}}-CH_3 \xrightarrow[慢]{Br_2,OH^-} CH_3-\overset{O}{\overset{\|}{C}}-CH_2Br \xrightarrow[快]{Br_2,OH^-}$$

$$CH_3-\overset{\overset{\displaystyle O}{\|}}{C}-CHBr_2 \xrightarrow[\text{快}]{Br_2,OH^-} CH_3-\overset{\overset{\displaystyle O}{\|}}{C}-CBr_3$$

反应过程如下：

$$CH_3-\overset{\overset{\displaystyle O}{\|}}{C}-CH_3 \xrightarrow{\text{:B,慢}} {}^-CH_2-\overset{\overset{\displaystyle O}{\|}}{C}-CH_3$$

$$\left[{}^-CH_2-\overset{\overset{\displaystyle O}{\|}}{C}-CH_3 \longleftrightarrow CH_2=\overset{\overset{\displaystyle O^-}{|}}{C}-CH_3\right] \xrightarrow[\text{快}]{X_2} XCH_2-\overset{\overset{\displaystyle O}{\|}}{C}-CH_3$$

在上述反应过程中，形成一卤代产物后还可以继续反应直至生成多卤代产物。甲基酮或乙醛与卤素碱性溶液反应生成的三卤代醛(酮)在碱性溶液中不稳定，易分解为三卤甲烷(卤仿)和羧酸盐，该反应称为卤仿反应(haloform reaction)。反应过程如下：

$$CH_3-\overset{\overset{\displaystyle O}{\|}}{C}-CX_3+OH^- \rightleftharpoons CH_3-\overset{\overset{\displaystyle O}{|}}{\underset{OH}{C}}-CX_3 \longrightarrow$$

$$CH_3-\overset{\overset{\displaystyle O}{\|}}{C}-OH+{:}CX_3^- \longrightarrow CH_3-\overset{\overset{\displaystyle O}{\|}}{C}-O^-+HCX_3$$

卤仿反应中生成的氯仿和溴仿在常温常压下均为液体，而碘仿为黄色固体，并具有特殊的气味，容易识别，所以使用碘仿反应可鉴别甲基酮和乙醛。由于碘在碱性条件下可以将乙醇等氧化为乙醛，因此，碘仿反应也可以鉴别具有乙醇衍生物结构的醇(如 RCHOHCH$_3$)。

此外，卤仿反应还可用于制备其他方法不易得到的羧酸(碳原子数减少一个)。例如：

$$(CH_3)_3C-\overset{\overset{\displaystyle O}{\|}}{C}-CH_3+NaOCl \xrightarrow{OH^-} (CH_3)_3C-\overset{\overset{\displaystyle O}{\|}}{C}-O^-+CHCl_3$$

9.5.3　羟醛缩合反应

在稀碱的存在下，两分子醛结合生成 β-羟基醛的反应称为羟醛缩合反应，又称 aldol 反应。α-碳上有氢原子的 β-羟基醛受热容易失去一分子水，生成具有共轭双键的 α,β-不饱和醛。

$$\overset{\overset{\displaystyle O}{\|}}{\underset{CH_3}{C}}H + \overset{\overset{\displaystyle O}{\|}}{\underset{CH_3}{C}}H \xrightarrow{10\% NaOH} CH_3CHCH_2\overset{\overset{\displaystyle O}{\|}}{C}H \xrightarrow{\triangle} CH_3CH=CH\overset{\overset{\displaystyle O}{\|}}{C}H$$
$$\underset{OH}{\;}$$

碱催化下，羟醛缩合的反应历程可用丙醛为例表示如下：

$$CH_3CH_2\overset{\overset{\displaystyle O}{\|}}{C}H \xrightarrow{OH^-} \left[CH_3\overset{-}{C}H\overset{\overset{\displaystyle O}{\|}}{C}H \longleftrightarrow CH_3CH\overset{\overset{\displaystyle O^-}{\|}}{C}H\right] \xrightarrow{CH_3CH_2CHO}$$

$$CH_3CH_2CH-CHCHO \underset{H_2O}{\rightleftharpoons} CH_3CH_2CH-CHCHO$$
$$\underset{O^-\quad CH_3}{\;} \qquad \underset{OH\quad CH_3}{\;}$$

如果用正丁醛在稀碱中进行羟醛缩合，得到的产物再催化加氢，便可得到驱蚊剂2-乙基-

1,3-己二醇。

$$2 \ CH_3CH_2CH_2\overset{\displaystyle O}{\overset{\|}{C}}H \xrightarrow{10\% \ NaOH} CH_3CH_2CH_2\underset{\underset{OH}{|}}{CH}-\underset{\underset{CH_2CH_3}{|}}{CH}CHO \xrightarrow{H_2,Pd/C}$$

$$CH_3CH_2CH_2\underset{\underset{OH}{|}}{CH}-\underset{\underset{CH_2CH_3}{|}}{CH}CH_2OH$$

2-乙基-1,3-己二醇

含有 α-H 的酮也能发生类似的羟醛缩合反应,最后生成 α,β-不饱和酮。但反应的平衡大大偏向于反应物一方,如果将生成的 β-羟基酮不断移出平衡体系,则可使酮大部分转化为 β-羟基酮。后者在少量碘催化下蒸馏脱水,可得到 α,β-不饱和酮。

$$CH_3-\overset{\displaystyle O}{\overset{\|}{C}}-CH_3 \xrightarrow[\triangle]{Ba(OH)_2} CH_3-\underset{\underset{OH}{|}}{\overset{\overset{\displaystyle CH_3}{|}}{C}}-CH_2-\overset{\displaystyle O}{\overset{\|}{C}}-CH_3$$

70%

当两种含有 α-H 的不同的醛或酮在稀碱作用下发生羟醛缩合时,由于交叉缩合会得到四种产物,实际分离困难,实用意义不大。若选用一种不含 α-H 的醛或酮和一种含有 α-H 的醛进行缩合,控制反应条件可得到产率较高的单一产物。芳醛与含有 α-H 的醛、酮在碱性条件下发生交叉羟醛缩合,失水后得到 α,β-不饱和醛或酮的反应称为 Claisen-Schmidt(克莱森-施密特)缩合反应。例如:

$$\bigcirc-CHO + CH_3CHO \xrightarrow{NaOH} \left[\bigcirc-\underset{\underset{OH}{|}}{\overset{\overset{\displaystyle H}{|}}{C}}-CH_2CHO\right] \xrightarrow{-H_2O} \bigcirc-CH=CHCHO$$

甲醛也是一种没有 α-H 的醛,分子中的羰基容易发生交叉缩合反应,生成 β-羟甲基醛。

利用甲醛向醛(或)酮的 α-碳原子上引入一个或多个羟甲基的反应称为羟甲基化或 Tollens(土伦)缩合。利用这个反应还可以制备多羟基化合物。例如,过量的甲醛在碱的催化下,与含有三个活泼 α-H 的乙醛交叉缩合可制得三羟甲基乙醛,它再被过量的甲醛还原(交叉 Cannizzaro 反应,详见 9.7)而得到季戊四醇(四羟甲基甲烷)。

$$3 \ \overset{\displaystyle O}{\overset{\|}{\underset{H}{C}}}_H + CH_3\overset{\displaystyle O}{\overset{\|}{\underset{H}{C}}} \xrightarrow{10\% \ NaOH} \underset{HOCH_2}{\overset{HOCH_2}{\underset{|}{\overset{|}{C}}}}\overset{\displaystyle O}{\overset{\|}{C}}-H$$

$$\underset{HOCH_2}{\overset{HOCH_2}{\underset{|}{\overset{|}{C}}}}\overset{\displaystyle O}{\overset{\|}{C}}-H + \overset{\displaystyle O}{\overset{\|}{\underset{H}{C}}}_H \xrightarrow[\text{交叉 Cannizzaro 反应}]{40\% \ NaOH} HOCH_2\underset{\underset{CH_2OH}{|}}{\overset{\overset{CH_2OH}{|}}{C}}CH_2OH + HCOONa$$

羟醛缩合反应是一类非常重要的反应,是有机合成中增长碳链的重要方法之一。

在碱催化下,二羰基化合物可发生分子内的羟醛缩合,这是制备 α,β-不饱和环酮(五元～七元环)的重要方法之一。

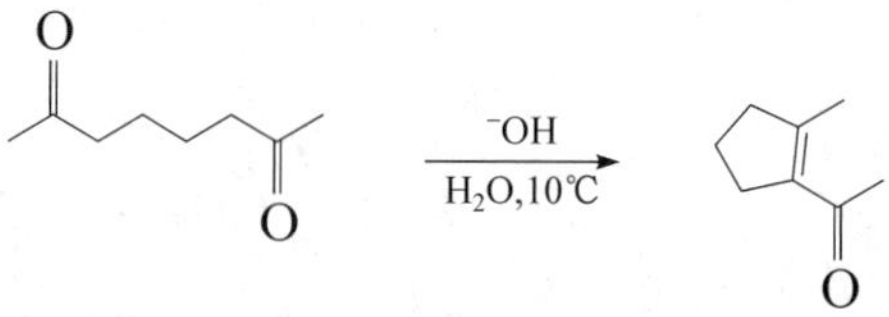

在有机化学中许多缩合反应都与羟醛缩合有密切关系,都涉及一个碳负离子对羰基的进攻,而碳负离子都是由碱夺取 α-H 而产生。例如:

* (1) Perkin(柏琴)反应:芳醛与脂肪族酸酐在相应酸的碱金属盐存在下共热,发生缩合反应,称为 Perkin 反应。当酸酐含有两个 α-H 时,通常生成 α,β-不饱和酸。这是制备 α,β-不饱和酸的一种方法。

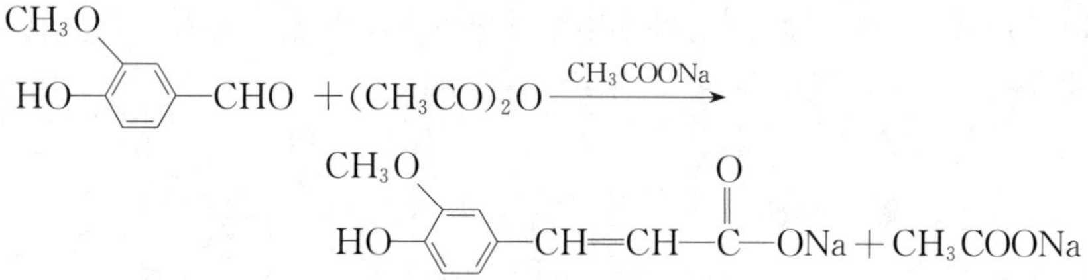

* (2) Knoevenagel(克脑文格)缩合:醛、酮在弱碱(胺或吡啶等)催化下与具有活泼 α-H 的化合物如丙二酸二乙酯等发生缩合反应,最终得到 α,β-不饱和化合物。例如:

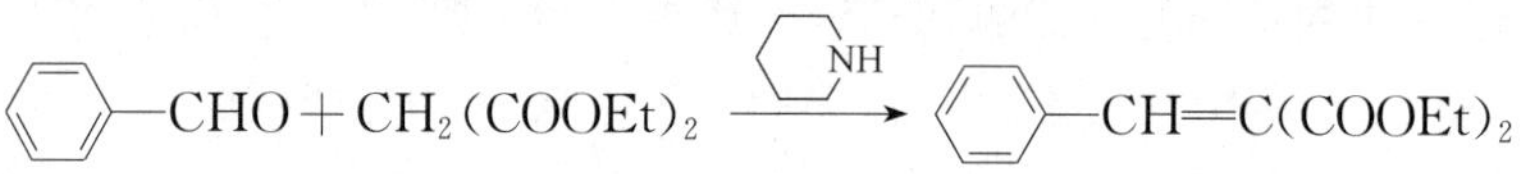

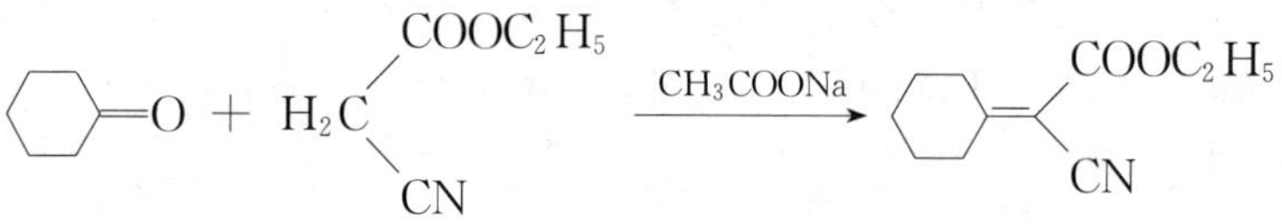

* 9.5.4 Mannich 反应

具有活泼 α-H 的醛(酮)与胺(伯胺或仲胺)、醛之间发生缩合反应,在羰基的 α 位上引入一个胺甲基(或取代胺甲基),该反应称为 Mannich(曼尼希)反应。例如:

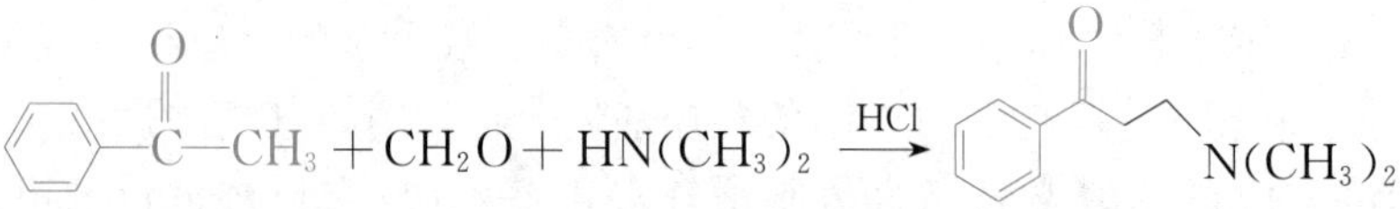

Mannich 反应的产物在碱的作用下加热,生成 α,β-不饱和醛、酮,是增加一个亚甲基的方法。利用 Mannich 反应合成颠茄醇是有机化学史上的一件重要事情。1933 年,以环庚酮为原料,经 14 步反应才合成目标产物,而采用 Mannich 反应只需两步反应就得到目标化合物。

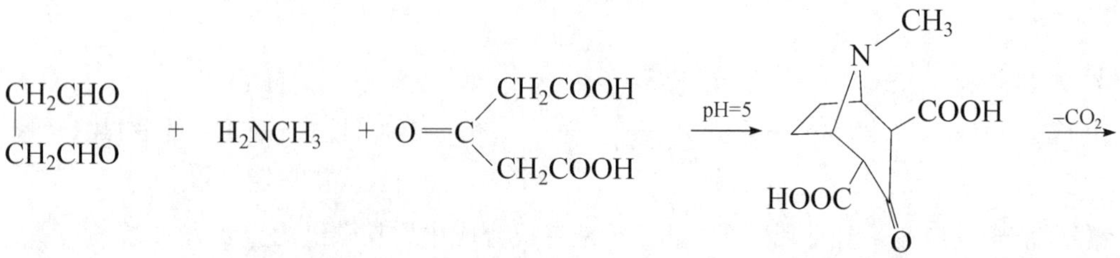

颠茄醇

9.6　醛和酮的氧化和还原反应

9.6.1　醛和酮的氧化反应

由于醛的羰基碳原子上连有一个氢原子,因而非常容易被 $KMnO_4$、$K_2Cr_2O_7$、H_2O_2 和过氧化物如过氧乙酸等氧化剂氧化。使用弱氧化剂也可将醛氧化为羧酸,常用的弱氧化剂为 Fehling(费林)试剂和 Tollens(土伦)试剂。

Tollens 试剂是硝酸银的氨溶液。Tollens 试剂与醛共热,醛被氧化为羧酸,而银离子被还原为金属银析出。反应产生的银是黑色粉末,若反应试管清洁,金属银可附着在试管壁上形成明亮的银镜,故又称银镜反应。所有的醛都能发生银镜反应。

$$RCHO+Ag(NH_3)_2OH \xrightarrow{\triangle} RCOO^- +Ag\downarrow +NH_3 +H_2O$$

导引:

前面学过的哪一类化合物也会与银氨络离子反应? 该反应与本章中醛与银氨络离子的反应有什么不同?

Fehling 试剂是由硫酸铜和酒石酸钾钠的氢氧化钠溶液配制而成的深蓝色溶液,与醛共热,醛被氧化为羧酸,而铜离子被还原为红色的氧化亚铜沉淀。脂肪醛能与 Fehling 试剂作用且反应速率较快,但芳香醛很难与 Fehling 试剂反应。因此,使用 Fehling 试剂可区分脂肪醛和芳香醛。

$$RCHO+Cu^{2+} +NaOH+H_2O \xrightarrow{\triangle} RCOO^- +Cu_2O\downarrow +H^+$$

Fehling 试剂和 Tollens 试剂对醛分子中的羟基、碳碳双键和叁键没有影响。

酮羰基碳原子上没有氢原子,所以一般氧化剂不能将酮氧化。但是在剧烈的条件下,如与 $KMnO_4$ 等长时间共热,酮也能被氧化。反应结果是与羰基相连的碳碳键发生断裂,生成羧酸的混合物。这在有机合成上没有意义,但是对称的酮氧化后可得到二元羧酸。例如,工业上已从环己酮/环己醇混合物氧化制备己二酸。

$$\text{◯-OH} + \text{◯=O} \xrightarrow[\text{CuSO}_4,\text{NH}_4\text{VO}_3]{\text{HNO}_3} \text{◯}\begin{smallmatrix}\text{COOH}\\\text{COOH}\end{smallmatrix}$$

此法的优点是选择性好,收率高,质量好,优于己二酸的其他生产方法。

9.6.2　醛和酮的还原反应

醛、酮的还原,按产物不同可分为两类,一类是还原为羟基,另一类是还原为亚甲基。

1. 催化氢化

醛和酮在金属催化剂如 Ni、Pd 和 Pt 等催化下加氢,分别被还原为伯醇和仲醇。碳碳不

饱和键在相同条件下通常也被还原：

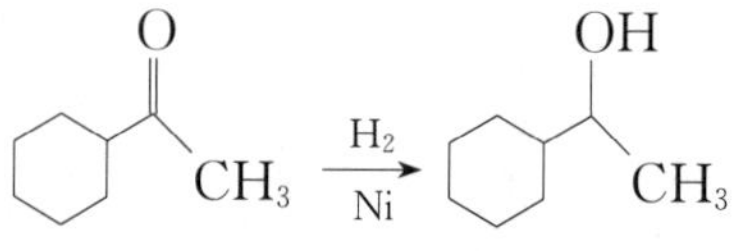

96%

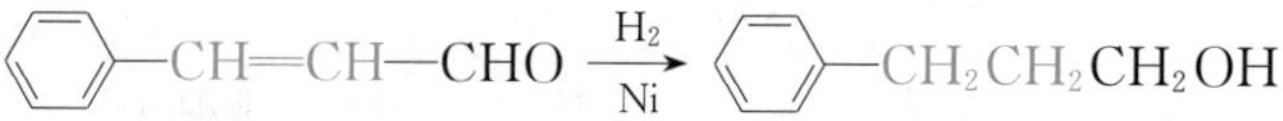

该法主要优点是对简单的产物收率较高；缺点是催化剂为贵重金属，并且双键、叁键、硝基和氰基等基团通常也被还原。

2. 使用金属氢化物还原

硼氢化钠、硼氢化钾和氢化铝锂（四氢铝锂）等可将醛和酮分子中的羰基还原，而分子中的碳-碳不饱和键不受影响。例如：

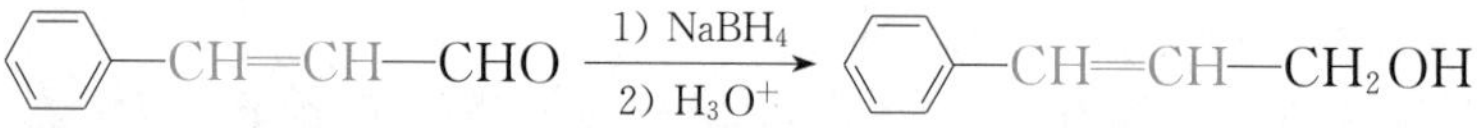

由于氢化铝锂极易水解，使用氢化铝锂为还原剂通常在无水乙醚或无水四氢呋喃溶剂中进行反应，而硼氢化钠和硼氢化钾一般在甲醇和乙醇中进行还原。氢化铝锂的还原性比硼氢化钠强，除能还原醛、酮外，羧酸和酯的羰基，以及除碳碳双键外的许多不饱和基团如$—NO_2$、—CN等都能被还原，且收率较高。但用 $NaBH_4$ 和 KBH_4 为还原剂时不影响—COOR、—COOH和—CN等基团，选择性高。

$$CH_3CH{=}CH\overset{O}{\overset{\|}{C}}H \xrightarrow[2)\ H_3O^+]{1)\ LiAlH_4} CH_3CH{=}CHCH_2OH$$

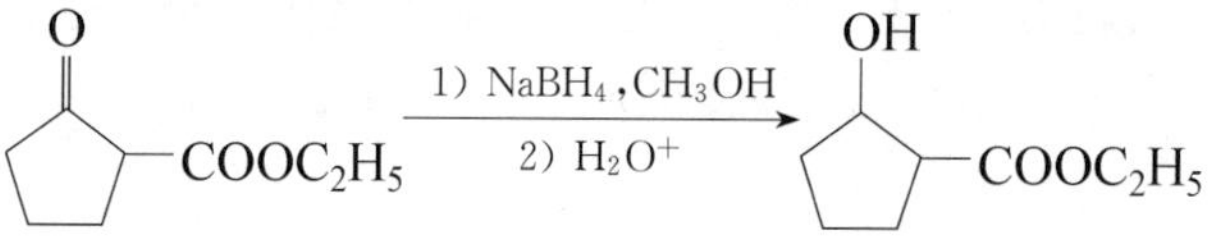

3. Clemmenson 还原

醛、酮与锌汞齐和浓盐酸一起加热回流，羰基可被还原为亚甲基，该方法称为 Clemmenson（克莱门森）还原。反应的机理目前尚不十分清楚。

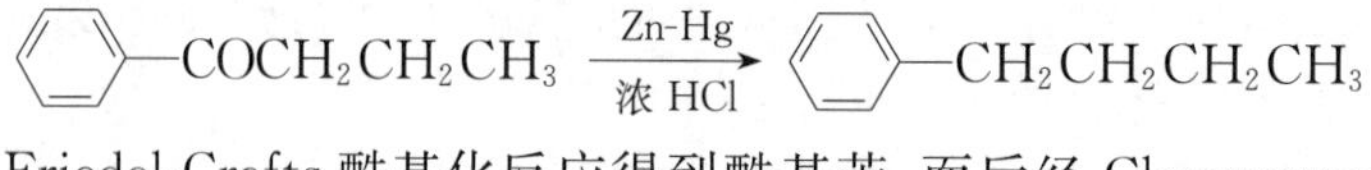

利用芳烃的 Friedel-Crafts 酰基化反应得到酰基苯，而后经 Clemmenson 还原，可制备带有直链烷基的芳烃，该法可以避免用 Friedel-Crafts 烷基化反应导致的重排产物和多烃基化等问题。但是采用该法进行还原时，与羰基共轭的双键也会被还原，而未共轭的双键可能会被酸破坏。

4. Wolff-Kisher-黄鸣龙还原

Wolff-Kisher（沃尔夫-凯西纳）还原反应是先将醛或酮与无水肼反应生成腙，然后在高压釜中将腙和乙醇钠及无水乙醇加热到 180℃，反应得到饱和烃。这是将醛或酮还原为烃的一种方法。但上述反应条件比较苛刻，需要无水条件和无水肼等，反应时间也很长。

$$R_2C{=}O \xrightarrow{NH_2NH_2} R_2C{=}NNH_2 \xrightarrow[\text{或 KOH}]{NaOEt} R_2CH_2 + N_2\uparrow$$

　　1946 年,我国科学家黄鸣龙对上述方法进行了改进,即先将醛或酮、氢氧化钠、水合肼和一个高沸点溶剂如二甘醇一同加热生成腙,而后在碱性条件下脱氮,结果醛或酮中的羰基被还原为亚甲基。改进后该反应在常压下进行(分子中的双键不受影响),用水合肼代替了无水肼,而且无需无水条件,收率较高。这一改进的还原方法称为 Wolff-Kisher-黄鸣龙反应。例如:

$$\text{Ph—COCH}_2\text{CH}_3 \xrightarrow[\text{(HOCH}_2\text{CH}_2)_2\text{O},\triangle]{\text{NH}_2\text{NH}_2,\text{NaOH}} \text{Ph—CH}_2\text{CH}_2\text{CH}_3$$

$$\text{CH}_3\overset{O}{\underset{\|}{C}}\text{NH—}\overset{}{\underset{}{\bigcirc}}\text{—}\overset{O}{\underset{\|}{C}}\text{—CH}_2\text{CH}_2\text{COOH} \xrightarrow[140\sim160℃,1h]{\text{NH}_2\text{NH}_2,\text{H}_2\text{O},\text{KOH}}$$

$$\text{CH}_3\overset{O}{\underset{\|}{C}}\text{NH—}\overset{}{\underset{}{\bigcirc}}\text{—CH}_2\text{CH}_2\text{CH}_2\text{COOH}$$

　　Clemmenson 还原和 Wolff-Kisher-黄鸣龙反应都可将羰基还原为亚甲基,但前者在酸性条件下进行,后者在碱性条件下进行,两种反应相互补充,可以根据醛、酮分子中所含其他基团对酸碱性的要求,选择还原方法。

9.7　Cannizzaro 反应

　　不含 α-H 的醛在浓碱(通常为 40％以上的 NaOH)的作用下,一分子醛被氧化为羧酸(在碱溶液中实际上为羧酸盐),另一分子醛被还原为醇,该反应称为 Cannizzaro(康尼查罗)反应,又称歧化反应:

$$2\,\text{Ph—CHO} \xrightarrow{40\% \text{ NaOH}} \text{Ph—COONa} + \text{Ph—CH}_2\text{OH}$$

反应的实质仍是羰基的亲核加成,包含两个连续的加成反应:

$$\overset{O}{\underset{\|}{Ar-C-H}} + HO^- \rightleftharpoons Ar\overset{OH}{\underset{}{-CH-O^-}}$$

$$\overset{O}{\underset{\|}{Ar-C-H}} + \overset{H}{\underset{OH}{Ar-C-O^-}} \longrightarrow \overset{H}{\underset{H}{Ar-C-O^-}} + \overset{O}{\underset{\|}{Ar-C-OH}} \longrightarrow ArCH_2OH + ArCOO^-$$

　　如果两种不含 α-H 的醛共同发生歧化反应(称为交叉歧化反应),可能得到四种产物,没有实用价值。但如果其中一种醛是甲醛,由于甲醛的还原性较强,因此歧化反应的结果总是甲醛被氧化为甲酸,而另一分子醛被还原为醇。例如:

$$\text{Ph—CHO} + \text{H}\overset{O}{\underset{\|}{-C-}}\text{H} \xrightarrow{40\% \text{ NaOH}} \text{Ph—CH}_2\text{OH} + \text{HCOONa}$$

　　一些难以制备的醇可以用交叉 Cannizzaro 反应来制备。

9.8 α,β-不饱和醛、酮

α,β-不饱和醛和酮具有烯键和羰基两个官能团的化学性质,但由于 α,β-不饱和醛、酮分子中双键与羰基之间形成共轭体系,因此还具有下列一些化学特性。

9.8.1 还原反应

α,β-不饱和醛、酮发生还原反应时,不同还原剂对双键和羰基的影响不同。

$LiAlH_4$ 和 $NaBH_4$ 等金属氢化物可将 α,β-不饱和醛、酮分子中的羰基还原,而分子中的不饱和键不受影响(详见 9.6.2)。

当采用 Raney Ni 为催化剂时,可以使羰基、双键同时被还原,α,β-不饱和醛、酮被还原为饱和醇,即催化加氢(详见 9.6.2)。

如果采用钯碳催化剂,则可进行控制加氢,得到的产物是酮。例如:

$$\text{（结构式）} \xrightarrow[\text{Pd/C}]{H_2} \text{（结构式）}$$

9.8.2 亲核加成反应

α,β-不饱和醛、酮与亲核试剂 HCN、亚硫酸氢钠和醇等发生加成反应时,亲核试剂既可以加成到碳氧双键上即 1,2-加成,也可以加成到碳碳双键上,即 1,4-加成(共轭加成)。

$$\text{（反应式）}$$

通常,强碱性试剂如 RMgX 或 RLi 主要发生 1,2-加成。例如:

$$CH_3HC=CH-\overset{O}{\overset{\|}{C}}-CH_3 + CH_3MgBr \xrightarrow[\text{2) } H_3O^+]{\text{1) } C_2H_5OC_2H_5}$$

$$CH_3HC=CH-\underset{\underset{CH_3}{|}}{\overset{OH}{\overset{|}{C}}}-CH_3 \;+\; CH_3\underset{\underset{CH_3}{|}}{CH}CH_2-\overset{O}{\overset{\|}{C}}-CH_3$$

$$\qquad\qquad\qquad 72\% \qquad\qquad\qquad\qquad\qquad 20\%$$

弱碱性试剂如 ⁻CN 或 RNH_2 主要生成 1,4-加成产物。例如:

$$CH_3-\underset{\underset{CH_3}{|}}{\overset{CH_3}{\overset{|}{C}}}=CH-\overset{O}{\overset{\|}{C}}-CH_3 + CH_3NH_2 \xrightarrow{H_2O} CH_3-\underset{\underset{NHCH_3}{|}}{\overset{CH_3}{\overset{|}{C}}}-CH_2-\overset{O}{\overset{\|}{C}}-CH_3$$

$$\qquad\qquad\qquad\qquad\qquad\qquad\qquad\qquad 75\%$$

导引：

α,β-不饱和醛、酮的 1,4-加成反应，从形式上看似乎是"富含电子的亲核试剂对 C=C 的进攻"，而实际上是"富含电子的亲核试剂对 C=C—C=O 的共轭体系的亲核进攻"。

9.8.3 Michael 加成

碳负离子与 α,β-不饱和羰基化合物的亲核加成反应称为 Michael（迈克尔）加成。碳负离子加在共轭体系的 β-碳上，导致碳碳键的形成。例如：

$$H_3C-\overset{\overset{\displaystyle O}{\|}}{C}-\underset{\underset{\displaystyle H}{|}}{C}=CH_2 + CH_2(COOC_2H_5)_2 \xrightarrow[C_2H_5OH,0℃]{C_2H_5ONa} CH_3-\overset{\overset{\displaystyle O}{\|}}{C}-CH_2CH_2CH(COOC_2H_5)_2$$

其反应历程为在碱催化下，丙二酸二乙酯先形成碳负离子，再与 α,β-不饱和醛、酮进行亲核加成。

$$CH_2(COOC_2H_5)_2 + C_2H_5ONa \longrightarrow Na^+ {}^-CH(COOC_2H_5)_2 + C_2H_5OH$$

$$\downarrow {\scriptstyle CH_2=CH-\overset{\overset{\displaystyle O}{\|}}{C}-CH_3}$$

$$(C_2H_5OOC)_2CHCH_2-CH_2-\overset{\overset{\displaystyle O}{\|}}{C}-CH_3 \xleftarrow{C_2H_5OH} (C_2H_5OOC)_2CHCH_2-CH=\underset{\underset{\displaystyle O}{\|}}{\overset{\overset{\displaystyle CH_3}{|}}{C}}$$

氰基乙酸乙酯、β-二酮、硝基化合物（$R-CH_2NO_2$）、乙酰乙酸乙酯等也可以形成碳负离子，而后进攻 β-碳，作为受体的共轭二烯还有 α,β-不饱和酸酯或丙烯腈等，该类反应统称为 Michael 型加成。例如：

$$CH_2=CHCN + CH_3-\overset{\overset{\displaystyle O}{\|}}{C}-CH_2-\overset{\overset{\displaystyle O}{\|}}{C}-CH_3 \xrightarrow[t\text{-BuOH}]{(C_2H_5)_3N} \underset{\underset{\displaystyle COCH_3}{|}}{\overset{\overset{\displaystyle CH_2CH_2CN}{|}}{CH}}-COCH_3$$

$$CH_2=CH-\overset{\overset{\displaystyle O}{\|}}{C}-OC_2H_5 + CH_3\overset{\overset{\displaystyle O}{\|}}{C}CH_2\overset{\overset{\displaystyle O}{\|}}{C}OC_2H_5 \xrightarrow[C_2H_5OH]{C_2H_5ONa} \underset{\underset{\displaystyle O}{\|}}{\overset{}{\underset{C-CH_3}{\overset{\overset{\displaystyle CH_2-CH_2-\overset{\overset{\displaystyle O}{\|}}{C}-OC_2H_5}{|}}{\underset{\underset{\displaystyle |}{C-OC_2H_5}}{CH}}}}$$

9.9 醛、酮的制备

9.9.1 由醇的氧化和脱氢制备

由于伯醇很容易被 $KMnO_4$ 等氧化剂氧化成羧酸，故常用选择性氧化剂，如 Sarret 试剂和 Jones 试剂等，可使反应停留在醛的阶段，并且双键不受影响（详见 8.3.4 和 8.3.5）。

9.9.2 用芳烃制备

1. Friedel-Crafts 酰基化反应制备

苯及其衍生物与酰氯或酸酐等反应可以制备芳酮(详见 4.4.1)。

2. 同碳二卤化物水解

在光或热的作用下,用卤素或 NBS 与甲苯及其衍生物反应制得二卤化物,水解后生成醛或酮。例如:

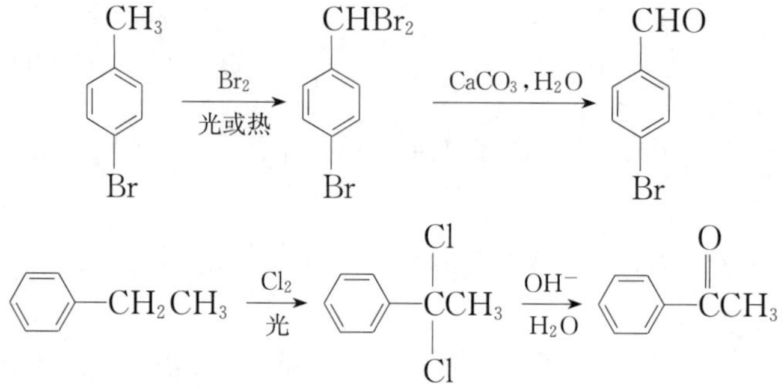

3. 芳烃侧链的氧化

芳香烃侧链的 α 位在适当的条件下可被氧化为醛或酮。例如,用铬酐和乙酐作氧化剂,甲苯衍生物先生成二乙酸酯,然后水解得到醛。新制 MnO_2 氧化苄型及烯丙型亚甲基,可制备相应的醛、酮。

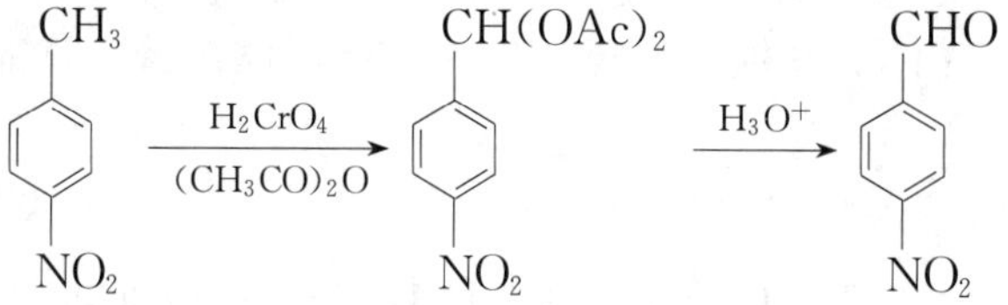

9.9.3 用羧酸衍生物制备

羧酸衍生物如酰氯、酯、酰胺和腈等可通过各种方法制备醛或酮。

1. 酰氯的还原

用部分失活的钯催化剂催化氢化还原酰氯可得到醇,即 Rosenmund(罗森孟德)还原(详见 10.6.2)。

2. 用腈合成

腈与格氏试剂反应可合成酮。腈与格氏试剂反应生成亚胺盐,不进一步发生加成,经水解得到酮,收率较高。如果两个反应物均为脂肪族化合物,产率不高,因此,此法只适合芳香族化合物。

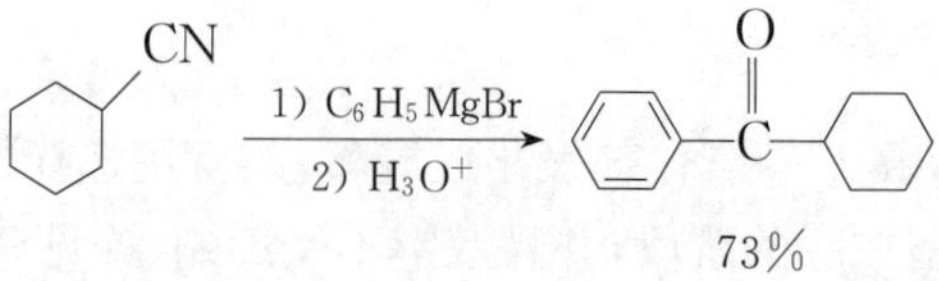

73%

9.9.4 炔烃的水合反应

在汞盐催化下,炔烃水合生成羰基化合物。乙炔水合生成乙醛,其他炔烃水合都生成酮(详见 3.8.2)。

Ⅱ 醌

9.10 醌的结构和命名

醌(quinone)是具有共轭体系的环己二烯二酮类化合物,没有芳香性,较常见的有苯醌、萘醌、蒽醌及其羟基衍生物。苯醌只有两个异构体:邻苯醌和对苯醌。醌类化合物在自然界中分布很广。例如,维生素 K、辅酶 Q_{10} 以及中药中的有效成分大黄素和大黄酸均有醌的结构;茜素是从茜草根中分离出来的红色染料。

醌类化合物根据醌羰基所在的位置和相应芳环母体来命名。

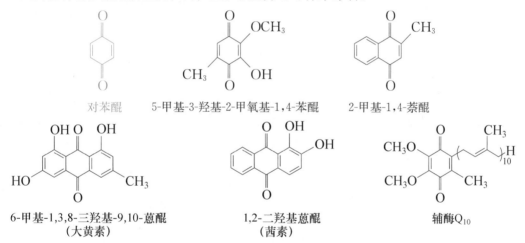

对苯醌   5-甲基-3-羟基-2-甲氧基-1,4-苯醌   2-甲基-1,4-萘醌

6-甲基-1,3,8-三羟基-9,10-蒽醌
(大黄素)   1,2-二羟基蒽醌
(茜素)   辅酶 Q_{10}

醌类化合物一般有颜色,如对苯醌为黄色结晶、邻苯醌为红色结晶、1,4-萘醌为挥发性黄色固体、蒽醌为黄色固体。这类结构也存在于多种植物色素、染料及指示剂中,染料的一大分支为醌型染料。

9.11 醌的化学性质

醌分子中含有碳碳双键和碳氧双键,因此具有烯烃和羰基化合物的典型性质,此外还有涉及两个官能团的反应。

9.11.1 碳碳双键的加成反应

在乙酸溶液中,溴与醌分子中的碳碳双键加成,生成二溴或四溴化物。

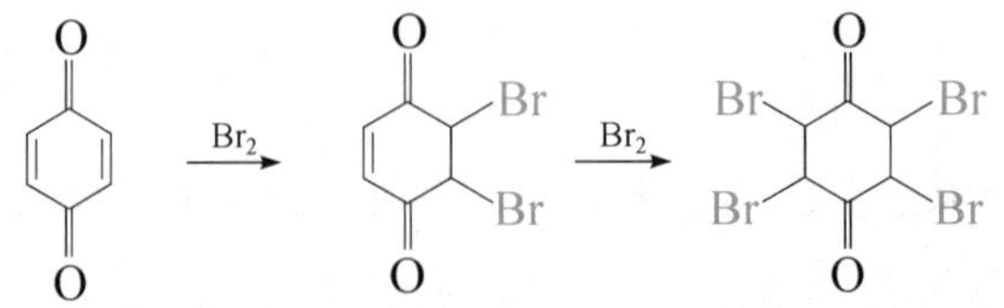

对苯醌的双键由于受相邻两个羰基的影响,成为一个典型的亲双烯试剂,可以与共轭烯烃发生 Diels-Alder 反应。

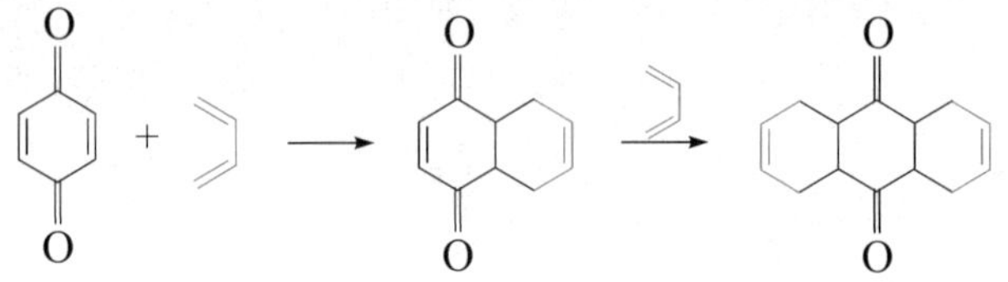

9.11.2 羰基的反应

醌分子中的羰基能与羰基试剂等发生加成反应。例如:

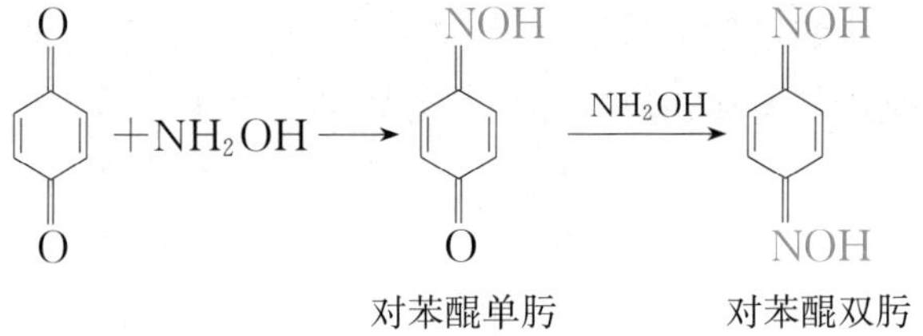

对苯醌单肟   对苯醌双肟

9.11.3 1,4-加成反应

醌中碳碳双键与碳氧双键共轭,它可以与盐酸、氢溴酸等许多试剂发生 1,4-加成反应。例如,对苯醌可以与 HCl 发生 1,4-加成,生成 2-氯-1,4-苯酚。

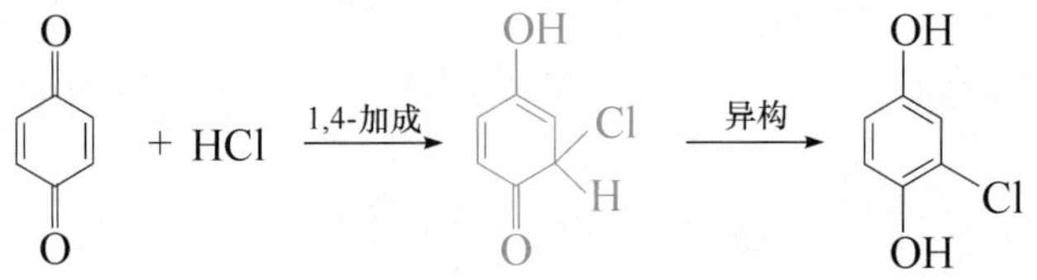

导引:

醌反应的产物一般易经过重排,恢复芳环结构。

9.11.4 还原反应

对苯醌在亚硫酸钠水溶液中很容易被还原为对苯二酚(也称氢醌),对苯二酚也容易被氧化为对苯醌。因此,二者可以通过氧化还原反应相互转变。

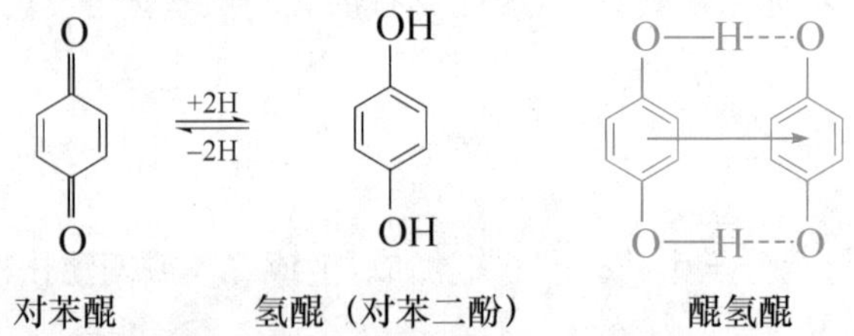

对苯醌   氢醌(对苯二酚)   醌氢醌

在对苯醌还原为氢醌以及氢醌氧化成对苯醌的两个反应中,都会生成一个难溶于水的中

间产物:醌氢醌(quinhydrone)。将等量的对苯醌和氢醌两种溶液混合在一起也能制成醌氢醌。醌氢醌的形成是由于醌环中"缺少"π电子,而氢醌环中电子过剩,两者之间形成π电子授受配合物,即电荷转移配合物,同时分子中的氢键也能起到稳定作用。

这一反应在生物过程中有重要意义。生物体内的氧化还原作用常以脱氢或加氢的方式进行,这一过程中,在酶的作用下氢的传递工作可通过醌氢醌氧化还原体系来实现。

9.11.5 自由基捕获剂

苯醌、氢醌和氢醌单甲醚等都是一类很强的自由基捕获剂,少量此类化合物就可以终止自由基链反应。这是因为自由基很容易与它们反应,形成稳定的自由基并与其他自由基结合导致自由基消失。

维生素 E 是一种重要的维生素,它的一个功能是作为自由基捕获剂,因为它的结构中存在氢醌单甲醚的结构。现在认为某些衰老与致癌过程和自由基有关,因此维生素 E 也具有一定抗衰老与保健的作用。

维生素E

9.12 醌 与 染 料

染料是能使纤维和其他材料着色的物质,分天然和合成两大类。染料是有颜色的物质,但有颜色的物质并不一定是染料。作为染料,必须能够良好地附着在纤维上,且不易脱落、变色。

20 世纪 50 年代,Pattee(帕蒂)和 Stephen(斯蒂芬)发现含二氯均三嗪基团的染料在碱性条件下与纤维上的羟基发生键合,标志着染料使纤维着色从物理过程发展到化学过程,开创了活性染料的合成应用时期。

蒽醌染料是一类重要的染料,蒽醌类活性染料具有广泛用途。

蒽醌中最重要的是 9,10-蒽醌,通常简称为蒽醌。蒽醌分子中的两个苯环受到两个羰基的影响而钝化,不易发生亲电取代反应。但使用发烟硫酸,在 160℃条件下能发生磺化反应生成 β-蒽醌磺酸。

发烟H_2SO_4
160℃

如果用 $HgSO_4$ 作催化剂,在 135℃时也能发生磺化反应,生成 α-蒽醌磺酸。

发烟H_2SO_4
$HgSO_4$,135℃

蒽醌是合成染料的原料,通过它可以合成多种染料,即蒽醌染料,据统计蒽醌染料已达 400 多种。蒽醌类活性染料颜色鲜艳,亲和力较低,扩散性能好,耐日晒牢度较好,是一类重要的染料。例如:

活性艳蓝KN-R　　　　　　　　　　　　　还原红5GK

习　　题

1. 用普通命名法和 IUPAC 法命名下列化合物。

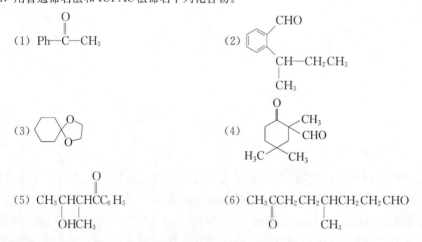

(1) Ph—C—CH$_3$

(2)

(3)

(4)

(5) CH$_3$CHCHCC$_6$H$_5$ ，OCH$_3$

(6) CH$_3$CCH$_2$CH$_2$CHCH$_2$CH$_2$CHO

(7) $CH_3CH_2CH(CH_2)_3CHO$
$\quad\quad\quad\quad |$
$\quad\quad\quad\quad CH=CH_2$

(8) $CH_3-\overset{\overset{O}{\|}}{C}-CH=CH_2$

(9)
$$\overset{H}{\underset{Ph-\overset{O}{\underset{\|}{C}}}{\diagdown}}C=C\overset{\overset{O}{\underset{\|}{C}-Ph}}{\underset{H}{\diagup}}$$

(10)
$$p\text{-}BrC_6H_4\overset{\overset{N-OH}{\|}}{\underset{}{C}}Ph$$

(11) 萘环-CHO, 5位-NO_2

(12) $\triangleright-CH_2\overset{\overset{O}{\|}}{C}CH_3$

2. 写出下列化合物的结构式。
(1) 3-苯基丙烯醛　　(2) 甲基异丙基酮　　(3) 1-环己基-2-丁酮
(4) β-溴代苯丁酮　(5) 顺-2,3-二甲基环己酮　(6) 2-甲基-1,4-萘醌
(7) 丁酮缩氨脲　　(8) 2-丁烯醛苯腙

3. 用化学方法鉴别下列化合物。
(1) 乙醛、丁醛、环戊酮

(2) $\bigcirc\!-CH_2CH_2CHO$ 、 $\bigcirc\!-CH_2\overset{\overset{O}{\|}}{C}CH_3$ 、 $C_2H_5-\bigcirc\!-CHO$

(3) 丙醛、丙酮、丙醇和异丙醇
(4) 戊醛、2-戊酮、环戊酮和苯甲醛

4. 对下列各组化合物按指定性质,比较其强弱程度。
(1) 比较下列化合物的沸点。
　　正丁醇、丁酮、乙醚
(2) 比较下列化合物 α-H 的活性。

　　CH_3COCH_3、 $OHCCH_2CHO$、 CH_3CHO、 $\overset{\overset{O}{\diagup}\diagdown}{\underset{O}{\diagup}}CH_2CHO$

(3) 比较下列化合物亲核加成的活性。

　　CH_3COCH_3、 $CH_3CH_2COCH_3$、 $\bigcirc\!-CHO$ 、 $\bigcirc\!-CHO$

(4) 比较下列化合物的水溶性。
　　丙酮、丁酮、2-戊酮

5. 完成下列反应。
(1) $CH_3CH_2COCH_2CH_3 + H_2N-NH-\bigcirc \longrightarrow$

(2) $\bigcirc\!=O + CH_3CH_2MgBr \longrightarrow$

(3) $Cl_3CCHO + H_2O \longrightarrow$

(4) $CH_3COCH_3 + H_2N-OH \longrightarrow$

(5) $CH_3-\bigcirc\!-CHO + KMnO_4 \xrightarrow[\triangle]{H^+}$

(6) $\bigcirc\!-CHO + K_2Cr_2O_7 \xrightarrow[\triangle]{H^+}$

(7) $CH_3CH_2OH +$ $O \xrightarrow{\text{干 HCl}}$

(8) $HOCH_2CH_2CH_2CH_2CHO \xrightarrow{H^+}$

(9) 邻羟基苯甲醛 $\xrightarrow{\text{饱和 NaHSO}_3}$

(10) $CH_3CH_2CH = PPh_3 + $ 环戊酮 $O \longrightarrow$

(11) 环己烷二甲醛 $+$ 对苯二亚甲基三苯基膦 $\longrightarrow$

6. 下列化合物中,哪些是半缩醛(酮)? 哪些是缩醛(酮)? 写出由相应的醇及醛或酮制备它们的反应式。

(1) 环戊基—O—CH(CH₃)OH

(2) 环戊基(OH)(OCH₂CH₂OH)

(3) 螺环二氧戊环

(4) 四氢吡喃基—OCH₃

7. 下列化合物哪些能发生碘仿反应?

(1) $(CH_3)_3CCOCH_3$

(2) $CH_3CH_2CHCH_2CH_3$ （OH）

(3) 苯基—COCH₃

(4) 苯基—CH₂CHCH₃ （OH）

(5) 环戊基—CH₂CHO

(6) 苯基—CH₂CH₂OH

8. 利用格氏试剂合成下列化合物。

(1) $H_3C-C(CH_3)(OH)-CH_2CH_2CH_3$

(2) H_3CO-苯基$-C(OH)(CH_3)-CH_2CH_2CH_3$

(3) $CH_3CH_2CH_2CH_2OH$

(4) $H_3CH_2C-C(CH_2CH_3)(OH)-CH_2CH_2CH_3$

9. 写出下列反应的主要产物。

(1) 环戊基甲基酮 $\xrightarrow[\text{OH}^-]{Cl_2, H_2O}$

(2) $CH_3CH_2CHO \xrightarrow{\text{稀 NaOH}}$

(3) $HOCH_2CH_2CH_2CH_2CHO \xrightarrow{\text{稀 NaOH}}$

(4) $CH_3CH_2CHCH_3$ （OH） $\xrightarrow[\text{OH}^-]{I_2, H_2O}$

10. 下列化合物中哪些能发生银镜反应?

(1) 环戊基—CHO

(2) 甲基乙基酮

(3) 异丁基—CHO

(4) 四氢呋喃基—OCH₃

(5) 苯基—CHO

(6) $H-CHO$

11. 写出下列反应的主要产物。

(1) $(CH_3)_3CCHO \xrightarrow{\text{浓 NaOH}}$

(2) $\bigcirc—CHO + HCHO \xrightarrow{\text{浓 NaOH}}$

(3) $CH_3CH_2\overset{O}{\overset{\|}{C}}CH_3 \xrightarrow[\text{浓 HCl}]{Zn-Hg}$

(4) $\bigcirc{=}O \xrightarrow[\text{KOH,二甘醇,}\triangle]{H_2N-NH_2 \cdot H_2O}$

(5) $\diamond—COCH_2CH_2COOH \xrightarrow[\text{浓 HCl}]{Zn-Hg}$

(6) $CH_3COCH_3 \xrightarrow{NaBH_4}$

(7) $CH_3COCH_3 \xrightarrow{H_2,Ni}$

(8) $CH_3CH_2CHO + Cu^{2+} + NaOH + H_2O \xrightarrow{\triangle}$

12. 写出下列反应的主要产物。

(1) $CH_2{=}CH—CO—CH_3 + HCl \longrightarrow$

(2) $CH_2{=}CH—CH_2—CO—CH_3 + HCl \longrightarrow$

(3) $CH_2{=}CHCHO + HCN \longrightarrow$

(4) $CH_3CH{=}CHCH_2CH_2CHO \xrightarrow{H_2/Pd}$

(5) $CH_3CH{=}CHCH_2CH_2CHO \xrightarrow{Ag(NH_3)_2OH}$

(6) $CH_3CH{=}CHCH_2CH_2CHO \xrightarrow{LiAlH_4}$

(7) $CH_3CH{=}CHCH_2CH_2CHO \xrightarrow{KMnO_4}$

13. 如何用红外光谱区分以下两个化合物?

$$CH_3CH{=}CHCH_2\overset{O}{\overset{\|}{C}}H \qquad CH_3\overset{O}{\overset{\|}{C}}CH_2C{\equiv}CH$$

14. 命名下列化合物。

(1) (2) (3) (4) (5) (6)

15. 写出下列反应的主要产物。

(1) $\xrightarrow{Br_2} \xrightarrow{Br_2}$

(2) $\xrightarrow{H_2NOH} \xrightarrow{H_2NOH}$

(3) $+ \text{furan} \xrightarrow{\triangle}$

(4) $\xrightarrow{HCl} \xrightarrow{\text{异构}}$

16. 在碱性溶液中丁酮溴代主要生成 1-溴-2-丁酮,而在酸性溶液中主要生成 3-溴-2-丁酮。解释这种现象并写出反应历程。

17. 写出下列反应的主要产物。

(1) $CH_3CH{=}CH—CH_2CH_2CHO + CH_3OH \xrightarrow{\text{干 HCl}} ?$

(2) $Br—\bigcirc—CHO + \overset{CH_3}{\bigcirc{=}O} \xrightarrow[\triangle]{\text{稀 NaOH}}$

(3) $C_6H_5COCHO \xrightarrow{HCN} ?$

(4) $CH_3\overset{O}{\overset{\|}{C}}CH_2CH_3 + H_2NOHHCl \longrightarrow ?$

(5) $H\overset{O}{\overset{\|}{C}}\cdots\cdots\overset{O}{\overset{\|}{C}}H \xrightarrow{\text{稀 NaOH}} \xrightarrow{\triangle}$

(6) $PhCHO + PhMgBr \longrightarrow ? \xrightarrow[H_2O]{H^+}$

(7) $H_3C-\bigcirc-CHO \xrightarrow{\text{浓 NaOH}} ?$

(8) $\bigcirc=O \xrightarrow{NaBH_4} ?$

(9) $\overset{O}{\underset{O}{\bigcirc}}\!\!-CHO + Ph_3\overset{+}{P}-\overset{-}{C}HCH_3 \longrightarrow$

(10) $HOCH_2CH_2CH_2CH_2CHO \xrightarrow{HCl(g)}$

(11) $\overset{OH}{\underset{OH}{\bigcirc}} + CH_3COCH_3 \xrightarrow{HCl(g)}$

(12) $\overset{CH_3}{\underset{}{\bigcirc}}=O + Br_2 \xrightarrow{CH_3COOH}$

18. 如何完成下列转变?

(1) $Br-\bigcirc-\overset{O}{\overset{\|}{C}}CH_3 \longrightarrow CH_3O-\overset{O}{\overset{\|}{C}}-\bigcirc-\overset{OH}{\overset{|}{C}HCH_3}$

(2) $Ph-C\equiv CH \longrightarrow Ph-\overset{CH_3}{\underset{OH}{\overset{|}{\underset{|}{C}}}}-COOH$

(3) $\diagup\!\!\diagup\!\!\diagdown_{Br} \longrightarrow \diagup\!\!\diagdown\!\!\diagup_D$

(4) $\bigcirc\!\!\bigcirc \longrightarrow \overset{O}{\bigcirc\!\!\bigcirc}$

(5) $\bigcirc \longrightarrow \overset{Br}{\bigcirc}-CH_2CH_2CH_2CH_3$

(6) $Ph-\overset{O}{\overset{\|}{C}}-CH_3 \longrightarrow Ph-\overset{CH_3}{\overset{|}{C}}=CHCH_3$

(7) $HC\equiv CH \longrightarrow CH_3CH_2CH_2\overset{O}{\overset{\|}{C}}CH_2CH_2CH_2CH_3$

19. 写出下列反应的历程。

(1) $\overset{O}{\underset{}{\bigcirc}}\!\!-COOC_2H_5 + CH_2=CHCOCH_3 \xrightarrow[C_2H_5OH]{C_2H_5ONa} \overset{COOC_2H_5}{\underset{O}{\bigcirc\!\!\bigcirc}}$

（2）

O
O
$CH_3CCH_2CH_2CCH_3$
NaOH
O

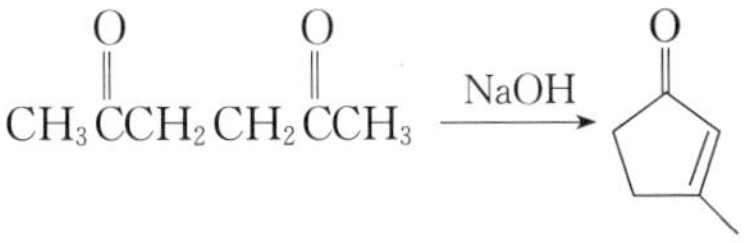

（3）PhCHMeCHO $\xrightarrow{H_2SO_4}$ PhCOEt

20. 某化合物分子式为 $C_5H_{12}O$(A)，氧化后得 $C_5H_{10}O$(B)，B 能和苯肼反应，也能发生碘仿反应，A 和浓硫酸共热得 C_5H_{10}(C)，C 经氧化后得丙酮和乙酸。推测 A 的结构，并用反应式表明推断过程。

21. 某一化合物分子式为 $C_{10}H_{14}O_2$(A)，它不与 Tollens 试剂、Fehling 试剂、热的 NaOH 及金属发生作用，但稀 HCl 能将其转变成分子式为 C_8H_8O(B)的产物。B 与 Tollens 试剂作用。强烈氧化时能将 A 和 B 转变为邻苯二甲酸。试写出 A 的结构式，并用反应式表示转变过程。

22. 化合物Ⅰ分子式为 $C_9H_{10}O_2$，该化合物能溶于氢氧化钠溶液，易和溴水、羟胺反应，和 Tollens 试剂不反应。经 $LiAlH_4$ 还原生成化合物Ⅱ，分子式为 $C_9H_{12}O_2$。Ⅰ和Ⅱ均能发生碘仿反应。用锌汞齐与盐酸还原Ⅰ得到化合物Ⅲ，分子式为 $C_9H_{12}O$。将Ⅲ与 NaOH 反应后再与碘甲烷作用得到分子式为 $C_{10}H_{14}O$ 的化合物Ⅳ，将Ⅳ用 $KMnO_4$ 溶液氧化得到对甲氧基苯甲酸。试写出Ⅰ～Ⅳ的结构式。

23. 分子式为 $C_8H_{14}O$ 的化合物Ⅰ能使溴水褪色，也可与苯肼反应。Ⅰ氧化后可得到丙酮与化合物Ⅱ，Ⅱ与次碘酸钠反应生成碘仿和丁二酸。试写出Ⅰ与Ⅱ的结构式。

24. 利用何种波谱分析方法可以区别下列各组化合物？简述原因。

（1）

—CH═CHCH₂OH 和
—CH═CHCHO

（2）

CH_3CH_2—
—CHO 和 CH_3—
—CH_2CHO

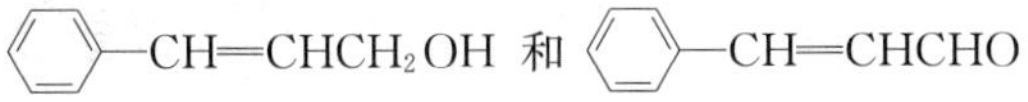

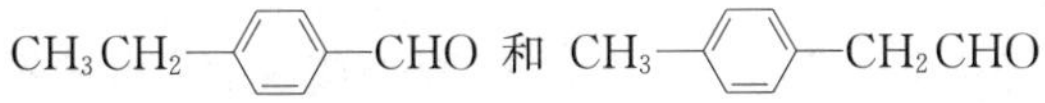

第 10 章　羧酸及其衍生物

分子中含有羧基的化合物称为羧酸(carboxylic acid),可用通式 RCOOH 表示。羧酸分子中羧基上的羟基被其他原子或基团取代后的产物称为羧酸衍生物(carboxylic acid derivative)。羧酸及其衍生物广泛存在于自然界,许多参与了动植物体内的生命过程,有些是非常重要的医药原料,如乙酸、乳酸、酒石酸和水杨酸等。

Ⅰ　羧　酸

10.1　羧酸的分类、命名和结构

10.1.1　羧酸的分类和命名

根据分子中所含烃基的结构不同,可将羧酸分为脂肪、脂环和芳香羧酸,饱和和不饱和羧酸;根据分子中所含羧基数目的不同,可将羧酸分为一元和多元羧酸等。

羧酸的命名可采用有机化合物的命名通法,母体官能团是羧基,母体是羧酸。当碳原子数超过十时,一般称为"某碳酸",如十八碳酸。二元羧酸一般以含有两个羧基的最长链为母体,称为"某二酸"。命名一些简单的脂肪酸时,有时可以用 α、β、γ 等希腊字母表示取代基的位置,即以与羧基直接相连的碳原子为 α-碳,其他依次为 β-碳、γ-碳等,常用 ω 来表示碳链末端的位置。

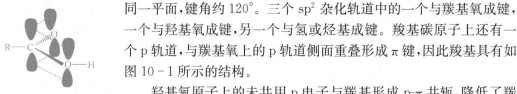

$$\underset{\omega}{CH_3}\text{-}\text{-}\text{-}\underset{\gamma}{\overset{4}{CH_2}}\underset{\beta}{\overset{3}{CH_2}}\underset{\alpha}{\overset{2}{CH_2}}\overset{1}{COOH}$$

10.1.2　羧酸的结构

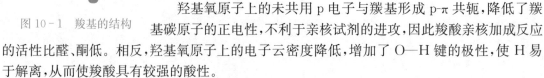

羧基是羧酸的官能团,羧基中的碳原子为 sp^2 杂化,因此,C—C=O 及 O=C—O 键处于同一平面,键角约 120°。三个 sp^2 杂化轨道中的一个与羰基氧成键,一个与羟基氧成键,另一个与氢或烃基成键。羧基碳原子上还有一个 p 轨道,与羰基氧上的 p 轨道侧面重叠形成 π 键,因此羧基具有如图 10-1 所示的结构。

图 10-1　羧基的结构

羟基氧原子上的未共用 p 电子与羰基形成 p-π 共轭,降低了羰基碳原子的正电性,不利于亲核试剂的进攻,因此羧酸亲核加成反应的活性比醛、酮低。相反,羟基氧原子上的电子云密度降低,增加了 O—H 键的极性,使 H 易于解离,从而使羧酸具有较强的酸性。

10.2 羧酸的物理性质和波谱特征

10.2.1 羧酸的物理性质

十个碳原子以下的羧酸是液体,脂肪族二元羧酸和芳香酸都是结晶固体。低级脂肪酸如甲酸、乙酸和丙酸等有较强的气味,它们的水溶液有酸味。羧基能与水形成氢键,所以甲酸、乙酸等能与水混溶,但随着碳链的增长,水溶性逐渐降低。

两个羧酸分子之间能形成两个氢键,即使在气态时,羧酸也是双分子缔合,形成二聚体。因此,羧酸的沸点比相同相对分子质量的其他有机物如醇、醛和酮等高。常见羧酸的名称和物理常数见表 10-1。

$$2RCOOH \longrightarrow R-C\underset{O\cdots H-O}{\overset{O\cdots H-O}{\bigg|}}C-R$$

思考:

如何用 IR 谱图的方法判断体系中存在的是分子内氢键还是分子间氢键?

表 10-1 常见羧酸的名称和物理常数

名称	俗名	熔点/℃	沸点/℃	溶解度/[g·(100g H₂O)⁻¹]	pK_{a_1}	pK_{a_2}
甲酸	蚁酸	8.4	100.5	互溶	3.77	
乙酸	醋酸	6.6	118	互溶	4.76	
丙酸	初油酸	-21	141	互溶	4.88	
丁酸	酪酸	-5	162.5	互溶	4.82	
异丁酸		-47	154.5	互溶	4.86	
戊酸	缬草酸	-34	187	4.97	4.81	
己酸	羊油酸	-3	205	0.968	4.85	
庚酸	毒水芹酸	-8	223.5	微溶	4.89	
乙二酸	草酸	189.5	>100 升华	9	1.46	4.40
丙二酸		135	140(分解)	74	2.80	5.85
丁二酸	琥珀酸	187	235(分解)	5.8	4.17	5.64
丙烯酸		13	142	溶	4.26	
3-丁烯酸		-39	144	溶	4.35	
苯甲酸	安息香酸	122	249	0.34	4.17	
苯乙酸		76	266	微溶	4.31	

10.2.2 羧酸的波谱特征

羧基形式上由羰基和羟基组成,因此在羧酸的红外光谱中,可观察到羰基和羟基的特征吸收峰。由于羧酸一般以氢键缔合成二聚体,其红外光谱是二聚体的谱图。1710cm⁻¹ 附近为强的羰基伸缩振动吸收峰,该吸收峰很特征,很容易利用该特征峰将羧酸与其他羰基化合物区别开。在 3300~2500cm⁻¹ 区域出现的宽而强的 O—H 伸缩振动吸收峰,常覆盖了 C—H 键的伸

缩振动吸收。羧酸的 C—O 伸缩振动吸收峰一般在 $1250 \mathrm{cm}^{-1}$。图 10-2 为 3-甲基丁酸的红外光谱。

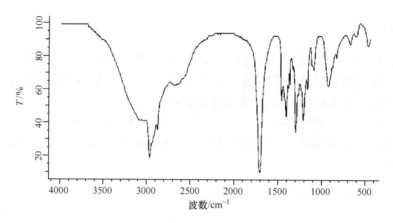

图 10-2　3-甲基丁酸的红外光谱

在羧酸分子中,羧基上的质子由于受氧原子的影响,外层电子屏蔽作用降低,其核磁共振氢谱的化学位移在低场,大多为宽峰。同时氢键缔合导致化学位移值变化较大,一般在 10～13ppm,比醇大得多。羧酸的活泼氢可与重水发生交换反应,导致峰高的下降或峰消失。与羧基相连的 α-碳上质子的化学位移在 2～3ppm。图 10-3 为 3-苯基丁酸的核磁共振氢谱(以氘代氯仿为溶剂)。

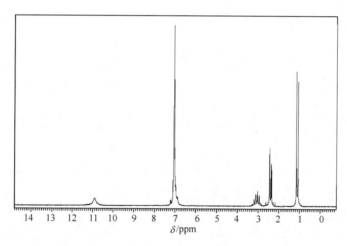

图 10-3　3-苯基丁酸的核磁共振氢谱

羧酸的质谱中大多可出现分子离子峰。主要的特征碎片离子为由羧基引发的 α-裂解和 i-裂解。一元羧酸还有一个重要的裂解方式为 Mclafferty 重排(麦氏重排)。在麦氏重排中,羧基 γ 位上的氢原子转移到羧基氧上,同时 α,β-键断裂,产生一个中性的烯烃分子和一个碎片离子。

$$m/z=60+14n$$

10.3 羧酸的化学性质

羧基可视为由羰基和羟基直接相连而成,由于两者在分子中相互影响,羧基的性质并不是这两者性质的简单加和,而是具有特有的性质(羧酸的电荷分布见图 10-4)。羧酸的化学反应,根据它分子中键的断裂方式不同而发生不同的反应,见图 10-5。

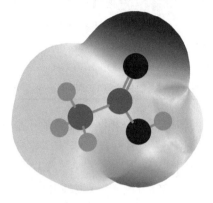

图 10-4 羧酸电荷分布示意图

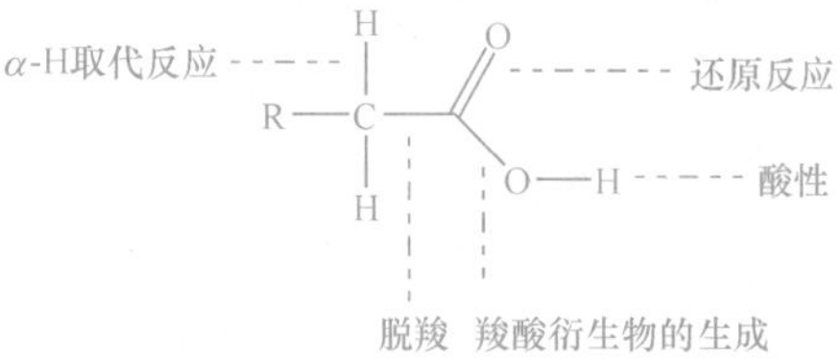

图 10-5 羧酸发生化学反应时常见的断键位点

10.3.1 羧酸的酸性

羧酸呈弱酸性,在水溶液中能解离出氢离子,通常能与 NaOH、$NaHCO_3$ 等碱作用生成盐。一般羧酸的 pK_a 为 3~5,比碳酸($pK_a = 6.5$)要强些。在苯酚和羧酸的碱性溶液中通入二氧化碳可析出苯酚,而羧酸仍以盐的形式存在于水溶液中,利用这一性质可以分离、鉴别酚和羧酸。

常见羧酸的 pK_a 见表 10-1,各类含氢化合物的酸性比较见表 10-2。

表 10-2 各类含氢化合物的酸性比较

化合物	RCOOH	HOH	ROH	HC≡CH	NH₂H	RH
pK_a	3~5	≈15.7	16~19	≈25	≈35	≈50

羧酸盐具有盐的一般性质,为固体,不易挥发,是离子型化合物,其钾、钠和铵盐可溶于水,一般都不易溶于有机溶剂。在羧酸盐水溶液中加入无机酸,可使盐重新变为羧酸而游离出来。此反应可用于分离和精制羧酸,也可用于从中草药中分离含有羧基的有效成分等。

对于一些含羧基的药物,可将其制成羧酸盐以增加在水中的溶解度,易于制成水针剂等注射使用。例如,青霉素钾盐:

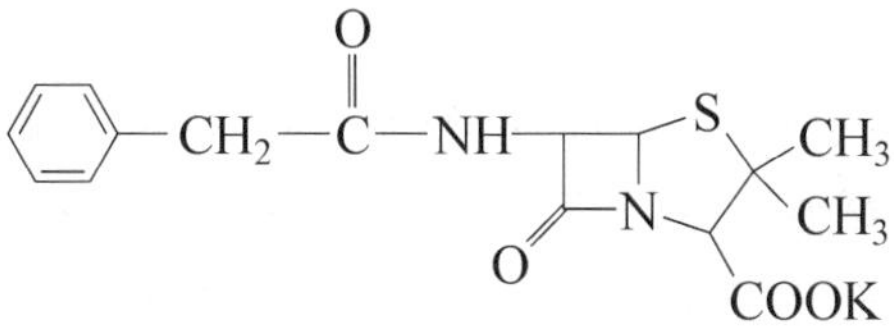

青霉素钾盐

通常羧酸的酸性强弱受与羧基相连的基团的影响,能使羧基电子云密度降低的基团使酸

性增强;相反,使羧基电子云密度上升的基团将使酸性减弱。脂肪族一元羧酸中,甲酸酸性最强。从乙酸开始,由于烷基的给电子效应,随着碳链的增长酸性减弱。当乙酸甲基上的氢被氯取代后,由于氯原子吸电子诱导效应,电子将沿着原子链向氯原子方向偏移,使羧基负离子的负电荷得到分散而稳定,氢离子更容易解离而酸性增强。表 10-3 为常见卤代酸的 pK_a 值。

表 10-3 常见卤代酸的 pK_a 值

化合物	pK_a	化合物	pK_a	化合物	pK_a
FCH_2COOH	2.67	Cl_3CCOOH	0.64	$CH_3CH_2CHClCOOH$	2.86
$ClCH_2COOH$	2.86	$Cl_2CHCOOH$	1.26	$CH_3CHClCH_2COOH$	4.06
$BrCH_2COOH$	2.90	$ClCH_2COOH$	2.86	$CH_2ClCH_2CH_2COOH$	4.52
ICH_2COOH	3.16	CH_3COOH	4.76	$CH_3CH_2CH_2COOH$	4.82

芳环上取代基对羧基的影响与在饱和碳链中传递的情形不完全相同。因为苯环是一个共轭体系,分子一端所受的共轭作用可以沿共轭体系交替地传递到另一端。当苯环连有吸电子基团时,分子的酸性增强,而连有给电子基团将使酸性减弱。

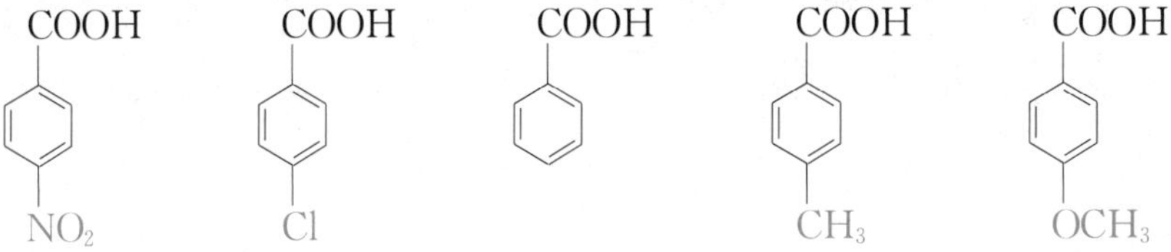

| pK_a | 3.42 | 3.97 | 4.20 | 4.38 | 4.47 |

羧基中的氢原子解离后得到的羧酸根负离子带有一个负电荷,但这个负电荷并不是集中在一个氧原子上,而是平均分配在它的两个氧原子上,形成一个具有三中心四电子的离域分子 π 轨道的结构。X 射线衍射及电子衍射实验证明,羧酸根负离子的结构和原来羧酸中羧基的结构是不同的,它的两个碳氧键是等同的,键长均为 127pm,没有单键和双键的区别。可以用共振结构式表示离域情况:

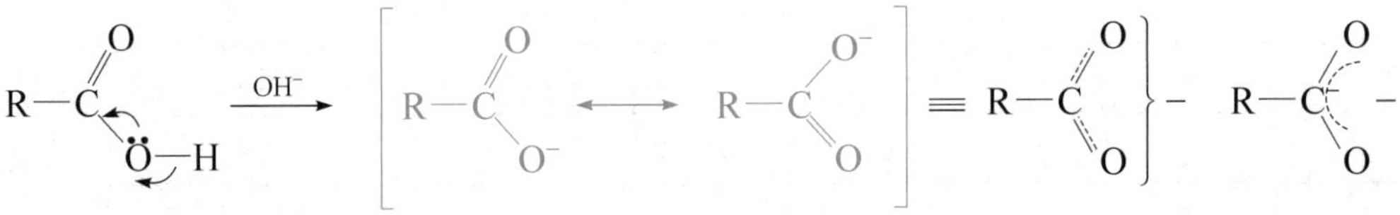

10.3.2 羧酸衍生物的生成

羧酸分子中羧基上的羟基在一定条件下可以被卤原子、酰氧基、烷氧基和氨基等取代,分别生成各类羧酸衍生物:酰卤(acyl halide)、酸酐(anhydride)、酯(ester)和酰胺(amide)。

1. 酰卤的生成

酰溴和酰碘比较活泼,易水解,不易储存,酰氟难以制备。因此,酰卤中最常使用的是酰氯。常用的氯化试剂为二氯亚砜、三氯化磷和五氯化磷等。其中二氯亚砜是最常用的氯化试剂,因为反应的副产物 SO_2 和 HCl 都是气体,二氯亚砜的沸点为 75℃,反应后过量的二氯亚砜以及副产物容易通过蒸馏的方法除去,生成的酰氯易提纯。在以二氯亚砜为氯化试剂制备酰氯时通常加入吡啶或 N,N-二甲基甲酰胺作催化剂,以便反应快速进行。

2. 酸酐的生成

两个酰基相同的酸酐称为单酐,两个酰基不同的称为混酐。除甲酸在脱水时生成一氧化碳外,其他羧酸在脱水剂如五氧化二磷等作用下加热脱水,均生成酸酐。乙酸酐具有强脱水能力,因此也可作为脱水剂。

在制备混酐时,通常采用一分子酰卤和无水羧酸盐反应制备。

3. 酯的生成

羧酸与醇在浓硫酸、干 HCl 或对甲苯磺酸等催化下反应生成酯的反应称为酯化(esterification)反应,这是制备酯的一个重要方法。

$$RCOOH + HOR' \underset{}{\overset{H^+}{\rightleftharpoons}} RCOOR' + H_2O$$

酯化反应是可逆的,为了提高产率,可增加某种反应物的浓度或及时蒸出反应生成的水,使平衡向生成物的方向移动。

$$CH_3COOH + CH_3CH_2OH \overset{H^+}{\rightleftharpoons} CH_3COOC_2H_5 + H_2O$$

在羧酸和醇脱去一分子水生成酯的酯化反应过程中,反应物的键是如何断裂的呢?为回答这个问题,科学家采用含有示踪原子^{18}O的醇与酸酯化,结果发现^{18}O在生成的酯中,所以推断酯化反应中羧酸发生酰氧键断裂,而醇(伯醇和大多数仲醇)发生氧氢键断裂。

$$RCOOH + H^{18}OR' \overset{H^+}{\rightleftharpoons} RCO^{18}OR' + H_2O$$

酯化反应的历程很复杂,常因反应条件和反应物结构的不同而异。酸催化的反应历程如下:

$$R-\overset{\displaystyle O}{\underset{}{C}}-OH \xrightleftharpoons{H^+} R-\overset{\displaystyle \overset{+}{O}H}{\underset{}{C}}-OH \xrightleftharpoons{R'OH} R-\overset{\displaystyle OH}{\underset{\overset{+}{O}-H}{\underset{R'}{C}}}-OH \xrightleftharpoons{H^+ 转移}$$

$$R-\overset{\displaystyle OH}{\underset{OR'}{C}}-\overset{+}{O}H_2 \underset{+H_2O}{\overset{-H_2O}{\rightleftharpoons}} R-\overset{\displaystyle \overset{+}{O}H}{\underset{}{C}}-OR' \xrightleftharpoons{-H^+} R-\overset{\displaystyle O}{\underset{}{C}}-OR'$$

但少数情况下,如叔醇发生酯化反应时,则羧酸发生氧氢键断裂,醇发生烷氧键断裂:

$$R_3C-OH \xrightleftharpoons{H^+} R_3C-\overset{+}{O}H_2 \xrightarrow{-H_2O} R_3C^+ \xrightleftharpoons{R'COOH} R'-\overset{\displaystyle \overset{+}{O}H}{\underset{}{C}}-OCR_3 \xrightleftharpoons{-H^+} R'-\overset{\displaystyle O}{\underset{}{C}}-OCR_3$$

在反应中,叔醇与质子先形成锌盐,失水后形成碳正离子,再与羧基中的羰基氧结合,最后脱去氢质子生成酯。

羧酸和醇的结构对酯化反应的影响较大。一般而言,α-碳原子上没有侧链的脂肪酸与伯醇的酯化速率最快。羧酸烃基上支链越多,酯化反应速率越慢,这是因为较大体积的烃基阻碍了亲核试剂(醇)进攻羧基的碳原子,从而降低酯化反应速率。

例如,在硫酸催化下,羧酸与甲醇酯化反应的相对速率为

CH_3COOH	C_2H_5COOH	$(CH_3)_2CHCOOH$	$(CH_3)_2COOH$	$(C_2H_5)_3CCOOH$
1	0.84	0.33	0.027	0.0016

从上述实验数据可知,$(C_2H_5)_3CCOOH$ 的酯化速率很慢,以至于难以测定数据。其主要原因是空间位阻大,醇分子不易靠近羧基碳原子,因而酯化反应速率减慢。

目前,工业上逐渐使用阳离子交换树脂代替上述酸催化剂进行酯化反应。

此外,羧酸盐是一种弱亲核试剂,可与活泼的卤代烃如苄氯等发生反应生成酯,也可在催化剂如四丁基铵盐作用下进行亲核取代反应。

$$Cl-\langle\text{benzene}\rangle-CH_2Cl + CH_3COONa \xrightarrow{CH_3COOH} Cl-\langle\text{benzene}\rangle-CH_2O\overset{\displaystyle O}{\underset{}{C}}CH_3 + NaCl$$

4. 酰胺的生成

羧酸与氨、碳酸铵和有机胺等反应生成羧酸的铵盐,将铵盐加热或用脱水剂使其脱水可得到酰胺。但由于羧酸铵加热易分解为羧酸和胺等分子,且反应需要较高温度,因此通常以酰氯与胺反应制备酰胺(详见 10.6.1)。

$$\langle\text{benzene}\rangle-COOH + CH_3CH_2NH_2 \longrightarrow \langle\text{benzene}\rangle-COO^- \; H_3\overset{+}{N}CH_2CH_3 \xrightarrow{\triangle} \langle\text{benzene}\rangle-\overset{\displaystyle O}{\underset{}{C}}-NHCH_2CH_3$$

在解热镇痛药扑热息痛的合成过程中,采用对氨基苯酚与冰醋酸成盐,而后在 130～135℃加热脱水制得,收率高达 95%。

$$HO\text{—}\langle\rangle\text{—}NH_2 \xrightarrow[130\sim135℃]{CH_3COOH} HO\text{—}\langle\rangle\text{—}NHCCH_3$$

扑热息痛

尼纶 66 是用己二酸与己二胺的盐经高温熔融缩聚形成的。用它制成的纺织品美观、耐用,做成的绳索强度大,结实耐用。

$$HOOC(CH_2)_4COOH + H_2N(CH_2)_6NH_2 \xrightarrow{高温熔融}$$

己二酸 己二胺盐

$$HO\begin{bmatrix}OC(CH_2)_4\overset{O}{\overset{\|}{C}}\text{—}NH(CH_2)_6\text{—}NH\end{bmatrix}_nH + H_2O$$

尼纶66

10.3.3 羧酸的还原

在 Pd、Ni 等催化下使用催化氢化方法可还原羧基,反应一般需要较高的压力,在实验室使用不普遍。

氢化铝锂是将羧基还原为伯醇的最常用试剂,并具有较好的选择性,双键不受影响。由于氢化铝锂遇水分解,因此反应一般需在无水四氢呋喃或无水乙醚中进行,反应后直接加酸水处理,得到醇。

$$(CH_3)_3CCOOH \xrightarrow[Et_2O]{LiAlH_4} \xrightarrow{H_3O^+} (CH_3)_3CCH_2OH$$

硼氢化钠和硼氢化钾通常不能还原羧酸,但在三氯化铝存在下,其还原能力大大提高,可将羧基还原为醇。

$$O_2N\text{—}\langle\rangle\text{—}COOH \xrightarrow[AlCl_3]{NaBH_4} O_2N\text{—}\langle\rangle\text{—}CH_2OH$$

10.3.4 羧酸 α-H 的卤代反应

羧酸与醛或酮一样,能使 α-H 原子活化,使该氢原子具有一定反应性,发生卤代反应,通常是溴代或氯代。但羧基的致活作用比羰基小,因此羧酸 α-H 的卤代反应需要卤化磷的催化,通常使用三溴化磷或三氯化磷。由于磷与卤素反应可生成三卤化磷,因此,反应在红磷等催化剂存在下也能够顺利进行。该反应称为 Hell-Volhard-Zelinski(赫尔-乌尔哈-泽林斯基)反应:

$$CH_3CH_2CH_2CH_2COOH + Br_2 \xrightarrow[70℃]{PBr_3} CH_3CH_2CH_2\underset{\underset{Br}{|}}{C}HCOOH + HBr$$

反应中磷是催化剂,如果磷过量将会得到酰卤产物。反应通过酰卤的烯醇化进行,反应过程如下:

$$P + X_2 \longrightarrow PX_3$$

$$3RCH_2COOH + PX_3 \longrightarrow 3RCH_2COX + P(OH)_3$$

$$RCH_2\overset{\displaystyle O}{\overset{\|}{C}}{-}X \rightleftharpoons RCH{=}\overset{\displaystyle \overset{..}{O}H}{\overset{|}{C}}{-}X \xrightarrow[-HX]{X-X} R{-}\overset{\displaystyle O}{\overset{\|}{C}}{-}\underset{\displaystyle X}{\overset{|}{C}H}{-}X$$

$$R{-}\underset{\displaystyle X}{\overset{|}{C}H}{-}\overset{\displaystyle O}{\overset{\|}{C}}{-}X + RCH_2COOH \longrightarrow R{-}\underset{\displaystyle X}{\overset{|}{C}H}{-}\overset{\displaystyle O}{\overset{\|}{C}}{-}OH + RCH_2\overset{\displaystyle O}{\overset{\|}{C}}{-}X$$

10.3.5　脱羧反应

羧酸通常比较稳定,但在一定条件下也可分解放出二氧化碳,发生脱羧反应(decarboxylation reaction)。例如,乙酸钠在氢氧化钠和氧化钙(碱石灰)作用下,脱去二氧化碳,生成甲烷。这是一种制备甲烷的方法。

$$CH_3COONa + NaOH \xrightarrow[CaO]{融熔} CH_4 + Na_2CO_3$$

$$\text{⬡}{-}COONa + NaOH \xrightarrow[CaO]{融熔} \text{⬡} + Na_2CO_3$$

含碳数多的羧酸脱羧时往往要在高温下进行,副产物多,产率低,没有制备价值。当羧酸的 α-碳原子上连有吸电子基团如羰基、硝基或卤原子时,吸电子诱导效应使羧基很不稳定,容易脱羧。芳香酸比脂肪酸容易脱羧,尤其是邻、对位上连有吸电子基团的芳香酸更容易脱羧。

$$CH_3\overset{\displaystyle O}{\overset{\|}{C}}CH_2COOH \xrightarrow{\triangle} CH_3\overset{\displaystyle O}{\overset{\|}{C}}CH_3 + CO_2$$

80%

10.3.6　二元羧酸的特性

1. 酸性

二元羧酸分子中由于两个羧基之间诱导效应的影响,酸性比一元羧酸强。二元羧酸的解离分两步进行。第一步解离时,受到另一个羧基的吸电子诱导效应的影响,两个羧基相距越近,吸电子诱导效应越强,酸性就越强。例如,乙二酸的酸性强于磷酸($pK_{a_1}=1.59$)。羧酸碳链增长后,相互影响逐渐减小,但低级二元羧酸的第一解离度都比饱和一元酸强。当第一个羧基解离形成羧基负离子后,就产生给电子诱导效应,使第二个羧基不易解离,所以二元羧酸的 pK_{a_2} 总是大于 pK_{a_1} 。例如:

	$\begin{matrix}COOH\\|\\COOH\end{matrix}$	$\begin{matrix}COOH\\|\\CH_2\\|\\COOH\end{matrix}$	$\begin{matrix}CH_2COOH\\|\\CH_2COOH\end{matrix}$	$\begin{matrix}CH_2COOH\\|\\CH_2\\|\\CH_2COOH\end{matrix}$	$\begin{matrix}CH_2CH_2COOH\\|\\CH_2CH_2COOH\end{matrix}$
pK_{a_1}	1.46	2.80	4.17	4.33	4.43
pK_{a_2}	4.46	5.85	5.64	5.57	5.52

拓展：

二元羧酸的第一个羧基解离成羧基负离子后,还会产生场效应,同样使第二个羧基不易解离。

2. 热分解反应

二元羧酸对热敏感,两个羧基间距离不同,在加热条件下则相应地发生脱羧或脱水反应。其反应产物遵从 Blanc(布朗克)规则,即在有机反应中有成环可能时,一般形成五元或六元环。

乙二酸和丙二酸受热易脱羧生成一元酸和 CO_2 气体:

$$\begin{array}{c} COOH \\ | \\ COOH \end{array} \xrightarrow{\triangle} HCOOH + CO_2$$

$$\begin{array}{c} COOH \\ \diagdown \\ COOH \end{array} \xrightarrow{\triangle} CH_3COOH + CO_2$$

丁二酸和戊二酸受热不脱羧,而是发生分子内脱水生成环状酸酐:

$$\begin{array}{c} COOH \\ COOH \end{array} \xrightarrow{\triangle} \text{（环状酸酐）} + H_2O$$

$$\begin{array}{c} COOH \\ COOH \end{array} \xrightarrow{\triangle} \text{（环状酸酐）} + H_2O$$

己二酸和庚二酸在氢氧化钡存在下受热,既脱羧又脱水,生成少一个碳原子的环酮:

$$\begin{array}{c} COOH \\ COOH \end{array} \xrightarrow[Ba(OH)_2]{\triangle} \text{（环戊酮）}=O + CO_2 + H_2O$$

$$\begin{array}{c} COOH \\ COOH \end{array} \xrightarrow[Ba(OH)_2]{\triangle} \text{（环己酮）}=O + CO_2 + H_2O$$

辛二酸及含更多碳原子的二元酸加热脱水,生成高分子的酸酐。

二元羧酸烃基上的取代基在热分解反应中不受影响。例如:

$$CH_3-\begin{array}{c} COOH \\ | \\ CH \\ | \\ COOH \end{array} \xrightarrow{\triangle} CH_3CH_2COOH + CO_2$$

Ⅱ　羧酸衍生物

羧酸衍生物是指羧酸分子中羧基上的羟基被其他原子或原子团取代的化合物,包括酰卤、酸酐、酯和酰胺等,它们分子中都含有酰基,故也称为酰基化合物(acyl compound)。

10.4　羧酸衍生物的命名

(1) 酰卤以所含酰基加上卤原子来命名。

乙酰氯　　　　　对氯苯甲酰氯　　　　　烯丙基丙二酰氯

(2) 酸酐通常由羧酸脱水而来,通常以它的酸命名为"某酸酐"。由两种不同的酸形成的酸酐也可类似地命名为"某酸某酸酐"。

乙酸酐　　　　　乙酸丙酸酐　　　　　丙酸苯甲酸酐　　　　丁二酸酐

(3) 酯的命名与酸酐类似,根据形成酯的醇和酸命名为"某酸某酯",多元醇命名为"某醇某酸酯"。

$$CH_2OCOC_6H_5$$
$$|$$
$$CH_2OCOC_6H_5$$

$$C_2H_5O-\!\!\!\!\!\boxed{ }\!\!\!\!\!-COOCH_3$$

对乙氧基苯甲酸甲酯　　　　　乙二醇二苯甲酸酯

(4) 酰胺的命名与酰卤类似,也是用酰基加上胺来命名。两个酰基连在同一氮原子上形成酰亚胺。由分子内的氨基和酰基形成的酰胺称为内酰胺。

$$H_3CH_2C-\!\!\overset{O}{\overset{\|}{C}}\!\!-NH_2$$

$$CH_3-\!\!\overset{O}{\overset{\|}{C}}\!\!-\overset{CH_3}{\underset{CH_3}{N}}$$

丙酰胺　　　　　　N,N-二甲基乙酰胺　　　　　邻苯二甲酰亚胺　　　　丁内酰胺

10.5　羧酸衍生物的物理性质和波谱特征

10.5.1　羧酸衍生物的物理性质

　　酰氯多为无色液体或白色低熔点固体,具有刺激性气味。酰氯不能形成分子间氢键,所以酰氯的沸点比相应的羧酸低。酰氯遇水则发生水解,一般需密闭保存。

　　低级酸酐为无色液体,沸点比相应的羧酸高。高级酸酐为固体。

　　低级酯是具有水果香味的无色液体,如乙酸异戊酯有香蕉的香气,其沸点比相应的羧酸低。酯在水中的溶解度较小,但能很好地溶于有机溶剂,常用作反应的溶剂。

　　酰胺分子之间能形成氢键,其沸点比相应的羧酸高,在水中的溶解度也大。除甲酰胺和N,N-二甲基甲酰胺(DMF)外,多数酰胺为固体。当酰胺氨基上的氢被烷基取代后,氢键缔合减少,沸点降低。一些液体酰胺是良好的有机溶剂。例如,N,N-二甲基甲酰胺分子极性大,是良好的非质子型溶剂,不但可以溶解有机物,一些无机物在其中也有一定的溶解度。

　　多数酯的相对密度小于1,而酰氯、酸酐和酰胺的相对密度几乎都大于1。一些常见羧酸

衍生物的物理常数见表 10 - 4。

表 10 - 4　一些常见羧酸衍生物的物理常数

化合物	熔点/℃	沸点/℃	化合物	熔点/℃	沸点/℃
乙酰氯	−112	51	乙酸乙酯	−83	77
丙酰氯	−94	80	乙酸丁酯	−77	126
正丁酰氯	−89	102	乙酸异戊酯	−78	142
苯甲酰氯	−1	197	苯甲酸乙酯	−32.7	213
乙酸酐	−73	140	丙二酸二乙酯	−50	199
丙酸酐	−45	169	乙酰乙酸乙酯	−45	180.4
丁二酸酐	119.6	261	甲酰胺	3	200(分解)
顺丁烯二酸酐	60	202	乙酰胺	82	221
苯甲酸酐	42	360	丙酰胺	79	213
邻苯二甲酸酐	131	284	正丁酰胺	116	216
甲酸甲酯	−100	30	苯甲酰胺	130	290
甲酸乙酯	−80	54	N,N-二甲基甲酰胺	−61	153
乙酸甲酯	−98	57.5	邻苯二甲酰亚胺	238	升华

10.5.2　羧酸衍生物的波谱特征

1. 红外光谱

羧酸衍生物的红外光谱在 $1700cm^{-1}$ 附近显示强的吸收峰,为羰基 C═O 伸缩振动所引起。对于酰氯、酸酐、酯和酰胺而言,由于分子结构不同,吸收峰位置有所差异。

酰氯:脂肪族酰氯在 $1800cm^{-1}$ 区域显示 C═O 伸缩振动吸收峰,不饱和酰氯的 C═O 伸缩振动在 $1750\sim1800cm^{-1}$ 处,芳香族酰氯在 $1765\sim1785cm^{-1}$ 处显示两个强的吸收峰。苯甲酰氯的红外光谱见图 10 - 6。

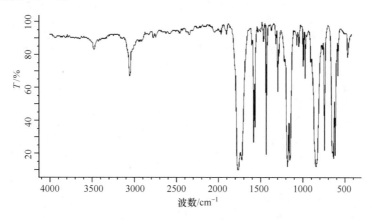

图 10 - 6　苯甲酰氯的红外光谱

酸酐:在 $1800\sim1860cm^{-1}$ 和 $1750\sim1800cm^{-1}$ 显示两个吸收峰,为 C═O 伸缩振动吸收峰,C—O 伸缩振动在 $1045\sim1310cm^{-1}$ 附近。丙酸酐的红外光谱见图 10 - 7。

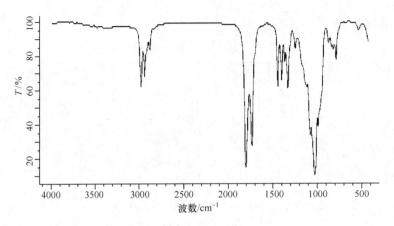

图 10 - 7 丙酸酐的红外光谱

酯：大多数饱和脂肪酸酯的羰基伸缩振动吸收在 $1735cm^{-1}$ 区域。α,β-不饱和酸酯和芳香酸酯因羰基与双键或苯环共轭，吸收峰移向 $1720cm^{-1}$。在 $1050\sim1300cm^{-1}$ 附近有两个吸收峰，为 C—O 伸缩振动吸收峰。丙酸乙酯的红外光谱见图 10-8。

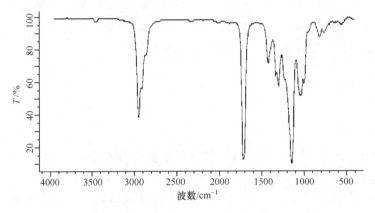

图 10 - 8 丙酸乙酯的红外光谱

酰胺：酰胺的吸收峰主要有 C=O 伸缩振动、N—H 的伸缩振动和弯曲振动三种。C=O 伸缩振动在 $1625\sim1785cm^{-1}$，N—H 伸缩振动在 $3100\sim3600cm^{-1}$，当 N 上有一个氢原子时显示一个峰，有两个氢原子时，产生两个峰。N—H 弯曲振动吸收在 $1600\sim1640cm^{-1}$ 区域。图 10 - 9 为苯甲酰胺的红外光谱。

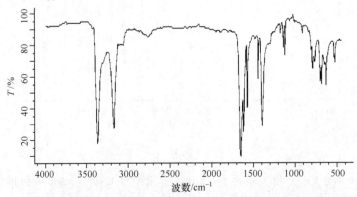

图 10 - 9 苯甲酰胺的红外光谱

2. 核磁共振氢谱

根据羧酸衍生物的结构特征,它们的核磁共振氢谱特征主要体现在酰基和取代基上的电负性强的元素(如 N、O 和 Cl 等)对邻近碳上质子的影响。在酯分子中,烷氧基部分的质子与酰基部分的质子相比处于低场,烷氧基上质子的化学位移为 3.7~4.1ppm。酯、酰氯、酸酐和酰胺分子中与羰基相连的碳上氢的化学位移为 2~3ppm。酰胺分子中 CONH 上与 N 相连的氢的化学位移为 6~8ppm。图 10-10 为乙酸乙酯的核磁共振氢谱(溶剂为 CDCl$_3$)。

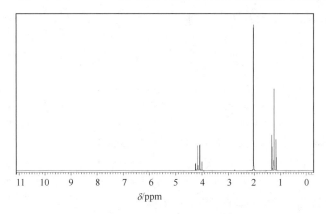

图 10-10 乙酸乙酯的 ^{1}H NMR 谱

10.6 羧酸衍生物的化学性质

10.6.1 亲核取代反应

羧酸衍生物分子中都含有酰基,酰基上连有一个可被取代的卤原子、酰氧基、烷氧基或氨基等基团,从而能发生亲核取代反应,如水解、醇解和胺解等。但因酰基所连的基团不同,反应活性也不一样。

1. 水解

酰氯、酸酐、酯和酰胺都能水解(hydrolysis),生成相应的羧酸。

酰卤极易水解,而且反应激烈;酸酐一般需要加热才能水解;酯需要在酸性或碱性条件下水解,在没有催化剂存在下水解反应发生缓慢;酰胺需要在酸或碱的催化下,经长时间的加热回流才能水解。所以,它们的水解反应活性次序为酰卤>酸酐>酯>酰胺。

$$R{-}\overset{\overset{\displaystyle O}{\|}}{C}{-}Cl + H_2O \longrightarrow R{-}\overset{\overset{\displaystyle O}{\|}}{C}{-}OH + HCl$$

$$R{-}\overset{\overset{\displaystyle O}{\|}}{C}{-}O{-}\overset{\overset{\displaystyle O}{\|}}{C}{-}R^1 + H_2O \longrightarrow R{-}\overset{\overset{\displaystyle O}{\|}}{C}{-}OH + R^1{-}\overset{\overset{\displaystyle O}{\|}}{C}{-}OH$$

$$R{-}\overset{\overset{\displaystyle O}{\|}}{C}{-}OR^1 + H_2O \longrightarrow R{-}\overset{\overset{\displaystyle O}{\|}}{C}{-}OH + R^1OH$$

$$R{-}\overset{\overset{\displaystyle O}{\|}}{C}{-}NH_2 + H_2O \longrightarrow R{-}\overset{\overset{\displaystyle O}{\|}}{C}{-}OH + NH_3$$

拓展：

酯的碱性水解为 $B_{Ac}2$ 历程，即碱催化的双分子酰氧断裂。

酯的酸性水解有三种可能的历程：对于一般的一元羧酸与伯醇或仲醇形成的酯，为酸催化的双分子酰氧断裂，即 $A_{Ac}2$ 历程；对于羧基附近有空间位阻因素的情况，为酸催化的单分子酰氧断裂，即 $A_{Ac}1$ 历程；对于三级醇形成的酯，为酸催化的单分子烷氧断裂，即 $A_{Al}1$ 历程。

探究：

在研究酯的碱性水解反应时，发现以下实验事实：

$$CH_3-\overset{O}{\overset{\|}{C}}-^{18}O-C_2H_5 \xrightarrow{NaOH/H_2O} CH_3-\overset{O}{\overset{\|}{C}}-ONa + CH_3CH_2{}^{18}OH$$

$$CH_3-\overset{O}{\overset{\|}{C}}-O-\overset{H}{\underset{CH_3}{C}}C_6H_5 \xrightarrow{KOH/H_2O} CH_3-\overset{O}{\overset{\|}{C}}-ONa + HO-\overset{H}{\underset{CH_3}{C}}C_6H_5$$

根据以上事实，酯碱性水解时，发生的是酰氧键断裂，还是烷氧键断裂？

2. 醇解

酰氯、酸酐和酯都能醇解（alcoholysis）生成酯。

酰氯与醇反应生成酯，反应较快，是制备酯的方法。此法通常用于合成一些难以用酸和醇直接酯化合成的酯，如酚酯。

$$R-\overset{O}{\overset{\|}{C}}-Cl + HOR^2 \longrightarrow R-\overset{O}{\overset{\|}{C}}-OR^2 + HCl$$

$$R-\overset{O}{\overset{\|}{C}}-O-\overset{O}{\overset{\|}{C}}-R^1 + HOR^2 \longrightarrow R-\overset{O}{\overset{\|}{C}}-OR^2 + R^1-\overset{O}{\overset{\|}{C}}-OH$$

$$R-\overset{O}{\overset{\|}{C}}-OR^1 + HOR^2 \rightleftharpoons R-\overset{O}{\overset{\|}{C}}-OR^2 + R^1OH$$

$$R-\overset{O}{\overset{\|}{C}}-NH_2 + HOR^2 \rightleftharpoons R-\overset{O}{\overset{\|}{C}}-OR^2 + NH_3$$

酯的醇解需要在酸或碱的催化下进行，反应生成另一种醇和另一种酯，该反应又称酯交换反应（ester exchange reaction）。酯交换反应是可逆的，但这一反应可以用来从廉价的低级醇制备高级醇。

与羟基酸类似，二元羧酸及其衍生物可以与二元醇发生分子间酯化形成高聚物。例如，合成纤维中产量最大的聚酯纤维"的确良"就是由对苯二甲酸二甲酯与乙二醇在 $Zn(OAc)_2$ 催化下进行酯交换，蒸馏出甲醇使之完全转化为对苯二甲酸二羟乙酯；再在 Sb_2O_3 催化下高温缩聚，同时高真空蒸出生成的乙二醇，使酯化完全，以得到高相对分子质量的聚酯。这种聚酯制成的纺织品具有耐用、美观和不皱等优点，做成的电影胶片、录音磁带具有高强度、耐磨和不易燃等特性。

$$CH_3OOC-\bigcirc-COOCH_3 + 2CH_2-CH_2 \xrightarrow{Zn(OAc)_2}$$
$$\underset{OH}{|} \quad \underset{OH}{|}$$

对苯二甲酸二甲酯

$$HOCH_2CH_2OOC-\!\!\!\!\bigcirc\!\!\!\!-COOCH_2CH_2OH + 2CH_3OH$$

$$n HOCH_2CH_2OOC-\!\!\!\!\bigcirc\!\!\!\!-COOCH_2CH_2OH \xrightarrow{Sb_2O_3}$$

$$H\!\!-\!\!(OCH_2CH_2O\overset{O}{\underset{\;}{C}}-\!\!\!\!\bigcirc\!\!\!\!-\overset{O}{\underset{\;}{C}})_n\!\!-\!\!OH + (n-1)\underset{OH}{CH_2}\!\!-\!\!\underset{OH}{CH_2}$$

聚(对苯二甲酸乙二醇酯),"的确良"

3. 胺解

酰氯、酸酐、酯都能与氨(胺)作用生成酰胺,称为氨(胺)解(aminolysis)。由于胺的亲核性比水强,胺解比水解反应容易进行。酰氯与胺在室温下或低于室温下反应是实验室制备酰胺的常用方法。酰氯与氨、伯胺和仲胺反应生成酰胺和铵盐。为减少反应物胺的消耗,通常在碱性条件下进行,常用的碱为 $NaOH$、K_2CO_3、吡啶和三乙胺等。酸酐与胺的反应主要使用乙酸酐对伯胺或仲胺进行乙酰化,该反应可在中性条件下进行或用少量酸或碱催化。酯或酰胺与胺的反应较慢,但有时也用于有机合成中。

$$R-\overset{O}{\underset{\;}{C}}-Cl + H_2NR^2 \longrightarrow R-\overset{O}{\underset{\;}{C}}-NHR^2 + HCl$$

$$R-\overset{O}{\underset{\;}{C}}-O-\overset{O}{\underset{\;}{C}}-R^1 + H_2NR^2 \longrightarrow R-\overset{O}{\underset{\;}{C}}-NHR^2 + R^1-\overset{O}{\underset{\;}{C}}-OH$$

$$R-\overset{O}{\underset{\;}{C}}-OR^1 + H_2NR^2 \longrightarrow R-\overset{O}{\underset{\;}{C}}-NHR^2 + R^1OH$$

$$R-\overset{O}{\underset{\;}{C}}-NH_2 + H_2NR^2 \rightleftharpoons R-\overset{O}{\underset{\;}{C}}-NHR^2 + NH_3$$

工业上用对苯二甲酰氯(或间苯二甲酰氯)与对苯二胺进行缩聚,生成聚对(或间)苯二甲酰对苯二胺树脂,经抽丝等工艺制成高强度、高耐热性以及具有优良阻燃性能的芳香聚氨酯纤维。

4. 酰基亲核取代反应历程

羧酸衍生物发生水解、醇解和胺解后,其产物可视为羧酸衍生物中的酰基取代 H_2O、醇和氨(伯胺或仲胺)中的氢原子,形成羧酸、酯和酰胺等取代产物。反应历程属于亲核取代反应,经历加成-消除过程:

$$R-\overset{O}{\underset{\;}{C}}-L + Nu^- \underset{慢}{\rightleftharpoons} \left[R-\overset{O^-}{\underset{L}{\overset{|}{C}}}-Nu \right] \xrightarrow{快} R-\overset{O}{\underset{\;}{C}}-Nu + L^-$$

式中,Nu^- 为亲核试剂,如 ^-OH、ROH 和 NH_3 等;L 为离去基团,如—X、—OCOR、—OR、—NH_2 和—NHR 等。

酰基的亲核取代反应包括两个步骤:第一步是亲核试剂进攻羰基碳原子,发生亲核加成反

应,形成四面体的氧负离子中间体,羰基碳原子由 sp^2 杂化变为 sp^3 杂化;第二步是中间体发生消除反应,L^- 作为离去基团离去,羰基碳原子由 sp^3 杂化变为 sp^2 杂化。

　　酰基亲核取代反应速率受空间效应和电子效应两方面影响,并且与亲核加成和消除两步均有关。第一步亲核加成时,形成正四面体的氧负离子中间体,如果羰基碳原子连接的基团体积小,并具有吸电子效应,则有利于亲核试剂的进攻和形成稳定的中间体,反应速率较快。吸电子诱导效应:—X>—OCOR>—OR>—NH$_2$。第二步消除反应,其反应速率取决于离去基团的稳定性,稳定性从大到小的顺序为 $X^->RCOO^->RO^->NH_2^-$,因此,羧酸衍生物的反应活性为酰卤>酸酐>酯>酰胺。

拓展:

　　羧酸衍生物的结构可用如下共振式表示:

$$\left[\begin{array}{ccc} \overset{O}{\underset{R\quad L}{C}} & \longleftrightarrow & \overset{\ominus O}{\underset{R\quad L}{C^{\oplus}}} & \longleftrightarrow & \overset{\ominus O}{\underset{R\quad L}{C}}{}^{\oplus} \end{array} \right]$$

$$\quad A \qquad\qquad B \qquad\qquad C$$

　　其中极限式 C 的贡献越大,该羧酸衍生物真实结构(杂体化)的 C—L 键双键成分就越多,该键就越不易断裂,相对应的羧酸衍生物就越不易发生亲核取代反应。也可以从这个角度解释羧酸衍生物的亲核取代反应活性。

10.6.2　与格氏试剂的反应

　　与醛、酮一样,羧酸衍生物的羰基也能与金属有机试剂如格氏试剂发生亲核加成反应,产物为含有两个相同烃基的叔醇。酮是反应的中间产物,但羧酸衍生物羰基的反应活性通常小于酮羰基,反应很难停留在酮的阶段。

　　酰氯与适量格氏试剂反应可得到中间产物酮,这是因为酰氯与格氏试剂的反应比酮更迅速。酰胺的氮原子上有活泼氢,要消耗相当物质量的格氏试剂,同时反应活性低,所以在通常条件下很少使用。例如:

10.6.3　还原反应

1. 催化氢化

酰氯催化氢化还原的产物通常是醇，如果用降低了活性的 Pd/C 为催化剂，可被还原为醛，该反应又称 Rosenmund 还原。在上述反应中，酰氯与加有活性抑制剂（如硫脲、喹啉-硫）的钯催化剂或以硫酸钡为载体的催化剂，于甲苯或二甲苯中，控制通入氢气量，即可使反应停止在醛的阶段，得到良好产率的醛。分子中的双键、硝基、卤素和酯基等基团不受影响。例如：

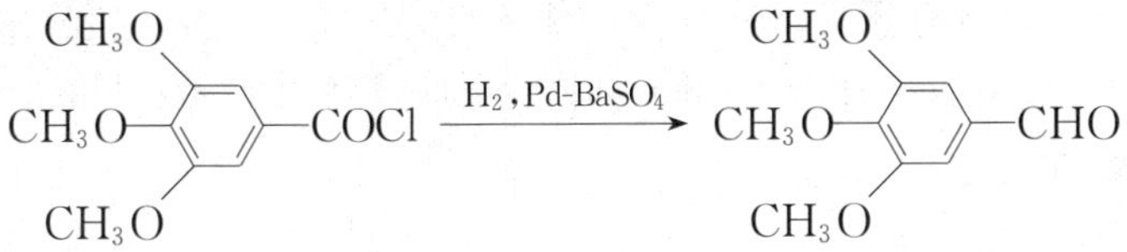

酸酐可被催化氢化为两分子醇。酰胺不易被催化氢化还原。酯能顺利地被催化氢化还原为两分子醇。

2. 用金属氢化物或活泼金属还原

羧酸衍生物比羧酸容易还原，用氢化铝锂可以将酰氯、酸酐和酯还原为醇，将酰胺还原为胺。硼氢化钠的还原性弱于氢化铝锂。例如：

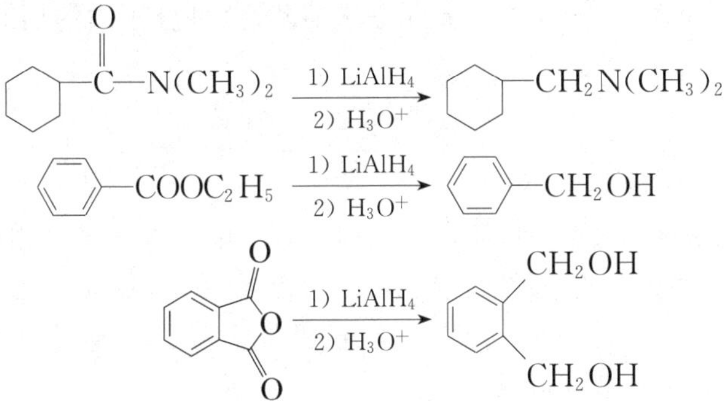

将羧酸酯用金属钠和无水乙醇直接还原生成相应的伯醇，称为 Bouveault-Blanc（布沃-布朗克）反应，用此法双键不受影响。该反应主要用于高级脂肪酸酯的还原。

$$CH_3(CH_2)_{10}COOC_2H_5 \xrightarrow{Na, C_2H_5OH} CH_3(CH_2)_{10}CH_2OH$$

$$(Ph)_2CH—CH_2COOEt \xrightarrow{Na, C_2H_5OH} (Ph)_2CH—CH_2CH_2OH$$

10.6.4　酯缩合反应

酯分子中的 α-H 显弱酸性，在醇钠作用下可生成 α-碳负离子（烯醇负离子），与另一分子酯的羰基发生亲核加成和消除反应生成 β-酮酸酯，该反应称为酯缩合反应或 Claisen 酯缩合反应。

$$CH_3\overset{O}{\overset{\|}{C}}OC_2H_5 + CH_3\overset{O}{\overset{\|}{C}}OC_2H_5 \xrightarrow{C_2H_5ONa} CH_3\overset{O}{\overset{\|}{C}}CH_2\overset{O}{\overset{\|}{C}}OC_2H_5 + CH_3CH_2OH$$

反应历程如下:

$$RCH_2COOEt \xrightleftharpoons[EtOH]{EtO^-} R-\overset{-}{C}H-COOEt \xrightleftharpoons{RCH_2COOEt}$$

$$RCH_2-\overset{\overset{\displaystyle O}{\|}}{\underset{\underset{\displaystyle OEt}{|}}{C}}-\overset{\overset{\displaystyle R}{|}}{C}HCOOEt \xrightleftharpoons{} RCH_2-\overset{\overset{\displaystyle O}{\|}}{C}-\overset{\overset{\displaystyle R}{|}}{\overset{-}{C}}H-COOEt$$

两个都具有 α-H 的酯缩合时,由于两者的自身缩合和相互间的交叉缩合,一般得到多种产物的混合物,在合成上没有意义。具有合成意义的交叉酯缩合反应是其中一种酯不含 α-H,此反应称交叉酯缩合(crossed ester condensation)反应。常见的无 α-H 的酯有甲酸酯、苯甲酸酯、草酸酯和碳酸酯等。

为了减少含有 α-H 的酯发生自身缩合,在操作上,作为酰化剂的酯先与碱混合,然后滴加无 α-H 的酯,或采用碱与无 α-H 的酯多次交替加料的方式,以缩短被酰化酯与碱的接触时间,减少副反应。

二元羧酸酯在碱作用下,可发生分子内或分子间酯缩合反应。己二酸酯和庚二酸酯均可发生分子内酯缩合反应,生成五元或六元的 β-酮酸酯,这种分子内的酯缩合反应称为 Dieckmann(狄克曼)酯缩合。

Claisen 酯缩合和羟醛缩合类似,都是碳负离子对缺电子羰基碳的亲核进攻,但前者导致取代反应,为羧酸衍生物典型的亲核取代反应;而后者则为加成反应,这是由于若醛、酮发生亲核取代反应,离去基团应为亲核性强(离去能力弱)的氢负离子(或碳负离子),这些基团都难以离去,因此醛、酮总是发生亲核加成反应。

10.6.5 Hofmann 降级反应

氮上无取代的酰胺与卤素(氯或溴)在 NaOH 或 KOH 溶液中作用时,酰胺失去羰基生成少一个碳原子的伯胺,此反应称为 Hofmann(霍夫曼)反应。由于产物比反应物少一个碳原子,故又称 Hofmann 降级反应。

例如:

反应过程如下:

$$R-\overset{\overset{\displaystyle O}{\|}}{C}-\overset{\cdot\cdot}{N}: \longrightarrow R-N=C=O \xrightarrow{H_2O} RHN-\overset{\overset{\displaystyle O}{\|}}{C}-OH \longrightarrow RNH_2+CO_2$$

其中,中间产物 RCON：称为氮烯或乃春(nitrene),是一种氮原子外层只有六个电子的反应活性中间体(类似于卡宾)。

由于 Hofmann 反应操作简便,常用来制备伯胺或氨基酸。

10.6.6　酰胺的失水反应

酰胺对热比较稳定,但与强的脱水剂如 P_2O_5、$SOCl_2$ 等一起加热,则可脱水生成腈。

这是实验室制备腈的方法之一。该反应可能是通过酰胺的互变异构——烯醇脱水而进行的。

10.6.7　酰胺的酸碱性

酰胺分子中的氨基受酰基吸电子诱导效应的影响,N 上的电子云密度降低。此外,氮原子也与羰基发生共轭,从而使氨基的碱性减弱,酰胺水溶液呈中性。

酰亚胺分子中的 N 原子上连两个酰基,从而使 N 原子上的电子云密度大大降低,不但不显碱性,N 原子上的 H 还显示出弱酸性,能与 NaOH 或 KOH 反应生成酰亚胺的盐。例如:

下面列出了氨及某些酰胺氮上质子的 pK_a 值。

	NH_3	CH_3CNH_2			
pK_a	34	15.1	10	9.62	8.3

邻苯二甲酰亚胺的钾盐与卤代烃作用,可在氮原子上引入一个烃基,然后用水合肼进行肼解反应,可得到伯胺。此反应称为 Gabriel(盖布瑞尔)反应,可用于实验室制备脂肪族伯胺。

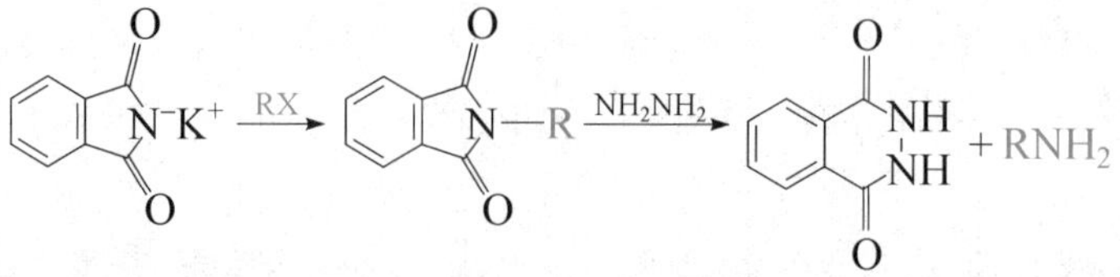

此外,酰亚胺可以与溴反应。例如:

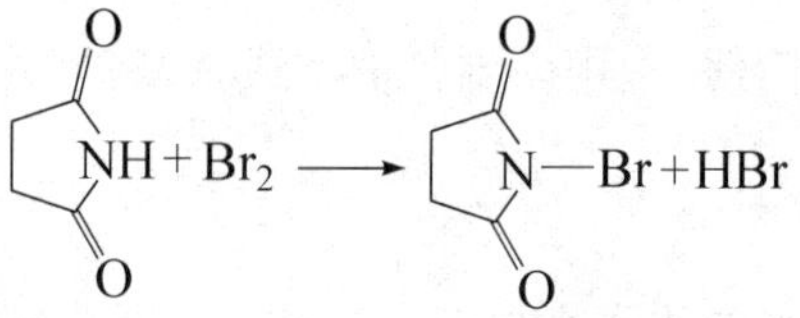

产物 N-溴代丁二酰亚胺(N-bromobutanimide,简称 NBS)是一种重要的溴代试剂。在过氧化二苯甲酰等自由基引发剂的存在下,NBS 可用于苯甲型和烯丙基型化合物的 α-溴代反应,反应条件温和,收率较高(详见 3.4.4)。

*10.6.8　烯酮

羧酸分子内失水,形成烯酮(ketene)。例如,乙酸在磷酸铝作用下加热脱水生成乙烯酮。

$$CH_3-\overset{\overset{\displaystyle O}{\|}}{C}-OH \xrightarrow[\triangle,-H_2O]{AlPO_4} CH_2=C=O$$

乙烯酮是最简单的烯酮,常温下为无色气体,具有极难闻的气味,毒性很大。纯的乙烯酮极不稳定,须在低温(−80℃)下保存,室温即聚合成二聚乙烯酮,又称双乙烯酮。此聚合物为有刺激性气味的液体,熔点−6.5℃,沸点 127.4℃,高温下解聚为乙烯酮。

烯酮可以看作羧酸的内酐。它是一类高效的酰化剂,反应性强,能迅速与水、醇、羧酸和氨等反应,生成羧酸、酯、酸酐和酰胺。

$$CH_2=C=O \ +H_2O \longrightarrow CH_3COOH \qquad 乙酸$$
$$CH_2=C=O \ +ROH \longrightarrow CH_3CO_2R \qquad 乙酸酯$$
$$CH_2=C=O \ +CH_3COOH \longrightarrow (CH_3CO)_2O \qquad 乙酸酐$$
$$CH_2=C=O \ +NH_3 \longrightarrow CH_3CONH_2 \qquad 乙酰胺$$

在以上各反应中,分子中的氢都被一个乙酰基取代,因此烯酮是一种理想的乙酰化试剂。

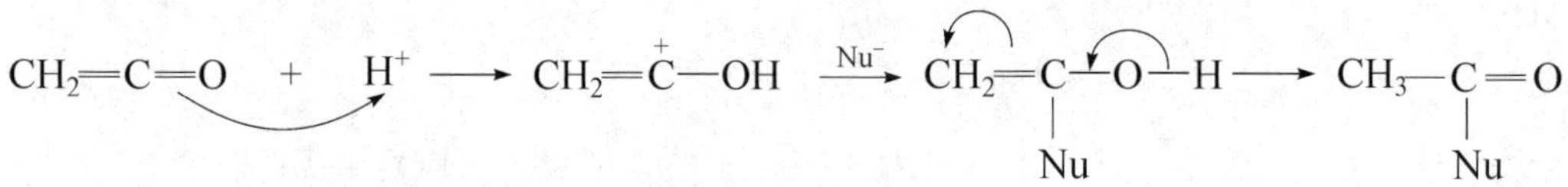

乙烯酮也可以和格氏试剂反应,生成酮:

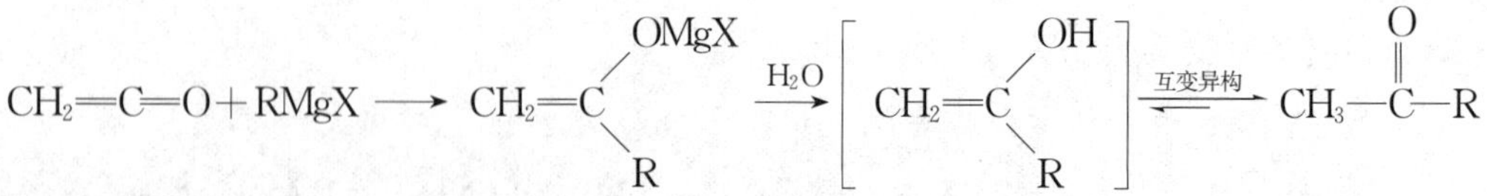

Ⅲ　取代酸

羧酸分子中烃基上的氢原子被其他原子或基团取代后的化合物称为取代酸(substituted acid)。常见的取代酸为卤代酸、羟基酸、羰基酸(包括醛酸和酮酸)和氨基酸等。取代酸是一

类复合官能团的化合物,在性质上各种官能团既保持其本身的特征反应,又由于不同官能团之间的相互影响而产生一些特殊的反应。本节主要讨论羟基酸和羰基酸。

10.7　羟基酸的分类和命名

分子中含有羧基和羟基的化合物称为羟基酸。羟基酸可分为醇酸和酚酸。羟基连在脂肪碳链上的属于醇酸,连在芳环上的属于酚酸。例如:

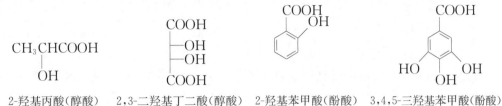

2-羟基丙酸(醇酸)　　2,3-二羟基丁二酸(醇酸)　　2-羟基苯甲酸(酚酸)　　3,4,5-三羟基苯甲酸(酚酸)

10.8　羟基酸的化学反应

10.8.1　酸性

如 10.3.1 讨论,对脂肪族羟基酸而言,羟基为吸电子基,羟基的引入增强了羧酸的酸性。例如:

$$CH_3CH_2COOH \qquad \underset{\underset{OH}{|}}{CH_2CH_2COOH} \qquad \underset{\underset{OH}{|}}{CH_3CHCOOH}$$

pK_a　　4.87　　　　　　　　4.51　　　　　　　　3.86

对于芳香族羟基酸来讲,羟基表现为吸电子诱导和给电子共轭双重作用。当羟基与羧基处于邻位时,酚羟基的氢与羧基中羰基上的氧形成螯环状的分子内氢键,从而增强了羧基中O—H 键的极性,引起氢质子的解离,同时使所形成的负离子稳定,酸性增强;当羟基与羧基处于间位时,羟基的影响以诱导效应为主,间羟基苯甲酸的酸性比苯甲酸略强;当羟基与羧基处于对位时,羟基的影响以共轭效应为主,所以氧上电子向苯环转移,酸性减弱。

pK_a　　3.00　　　　　　　4.12　　　　　　　4.17　　　　　　　4.54

水杨酸分子内氢键　　　　　　　水杨酸负离子

10.8.2　氧化反应

α-羟基酸中的羟基比醇的羟基容易氧化,Tollens 试剂与醇不发生反应,但能氧化α-羟基酸,产物为羰基酸。

$$CH_3\underset{\underset{OH}{|}}{C}HCOOH \xrightarrow{Ag(NH_3)_2OH} CH_3\underset{\underset{O}{\|}}{C}COOH$$

10.8.3 脱水反应

醇酸由于羟基和羧基的存在，加热时很容易脱水。但随着羟基的位置不同，脱水方式不同，而得到不同的产物。

α-羟基酸加热时，发生两分子间的交叉脱水，生成环状交酯。

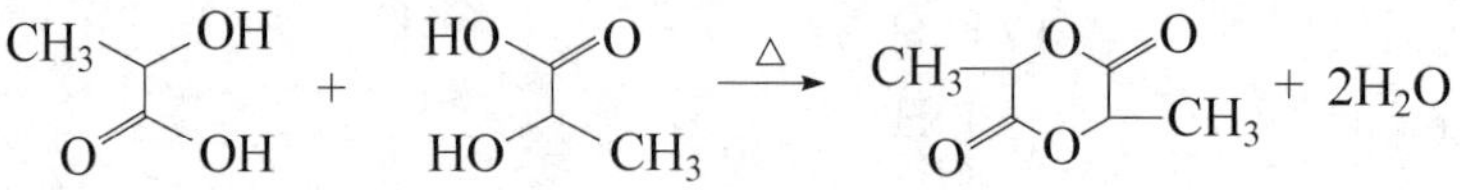

β-羟基酸的α-氢原子同时受到羟基和羧基的吸电子诱导影响，比较活泼，受热时发生分子内的脱水，生成α,β-不饱和羧酸。

$$CH_3\underset{\underset{OH}{|}}{C}HCH_2COOH \xrightarrow{\triangle} CH_3CH{=}CHCOOH$$

γ-羟基酸和δ-羟基酸易发生分子内脱水，分别形成五元和六元环状结构的内酯：

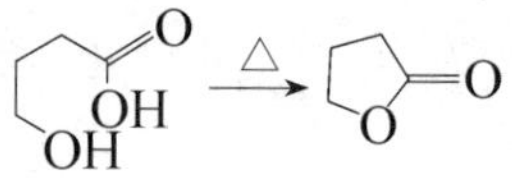

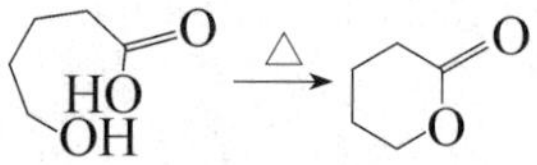

当羟基和羧基相距5个碳原子以上时，加热后在分子间可发生脱水反应，生成链状的聚酯。为得到大环内酯类化合物（分子内脱水产物），通常需要使反应液的浓度充分低，以降低分子间脱水反应。例如，15-羟基十五羧酸在0.007mol·L^{-1}的苯溶液中发生分子内酯化得到内酯。

含有内酯结构的化合物很常见，如中药穿心莲中的有效成分穿心莲内酯。许多抗菌药也具有内酯结构，如大环内酯类抗生素中的红霉素等。

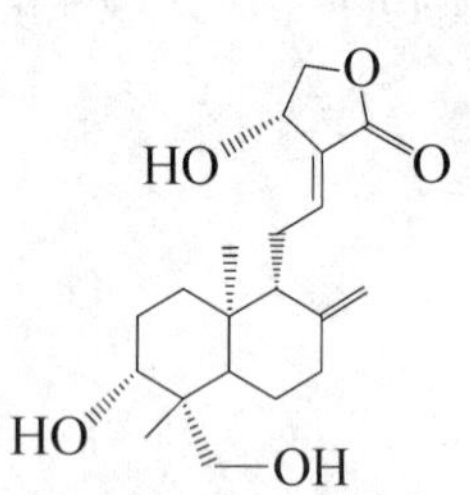

穿心莲内酯

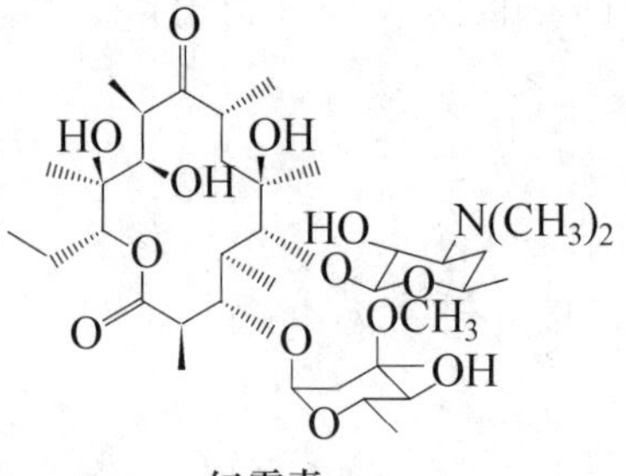

红霉素

10.8.4 分解脱羧反应

α-羟基酸与稀硫酸共热，则分解为羰基化合物和甲酸。

$$R{-}CH_2\underset{\underset{OH}{|}}{C}HCOOH \xrightarrow{\text{稀}\ H_2SO_4} RCH_2CHO + HCOOH$$

10.9 β-二羰基化合物

结构中含有两个羰基且被一个亚甲基(—CH$_2$)相隔的化合物称为 β-二羰基化合物。β-二羰基化合物主要包括 β-二酮、β-羰基酸及其酯、β-二元羧酸及其酯等,典型的 β-二羰基化合物有乙酰丙酮、乙酰乙酸乙酯和丙二酸二乙酯。

$$
\underset{\text{乙酰丙酮}}{\overset{\displaystyle \overset{O}{\parallel}\ \overset{O}{\parallel}}{CH_3CCH_2CCH_3}}
\qquad
\underset{\text{乙酰乙酸乙酯}}{\overset{\displaystyle \overset{O}{\parallel}\ \overset{O}{\parallel}}{CH_3CCH_2COC_2H_5}}
\qquad
\underset{\text{丙二酸二乙酯}}{\overset{\displaystyle \overset{O}{\parallel}\ \overset{O}{\parallel}}{C_2H_5OCCH_2COC_2H_5}}
$$

10.9.1 酮式-烯醇式互变异构

乙酰乙酸乙酯是无色有水果香味的液体。乙酰乙酸乙酯可以与亚硫酸钠、氢氰酸及其他羰基试剂发生加成反应,说明分子中存在羰基,但它同时可以使溴的四氯化碳溶液褪色、与金属钠和醇钠反应生成盐,尤其能使三氯化铁溶液显色,说明分子中存在烯醇式结构。乙酰乙酸乙酯是酮式和烯醇式这两种互变异构体组成的动态平衡体系,酮式含量为 92.5%,烯醇式含量为 7.5%。在不同溶剂和不同温度、浓度等条件下,酮式和烯醇式的含量也有变化。

$$
\underset{92.5\%}{\overset{\displaystyle \overset{O}{\parallel}}{CH_3-C-CH_2-COOC_2H_5}}
\rightleftharpoons
\underset{7.5\%}{\overset{\displaystyle \overset{OH}{|}}{CH_3-C=CH-COOC_2H_5}}
$$

醛、酮的 α-H 离去后,产生碳负离子。由于羰基是强吸电子基,碳负离子与羰基的 p-π 共轭使负电荷分散,形成酮式-烯醇式互变异构(keto-enol tautomerization)。

简单羰基化合物的烯醇式含量很少。例如:

$$
\underset{\sim 100\%}{CH_3CHO}
\rightleftharpoons
\underset{\text{极少量}}{\overset{\displaystyle \overset{H}{|}}{CH_2=C-OH}}
$$

$$
\underset{>99\%}{\overset{\displaystyle \overset{O}{\parallel}}{CH_3CCH_3}}
\rightleftharpoons
\underset{0.00015\%}{\overset{\displaystyle \overset{CH_3}{|}}{CH_2=C-OH}}
$$

分子中含有可与双键共轭的基团时有利于烯醇式的存在,如 β-二羰基化合物的分子中含有两个羰基,烯醇式含量比较高。β-二羰基化合物的烯醇式比较稳定的另一个原因是烯醇结构通过氢键可以形成一个稳定的六元环。

$$
\underset{24\%}{\overset{\displaystyle \overset{O}{\parallel}\ \overset{O}{\parallel}}{CH_3CCH_2CCH_3}}
\rightleftharpoons
\underset{76\%}{\overset{\displaystyle \overset{O\cdots H\cdots O}{}}{H_3CC=CHCCH_3}}
$$

酮基比酯基更有利于烯醇式结构。例如,下列化合物的烯醇式含量为

$$
\underset{0.0077\%}{CH_2(COOC_2H_5)_2}
\qquad
\underset{0.25\%}{NCCH_2COOC_2H_5}
\qquad
\underset{7\%}{CH_3COCH_2COOC_2H_5}
$$

$$
\underset{30.0\%}{CH_3COCHPhCOOC_2H_5}
\qquad
\underset{99.9\%}{PhCOCH_2COCH_3}
$$

由于受到两个羰基的影响,β-二羰基化合物中处于两个羰基之间的亚甲基上的 α-H 具有较强的活性。

10.9.2 乙酰乙酸乙酯在有机合成中的应用

1. 亚甲基上的烃基化和酰基化

乙酰乙酸乙酯亚甲基上的氢原子有一定的酸性,在碱(如醇钠)作用下可产生烯醇负离子,生成乙酰乙酸乙酯的钠盐。该负离子可作为亲核试剂再与活泼卤代烃或酰氯反应,发生相应的烃基化或酰基化反应。

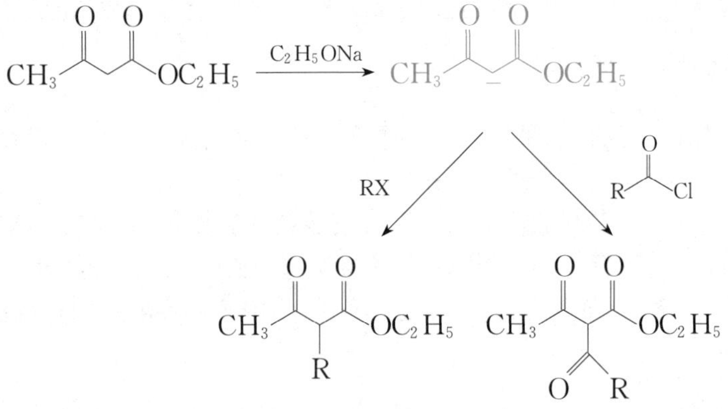

烷基化时只宜采用伯卤代烷。叔卤代烷在碱性条件下易发生消除反应,仲卤代烷因伴随消除反应而产率较低,芳卤烃难以反应。

在酰化反应中,因酰卤可与乙醇发生反应,最好用氢化钠代替醇钠,常在非质子性溶剂 N,N-二甲基甲酰胺或二甲亚砜中进行反应。

2. 酮式分解和酸式分解

乙酰乙酸乙酯在稀碱(5% NaOH)中加热,可分解脱羧而成丙酮,称为酮式分解(keto form decompose)。

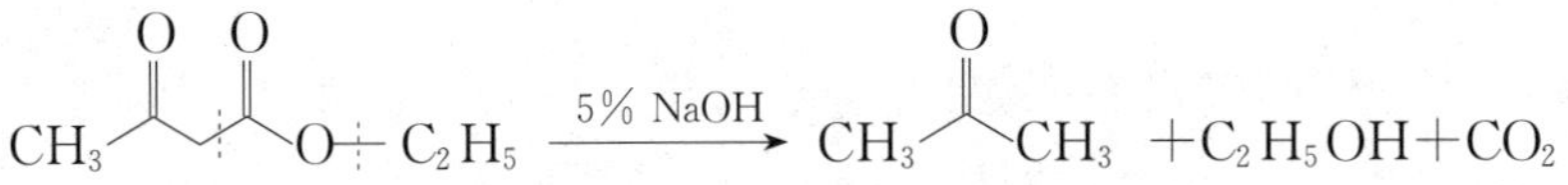

反应过程为先发生酯的水解,生成 β-羰基酸,而后受热脱羧。

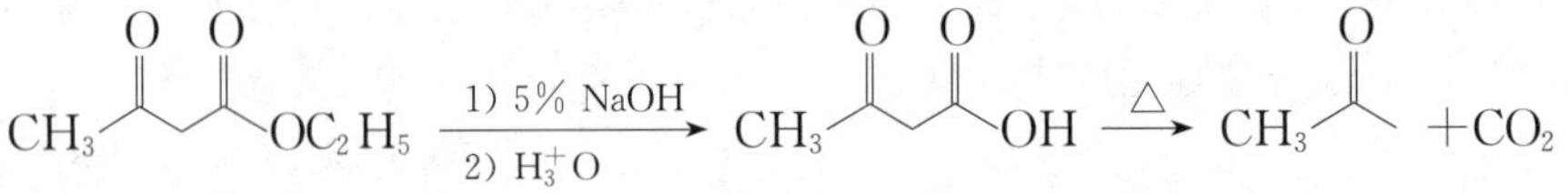

乙酰乙酸乙酯在浓碱(40% NaOH)中加热,则 α 和 β 的 C—C 键断裂,生成两分子乙酸,称为酸式分解(acid form decompose)。

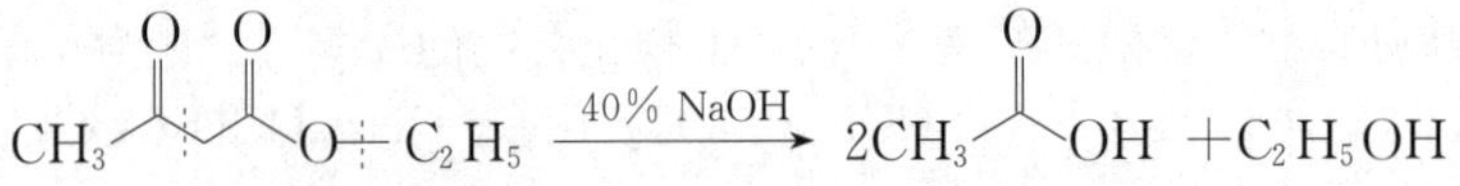

乙酰乙酸乙酯在有机合成上应用较为广泛,通过得到的烃基化和酰基化产物,再经过酮式分解和酸式分解可制得甲基酮和二酮、一元羧酸或 β-酮酸等。

烷基化或酰基化产物被分解的反应通式如下：

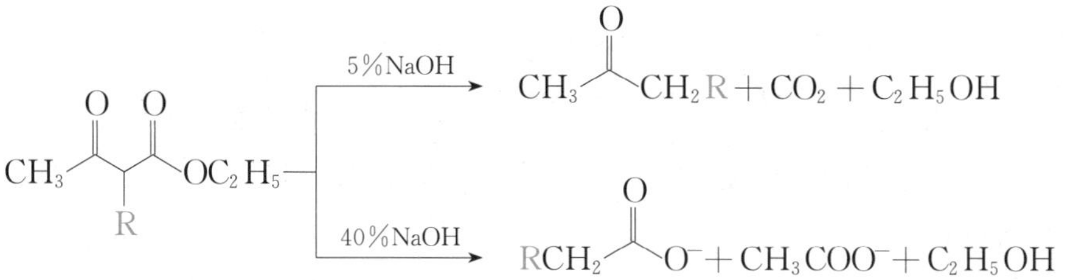

$$CH_3\text{--}CO\text{--}CH_2R + CO_2 + C_2H_5OH \qquad 酮式分解$$

$$RCH_2\text{--}COO^- + CH_3COO^- + C_2H_5OH \qquad 酸式分解$$

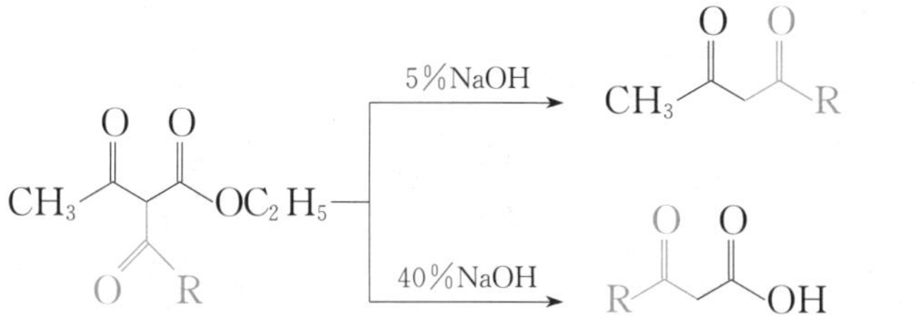

（5％NaOH；40％NaOH）

$$CH_3\text{--}CO\text{--}CH_2\text{--}CO\text{--}R \qquad 酮式分解$$

$$R\text{--}CO\text{--}CH_2\text{--}COOH \qquad 酸式分解$$

（5％NaOH；40％NaOH）

乙酰乙酸乙酯在有机合成上的应用较广。但用乙酰乙酸乙酯合成羧酸时，常有酮式分解的副反应发生，使产率降低，故在有机合成上乙酰乙酸乙酯更多地用来合成酮。如果 α-碳上引入的两个基团不同，通常是先引入活性较低和体积较大的基团。例如，由乙酰乙酸乙酯合成 3-苄基-2-戊酮的合成路线如下：

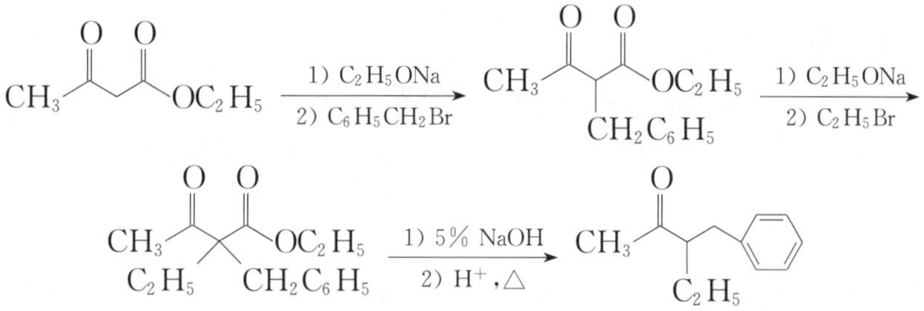

（反应式：乙酰乙酸乙酯 $\xrightarrow[2)\ C_6H_5CH_2Br]{1)\ C_2H_5ONa}$ 苄基取代产物 $\xrightarrow[2)\ C_2H_5Br]{1)\ C_2H_5ONa}$ 二取代产物 $\xrightarrow[2)\ H^+,\triangle]{1)\ 5\%\ NaOH}$ 3-苄基-2-戊酮）

10.9.3 丙二酸二乙酯在有机合成中的应用

丙二酸二乙酯与乙酰乙酸乙酯具有相似的性质，可以用来合成各类取代的乙酸衍生物，在有机合成中称为丙二酸酯合成法。

丙二酸二乙酯分子中，亚甲基上的氢受到旁边两个酯基的影响而显酸性。经醇钠处理，转变为碳负离子的钠盐，然后与活泼卤代烃反应，生成一烃基或二烃基取代的丙二酸二乙酯，最后水解、脱羧，制得烃基羧酸。例如：

$$CH_2(COOC_2H_5)_2 \underset{}{\overset{C_2H_5ONa}{\rightleftharpoons}} Na^+ {}^-CH(COOC_2H_5)_2 \xrightarrow{CH_3(CH_2)_3Br}$$

$$CH_3(CH_2)_3\text{--}CH(COOC_2H_5)_2 \xrightarrow[2)\ H^+]{1)\ NaOH} CH_3(CH_2)_3\text{--}CH(COOH)_2 \xrightarrow[H^+]{\triangle} CH_3(CH_2)_3CH_2COOH$$

丙二酸很容易脱羧，所以酸化和加热脱羧两步反应可同时进行，产率较高。丙二酸二乙酯中有两个活泼氢，因此也可进行二取代反应生成二取代乙酸。

利用二卤代烃与丙二酸二乙酯反应，可因反应物相对用量和操作的不同，得到二元羧酸和环烷酸。例如，在乙醇钠存在下，若将 1mol 1,2-二溴乙烷加入到 2mol 丙二酸二乙酯钠的醇溶液中反应，可得到己二酸：

$$2CH_2(COOC_2H_5)_2 \xrightarrow{C_2H_5ONa} 2[CH(COOC_2H_5)_2]^- Na^+ \xrightarrow{BrCH_2CH_2Br}$$

$$\begin{array}{l} CH_2CH(COOC_2H_5)_2 \\ | \\ CH_2CH(COOC_2H_5)_2 \end{array} \xrightarrow[2)\ H^+]{1)\ NaOH} \begin{array}{l} CH_2CH(COOH)_2 \\ | \\ CH_2CH(COOH)_2 \end{array} \xrightarrow{\triangle} \begin{array}{l} CH_2CH_2COOH \\ | \\ CH_2CH_2COOH \end{array}$$

若将 1mol 丙二酸二乙酯钠加到稍过量的 1,2-二溴乙烷中,反应后再加 1mol 乙醇钠与之反应,则生成环丙烷甲酸:

$$CH_2(COOC_2H_5)_2 \xrightarrow{C_2H_5ONa} [CH(COOC_2H_5)_2]^- Na^+ \xrightarrow{BrCH_2CH_2Br}$$

$$BrCH_2CH_2CH(COOC_2H_5)_2 \xrightarrow{C_2H_5ONa} [BrCH_2CH_2C(COOC_2H_5)_2]^- Na^+ \xrightarrow{-NaBr}$$

$$\triangleright\!\!\!<\begin{array}{l}COOC_2H_5 \\ COOC_2H_5\end{array} \xrightarrow[2)\ H^+]{1)\ NaOH} \triangleright\!\!\!<\begin{array}{l}COOH \\ COOH\end{array} \xrightarrow{\triangle} \triangleright\!\!-COOH$$

10.10 羧酸的制备

10.10.1 由伯醇或醛氧化制备

伯醇或醛氧化可生成相应的羧酸,这是制备羧酸最常用的方法。常用的氧化剂包括高锰酸钾、重铬酸钾-硫酸、三氧化铬-冰醋酸、硝酸等(详见 8.3.4 和 9.6.1)。

10.10.2 由烃的氧化制备

1-烯烃、对称烯烃和环状烯烃可经氧化生成羧酸(详见 3.4.3)。

用强氧化剂氧化含有 α-H 的芳烃侧链,可得到羧基而苯环保持不变(详见 4.4.3)。

10.10.3 用腈水解制备

腈经水解可得到羧酸,但在中性溶液中水解很慢,通常加酸或碱催化以加速水解反应,收率一般较高(详见 11.10.1)。

10.10.4 由格氏试剂与二氧化碳反应制备

将格氏试剂倒在干冰(固体二氧化碳)上,或将 CO_2 在低温下通入格氏试剂的干醚中,待 CO_2 不再被吸收后,把所得到的混合物水解,可制得羧酸(详见 6.3.4)。由此法合成的羧酸比原来所用的格氏试剂中的烃基增加了一个碳原子。

腈的水解法和格氏试剂法在使用上都受到一定限制,但这两种方法可以相互弥补。例如:

$$HOCH_2CH_2Br \xrightarrow{NaCN} \xrightarrow{H_3O^+} HOCH_2CH_2COOH \quad \text{用腈水解法方便}$$

$$\text{（苯环）}-Br \xrightarrow[THF]{Mg} \xrightarrow[2)\ H_3O^+]{1)\ CO_2} \text{（苯环）}-COOH \quad \text{只能用格氏试剂法}$$
$$85\%$$

10.10.5 酚酸的制备

酚钠盐在加热加压条件下与二氧化碳作用生成水杨酸,该反应称为 Koble-Schmitt(科尔

伯-施密特)反应。

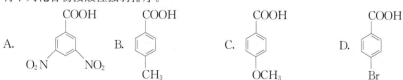

$$习\ 题$$

1. 用系统法命名下列化合物。

(1) $CH_3CHClC(CH_3)_2COOH$

(2) [结构式：苯环上 COOH、CHO、NO_2]

(3) [结构式：CH_3CH_2 与 H、COOH、H 的顺式双键结构]

(4) $ClCH_2CH_2COOC_6H_5$

(5) $CH_3CH(COOH)_2$

(6) $HC(=O)—N(CH_3)_2$

(7) $CH_3CHCClO$ 下有 CH_3

(8) $CH_3CH_2CHCH_2CONHCH_3$ 下有 CH_3

(9) [丙二酰二氯结构，Cl、O、O、Cl，中间 $CH_2CH=CH_2$]

(10) [环丙烷上两个 COOH]

2. 写出下列化合物的结构。

(1) 1-甲基环己基甲酸

(2) 3-苯基-2-溴丙酸

(3) 反-4-叔丁基环己烷羧酸

(4) 邻苯二甲酸酐

(5) 戊内酰胺

(6) N,N-二乙基己酰胺

3. 用化学方法分离下列各化合物的混合物。

(1) A. [苯环上 OH]

B. [苯环上 CHO]

C. [苯环上 COOH]

D. [苯环上 OCH_3]

(2) A. 辛酸　　　　B. 己醛　　　　C. 1-溴丁烷

4. 将下列各组化合物按指定性质的活泼程度从小到大排列成序。

(1) 将下列化合物按醇解反应速率快慢排序。

A. 苯甲酰氯　　　B. 丙烯酰氯　　　C. 乙酰氯

(2) 将下列化合物按与 $AgNO_3$/乙醇溶液的反应速率快慢排序。

A. 乙酰氯　　　B. 1-氯丙烷　　　C. 苯甲酰氯　　　D. 1-氯丁烷

(3) 将下列化合物按酸性强弱排序。

A. [苯环上 COOH，O_2N 和 NO_2]

B. [苯环上 COOH 和 CH_3]

C. [苯环上 COOH 和 OCH_3]

D. [苯环上 COOH 和 Br]

(4) 将下列化合物按酸性强弱排序。

A. CH_3CH_2OH　B. C_6H_5OH　C. CH_3COOH　D. $C_6H_5CH_2COOH$

5. 用化学方法鉴别下列化合物。

(1) HCOOH 和 CH_3COOH

(2) 乙酸苯酯、邻羟基苯甲酸乙酯和邻甲氧基苯乙酸

6. 试解释下列问题。

(1) 为什么乙酸和乙酰胺的相对分子质量比乙酸乙酯和乙酰氯小，它们的沸点却较高？

(2) 为什么甲酸乙酯能发生银镜反应？

(3) 为什么 $R-\overset{\overset{\large O}{\|}}{C}-NH_2$ 的碱性比 NH_3 弱？

7. 如何用波谱法(如红外光谱、核磁共振谱)区分丁醇和丁酸？

8. 完成下列反应。

(1) 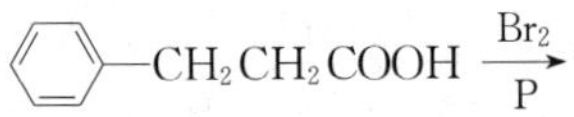

(2) 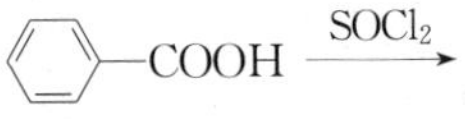

(3) $CH_3COOH \xrightarrow{PCl_5}$

(4) $HOCH_2CH_2COOH \xrightarrow{LiAlH_4}$

(5) 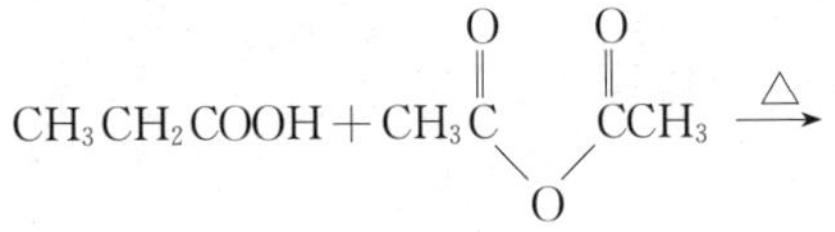

(6) 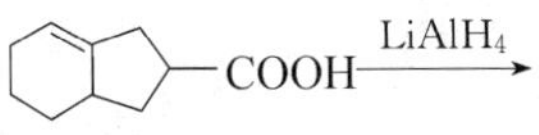

(7) 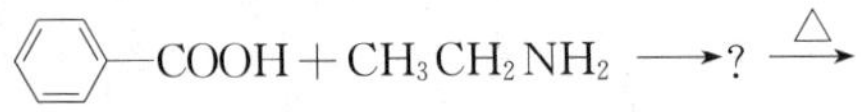

(8) $CH_3CH_2-\overset{\overset{\large O}{\|}}{C}-CH_2COOH \xrightarrow{\triangle}$

9. 写出下列各化合物转变为苯甲酸的反应式。

(1) 乙苯　(2) 苄醇　(3) 溴苯　(4) 苯甲腈　(5) 苯三氯甲烷

10. 完成下列反应。

(1) 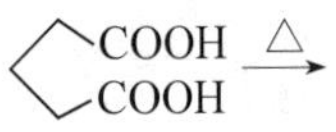

(2) 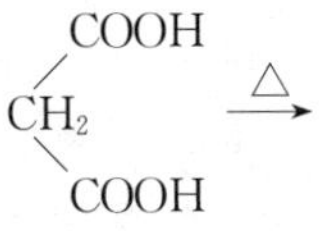

(3) 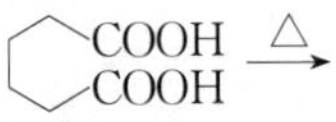

(4) 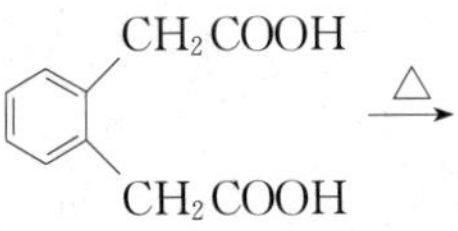

11. 完成下列反应。

(1) 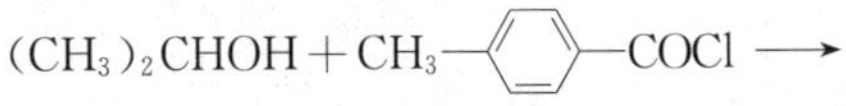

(2) $CH_3COOC_2H_5 + CH_3CH_2CH_2OH \xrightarrow{H^+}$

(3) 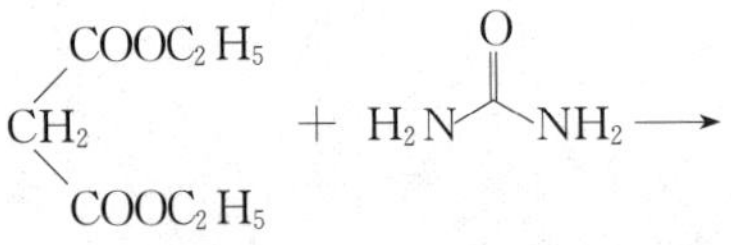

(4) 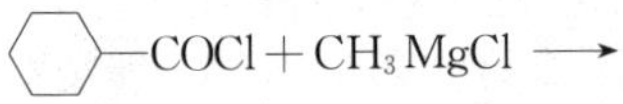

(5) 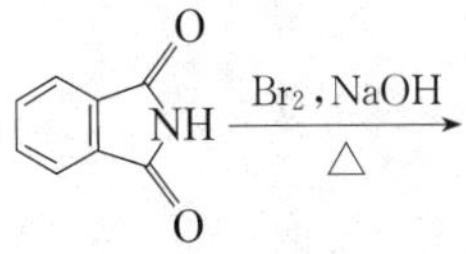

(6) 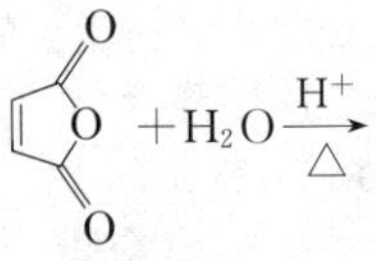

(7) 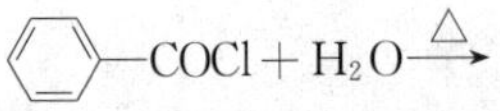

(8) 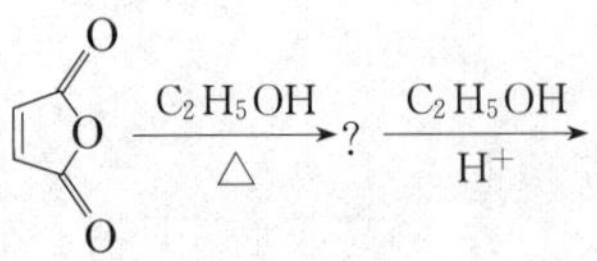

(9) $\text{Br} + \text{C}_2\text{H}_5\text{NH}_2 \xrightarrow{\text{吡啶}}$

(10) $\xrightarrow{\text{C}_2\text{H}_5\text{NH}_2}$

(11) $\xrightarrow{\text{CH}_3\text{MgCl}}$

(12) $\xrightarrow[\text{C}_2\text{H}_5\text{OH}]{\text{Na}}$

(13) $\xrightarrow{\text{LiAlH}_4} \xrightarrow{\text{H}^+}$

(14) $\xrightarrow{\text{LiAlH}_4} \xrightarrow{\text{H}^+}$

(15) $\text{CH}_3\text{—}\overset{\text{O}}{\overset{\|}{\text{C}}}\text{NH}_2 \xrightarrow[\triangle]{\text{P}_2\text{O}_5}$

12. 完成下列反应。

(1) $2\ \text{CH}_3\text{CH}_2\text{CH}_2\overset{\text{O}}{\overset{\|}{\text{C}}}\text{OC}_2\text{H}_5 \xrightarrow{\text{C}_2\text{H}_5\text{ONa}}$

(2) $\text{CH}_3\text{CH}_2\overset{\text{O}}{\overset{\|}{\text{C}}}\text{OC}_2\text{H}_5 + \text{HC}\overset{\text{O}}{\overset{\|}{}}\text{OC}_2\text{H}_5 \xrightarrow{\text{C}_2\text{H}_5\text{ONa}}$

(3) $\text{CH}_3\overset{\text{O}}{\overset{\|}{\text{C}}}\text{OC}_2\text{H}_5 + $ $\xrightarrow{\text{C}_2\text{H}_5\text{ONa}}$

(4) $\xrightarrow{\text{C}_2\text{H}_5\text{ONa}}$

13. 完成下列反应。

(1) $\text{HOCH}_2\text{CH}_2\text{CH}_2\text{COOH} \xrightarrow{\triangle} ? \xrightarrow{\text{Na} + \text{C}_2\text{H}_5\text{OH}}$

(2) HO $\text{COOH} \xrightarrow[\triangle]{\text{H}^+}$

14. 完成下列反应。

(1) $\text{CH}_2\text{=C=O} + \text{CH}_3\text{CH}_2\text{OH} \longrightarrow$

(2) $\text{CH}_2\text{=C=O} + \text{CH}_3\text{CH}_2\text{COOH} \longrightarrow$

(3) $\text{CH}_2\text{=C=O} + \text{CH}_3\text{NH}_2 \longrightarrow$

(4) $\text{CH}_2\text{=C=O} + \text{CH}_3\text{CH}_2\text{MgBr} \longrightarrow$

15. 完成下列反应。

(1) $\text{CH}_3\overset{\text{O}}{\overset{\|}{\text{C}}}\text{CH}_2\overset{\text{O}}{\overset{\|}{\text{C}}}\text{CH}_3 \xrightarrow{\text{C}_2\text{H}_5\text{ONa}} \xrightarrow{\text{CH}_3\text{CH}_2\text{CH}_2\text{Br}}$

(2) $\xrightarrow{\text{C}_2\text{H}_5\text{ONa}} \xrightarrow{\text{CH}_3\text{COCl}}$

16. 用乙酰乙酸乙酯或丙二酸二乙酯及其他必要的试剂合成下列化合物。

(1) H₃C—CO—CH₂CH₂CH₃

$$H_3C\overset{O}{\underset{\|}{C}}CH_2CH_2CH_3$$

(2) $H_3C\overset{O}{\underset{\|}{C}}CH_2\overset{O}{\underset{\|}{C}}CH_3$

(3) $H_3C\overset{O}{\underset{\|}{C}}\underset{\underset{CH_3}{|}}{CH}CH_2Ph$

(4) ⬡—CH₂CH₂COOH

(5) CH₃CH₂COOH

17. 写出下列反应的主要产物。

(1) 环己烷-1,1-三羧酸 $\xrightarrow[\triangle]{-CO_2}$ $\xrightarrow[\triangle]{-H_2O}$

(COOH, COOH, COOH 取代的环己烷)

(2) NC—⬡—COCH₃ $\xrightarrow{NaBH_4}$

(3) 环戊基—COCH₃ $\xrightarrow[H_3O^+]{I_2/NaOH}$ $\xrightarrow{SOCl_2}$ $\xrightarrow{NH_3}$ $\xrightarrow[NaOH,H_2O]{Br_2}$

(4) 吡咯烷酮 $\xrightarrow{LiAlH_4}$

(5) CH₃CH₂COOH + Cl₂ $\xrightarrow{P}$ $\xrightarrow[H^+]{NaOH,H_2O}$ $\xrightarrow{\triangle}$

(6) CH₃(CH₂)₄CH₂OH $\xrightarrow[\triangle]{H_2SO_4}$? $\xrightarrow{HCl}$? $\xrightarrow{Mg,无水乙醚}$? $\xrightarrow[2)\ H_3O^+]{1)\ CO_2}$?

(7) $2CH_3CH_2\overset{O}{\underset{\|}{C}}OC_2H_5$ $\xrightarrow{NaOC_2H_5}$?

(8) ⬡ $\xrightarrow{Br_2/Fe}$? $\xrightarrow{Mg,无水乙醚}$? $\xrightarrow{环己酮}$? $\xrightarrow[H^+]{H_2O}$? $\xrightarrow{H_2SO_4}$? $\xrightarrow[2)\ H_3O^+]{1)\ KMnO_4,\triangle}$? $\xrightarrow[HCl]{Zn(Hg)}$?

(9) 八氢萘-CO₂CH₃ $\xrightarrow[乙醚]{LiAlH_4}$?

18. 用合适的方法转变下列化合物。

(1) ⬡—CH₃ ⟶ O₂N—⬡—CN

(2) CH₃CHO ⟶ $HO\overset{O}{\underset{\|}{C}}CH_2\overset{O}{\underset{\|}{C}}OH$

(3) ⬡—CH₃ ⟶ ⬡—CH₂CH₂COOH

(4) CH₃CH₂COOH ⟶ CH₃CH₂CH₂COOH

(5) CH₃CH₂CH₂COOH ⟶ CH₃CH₂COOH

(6) 以乙酰乙酸乙酯和甲苯为原料,合成 CH₃COCH₂CH₂C₆H₅,其他试剂任选。

(7) CH₃CH₂CH₂COOH
- (a) ⟶ CH₃CH₂CH₂COOCH₂CH₂CH₃
- (b) ⟶ CH₃CH₂CH₂CON(CH₃)₂
- (c) ⟶ CH₃CH₂CH₂C≡N
- (d) ⟶ CH₃CH₂CH₂NH₂

19. 写出下列反应机理。

（1）$HOCH_2CH_2CH_2COOH \xrightarrow{NaOH}$

（2） $\xrightarrow[\text{2mol EtONa}]{Br\text{~~}Br}$

20. 预料下列反应的主要产物，并说明形成过程。

$$CH_3CH=CHCO_2H + Br_2 \xrightarrow{CH_3OH}$$

21. 化合物甲、乙、丙的分子式是 $C_3H_6O_2$，甲与 Na_2CO_3 作用放出 CO_2，乙和丙不能，但在 NaOH 溶液中加热后可水解，乙的水解液蒸馏出的液体有碘仿反应。试推测甲、乙、丙的结构。

22. 三个化合物 A、B、C，分子式同为 $C_4H_6O_4$。A 和 B 都能溶于 NaOH 水溶液，和 Na_2CO_3 作用时放出 CO_2。A 加热时失水成酐；B 加热时失羧生成丙酸；C 不溶于冷的 NaOH 溶液，也不和 Na_2CO_3 作用，但和 NaOH 水溶液共热时，则生成两个化合物 D 和 E，D 具有酸性，E 为中性。在 D 和 E 中加酸和 $KMnO_4$ 再共热时，则能被氧化放出 CO_2。写出 A、B、C 化合物的结构，并写出各步反应式。

23. 化合物 A 的分子式为 C_9H_{16}，催化加氢生成 $B(C_9H_{18})$，A 经臭氧化反应生成 $C(C_9H_{16}O_2)$，C 经 Ag_2O 氧化生成 $D(C_9H_{16}O_3)$，D 与 I_2/OH^- 作用得到二元羧酸 $E(C_8H_{14}O_4)$，E 加热后得到 4-甲基环己酮。写出 A～E 的结构并写出各步反应。

24. 两个二元羧酸 A 和 B 具有相同的分子式 $C_4H_4O_4$。加热时 A 易失去水得到 $C(C_4H_2O_3)$，而 B 仅升华，但若将 B 置于封闭管中加热也能转化为 C。稀 $KMnO_4$ 溶液与 A 和 B 反应，分别得到 D 和 E，D 和 E 具有相同的分子式 $C_4H_6O_6$，D 无旋光性，E 为一对对映体。试写出 A～E 的结构式。

25. 化合物 A 的分子式为 $C_9H_{10}O_2$，其 ^1H NMR 谱数据为 $\delta=2.7ppm$，三重峰，2H；$\delta=3.2ppm$，三重峰，2H；$\delta=7.38ppm$，单峰，5H；$\delta=10.9ppm$，单峰，1H。写出 A 的构造式。

第 11 章 含氮有机化合物

分子中含有氮原子的有机化合物称为有机含氮化合物,主要包括硝基化合物、胺、腈、异腈、异氰酸酯、重氮化合物和偶氮化合物等,有机含氮化合物在自然界和日常生活中应用广泛,很多化合物在药物和功能材料中应用广泛。例如:

| 2,4,6-三硝基甲苯 | 5-羟色胺 | 巴柳氮二钠 | 对苯二异氰酸酯 |
| (TNT,炸药) | (神经递质) | (治疗溃疡性结肠炎) | (合成聚氨酯原料) |

I 硝基化合物

11.1 硝基化合物的分类、命名和结构

11.1.1 硝基化合物的分类和命名

分子中含有硝基($—NO_2$)官能团的化合物称为硝基化合物(nitro compound)。硝基化合物可按分子中所含烃基不同分为脂肪族、芳香族及脂环族硝基化合物。硝基化合物命名时以烃或芳环为母体,硝基为取代基。例如:

| CH_3NO_2 | CH_3CHCH_3 带 NO_2 | O_2N—苯环—CH_3 | HO—苯环—NO_2 |
| 硝基甲烷 | 2-硝基丙烷 | 对硝基甲苯 | 间硝基苯酚 |

11.1.2 硝基化合物的结构

电子衍射法研究证明,硝基化合物中的硝基具有对称的结构,两个 N—O 键的键长相等,都是 0.121nm。这反映出硝基结构中存在着三中心四电子的 p-π 共轭体系,两个氮氧键发生了键长平均化:

11.2　硝基化合物的物理性质和波谱特征

11.2.1　硝基化合物的物理性质

脂肪族硝基化合物一般为无色有香味的液体,难溶于水,易溶于有机溶剂。芳香族一元硝基化合物为淡黄色液体或固体,具有苦杏仁味。多数硝基化合物受热易分解而发生爆炸。例如,硝基甲烷是良好的有机溶剂,但蒸馏时不能蒸干,以防爆炸;2,4,6-三硝基甲苯(TNT)和2,4,6-三硝基苯酚(苦味酸)等可用作炸药。有的硝基化合物有香味,可作香料,如一些多硝基化合物具有类似麝香的气味,曾被用作人造麝香(硝基麝香)。常用的硝基麝香有葵子麝香(2,6-二硝基-3-甲氧基-4-叔丁基甲苯),但由于对人体皮肤及神经的毒性作用,已不再用于香水、化妆品等香精中。

硝基为强极性基团,所以硝基化合物具有较高的沸点。一些硝基化合物的物理常数见表 11-1。

表 11-1　一些硝基化合物的物理常数

名称	熔点/℃	沸点/℃	名称	熔点/℃	沸点/℃
硝基甲烷	−29	101	间二硝基苯	90	291
硝基乙烷	−90	115	邻硝基甲苯	−4	222
1-硝基丙烷	−108	130	对硝基甲苯	55	238
2-硝基丙烷	−93	120	2,4-二硝基甲苯	71	300(分解)
硝基苯	5.7	211	2,4,6-三硝基甲苯	82	240(爆炸)

硝基化合物的相对密度都大于1,大多数有毒,能通过皮肤而被吸收,对肝、肾、中枢神经系统和血液系统有害,使用时应注意安全。

11.2.2　硝基化合物的波谱特征

红外光谱中,脂肪族硝基化合物的 N—O 伸缩振动因与硝基相连的碳原子的种类不同,其波数也不同。伯硝基化合物和仲硝基化合物分别在 $1545 \sim 1565 \text{cm}^{-1}$ 和 $1360 \sim 1385 \text{cm}^{-1}$ 出现吸收峰,叔硝基化合物在 $1530 \sim 1545 \text{cm}^{-1}$ 和 $1340 \sim 1360 \text{cm}^{-1}$ 出现吸收峰。芳香族硝基化合物的 N—O 伸缩振动在 $1510 \sim 1550 \text{cm}^{-1}$ 和 $1335 \sim 1365 \text{cm}^{-1}$。图 11-1 为 2-硝基丙烷的红外

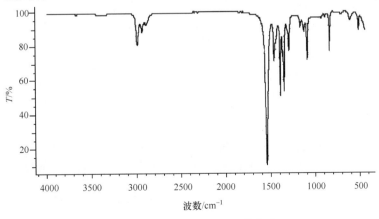

图 11-1　2-硝基丙烷的红外光谱

光谱,图 11 - 2 为硝基苯的红外光谱。

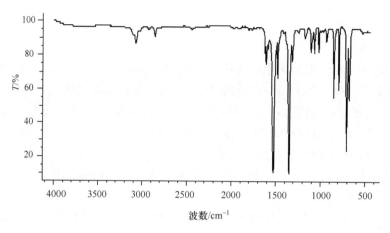

图 11 - 2 硝基苯的红外光谱

11.3 硝基化合物的化学性质

11.3.1 具有 *α*-H 的脂肪族硝基化合物与碱的反应

在脂肪族硝基化合物中,由于硝基是强吸电子基,因此 *α*-H 具有一定酸性,能逐渐溶解于氢氧化钠溶液而形成钠盐。它们之所以具有这种性质,是因为能生成稳定的负离子。

$$CH_3-N^+\underset{O^-}{\overset{O}{\Big|}} \rightleftharpoons CH_2=N^+\underset{O^-}{\overset{OH}{\Big|}} \underset{H^+}{\overset{NaOH}{\rightleftharpoons}} \left[CH_2=N^+\underset{O^-}{\overset{O^-}{\Big|}} \right] Na^+$$

硝基式   酸式

硝基化合物存在硝基式和酸式的结构,其中主要以硝基式存在。当遇到碱溶液时,碱与酸式结构作用而生成盐,破坏了酸式和硝基式之间的平衡。硝基式不断转化为酸式,以至全部与碱作用而生成酸式盐。

脂肪族硝基化合物在氢氧化钠等碱的作用下,可以与羰基等基团发生亲核加成反应,而后在酸性条件下脱水,生成硝基烯。硝基烯经催化氢化还原可得到饱和胺:

$$\langle \rangle—CHO + CH_3NO_2 \xrightarrow{NaOH} \left[\langle \rangle—\underset{OH}{\overset{}{CH}}—\underset{H}{\overset{}{CHNO_2}} \right] \xrightarrow{-H_2O}$$

$$\langle \rangle—CH=CHNO_2 \xrightarrow{\frac{H_2}{Ni}} \langle \rangle—CH_2CH_2NH_2$$

11.3.2 还原反应

硝基容易被还原,Fe、Zn、Sn、SnCl$_2$ 和 Na$_2$S 等是实验室常用的硝基还原剂。例如:

$$HO-CH_2-\underset{CH_3}{\overset{CH_3}{\underset{|}{\overset{|}{C}}}}-NO_2 \xrightarrow[HCl]{Fe} HO-CH_2-\underset{CH_3}{\overset{CH_3}{\underset{|}{\overset{|}{C}}}}-NH_2$$

$$O_2N-\!\!\!\bigcirc\!\!\!-COOC_2H_5 \xrightarrow[HCl]{Fe} H_2N-\!\!\!\bigcirc\!\!\!-COOC_2H_5$$

$$O_2N-\!\!\!\bigcirc\!\!\!-\underset{CH_3}{CHCN} \xrightarrow[95\,^{\circ}\!C,1.5h]{Fe/NH_4Cl} H_2N-\!\!\!\bigcirc\!\!\!-\underset{CH_3}{CHCN}$$

$$CH_3O-\!\!\!\bigcirc\!\!\!-NO_2 \xrightarrow[H_2O]{Na_2S} CH_3O-\!\!\!\bigcirc\!\!\!-NH_2$$

在铁粉还原中,一般对卤原子、烯基、氰基和酯基等基团无影响,可用于选择性还原。用铁粉还原时常加入少量稀酸,使铁粉表面的氧化铁形成亚铁盐而作为催化电解质,也可加入氯化铵等使铁粉活化。在上述还原反应过程中,由于使用 Fe 和 Zn 等金属,尤其是用 Fe 粉进行还原,反应后产生大量铁泥,对环境造成污染。工业上一般采用在 Cu、Ni 或 Pd/C 催化下,用氢气进行还原,反应后直接将 Pd/C 等催化剂滤去。反应液浓缩后直接处理便可得到纯品,对环境污染小,收率较高。而且 Pd/C 催化剂可多次使用,活性降低后可再生继续使用,是一种绿色的合成方法。例如,在常压下用 Pd/C 及氢气还原对硝基苯甲酸乙酯中的硝基,可合成局部麻醉药苯佐卡因。

$$O_2N-\!\!\!\bigcirc\!\!\!-COOC_2H_5 \xrightarrow{Pd/C,H_2} H_2N-\!\!\!\bigcirc\!\!\!-COOC_2H_5$$
苯佐卡因(Benzocaine)

用 Zn 粉等作还原剂时,反应条件及介质对还原反应影响较大。例如,硝基苯在酸性条件下被锌粉还原为苯胺,在不同碱性条件下还原时,可分别得到 N-羟基苯胺、偶氮苯和氢化偶氮苯等不同还原产物。

$$\bigcirc\!\!\!-NO_2 \xrightarrow{Zn,HCl} \bigcirc\!\!\!-NH_2$$

$$\bigcirc\!\!\!-NO_2 \xrightarrow{Zn}_{NaOH} \bigcirc\!\!\!-NHOH$$
N-羟基苯胺

$$\bigcirc\!\!\!-\underset{OH}{N}-H\;H-\underset{OH}{N}\!\!\!-\bigcirc \longrightarrow \bigcirc\!\!\!-N\!\!=\!\!N-\!\!\!\bigcirc \xrightarrow{Zn}_{NaOH} \bigcirc\!\!\!-NH\!\!-\!\!NH-\!\!\!\bigcirc$$
偶氮苯　　　　　　　氢化偶氮苯

当苯环上含有多个硝基时,采用等量的 Na_2S、NaHS 和 NH_4HS 等硫化物为还原剂,可以选择性将多硝基化合物中的一个硝基还原为氨基,得到硝基苯胺。该方法有一定的应用意义。例如:

$$O_2N-\!\!\!\overset{NO_2}{\bigcirc}\!\!\!-OH \xrightarrow[S]{Na_2S} O_2N-\!\!\!\overset{NH_2}{\bigcirc}\!\!\!-OH$$

11.3.3　硝基对芳环上其他取代基的影响

硝基与苯环相连后,由于其强的吸电子诱导效应和吸电子共轭效应,苯环上电子云密度大大降低,亲电取代反应变得困难。

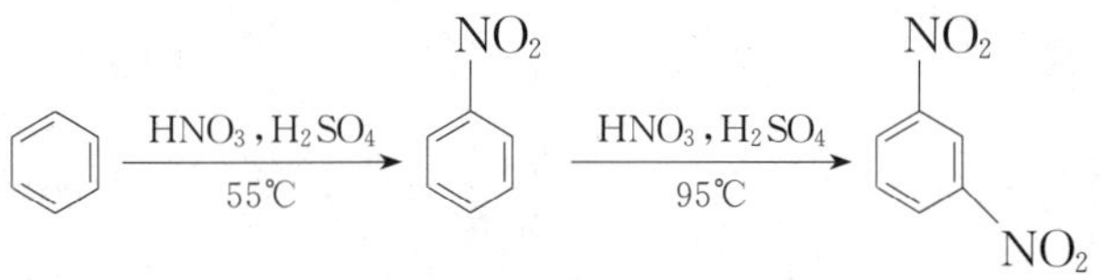

但硝基可使邻、对位基团的亲核取代反应活性增加。

1. 硝基卤苯的亲核取代反应

氯苯分子中的氯原子并不活泼,但当氯苯的邻、对位存在硝基时,氯原子比较活泼,可以与胺、烷氧基等发生亲核取代反应。例如:

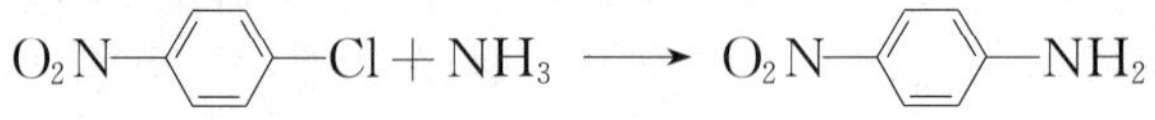

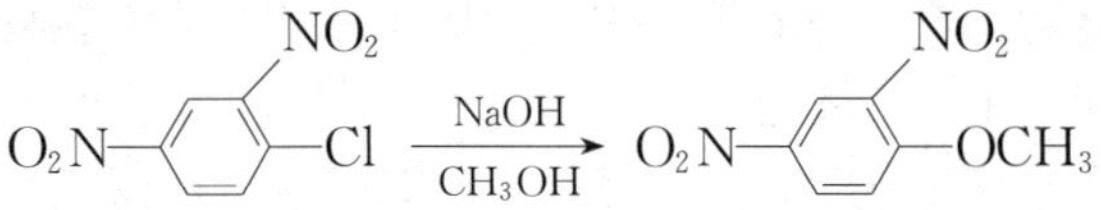

如果硝基在氯原子的间位,它只有吸电子诱导效应,硝基所引起的负电荷分散作用相应减少,所以它对卤原子活泼性的影响不显著。

除了卤原子外,芳环上的其他取代基当其邻位、对位或邻对位都有强吸电子基团时,同样可以被亲核试剂取代。与脂肪族卤代烃反应活性不同,卤代苯上卤素的反应活性次序大致为 F>Cl>Br>I。

拓展:

在通常条件下,未被硝基等吸电子基活化的卤代芳烃与胺难于发生亲核取代反应。Ullmann 反应是早期用于构建 C—N 键的主要方法。但它们往往需要较高的反应温度(高于 200℃)、强碱、大大过量的亲核试剂,以及大量铜粉的作用。尽管如此,多数这类反应仍不能得到较好的选择性和较高的产品收率。直到 20 世纪 80 年代初,首次使用钯催化剂催化完成了溴苯的胺化反应,并逐渐发展成一种重要的 C—N 键构建方法。尽管此法在选择性和产品收率上具有显著优势,但钯催化剂高昂的价格、较强的毒性以及对高毒性含磷配体的依赖严重制约了它在很多领域的工业化应用。针对上述问题,近年来研究发现,在 CuI 等催化下,以 L-脯氨酸和 N-甲基甘氨酸等为配体,可实现卤代芳烃与胺在较低温度下(90℃)的 C—N 交叉偶联反应。

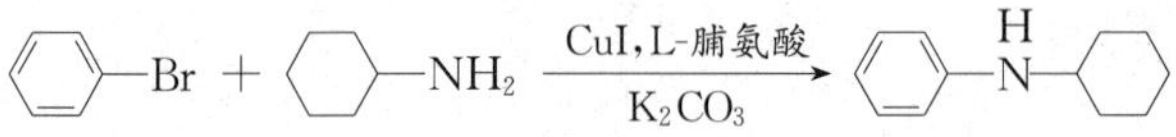

2. 增强甲基氢原子的活泼性

当甲基的邻、对位上连有硝基时,硝基的吸电子诱导效应与吸电子共轭效应使氢原子变得活泼,在碱的存在下能与苯甲醛发生亲核加成反应,然后脱去一分子水,生成烯烃。

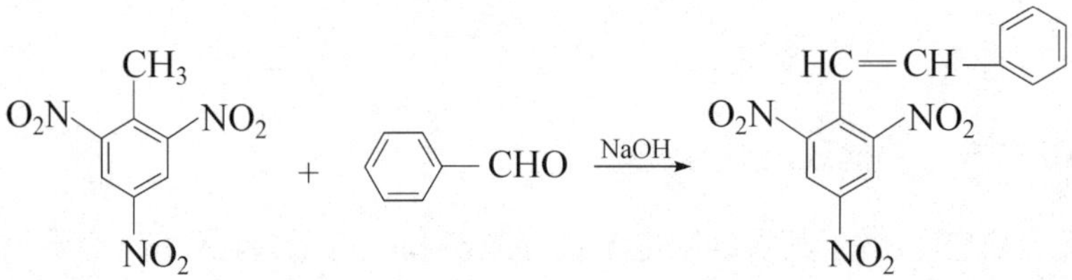

3. 硝基酚和硝基芳香羧酸的酸性

苯酚的酸性比碳酸弱,当苯环上引入硝基时,能增强酚的酸性。例如,2,4-二硝基苯酚的

pK$_a$ 为 4.09，与甲酸(pK$_a$ 为 3.77)酸性相近；2,4,6-三硝基苯酚的 pK$_a$ 为 0.25，酸性几乎与强无机酸相近。

硝基对酚羟基酸性的影响与它们在苯环上的相对位置有关。当硝基处在羟基的邻位或对位时，由于存在吸电子诱导效应和共轭效应，羟基上的氢解离后生成的负电荷可被分散，因而更稳定，酸性增强。当硝基与羟基处于间位时，由于它们之间只存在吸电子诱导效应，因此，酸性增加并不明显。

| pK$_a$ | 10.00 | 7.22 | 8.39 | 7.15 | 4.09 | 0.25 |

与硝基苯酚的酸性增强相似，当在苯甲酸的芳环上引入硝基后，其酸性同样增强。例如：

| pK$_a$ | 4.20 | 2.17 | 3.49 | 3.42 |

其中，硝基处于羧基邻位时酸性增强最为显著，可能是由于硝基和羧基距离较近，硝基的吸电子诱导效应起较强的作用，此外，也可能是由硝基与羧基之间的相互作用导致。

Ⅱ　胺

氨分子中的氢原子被烃基取代后的衍生物称为胺。胺广泛存在于自然界中，许多来源于植物的含氮有机化合物(又称生物碱)具有较强的生物活性，可被用作药物，如麻黄碱等。有些胺还是生物体内重要的神经递质，支配人体中枢或外周神经系统的功能，如多巴胺等。此外，许多胺还是重要的有机合成中间体，如苯胺是合成药物与染料等的重要中间体。

麻黄碱　　　　　　　多巴胺　　　　　　　苯胺

11.4　胺的分类、命名和结构

11.4.1　胺的分类和命名

氨分子中的一个、两个或三个氢原子被烃基取代后的生成物分别称为伯胺(一级胺或1°胺)、仲胺(二级胺或 2°胺)或叔胺(三级胺或 3°胺)。但要注意这里的伯、仲、叔的含义与醇不同，它们分别指氮原子上连有一个、两个和三个烃基，而与连接在氨基上的碳原子种类无关。例如，叔丁醇是叔醇，而叔丁胺却是伯胺。

$$NH_3 \qquad (CH_3)_3CNH_2 \qquad \text{〈〉}-NHCH_3 \qquad (C_2H_5)_3N$$

氨 　　　叔丁胺 　　　　　　N-甲基苯胺 　　　　三乙胺

　　根据分子中氮原子上所连烃基种类的不同,可将胺分为脂肪胺和芳香胺。氨基与脂肪烃相连的称为脂肪胺,氨基与芳香环直接相连的称为芳香胺。此外,还可以根据分子中所连接氨基数目的不同而分为一元胺、二元胺和多元胺等。

　　除伯、仲和叔胺外,还有相当于氢氧化铵和铵盐的化合物,分别称为季铵碱(quaternary ammonium base)和季铵盐(quaternary ammonium salt)。在这里需注意氨、胺和铵的涵义。在表示基(如氨基、亚氨基等)时,用"氨"表示;NH_3 中的氢原子被烃基取代得到的衍生物,用"胺"表示;而表示季铵类化合物或铵盐时,则用"铵"表示。

$$NH_2CH_2CH_2NH_2 \qquad R_4N^+OH^- \qquad R_4N^+X^-$$

乙二胺 　　　　　　　季铵碱 　　　　　季铵盐

　　简单胺常以习惯命名法命名,它是在"胺"字前面加上烃基的名称来命名,如果 N 原子上连有两个或三个相同的烃基,在前面用二或三表示基的数目。当胺分子中 N 原子上连有不同的烃基时,按次序规则分别写出各烃基,"较优"的基团(顺序规则中较大的基团)在后。例如:

$$(C_2H_5)_3N \qquad CH_3CH_2-\underset{\underset{CH_2CH(CH_3)_2}{|}}{\overset{\overset{CH_3}{|}}{N}} \qquad \text{〈〉}-N(CH_3)_2$$

三乙胺 　　　　　甲基乙基异丁基胺 　　　　　　　　N,N-二甲基苯胺

　　N 原子上同时连有芳烃和脂肪烃时,则以芳香胺为母体,脂肪烃基作为芳胺 N 原子上的取代基,将名称和数目写在前面,并在取代基前冠以"N"。每个"N"只能表示一个取代基的位置,表示这个脂肪烃基连在 N 原子上,而不是连在芳环或其他位置上。

　　烃基比较复杂的胺也可采用系统命名法,以烃为母体,将氨基作为取代基命名。例如:

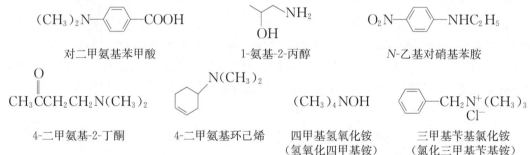

$(CH_3)_2N-\text{〈〉}-COOH$ 　　　　　$\underset{\underset{OH}{|}}{CH_3CHCH_2}NH_2$ 　　　　　$O_2N-\text{〈〉}-NHC_2H_5$

对二甲氨基苯甲酸 　　　　　　1-氨基-2-丙醇 　　　　　N-乙基对硝基苯胺

$$\underset{\overset{\|}{O}}{CH_3CCH_2}CH_2N(CH_3)_2 \qquad \text{环己烯}-N(CH_3)_2 \qquad (CH_3)_4NOH \qquad \text{〈〉}-CH_2N^+(CH_3)_3 \quad Cl^-$$

4-二甲氨基-2-丁酮 　　　4-二甲氨基环己烯 　　　四甲基氢氧化铵 　　　三甲基苄基氯化铵
　　　　　　　　　　　　　　　　　　　　　　　　　　(氢氧化四甲基铵) 　　　(氯化三甲基苄基铵)

拓展:

　　以下的结构为"毒鼠强",又称"四二四",是强神经毒剂,曾被用于消灭鼠灾,现已被明令禁用。

（毒鼠强结构式）

11.4.2 胺的结构

　　胺中的 N 原子以 sp^3 杂化轨道与其他原子成键。三个 sp^3 杂化轨道与其他原子轨道形成

三个 σ 键，N 上的一对孤对电子占据另一个 sp^3 杂化轨道，处于棱锥体的顶端，类似第四个基团。因此，胺具有亲核性，可作为亲核试剂。

若氮上连有三个不同取代基，理论上应有手性。但对映体之间可以通过平面过渡态相互转化（所需能量仅为 $21kJ \cdot mol^{-1}$），室温下无法分离得到光学活性的对映体。而当氮上连有四个不同的取代基时就有光学异构体。

苯胺的 N 原子仍采取 sp^3 杂化（也有认为是 sp^2 杂化），N 上孤对电子的 sp^3 轨道比脂肪胺 N 原子上孤对电子占有的 sp^3 轨道含有更多的 p 轨道成分，可与苯环 π 电子轨道重叠，存在共轭效应。苯胺中的 H—N—H 键角为 113.9°，H—N—H 平面与苯环平面之间的夹角为 39.4°。

11.5　胺的物理性质和波谱特征

11.5.1　胺的物理性质

脂肪族胺中甲胺、二甲胺、三甲胺和乙胺是气体，丙胺以上是液体，高级胺是固体。芳香族胺为无色液体或固体，它们都具有特殊的气味或毒性，长期吸入苯胺蒸气会使人中毒。低级胺的气味与氨相似，有的还有鱼腥味，高级胺几乎没有气味。

伯胺和仲胺由于能形成分子间氢键，沸点比相对分子质量相近的烷烃沸点高，但 N—H⋯N 氢键比 O—H⋯O 弱，因此胺的沸点比醇低。叔胺由于 N 原子上没有氢原子，不能形成分子间氢键，其沸点与相对分子质量相近的烷烃沸点相近。

	$C_2H_5OC_2H_5$	$CH_3CH_2CH_2NH_2$	$(C_2H_5)_2NH$	$CH_3CH_2CH_2OH$	$(CH_3)_3N$	$CH_3CH_2CH_2CH_3$
沸点/℃	35	48	56	97	3	−1

伯、仲和叔胺都能与水分子形成氢键，所以胺易溶于水，其溶解度随相对分子质量的增加而迅速降低。一般胺都能溶于醇、醚和苯等有机溶剂。六个碳原子的胺就开始难溶于水。芳胺为高沸点的液体或低熔点的固体，难溶于水，易溶于有机溶剂。一些常见胺的物理常数见表 11 - 2。

表 11 - 2　一些常见胺的物理常数

名称	构造式	熔点/℃	沸点/℃	溶解度/[g·(100g H_2O)$^{-1}$]
甲胺	CH_3NH_2	−92	−7.5	易溶
乙胺	$CH_3CH_2NH_2$	−80	17	∞
正丙胺	$CH_2(CH_2)_2NH_2$	−83	49	∞
异丙胺	$(CH_3)_2CHNH_2$	−101	34	∞

续表

名称	构造式	熔点/℃	沸点/℃	溶解度/[g·(100g H₂O)⁻¹]
正丁胺	$CH_3(CH_2)_3NH_2$	−50	78	易溶
异丁胺	$(CH_3)_2CHCH_2NH_2$	−85	68	∞
仲丁胺	$CH_3CH_2CH(CH_3)NH_2$	−104	63	∞
叔丁胺	$(CH_3)_3CNH_2$	−67	46	∞
二甲胺	$(CH_3)_2NH$	−96	7.5	易溶
二乙胺	$(C_2H_5)_2NH$	−39	55	易溶
乙二胺	$NH_2CH_2CH_2NH_2$	8.5	117	易溶
苯胺	$C_6H_6NH_2$	−6	184	3.7
N-甲基苯胺	$C_6H_5NHCH_3$	−57	196	难溶
N,N-二甲基苯胺	$C_6H_5N(CH_3)_2$	3	194	1.4

11.5.2 胺的波谱特征

1. 胺的红外光谱

脂肪族和芳香族胺在 3400~3500cm⁻¹ 区域的吸收峰为 N—H 伸缩振动吸收峰,伯胺在此区域显示两个吸收峰,而仲胺显示一个吸收峰,叔胺由于氮原子上没有氢原子,在此区域没有吸收峰。伯胺的 N—H 弯曲振动在 1590~1650cm⁻¹。脂肪族胺的 C—N 伸缩振动在 1220~1250cm⁻¹,芳香族胺的 C—N 伸缩振动在 1250~1360cm⁻¹,其中伯芳胺在 1250~1340cm⁻¹,仲芳胺在 1280~1360cm⁻¹,叔芳胺在 1310~1360cm⁻¹。图 11-3 为1-苯乙胺的红外光谱。

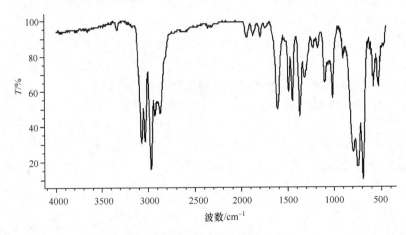

图 11-3　1-苯乙胺的红外光谱

2. 胺的核磁共振氢谱

在胺分子中 N—H 上质子的化学位移变化较大,δ 为 0.6~3.0ppm,它受样品的纯度、所用的溶剂、测量时溶液的浓度和温度的影响而变化。与氮原子相连的碳上质子的化学位移 δ 一般为 2.5~3.0ppm。图 11-4 为 3-甲基-2-丁胺的核磁共振氢谱(氘代氯仿为溶剂)。

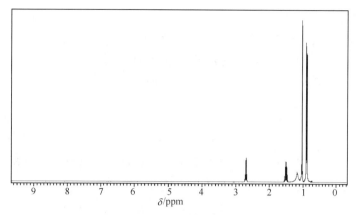

图 11 - 4　3-甲基-2-丁胺的核磁共振氢谱

11.6　胺的化学性质

11.6.1　胺的碱性

胺的氮原子上有一对孤对电子,能与质子结合或进攻缺电子的碳原子,因此具有碱性和亲核性。

$$RNH_2 + H^+ \rightleftharpoons RN^+H_3$$

在水溶液中,脂肪胺一般以仲胺碱性最强,伯、仲和叔胺的碱性都比氨强。乙胺、二乙胺和三乙胺的碱性强弱顺序为二乙胺＞三乙胺＞乙胺。可从以下三个方面进行综合考虑:

（1）电子效应。胺分子中与氮原子相连的烷基具有给电子诱导效应,使氮原子上的电子云密度增加,从而增强了对质子的吸引能力,生成的铵离子也因为正电荷得到分散而稳定。因此,氮原子上烷基数目越多,碱性越强。

（2）溶剂化效应。在水溶液中,胺的碱性强弱还与胺和质子结合后形成的铵离子产生溶剂化效应的难易有关。氮原子上所连的氢越多,则与水形成氢键的机会越多,溶剂化程度越大,铵离子越稳定,胺的碱性也就越强。

（3）位阻效应。胺分子中的烷基数目越多,体积越大,则占据空间越大,使质子不易靠近氮原子。因而,胺的碱性就越弱。

胺的碱性强弱变化是电子效应、溶剂化效应和位阻效应综合作用的结果。

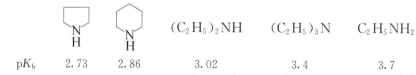

		$(C_2H_5)_2NH$	$(C_2H_5)_3N$	$C_2H_5NH_2$
pK_b　2.73	2.86	3.02	3.4	3.7

芳胺的碱性比氨弱。例如,苯胺的 pK_b 为 9.40,而氨的 pK_b 为 4.76,二苯胺的 pK_b 为 13.8。这是因为苯胺分子中 N 原子上的未共用电子对与苯环的 π 电子共轭,发生电子离域,使 N 原子上的部分电子云移向苯环,从而降低了 N 原子上的电子云密度,因此与质子的结合能力减弱,所以苯胺的碱性比氨弱得多。

酰胺碱性较弱,主要原因是其氮上的孤对电子与羰基发生共轭,电子不易与质子结合。酰胺不与酸反应,其水溶液也为中性。

季铵碱(R_4NOH)是典型的离子化合物,类似于 NaOH 和 KOH,呈强碱性,能吸收空气中的 CO_2 和水分,形成碳酸盐。

综上所述,碱性顺序通常为季铵碱>脂肪胺>氨>芳香胺>酰胺>磺酰胺≈酰亚胺。

胺是一种弱碱,能与无机酸作用生成盐,铵盐遇碱可游离出原来的胺。常利用胺的碱性来纯化胺。例如,如果将一种胺(碱性)和酮(中性)溶于有机溶剂中,加入盐酸水溶液,碱性的胺形成铵盐溶于盐酸水溶液中,而酮则仍留在有机溶剂中,将水层分出,加入 NaOH 中就能得到纯胺。

11.6.2 烷基化反应

胺和氨一样,可以与卤代烃和醇等发生烷基化反应(亲核取代反应)得到仲胺,生成的仲胺是更好的亲核试剂,会与卤代烃反应生成叔胺乃至季铵盐。

$$RNH_2 + R'Br \longrightarrow RR'N^+H_2Br^- \xrightarrow{RNH_2} RR'NH$$

$$RR'NH + R'Br \longrightarrow RR'_2N^+HBr^- \xrightarrow{RNH_2} RR'_2N$$

$$RR'_2N + R'Br \longrightarrow RR'_3N^+Br^-$$

伯胺可由卤代烃与氨作用制得,但易得到伯、仲和叔胺的混合物。一般而言,需要使用过量的氨与卤代烃反应,并通过控制反应温度、反应时间等以得到一取代产物。由于需要脱除卤化氢,因此反应中需要使用过量的氨或加入碱(如三乙胺、碳酸钾和氢氧化钠等)以中和反应中生成的卤化氢。例如:

$$\underset{\underset{Br}{|}}{CH_3CHCOOH} \xrightarrow{NH_3(70mol)} \underset{\underset{NH_3^+}{|}}{CH_3CHCOO^-}$$

70%

11.6.3 酰化反应

伯胺或仲胺可以与酰化试剂如酰氯和酸酐等发生酰化反应,氨基上的氢原子被酰基取代,生成酰胺,该反应称为胺的酰化。

$$RNH_2 + R'COCl \longrightarrow RNHCOR'$$

由于叔胺 N 原子上没有氢原子,因此不发生酰化反应。用这一性质可以鉴别叔胺,并从伯、仲、叔胺的混合物中将叔胺分离出来。此外,酰胺在酸或碱的水溶液中可以水解出胺。因此,在有机合成中可用酰化的方法保护氨基,否则由于苯胺易被硝酸氧化,直接硝化产率很低。例如:

其中,硝化一步产物通常是邻硝基乙酰苯胺和对硝基乙酰苯胺的混合物,邻位和对位产物

的比例与反应条件有关,如用 90% 的硝酸为硝化试剂,反应在 −20℃进行,邻位产物与对位产物比例为 23:77;如用 HNO₃ 和乙酸酐在 20℃硝化,两者比例为 68:32,邻硝基乙酰苯胺为主产物。

伯胺或仲胺在碱性条件下与苯磺酰氯或对甲苯磺酰氯等磺酰化试剂反应,生成不溶性的磺酰胺。伯胺磺酰化后,氮上的氢可与碱成盐,溶于碱性溶液中;仲胺形成的磺酰胺的氮原子上无氢,不与碱成盐,因此不能溶于碱性溶液中;叔胺不被磺酰化。该反应称为 Hinsberg(兴斯堡)反应,可鉴别和分离三种胺。例如:

$$R—NH_2 + CH_3—\!\!\bigcirc\!\!—SO_2Cl \longrightarrow CH_3—\!\!\bigcirc\!\!—SO_2NHR \quad 沉淀溶于碱$$

$$\overset{R}{\underset{R^1}{N}}\!-\!H + CH_3—\!\!\bigcirc\!\!—SO_2Cl \longrightarrow CH_3—\!\!\bigcirc\!\!—SO_2NRR^1 \quad 沉淀不溶于碱$$

$$\overset{R}{\underset{R^1}{N}}\!-\!R^2 + CH_3—\!\!\bigcirc\!\!—SO_2Cl \longrightarrow 不被磺酰化$$

11.6.4　氧化

脂肪族胺和芳香族胺均容易被氧化。脂肪族伯胺的氧化产物很复杂;过氧化氢(H_2O_2)可将仲胺氧化为羟胺,但通常产率很低;过氧化氢或过酸(RCOOOH)可将叔胺氧化为氧化胺。

$$RNH_2 \xrightarrow{H_2O_2} RNHOH \longrightarrow R—NO \longrightarrow RNO_2$$

$$R_2NH \xrightarrow{H_2O_2} R_2NOH$$

$$R_3N \xrightarrow{H_2O_2} R_3N^+—O^-$$

氧化胺具有四面体结构。与季铵盐相似,当氮原子所连的四个基团互不相同时,则存在对映异构现象。

芳香胺也很容易被氧化,放置时就可因氧化而带有颜色,如黄、红甚至黑色。氧化产物复杂,含有醌偶氮化合物等。

11.6.5　与亚硝酸反应

亚硝酸不稳定,一般在反应过程中由亚硝酸钠与盐酸或硫酸作用制得。不同的胺与亚硝酸反应的情况不同。

1. 伯胺与亚硝酸的反应

脂肪族伯胺与亚硝酸反应先生成重氮盐,由于脂肪族重氮盐不稳定,马上分解成氮气和碳正离子,碳正离子发生一系列反应生成醇、烯、卤代烷等复杂混合物。反应中定量放出氮气,通过测定氮的含量,可定量测定分子中的氨基。

$$RNH_2 + NaNO_2 + HCl \longrightarrow R—\overset{+}{N}\!\!\equiv\!\!NCl \longrightarrow R^+ + Cl^- + N_2$$

$$重氮盐(脂肪族) \quad\quad \longrightarrow 醇+烯烃+卤代烷等$$

芳香伯胺在低温和强酸作用下与亚硝酸钠反应,生成芳香族重氮盐(比脂肪族重氮盐稳定,详见 11.9),该反应称为重氮化反应。

$$\text{C}_6\text{H}_5\text{—NH}_2 + \text{NaNO}_2 + \text{HCl} \xrightarrow[0\sim5℃]{} \text{C}_6\text{H}_5\text{—N}^+\!\!\equiv\!\text{NCl}^- + 2\text{H}_2\text{O}$$

重氮盐(芳香族)

2. 仲胺与亚硝酸的反应

仲胺与亚硝酸钠作用生成难溶于水的黄色油状或固体的 N-亚硝基胺。N-亚硝基胺有致癌性,能引发多种器官或组织的肿瘤,腌肉中的 N-亚硝基化合物已引起人们的关注和防备。脂肪族 N-亚硝基胺与稀酸共热,又可分解为仲胺,因此可用于鉴定和提纯仲胺。

$$\underset{R^1}{\overset{R}{>}}\!\text{N—H} + \text{NaNO}_2 + \text{HCl} \longrightarrow \underset{R^1}{\overset{R}{>}}\!\text{N—NO} + \text{NaCl} + \text{H}_2\text{O}$$

$$\underset{R^1}{\overset{R}{>}}\!\text{N—NO} + \text{HCl} \longrightarrow \underset{R^1}{\overset{R}{>}}\!\text{N—H} \cdot \text{HCl} \xrightarrow{\text{OH}^-} \underset{R^1}{\overset{R}{>}}\!\text{N—H}$$

芳香族 N-亚硝基化合物在酸性条件下容易发生重排生成对亚硝基化合物。例如:

$$\text{C}_6\text{H}_5\text{—NHCH}_3 \xrightarrow[\text{HCl}]{\text{NaNO}_2} \text{C}_6\text{H}_5\text{—}\underset{\text{CH}_3}{\text{N—NO}} \xrightarrow[\triangle]{\text{H}^+} \text{ON—C}_6\text{H}_4\text{—NHCH}_3$$

3. 叔胺与亚硝酸的反应

脂肪族叔胺因氮上没有氢,与亚硝酸作用时只能生成不稳定的亚硝酸盐,加碱又得到游离的叔胺。芳香族叔胺与亚硝酸作用,发生苯环上的取代反应,在苯环上引入亚硝基,生成对亚硝基取代的绿色固体产物。若对位上已有取代基,则亚硝基取代在邻位。

$$\text{C}_6\text{H}_5\text{—N(CH}_3)_2 \xrightarrow[\text{HCl}]{\text{NaNO}_2} \text{ON—C}_6\text{H}_4\text{—N(CH}_3)_2$$

含亚硝基的化合物具有致癌性,在有机合成中应用较少。

11.6.6 芳胺苯环上的取代反应

氨基是强致活基团,因此芳胺的亲电取代反应活性很高。

1. 卤代反应

苯胺与氯或溴发生亲电取代反应,邻位和对位上的氢被氯或溴取代,生成白色沉淀:

$$+3\text{Br}_2 \longrightarrow \quad +3\text{HBr}$$

该反应可用于苯胺的定性鉴别和定量分析。

如果将苯胺乙酰化,由于乙酰氨基(—NHCOCH$_3$)的致活能力远弱于氨基,乙酰苯胺的溴

代反应主要得到对溴产物。可采用此方法合成单取代的苯胺。

$$
\underset{\text{NH}_2}{}\ \xrightarrow{(CH_3CO)_2O}\ \underset{\text{NHCOCH}_3}{}\ \xrightarrow{Br_2}\ \underset{\text{NHCOCH}_3}{}\ \xrightarrow[-OH]{H_2O}\ \underset{\text{NH}_2}{}
$$

2. 硝化反应

苯胺直接硝化时容易被氧化,通常用乙酰基将氨基保护起来再进行硝化:

$$
\underset{\text{NH}_2}{}\ \xrightarrow{(CH_3CO)_2O}\ \underset{\text{NHCOCH}_3}{}\ \begin{array}{c}\xrightarrow[CH_3COOH]{HNO_3,H_2SO_4}\ \text{NHCOCH}_3/NO_2 \xrightarrow[-OH]{H_2O} \text{NH}_2/NO_2 \\ \xrightarrow[(CH_3CO)_2O]{HNO_3}\ \text{NHCOCH}_3,NO_2 \xrightarrow[-OH]{H_2O} \text{NH}_2,NO_2 \end{array}
$$

也可将苯胺先溶于硫酸中生成硫酸盐,由于形成的—NH_3^+是致钝的间位定位基,可得到间位单硝化产物。

$$
\underset{\text{NH}_2}{}\ \xrightarrow{H_2SO_4}\ \underset{\text{+NH}_3{}^-OSO_3H}{}\ \xrightarrow[\triangle]{HNO_3,H_2SO_4}\ \underset{\text{+NH}_3{}^-OSO_3H}{}_{NO_2}\ \xrightarrow{-OH}\ \underset{\text{NH}_2}{}_{NO_2}
$$

3. 磺化反应

苯胺与硫酸反应,先生成硫酸盐,而后在 180~190℃ 烘焙,可得到对氨基苯磺酸。

$$
\underset{\text{NH}_2}{}\ \xrightarrow{H_2SO_4}\ \underset{\text{+NH}_3{}^-OSO_3H}{}\ \xrightarrow{180\sim190℃}\ \underset{\text{NH}_2}{}_{SO_3H}
$$

11.7 季铵盐和季铵碱

11.7.1 季铵盐

叔胺与卤代烃作用生成季铵盐:

$$
R_3N + RX \longrightarrow \left[\begin{array}{c} R \\ R-\overset{|}{N}-R \\ | \\ R \end{array}\right]^+ X^-
$$

季铵盐为结晶性固体,具有盐的性质,能溶于水,而不溶于非极性的有机溶剂。季铵盐在加热时分解,生成叔胺和卤代烃。

$$[R_4N]^+X^- \xrightarrow{\triangle} R_3N + RX$$

具有长碳链的季铵盐可作为阳离子表面活性剂(cationic surface active agent),其中新洁尔灭(溴化二甲基十二烷基苄基铵)和杜灭芬[溴化二甲基十二烷基(2-苯氧乙基)铵]等是具有去污能力的表面活性剂,也具有较强的杀菌消毒作用。

$$\begin{bmatrix} \overset{\displaystyle CH_3}{\underset{\displaystyle CH_2C_6H_5}{CH_3-N-(CH_2)_{11}CH_3}} \end{bmatrix}^+ Br^-$$

溴化二甲基十二烷基苄基铵

$$\begin{bmatrix} \overset{\displaystyle CH_3}{\underset{\displaystyle CH_3}{PhOCH_2CH_2-N-(CH_2)_{11}CH_3}} \end{bmatrix}^+ Br^-$$

溴化二甲基十二烷基(2-苯氧乙基)铵

季铵盐与伯、仲、叔胺不同,它与强碱作用时,不能使胺游离出来,而是得到含有季铵碱的平衡混合物。

$$R_4N^+X^- + KOH \rightleftharpoons R_4N^+OH^- + KX$$

实验室中常利用季铵盐与湿的氧化银反应制备季铵碱。由于反应中生成的卤化银不断沉淀析出,从而使平衡向生成季铵碱的方向移动。

$$(CH_3)_4N^+I^- + AgOH \longrightarrow (CH_3)_4N^+OH^- + AgI$$

11.7.2 季铵碱的消除反应

季铵碱是强碱,其碱性与氢氧化钠和氢氧化钾相当。它极易吸潮和溶于水,也会吸收空气中的二氧化碳,加热则分解生成叔胺和烯烃。例如,加热氢氧化三甲基-2-戊基铵,主要生成1-戊烯,这个反应能将一个胺降解为烯烃,常用于测定分子结构和制备烯烃,称为 Hofmann 消除反应。

$$\underset{\underset{\displaystyle N^+(CH_3)_3}{|}}{CH_3CH_2CH_2CHCH_3OH^-} \xrightarrow[C_2H_5OH]{KOC_2H_5,120℃} CH_3CH_2CH_2CH=CH_2 +$$
$$98\% \text{ 1-戊烯}$$

$$CH_3CH_2CH=CHCH_3 + N(CH_3)_3 + H_2O$$
$$2\% \text{ 2-戊烯}$$

制备的程序是先将胺转变成季铵碱,继而进行热解。

$$\underset{\underset{\displaystyle CH_3}{|}}{RCHNH_2} \xrightarrow{3CH_3I} \underset{\underset{\displaystyle CH_3}{|}}{RCHN^+(CH_3)_3I^-} \xrightarrow{AgOH} \underset{\underset{\displaystyle CH_3}{|}}{RCHN^+(CH_3)_3OH^-}$$

当季铵碱分子中存在两个或两个以上可被消除的 β-氢时,通常是从含氢较多的 β-碳上消除氢原子,称为 Hofmann 规则。其原因是含氢较多的碳上相应氢的酸性相对较强。例如:

$$\begin{bmatrix} \text{环状结构} \end{bmatrix} OH^- \xrightarrow{\triangle} \text{环状产物}$$

但是,当 β-碳原子上连有芳环时,可能得到反 Hofmann 规则的产物:

$$\begin{bmatrix} \overset{\displaystyle CH_3}{\underset{\displaystyle CH_3}{PhCH_2CH_2-N^+-CH_2CH_3}} \end{bmatrix} OH^- \xrightarrow{150℃} PhCH=CH_2 + CH_2=CH_2$$
$$93\% \qquad\qquad 0.4\%$$

导引：

Hofmann 规则适用于季铵碱的消除反应,表现为由动力学控制的产物,但也有例外。Zaitsev 规则适用于卤代烷、醇等的消除反应,表现为热力学控制的产物。

如果季铵碱的烃基上没有 β-氢原子,则加热时生成叔胺和醇。

$$(CH_3)_4N^+OH^- \xrightarrow{\triangle} (CH_3)_3N + CH_3OH$$

11.8　胺 的 制 备

11.8.1　酰胺和腈的还原

卤代烃与氰化钠或氰化钾发生亲核取代反应,而后还原,这是将卤代烃转化为比起始原料多一个碳原子的胺的方法(详见 6.3.1 和 11.10.1)。酰胺的还原反应也可用于制备胺。

11.8.2　氨与卤代烃的反应

制备胺的较为简单的方法是将氨或胺与卤代烃进行烷基化反应,甚至叔胺也能与卤代烃反应生成季铵盐。但是一取代烷基胺可继续烷基化,得到多种产物的混合物(详见 11.6.2)。

11.8.3　醛和酮的还原胺化

在还原剂存在下,醛或酮与氨或胺反应能进一步得到胺,该过程称为还原胺化。例如:

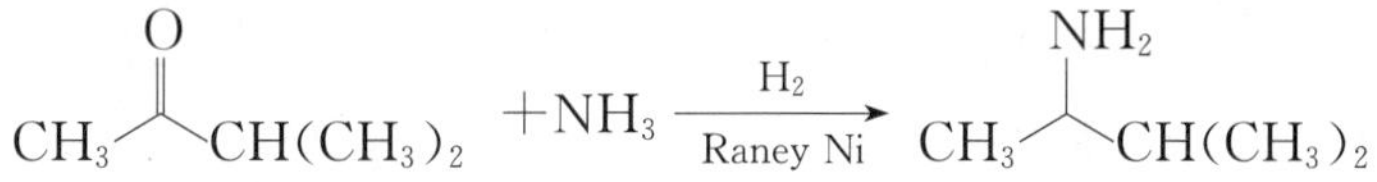

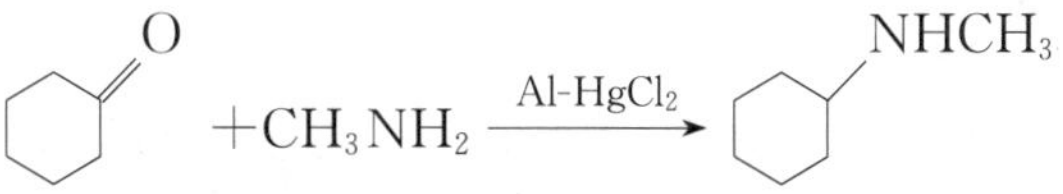

在甲酸及其衍生物存在下,羰基与氨、胺的还原氨化称为 Leuckart(卢卡特)反应。与氢化还原胺化相比,该反应具有较好的选择性。一些易还原基团如硝基、亚硝基、碳碳双键等不受影响。例如:

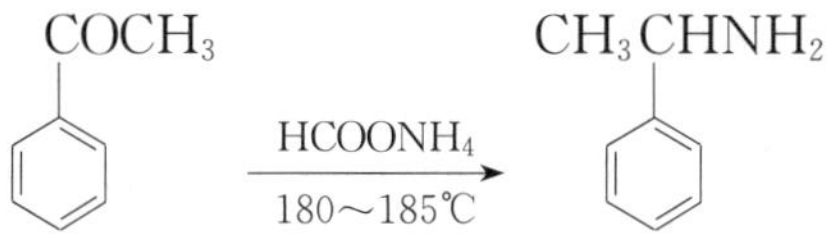

11.8.4　硝基化合物的还原

硝基化合物还原是制备胺类化合物的极为重要的方法。由于芳香族硝基化合物原料易得,因此该法尤其适用于制备芳伯胺。而脂肪族硝基化合物不易制备,所以不适合脂肪胺的制备(详见 11.3.2)。

11.8.5　酰胺的 Hofmann 降级反应

酰胺在次卤酸钠作用下失去羰基,生成比原来酰胺少一个碳原子的伯胺,此为酰胺的 Hofmann 降级反应。这个反应一般在过量碱存在下进行,收率较高(详见 10.6.5)。

11.8.6 Gabriel 合成法

利用氨的烷基化反应制备脂肪伯胺时,往往有仲胺和叔胺生成。Gabriel 合成法提供了一个由卤代烃制备高纯脂肪伯胺的好方法。该方法采用邻苯二甲酰亚胺的钾盐和卤代烃反应,生成的 N-取代亚胺水解可获得高收率的脂肪伯胺。该反应多数情况下适用于实验室的制备(详见 10.6.7)。

Ⅲ 其他含氮化合物

11.9 芳香族重氮和偶氮化合物

分子结构中含有—N≡N—基团,且这个基团的两端都和碳原子(不包括氰基)相连的化合物称为偶氮化合物(azo compound)。它们可以用通式 R—N≡N—R 表示,其中 R 为脂肪烃基或芳香烃基。

$$CH_3—N=N—CH_3 \qquad \qquad \text{〈〉}—N=N—\text{〈〉}—OH$$

偶氮甲烷   对羟基偶氮苯

重氮化合物(diazo compound)的分子中也含有—N≡N—基团,但这个基团只有一端与碳原子(不包括氰基)相连,而另一端与其他原子相连。例如:

$$\text{〈〉}—N^+≡NCl^- \qquad\qquad \text{〈〉}—N=N—NH—\text{〈〉}$$

氯化重氮苯   苯重氮氨基苯

11.9.1 重氮盐的制备

苯胺与亚硝酸在低温下发生重氮化反应,生成重氮盐(diazo salt)。重氮盐不稳定,只有在低温(一般低于 5℃)溶液中才能存在,温度稍高就会分解。如果芳胺的苯环上有吸电子基,反应温度可提高至 40~60℃。重氮盐固体容易爆炸,在有机合成中一般不将重氮盐分离出来,直接在溶液中进行下一步反应。

$$\text{〈〉}—NH_2 + NaNO_2 + HCl \xrightarrow[0\sim5℃]{} \text{〈〉}—N^+≡NCl^- + NaCl$$

在制备重氮盐时通常需要注意以下几方面:

(1) 无机酸(硫酸或盐酸)要大大过量。若酸量不足,生成的重氮盐可与未反应的苯胺作用,生成副产物。

(2) 亚硝酸不能过量。因为亚硝酸过量会促使重氮盐分解。可用 KI-淀粉试纸变蓝检测反应的终点。

(3) 若检测亚硝酸已过量,可用尿素使其分解。

重氮盐具有盐的典型性质,绝大多数重氮盐易溶于水而不溶于有机溶剂,其水溶液有导电性。芳香族重氮盐相对较稳定,这是因为芳香族重氮盐正离子中的 C—N$^+$≡N 键呈线形结构,氮氮之间 π 电子与芳环的大 π 键形成共轭体系,使重氮盐在低温、强酸性介质中能稳定存在。芳基重氮离子的结构如图 11-5 所示。

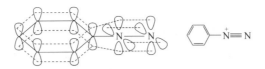

图 11-5　芳基重氮离子结构

11.9.2　重氮盐在有机合成中的应用

重氮盐是很活泼的化合物,可发生多种反应,在有机合成上用途很广。归纳起来主要有两类反应:放氮反应和保留氮原子的反应。

重氮盐的放氮反应是指重氮盐在一定条件下发生取代反应,重氮基被 H、—OH、—X、—CN等取代,分别生成芳烃、酚、卤代苯和苯腈等化合物。

导引:

芳基重氮盐分子中,由于带正电重氮基的吸电子作用,导致芳环上与重氮基直接相连的碳原子上电子云密度降低,易被亲核试剂进攻。此外,重氮基一旦离去,则形成可逸出反应体系的 N_2,有利于反应的进行,因此重氮基是很好的离去基团。综上所述,芳基重氮盐很易发生亲核取代反应。

1. 被 H 原子取代

重氮盐在次磷酸、乙醇或氢氧化钠-甲醛溶液等弱还原剂的作用下,重氮基可被氢原子取代,生成芳烃。由于用乙醇作还原剂时,会生成副产物醚,因此通常在该反应中用次磷酸,反应的产率比使用乙醇时高。例如:

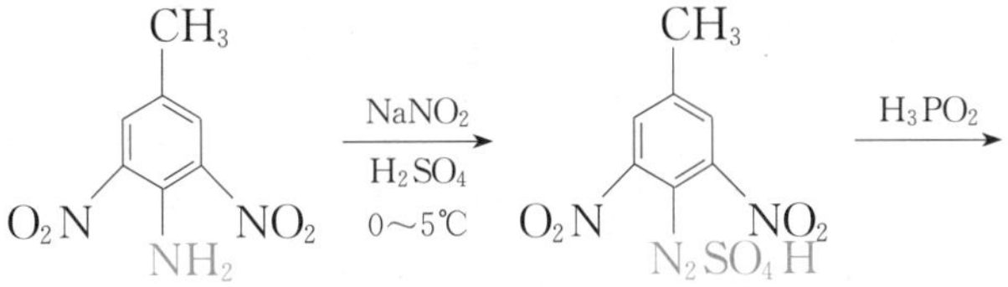

此反应在有机合成中很重要。由于氨基是强的邻、对位定位基,通过在芳环上引入氨基和去氨基的方法,可以合成其他方法不易或不能得到的一些化合物。例如,1,3,5-三溴苯不能通过苯或溴苯直接溴代的方法合成,但苯胺容易与溴水反应,通常得到 2,4,6-三溴苯胺。因此,可以将苯胺溴化后,通过重氮化和还原的方法除去氨基,即可达到合成 1,3,5-三溴苯胺的目的。

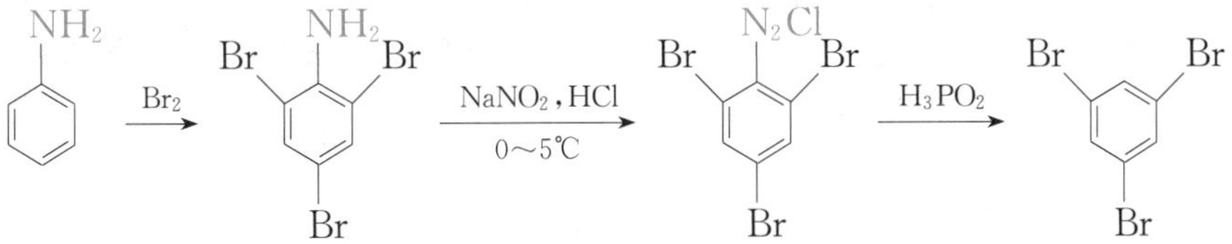

又如,间溴甲苯可以通过以对甲苯胺为原料,经乙酰化保护氨基,进行溴水溴代,在碱性条件下水解酰胺得到 2-溴-4-甲基苯胺,再经重氮化和还原的方法制得。

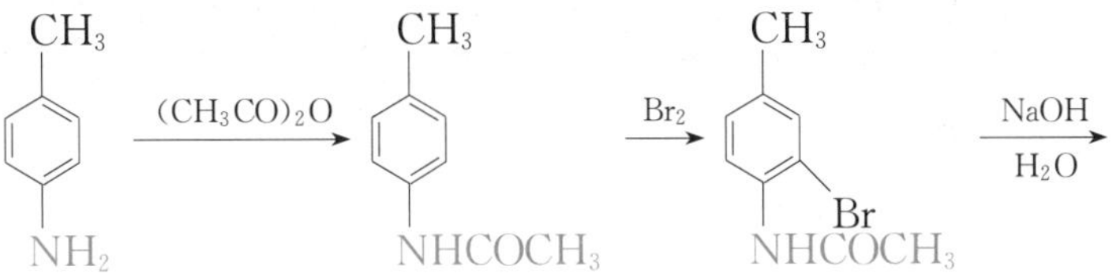

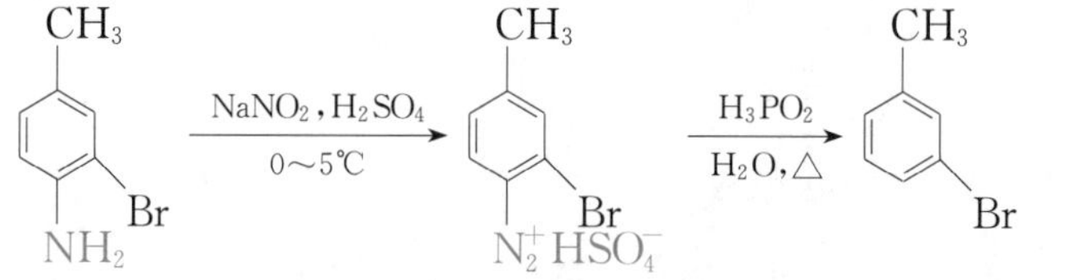

2. 重氮基被羟基取代

将重氮盐的酸性水溶液加热即发生水解,放出氮气,生成酚。例如:

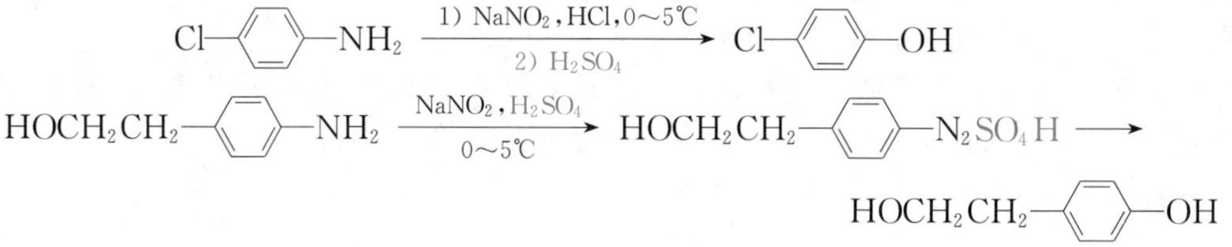

该反应一般是用重氮硫酸盐在 $40\%\sim50\%$ 硫酸的强酸性条件下进行,这样可以避免反应生成的酚与未反应的重氮盐发生偶合,且平衡离子硫酸根负离子的亲核性较弱,不易生成副产物苯硫酸酯。如果使用重氮化合物的盐酸盐、氢溴酸盐等进行反应,则会有氯苯或溴苯副产物生成。

3. 重氮盐被卤素或氰基取代

在氯化亚铜的盐酸溶液中,芳香族重氮盐分解,放出氮气,同时重氮基被氯原子取代。如果用重氮氢溴酸盐和溴化亚铜反应、重氮硫酸氢盐与氰化亚铜反应,则分别得到相应的溴化物和氰化物,此反应称为 Sandmeyer(桑德迈尔)反应。例如:

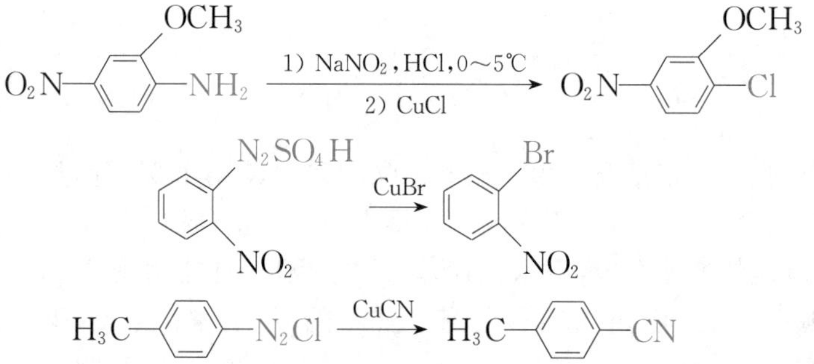

用铜粉代替氯化亚铜、溴化亚铜或氰化亚铜,加热分解重氮盐,也可得到相应的卤化物和氰化物,此反应称为 Gattermann(盖特曼)反应。此外,也可以用硫酸镍等代替铜粉。例如:

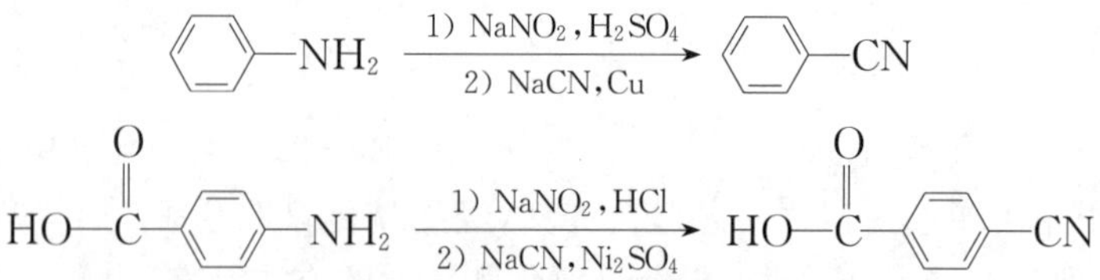

虽然此反应比 Sandmeyer 反应简单,但除个别反应外,产率一般比 Sandmeyer 反应略低。

氰基经过水解可以生成羧基,因此通过重氮盐在苯环上引入氰基,再水解成羧酸,是制备芳香酸的一个较好的方法。例如:

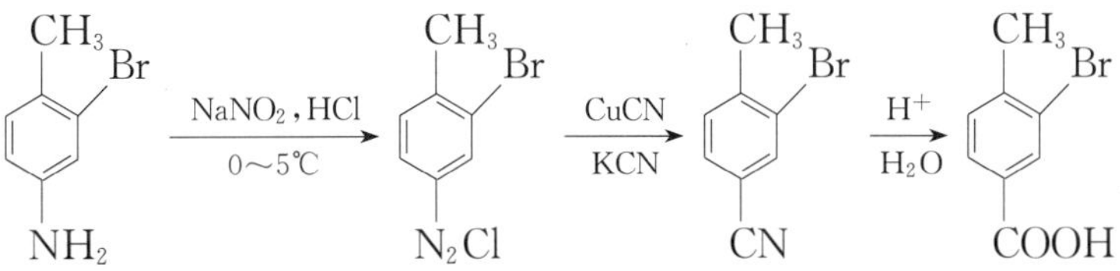

芳环上直接碘化是非常困难的,但重氮盐比较容易被碘取代。无需碘化亚铜,加热重氮盐的碘化钾溶液,即可生成相应的碘化物,产率较好。例如:

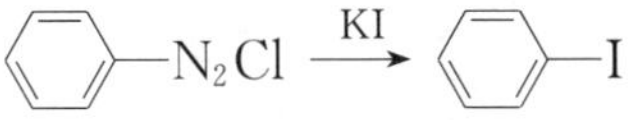

氟化物的制备是将氟硼酸(HBF_4)加到重氮盐溶液中,即可生成氟硼酸重氮盐溶液沉淀,加热即分解为芳香氟化物。此反应称为 Schiemann(席曼)反应。

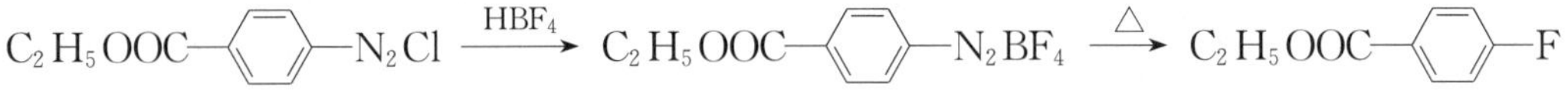

导引:

在进行芳基重氮盐的取代反应时,要注意平衡离子的选择,因为有些平衡离子具有亲核性,导致副反应的发生。

4. 保留氮原子反应

重氮盐在 $SnCl_2$、Zn、Na_2SO_3 等还原剂作用下,可以发生保留氮原子的还原反应,转变为苯肼衍生物。

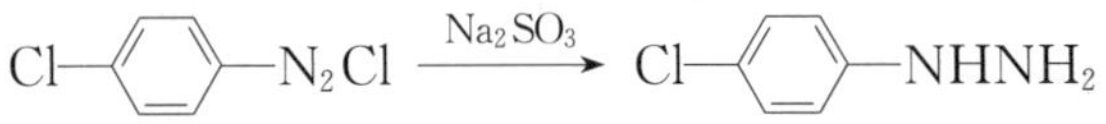

5. 偶联反应

在弱碱性或弱酸性条件下,重氮盐可与酚、芳胺发生亲电取代,生成分子中含有偶氮基的偶氮化合物,该反应称为偶联反应(coupling reaction)。例如:

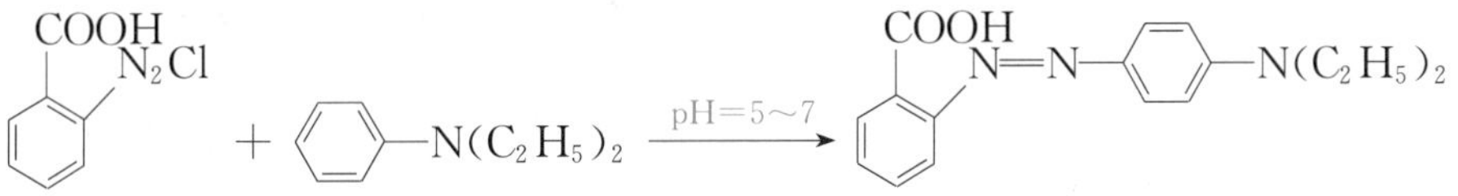

(与叔胺在弱酸性条件下反应)

偶联反应的实质是芳香环上的亲电取代反应。由于重氮盐是较弱的亲电试剂,它只能与酚、苯胺等活泼芳香族化合物发生偶联反应。若对位上已有取代基,则偶联反应发生在邻位上。

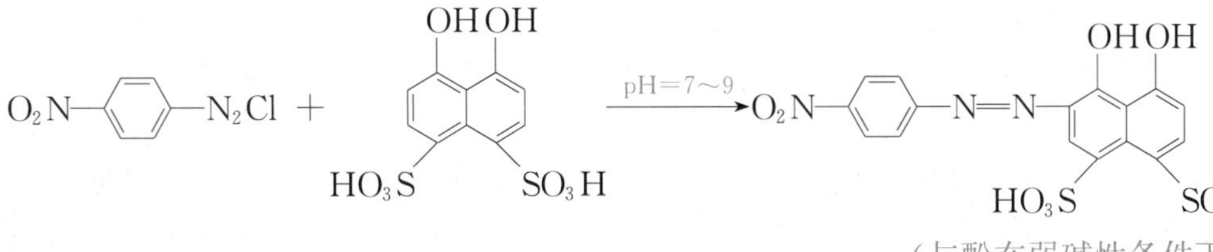

(与酚在弱碱性条件下反应)

对于伯芳胺和仲芳胺而言,重氮盐首先与氨基上的活泼氢反应,生成黄色的重氮氨基化合物。苯重氮氨基苯在苯胺中与苯胺盐酸盐一起加热,经重排最后生成对氨基偶氮苯。

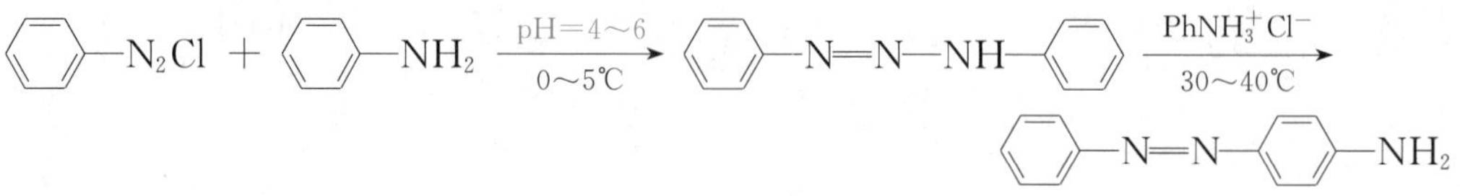

（与伯、仲胺在稀酸条件下反应）

当重氮盐与萘酚或萘胺类化合物反应时，因羟基和氨基使萘环活化，偶联发生在同环。对于 α-萘酚和萘胺，偶联时发生在 4 位；若 4 位被占据，则发生在 2 位。而 β-萘酚和萘胺，偶联发生在 1 位；若 1 位被占据，则不发生偶联反应。例如：

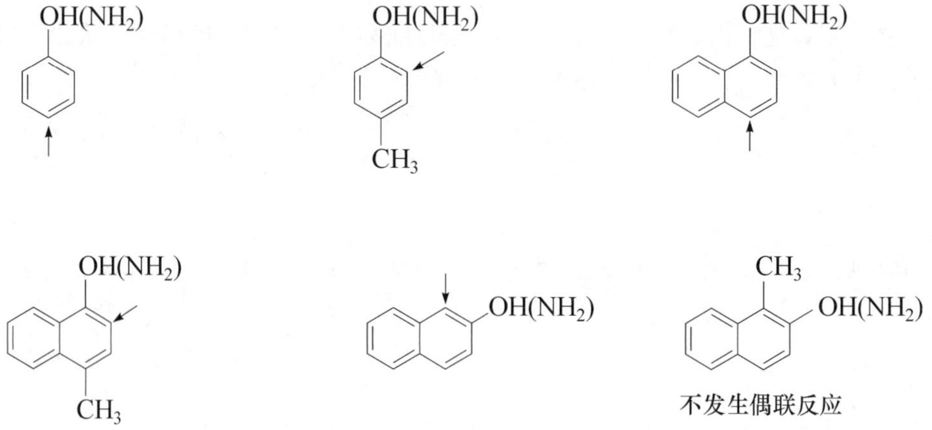

对偶联反应而言，反应介质的酸碱性很重要。重氮盐与酚偶合，通常在弱碱性条件(pH＝7～9)下进行。因为碱将—OH 转变为 O⁻，后者是比—OH 更强的第一类定位基，有利于亲电试剂的进攻，发生亲电取代偶联反应。

重氮盐与三级芳胺偶合，通常在弱酸性条件(pH＝5～7)溶液中进行。因为此时重氮盐的浓度最大。

拓展：

重氮盐作为亲核试剂还可以与双键发生加成反应，如苯基重氮盐与丙烯腈发生反应，得到 2-氯-3-(对溴苯基)丙腈。

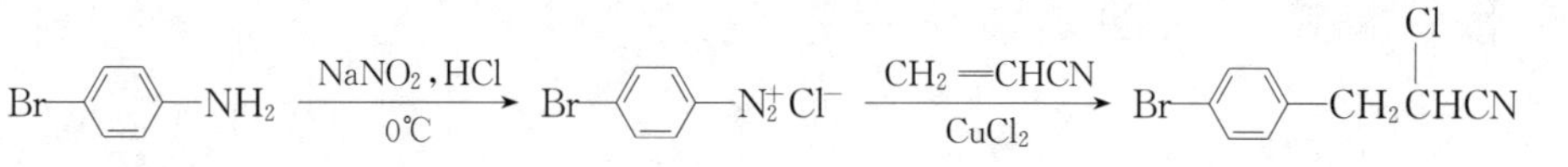

11.9.3　偶氮化合物与偶氮染料

芳香族偶氮化合物大多具有颜色，且性质稳定，因此广泛用于合成染料和指示剂。因分子中含有偶氮基团，故称为偶氮染料(azo dye)。偶氮染料分子中除偶氮基团，还有一些吸电子或给电子基团，它们本身不发色，但可使染料颜色发生不同程度的变化，或使染料增加水溶性而便于染色。这些基团包括羟基、磺酸基和羧基等，称为助色基团(auxochrome group)。有些染料可作为生物切片的染色剂或酸碱指示剂。例如，甲基橙是有机弱碱，为橙黄色固体，是一种常用的酸碱指示剂，当溶液的 pH＜3.1 时为红色，pH＞4.4 时则为黄色。刚果红是红色直接染料，可染棉织物，但日久褪色。刚果红遇酸(pH＜3 时)变蓝色，可作酸碱指示剂。

刚果红

甲基橙(黄色)　　　　　　　　　　　　甲基橙(红色)

偶氮染料颜色齐全,广泛应用于棉、麻等纤维素纤维的染色和印花,也可用于塑料、食品、皮革、橡胶和化妆品等产品的着色。常见的偶氮染料如下:

酸性橙Ⅱ　　　　　　　　　　　　酸性大红 G

*11.10　腈 和 异 腈

11.10.1　腈的化学性质

分子中含有—CN 基团的化合物称为腈(nitrile)。腈分子有较大的极性,沸点较高。低级腈为无色液体,可溶于水,如乙腈可与水混溶。高级腈为固体,一般不溶于水。

在腈分子中,由于 C≡N 叁键的存在,腈的化学反应主要发生在氰基上。

1. 水解

腈在盐酸、硫酸或磷酸等酸性水溶液(或氢氧化钠、氢氧化钾等碱性水溶液)中加热回流可水解为羧酸。腈很容易通过卤代烃与氰化钠(或氰化钾)等反应制备,所以氰基水解是制备羧酸的常用方法之一。

$$NCCH_2CH_2CH_2CN \xrightarrow[H_2O]{HCl} HOCCH_2CH_2CH_2COOH$$

$$\text{—CH}_2CN \xrightarrow[H_2O]{H_2SO_4} \text{—CH}_2COOH$$

$$(CH_3)_2CHCH_2CH_2CN \xrightarrow[\triangle]{NaOH,H_2O} (CH_3)_2CHCH_2CH_2COONa \xrightarrow{H_3O^+}$$

$$(CH_3)_2CHCH_2CH_2COOH$$

腈水解为羧酸的反应中,酰胺是中间体。若控制适当反应条件,可停止在酰胺阶段,所以腈在酸性低温水溶液中可水解为酰胺。

$$\text{(2,4-二溴-5-氟苯甲腈)} \xrightarrow[60℃,6h]{90\% \ H_2SO_4} \text{(2,4-二溴-5-氟苯甲酰胺)}$$

2. 还原

在一般情况下,使用氢化铝锂、催化氢化或金属钠等还原剂可将腈还原,生成伯胺。

$$\text{}\bigcirc\!\!\!\!-CH_2CN \xrightarrow[\text{Raney Ni}]{H_2} \bigcirc\!\!\!\!-CH_2CH_2NH_2$$

$$NCCH_2CH_2CH_2CH_2CN \xrightarrow[C_2H_5OH]{Na} NH_2(CH_2)_6NH_2$$

3. 与金属试剂的反应

腈与格氏试剂发生加成反应,而后进一步水解为酮,是制备羰基化合物的方法之一。

$$\bigcirc\!\!\!\!-Br \xrightarrow[THF]{Mg} \bigcirc\!\!\!\!-MgBr \xrightarrow{CH_3OCH_2CN} \bigcirc\!\!\!\!-\underset{\underset{CCH_2OCH_3}{\|}}{\overset{NMgBr}{}} \xrightarrow[H_2O]{H_2SO_4} \bigcirc\!\!\!\!-\underset{\underset{CCH_2OCH_3}{\|}}{\overset{O}{}}$$

$$\underset{\underset{\underset{CH_3}{|}}{CH_2CHN(CH_3)_2}}{\overset{CN}{\underset{|}{C}}} \xrightarrow[2)\ HCl]{1)\ C_2H_5MgBr,(C_2H_5)_2O} \underset{\underset{\underset{CH_3}{|}}{CH_2CHN(CH_3)_2}}{\overset{\overset{O}{\|}}{\underset{|}{\overset{CHCH_2CH_3}{C}}}}$$

11.10.2 异腈

分子中含有—NC 基团的化合物称为异腈(isonitrile 或 carbylamine),异腈与腈互为异构体。第一个制得的异腈是烯丙基异腈,由化学家 Lieke(里克)在 1859 年通过烯丙基碘和氰化银反应制得。伯胺与二氯卡宾反应或甲酰胺衍生物与三氯氧磷作用失水都可生成异腈,甲酰胺衍生物可由甲酸与胺缩合制得。

$$RNH_2 + :CCl_2 + 2NaOH \longrightarrow RNC + 2NaCl + 2H_2O$$

$$RNHC(O)H + POCl_3 \longrightarrow RNC + PO_2Cl + 2HCl$$

异腈和腈中的碳原子都是 sp 杂化的,然而异腈不如腈稳定,异腈长时间加热可以转变为腈。

$$CH_3CH_2NC \xrightarrow{\triangle} CH_3CH_2CN$$

异腈在碱性条件下相当稳定,但在酸性条件下容易水解:

$$RNC + H_2O \xrightarrow{H^+} RNH_2 + HCOOH$$

异腈经催化氢化或其他方法还原,可生成仲胺:

$$RNC + H_2 \xrightarrow{Ni} RNHCH_3$$

最重要的异腈衍生物是异氰酸酯和异硫氰酸酯,它们结构如下:

$$RN=C=O \qquad RN=C=S \qquad \bigcirc\!\!\!\!-NCO \qquad \bigcirc\!\!\!\!-NCS$$

异氰酸酯　　　　异硫氰酸酯　　　　　异氰酸苯酯　　　　　异硫氰酸苯酯

两者均可以与含有活泼氢的物质如醇、胺等在碳氧双键上发生加成反应,分别生成氨基甲酸酯、硫代氨基甲酸酯或取代脲等化合物。许多这类化合物可作为杀虫剂、除草剂和植物生长

调节剂。例如：

$$CH_3O\text{—}\langle\bigcirc\rangle\text{—NCO} + NH_2\text{—}CH_2CH_2CH_2CH_3 \xrightarrow[\text{r.t.}]{CHCl_3} CH_3O\text{—}\langle\bigcirc\rangle\text{—NH—}\overset{\displaystyle O}{\overset{\|}{C}}\text{—NH(CH}_2)_3CH_3$$

另外,甲苯-2,4-二异氰酸酯与二元醇反应,则生成聚氨基甲酸酯,简称聚氨酯,可用它来制造工程塑料或涂料。

习　题

1. 命名下列化合物。

(1) $CH_3CH_2NO_2$　　　(2) $CH_3CH_2\text{—}\langle\bigcirc\rangle\text{—}NO_2$　　　(3)　　　(4)

2. 命名或写出结构式。

(1) $(CH_3)_2CHNH_2$

(2) $CH_3CH_2\text{—}\overset{\displaystyle H}{\underset{\displaystyle NH_2}{C}}\text{—}CH_2CH_3$

(3) $\langle\bigcirc\rangle\text{—NHC}_2H_5$

(4) $(C_2H_5)_2\overset{+}{N}H_2OH^-$

(5) $O_2N\text{—}\langle\bigcirc\rangle\text{—}N(CH_3)_2$

(6) $\left[PhCH_2\text{—}\overset{\displaystyle CH_3}{\underset{\displaystyle CH_3}{\overset{+}{N}}}\text{—}CH_2CH_3\right]Cl^-$

(7)

(8) $\langle\bigcirc\rangle\text{—NH}_2$

(9) $CH_3\text{—}\overset{\displaystyle OCH_3}{CH}\text{—}CH_2\overset{\displaystyle}{\underset{\displaystyle NH_2}{CH}}CH_2OH$

(10) $H_2NCH_2\text{—}\overset{\displaystyle}{\underset{\displaystyle CH_3}{CH}}\text{—}CH_2NH_2$

(11) 三丁基胺

(12) 碘化二甲基二乙基铵

(13) N-异丙基苯甲胺

(14) 对氨基苯甲酸乙酯

(15) 对甲苯胺硫酸盐

(16) 双(2-氯乙基)胺

3. 命名或写出结构式。

(1) $H_3C\text{—}\langle\bigcirc\rangle\text{—}\overset{+}{N}_2Br^-$

(2) $\langle\bigcirc\rangle\text{—N}=N\text{—}\langle\bigcirc\rangle$

(3) $\langle\bigcirc\rangle\text{—N}=N\text{—}\langle\bigcirc\rangle\text{—NHCH}_3$

(4)

(5) 对硝基氯化重氮苯　　　　　　　　　　(6) 对氯偶氮苯

(7) 对硝基对氨基偶氮苯

4. 用化学方法区别下列化合物。

　(1) 硝基苯、苯胺、N-甲基苯胺和苯酚

　(2) 乙胺、二乙胺和三乙胺

5. 完成下列反应式。

　(1) $CH_3-\!\!\langle\ \rangle\!\!-CHO + CH_3CH_2NO_2 \xrightarrow{NaOH}$　　　(2) $ClCH_2CH=CHCH_2NO_2 \xrightarrow[HCl]{Fe}$

　(3) $CN-CH_2-\!\!\langle\ \rangle\!\!-NO_2 \xrightarrow[HCl]{Fe}$　　　(4) $NO_2-\!\!\langle\ \rangle\!\!-CH_2CN \xrightarrow[H_2O]{Na_2S}$

　(5) $Cl-\!\!\langle\ \rangle\!\!-NO_2 \xrightarrow[HCl]{Zn}$　　　(6) $Cl-\!\!\langle\ \rangle\!\!-NO_2 \xrightarrow[NaOH]{Zn}$

　(7) 对位取代（Cl 上方，NO_2 下方）$+ CH_3CH_2ONa \longrightarrow$　　　(8) (三硝基甲苯结构，O_2N、NO_2、CH_2CH_3、NO_2) $+$ (对甲基苯甲醛，CHO、CH_3) $\xrightarrow{NaOH}$

6. 在一组相对分子质量相近的伯、仲和叔胺中，为何通常伯胺的沸点最高？

7. 用化学方法分离或提纯下列混合物。

　(1) 苯胺、环己酮和苯酚

　(2) 苄胺、N-甲基环己胺、苯甲醇和对甲苯酚

　(3) 二乙胺中含有少量丙胺

　(4) N,N-二甲基苯胺中含有少量 N-甲基苯胺

8. 用化学方法区别下列化合物。

　(1) 丁酰胺、正丁胺、二乙胺和二甲基乙基胺

　(2) 邻甲基苯胺、N-甲基苯胺和 N,N-二甲基苯胺

　(3) $\begin{matrix}H_3CH_2C\\\\H_3CH_2C\end{matrix}N-CH_2CH_2OH$ 和 $(CH_3CH_2)_4N^+OH^-$

9. 为什么叔丁胺和新戊胺都不能由相应的溴代烷与氨反应来制备？试以适当的羧酸为原料合成这两种胺。

10. 将下列各组化合物按指定性质的活泼程度从小到大排列成序。

　(1) 将下列化合物按碱性强弱从高到低排列成序。

　　A. 对甲苯胺　B. 对硝基苯胺　C. 对甲氧基苯胺　D. 对溴苯胺

　(2) 下列化合物中按亲核取代反应难易排列成序。

　　A. 氯苯　B. 对甲氧基氯苯　C. 对硝基氯苯　D. 2,4-二硝基氯苯

　(3) 将下列化合物按酸性强弱排序。

　　A. 邻硝基苯酚　B. 对硝基苯酚　C. 苯酚　D. 间硝基苯酚

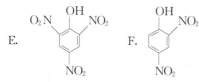

（4）将下列化合物按碱性强弱排序。

A. NH_3　B. CH_3NH_2　C. $C_6H_5NH_2$　D. CH_3CONH_2　E. NH_2CONH_2　F. $(CH_3)_4NOH$

（5）将下列化合物按碱性强弱排序。

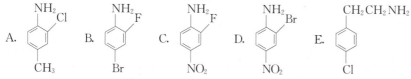

（6）将下列化合物按沸点高低排序。

A. 丙醇　　B. 丙胺　　C. 甲乙醚　　D. 甲乙胺

（7）将下列化合物按碱性强弱排序。

11. 请分离提纯以下三种化合物。

$$H_3C-\text{(苯环)}-C(=O)NH_2 \qquad H_3C-\text{(苯环)}-OH \qquad H_3C-\text{(苯环)}-NH_2$$

12. 请写出下列化合物与亚硝酸反应的产物。

（1）$CH_3CH_2CH_2NH_2$　　（2）$(CH_3CH_2)_3N$　　（3）$(CH_3CH_2)_2NH$　　（4）$H_3C-\text{(苯环)}-NH_2$

（5）(苯环)$-NHCH_2$　　（6）(环)NH　　（7）(苯环)$-N\begin{smallmatrix}CH_3\\CH_3\end{smallmatrix}$

13. 请写出对甲苯磺酰氯与下列胺反应的产物，并指明哪些产物能溶于 NaOH。

（1）(环戊基)$-NH_2$　　（2）(异丙基)NH_2　　（3）$(CH_3CH_2)_2NH$

（4）$(CH_3CH_2)_3N$　　（5）$H_3C-\text{(苯环)}-NH_2$　　（6）(苯环)$-NHCH_3$

（7）(苯环)$-N\begin{smallmatrix}CH_3\\CH_3\end{smallmatrix}$　　（8）(环己基)$-CH_2CHCH_3$，NH_2

14. 完成下列反应。

（1）$(CH_3)_3N+\ CH_3CHCH_3 \longrightarrow$，Br

（2）(苯环)$-NHCH_3\ +CH_3CH_2COCl \longrightarrow$

（3）(苯环)$-N(CH_3)_2\ +HNO_2 \longrightarrow$

（4）(苯环)$-NHCH_2CH_3\ +HNO_2 \longrightarrow$

（5）$(CH_3)_3N^+CH_2CH_3Cl^-\ +NaOH \longrightarrow$

（6）$(CH_3)_4N^+Br^-\ +AgOH \longrightarrow$

（7）$(CH_3)_2NH \xrightarrow{H_2O_2}$

（8）$(CH_3)_3N \xrightarrow{H_2O_2}$

（9）(苯环，NH_2)$\xrightarrow{Br_2}$

（10）(苯环，$NHCOCH_3$)$\xrightarrow[CH_3COOH]{HNO_3,H_2SO_4}$

15. 请写出下列各化合物经彻底甲基化,再与湿的 Ag_2O(即 AgOH)反应,经加热所生成的主要产物及有关反应式。

(1) $H_2C=CHCH_2CH_2NH_2$　　(2) ⌬—$CH_2CH_2NHCH_2CH_3$　　(3) ⟨N⟩—$CH_2CH_2CH_3$

(4) ⟨N⟩—CH_3　　(5) 十氢喹啉结构

16. 完成下列转变。

(1) ⟨NH⟩—CH_3 $\xrightarrow[\text{2)湿 } Ag_2O]{\text{1)过量 } CH_3I}$? $\xrightarrow{\triangle}$? $\xrightarrow[\text{2)湿 } Ag_2O]{\text{1)过量 } CH_3I}$? $\xrightarrow{\triangle}$?

(2) ⬡—NH_2 $\xrightarrow[\text{2)湿 } Ag_2O]{\text{1)过量 } CH_3I}$? $\xrightarrow{\triangle}$?

17. 试说明如何将下列化合物转变为正丙胺。

(1) 溴丁烷　(2) 1-丙醇　(3) 乙醇　(4) 正丁酰胺

18. 由指定原料合成下列化合物。(其他试剂任选)

(1) 由甲苯合成 3,5-二溴甲苯　　　　(2) 由甲苯合成间硝基甲苯

(3) 由苯合成 3,5-二溴苯胺　　　　　(4) 由邻硝基甲苯合成邻羟基苯甲酸

(5) 由甲苯合成对羟基苯甲酸　　　　(6) 由间溴苯胺合成 1-氯-3-溴苯

(7) 由邻硝基苯胺合成 2-硝基苯腈　　(8) 由对氯苯胺合成对氯苯肼

19. 完成下列转换。

(1) ⬡(Cl/NH₂) ⟶ ⬡(Cl/NO₂)

(2) ⬡(CH₃/NO₂) ⟶ ⬡(NH₂/NO₂/CH₃)

(3) ⬡(CH₃) ⟶ ⬡(COOH/NH₂)

(4) ⬡(CH₃) ⟶ ⬡(CN/CN)

(5) Cl—⬡—CH_2CH_3 ⟶ Cl—⬡—NH_2

(6) ⬠ ⟶ ⬠—$CH_2CH(CH_3)NHCH_3$

20. 完成下列反应。

(1) Cl—⬡—$\overset{+}{N}_2Cl^-$ + ⬡(—NH_2/CH_3) $\xrightarrow[\text{0~5℃}]{\text{pH=4~6}}$? $\xrightarrow{\text{30~40℃}}$?

(2) ⬡⬡(OH/N(CH₃)₂) $\xrightarrow[\text{pH=7~9}]{O_2N-⬡-\overset{+}{N}_2Cl^-}$? $\xrightarrow[\text{pH=5~7}]{CH_3-⬡-\overset{+}{N}_2Cl^-}$?

21. 完成下列反应。

(1) ⬡(—CH_2CN/CN) $\xrightarrow[\text{H}_2\text{O}]{\text{H}_2\text{SO}_4}$

(2) ⬡—CH_2CN $\xrightarrow{\text{LiAlH}_4}$

(3) $CH_3CN \xrightarrow[\text{Raney Ni}]{\text{H}_2}$

(4) $CH_3CH_2CN \xrightarrow{⬡-CH_2MgBr}$? $\xrightarrow{\text{H}_2\text{SO}_4}$

(5) $\langle\!\bigcirc\!\rangle\!-\!CH_2NC \xrightarrow{\triangle}$　　　　　　(6) $CH_3CH_2NC \xrightarrow[H_2O]{H_2SO_4}$

(7) $CH_3CH_2NC \xrightarrow[\text{Raney Ni}]{H_2}$

22. 指出下列反应的历程。

(1) $\underset{\text{HO}}{\overset{\text{CH}_2\text{NH}_2}{\langle\text{环戊烷}\rangle}} \xrightarrow[\text{HCl}]{\text{NaNO}_2} \langle\text{环己酮}\rangle$

(2) $\underset{\text{环己酮}}{\overset{O}{\langle\rangle}}{-}CH_2CH_2CN \xrightarrow{H_2,\ Pd} \langle\text{十氢喹啉}\rangle$

23. 一碱性物质 A($C_5H_{11}N$),臭氧化还原给出一个甲醛,催化氢化得到化合物 B($C_5H_{13}N$),B 也能由己酰胺与溴在 NaOH 水溶液中处理而获得。A 与过量的 CH_3I 反应,转化为盐 C($C_8H_{18}IN$),C 同 AgOH 进行热解,经异构化后得到一个二烯 D(C_5H_8),D 与丁炔二酸二甲酯反应给出 E($C_{11}H_{14}O_4$),通过 Pd 脱氢得到 3-甲基邻苯二甲酸二甲酯。确定 A～E 的结构,并写出 C～D 的转变历程。

24. 一化合物分子式为 $C_6H_{15}N$(甲),能溶于稀盐酸,与亚硝酸在室温作用放出氮气得到乙,乙能进行碘仿反应,乙和浓硫酸共热得到丙(C_6H_{12}),丙能使 $KMnO_4$ 褪色,而且反应后的产物是乙酸和 2-甲基丙酸。推测甲的结构式,并用反应式说明推断过程。

25. 化合物 A(C_4H_7N)的红外光谱在 2273 cm^{-1} 有吸收峰,核磁共振氢谱数据为 δ 1.33(6H,双重峰)、2.82(1H,七重峰)。写出 A 的构造式。

第 12 章　含硫、含磷及含硅有机化合物

　　硫、磷和硅分别与氧、氮和碳同族,只是它们位于元素周期表的第三周期。硫和氧之间、磷和氮之间、硅和碳之间有相似之处。例如,能够形成结构相似的化合物,如 SiH_4 与 CH_4、PH_3 与 NH_3、H_2S 与 H_2O、R_2SiCl_2 与 R_2CCl_2、RPH_2 与 RNH_2、ROH 与 RSH 等。但是第三周期元素形成的化合物,与对应的第二周期元素形成的化合物在某些方面又存在明显的区别。这种相似与区别都是由原子结构决定的。它们原子核外的电子分布如下:

$C:1s^2\,2s^2\,2p^2$	$N:1s^2\,2s^2\,2p^3$	$O:1s^2\,2s^2\,2p^4$
$Si:1s^2\,2s^2\,2p^6\,3s^2\,3p^2$	$P:1s^2\,2s^2\,2p^6\,3s^2\,3p^3$	$S:1s^2\,2s^2\,2p^6\,3s^2\,3p^4$

　　含硫、含磷和含硅有机化合物都含有 C—Y 键(Y=S,P,Si 等杂原子),也称为杂原子有机化合物(heteroatom organic compound),或元素有机化合物(element organic compound),它们在有机合成和生命科学中具有重要用途。

12.1　含硫有机化合物

　　有机硫化合物中都含有 C—S 键。自然界存在许多有机硫化物,如石油产品中的甲硫醚、2-戊硫醇、苯并噻吩等,动植物体内的半胱氨酸、牛磺酸、辅酶中的硫辛酸。一些天然或人工合成的有机硫化物是重要的医药,如头孢菌素和磺胺类药物。

　　与氧原子相比,硫(sulfur)的价电子位于第三层,受原子核的吸引较小,硫的电负性比氧小。硫还具有 3d 空轨道,3s 或 3p 电子可以进入 3d 轨道,因此硫可以形成四价或六价化合物。在含有 C=S 键的化合物中,硫原子外层的 3p 轨道与碳原子外层的 2p 轨道形状差别大,相互重叠较差,因此硫与碳形成的 π 键不稳定,硫醛和硫酮很少存在。但是对于硫代羧酸及其衍生物,例如:

$$
\begin{array}{cc}
\overset{\displaystyle S}{\underset{\displaystyle R\quad\quad OR'}{\|}} & \overset{\displaystyle S}{\underset{\displaystyle R\quad\quad NR_2'}{\|}}
\end{array}
$$

因为 C=S 中的 π 键能够与氧或氮上的未共用电子对形成共轭体系,使体系能量降低而得以稳定存在。

　　含硫有机化合物可以分为两大类。一类为有机二价硫化物,如硫醇 RSH、硫酚 ArSH 和硫醚 RSR′,它们可以看作醇、酚、醚的含硫类似物;硫代羧酸 RCSOR′ 及其衍生物,可以看作羧酸及衍生物的含硫类似物;二硫化物 RSSR′,可以看作过氧化物的含硫类似物。

　　另一类为有机四价和六价硫化物,它们没有含氧类似物,可以看作亚硫酸或硫酸的衍生物。例如:

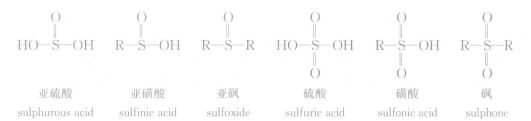

亚硫酸	亚磺酸	亚砜	硫酸	磺酸	砜
sulphurous acid	sulfinic acid	sulfoxide	sulfuric acid	sulfonic acid	sulphone

12.1.1　硫醇、硫酚、硫醚

1. 命名

硫醇(mercaptan)、硫酚(thiophenol)和硫醚(thioether)的中文命名与相应的含氧化合物相似,只是在母体名称前加一个"硫"字。—SH 称为巯(音 qiú)基。例如:

$(CH_3)_2CHCH_2CH_2SH$　　　　$HSCH_2CH_2CH_2SH$　　　　⟨⟩—SH　　　　⟨⟩—SCH=CH₂

3-甲基-1-丁硫醇　　　　　　1,3-丙二硫醇　　　　　苯硫酚　　　　乙烯基苯基硫醚

2. 制备

实验室中常用卤代烃与硫脲反应制备硫醇:

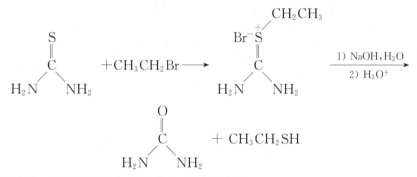

也可以由卤代烃与硫氢化钾经亲核取代反应制得硫醇:

$$RX + KSH \longrightarrow RSH + KX$$

硫酚可以在酸性条件下,用锌还原磺酰氯来制取:

⟨⟩—SO₂Cl $\xrightarrow{Zn-H_2SO_4,0℃}$ ⟨⟩—SH

硫醚可以由卤代烃的亲核取代反应制备。简单硫醚可由硫化钠或硫化钾与卤代烃制取;混合硫醚可由硫醇盐与卤代烃制取,与 Williamson 醚的合成法类似。例如:

$$2CH_3I + K_2S \longrightarrow CH_3SCH_3 + 2KI$$

⟨⟩—SH + $ClCH_2COOC_2H_5$ $\xrightarrow{NaOH}$ ⟨⟩—SCH₂COOC₂H₅

3. 物理性质

由于硫原子比氧原子的电负性弱,硫醇和硫酚难以形成分子间氢键,因而它们的沸点比相应的醇和酚低,在水中的溶解度也小。例如:

CH_3CH_2OH　　　　CH_3CH_2SH　　　　⟨⟩—OH　　　　⟨⟩—SH

沸点/℃　　　　78　　　　　　　37　　　　　　181　　　　　168

低相对分子质量的硫醇和硫酚具有难闻的气味,乙硫醇具有强烈的蒜臭味,在空气中的浓度达到 $0.00019\ ng \cdot L^{-1}$ 时,人即可闻到。常将痕量的乙硫醇加到有毒气体(如天然气)中,以便及时发现漏气。黄鼠狼释放的臭气中含有 3-甲基-1-丁硫醇和 2-丁烯-1-硫醇。

低级硫醚是无色液体,有臭味,不溶于水,沸点比相应的醚高。例如,乙醚的沸点为 36℃,而乙硫醚的沸点为 92℃。

思考:

为什么乙硫醚的沸点比乙醚高?

4. 化学性质

1) 硫醇和硫酚的酸性

硫的原子半径比氧大,易于极化,使得 S—H 键比 O—H 键容易解离,因而硫醇和硫酚的酸性比相应的醇和酚的酸性强。例如,大多数醇的 pK_a 为 16~18,而硫醇的 pK_a 约为 10;苯酚的 pK_a 为 10,而苯硫酚的 pK_a 为 7.8。

硫醇和硫酚能够被氢氧化钠或氢氧化钾定量地转化为相应的钠盐或钾盐。

$$RSH + {}^-OH \longrightarrow RS^- + H_2O$$

在石油炼制中常用氢氧化钠洗涤法除去所含的硫醇。

硫醇和硫酚也能够与重金属如汞、铅、铜或砷等形成不溶于水的盐。临床上利用硫醇的这一性质,将某些硫醇作为重金属中毒的解毒剂,常用的是二巯基丙醇,它可以与汞或砷等络合,阻止重金属等与机体中的酶结合,或者夺取已经与酶结合的重金属离子,形成稳定的螯合物从尿液中排出。

2) 氧化反应

硫醇在温和的氧化剂(如 H_2O_2、I_2、O_2 和 NaOI)作用下,可以被氧化为二硫化物;二硫化物在温和的还原剂(如 $NaHSO_3$、Zn 与酸等)作用下,容易被还原为硫醇。

$$2RSH \underset{[H]}{\overset{[O]}{\rightleftharpoons}} RSSR$$

在强氧化剂(如 HNO_3、$KMnO_4$ 等)作用下,硫醇和硫酚可以被氧化为磺酸;二硫化物在强氧化剂作用下也会被氧化为磺酸。例如,将溴滴加到冷却的 α-巯基软脂酸钠、碳酸钠的水溶液中,即可生成 α-磺酸基软脂酸钠。

$$\underset{\overset{|}{SH}}{CH_3(CH_2)_{13}CHCOONa} + NaOBr \xrightarrow{H_2O} \underset{\overset{|}{SO_3Na}}{CH_3(CH_2)_{13}CHCOONa} \xrightarrow{H^+} \underset{\overset{|}{SO_3H}}{CH_3(CH_2)_{13}CHCOOH}$$

硫醚也易于被氧化,室温下 H_2O_2 或 $NaIO_4$ 能够将硫醚氧化为亚砜,亚砜可以继续氧化生成砜。

$$CH_3SCH_3 \xrightarrow{H_2O_2} \underset{}{\overset{\overset{\displaystyle O}{\|}}{CH_3SCH_3}} \xrightarrow{HNO_3} \underset{\overset{\|}{O}}{\overset{\overset{\displaystyle O}{\|}}{CH_3SCH_3}}$$

二甲硫醚   二甲亚砜   二甲砜

二甲亚砜为无色、具有较强极性的液体,沸点 188℃,与水混溶,是石油和高分子工业中优良的非质子极性溶剂,也可用作脱硫剂。此外,环丁砜是吸收 CO_2、H_2S 和 RSH 的气体净化

剂,也可作有机反应溶剂。苯丙砜是治疗麻风病的药物。

3) 作亲核试剂

硫原子比氧原子的可极化能力强,因此硫醇和硫酚比相应的醇和酚的亲核性强,硫负离子也比相应的氧负离子的亲核性强,即亲核性:$RS^- > RO^-$、$ArS^- > ArO^-$。

硫醇和硫酚在碱性溶液中,与卤代烃发生 S_N2 反应,生成硫醚。

$$CH_3CH_2SNa + (CH_3)_2CHCH_2Br \longrightarrow (CH_3)_2CHCH_2SCH_2CH_3 + NaBr$$
$$95\%$$

$$\langle\!\!\langle\rangle\!\!\rangle\text{—SNa} + CH_3I \longrightarrow \langle\!\!\langle\rangle\!\!\rangle\text{—SCH}_3 + NaI$$
$$96\%$$

硫醚与卤代烃发生亲核取代反应,生成锍盐:

$$CH_3SCH_3 + CH_3I \xrightarrow{\text{THF}} (CH_3)_3S^+I^-$$

锍盐自身可以作为烷基化试剂,与其他亲核试剂反应,肾上腺素的生物合成就是通过锍盐参与的甲基转移反应来实现的。

$$CH_3CH_2CH_2NH_2 + (CH_3)_3S^+I^- \longrightarrow CH_3CH_2CH_2NHCH_3 + CH_3SCH_3 + HI$$

硫醇可以与 C=O 发生亲核加成。例如,硫醇与醛或酮进行亲核加成反应,生成相应的缩硫醛或缩硫酮。缩硫酮可以通过催化氢化脱硫,利用这一反应,可以将羰基转化为亚甲基(详见 9.4.3)。例如:

$$HSCH_2CH_2SH + \underset{R\ \ \ \ R'}{\overset{O}{\parallel}\text{C}} \xrightarrow{H^+} \underset{R\ \ \ \ R'}{\overset{S\ \ \ \ S}{\diagup\!\!\!\diagdown}} \xrightarrow{H_2,\ Ni} RCH_2R' + CH_3CH_3 + NiS$$

在碱性条件下,硫醇也可以与直接连有吸电子基团的 C=C 发生亲核加成反应。例如:

$$(CH_3)_3CSH + CH_2=CH-CN \xrightarrow{CH_3ONa,\ CH_3OH} (CH_3)_3CSCH_2CH_2CN$$
$$95\%$$

硫醇还能与羧酸、酰卤或酸酐发生亲核加成-消除反应,生成硫代酸酯。例如,在生物体的糖、脂肪和蛋白质代谢中起重要作用的乙酰辅酶 A,就是通过辅酶 A 与乙酸的亲核加成-消除反应合成的。

$$CoA\text{—SH} + \underset{H_3C\ \ \ \ OH}{\overset{O}{\parallel}\text{C}} \longrightarrow \underset{H_3C\ \ \ \ S\text{—CoA}}{\overset{O}{\parallel}\text{C}} + H_2O$$

12.1.2　磺酸

磺酸结构通式为 RSO_3H,是高价的有机硫化合物。

1. 命名

命名时通常将磺酸作为母体。例如:

对甲苯磺酸　　　　5-甲基-1,3-苯二磺酸　　　　2-甲基丁磺酸

2. 制备

磺酸的制备有直接磺化和间接磺化两种方法。

直接磺化法是由芳烃的磺化反应制备芳磺酸,详见 4.4.1。

间接磺化法是由卤代烃与亚硫酸盐(如 Na_2SO_3、K_2SO_3、$NaHSO_3$ 等)先发生亲核取代反应生成磺酸盐,再酸化得到磺酸。间接磺化法可以制备脂肪族磺酸。例如:

$$\langle\!\bigcirc\!\rangle\!-\!CH_2Cl \xrightarrow{Na_2SO_3} \langle\!\bigcirc\!\rangle\!-\!CH_2SO_3Na \xrightarrow{H_3O^+} \langle\!\bigcirc\!\rangle\!-\!CH_2SO_3H$$

3. 物理性质

常见的脂肪族磺酸为黏稠液体,芳磺酸则都是固体。磺酸与硫酸一样是强酸,也具有极强的吸湿性,不溶于一般的有机溶剂,易溶于水。磺酸的钠、钾、钡、钙、铅盐均溶于水,因此,在有机分子中引入磺酸基可以显著地增加其水溶性,这在染料和制药工业中具有重要价值。

4. 化学性质

以芳磺酸为例,反应主要发生在磺酸基和芳环上。芳环上的反应与芳烃相似,为亲电取代反应,但是磺酸基为钝化基团,因此活性较低。磺酸基上的反应包括质子氢的酸碱反应、羟基的取代反应和整个磺酸基的取代反应。

1)酸性

芳磺酸的酸性与硫酸相近,能够与氢氧化钠等碱生成稳定的盐。在有机合成中常作为酸性催化剂。

$$\langle\!\bigcirc\!\rangle\!-\!SO_3H + NaOH \longrightarrow \langle\!\bigcirc\!\rangle\!-\!SO_3Na + H_2O$$

2)羟基的取代反应

与羧酸类似,磺酸中的羟基也能被卤原子、氨基或烷氧基取代,得到磺酸衍生物。例如,磺酸或其钠盐与五氯化磷、三氯氧磷或氯磺酸作用,磺酸中的羟基被氯原子取代,生成磺酰氯。芳烃与过量氯磺酸反应也可以直接制备芳磺酰氯。

$$H_3C\!-\!\langle\!\bigcirc\!\rangle\!-\!SO_3H + PCl_5 \longrightarrow H_3C\!-\!\langle\!\bigcirc\!\rangle\!-\!SO_3Cl + POCl_3 + HCl$$

$$\langle\!\bigcirc\!\rangle + 2ClSO_3H \longrightarrow \langle\!\bigcirc\!\rangle\!-\!SO_2Cl + H_2SO_4 + HCl$$

磺酰胺则可以通过磺酰氯与氨或胺反应制得。

$$\langle\!\bigcirc\!\rangle\!-\!SO_2Cl + RNH_2 \longrightarrow \langle\!\bigcirc\!\rangle\!-\!SO_2NHR$$

3)磺酸基的取代反应

在适当的条件下,芳磺酸中的磺酸基可以被氢原子、羟基等基团取代,生成相应的芳香族化合物。

在酸性条件下,芳磺酸与水共热,氢原子可以取代磺酸基,这也是芳烃磺化反应的逆反应。在有机合成中,可以利用磺酸基暂时占据芳环上的某一位置,待其他反应完成后,再水解除去磺酸基。例如,利用以下步骤可以制备较纯的邻氯甲苯,避免分离邻、对位异构体的困难。

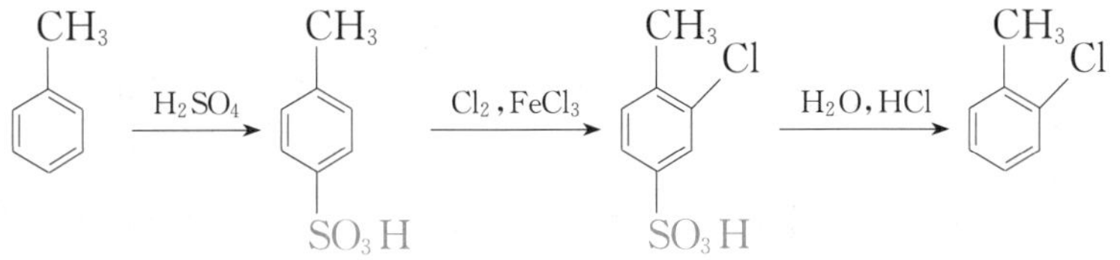

芳磺酸的钠盐与固体氢氧化钠熔融，磺酸基被羟基取代生成酚的钠盐，酸化后得到酚。这是经典的制备酚和烷基取代的酚类化合物的方法(参见 8.9.3)。

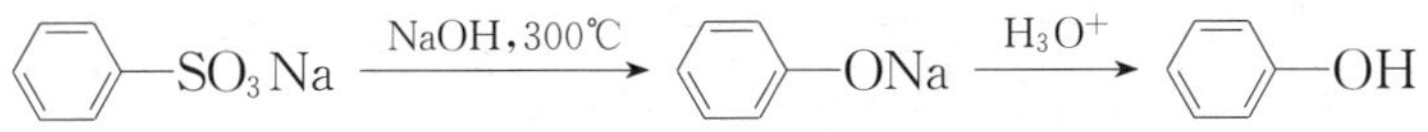

12.1.3　牛磺酸和磺胺类药物

牛磺酸(taurine)的系统名称为 2-氨基乙磺酸,结构式为 $NH_2CH_2CH_2SO_3H$。它以游离或结合形式普遍存在于动物体内。研究表明,牛磺酸在大脑发育过程中具有神经营养和保护作用,还能够在胆汁中与来自胆固醇的胆酸形成复合物,随胆汁排入小肠,从而使胆固醇水平降低。此外,牛磺酸还具有抑制肝细胞凋亡、保护缺血心肌、改善或防止糖尿病对动脉的影响等重要的生理和药理功能。

磺胺类药物是对氨基苯磺酰胺类化合物,具有抗菌消炎作用。在青霉素问世之前,磺胺类药物是使用最广泛的抗菌素。例如,新诺明(SMZ)为人工合成的抗菌药,属于一级抗菌药,用于临床已近 60 年。它具有性质稳定、既可注射又可口服、使用方便等优点。因此,虽然有大量新抗生素问世,但磺胺类药仍是重要的抗生素药物。

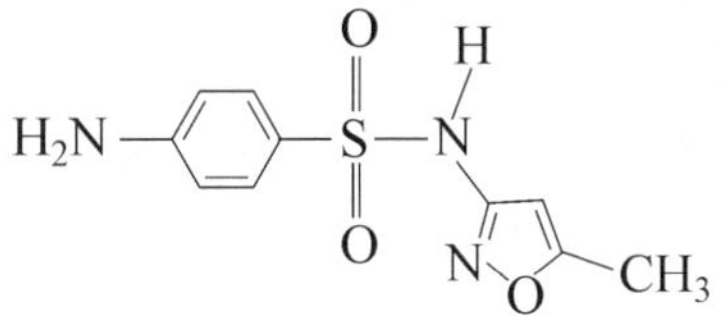

磺胺甲基异噁唑(sulfamethoxazole,SMZ)

12.2　含磷有机化合物

磷(phosphorus)和氮同为 V A 族元素,磷的外层电子排布为 $3s^2 3p^3$,磷化合物中磷的配位数可以是 1~6,但最常见的含 P—C 键的有机磷化合物为 3~5 配位。

12.2.1　命名与结构

磷能够形成与氮结构相似的化合物。例如,PH_3(三氢化磷)中的氢原子分别被 1~4 个烷基取代后,形成不同取代的烃基膦(音 lìn)和季膦盐。例如:

$$RPH_2 \qquad R_2PH \qquad R_3P \qquad R_4P^+X^-$$

伯膦　　　仲膦　　　叔膦　　　季膦盐

相应化合物的命名为:

$$(CH_3)_2PH \qquad (CH_3)_2C_2H_5P$$

二甲基膦　　　　二甲基乙基膦

与胺相似,这些化合物为四面体构型。磷原子(sp^3 杂化)位于四面体的中心,与磷原子成键的三个原子或基团位于四面体的三个顶点,磷原子的孤对电子占据四面体的另一个顶点。

另一大类含 P—C 键的有机磷化合物为膦酸(phosphonic acid)衍生物,如烃基膦酸,它们也是四面体构型。膦酸及亚膦酸类化合物结构和名称见表 12-1。

表 12-1　膦酸及亚膦酸类化合物结构和名称简表

名称	分子式	结构式	名称	分子式	结构式
磷酸 phosphoric acid	H_3PO_4	(O, OH, HO, OH)	亚磷酸 phosphorous acid	H_3PO_3	(OH, HO, OH)
膦酸 phosphonic acid	H_3PO_3	(O, OH, H, OH)	亚膦酸 phosphonous	H_3PO_2	(OH, H, OH)
次膦酸 phosphonic acid	H_3PO_2	(O, OH, H, H)	次亚膦酸 phosphonous acid	H_3PO	(H, H, OH)

相应化合物命名为:

$$CH_3O\text{—}P(=O)(OH)(OH) \quad\quad C_2H_5\text{—}P(=O)(OH)(OH) \quad\quad C_2H_5\text{—}P(=O)(OCH_3)(OCH_3)$$

磷酸甲酯　　　　　　乙基膦酸　　　　　　乙基膦酸二甲酯

亚磷酸及其酯与膦酸及其酯之间存在互变异构。例如:

$$P(OR)(HO)(OR) \rightleftharpoons P(=O)(OR)(H)(OR)$$

亚磷酸双酯　　　　　膦酸双酯

与此类似,亚膦酸与次膦酸之间也存在互变异构。例如:

$$P(OH)(HO)(H) \rightleftharpoons P(H)(OH)(=O)(H)$$

亚膦酸　　　　　　次膦酸

生物体内含有多种有机磷化合物,并且在生命过程中起着非常重要的作用,如核酸、ATP、磷脂、葡萄糖膦酸酯等。只是它们不含有 P—C 键,而是含有 P—O 键,是磷酸的衍生物,以磷酸单酯、磷酸双酯、二磷酸单酯或三磷酸单酯的形式存在。

磷酸单酯　　　　磷酸双酯　　　二磷酸单酯(焦磷酸单酯)　　　　三磷酸单酯

五配位的含磷有机化合物则有三角双锥($sp^3 d_{z^2}$ 杂化)和四方锥($sp^3 d_{x^2-y^2}$ 杂化)两种构型。例如：

三角双锥　　　　　　　　　　　　　四方锥

六配位的含磷化合物($sp^3 d^2$ 杂化)一般为八面体(四方双锥)构型。

12.2.2　含磷化合物的化学性质

1. 烃基膦的化学性质

膦的分子结构与胺类似,但是膦分子中的键角比胺的小。例如,三甲胺中的 C—N—C 键角为 108°,而三甲膦分子中的 C—P—C 键角为 99°。随着膦分子中键角的减小,磷原子上的孤对电子裸露程度增大,且磷原子外层电子可极化能力强,因而烃基膦的亲核性比相应的胺强,是很好的亲核试剂。

三烃基膦易与卤代烃发生 S_N2 反应,生成季鏻盐。α-碳上有氢原子的季鏻盐在强碱作用下脱去质子,生成磷 ylide。磷 ylide 也称 Wittig 试剂,可与醛或酮区域专一性地反应生成烯烃(反式产物为主,参见 9.4.6)。

$$Ph_3P + RR'CHX \longrightarrow Ph_3\overset{+}{P}—CHRR' \quad \overset{n\text{-BuLi}}{\longrightarrow} \quad Ph_3\overset{+}{P}—\overset{-}{C}RR' \longleftrightarrow Ph_3P=CRR'$$
$$\underset{X^-}{}$$

$$Ph_3\overset{+}{P}—\overset{-}{C}H_2 + \bigcirc=O \quad \overset{\text{DMSO}}{\underset{86\%}{\longrightarrow}} \quad \bigcirc=CH_2$$

2. Arbuzov 反应

亚磷酸酯与卤代烃也易发生亲核取代反应,即 Arbuzov(阿尔布佐夫)反应。利用该反应,可以从亚磷酸三酯制备烃基膦酸双酯。例如：

$$(CH_3O)_3P + CH_3I \longrightarrow (CH_3O)_2\overset{\overset{O}{\|}}{P}CH_3 + CH_3I$$

反应的过程如下：

$$(CH_3O)_3\overset{\cdot\cdot}{P} + CH_3-I \longrightarrow (CH_3O)_3\overset{+}{P}CH_3 \quad I^-$$

$$I^- + CH_3-O-\underset{\underset{CH_3}{|}}{P}(OCH_3)_2 \longrightarrow CH_3I + CH_3\overset{\overset{O}{\|}}{P}(OCH_3)_3$$

在反应中，CH_3I 相当于催化剂，只需要亚磷酸三甲酯量的十分之一（物质的量），也可以用硫酸二甲酯代替碘甲烷。

12.2.3 有机磷农药

许多含磷有机化合物具有毒性。例如，沙林（甲氟膦酸异丙酯）和梭曼（甲氟膦酸特己酯）均是神经毒剂，在第二次世界大战中沙林曾被作为化学武器使用。它们的毒性在于强烈地抑制胆碱酯酶，使人体内的神经中枢兴奋剂乙酰胆碱不能被水解，从而导致神经系统长时间处于兴奋状态，表现为瞳孔缩小、呼吸困难、四肢痉挛，直至神志不清，呼吸停止。

$$(CH_3)_2CHO\overset{\overset{O}{\|}}{\underset{\underset{CH_3}{|}}{P}}-F \qquad (CH_3)_3C-CHO\overset{\overset{O}{\|}}{\underset{\underset{CH_3}{|}}{P}}-F$$
$$\qquad\qquad\quad CH_3$$

沙林（sarin）　　　　　　　梭曼（somen）

有机磷农药则是一些毒性较小的化合物，多数为磷酸酯类和硫代磷酸酯类，少数为膦酸酯和磷酰胺类化合物。许多有机磷农药可被植物吸收，只要害虫吃进含有农药的植物就会被杀死，但是这也导致了植物体内残余的农药对人、畜的危害。近年来，高毒性的有机磷农药正逐步被毒性更低的农药代替。常见的有机磷农药如下：

敌百虫

乐果

对硫磷

草甘膦

12.2.4 不对称催化中的膦配体

在过渡金属催化的不对称反应中，膦配体的设计与合成一直备受关注。1975 年，Knowles（诺尔斯）等发展了 DIPAMP 双膦配体，并成功用于左旋多巴的工业化生产。BINAP 则是膦配体中的优秀代表，BINAP-Ru 体系和 BINAP-Rh 体系已分别应用于不对称氢化和不对称异构化反应的工业化。JosiPhos-Ir 体系已经被用于手性农药异丙甲草胺等的关键中间体的合

成,年产达到万吨。

DIPAMP　　　　　　　BINAP　　　　　　　JosiPhos

这些工业化成绩彰显出膦配体在学术研究和工业应用中的重要性。还有一些双膦配体（如 DuPhos、BICP 等）与过渡金属形成的配合物也是 C＝C、C＝O 或 C＝N 键的不对称氢化的优良催化剂。单膦配体如 MOP 及其类似物在 Pd 催化的不对称硅氢化以及碳酸烯丙酯的不对称还原中也有很好的表现。

DuPhos　　　　　BICP　　　　　MOP　　　　　PHOX

氮膦配体修饰的金属配合物催化剂在不对称烯丙基取代、氨化、Michael 加成、硼氢化、Heck 反应等的研究中得到广泛使用,Pfaltz 配体(PHOX)是这类配体的典型代表。

2001 年,诺贝尔化学奖授予美国科学家 K. B. Sharpless、W. S. Knowles 和日本科学家野依良治,以表彰他们在手性催化反应领域所作出的杰出贡献。他们所研究出的一系列膦配体一直被广为称颂。尽管已经有成百上千的优秀手性配体被合成出来,但没有任何一种配体或催化剂是通用的,所以合成化学家还在不断设计和合成性能更优异的新配体和催化剂。

12.3　含硅有机化合物

硅(silicon)是周期表中第ⅣA 族的元素,也是地球表面除氧之外含量最高的元素。与碳相似,硅在大多数情况下采取 sp^3 杂化,分子构型为四面体。当硅原子所连的四个原子或基团不同时,硅原子成为手性中心,分子具有手性。自然界中,至今还没有发现有机硅化物的存在,只在一些动物羽毛和禾本科植物中发现硅酸酯类化合物,但这类物质中并不含有 Si—C 键,而是含有 Si—O—C 键。

与碳原子相比,硅的原子半径较大,Si—Si 键的键能比 C—C 键的键能小,因此 Si—Si 键容易断裂,硅原子不能形成以硅为骨架的长链化合物,目前已知的最高级有机硅烷是含有 6 个硅原子的己硅烷。

Si—O 键、Si—F 键和 Si—Cl 键的键能比相应的 C—O 键、C—F 键和 C—Cl 键明显偏大(表 12-2),但是当硅原子与电负性大的原子相连时,由于硅的电负性比碳的小,共用电子对更加偏向于电负性较大的原子,因此硅共价键中含有离子键的成分。例如,Si—F 键的共价键能虽然很大,但实际上硅氟化物很活泼,因为在 Si—F 键中含有较多成分的离子键,而其离子键能并不很大。又如,Si—H 键的共价键能比 Si—Cl 键小,但在与 H_2O、ROH 等反应时,Si—Cl 键比 Si—H 键活泼。因为这类反应都属于离子型反应,而 Si—H 键的离子化键能比 Si—Cl 键更大。

表 12 - 2　几种硅键和碳键的键能比较

键型	键能/(kJ·mol^{-1})	键型	键能/(kJ·mol^{-1})
Si—Si	188	C—C	344
Si—O	423	C—O	344
Si—H	304	C—H	413
Si—F	561	C—F	427
Si—Cl	368	C—Cl	328
Si—Br	296	C—Br	279
Si—I	222	C—I	218

常见的有机硅化合物有烃基硅烷、卤硅烷、硅醇、烃氧基硅烷和硅醚。烃基硅烷含有 Si—C 键,可以看作硅烷(SiH$_4$)中的氢原子被烃基取代后的化合物;卤硅烷含有 Si—X 键;硅醇和烃氧基硅烷含有 Si—O 键;硅醚含有 Si—O—Si 键。

12.3.1　烃基硅烷的制备

硅碳键的形成方法有两大类。一种是将元素硅与有机卤化物反应,硅从中夺取有机基团,形成硅碳键,称为直接法。直接法是工业上最常用的方法,因其工艺简单,不用溶剂,成本低,便于大规模生产。它的不足之处是不能制备在硅原子上含有不同基团的化合物,也不能制备含大基团的硅烷和某些含碳官能团的硅烷。

另一种是将含硅化合物中的非硅碳键转变为硅碳键,反应类型包括取代反应、加成反应和缩合反应,可以称为非直接法。它可以合成结构多样的硅烷,弥补直接合成法的不足。

1. 直接合成法

有机卤化物在高温和催化剂存在下,与硅或硅铜合金反应,能直接生成各种有机卤硅烷的混合物,其组成取决于原料及反应条件。理想的反应式为

$$2RX + Si \longrightarrow R_2SiX_2$$

但实际上同时存在许多副反应,主要有

$$3RX + Si \longrightarrow R_3SiX + X_2$$

$$3RX + Si \longrightarrow RSiX_3 + R—R$$

硅铜体系与氯甲烷、溴甲烷、氯乙烷、溴乙烷、氯苯、溴苯等都可以反应,得到相应的产物,但是真正具有工业生产价值的只有甲基氯硅烷和苯基氯硅烷。该反应属于气-固异相体系,工业上通常用流化床反应器。

2. 金属有机合成法

该类方法的通式如下:

$$RM + \underset{\diagup}{\overset{\diagup}{\underset{}{Si}}}{\overset{X}{}} \longrightarrow \underset{\diagup}{\overset{\diagup}{\underset{}{Si}}}{\overset{R}{}} + MX$$

它通过金属有机化合物与含硅官能团发生取代反应,将有机基团引入到硅原子上。常用的金属有机化合物为格氏试剂以及烷基锂等有机金属化合物。例如:

$$C_2H_5MgI + SiCl_4 \xrightarrow{Et_2O} (C_2H_5)_4Si + (C_2H_5)_3SiCl + (C_2H_5)_2SiCl_2 + C_2H_5SiCl_3$$

$$p\text{-MePhLi} + PhSiCl_3 \xrightarrow{THF} (p\text{-MePh})_3SiPh + LiCl$$

被取代的官能团除卤素外,还可以是烷氧基和氢。烷氧基硅烷作为格氏试剂合成法原料时,可以不用溶剂,对水解也不敏感,但通常产率较低,并受空间位阻影响较大。

$$R_2Si(OEt)_2 + R^1MgX \longrightarrow R_2R^1Si(OEt)$$

$$Ph_3SiH + CH_2=CHCH_2MgBr \xrightarrow{THF} Ph_3SiCH_2CH=CH_2$$

$$Si(OEt)_4 + n\text{-}C_4H_9Li \longrightarrow (n\text{-}C_4H_9)_4Si + LiOEt$$

$$SiH_4 + C_2H_5Li \longrightarrow (C_2H_5)_4Si + LiH$$

12.3.2 卤硅烷的制备和化学性质

在有机硅化合物中,含硅卤键的化合物非常重要,这类化合物统称为有机卤硅烷,其通式为 R_nSiX_{4-n}。工业上以甲基氯硅烷和苯基氯硅烷最为重要。卤硅烷是合成硅橡胶、硅树脂和硅油的原料,还可以作为合成一系列有机硅化合物的原料和中间体。

1. 制备

硅卤键的形成方法有:直接法,硅氢化合物的卤代法,含 Si—C、Si—N 和 Si—O 键硅烷的裂解卤代法以及卤硅烷的卤素交换法。

直接法可以见 12.3.1 烃基硅烷的直接合成法。卤硅烷的其他合成方法举例如下:

$$Et_3SiH + Br_2 \longrightarrow Et_3SiBr + HBr$$

$$Me_2SiPh_2 + Br_2 \longrightarrow Me_2SiBr_2 + 2PhBr$$

$$(C_2H_5)_3SiNH_2 + 2HX \longrightarrow (C_2H_5)SiX + NH_4X$$

$$Et_2Si(OEt)_2 + 2CH_3COCl \longrightarrow Et_2SiCl_2 + 2CH_3COOEt$$

$$Et_3SiBr + AgCl \longrightarrow Et_3SiCl + AgBr$$

2. 化学性质

硅卤键比碳卤键活泼得多。四氯化碳在水中是稳定的,而四氯化硅与水剧烈反应。除氟硅烷外,一般烷基卤硅烷在潮湿空气中都会潮解发烟。固体卤硅烷遇水不易水解,但若溶解后则迅速水解。例如,三萘基氯硅烷在 5%丙酮-水溶液中 5 天不反应,但在含 5%水的二氧六环中,由于溶解度增大而发生水解。

卤硅烷的水解和醇解是制备硅醇和硅氧烷的主要手段。例如:

$$(CH_3)_3SiCl + H_2O \longrightarrow (CH_3)_3SiOH \xrightarrow{HCl} (CH_3)_3SiOSi(CH_3)_3$$

氯硅烷在水解过程中产生 HCl,HCl 溶于水并放热,因此反应体系成为有一定温度的强酸性溶液,易促使水解的第一步产物硅醇发生进一步缩合,生成六甲基二硅氧烷。如果控制溶液为中性,可以获得硅醇。例如:

$$(CH_3)_3SiCl + NaHCO_3 \longrightarrow (CH_3)_3SiOH + NaCl + CO_2$$

卤硅烷醇解可以获得硅氧烷,但是必须有效地除去反应中产生的 HCl。例如,加入吡啶、喹啉或苯胺。

$$CH_2=CHCH_2SiCl_3 + 3EtOH \xrightarrow{喹啉} CH_2=CHCH_2Si(OEt)_3$$

卤硅烷与金属有机化合物的反应可以参见 12.3.1 烃基硅烷的金属有机合成法。

卤硅烷中的 Si—X 键可以被氢化锂铝、氢化锂、氢化钠以及活泼的硼氢化铝等金属氢化物还原为 Si—H 键。例如：

$$2Me_2SiCl_2 + LiAlH_4 \longrightarrow 2Me_2SiH_2 + LiCl + AlCl_3$$

$$CH_3CHClSiCl_3 + LiH \longrightarrow CH_3CHClSiH_3$$

12.3.3 有机硅化合物在合成中的应用

有机硅化合物在合成中可以作为羟基保护试剂，主要有机硅保护基团有 Me_3Si—（TMS）、Et_3Si—（TES）、$t\text{-}BuMe_2Si$—（TBDMS）、$i\text{-}Pr_3Si$—（TIPS）、$t\text{-}BuPh_2Si$—（TBDPS）等。三甲基氯硅烷是应用最为普遍的硅试剂。由于三甲基硅基不含活泼氢，因此在氧化反应、还原反应、与金属有机试剂的反应中可以作为羟基、氨基、炔基等的保护基团。例如：

$$BrCH_2CH_2OH + Me_3SiCl \xrightarrow{Et_3N} BrCH_2CH_2OSiMe_3 \xrightarrow{Mg,Et_2O} BrMgCH_2CH_2OSiMe_3 \xrightarrow[2)\ H_3O^+]{1)\ CH_3CHO}$$

$$\underset{\underset{OH}{|}}{CH_3CHCH_2CH_2OH}$$

TMS 保护基对酸、碱都很敏感，使用碳酸钾或乙酸在甲醇溶液中均能将其除去，但用上述酸或碱却难以去除其他硅醚保护基。由于 F—Si（142kcal·mol^{-1}）和 O—Si（112kcal·mol^{-1}）的键能差别较大，因此，大多数硅醚可以用含氟试剂除去，如通用的 HF-CH_3CN 和四丁基氟化铵（TBAF）-四氢呋喃（THF）等。

习　题

1. 命名下列化合物。

(1) CH_3CH_2SH

(2) $CH_3SCH_2CH_3$

(3) $Cl\text{—}\langle\bigcirc\rangle\text{—}SH$

(4) $(CH_3)_2CHCH\!=\!CHCH_2SO_3H$

(5)
$$\underset{HO\quad\ OH}{\overset{\overset{O}{\|}}{S}}$$

(6) CH_3SO_2H

(7)
$$\underset{H_3C\quad\ CH_3}{\overset{\overset{O}{\|}}{S}}$$

(8) CH_3SO_3H

(9)
$$\underset{H_3C\quad\ CH_3}{\overset{\overset{O}{\|}}{\underset{\overset{\|}{O}}{S}}}$$

(10)
$$\langle\bigcirc\rangle\,\,\overset{NH_2}{\underset{SO_3H}{}}$$

(11)
$$\text{(naphthalene)}\,SO_3H$$

2. 命名下列化合物。

(1) $C_2H_5PH_2$

(2) $(C_2H_5)_2PH$

(3)
$$H\text{—}\overset{\overset{O}{\|}}{\underset{\underset{OH}{|}}{P}}\text{—}OH$$

(4)
$$H_3C\text{—}\overset{\overset{O}{\|}}{\underset{\underset{OH}{|}}{P}}\text{—}OH$$

(5)
$$\underset{H\quad H\quad OH}{\overset{\overset{O}{\|}}{P}}$$

(6)
$$\underset{HO\quad OH}{\overset{\overset{O}{\|}}{\underset{\underset{OH}{|}}{P}}}$$

(7)
$$\underset{\underset{OH}{|}}{\overset{\overset{HO\quad OH}{\diagup\ \ \diagdown}}{P}}$$

3. 请指出以下各化合物中哪些属于烃基硅烷,哪些属于卤硅烷,哪些属于硅醇,哪些属于硅氧烷,哪些属于硅醚。

(1) $(C_2H_5)_3SiBr$　　　　(2) $(C_2H_5)_4Si$　　　　(3) $(CH_3)_3SiCl$

(4) $PhCH_2Si(CH_3)_3$　　(5) $(CH_3)_2SiCl_2$　　　(6) $(CH_3)_3Si-O-Si(CH_3)_3$

(7) $(C_2H_5)_3SiOH$　　　(8) $(CH_3)_2Si(OC_2H_5)_2$

4. 将下列化合物按酸性强弱排列。

(1) ⬡—SH　　(2) ⬡—SH　　(3) ⬡—OH　　(4) ⬡—SO_3H

5. 完成下列反应。

(1) $CH_3CH_2SH \xrightarrow{H_2O_2}$

(2) $C_2H_5SC_2H_5 \xrightarrow{H_2O_2} ? \xrightarrow{HNO_3} ?$

(3) $(CH_3)_2CHCH_2Br \xrightarrow{\text{Ph—SNa}}$

(4) $C_2H_5SCH_3 + CH_3Br \longrightarrow$

(5) $CH_3\overset{O}{\underset{\|}{C}}CH_3 \xrightarrow{\text{HS} \diagdown \text{SH}} ? \xrightarrow{H_2/Ni} ?$

(6) $CH_3COCl \xrightarrow{\text{⬡—CH}_2\text{SNa}}$

(7) $CH_3CH_2SO_3H \xrightarrow{PCl_5} ? \xrightarrow{CH_3NH_2} ?$

(8) ⬡—SO_3H $\xrightarrow[H_2O]{NaOH} ? \xrightarrow[\text{融熔}]{NaOH} ? \xrightarrow{H_3O^+} ?$

6. 完成下列反应。

(1) $Ph_3P + (CH_3)_2CHBr \longrightarrow ? \xrightarrow{n\text{-BuLi}} ? \xrightarrow{CH_3CH_2\overset{O}{\underset{\|}{C}}CH_3} ?$

(2) $(CH_3O)_3P + CH_3CH_2Br \longrightarrow$

(3) $(CH_3CH_2O)_3P + $ ⬡—$CH_2Cl \longrightarrow$

7. 完成下列反应式。(写出试剂或主要产物)

(1) $\begin{array}{l} S-CH_2CH(NH_2)COOH \\ | \\ S-CH_2CH(NH_2)COOH \end{array} \xrightarrow[2)H_3O^+]{1)Li,NH_3(l)}$

(2) $\begin{array}{l} CH_2SH \\ | \\ CHSH \\ | \\ CH_2SH \end{array} + HgO \longrightarrow$

(3) ⟍⟍—SH $\xrightarrow{HNO_3}$

(4) ⟍—SH $+ ? \longrightarrow$ ⟍—$SCCH_3$ (with =O)

(5) $\begin{array}{c} SH \\ | \\ SH \end{array} + Ph\overset{O}{\underset{\|}{C}} \longrightarrow ? \xrightarrow{H_2,Ni}$

(6) $EtSH + HC\equiv CSCH_3 \xrightarrow{KOH}$

(7) H_3C-⬡$-SCH_2CH_3 \xrightarrow{CH_3CH_2Br}$

(8) $(CH_3O)_3P + $ △O (epoxide) $\longrightarrow$

(9) $P(OEt)_3 + $ Br—⟍—Br $\xrightarrow{\triangle}$

(10) $(PhO)_3P + BrCH_2COOEt \xrightarrow{200℃}$

(11) ⬡$\overset{+}{S}(CH_3)_2Cl^- (CH_3)$ $\xrightarrow[H_2O]{Ag_2O} \triangle$

(12) $HS-(CH_2)_4-SH \xrightarrow{KI,I_2}$

(13) ✕$MgBr$ $\xrightarrow{S_8} ? \xrightarrow{HCl}$ ✕—SH

(14) ▷—(dithiane ring) $\xrightarrow{H_2,Ni}$

(15) $\xrightarrow[\text{BF}_3]{2\text{CH}_3\text{SH}}$? $\xrightarrow{\text{H}_2,\text{Ni}}$

(16) $\text{PCl}_3 + 3$ $\xrightarrow{\text{PhN(CH}_3)_2}$

(17) (CH_2O)$_3$P $\xrightarrow[150℃]{\text{PhCH}_2\text{Br(少量)}}$

(18) PhCHO $\xrightarrow{\text{H}_3\text{CHC}=\text{PPh}_3}$

8. 完成下列转换。

(1) $\longrightarrow$

(2) $\longrightarrow$

(3) $\longrightarrow$

(4) $\text{PCl}_3 \longrightarrow$

9. 完成下列反应。

(1) $\text{CH}_3\text{CH}_2\text{X} + \text{Si} \longrightarrow$

(2) $\text{C}_4\text{H}_9\text{Li} + \text{Si(OC}_2\text{H}_5)_4 \longrightarrow$

(3) $(\text{C}_2\text{H}_5)_3\text{SiCl} \xrightarrow{\text{H}_2\text{O}}$? $\xrightarrow{\text{HCl}}$?

(4) $(\text{C}_2\text{H}_5)_3\text{SiCl} + 3\text{CH}_3\text{OH} \xrightarrow{\text{喹啉}}$

(5) $(\text{CH}_3)_2\text{SiCl}_2 \xrightarrow{\text{LiAlH}_4}$

(6) $\text{CH}_3\text{CH}_2\text{OH} + (\text{CH}_3)_3\text{SiCl} \longrightarrow$? $\xrightarrow[\text{CH}_3\text{OH}]{\text{CH}_3\text{COOH}}$?

第 13 章 杂环化合物

　　杂环化合物(heterocyclic compound)是一类环状化合物,环中除碳原子外,至少含有一个杂原子(heteroatom,如 N、O、S、P 等)。我们在前面的章节中见到一些环状化合物,如环氧乙烷、四氢呋喃、γ-丁内酯、丁二酸酐、1,4-二氧六环、丁二酰亚胺和 ε-己内酰胺等,广义上也属于杂环化合物。但是这些化合物的性质与一般的脂肪族化合物性质相似,容易通过开环反应得到脂肪族的链状化合物,因此称为非芳香杂环化合物,通常不在本章范围内讨论。本章主要讨论的是具有芳香性的杂环化合物。

13.1 杂环化合物的分类、命名和结构

13.1.1 杂环化合物的分类和命名

1. 杂环化合物的分类

　　杂环化合物根据成环的原子数目,可分为三元、四元、五元、六元环系化合物。

氮丙啶（三元环）　　硫杂环丁烷（四元环）　　噻吩（五元环）　　吡啶（六元环）

　　根据环的连接方式、杂原子的种类和数目,可分为单杂环和稠杂环。

咪唑（单杂环）　　吲哚（稠杂环）　　苯并咪唑（稠杂环）　　嘌呤（稠杂环）

2. 杂环化合物的命名

　　杂环化合物的命名采用其英文名称的音译。中国化学会根据中文的特点,规定了杂环化合物的命名用英文发音相近的汉字,并在该汉字左边加一个"口"字旁作为该杂环化合物的名称标志。例如,含有一个杂原子的五元环:

吡咯 (pyrrole)　　　呋喃 (furan)　　　噻吩 (thiophene)

含有两个杂原子的五元环：

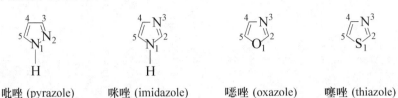

吡唑 (pyrazole)　　咪唑 (imidazole)　　噁唑 (oxazole)　　噻唑 (thiazole)

含有一个杂原子的五元稠环：

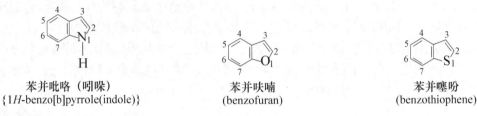

苯并吡咯（吲哚）　　　　苯并呋喃　　　　　　　苯并噻吩
{1H-benzo[b]pyrrole(indole)}　　　(benzofuran)　　　　　(benzothiophene)

含有两个杂原子的五元稠环：

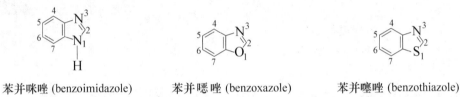

苯并咪唑 (benzoimidazole)　　苯并噁唑 (benzoxazole)　　苯并噻唑 (benzothiazole)

含有一个杂原子的六元单环和稠环：

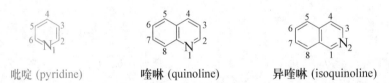

吡啶 (pyridine)　　　　喹啉 (quinoline)　　　异喹啉 (isoquinoline)

当环上连有取代基时，命名时以杂环化合物为母体。单杂环从杂原子开始依次编号，并使取代基的位次最小。另外也可以希腊字母表示取代基在环上的位置，离杂原子最近的第一个位置为 α 位，下一个位置为 β 位，其次为 γ 位，……依此类推。例如：

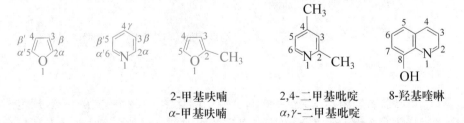

2-甲基呋喃　　2,4-二甲基吡啶　　8-羟基喹啉
α-甲基呋喃　　α,γ-二甲基吡啶

当环上连有两个或更多杂原子时，编号规则按照 O、S、N 的次序，排在前面的编号最小。如果环中含有相同的杂原子，则可以从连有氢原子或取代基的那个杂原子开始编号，并使各杂原子的位次最小。例如：

5-甲基噻唑　　　4-溴咪唑　　　6-甲氧基苯并噁唑　　　嘌呤

当杂环上氢原子的位置不同时,应将氢原子的编号置于母体名称前面。例如:

1,4-二氢吡啶　　　吲哚 (1*H*-吲哚)　　　3*H*-吲哚

13.1.2　杂环化合物的物理性质与波谱特征

1. 物理性质

最常见的含一个杂原子的五元杂环化合物是吡咯、呋喃和噻吩。三种五元杂环都难溶于水,其原因是杂原子的一对 p 电子都参与形成大 π 键,杂原子上的电子云密度降低,与水缔合能力减弱。但是它们的水溶性仍有差别,吡咯氮原子上的氢可与水形成氢键,呋喃环上的氧与水也能形成氢键(但比吡咯的氢键弱),而噻吩环上的硫原子不能与水形成氢键,因此三个杂环的水溶解度顺序为吡咯＞呋喃＞噻吩。

含一个杂原子的六元杂环化合物最常见的是吡啶。吡啶是从煤焦油中分离出来的具有特殊臭味的无色液体,沸点为 115.3℃,相对密度为 0.982,是良好的溶剂和脱酸剂。吡啶的衍生物广泛存在于自然界中,是许多天然药物、染料和生物碱的基本组成部分。

吡啶为极性分子,其分子极性比其饱和的化合物——哌啶大。这是因为在哌啶环中,氮原子只有吸电子的诱导效应(－I),而在吡啶环中,氮原子既有吸电子的诱导效应,又有吸电子的共轭效应(－C)。

吡啶与水能以任何比例互溶,同时能溶解大多数极性及非极性有机化合物,甚至可以溶解某些无机盐,所以吡啶是一种有广泛应用价值的溶剂。吡啶分子具有高水溶性除了因为分子具有较大的极性外,还因为吡啶氮原子上的未共用电子对可以与水形成氢键。吡啶结构中的烃基使它与有机分子有相当的亲和力,所以可以溶解极性或非极性的有机化合物。而氮原子上的未共用电子对能与一些金属离子(如 Ag^+、Ni^{2+}、Cu^{2+} 等)形成配合物,因此它还可以溶解无机盐类。

含两个氮原子的六元杂环化合物总称为二氮嗪。"嗪"表示含有多于一个氮原子的六元杂环。哒嗪、嘧啶和吡嗪是许多重要杂环化合物的母核,其中以嘧啶环系最为重要。二氮嗪类化合物由于氮原子上含有未共用电子对,可以与水形成氢键,因此哒嗪和嘧啶与水互溶,而吡嗪由于分子对称,极性小,故水溶解度低。

吲哚具有苯并吡咯的结构,存在于煤焦油中,为无色片状结晶,熔点 52℃,具有粪臭味,但极稀溶液则有花香气味,可溶于热水、乙醇、乙醚中。吲哚环系在自然界分布很广。例如,组成蛋白质的色氨酸,天然植物激素 β-吲哚乙酸(也是一类消炎镇痛药物的母核结构),蟾蜍素、利血平、毒扁豆碱等都是吲哚衍生物。吲哚的许多衍生物具有生理与药理活性,如 5-羟色胺

(5-HT)、褪黑素(melatonin)等。

含两个杂原子的五元杂环可以视为吡咯、呋喃和噻吩的氮取代物,含两个氮原子的五元杂环化合物可根据两个杂原子的位置分为 1,2-二唑和 1,3-二唑两类。表 13-1 中看出,虽然五种唑类化合物相对分子质量相近,沸点却有较大差别,其中咪唑和吡唑具有较高的沸点。这是因为咪唑可形成分子间的氢键,吡唑可通过氢键形成二聚体而使沸点升高。

吡唑二聚体　　　　　　　　　　咪唑线形多聚体

表 13-1　常见杂环化合物的物理性质

名称	沸点/℃	熔点/℃	水溶性	pK_a
喹啉	238	−15.6	溶(热)	4.90
异喹啉	243	26.5	不溶	5.42
吡啶	115.5	−42	混溶	5.19
嘧啶	124	22.5	混溶	1.30
吡唑	186～188	69～70	1∶1	2.5
咪唑	257	90～91	易溶	7.0
噻唑	117		微溶	2.4
噁唑	69～70		溶解	0.8
异噁唑	95～96		溶解	−2.03

五个唑类化合物的水溶性都比吡咯、呋喃、噻吩大,这是由于结构中增加了一个带有未共用电子对的氮原子,可与水形成氢键。

2. 波谱特征

芳杂环化合物的红外光谱与苯系化合物类似,在 3070～3020cm^{-1} 处有 C—H 伸缩振动,在 1600～1500cm^{-1} 有芳环的伸缩振动(骨架谱带,C=C 伸缩振动),在 900～700cm^{-1} 处还有芳氢的面外弯曲振动。呋喃的红外光谱见图 13-1,吡啶的红外光谱见图 13-2。

吡咯、呋喃和噻吩由于形成芳香大 π 键,因此与苯环类似,在 ^{1}H NMR 中,环外的质子处于去屏蔽区,故环上氢共振移向低场,其化学位移(δ)一般在 7ppm。其 ^{1}H NMR 化学位移(δ)数据如下:

		吡咯	呋喃	噻吩
α-H	δ/ppm	6.62	7.40	7.19
β-H	δ/ppm	6.15	6.30	7.04
N—H	δ/ppm	7.25		

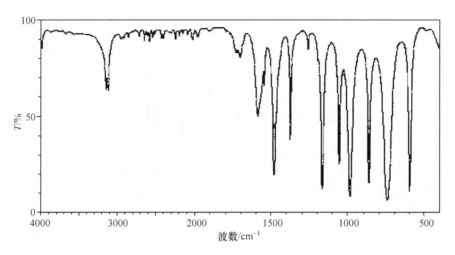

图 13-1　呋喃的红外谱图

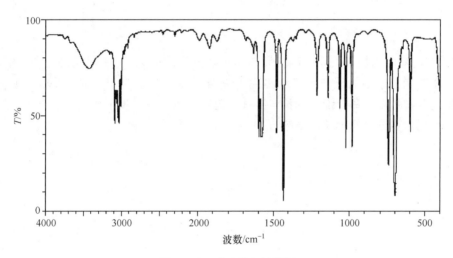

图 13-2　吡啶的红外谱图

吡啶氢化学位移与苯环氢(δ 7.27ppm)相比处于低场,化学位移大于 7.27ppm,其中与杂原子相邻碳上的氢的吸收峰更偏于低场。吡啶的¹H NMR 化学位移(δ,ppm)数据如下:

	δ/ppm
α-H	8.60
β-H	7.25
γ-H	7.64

呋喃的核磁共振氢谱见图 13-3。

吡啶的核磁共振氢谱见图 13-4。

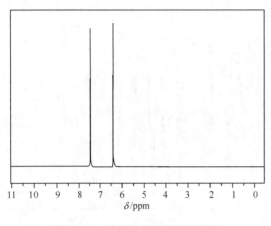
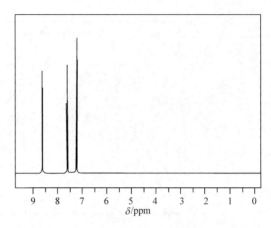

图 13-3　呋喃的核磁共振氢谱图　　　　　　图 13-4　吡啶的核磁共振氢谱图

13.1.3　五元和六元杂环化合物的结构和芳香性

1. 呋喃、噻吩和吡咯的键长

呋喃、噻吩和吡咯属于最重要的五元杂环化合物。研究发现这三种杂环化合物中,碳碳双键比 1,3-丁二烯分子中的碳碳双键长,碳碳单键比 1,3-丁二烯分子中的碳碳单键短。这说明五元杂环化合物的双键和单键的键长与链状共轭双烯相比进一步平均化。图 13-5 是最常见的五元杂环化合物分子的键长。

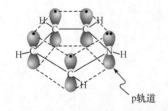

图 13-5　呋喃、噻吩和吡咯分子中的键长(nm)

2. 呋喃、噻吩和吡咯的轨道结构

呋喃、噻吩和吡咯的碳原子与杂原子均以 sp^2 杂化轨道相互连接形成 σ 键,且成环原子在同一个平面上。每个碳原子和杂原子均拥有一个 p 轨道,且相互平行。在每个碳原子的 p 轨道中有一个电子,在杂原子的 p 轨道中有两个电子,形成一个封闭的环状 6π 电子的共轭体系,符合 Hückel 规则。因此这类五元杂环化合物具有与苯类似的性质,即具有芳香性,称为芳香杂环化合物。图 13-6 和图 13-7 分别为吡咯和呋喃(噻吩)的分子轨道结构。

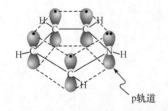
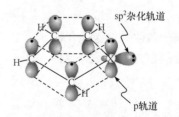

图 13-6　吡咯分子的轨道结构　　　　　图 13-7　呋喃(X=O)、噻吩(X=S)的分子轨道结构

3. 呋喃、噻吩和吡咯的偶极矩

三种五元杂环及其相应的饱和化合物的偶极矩数值和方向如下：

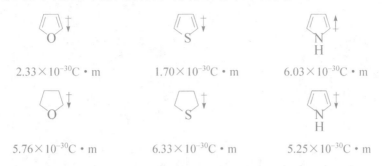

$2.33\times10^{-30}C\cdot m$　　　$1.70\times10^{-30}C\cdot m$　　　$6.03\times10^{-30}C\cdot m$

$5.76\times10^{-30}C\cdot m$　　　$6.33\times10^{-30}C\cdot m$　　　$5.25\times10^{-30}C\cdot m$

在饱和杂环中，由于杂原子的吸电子诱导效应，偶极矩指向杂原子一端。在芳香杂环中，杂原子除了具有吸电子诱导效应外，还具有反方向的给电子共轭效应，致使呋喃和噻吩的偶极矩数值变小。而在吡咯中，氮原子的给电子共轭效应大于吸电子诱导效应，使偶极矩方向逆转。

4. 吡啶的轨道结构

六元杂环的吡啶也是典型的芳香族杂环化合物。吡啶的五个碳原子和一个氮原子之间通过 sp^2 杂化轨道重叠形成一个闭合的六元环。氮原子余下的一个 sp^2 杂化轨道保留着一对未共用电子。五个碳原子和一个氮原子都分别还有一个未参与杂化的 p 轨道，每个 p 轨道上有一个电子，这六个 p 轨道相互平行形成六元环状的共轭体系，符合 Hückel 规则，具有芳香性。N 原子 sp^2 杂化轨道上的未共用电子对不参与大 π 键体系。吡啶的分子轨道结构见图 13-8。

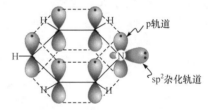

图 13-8　吡啶的分子轨道结构

5. 吡啶的偶极矩、键长

与吡咯相比，吡啶的氮原子上有更高的电子云密度，其偶极矩方向与吡咯相反，数值也明显大于吡咯。吡啶分子中的碳氮单键和双键的键长与正常的碳氮单键(0.147nm)和双键(0.128nm)相比发生了平均化。与苯比较，碳碳键长则与苯的正常碳碳键长(0.140nm)基本相同。此外吡啶分子中质子核磁共振信号也都出现在低场，进一步说明了吡啶具有典型的芳香性。

1.81D　　　2.26D

6. 吡咯和吡啶的酸碱性

根据吡咯和吡啶的轨道结构可以看出，吡咯($pK_b=13.6$)虽然是一个二级胺，但由于氮原子上的一对 p 电子参与了环的共轭，因此表现出较弱的碱性。而吡啶 N 原子 sp^2 杂化轨道

上的未共用电子对不参与芳香体系共轭,N 原子上呈现了较大的电子云密度,因而吡啶碱性比
吡咯强(pK_b= 8.8)。

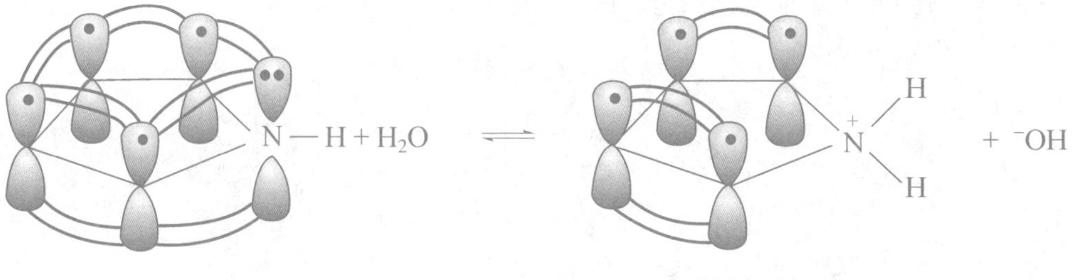

破坏大π键

吡咯 pK_b = 13.6   N-质子吡咯pK_a = 0.4
（较弱的碱）   （较强的酸）

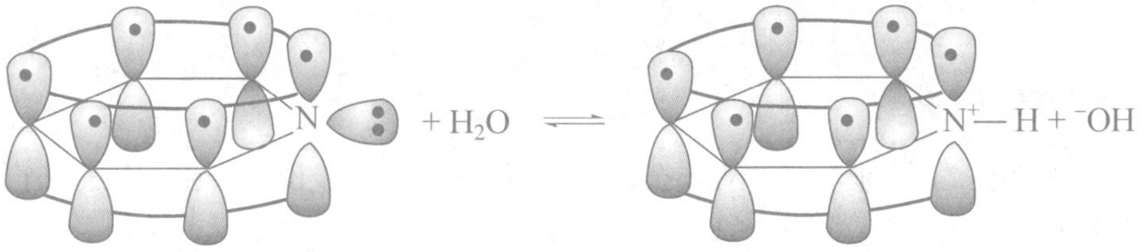

不破坏大π键

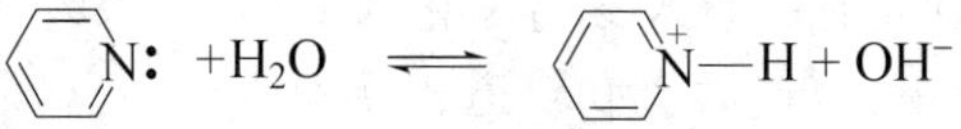

吡啶pK_b=8.8   吡啶盐pK_a=5.5
（较强的碱）   （较弱的酸）

实际上吡咯显弱酸性(pK_a＝17.5),是一种比苯酚酸性更弱的弱酸,能与固体氢氧化钾生
成钾盐,即吡咯钾。吡咯钾不稳定,相对容易水解,但在一定条件下可以作为亲核试剂与许多
化合物反应,生成一系列 N-取代产物。

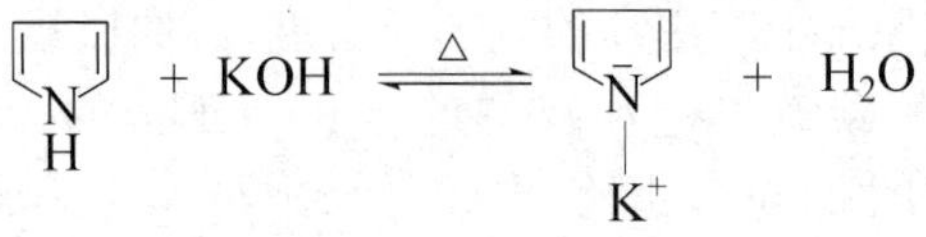

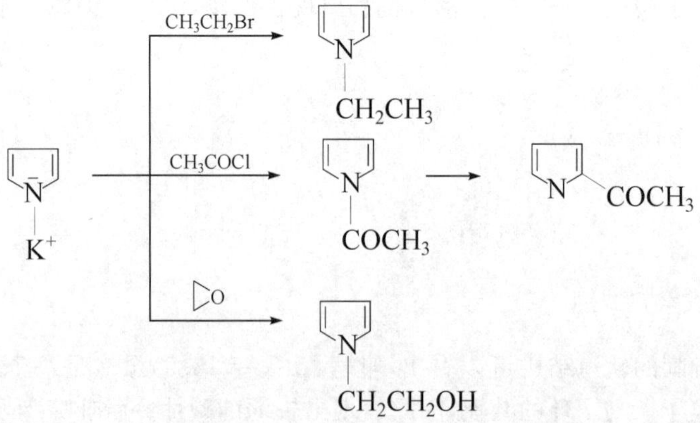

导引：

　　五元杂环化合物中，成环的 4 个碳原子和 1 个杂原子均采取 sp^2 杂化，未参与杂化的 p 轨道形成大 π 键。4 个碳原子各有 1 个电子进入大 π 键轨道，环中的杂原子有 2 个电子进入大 π 键轨道，大 π 键上的总电子数为 6，因此五元杂环化合物具有芳香性。且对于杂环上的碳原子而言，"分摊"到每个碳原子的电子密度大于 1，因此五元杂环上碳原子的电子云密度很高，很容易发生亲电取代反应。

　　六元杂环化合物中，成环的 5 个碳原子和 1 个杂原子均采取 sp^2 杂化，未参与杂化的 p 轨道形成大 π 键。5 个碳原子各有 1 个电子进入大 π 键轨道，环中的杂原子也只有 1 个电子进入大 π 键轨道，大 π 键上的总电子数为 6，因此六元杂环化合物也具有芳香性。但是由于 N、O 等杂原子的电负性大于碳原子，对于杂环上的碳原子而言，"分摊"到每个碳原子的电子密度小于 1，因此六元杂环的碳原子的电子云密度较低，不易发生亲电取代反应。反之，可能发生亲核取代反应。

7. 五元和六元杂环的亲电取代反应特点

　　在呋喃、噻吩和吡咯环中，杂原子上的未共用电子对参与环的共轭，形成了五原子六电子的 π 共轭体系，与苯的六原子六电子的 π 共轭体系比较，五元杂环的电子云密度较大，因此，呋喃、噻吩和吡咯比苯容易发生亲电取代反应。

　　在呋喃、吡咯、噻吩的闭合共轭体系中，p 电子是由杂原子"流向"环上碳原子的，由于杂原子不一样，因此分布在环中每个碳原子上的负电荷也不一样。可以用整体亲核性指数（the global nucleophilicity index）和区域亲核值（local nucleophilicity value）来定量说明五元杂环的亲电取代反应性和区域选择性。五元杂环的整体亲核性指数越大，越容易发生亲电取代反应；五元杂环碳上区域亲核值越大，越容易与亲电试剂反应，即亲电试剂容易进攻区域亲核值较大的碳而发生亲电取代反应。图 13-9 为五元杂环化合物的整体亲核性指数及环中碳上的区域亲核值。从图 13-9 可以看出，发生亲电取代反应的活性顺序是吡咯＞呋喃＞噻吩，五元杂环呋喃、吡咯、噻吩亲电取代反应主要发生在 α 位碳原子上。

整体亲核性指数：　　　3.58　　　　　　　2.97　　　　　　　2.76

图 13-9　五元杂环化合物的整体亲核性指数及环中碳上的区域亲核值

摘自：Ghomri A, et al. Journal of Molecular Structure. THEOCHEM 941. 2010；36-40

　　对于六元杂环化合物吡啶，分子中形成了六原子六电子的 π 共轭体系，但由于氮原子的吸电子诱导作用，环上碳原子的大 π 键电子"流向"氮，氮原子犹如硝基苯中的硝基一样，使吡啶环中各碳原子上的电子云密度降低（图 13-10），与苯的六原子六电子的 π 共轭体系相比，吡啶的电子云密度较小，因此，吡啶亲电取代反应的活性小于苯。如果发生亲电取代反应，则主要发生在 β 位碳原子上。

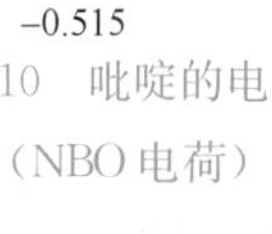

图 13-10　吡啶的电荷分布（NBO 电荷）

13.2 五元杂环化合物

13.2.1 五元杂环化合物的化学反应

五元杂环化合物呋喃、噻吩以及吡咯和苯一样,可以发生环上的亲电取代反应(几个五元杂环化合物电荷分布示意图见图 13 - 11),反应活性一般比苯高,所以要选择比较温和的反应条件。

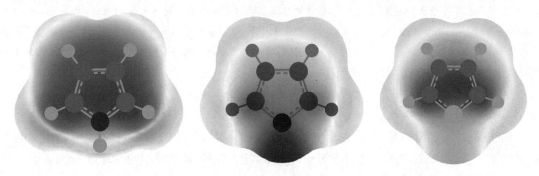

图 13 - 11 吡咯、呋喃、噻吩的电荷分布示意图

通常五元杂环化合物的亲电取代反应发生在杂环的 α 位上,这是由于亲电试剂在进攻 α 位时形成的正离子中间体比进攻 β 位时形成的正离子中间体稳定。从亲电试剂进攻五元杂环形成的中间体正离子的共振结构式可以看出,当亲电试剂 E^+ 进攻 α 位时,反应生成的正离子中间体的共振式要多于进攻 β 位时形成的正离子中间体的共振式,说明在进攻 α 位时形成的共振杂化体稳定性比较大。因此呋喃、噻吩和吡咯的亲电取代反应通常都发生在 α 位上(理论计算的结果也表明,α 位的负电荷密度较大,参见图 13 - 9)。

2(α)位取代:

3(β)位取代:

1. 卤化反应

低温下用氯气直接氯化呋喃不仅得到 2-氯呋喃,还有部分 2,5-二氯呋喃。这表明呋喃发生亲电取代反应的活性很高。呋喃的溴化常在二氧六环溶剂中于室温下进行,一方面可降低反应物的浓度,另一方面容易散热,防止因反应剧烈破坏呋喃环。

$$\text{呋喃} + Cl_2 \xrightarrow{-40℃} \text{2-氯呋喃} + \text{2,5-二氯呋喃}$$

$$\text{呋喃} + Br_2 \xrightarrow[25℃]{\text{二氧六环}} \text{2-溴呋喃}$$

2. 硝化反应

呋喃和噻吩在酸性条件下不稳定,所以不能用混酸和硝酸硝化。由乙酸酐和硝酸在低温下制备的乙酰硝酸酯(CH_3COONO_2)是较温和的硝化试剂,可用于呋喃和噻吩的硝化反应。在低温($-35℃$)可以得到 α 位一元硝化产物。

$$\text{噻吩} + CH_3COONO_2 \xrightarrow[Ac_2O/HAc]{0℃} \underset{66\%}{\text{2-硝基噻吩}} + \underset{10\%}{\text{3-硝基噻吩}}$$

3. 磺化反应

呋喃和吡咯进行磺化时,需用吡啶-三氧化硫作磺化试剂。如果用硫酸,杂环将被破坏。

$$\text{吡咯} + \text{吡啶-}SO_3^- \xrightarrow{100℃} \underset{90\%}{\text{吡咯-2-}SO_3H}$$

噻吩在室温下即可与浓硫酸反应,生成 2-噻吩磺酸,而苯不能在室温下磺化。利用这个反应差异,可将从煤焦油中得到的苯(混有少量噻吩)提纯。

$$\text{噻吩} \xrightarrow{H_2SO_4} \text{噻吩-2-}SO_3H$$

4. Friedel-Crafts 反应

呋喃、噻吩和吡咯均可发生 Friedel-Crafts 酰基化反应,得到 α 位酰化产物。吡咯的 Friedel-Crafts 酰基化反应无需 Lewis 酸催化。

$$\text{吡咯} + (CH_3CO)_2O \xrightarrow[Ac_2O/HAc]{150\sim200℃} \underset{60\%}{\text{吡咯-2-}COCH_3}$$

5. 偶联反应和 Reimer-Tiemann 反应

吡咯还能发生类似于苯酚的偶联反应和 Reimer-Tiemann(瑞穆尔-蒂曼)反应。

$$\text{吡咯} + C_6H_5N_2^+Cl^- \longrightarrow \text{吡咯-2-}N=N-C_6H_5$$

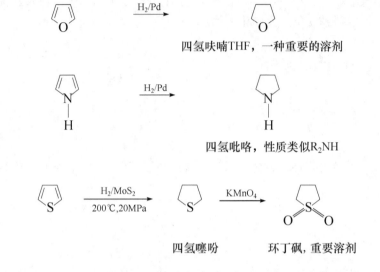

$$\text{（）} + CHCl_3 + KOH \longrightarrow \text{（CHO）} \quad (\text{Reimer-Tiemann反应})$$

6. 加成反应

五元杂环化合物在催化剂存在下都可以被还原成饱和的环状化合物。其中噻吩的催化加氢比较困难,硫原子容易使 Pd 催化剂中毒。采用 MoS_2 在高温高压下反应,可以得到四氢噻吩。

四氢呋喃THF,一种重要的溶剂

四氢吡咯,性质类似R_2NH

四氢噻吩　　　环丁砜,重要溶剂

7. Diels-Alder 反应

呋喃可以作为双烯体与亲双烯体顺丁烯二酸酐发生 Diels-Alder 反应,生成相应的产物。吡咯通常只与苯炔发生 Diels-Alder 反应,噻吩一般不能发生这一反应。例如:

* 13.2.2　苯并五元杂环化合物

吲哚是苯并五元杂环中重要的杂环化合物,为晶形固体,熔点 52℃,沸点 253℃,存在于煤焦油和茉莉油中。最常用的吲哚环合成方法是 Fischer 合成法,利用苯肼和醛或酮在乙酸中加热回流得到苯腙,生成的苯腙不需分离,立即在酸催化下重排、消除氨,得到 2-取代或 3-取代吲哚衍生物。

自然界中吲哚衍生物非常多,大多具有十分重要的生理作用。色氨酸是人体必需的一种氨基酸,在哺乳动物脑组织中,5-羟基色胺与神经系统功能密切相关。

色氨酸

5-羟基色胺

吲哚亲电取代反应主要发生在 3-位:

Meridianins 存在于海洋生物海鞘类中,是一种吲哚的衍生物,对多种蛋白激酶有抑制作用。近来利用吲哚和二硫烯酮在三氟乙酸的二氯甲烷溶液中回流,人工合成了这种具有抗癌活性的海洋天然吲哚衍生物。

Meridianins

13.2.3　常见的五元杂环化合物

1. 呋喃和糠醛

呋喃存在于松木焦油中,为无色液体,沸点 32℃,易溶于有机溶剂。工业上用呋喃甲醛(糠醛)在催化剂存在下的气相反应合成呋喃。

$$\text{呋喃-CHO} + H_2O \xrightarrow[400\sim450℃]{ZnO/Cr_2O_3/MnO_2} \text{呋喃} + CO_2 + H_2$$

糠醛是呋喃衍生物中最重要的一种,早年从米糠与稀酸共热得到。其他含有多聚戊糖的农副产品,如麦秆、玉米芯、花生壳、高粱秆等都可用于制取糠醛。

$$(C_5H_8O_4)_n + H_2O \xrightarrow{H_2SO_4} n\,C_5H_{10}O_5 \xrightarrow[\text{戊糖}]{} \xrightarrow[-3H_2O]{H_2SO_4} \text{糠醛}$$

糠醛为无色液体,沸点 162℃,可溶于水和醇,在空气中通常氧化为黑褐色。糠醛具有一般醛的性质,可以发生银镜反应。糠醛是不含 α-H 的醛,化学性质与苯甲醛和甲醛相似,在浓碱条件下可以发生 Cannizzaro 反应,可制备呋喃甲醇和呋喃甲酸钠。

$$\text{CHO} + NaOH \longrightarrow \text{CH}_2OH + \text{COONa}$$

呋喃甲醇可用于合成糠醇树脂,用作防腐涂料和固化材料。呋喃甲酸可用作防腐剂和高分子材料的增塑剂。

2. 噻吩

噻吩存在于煤焦油和粗苯中,为无色液体,沸点 84℃,易溶于有机溶剂。噻吩不容易发生水解和聚合反应,是五元杂环中最稳定的化合物之一。在工业上噻吩可以由含 4 个碳原子的烃和硫在高温下迅速反应制备。

$$CH_3CH_2CH_2CH_3 + 4S \xrightarrow{600\sim650℃} \text{噻吩} + 3H_2S$$

用 1,4-二羰基化合物与五硫化二磷一起加热,可以合成噻吩衍生物。

$$CH_3COCH_2CH_2COCH_3 \xrightarrow[\triangle]{P_2S_5} H_3C\text{-噻吩-}CH_3$$

取代噻吩在镍催化下加氢,可以脱硫生成相应的烃。

$$\xrightarrow{Ni, H_2} CH_3CHCH_2CH_2R$$

3. 吡咯

吡咯存在于煤焦油、骨焦油和石油中,但含量很少,为无色油状液体,沸点 131℃,难溶于水,易溶于有机溶剂。工业上可用呋喃和氨在催化剂存在下,通过气相反应制备吡咯。

$$\text{呋喃} + NH_3 \xrightarrow{Al_2O_3}_{450℃} \text{吡咯} + H_2O$$

也可以由乙炔和氨高温反应制备吡咯。

$$2HC\equiv CH + NH_3 \xrightarrow{\triangle} \text{吡咯} + H_2$$

在实验室中可以采用 1,4-二羰基化合物与氨或伯胺的 Paal-Knorr(帕尔-克诺尔)反应制备吡咯环。

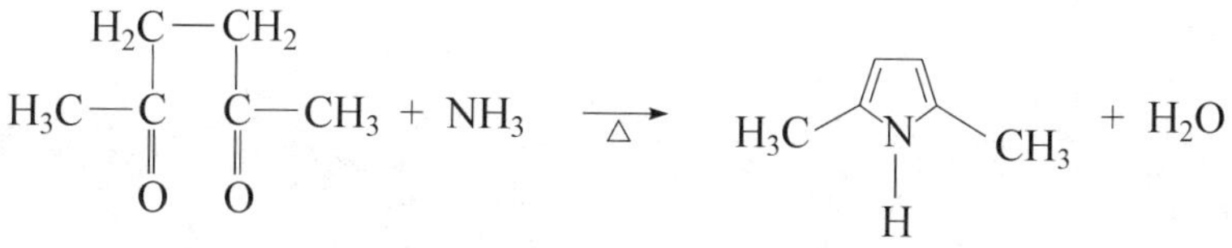

2,5-己二酮   2,5-二甲基吡咯

采用液相(乙醇)-固相(亚油酸钠)和溶液(亚油酸)的相分离方法,在高温下用过硫酸铵 $[(NH_4)_2S_2O_8]$ 引发,可以使吡咯聚合成单分散的聚吡咯纳米晶(约 5 nm),为导电杂环聚合物在纳米尺度的研究开创了有益的探索。

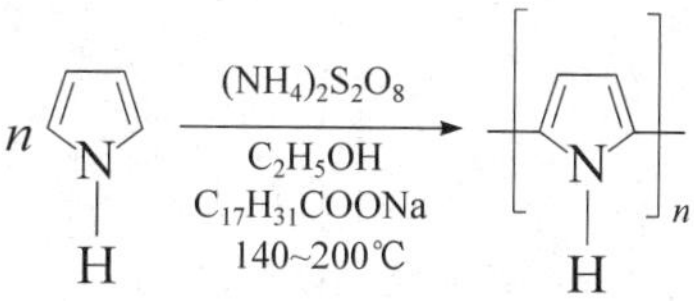

吡咯衍生物在自然界分布广泛,叶绿素和血红素的基本结构都是由 4 个吡咯环的α-碳原子通过 4 个次甲基连接成的大环共轭体系。这个共轭体系环上含有 18 个 p 电子,符合 Hückel 规则。该环称为卟吩(porphine),其衍生物称为卟啉(porphyrin),叶绿素和血红素就是含有金属的卟啉。

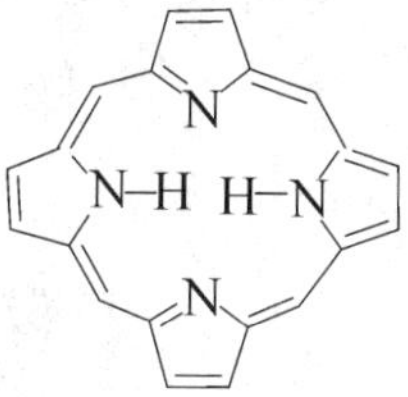

卟吩 (porphine)

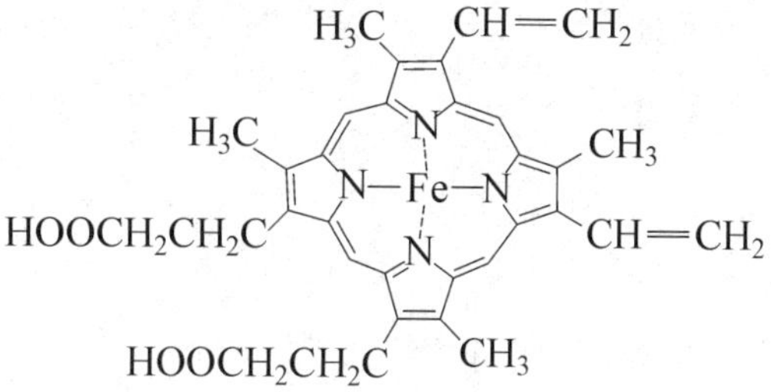

亚铁血红素 (heme)

R = CH₃   叶绿素a
R= CHO   叶绿素b

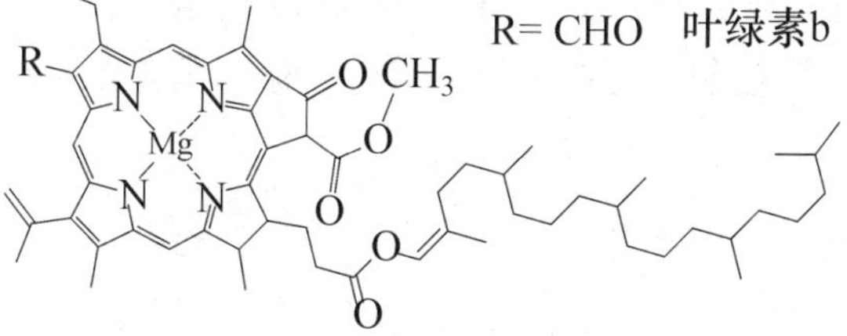

叶绿素

含有金属卟啉的纳米晶也可以通过相分离的方法合成。采用苯甲醛和吡咯在乙醇的亚油酸-亚油酸钠溶液中,以 $CuCl_2$ 作为金属离子催化剂,可以制备单分散的金属卟啉纳米粒子 (0.8nm)。

思考：

请分析以下这些结构是否有芳香性，分别是几电子体系。

13.3 六元杂环化合物

13.3.1 六元杂环化合物的化学反应

1. 亲电取代反应

吡啶是六元杂环化合物中最重要的化合物。由于环上氮原子的钝化作用，芳杂环上电子云密度降低（图13-12）。与苯相比，吡啶不易发生芳环上的亲电取代反应（反应活性与硝基苯相当）。吡啶亲电取代反应条件苛刻，且产率较低，取代基主要进入3(β)位。

由于吡啶环上电子云密度较低,亲电取代反应一般要在较高温度下进行。例如,卤化反应要在气相中进行;吡啶的硝化反应也比较困难,需要在高温下进行。如果环上有给电子基,硝化反应会相对比较容易进行;吡啶的磺化反应也需要在较高温度下进行。由于吡啶环上的电子云密度较低,一般不容易发生 Friedel-Crafts 烷基化和酰基化反应。

与苯相比,吡啶环亲电取代反应变难,且取代基主要进入 3(β) 位,可以通过中间体的相对稳定性来说明这一作用。

2(α) 位取代:

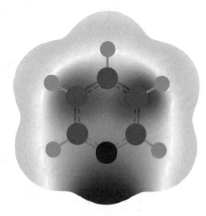

图 13-12　吡啶的电荷分布示意图

特别不稳定

3(β) 位取代:

4(γ) 位取代:

特别不稳定

由于存在吸电子的氮原子,中间体正离子都不如苯取代的相应中间体稳定,因此,吡啶的亲电取代反应比苯难。比较亲电试剂进攻的位置可以看出,当进攻 2(α) 位和 4(γ) 位时,形成的中间体有一个共振极限式是正电荷在电负性较大的氮原子上,这种共振式极不稳定,而3(β)位取代的中间体没有这种极不稳定的共振式,其中间体要比进攻 2 位和 4 位的中间体稳定。所以,3(β)位的取代产物容易生成(理论计算的结果也表明,β 位电子云密度降低得较少,参见图 13-10)。

2. 亲核取代反应

与苯不同,吡啶环上容易发生亲核取代反应。例如,吡啶可与氨基钠作用生成 α-氨基吡啶。

吡啶与氨基钠作用,第一步生成强碱 NaH,因而产物是 α-氨基吡啶的钠盐。该钠盐在水

作用下生成 2-氨基吡啶,可能的反应历程如下:

如果用苯基锂作亲核试剂,在甲苯中于 110℃反应,则直接生成 α-苯基吡啶。

3. 还原反应

吡啶可以催化加氢还原为六氢吡啶(哌啶)。

该还原条件比苯温和。哌啶的沸点为 106℃,能溶于水和有机溶剂,碱性($pK_b=2.7$)与一般的脂肪族有机胺相近,比吡啶的碱性($pK_b=8.8$)强得多。

4. 氧化反应

由于吡啶环上的电子云密度比较低,不易被氧化,因此当 4-苯基吡啶在碱性高锰酸钾中氧化时,产物是 4-吡啶甲酸,而不是苯甲酸。这进一步说明了苯环上的电子云密度比吡啶环上的高。

吡啶可与过氧化氢作用生成吡啶-N-氧化物。该 N-氧化物改变了吡啶环上电子云的分布,活化了吡啶环,使其容易发生亲电取代反应,亲电试剂一般进攻吡啶环的4-位。

吡啶-N-氧化物用三氯化磷处理可以脱去氧原子,形成 4-取代的吡啶,因此,吡啶-N-氧化物是一个重要的合成中间体。

5. 碱性和亲核性

吡啶环氮原子上的未共用电子对具有碱性,可以和强酸(如盐酸)发生中和反应生成吡啶(盐酸)盐,因而是一种强酸的捕获剂。在酰氯与醇的酯化反应中,吡啶能够与反应过程中生成的盐酸作用,生成吡啶盐酸盐,使该反应朝着正反应的方向进行。

$$R_2CHOH + C_6H_5COCl + \text{〔吡啶〕} \longrightarrow R_2CHOCOC_6H_5 + \text{〔吡啶盐酸盐〕}$$

吡啶盐酸盐

同时,吡啶也是一种亲核试剂,可以与卤代烃发生亲核取代反应,生成相当于季铵盐的吡啶鎓盐。吡啶与酸性氧化物(SO_3)反应形成的配合物是温和的磺化试剂(见 13.2.1)。

$$\text{〔吡啶〕} + CH_3I \longrightarrow \text{〔碘化-N-甲基吡啶〕}$$

碘化-N-甲基吡啶

*13.3.2 苯并六元杂环化合物

含有一个杂原子的六元杂环苯并体系中,最重要的是喹啉和异喹啉环系。它们是同分异构体,存在于煤焦油和骨焦油中,可用稀硫酸提取。实验室中可用苯胺、甘油在浓硫酸和氧化剂五氧化二砷存在下进行人工合成,即 Skraup(斯克劳普)喹啉合成法。

$$\text{〔苯胺〕} + \text{〔甘油〕} \xrightarrow[As_2O_5, \triangle]{H_2SO_4} \text{〔喹啉〕}$$

84%~91%

反应历程是首先甘油在浓硫酸存在下脱水生成丙烯醛,然后与苯胺发生 1,4-加成,生成 β-苯胺基丙醛,经环化生成二氢喹啉,最后在氧化剂存在下脱氢得到喹啉。如用 2-氨基苯酚进行反应,产物是 8-羟基喹啉。后者是金属螯合剂,在分析化学中常用于测定金属离子。

喹啉是无色油状液体,有特殊的气味,沸点 238℃。异喹啉熔点 26℃,沸点 238℃。它们都难溶于水,易溶于有机溶剂。与吡啶类似,它们都是弱碱(喹啉 $pK_b=9.15$,异喹啉 $pK_b=8.86$),与酸反应成盐,与卤代烃反应生成季铵盐。它们的许多衍生物在医药上有重要意义。

由于苯环的存在,喹啉和异喹啉的亲电取代反应比吡啶容易进行。一般亲电试剂主要进入喹啉苯环的 5 位和 8 位,而异喹啉的亲电取代反应主要发生在苯环的 5 位上。

$$\text{〔喹啉〕} \xrightarrow[0℃]{\substack{H_2SO_4 \\ HNO_3}} \text{〔5-硝基喹啉〕} + \text{〔8-硝基喹啉〕}$$

50%   48%

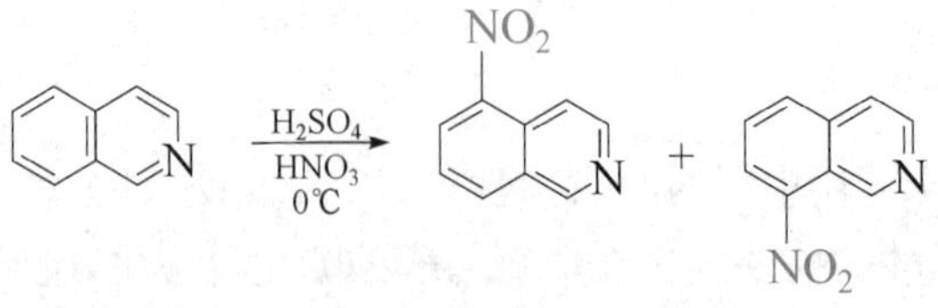

亲核试剂主要进攻吡啶环(喹啉的 2 位,异喹啉的 1 位)。

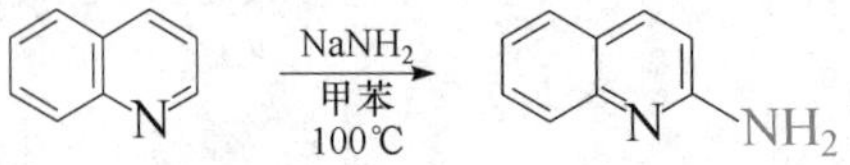

喹啉氧化时,由于吡啶环上的电子云密度较低,相对富含电子的苯环容易被氧化;喹啉还原时,则是吡啶环先被还原。

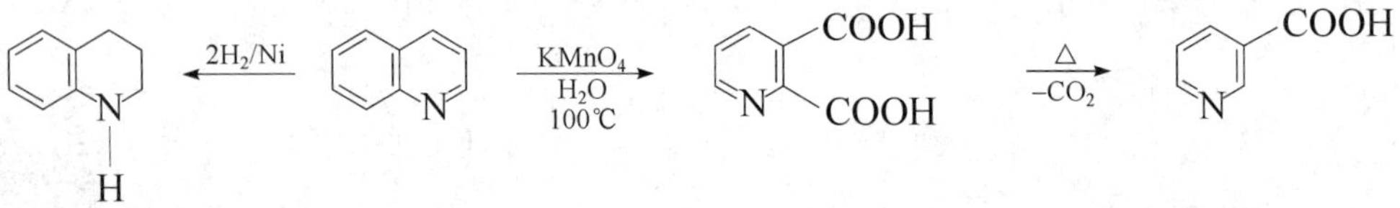

1,2,3,4-四氢喹啉   喹啉   2,3-吡啶二甲酸   烟酸

13.3.3 常见的六元杂环化合物

1. 吡喃和苯并吡喃

含有一个氧原子的六元杂环化合物为吡喃,一般以吡喃镓盐形式存在,其结构可用共振式表示。该镓盐具有芳香性,因而是稳定的。吡喃最重要的衍生物是不饱和的 γ-吡喃酮和 α-吡喃酮(内酯),它们广泛存在于自然界中。

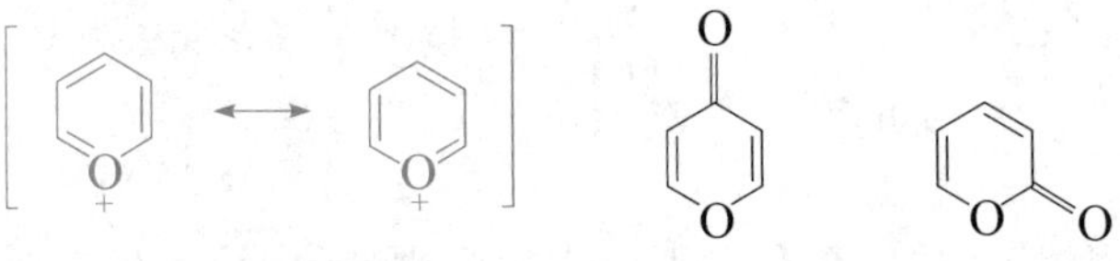

吡喃镓离子的共振式 γ-吡喃酮 α-吡喃酮

苯并吡喃镓离子和苯并吡喃酮的衍生物(香豆素和色酮)都是自然界中非常重要的杂环化合物。维生素 E 是一种含有苯并吡喃环的脂溶性天然抗氧化剂。在 α 位上连有苯基的苯并吡喃酮是十分重要的黄酮化合物。

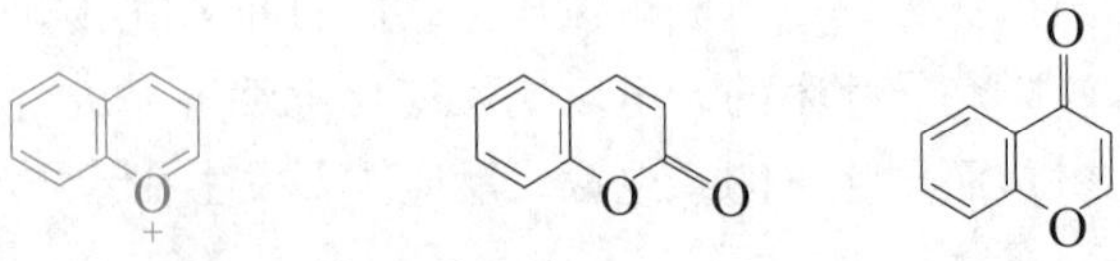

苯并吡喃镓离子   香豆素   色酮

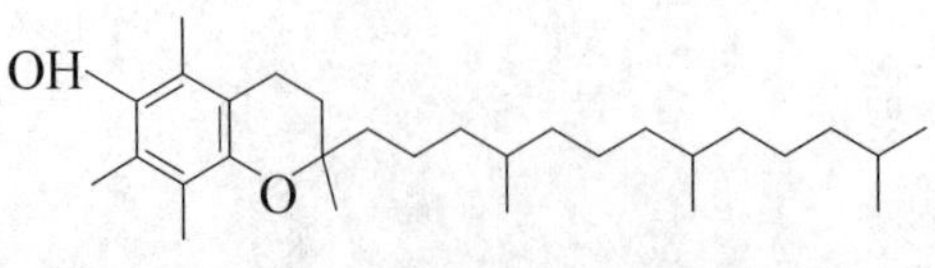

维生素E (α-生育酚,tocopherol) 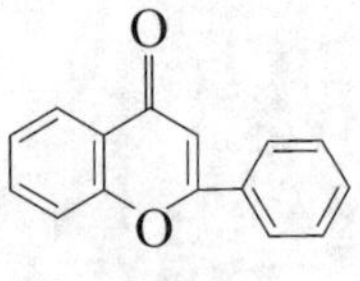   黄酮

2. 嘧啶

嘧啶是含有两个氮原子的六元杂环化合物。无色晶体,沸点 124℃,熔点 22℃,易溶于水,碱性比吡啶弱。嘧啶的衍生物广泛存在于生物体内,有着重要的生理和药理作用。具有碱性的嘧啶化合物称为嘧啶碱,如尿嘧啶、胸腺嘧啶和胞嘧啶,它们都是核酸的重要组成部分。

嘧啶 (pyrimidine) 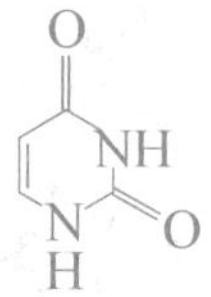　　　尿嘧啶 (uracil) 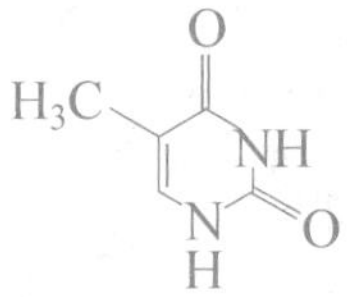　　　胸腺嘧啶(thymine) 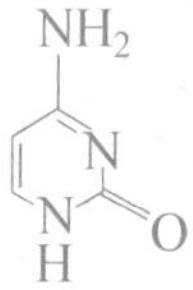　　　胞嘧啶(cytosine)

3. 嘌呤

嘌呤由一个嘧啶环和一个咪唑环稠合而成。无色晶体,熔点 216～217℃,易溶于水,水溶液呈中性,但能与酸和碱成盐。嘌呤本身不存在于自然界中,但被氨基和羟基取代的嘌呤衍生物——腺嘌呤和鸟嘌呤是核酸的组成部分。

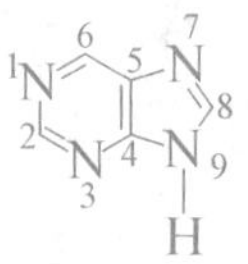

嘌呤 (purine) 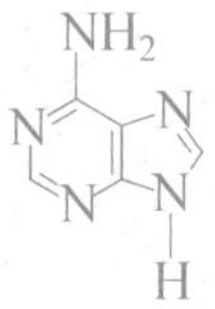　　　腺嘌呤 (adenine) 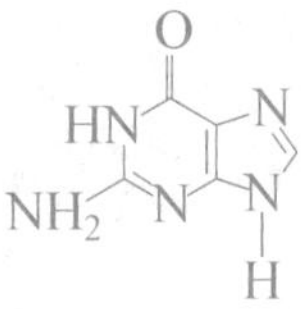　　　鸟嘌呤 (guanine)

13.4　杂环类药物

有史以来,人们对药物的应用源于天然产物。到 19 世纪中期,由于化学学科的发展,人类从天然产物中发现许多可作为药物的有效化学成分。其中最有影响的工作是从阿片中分离出吗啡、从金鸡纳树皮中提取得到奎宁、从颠茄中提取出阿托品以及从古柯树叶得到可卡因等,它们都是含有杂环的有机化合物。同时,石油工业的兴起促进了有机合成化学和药物化学的发展。下面简要介绍一些常见的含有杂环的药物。

阿莫西林又称羟氨苄青霉素,是一种广谱 β-内酰胺类抗生素,对治疗泌尿系统、呼吸系统和胆道的感染十分有效。

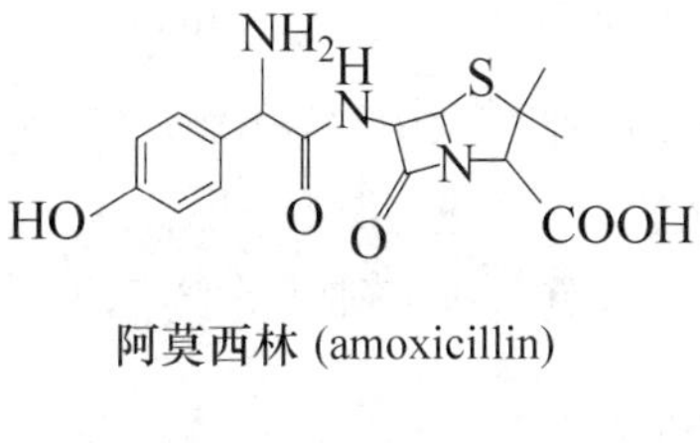

阿莫西林 (amoxicillin)

含有咪唑环的依托咪酯是一种麻醉药。含有咪唑酮的苯妥英钠是治疗癫痫的首选药物。同样含有咪唑环的安他唑啉是一类抗过敏的药物。奥美拉唑是同时含有苯并咪唑和吡啶环的

药物,能使胃和十二指肠溃疡较快愈合。

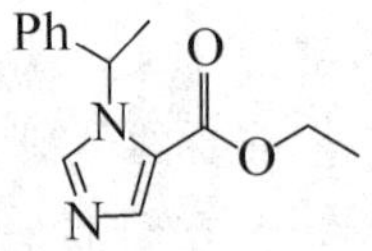

依托咪酯 (etomidate)

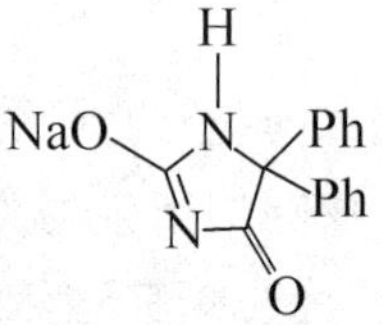

苯妥英钠 (phenytoinsodium)

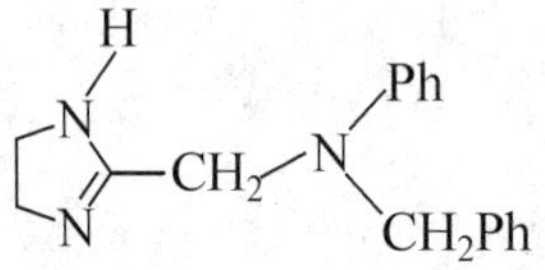

安他唑啉 (antazoline)

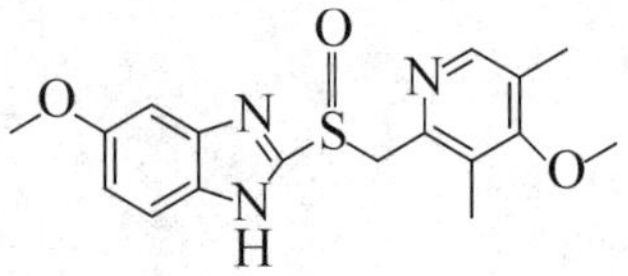

噢美拉唑 (omeprazole)

毛果云香碱含有呋喃酮和咪唑基,具有降低眼压和治疗青光眼的作用。阿苯达唑是含有苯并咪唑结构的广谱驱虫药物。艾司唑仑分子中含有三唑环,是临床上常用的有效催眠镇静药物。舒乐芬是广泛使用的含有噻吩环的消炎镇痛药物。

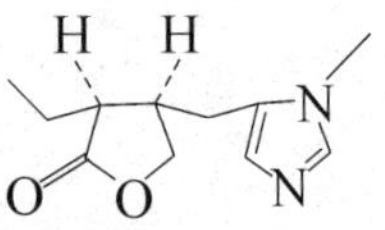

毛果云香碱 (pilocarpine)

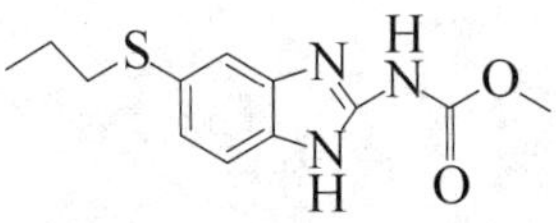

阿苯达唑 (albendazole)

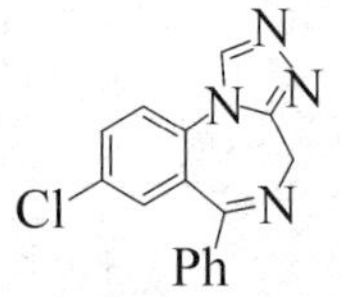

艾司唑仑 (estazolam)

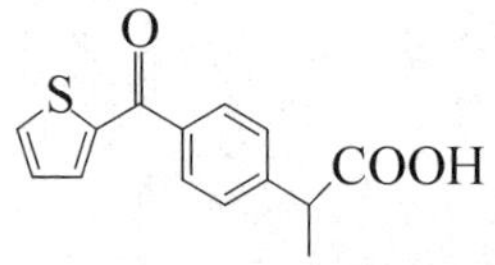

舒乐芬 (suprofen)

硝酸异山梨酯含有二并呋喃环,又名消心痛,效果优于硝酸甘油,舌下给药 5min 即能中止心绞痛。异丙嗪是具有吩噻嗪环的抗精神病的安定药物。吡罗昔康又名炎痛喜康,含有噻嗪和吡啶环,是治疗急性痛风和类风湿性关节炎的药物。羟吗啡酮是含有呋喃和哌啶结构的药物,其镇痛作用是吗啡的 10 倍。

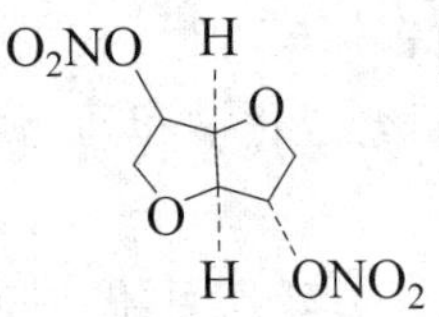

硝酸异山梨酯 (isosorbide dinitrate)

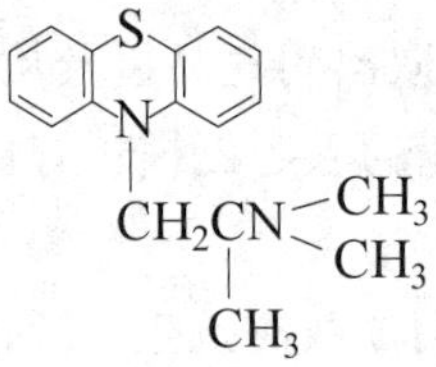

异丙嗪 (promethazine)

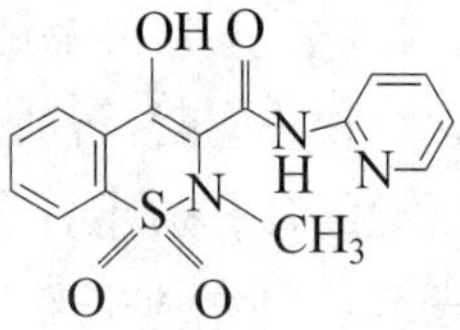

吡罗昔康 (piroxicam)

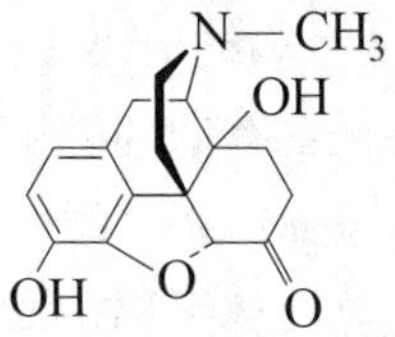

羟吗啡酮 (oxymorphone)

吲哚美辛又称消炎痛,是从几百种吲哚衍生物中筛选出来的高效抗炎、抗风湿类药物。吡喹酮是具有吡嗪环的抗血吸虫药物。氧氟沙星是一种含有三类杂环的常用抗菌药。喹尼叮是抗疟疾药奎宁的右旋非对映异构体,具有抗心律失常的作用。

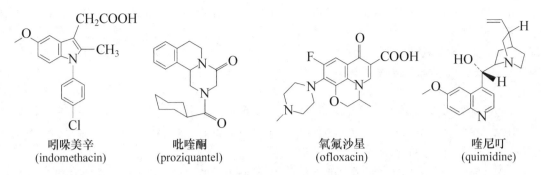

吲哚美辛
(indomethacin)

吡喹酮
(proziquantel)

氧氟沙星
(ofloxacin)

喹尼叮
(quimidine)

　　阿托伐他汀商品名为立普妥(lipitor),是一种含吡咯环的明星药物,为降低血液中胆固醇水平的口服药物。阿托伐他汀多年来一直全球销量第一的处方药,年销售额达 100 多亿美元。

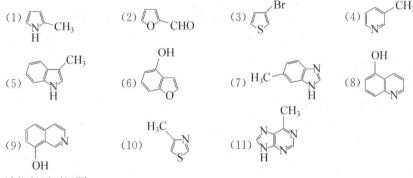

阿托伐他汀(atorvastatin)

习　题

1. 写出下列化合物的构造式。

　(1) α-呋喃甲醇　　　　　(2) α,β-二甲基噻吩　　　　(3) 溴化 N,N-二甲基四氢吡咯

　(4) 2-甲基-5-乙烯基吡啶　(5) 2,5-二氢噻吩　　　　　(6) N-甲基-2-乙基吡咯

2. 命名下列化合物。

(1) 　(2) 　(3) 　(4)

(5) 　(6) 　(7) H₃C　(8)

(9) 　(10) H₃C　(11)

3. 请解释下列问题。

　(1) 为什么呋喃、噻吩和吡咯的亲电取代反应活性比苯高?

　(2) 为什么吡啶的亲电取代反应活性比苯低?

4. 下列各杂环化合物哪些具有芳香性? 在具有芳香性的杂环中,指出参与 π 体系的未共用电子对。

5. 当用盐酸处理吡咯时,如果吡咯能生成正离子,它的结构将是怎样的? 请用轨道表示。这个吡咯正离子是否具有芳香性?

6. 为什么六氢吡啶的碱性比吡啶强很多?

7. 在呋喃、噻吩、吡咯、咪唑、噻唑中,咪唑的熔点和沸点最高,为什么?

8. 排序。

(1) 碱性由强至弱:

    A. 吡啶   B. 苯胺   C. 吡咯   D. 六氢吡啶   E. 氨   F. 苄胺

(2) 亲电取代反应活性由强至弱:

    A. 苯   B. 呋喃   C. 吡啶   D. 吡咯   E. 噻吩

9. 完成下列反应。

10. 怎样从糠醛制备下列化合物?

11. 在酸性溶液中咪唑哪一个氮原子将被质子化?

12. 完成下列反应。

13. 写出下列反应的主要产物。

(1) CH₃O—⟨S⟩ $\xrightarrow[H_2SO_4]{HNO_3}$ (   )   (2) CH₃O—⟨S⟩ $\xrightarrow[H_2SO_4]{HNO_3}$ (   )

(3) CH₃O—⟨S⟩—CH₃ $\xrightarrow[H_2SO_4]{HNO_3}$ (   )   (4) ⟨S⟩—NO₂ $\xrightarrow[AcOH]{Br_2}$ (   )

(5) ⟨indole⟩—CH₃ (N—H) $\xrightarrow[AcOH]{Br_2}$ (   )   (6) ⟨thiazole⟩ $\xrightarrow[H_2SO_4,\triangle]{HgSO_4}$ (   )

(7) ⟨O⟩—CHO $\xrightarrow[Ac_2O]{AcONa}$ (   )   (8) ⟨N—H⟩ $\xrightarrow[60℃]{CH_3I}$ (   )

(9) ⟨S⟩—C(CH₃)=NOH $\xrightarrow[Et_2O]{PCl_5}$ (   )   (10) H₃C—⟨pyrimidine, CH₃, CH₃⟩ 活泼氢! + C₆H₅CHO $\xrightarrow[DMF]{KOH}$ (   )

(11) ⟨O⟩ + ‖(CCOOCH₃ / CCOOCH₃) ⟶ (   )

(12) ⟨N⟩—CH₃ $\xrightarrow[KMnO_4]{H^+}$ (   ) $\xrightarrow{PCl_5}$ (   ) $\xrightarrow{NH_3}$ (   ) $\xrightarrow{Cl_2,NaOH}$ (   )

(13) CH₃—⟨N⟩ $\xrightarrow{CH_3I}$ (   ) $\xrightarrow[(C_2H_5)_3N,C_2H_5OH,75℃]{CH_2=CHCN}$ (   )

14. 喹啉和异喹啉的亲核取代反应主要分别发生在 C₂和 C₁上,为什么不分别以 C₄和 C₃为主?

15. 2,3-吡啶二甲酸脱羧生成 β-吡啶甲酸,为什么脱羧反应发生在 α 位?

16. 溴代丁二酸乙酯与吡啶作用生成不饱和的反丁烯二酸乙酯。吡啶在这里起什么作用? 它比通常使用的氢氧化钾乙醇溶液有什么优点?

17. 为什么吡啶进行亲电溴化反应时不用 Lewis 酸,例如 FeBr₃?

18. 如何鉴别和提纯下列化合物?
    (1) 区别萘、喹啉和 8-羟基喹啉   (2) 区别吡啶和喹啉
    (3) 除去混在苯中的少量噻吩   (4) 除去混在甲苯中的少量吡啶
    (5) 除去混在吡啶中的少量六氢吡啶

19. 奎宁是一种生物碱,存在于南美洲的金鸡纳树皮中,也称金鸡纳碱。奎宁是一种抗疟药,结构式如下:

    奎宁分子中有两个氮原子,哪一个碱性大些?

20. 用浓硫酸在 220～230℃时使喹啉磺化,得到喹啉磺酸 A。把 A 与碱共熔,得到喹啉的羟基衍生物 B。B 与应用 Skraup 法从邻氨基苯酚制得的喹啉衍生物完全相同。A 和 B 是什么? 喹啉在进行亲电取代反应时,苯环活泼还是吡啶环活泼?

21. 解释 1-甲基异喹啉甲基上的质子的酸性比 3-甲基异喹啉甲基上的质子的酸性强的原因。

22. 古液碱 $C_8H_{15}NO$(A)是一种生物碱,存在于古柯植物中。它不溶于氢氧化钠水溶液,但溶于盐酸。它不与苯磺酰氯作用,但与苯肼作用生成相应的苯腙。A 与 NaOI 作用生成黄色沉淀和一个羧酸 $C_7H_{13}NO_2$(B)。B 与 CrO_3 强烈氧化,转变成古液酸 $C_6H_{11}NO_2$,即 N-甲基-2-吡咯烷甲酸。写出 A 和 B 的结构式。

23. 杂环化合物 $C_5H_4O_2$ 经氧化后生成羧酸 $C_5H_4O_3$。把此羧酸的钠盐与碱石灰作用,转变为 C_4H_4O,后者与金属钠不起作用,也不具有醛和酮的性质。原来的 $C_5H_4O_2$ 是什么?

第14章 类脂化合物

类脂化合物(lipid)是指不溶于水而易溶于非极性或弱极性有机溶剂的一类有机化合物。这种分类方法不是基于化合物结构的共同点,而是由于这类化合物的物理性质与油脂类似。

通常来讲,类脂化合物包括油脂、蜡、磷脂、萜类以及甾族化合物。其中油脂、蜡和磷脂都属于酯类,它们都能够水解并生成脂肪酸。萜类和甾族化合物结构差别很大,但在生物体内是由相同的起始物质合成的。

生物体内含有的类脂化合物具有重要的生理功能。例如,油脂是储存能量的主要形式,磷脂和甾醇是构成生物膜的重要物质。一些萜类和甾族化合物具有维生素和激素等的活性功能,由于这两类化合物的立体化学、化学性质和合成方法都比较复杂,生理用途又很广泛,因此已经发展成为两个专门的研究领域。

14.1 油 脂

油脂(fats and oils)是油和脂肪的总称,包括猪油、牛油、花生油、豆油和桐油等动植物油。习惯上把常温下为液体的称为油,常温下为固体或半固体的称为脂(肪)。

天然油脂因来源不同其组成也不尽相同,但其主要成分是三分子的直链高级脂肪酸与甘油形成的酯。如果三个分子的脂肪酸相同,则为简单甘油酯;如果为不同的脂肪酸,则为混合甘油酯。

$$
\begin{array}{c}
\qquad\qquad\quad O \\
H_2C{-}O{-}\overset{\|}{C}{-}R \\
\qquad\quad O \\
HC{-}O{-}\overset{\|}{C}{-}R^1 \\
\qquad\quad O \\
H_2C{-}O{-}\overset{\|}{C}{-}R^2
\end{array}
$$

油脂大多数是混合甘油酯,其中油中含不饱和酸的甘油酯较多,而脂中含饱和酸的甘油酯较多。天然油脂是多种不同脂肪酸混合甘油酯的混合物。例如,组成牛油的酸有己酸、辛酸、癸酸、月桂酸、豆蔻酸、软脂酸、硬脂酸及油酸。此外,油脂中还含有少量的游离脂肪酸、高级醇、高级烃、维生素及色素等物质。

油脂中的绝大多数脂肪酸是含偶数碳原子的直链羧酸,仅在个别油脂中发现过带有支链、脂环或羟基的脂肪酸。已经从油脂中分离得到的有 $C_4 \sim C_{26}$ 的各种饱和酸和 $C_{10} \sim C_{24}$ 的各种不饱和酸。

在上述各种饱和酸中,以软脂酸(十六碳酸)分布最广,绝大部分油脂中含有软脂酸。硬脂酸(十八碳酸)则在动物脂肪中含量较高。其次还有月桂酸(十二碳酸)和豆蔻酸(十四碳酸),低于 12 个碳原子的饱和酸与高于 18 个碳原子的饱和酸的含量和分布较少(表 14 - 1)。

表 14-1 油脂中常见的脂肪酸

结构式	俗名	系统命名	熔点/℃
饱和脂肪酸			
$CH_3(CH_2)_{10}CO_2H$	月桂酸 (lauric acid)	十二碳酸 (dodecanoic acid)	44
$CH_3(CH_2)_{12}CO_2H$	豆蔻酸 (myristic acid)	十四碳酸 (tetradecanoic acid)	58.5
$CH_3(CH_2)_{14}CO_2H$	软脂酸/棕榈酸 (palmitic acid)	十六碳酸 (hexadecanoic acid)	63
$CH_3(CH_2)_{16}CO_2H$	硬脂酸 (stearic acid)	十八碳酸 (octadecanoic acid)	69
$CH_3(CH_2)_{18}CO_2H$	花生酸 (arachidic acid)	二十碳酸 (icosanoic acid)	75
不饱和脂肪酸			
$CH_3(CH_2)_5CH{=}CH(CH_2)_7COOH$ (9Z)	棕榈油酸 (palmitoleic acid)	(9Z)-十六碳烯酸 (9Z)-hexadecenoic acid	0.5
$CH_3(CH_2)_7CH{=}CH(CH_2)_7COOH$ (9Z)	油酸 (oleic acid)	(9Z)-十八碳烯酸 (9Z)-octadecenoic acid	4
$CH_3(CH_2)_4CH{=}CHCH_2CH{=}CH(CH_2)_7COOH$ (9Z,12Z)	亚油酸 (linoleic acid)	(9Z,12Z)-十八碳二烯酸(9Z,12Z)-octadecadienoic acid	−12
$CH_3CH_2CH{=}CHCH_2CH{=}CHCH_2CH{=}CH(CH_2)_7COOH$ (9Z,12Z,15Z)	亚麻酸 (linolenic acid)	(9Z,12Z,15Z)-十八碳三烯酸(9Z,12Z,15Z)-octadecatrienoic acid	−11
$CH_3(CH_2)_4CH{=}CHCH_2CH{=}CHCH_2CH{=}CHCH_2CH{=}CH(CH_2)_3COOH$ (5Z,8Z,11Z,14Z)	花生四烯酸 (arachidonic acid)	(5Z,8Z,11Z,14Z)-二十碳四烯酸(5Z,8Z,11Z,14Z)-icosatetraenoic acid	−49

　　组成油脂的各种不饱和酸中,最常见的是含有 16 或 18 个碳原子的烯酸,如棕榈酸、油酸、亚油酸和亚麻酸(表 14-1)。这些不饱和酸的第一个双键位置大多在 C_9 和 C_{10} 之间,而且几乎所有的双键都是顺式的。亚油酸和亚麻酸不能在人体中合成,但在生理过程中起着极为重要的作用。如果人体缺乏这两种油脂,会导致脂质代谢紊乱,血脂升高、动脉硬化,进而诱发心

脑血管疾病。因此通过补充不饱和脂肪酸来调节血脂是目前预防心脑血管疾病的重要措施。

脂肪酸能够以非甘油三酯的形式存在。例如,近年发现的脂肪酸衍生物花生四烯酸乙醇胺(anandamide)是花生四烯酸与乙醇胺形成的酰胺,1992 年由猪的大脑中分离得到。该化合物能够与大麻素受体结合,是内源性的大麻素受体配基,主要分布在中枢神经系统、免疫系统及子宫等部位,具有 Δ^9-四氢大麻酚(THC)的药理功能。

花生四烯酸乙醇胺(anandamide)

14.1.1 油脂的物理性质

一般而言,不饱和脂肪酸的含量较高或者低碳数脂肪酸的含量较高时,这样的油脂在室温呈液态。例如,棉籽油的甘油酯中不饱和脂肪酸含量约占 75%。而在牛油的甘油酯组成中,饱和脂肪酸含量达到 60%～70%,因而其在室温下呈现半固态。

甘油酯在室温下的形态与构成它的脂肪酸构型有关。由于不饱和脂肪酸多为顺式构型,其碳链不能像饱和脂肪酸那样呈现规则的锯齿状,而是弯成一定角度,因此羧酸的链与链之间不能紧密接触,降低了分子间的作用力,从而使得"油"的熔点降低。

油脂不溶于水,易溶于乙醚、氯仿、丙酮等弱极性有机溶剂,其相对密度小于 1。由于天然油脂都是混合物,故其没有恒定的熔点和沸点。

14.1.2 油脂的化学性质

1. 皂化

油脂和氢氧化钠(或氢氧化钾)的水溶液反应就可以水解生成甘油和高级脂肪酸的钠盐(或钾盐)。高级脂肪酸钠经加工成型即为肥皂,皂化(saponification)反应就是由此得名的,后来扩展到将酯的碱性水解反应均称为皂化。工业上将 1g 油脂完全皂化所需要的氢氧化钾的质量(单位:mg)称为皂化值。皂化值反映了油脂所含脂肪酸的平均相对分子质量。皂化值越大,脂肪酸的平均相对分子质量越小。油脂不仅可以在碱的作用下水解,在酸和某些酶的作用下同样可以水解。

2. 氢化

含有不饱和脂肪酸的油脂分子中的碳碳双键能够与氢发生加成反应。例如,在过渡金属镍的催化下,液态的油进行催化加氢能够转化为固态或半固态的脂肪,产物称为硬化油或氢化

油。工业上将植物油部分氢化制造成人造黄油食用。人造黄油不易酸败,但是在油的氢化反应过程中,一部分氢化油在相同的氢化条件下也会发生可逆的脱氢反应,并且脱氢产物中有相当含量的反式不饱和脂肪酸。因此人造黄油是反式脂肪酸的主要饮食来源。近期的研究表明,摄入反式脂肪酸可能会增加血液中低密度脂蛋白胆固醇的含量,从而加大心脏病的患病风险。

拓展:

人体不能合成不饱和脂肪酸,因此必须从膳食中摄取。而饱和脂肪酸可由一般食物在人体中合成,如从糖或淀粉等碳水化合物合成,因此饱和脂肪酸并不是饮食中必需的。此外,过多摄入饱和脂肪酸还将增加心脑血管疾病的患病风险。

3. 酸败

油脂在空气中放置过久便会产生难闻的气味,这种变化称为酸败(俗称哈喇)。它是由空气中的氧气、水或微生物的作用引起的。油脂中的不饱和酸受空气中氧的作用可以氧化断裂,产生碳链较短的羧酸。饱和酸虽然不发生氧化断裂,但霉菌作用使羧酸的 β-碳原子氧化为羰基,生成 β-酮酸,β-酮酸进一步分解为酮或羧酸。

$$CH_3CH_2CH_2CH_2COOH \longrightarrow CH_3CH_2\overset{\text{O}}{\underset{\|}{C}}CH_2COOH \longrightarrow CH_3CH_2\overset{\text{O}}{\underset{\|}{C}}CH_3 + CO_2$$

14.2 蜡

蜡(wax)通常是一类油腻而不溶于水,具有可塑性和易熔化特性的物质。它存在于许多海洋生物中,一些动物的毛皮、鸟的羽毛、昆虫的外壳以及植物的叶和果实的保护层也含有蜡。

蜡的主要成分是由高级脂肪酸和高级伯醇形成的酯,其中的脂肪酸和脂肪醇都由大于16的偶数个碳原子组成。最常见的酸是软脂酸和二十六碳酸,最常见的醇则是十六醇、二十六醇及三十醇。除高级脂肪酸的高级醇酯外,蜡中还含有少量游离的高级脂肪酸、高级醇和烃。根据来源,蜡可以分为植物蜡与动物蜡,植物蜡的熔点较高(表 14 - 2)。

表 14 - 2　几种常见的蜡

名称	主要成分	熔点/℃
虫蜡	$C_{25}H_{51}COOC_{26}H_{53}$	81.3～84
蜂蜡	$C_{15}H_{31}COOC_{30}H_{61}$	62～65
鲸蜡	$C_{15}H_{31}COOC_{16}H_{33}$	42～45
米糠蜡	$C_{25}H_{51}COOC_{30}H_{61}$	83～86
巴西棕榈蜡	$C_{25}H_{51}COOC_{30}H_{61}$	83～86

蜡比油脂硬而脆,性质较稳定,在空气中不易变质,并且较难皂化。蜡主要用于制造蜡烛、蜡纸、上光剂和鞋油等。此外羊毛脂也属于蜡,它是附着于羊毛上的油状分泌物,为多种不同的高级脂肪酸与高级醇(包括甾醇)形成的酯的混合物。由于羊毛脂容易吸水,且具有乳化作用,常用于化妆品。

石蜡与蜡的物态及物理性质相近,但化学组成完全不同。石蜡是由石油或页岩油中得到的含有 20～30 个碳原子的高级烷烃的混合物。

14.3　磷　脂

磷脂(phospholipid)是含有磷酸酯基团的类脂化合物。它广泛存在于动物的脑、肝脏和蛋黄以及植物的种子和微生物中,是构成细胞膜的基本成分。根据结构,磷脂又可以分为磷酸甘油酯和神经鞘磷脂等。

磷酸甘油酯主要包括卵磷脂和脑磷脂,它们与油脂的结构有相似之处,是二羧酸甘油磷酸酯,即甘油分子与两个高级脂肪酸和一个磷酸形成的酯。其中脂肪酸主要包括软脂酸、硬脂酸、亚油酸和油酸等,而磷酸本身的另外一个羟基可以分别与乙醇胺、丝氨酸、胆碱或环己六醇等分子中的羟基结合成酯。

磷脂有手性,其甘油部分的 C_2 均为 R 构型。由于磷脂分子中的磷酸部分还有一个可以解离的氢,并且分子中往往带有碱性基团,因此磷脂经常以偶极离子形式存在。

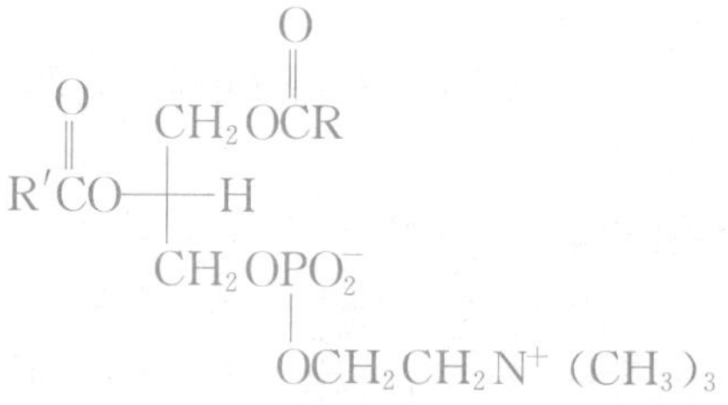

$$\begin{array}{cc}
& \text{O} \\
\text{O} & \text{CH}_2\text{OCR} \\
\text{R}'\text{CO} - \text{H} \\
& \text{CH}_2\text{OPO}_2^- \\
& \text{OCH}_2\text{CH}_2\text{N}^+(\text{CH}_3)_3
\end{array}
\qquad
\begin{array}{cc}
& \text{O} \\
\text{O} & \text{CH}_2\text{OCR} \\
\text{R}'\text{CO} - \text{H} \\
& \text{CH}_2\text{OPO}_2^- \\
& \text{OCH}_2\text{CH}_2\text{NH}_3^+
\end{array}$$

卵磷脂(lecithin) 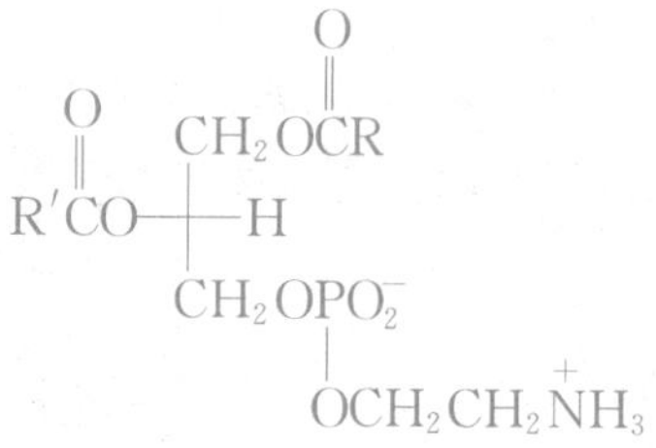　　　　　　　　　脑磷脂(cephalin)

在磷脂分子中,偶极离子部分是亲水的,羧酸的长链部分是疏水的。这种双亲结构特点使其在水中时,它们的极性基团指向水相,而非极性的长链烃基部分聚在一起形成双分子层的中心疏水区。磷脂的这种结构特点和与之相关的物理特性,使之成为细胞膜的主要成分。

生物体系运转时,需要将细胞的内组分与外环境分隔开,脂膜就起到了屏障作用。除了将细胞内容物分隔之外,细胞膜还能够选择性地允许某些离子和有机分子出入细胞。细胞膜的流动性是由磷酸甘油酯中的脂肪酸组分来控制的,饱和脂肪酸由于排列紧密,会降低膜的流动性;不饱和脂肪酸则可以增加膜的流动性。动物细胞膜中还含有胆固醇,胆固醇的刚性环状结构同样会降低细胞膜的流动性,因而与植物细胞膜相比,动物细胞膜的刚性更大。

拓展:

饱和脂肪酸与不饱和脂肪酸的差别仅在于后者含有一个或多个双键,这种双键的差别为何会引起细胞膜流动性的变化?

以黄油和橄榄油为例,黄油中含有大量的饱和脂肪酸,它们以一种高度有序的状态排列,因此在常温下表现为固态;而橄榄油中含有大量的不饱和脂肪酸,其中的烯烃双键多数以顺式构型存在,因此不饱和脂肪酸链呈弯曲形,不易形成有序结构,具有更低的熔点,在常温下多为液态。黄油比橄榄油含有更多的饱和脂肪酸而具有较差的流动性,细胞膜流动性的道理也是一样,含有较多饱和脂肪酸的细胞膜流动性较差。

甘油磷酸酯中的不饱和脂肪酸容易与氧气反应,氧化反应能够引起细胞膜的降解。维生素 E 是重要的抗氧化剂,它可以保护脂肪酸链不被氧化,因为维生素 E 与氧气之间的反应更迅速。同样维生素 E 也可以添加到食物中以防止其变质。

另一类重要的磷脂是神经鞘脂类,如神经鞘磷脂,它是神经纤维外膜的主要组分。它们是神经鞘氨醇的衍生物,其结构中脂肪酸部分为软脂酸、硬脂酸、二十四酸或二十四碳烯酸。

$$CH_3(CH_2)_{12}$$

神经鞘磷脂(sphingomyelin)

14.4 萜类化合物

萜类化合物(terpenoid 或 terpene)广泛存在于自然界中,如从植物的叶、花和果实中提取的某些香精油以及动物中的某些色素等。

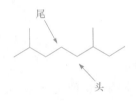

图 14 - 1 两个异戊二烯骨架
单位头尾相连

萜类化合物结构的共同特点:分子的骨架可以看作由两个或多个异戊二烯构成(图 14 - 1),分子中的碳原子数都是 5 的整数倍,通式为 $(C_5H_8)_n$,统称异戊二烯规则(isoprener-ule),只有个别例外。根据分子中所含异戊二烯碳骨架的多少,萜类可以分为单萜和多萜,其中含两个异戊二烯单位的为单萜,含三个异戊二烯单位的为倍半萜,含四个异戊二烯单位的为二萜,依此类推。

14.4.1 单萜

单萜由两个异戊二烯单位组成,是某些植物香精油的主要组分,如松节油。将松树干割开会有黏稠的松脂流出,松脂是松香和松节油组成的混合物。对松脂进行水蒸气蒸馏可以获得挥发性的松节油。松节油是多种单萜的混合物,它比水轻,而且不溶于水,可作为溶剂,也可以用作治疗伤痛的擦剂。单萜可分为开链萜、单环萜和双环萜。

许多珍贵的香料是开链单萜,如橙花醇、香叶醇和柠檬醛等。它们存在于玫瑰油、橙花油和柠檬草油中,是无色有玫瑰香气或柠檬香气的液体,用于配制香精。香叶醇还是蜜蜂之间交换发现食物信息的一种信息素。

橙花醇	香叶醇	α-柠檬醛	β-柠檬醛

单环萜可以看作环状的二聚异戊二烯,也可视为 1-甲基-4-异丙基环己烷的衍生物,主要

包括苧烯、薄荷醇和薄荷酮等。开链萜在适当条件下能够环化生成单环萜。

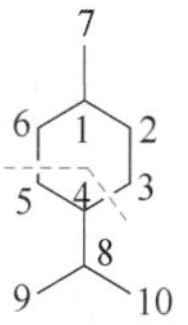

1-甲基-4-异丙基环己烷 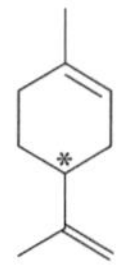　　　苧烯 (1,8-萜二烯) 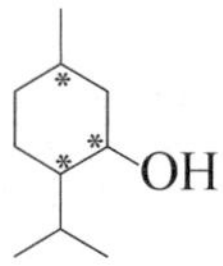　　　薄荷醇 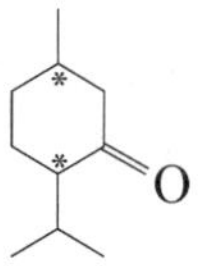　　　薄荷酮

薄荷醇俗称薄荷脑,分子中含有 3 个手性碳原子,具有 8 个立体异构体。自然界主要存在的是左旋薄荷醇,它是薄荷油的主要成分,为结晶固体,熔点 42.5℃,有芳香清凉的气味,具有杀菌防腐和局部止痛止痒作用,常用于香料和医药中。薄荷醇的构型及稳定构象如下:

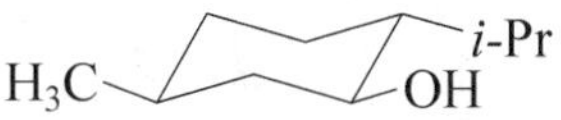

可以看出,它的三个取代基均以 e 键形式与环相连,而在其他立体异构体中,至少有一个取代基会以 a 键形式存在。

双环萜的骨架通常是由一个六元环分别与三元、四元或五元环共用两个或多个碳原子构成的,它们属于桥环化合物。自然界存在较多也较重要的双环萜是蒎烷和莰烷的衍生物。

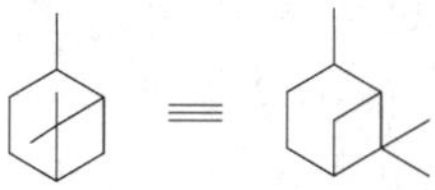

蒎烷　　　　　　　α-蒎烯　β-蒎烯 　莰烷 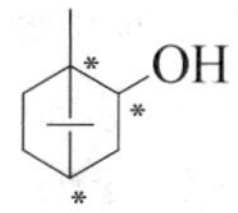　冰片 (2-莰醇) 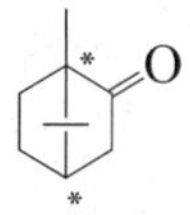　樟脑(莰酮)

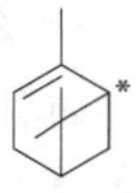

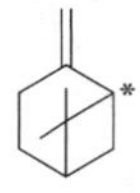

α-蒎烯和 β-蒎烯两种异构体共存于松节油中,均为不溶于水的油状液体,可以作为溶剂。α-蒎烯在松节油中的含量可达 80%,是自然界存在最多的一种萜类。冰片又名龙脑,为无色片状晶体,有清凉气味,用于医药和化妆品。冰片氧化即为樟脑,樟脑主要存在于樟树的枝干和叶子中,可以用水蒸气蒸馏法提取。

14.4.2　倍半萜

倍半萜分子中含有三个异戊二烯单位,如金合欢醇,其构造式为

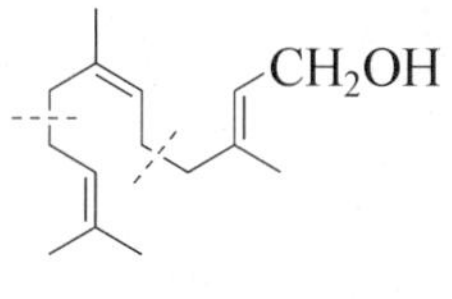

金合欢醇又名法呢醇,是无色油状液体,具有类似于百合花的香气,存在于金合欢、橙叶等多种植物中,但含量较低,用于配制香精。

青蒿素(arteannuin)是从我国传统中草药青蒿中分离得到的一种抗疟化合物,它对疟原虫红细胞具有杀灭作用,是由我国化学家和药物学家自主开发的高效低毒、抗耐药性的抗疟药物,已在国内外广泛使用。青蒿素的结构为具有过氧桥的倍半萜内酯。它可以看作由具有杜松烷(cadinane)骨架的倍半萜衍生而成。青蒿素及其衍生物很容易与血红素发生烷基化反应,组成"血红素-青蒿素合成物"。疟原虫一般都将它的"家"安置在富含血红素的红细胞中,而"血红素-青蒿素合成物"正好可以消灭红细胞中的这些寄生虫,使其"家毁虫亡"。

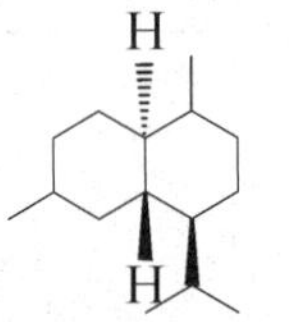

杜松烷 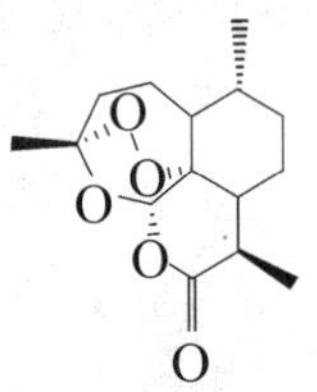　　　　　　　青蒿素

14.4.3　二萜

二萜是含有四个异戊二烯单位的化合物,广泛分布于动植物界。维生素 A 是其中一种,其构造式为

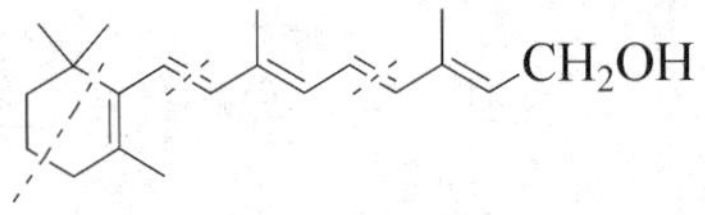

维生素A_1(视黄醇) 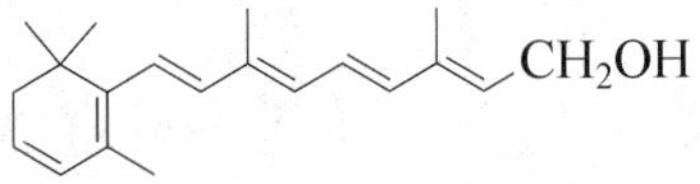　　　　　　　　　　维生素A_2

维生素 A 有 A_1 和 A_2 两种,它们的生理作用相同,但是 A_2 的活性只有 A_1 的 40%。维生素 A 通常就指 A_1 结构。维生素 A 主要存在于蛋黄、奶油和鱼肝油中,是不溶于水的淡黄色晶体。在空气中易被氧化,受紫外光照射后会失去活性。哺乳动物体内缺乏维生素 A 会导致眼角膜疾病,包括夜盲症。体内视觉信号的传导与维生素 A 中 C_{11} 双键的顺反异构变化有关。

紫杉醇(taxol)是 1964 年美国化学家 M. Wall(沃尔)从红豆杉树皮中分离得到的一种化合物,后发现它具有极高的抗癌活性,从 1992 年起成为上市的抗癌新药。由于红豆杉生长缓慢,其来源受到极大限制,因此紫杉醇及其衍生物的人工合成仍然需要深入研究。1994 年,有两个实验室先后完成了紫杉醇的全合成,他们分别是 Scripps(斯克里普斯)研究所的 K. C. Nicolaou(尼克劳)和佛罗里达州立大学的 R. A. Holton(霍尔顿)。

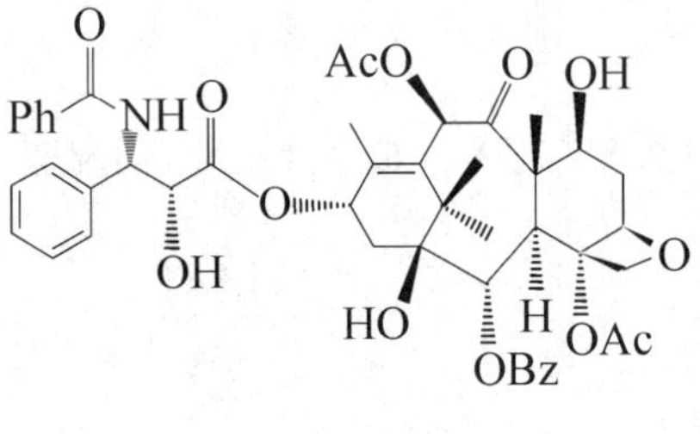

紫杉醇

紫杉醇是天然二萜类化合物,它具有紫杉烷-4,11-二烯骨架,可以从链状生物前体二萜牻牛儿基焦磷酸酯(GGPP)经两次环合得到。

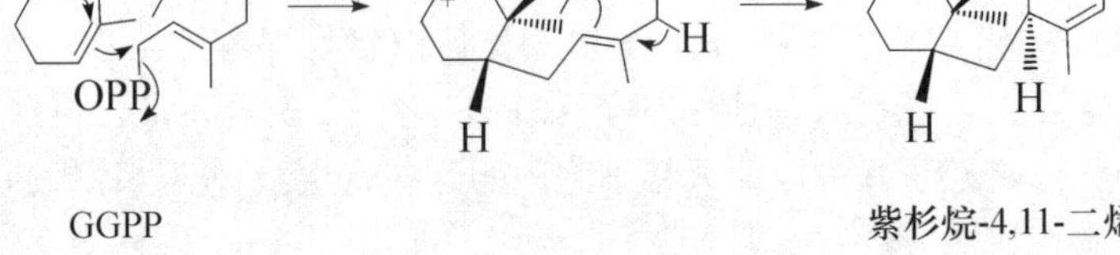

GGPP　　　　　　　　　　　　　　　　　紫杉烷-4,11-二烯

14.4.4　三萜

角鲨烯是很重要的三萜,在自然界分布广泛,大量存在于鲨鱼的肝脏和人体的皮脂中,也存在于酵母、麦芽和橄榄油中。角鲨烯是不溶于水的油状液体,它具有中心对称的分子结构,相当于两分子的法呢醇去掉两个羟基后尾-尾相连而成。角鲨烯可以用作杀菌剂和某些医药的中间体。

角鲨烯

14.4.5　四萜

四萜在自然界分布很广,这类化合物的分子结构中都含有较长的碳碳双键共轭体系,因而都具有颜色,常称为多烯色素。最早发现的这类化合物是从胡萝卜中提取得到的胡萝卜素,胡萝卜素有三种异构体,其中以 β-胡萝卜素最重要。以后又发现了许多与胡萝卜素类似的色素,统称为类胡萝卜素。它们大多难溶于水,而易溶于有机溶剂。

β-胡萝卜素

β-胡萝卜素在动物体内酶的作用下可以被氧化为维生素 A,因此它也被称为维生素 A 原。胡萝卜素不仅存在于胡萝卜中,也广泛存在于植物的花、叶和果实中,以及动物的乳汁和脂肪中。通过食用胡萝卜或植物的果实可以获得 β-胡萝卜素,进而达到获得维生素 A 的目的。

*14.4.6　萜类的生物合成

1910 年诺贝尔化学奖得主德国化学家 O. Wallach(沃勒克)确定了许多单萜的结构,并认为它们可以看作异戊二烯单元的聚合体。瑞士化学家 L. Ruzicka(卢齐契加)在研究倍半萜和更高级的萜类时发展了如今被人们熟知的异戊二烯规则,他也成为 1939 年诺贝尔化学奖得主之一。异戊二烯规则的提出激发了人们对萜类化合物生理合成途径的探索。令人好奇的是自然界并不存在异戊二烯,但是萜类却以异戊二烯作为构成单元。那么生理的异戊二烯单元是什么呢? 它是怎样被生物合成的? 单个的异戊二烯单元又是如何结合成萜的?

这些问题已经有了初步答案,萜类化合物的生物合成是从乙酰辅酶 A 出发,经多步酶促反应得到焦磷酸 3-甲基-3-丁烯酯,简称焦磷酸异戊烯酯(isopentenyl pyrophosphate)。从焦磷酸异戊烯酯可以酶促合成焦磷酸二甲基烯丙酯(dimethylallyl pyrophosphate),这两种焦磷酸酯之间反应能够得到焦磷酸香叶酯(geranyl pyrophosphate),这是一种含 10 个碳的化合物,水解可以获得单萜香叶醇(geraniol)。以焦磷酸香叶酯为原料,经过简单的质子化、氧化或还原等反应步骤还可以得到多种单萜类化合物。

一分子焦磷酸香叶酯与一分子焦磷酸异戊烯酯之间反应会产生焦磷酸法呢酯(farnesyl pyrophosphate),即倍半萜的前体。两分子焦磷酸法呢酯反应的产物是角鲨烯(squalene)。角

鲨烯含有 30 个碳原子,它是胆固醇的前体,胆固醇则是所有其他甾族化合物的前体。

14.5 甾族化合物

甾族化合物也称类固醇化合物(steroids),是广泛存在于动植物界的一类很重要的天然化合物。它们的共同结构特征是含有一个稠合四环的碳骨架,四个环可以看作是部分或完全氢化的菲与环戊烷并联而成,以 A、B、C、D 区别四个环,环上的碳原子按如下顺序编号:

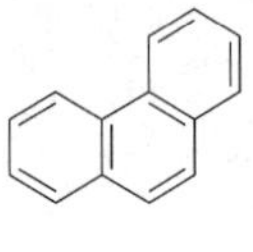

菲 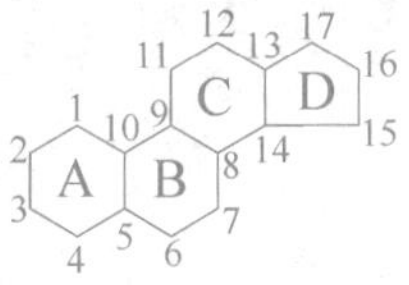   甾烷 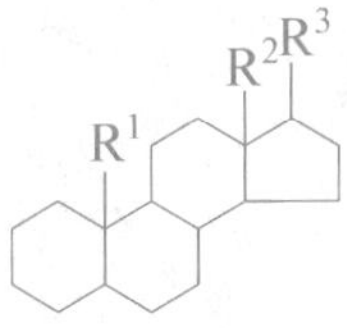   甾族化合物

这类化合物在 C_{10}、C_{13} 和 C_{17} 分别有一个取代基。其中 10 位和 13 位常为甲基,称为角甲基。"甾"字本身即为一个象形字,其中"田"字表示该化合物含有 4 个环,而上面的三个折线表示有三个取代基。

在构成甾族化合物的四个环中,每两个环之间理论上都可以形成顺、反两种构型(与十氢合萘类似),但实际上自然界的甾族化合物中的 B、C 及 C、D 环之间,绝大多数以反式并联。因此天然甾族化合物的骨架可以用以下两种结构式表示:

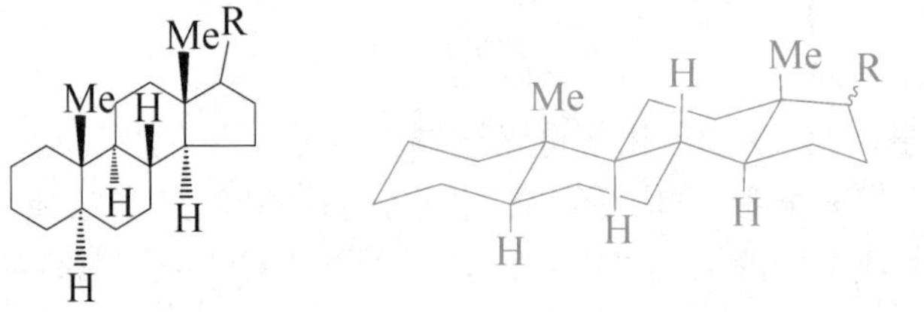

A,B 反式(5α 系)

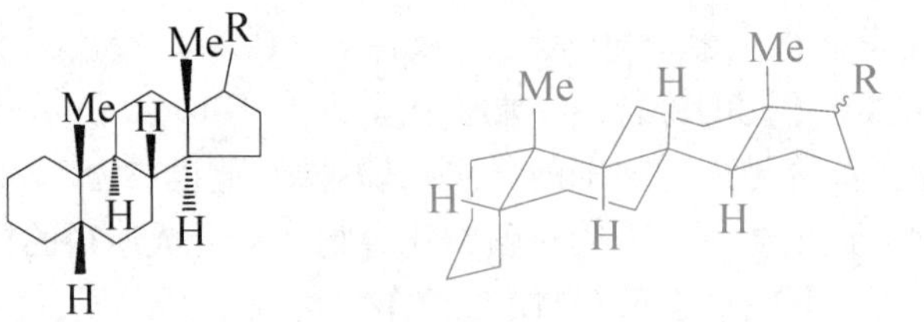

A,B 顺式(5β 系)

5α 是指 C_5 上的氢与角甲基在环平面的异侧,反之则为 5β。

以下介绍几种自然界常见的重要甾族化合物。

14.5.1 胆固醇

胆固醇(cholesterol)也称胆甾醇,是最早被发现的甾族化合物,分子式为 $C_{27}H_{46}O$,分子结构中含有一个羟基,其结构式为

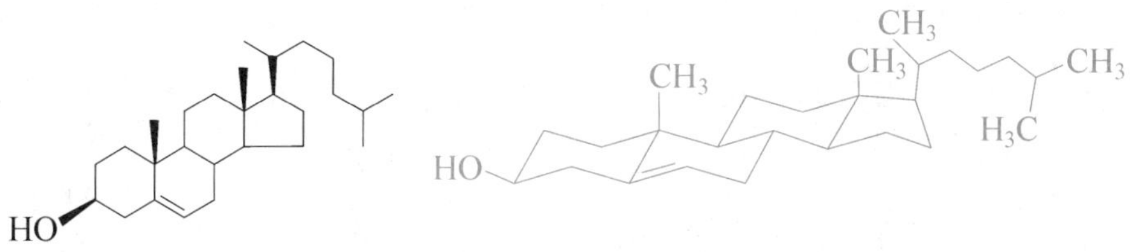

胆固醇有 8 个手性碳,理论上有 256 个立体异构体,但自然界中只发现了一种。胆固醇是构成细胞膜的基本成分,因此存在于人体几乎所有组织中,是其他甾族化合物(如甾族激素、维生素 D 和胆酸等)生物合成的前体。人体内胆固醇含量过高会引起动脉硬化,导致心脏病。此外,胆结石的主要成分也是胆固醇。

14.5.2　维生素 D

维生素 D 广泛存在于动物体内,如鱼的肝脏、牛奶和蛋黄中,在人体内的重要生理功能是促进钙离子的吸收。维生素 D 本身并不具备这种生理功能,它需要在肝及肾中进行两次羟基化,其产物能够增加肠道对钙的吸收,从而促进骨骼钙化。维生素 D 缺乏会导致软骨病,但过量也是有害的,会使软组织发生钙化。

已经分离出 4 种维生素 D,即维生素 D_2、D_3、D_4 和 D_5(不存在维生素 D_1),其中以维生素 D_2 和 D_3 的活性最强。维生素 D 本身的结构已经不属于甾族化合物,但它可以由甾族化合物合成。

麦角固醇存在于酵母和某些植物中,是植物固醇,经紫外光照射,其 B 环开环得到维生素 D_2。维生素 D_2 因此也称为麦角钙化甾醇(ergocalciferol)。

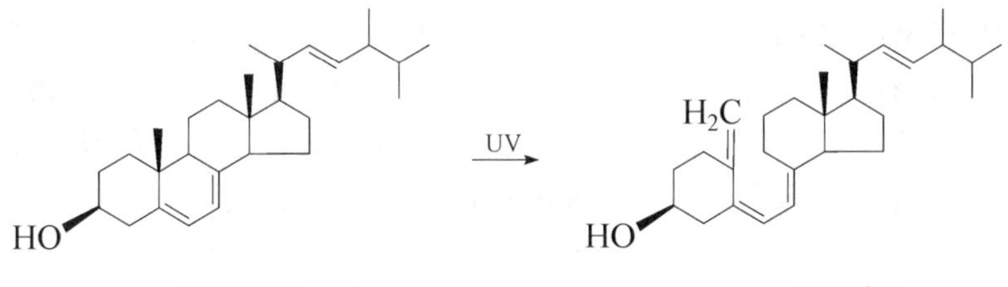

麦角固醇　　　　　　　　　　维生素D_2

7-脱氢胆固醇是存在于人体皮肤中的一种动物固醇,经紫外光照射,其 B 环开环得到维生素 D_3。维生素 D_3 因此也称胆钙化甾醇(cholecalciferol)。

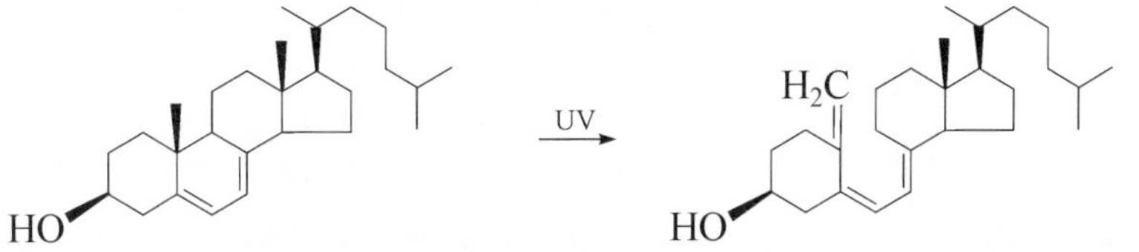

7-脱氢胆固醇　　　　　　　　　维生素D_3

14.5.3　胆酸

许多脊椎动物(猪、狗、鸡、牛、熊)的胆汁中含有几种结构与胆固醇相似的酸,统称为胆汁酸,胆汁酸一般在 C_3、C_6、C_7、C_{12} 位上存在羟基或羧基,羟基的构型既可以是 α 取向也可以是 β

取向,也可以同时存在多个羟基。胆酸(cholic acid)是其中最常见的一种胆汁酸,它的 A、B 环是顺式并联的。

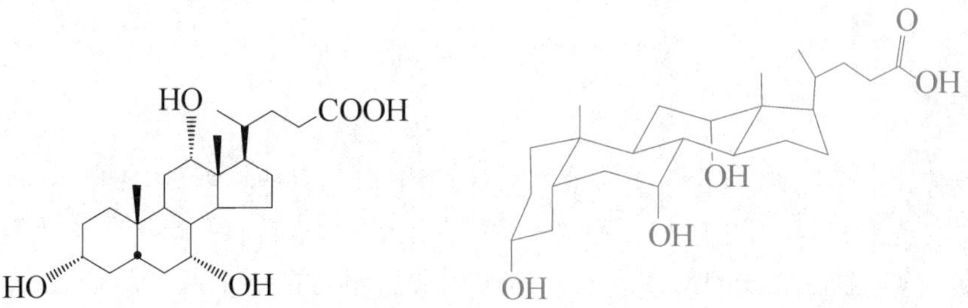

胆酸

胆汁酸在胆汁中通常以侧链的羧基与甘氨酸或牛磺酸的钠盐结合形成酰胺形式,从而其结构中同时具有亲水和疏水两种基团,因此它们能够帮助脂肪乳化,使其分散在水溶液中,增加脂肪与脂肪酶作用的界面,从而起到促进脂肪的水解,便于机体消化和吸收的生理作用。胆汁酸还能够促进胆固醇和脂溶性维生素的消化吸收,增加胆汁的分泌,增强细胞膜的通透性,影响肝细胞的溶钙代谢。

14.5.4 甾族激素

甾族激素根据来源可以分为肾上腺皮质激素及性激素两类,它们结构上的特点是 C_{17} 上没有长的碳链。

1. 肾上腺皮质激素

肾上腺皮质激素(adrenal cortical steroid)是产生于肾上腺皮质部分的一类激素,已经分离出 30 余种。它们有许多重要的生理功能,包括调节无机盐的代谢,保持体液中电解质的平衡,以及调节糖、脂肪及蛋白质的代谢。可的松是常用来治疗风湿和类风湿性关节炎、哮喘及皮肤过敏性炎症的药物,它就是一种肾上腺皮质激素。

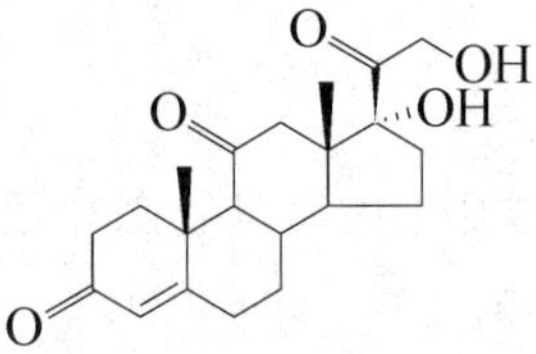

可的松(cortisone)

2. 性激素

性激素是性腺(睾丸或卵巢)分泌的促进动物性器官成熟并维持第二性征的甾族激素。雄酮和睾丸酮都是雄性激素,其结构特点是 A 环为脂环,C_{10} 位具有角甲基。雄性激素还具有增强记忆、保护神经,以及促进蛋白质合成,促进钠离子、氯离子和水的吸收等生理功能。

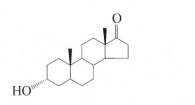

雄酮 (androsterone)　　　　　睾丸酮 (testosterone)

雌二醇、雌三醇和雌酮是动物体内非常重要的三种雌激素,其结构特点是 A 环为苯环,C_{10} 位没有角甲基。雌性激素还具有降低血中胆固醇含量,增加钙的骨沉积和保护神经的作用。

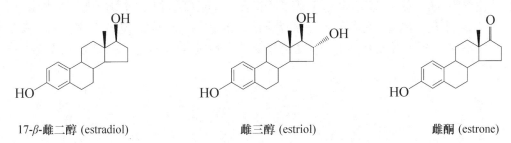

17-β-雌二醇 (estradiol)　　　　　雌三醇 (estriol)　　　　　雌酮 (estrone)

习　题

1. 定义:类脂、油脂、磷脂、蜡。
2. 定义萜类化合物:单萜、二萜、三萜。
3. 写出下列化合物的结构式或结构通式。
   (1) 油脂　　　　(2) 蜡　　　　(3) 卵磷脂　　　(4) 脑磷脂　　　　　(5) 维生素 A
   (6) β-胡萝卜素　(7) 甾族化合物　(8) 胆固醇　(9) 三硬脂酸甘油酯
4. 日常的食用油(如大豆油、花生油、橄榄油等)均为液体,而猪油、牛油为膏状固体,请简述原因。
5. 什么是油脂的皂化反应? 请写出反应式。
6. 维生素 A 与胡萝卜素有什么关系? 它们分别属于哪一类萜?
7. 找出下列结构中的异戊二烯结构单元,并指出分别属于哪类萜。

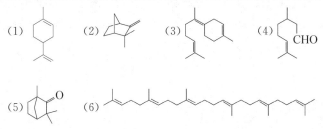

8. 某单萜化合物 A 的分子式为 $C_{10}H_{18}$,催化氢化后得到分子式为 $C_{10}H_{22}$ 的化合物。用酸性高锰酸钾氧化 A,得到 $CH_3COCH_2CH_2COOH$、CH_3COOH 及 CH_3COCH_3,试推断 A 的结构。
9. 请画出甾烷的结构,并将环上的各碳原子编号。
10. 细胞膜中存在一种称为"脂筏"的结构,其中胆固醇的含量较高。"脂筏"可以以其整体为单位在细胞膜上流动,而本身的流动性却不强。请简述"脂筏"的形成原理以及胆固醇在其中的作用。
11. 溴对胆固醇的反式加成生成的两种非对映体产物是什么? 事实上其中一种占很大优势(85%)。试说明之。

第15章　碳水化合物

碳水化合物(carbohydrate)也称糖(saccharide),是自然界分布最广的有机化合物。它存在于每一种生物有机体中,对于维持生命活动起着重要的作用。大多数糖类化合物可用通式 $C_m(H_2O)_n$ 表示,因此从形式上将糖类化合物称为碳水化合物。后来发现,糖类化合物不是由碳和水结合而成,且有些糖类化合物的组成并不符合上述通式,如鼠李糖($C_6H_{12}O_5$);而另外有一些化合物,如乙酸($C_2H_4O_2$),分子式虽然符合 $C_m(H_2O)_n$,但结构和性质与碳水化合物不同。因此,碳水化合物这一名称已失去原有的含义,但因沿用已久,现仍在使用。从结构上看,碳水化合物是多羟基醛或多羟基酮,以及经简单水解能生成多羟基醛或多羟基酮的一类化合物。

15.1　碳水化合物的分类

碳水化合物常根据它是否可水解以及水解后生成的产物分为三类:

(1) 单糖(monosaccharide)。不能水解成更小分子的多羟基醛或多羟基酮,如葡萄糖和果糖等。

(2) 寡糖(oligosaccharide)。寡糖也称低聚糖,是由 2～10 个单糖缩合成的化合物,如蔗糖、麦芽糖和棉籽糖等。其中能水解为两分子单糖的又称二糖或双糖。

(3) 多糖(polysaccharide)。水解后能产生几百以至数千个单糖分子的化合物,如淀粉和纤维素等。

15.2　单　　糖

15.2.1　单糖的分类、构型与命名

单糖按分子中碳原子的数目可分为三碳糖、四碳糖、五碳糖和六碳糖。按分子中含有的羰基类型可分为醛糖(aldose)和酮糖(ketose)。自然界中所发现的单糖主要是五碳糖和六碳糖,食物中的单糖主要为葡萄糖、果糖和半乳糖。

1. 单糖的开链结构

单糖的结构可根据它们的化学性质推导出来。现以葡萄糖为例,简单说明其构造式的推导。

首先通过元素定性定量测定,葡萄糖具有 CH_2O 的经验式,相对分子质量是180,从而可确定它的分子式为 $C_6H_{12}O_6$。那么这些原子在分子中是如何排列的呢? 在研究葡萄糖的结构时有以下事实依据:

(1) 用钠汞齐还原葡萄糖可生成己六醇,己六醇进一步用氢碘酸彻底还原得正己烷,这说明葡萄糖的碳骨架是六碳直链形化合物。

(2) 葡萄糖能与羰基试剂作用,如与 NH_2OH 缩合生成肟,这说明其分子中含有一

个羰基。

（3）葡萄糖与乙酸酐作用，可以生成五乙酰基衍生物 $C_6H_7O(OOCCH_3)_5$，这说明它含有五个羟基。由于两个羟基在同一个碳上的结构是不稳定的，所以这五个羟基应该分别连在五个碳原子上。由此推断，如果羰基是个醛基，则其构造式应为

$$\underset{OH}{CH_2}-\underset{OH}{CH}-\underset{OH}{CH}-\underset{OH}{CH}-\underset{OH}{CH}-CHO$$

若为酮基，则需确定其羰基的位置。

（4）由于醛氧化后得相应的酸，碳链不变，而酮氧化后将引起碳链的断裂，利用这一性质即可确定它是醛糖或酮糖。

葡萄糖被 HNO_3 氧化后生成四羟基己二酸（葡萄糖二酸）。因此，可确定葡萄糖为醛糖。

$$\begin{array}{ccc} HC\!=\!O & & COOH \\ (HC\!-\!OH)_4 & \xrightarrow{\ HNO_3\ } & (HC\!-\!OH)_4 \\ H_2C\!-\!OH & & COOH \\ \text{葡萄糖} & & \text{葡萄糖二酸} \end{array}$$

葡萄糖与 HCN 加成后水解生成六羟基酸，后者被 HI 还原后得到正庚酸，这就进一步证明了葡萄糖是醛糖。

$$\begin{array}{ccccccc} HC\!=\!O & & \overset{CN}{\underset{|}{HC\!-\!OH}} & & COOH & & COOH \\ (HC\!-\!OH)_4 & \xrightarrow{HCN} & (HC\!-\!OH)_4 & \xrightarrow{H_2O} & (HC\!-\!OH)_5 & \xrightarrow{HI} & (CH_2)_5 \\ H_2C\!-\!OH & & H_2C\!-\!OH & & H_2C\!-\!OH & & CH_3 \\ \text{葡萄糖} & & & & \text{庚糖酸} & & \text{正庚酸} \end{array}$$

根据以上结果可以推断：葡萄糖的六个碳原子形成直链，链端有一个醛基，其他五个碳上各有一个羟基，这是一个链形的醛式碳架结构。

$$\underset{OH}{CH_2}-\underset{OH}{CH}-\underset{OH}{CH}-\underset{OH}{CH}-\underset{OH}{CH}-CHO$$

$$\text{葡萄糖}$$

采用同样的方法研究果糖，可得到果糖的构造式为

$$\underset{OH}{CH_2}-\underset{OH}{CH}-\underset{OH}{CH}-\underset{OH}{CH}-\underset{O}{C}-\underset{OH}{CH_2}$$

$$\text{果糖}$$

2. 单糖的相对构型和绝对构型

大多数糖都是手性的，分子有旋光性。最简单的单糖是 2,3-二羟基丙醛（俗名甘油醛，$CH_2OH-CHOH-CHO$）。它含有一个手性碳原子，所以它有一对对映体：

$$\begin{array}{cc} CHO & CHO \\ H\!-\!\!\!-\!\!\!-OH & HO\!-\!\!\!-\!\!\!-H \\ CH_2OH & CH_2OH \\ \text{I} & \text{II} \end{array}$$

在 1951 年以前还没有合适的方法测定旋光性物质的真实构型(绝对构型,absolute con-figuration),这就给有机化学研究带来了不便。为了研究方便,当时人为指定:右旋的甘油醛为 I 的构型,并用符号 D 标记它的构型;左旋的甘油醛具有 II 的构型,用符号 L 标记。这样,右旋甘油醛就称为 D-(＋)-甘油醛,左旋甘油醛称为 L-(－)-甘油醛,这里的＋、－表示旋光方向;D、L 表示构型(注意:构型与旋光度之间没有一一对应关系)。巧合的是后来这个人为指定的正确性得到了实验验证。这样,与标准物质甘油醛相关联而得到的旋光物质的相对构型也就是绝对构型了。

天然存在的糖类大多数是 D 糖,并且 D 系列中大多数醛糖(六个碳原子以下)都可以在自然界中找到。图 15-1 表示的是 D 系列醛糖,从 D-(＋)-甘油醛出发加一个 CHOH 得到两种丁糖,它们分子中的羟甲基(CH₂OH)邻位的羟基应与 D-(＋)-甘油醛一样都在右边,而新增加的 CHOH 其中一个羟基在右边,而另一个在左边。由于这两种糖都是从 D-(＋)-甘油醛衍生出来的,因此都属于 D 型。而它们的旋光方向因新增加了一个手性碳原子就不一定仍是右旋。例如,羟基在右边的 D-赤藓糖是左旋的,而羟基在左边的 D-苏阿糖也是左旋的。

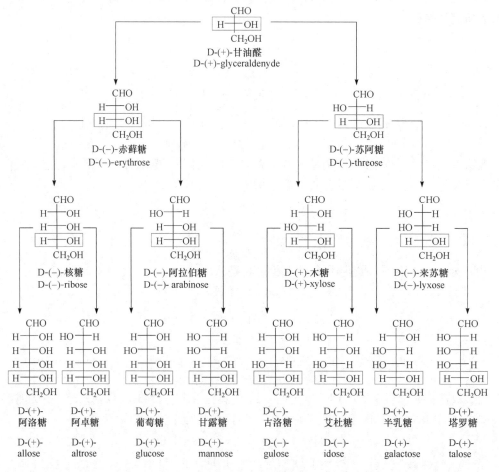

图 15-1 D 系列醛糖

3. 差向异构体及差向异构化

许多糖类都是密切相关的,有时它们仅仅是一个碳原子的化学结构差异。例如,葡萄糖和甘露糖仅是第一个不对称碳原子 C_2 不同,是 C_2 差向异构体。葡萄糖的 C_3 差向异构体是阿洛糖,C_4 差向异构体是半乳糖,而赤藓糖的 C_2 差向异构体是苏阿糖。

在弱碱性(如吡啶)条件下,与羰基相邻的不对称碳原子经烯二醇式发生构型变化,此外还发生醛糖和酮糖间的相互转化。例如,D-葡萄糖在浓度为 8×10^{-3} mol·L^{-1} 的氢氧化钠溶液中,35℃下,4 昼夜后形成 D-果糖(28%)、D-甘露糖(3%)和 D-葡萄糖的混合物,该过程称为差向异构化(epimerization)。

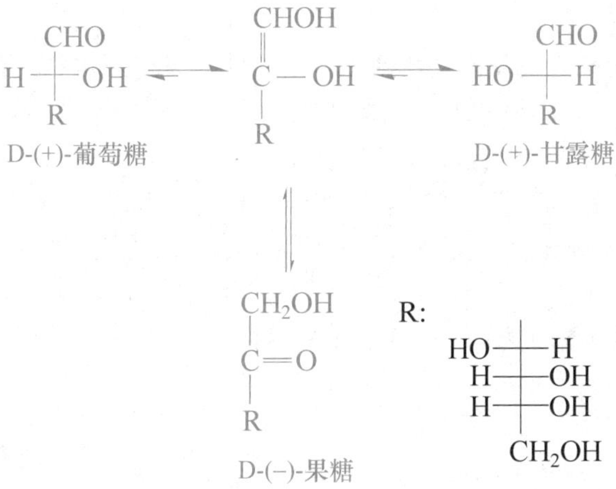

4. 单糖构型的表示方法

目前在糖类化合物领域中仍沿用 D/L 构型标记法,有时也采用 R/S 标记法。例如,D-葡萄糖的名称是(2R,3S,4R,5R)-2,3,4,5,6-五羟基己醛。

糖的构型常用 Fischer 投影式表示,一般将主链竖向排列,1 号碳原子放在最上端。为书写方便,常用简单式子表示。例如,D-(+)葡萄糖可用以下几种简写方法:

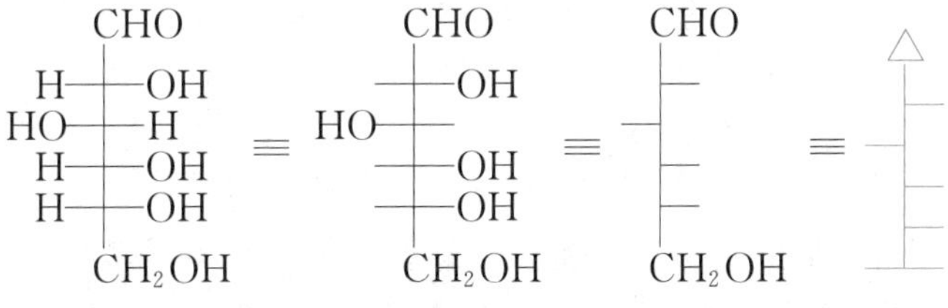

此外,也常用"赤式"和"苏式"表示含不同手性碳原子的化合物。按规则写出其Fischer 投影式后,如果相同的原子或基团在直立碳链的同侧,就称为"赤式"(erythro-);如果在碳链两侧,就称为"苏式"(threo-)。例如:

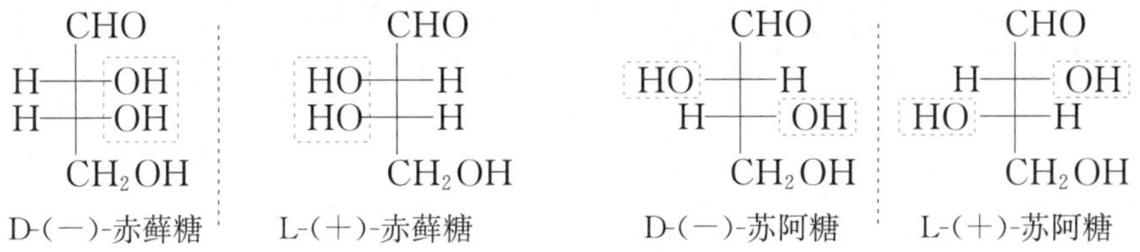

$$\begin{array}{cccc}
\text{COOH} & \text{COOH} & \text{COOH} & \text{COOH} \\
\text{H}\!-\!\text{OH} & \text{HO}\!-\!\text{H} & \text{HO}\!-\!\text{H} & \text{H}\!-\!\text{OH} \\
\text{H}\!-\!\text{OH} & \text{HO}\!-\!\text{H} & \text{H}\!-\!\text{HO} & \text{HO}\!-\!\text{H} \\
\text{CH}_3 & \text{CH}_3 & \text{CH}_3 & \text{CH}_3 \\
(2R,3R) & (2S,3S) & (2S,3R) & (2R,3S)
\end{array}$$

赤-2,3-二羟基丁酸   苏-2,3-二羟基丁酸

15.2.2　单糖的环状结构

单糖的一些化学性质不能用开链结构来解释。例如：

(1) D-葡萄糖是一个五羟基己醛，但不发生一些典型的醛基反应，如不与亚硫酸氢钠反应等。

(2) D-葡萄糖有变旋光现象。葡萄糖在不同条件下可得到两种结晶：从乙醇中结晶得到的 D-葡萄糖的熔点为 146℃，新配制溶液的比旋光度 $[\alpha]_D^{20}=+112°$；从乙酸中结晶出来的 D-葡萄糖的熔点为 150℃，新配制溶液的比旋光度 $[\alpha]_D^{20}=+18.7°$。但是随着时间的增长，两种葡萄糖溶液的比旋光度都逐渐发生变化，前者从 +112° 逐渐降至 +52.7° 后者从 +18.7° 逐渐升至 +52.7°。当两者的比旋光度变至 +52.7° 后均不再改变。新配制的单糖溶液，随着时间的变化其比旋光度逐渐增加或缩小，最后达到恒定值，这种现象称为 变旋光现象 (mutarotation)。这种现象用糖的开链结构无法解释。

> **导引：**
>
> 糖的"变旋光现象"和"差向异构化"是不同类型的过程，所需条件也不同。

(3) D-葡萄糖只能与一分子甲醇生成缩醛，而一般的醛生成缩醛时，1mol 醛需消耗 2mol 醇，说明单糖与甲醇反应前已与分子内的羟基形成了半缩醛环状结构。醛基与 C_5 上的羟基作用可形成稳定的六元环半缩醛结构（也可与 C_4 上的羟基形成五元环半缩醛结构，但量少）。

糖分子中的醛基与羟基作用形成环状半缩醛结构时，原醛基的碳成为手性碳原子，存在两种异构体。该手性碳原子称为 半缩醛碳原子，也称 苷原子，与苷原子相连的羟基称为 苷羟基或半缩醛羟基。苷羟基与 C_5 的羟甲基位于环平面异侧的为 α-型，反之称为 β-型。α-D-(+)-葡萄糖和 β-D-(+)-葡萄糖的差别仅在于链端的一个手性碳原子的构型不同，其他手性碳原子的构型完全相同，故它们互为差向异构体，这种差向异构体还互称为 正位异构体，或称为 异头物 (anomer)，苷原子称为 异头碳。两种构型可通过开链式相互转化，如下所示：

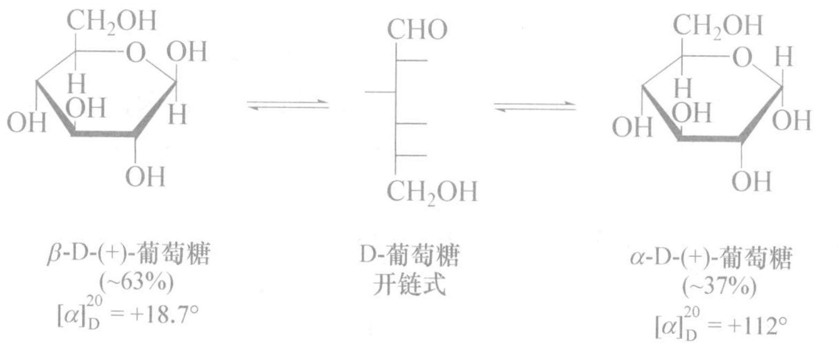

β-D-(+)-葡萄糖　　　　　　D-葡萄糖　　　　　α-D-(+)-葡萄糖
（~63%）　　　　　　　　开链式　　　　　　　（~37%）
$[\alpha]_D^{20} = +18.7°$　　　　　　　　　　　　　　　　　　　$[\alpha]_D^{20} = +112°$

葡萄糖的变旋光现象可从上述两种环状异构体与开链式互变平衡来解释。无论开始时是 α-型还是 β-型,当它们溶于水,放置一段时间达到平衡,三者的比例保持恒定,其中 α-型约为 37%,β-型约为 63%,开链式约 0.1%,此时平衡体系的比旋光度恒定在 +52.7°。变旋光现象是糖类化合物普遍存在的现象,用糖的开链结构和环状结构在溶液中的动态平衡可以很好地解释这一现象。

环状结构中,由于半缩醛的形成阻碍了醛基的一些特征反应。尽管葡萄糖链状结构的含量很低,但还是能通过平衡转变成链状醛式结构,因此葡萄糖仍可与 Tollens 试剂、Fehling 试剂、苯肼、Br_2 等反应。

很多糖尿病患者的血液中,葡萄糖的含量长期过高,开链形式的葡萄糖会与蛋白质的氨基缩合,这种蛋白质的糖基化作用会对人体产生不良影响。

单糖的环状结构通常用 Haworth(哈沃斯)投影式来表示。下面以 D-葡萄糖为例,说明 Haworth 透视式的书写步骤(图 15-2)。将葡萄糖的分子模型 I 按碳链垂直方向放置时,四个手性碳上的羟基或氢分别在碳链的左边或右边,将碳链按顺时针方向放成水平后如 II,则氢

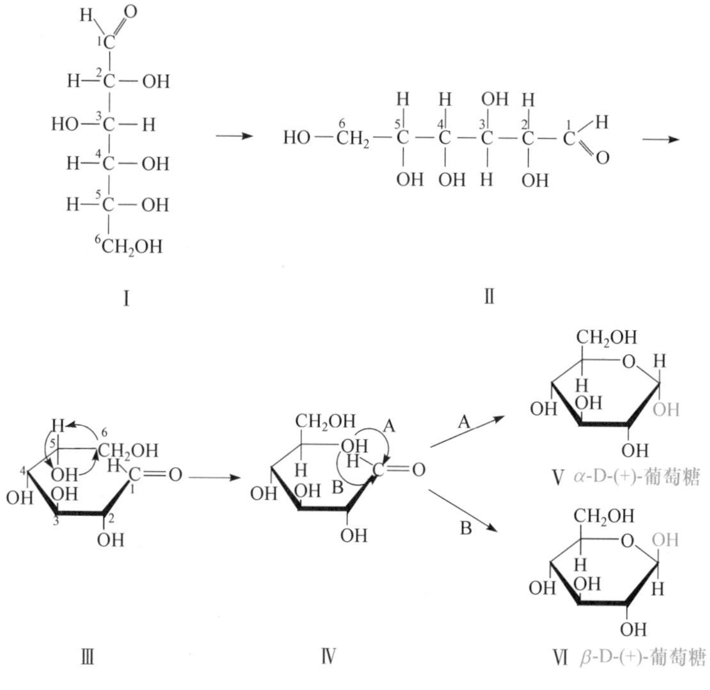

图 15-2　α,β-D-葡萄糖的 Haworth 投影式

原子和羟基便分别在碳链的上方和下方。然后将碳链在水平位置向上弯成如Ⅲ,将 C_5 绕 C_4—C_5 键轴逆时针旋转 $120°$ 则成Ⅳ。这样Ⅳ中,C_5 上的羟基与羰基处于同一平面,如果 C_5 羟基中的氧从平面上方进攻羰基,则 C_1 上新形成的羟基便在环面的下方(Ⅴ,途径 A);反之,如果从平面下方进攻,则新形成的羟基便在环面的上方(Ⅵ,途径 B),这就形成 α 及 β 两个异构体。

在以 Haworth 式表示糖的结构时,如将六元环中的氧写在右上角,则 D-型糖中半缩醛羟基向下的为 α-型,反之则为 β-型。上述 α-D-葡萄糖(Ⅴ)和 β-D-葡萄糖(Ⅵ)均是以 δ-碳原子(C_5)上的羟基与醛基作用生成环状半缩醛,则称为 δ-氧环式;若 γ-碳原子上(C_4 上)的羟基与醛基作用生成环状半缩醛,则称为 γ-氧环式。由于 δ-氧环式的骨架与吡喃环相似,因此把具有六元环结构的糖称为吡喃糖(pyranose)。与此相似,具有五元环结构的糖称为呋喃糖(furanose)。

D-(—)-果糖是含有六个碳的酮糖,也具有开链式和环状式结构,在水溶液中也存在开链式与 δ-氧环式(吡喃糖)和 γ-氧环式(呋喃糖)的动态平衡,也有变旋光现象(图 15-3)。

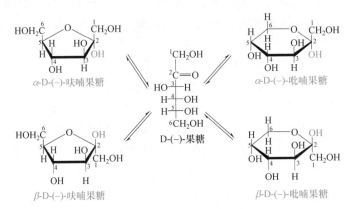

图 15-3 果糖的环状结构

15.2.3 单糖的构象

因为六元环并不是平面型的,Haworth 透视式不能真实反映出环状半缩醛式的三维空间结构。研究证明,吡喃型糖的六元环主要呈椅式存在于自然界。

α-D-吡喃葡萄糖 (37%) β-D-吡喃葡萄糖 (63%)

从 D-吡喃葡萄糖的构象可以看到,在 β-D-(+)-吡喃葡萄糖中,体积大的取代基—OH 和—CH_2OH 都在 e 键上,而 α-D-(+)-吡喃葡萄糖中有一个—OH 在 a 键上。因此,β-型是比较稳定的构象,是优势构象,因而在平衡体系中含量较多。

拓展:

决定糖类稳定构象的因素是多方面的。在吡喃己醛糖中,$C_2 \sim C_6$ 羟基的甲基化或乙酰化取代,也倾向于占据 e 键位置。但当 C_1 苷羟基为甲氧基、乙酰氧基或被卤素原子取代时,这些取代基处于 a 键的构象往往是优势构象,此时的 α-型比 β-型稳定。因此,将异头物中 C_1 位上较大取代基处于 a 键为优势构象的反常现象,称为异头效应(anomeric effect)或端基效应(end-group effect)。产生异头效应的原因是糖环内氧原子上的未共用电子对与 C_1 上的氧原子或其他杂原子的未共用电子对之间相互排斥。当甲氧基、乙酰氧基或卤原子处于 a 键时,这种环内-环外氧原子未共用电子对排斥作用比较小。

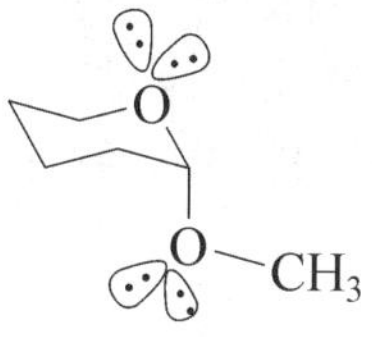

α-型   β-型

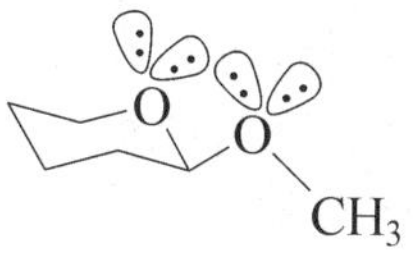

15.2.4 单糖的化学反应

碳水化合物是一种多官能团化合物,各官能团均可发生相应官能团的典型反应。多数的糖以环状半缩醛形式存在,在溶液中与相应的开链醛或酮形式存在着平衡。因此,糖可发生醛、酮和醇的大多数反应。例如,作为醇,可以生成醚和酯;作为醛、酮,可以进行加成、氧化和还原等反应。

1. 氧化反应

单糖能被多种氧化剂氧化,硝酸、溴水甚至更弱的氧化剂都能使单糖氧化。氧化反应可用来确定糖的官能团,帮助确定分子的立体化学结构,同时还是从一种糖转化为另一种糖的重要途径。

1) 用硝酸氧化

硝酸是较强的氧化剂。在硝酸的氧化下,醛糖的醛基和末端的羟甲基都可以被氧化,生成糖二酸。例如,D-葡萄糖在稀硝酸中加热,即生成 D-葡萄糖二酸。

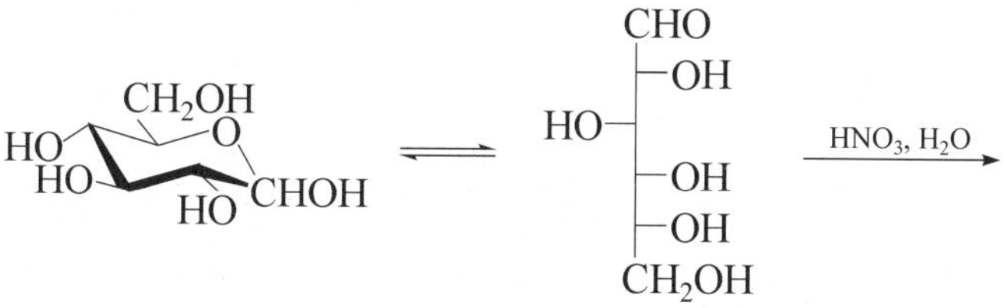

D-葡萄糖   D-葡萄糖二酸

2) 用溴水氧化

溴水可以将醛糖的醛基氧化成羧基,生成糖酸。在 pH=5.0 时,己醛糖直接氧化成醛糖酸的内酯。但溴水不能氧化糖中的羟基,也不会氧化酮糖的羰基,因此可用此试剂来区分醛糖和酮糖。同时,由于溴水是酸性的,不会引起羰基的差向异构作用和重排。

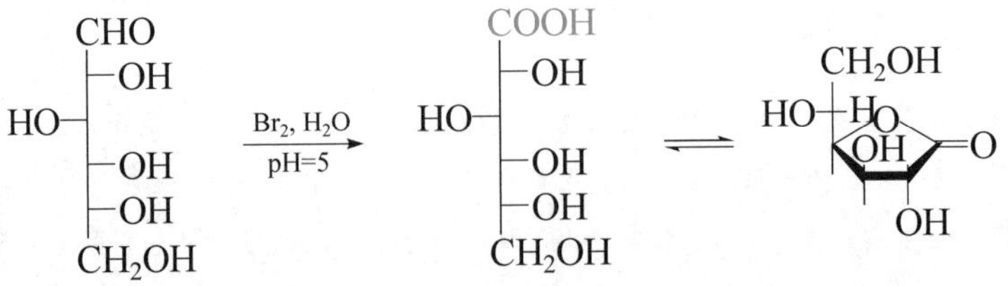

D-葡萄糖   D-葡萄糖酸   D-葡萄糖酸-γ-内酯

3) 用 Fehling 试剂与 Tollens 试剂氧化

Fehling 试剂(新制的氢氧化铜)和 Tollens 试剂(银氨溶液)均为弱氧化剂,醛糖与一些酮糖都能被这两种氧化剂氧化,与 Fehling 试剂反应生成氧化亚铜的砖红色沉淀,与 Tollens 试剂反应生成银镜。这时糖分子的醛基被氧化为羧基,成为糖酸。例如,D-葡萄糖与Fehling试剂和 Tollens 试剂的反应分别为

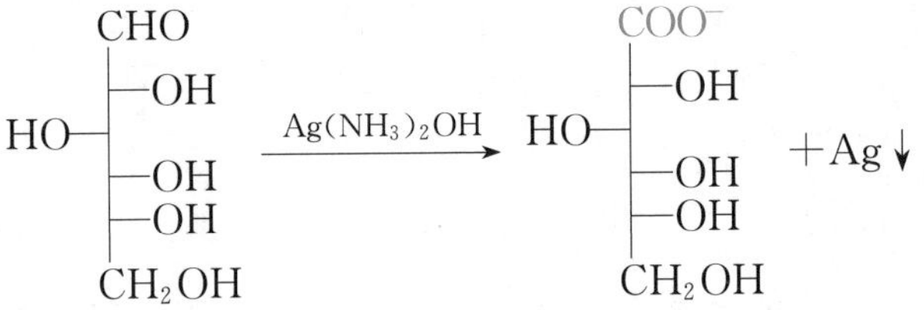

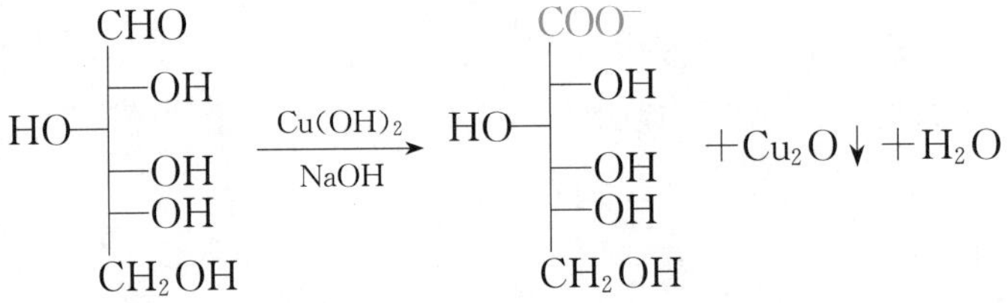

有些酮糖在碱性条件下能差向异构化生成醛糖,那么这些酮糖也能被 Tollens 试剂和 Fehling 试剂氧化,α-羟基酮即可发生这些反应。

凡是能被 Tollens 试剂和 Fehling 试剂这些弱氧化剂氧化的糖都称为还原糖(reducing saccharide);否则,称为非还原糖。

这两种试剂不能区分醛糖和某些酮糖。因为它们都是碱性试剂,单糖在稀碱液中能发生一种互变异构——差向异构化(epimerization)作用。这是由于糖分子中 α 碳上的氢很活泼,在碱性条件下很容易经过开链结构的烯醇化,转变为其差向异构体(详见 5.3.3)。

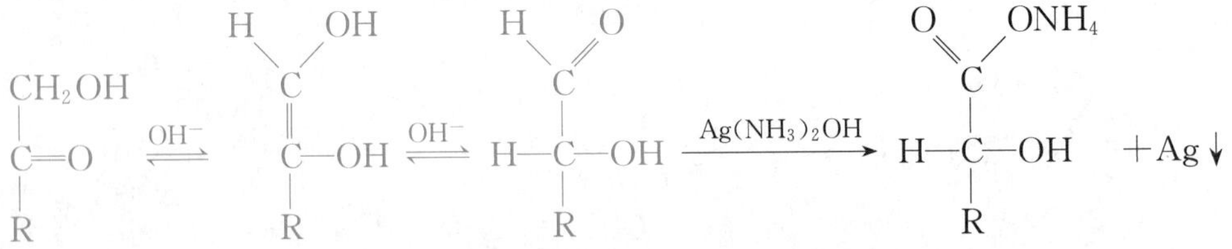

酮糖   烯二醇中间体   醛糖

对于果糖等酮糖,经差向异构化,部分转变为醛糖,可与 Tollens 试剂和 Fehling 试剂反应,因此也是还原糖。

4) 用高碘酸氧化

H_5IO_6 可氧化邻二醇和 α-羟基酮,糖作为多羟基醛、酮很容易被 H_5IO_6 氧化,反应中碳碳键都发生断裂。每断裂一个碳碳键消耗 1mol 高碘酸,反应是定量的,该反应在测定糖的结构

时很有用。例如,1 分子 D-葡萄糖被 H_5IO_6 氧化发生碳碳键断裂,生成 5 分子甲酸和 1 分子甲醛。

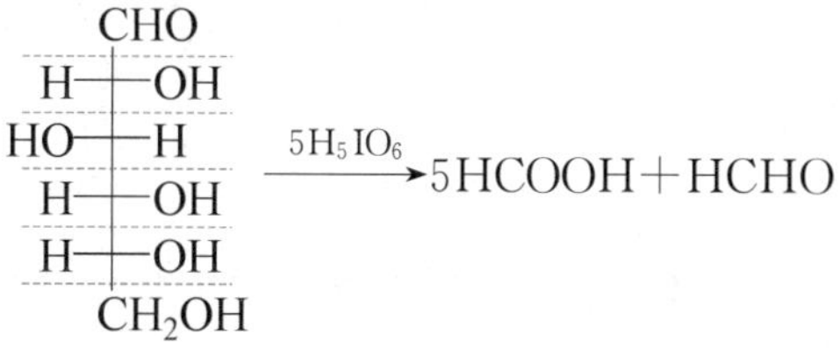

$$
\begin{array}{c}
\text{CHO} \\
\text{H}\!-\!\!-\!\text{OH} \\
\text{HO}\!-\!\!-\!\text{H} \\
\text{H}\!-\!\!-\!\text{OH} \\
\text{H}\!-\!\!-\!\text{OH} \\
\text{CH}_2\text{OH}
\end{array}
\xrightarrow{5\text{H}_5\text{IO}_6}
5\text{HCOOH}+\text{HCHO}
$$

2. 还原反应

糖的羰基可被催化加氢或被金属氢化物还原,生成糖醇,该反应也常用于糖结构的测定。例如,D-葡萄糖的还原反应如下:

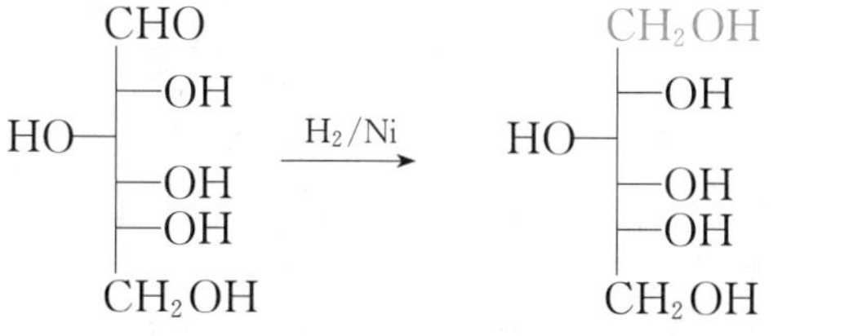

D-葡萄糖　　　D-葡萄糖醇(D-山梨糖醇)

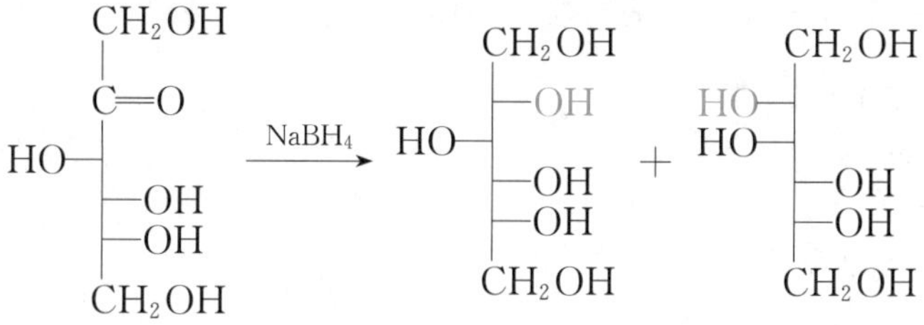

D-果糖　　　　D-葡萄糖醇　　D-甘露糖醇

糖醇在工业上主要作为食品添加剂和糖的替代物。葡萄糖醇还有一个俗名是山梨糖醇,它是从草莓类植物山梨中分离出来的。工业上是通过葡萄糖催化加氢而制备的。山梨糖醇不仅可作为糖的替代物,还是制备维生素 C 的起始原料。

3. 糖脎的生成

单糖具有醛或酮羰基,可与苯肼反应生成苯腙。在过量苯肼存在下,α-羟基会被苯肼氧化而生成羰基

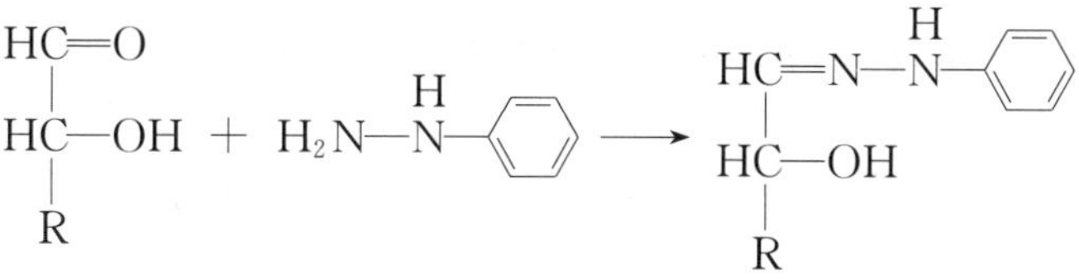

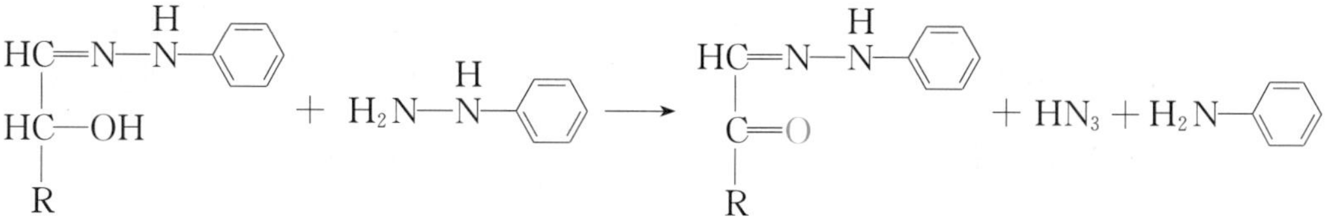

而新生成的羰基会进一步与苯肼作用生成糖脎。

糖脎

糖脎都是不溶于水的黄色晶体。生成糖脎的反应发生在 C_1 和 C_2 上，不涉及其他碳原子，因此，只是 C_1 和 C_2 构型不同的糖将生成相同的糖脎。也就是说，凡能生成相同脎的己糖，C_3、C_4、C_5 的构型是相同的。

4. 糖苷的生成

醛与醇作用生成的半缩醛，很容易再与一分子醇作用，生成缩醛。葡萄糖的环状半缩醛也有这种性质。

环状糖的半缩醛羟基与另一化合物中的羟基、氨基或巯基等反应脱水，生成的产物称为糖苷(glucoside)，也称配糖体。糖苷是缩醛，它比一般的醚容易生成，也容易分解。形成苷的非糖物质称为配基(aglycon)，糖与配基之间的键称为苷键(glycosidic linkage)。构型为 α 的半缩醛羟基与配基形成的键，称为 α-苷键；构型为 β 的半缩醛羟基与配基形成的键，称为 β-苷键。例如，在氯化氢存在下，D-(+)-甲基葡萄糖与热甲醇作用，生成D-(+)-甲基葡萄糖苷。

例如：

α-甲基-D-葡萄糖苷　　β-甲基-D-葡萄糖苷

葡萄糖在溶液中有 α-型和 β-型两种半缩醛结构，因此与甲醇作用所生成的苷也有 α-型和 β-型两种，它们是非对映体。在糖苷分子中没有苷羟基，这种环状结构不能与开链结构互变。因此糖苷没有变旋光现象，也不具有羰基的特性。

糖苷与通常的缩醛一样，在碱性条件下稳定，但在酸性条件下容易水解。用酸处理糖苷的水溶液，苷键即断裂而生成糖和配基。例如，甲基-D-葡萄糖苷在酸性溶液中即水解成葡萄糖和甲醇。苷水解成糖后，分子中有了苷羟基，于是异头物就可以通过开链式相互转变，因此由 α-D-葡萄糖苷水解得到的不单是 α-D-葡萄糖，而是 α- 和 β- 两种葡萄糖的混合物。

甲基-α-D-葡萄糖苷　　α-D-葡萄糖　　β-D-葡萄糖

5. 生成醚和酯

糖的羟基具有醇的性质,用氧化银和碘甲烷对葡萄糖进行处理,可得到五甲基醚,产率较高。

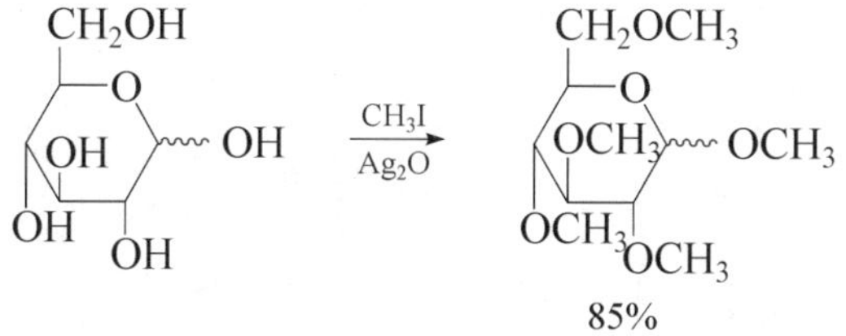

85%

将葡萄糖转化为甲基糖苷后,在碱性条件下用硫酸二甲酯处理,同样可以得到五甲基醚。

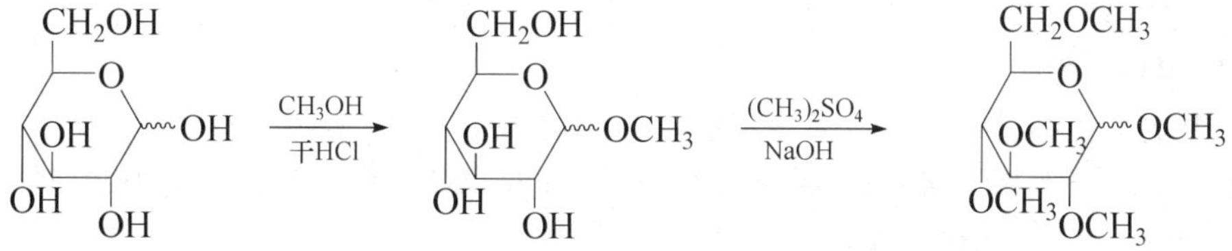

糖中的羟基还可被酯化。例如,在乙酸钠或吡啶催化下与乙酸酐反应,可得到所有羟基都被酯化的产物。

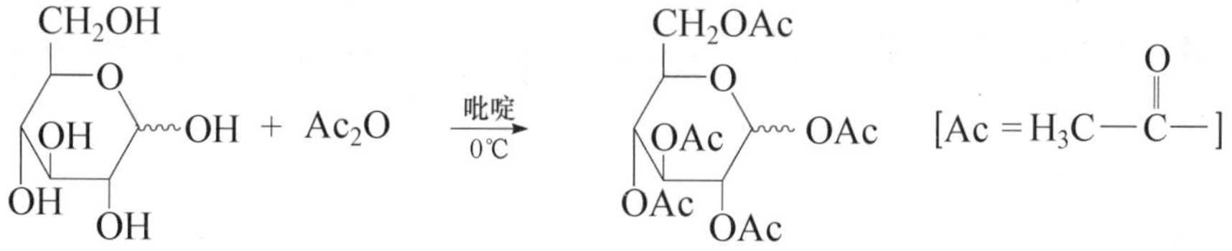

15.2.5　重要的单糖及其衍生物

1. D-核糖及 D-2-脱氧核糖

核糖和脱氧核糖是生物体内极为重要的戊糖,是构成遗传物质核酸的重要成分,它们常与磷酸及某些杂环化合物结合而存在于蛋白质中,是核糖核酸及脱氧核糖核酸的重要组分之一。其链式结构和环状结构表示如下:

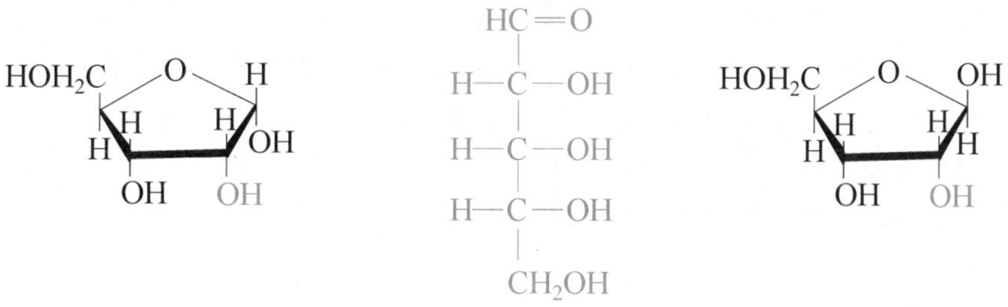

α-D-核糖　　　　　D-核糖　　　　　β-D-核糖

α-D-2-脱氧核糖　　　　D-2-脱氧核糖　　　　β-D-2-脱氧核糖

2. D-葡萄糖

D-葡萄糖是自然界中分布最广的己醛糖,是细胞中常被利用进行有氧呼吸提供能量的物质。D-葡萄糖是右旋的,因此也称右旋糖。葡萄糖多以二糖、多糖或糖苷的形式存在于生物体内。植物体内如水果、蔬菜中有游离的葡萄糖。它是光合作用的产物之一,也存在于动物的血液、淋巴液和脊髓中。

葡萄糖为无色结晶,有甜味,易溶于水,微溶于乙醇和丙酮,不溶于乙醚和烃类。

葡萄糖在医药上用作营养剂,并有强心、利尿、解毒等作用;在食品工业中用以制作糖浆、糖果等;在印染工业中用作还原剂。

3. D-果糖

D-果糖以游离态存在于水果和蜂蜜中,是蔗糖的组成成分。果糖是天然存在的糖中最甜的一种。果糖是左旋的,故又称为左旋糖。果糖是无色结晶,易溶于水,可溶于乙醇及乙醚中,能与氢氧化钙形成难溶于水的化合物 $C_6H_{12}O_6Ca(OH)_2 \cdot H_2O$。工业上用酸或酶水解菊粉来制取果糖。

4. D-半乳糖

半乳糖是乳糖和棉籽糖的组成部分,也是组成脑髓的重要物质之一。它以多糖的形式存在于许多植物的种子或树胶中。此外,它的衍生物也广泛分布于植物界。例如,半乳糖尾酸是植物黏液的主要成分,由藻类植物浸出的黏液石花菜胶(琼脂)主要就是半乳糖尾酸的高聚物。

D-半乳糖是无色结晶,熔点167℃,微甜,能溶于水及乙醇,常用于有机合成及医药。

*5. N-乙酰氨基葡萄糖

N-乙酰氨基葡萄糖按照连接方式和表达部位不同,可分为 O 连接 β 型 N-乙酰葡萄糖胺(O-GlcNAc)和 N 连接 β 型 N-乙酰葡萄糖胺(N-GlcNAc)。

1984 年,G. W. Hart(哈特)等首先在细胞内发现了 O 连接 β 型 N-乙酰葡萄糖胺修饰的蛋白质。这一发现有力地证明了糖基化也出现在细胞内的某些蛋白上。从定义上,O 连接 β 型 N-乙酰葡萄糖胺修饰是指单个 N-乙酰葡萄糖胺(N-acetylglucosamine,GlcNAc)以 β 型 O-糖苷键与蛋白质的丝氨酸或苏氨酸侧链的羟基相连接。

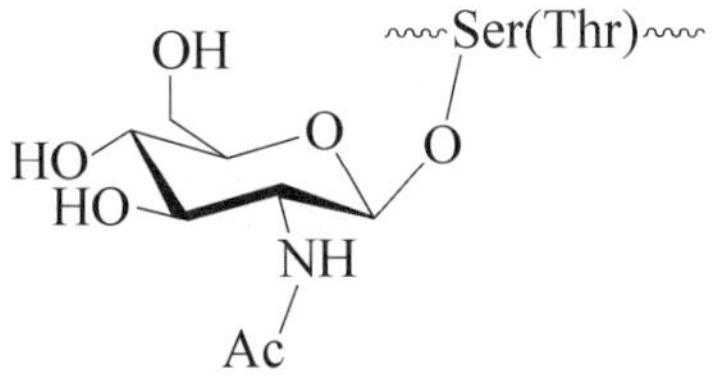

O-GlcNAc 单糖修饰广泛分布于细胞质和细胞核中的蛋白质上,且参与多种生命活动的调控。

N 连接 β 型 N-乙酰葡萄糖胺表达分布广泛,主要在细胞表面的膜蛋白上。多种病毒(如人体免疫缺陷病毒 HIV、丙肝病毒 HCV 等)的包膜糖蛋白中 N-GlcNAc 的含量也很高,并且多为寡糖修饰的核心部分(图 15-4)。

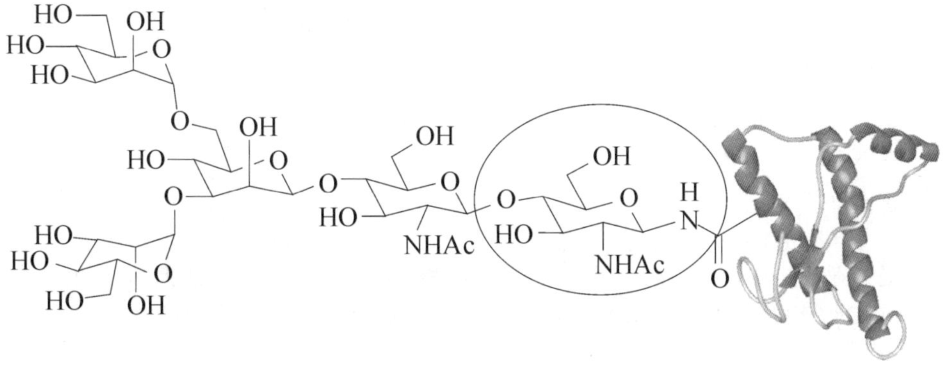

图 15-4　以 N-GlcNAc 为核心的糖蛋白

N-GlcNAc 修饰广泛分布在细胞膜的糖蛋白表面,与细胞之间的识别、信号的转导、人体的免疫以及疾病的传染息息相关。

15.3　二　糖

15.3.1　二糖总论

二糖是由一分子单糖的半缩醛羟基与另一分子单糖的羟基或半缩醛羟基脱水而成的,两分子单糖可以相同也可以不相同。二糖也是一种糖苷,其配糖基为另一个糖分子,两分子单糖通过苷键连接在一起。重要的二糖有蔗糖、麦芽糖、乳糖和纤维二糖等。

按照两分子单糖的成苷方式不同(图 15-5),二糖可分为两种类型:还原性二糖和非还原性二糖。还原性二糖由一分子单糖的半缩醛羟基与另一分子单糖的醇羟基脱水而成,整个分子保留一个半缩醛羟基,因此可以由环式变成开链式结构,具有变旋光现象,能成脎,有还原性,如纤维二糖、乳糖、麦芽糖。非还原性二糖是由两分子单糖的半缩醛羟基脱去一分子水形成的,不能由环式变成开链结构,因此不能成脎,无变旋光现象,无还原性,如蔗糖。

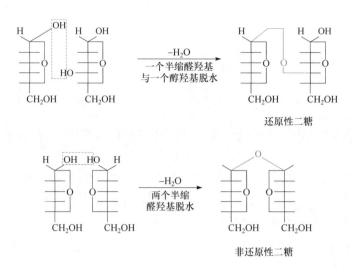

图 15-5　二糖的两种成苷方式

15.3.2　重要的二糖

1. 蔗糖

蔗糖是自然界分布最广的二糖,是甘蔗和甜菜的主要成分。蔗糖为无色晶体,熔点180℃,易溶于水,甜味仅次于果糖,超过葡萄糖、麦芽糖和乳糖。蔗糖加热到200℃左右变成褐色。

蔗糖的分子式为 $C_{12}H_{22}O_{11}$,在酸或碱催化下水解生成一分子 D-(＋)-葡萄糖和一分子 D-(－)-果糖。它不能与 Fehling 试剂和 Tollens 试剂反应,是一种非还原性二糖。蔗糖不能与苯肼作用,也没有变旋光现象,说明蔗糖分子中没有半缩醛羟基(苷羟基),不能转变为开链式结构。蔗糖的结构式如下:

⇐ 葡萄糖上的α-糖苷键连接
⇐ 果糖上的β-糖苷键连接

蔗糖的比旋光度为＋66.5°,水解后生成的葡萄糖的比旋光度为＋52°,果糖的比旋光度为－92°,所以蔗糖水解后等分子混合物的比旋光度为－20°。水解反应前后旋光方向发生了转变。因此,常把蔗糖的水解反应称为转化反应,把蔗糖经水解而生成的混合物称为转化糖。

转化糖中有果糖,因此比葡萄糖和蔗糖甜。最常见的转化糖是蜂蜜,它是葡萄糖和果糖的过饱和混合物,是蜜蜂的蔗糖转化酶水解蔗糖得到的。

蔗糖不像还原性糖那样容易被氧化,所以经常用于储存食物,如果酱、果冻等。

2. 麦芽糖

麦芽糖是淀粉在淀粉酶作用下水解生成的产物。一分子麦芽糖水解后生成两分子D-葡萄糖。两个葡萄糖单元通过 α-1,4'-葡萄糖苷键连接在一起,即麦芽糖是由一分子葡萄糖的苷羟基与另一分子葡萄糖 C_4 上的羟基脱水而形成的。

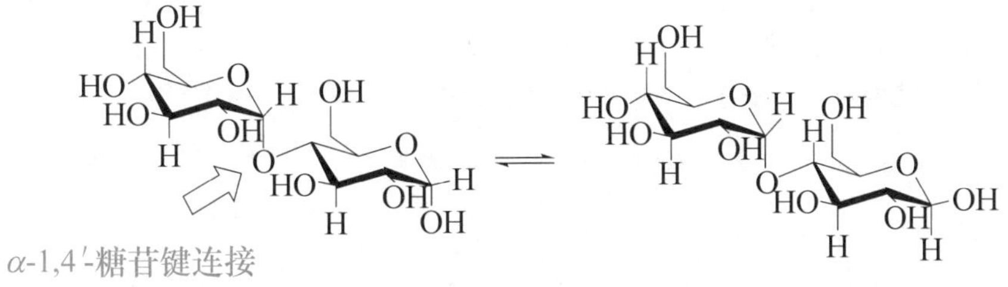

α-1,4'-糖苷键连接

α-麦芽糖　　　　　　　β-麦芽糖

麦芽糖具有半缩醛羟基,故有 α- 和 β- 两种异头物。在水溶液中,麦芽糖的环状结构可以变成开链结构。通过开链结构,α-麦芽糖和 β-麦芽糖两种异头物处于动态平衡。麦芽糖属于还原性二糖,化学性质与葡萄糖类似,如可被 Tollens 试剂、Fehling 试剂、Br_2/H_2O、HNO_3 等氧化,可以成脒,具有变旋光现象等。

麦芽糖是无色片状结晶,通常含有一个水分子,$[\alpha]_{10}^{D}=+137°$,甜度为蔗糖的 40%,是食用饴糖的主要成分。

3. 纤维二糖

纤维二糖是纤维素部分水解所得到的产物。一分子纤维二糖水解后也生成两分子D-葡萄糖。与麦芽糖不同的是在纤维二糖结构中,两个葡萄糖是通过 β-1,4'-葡萄糖苷键连接的。β-纤维二糖含有苷羟基,所以它也是一种还原糖。溶液中纤维二糖以 α-纤维二糖和 β-纤维二糖两种形式存在。固态时,纤维二糖则是 β-型的。

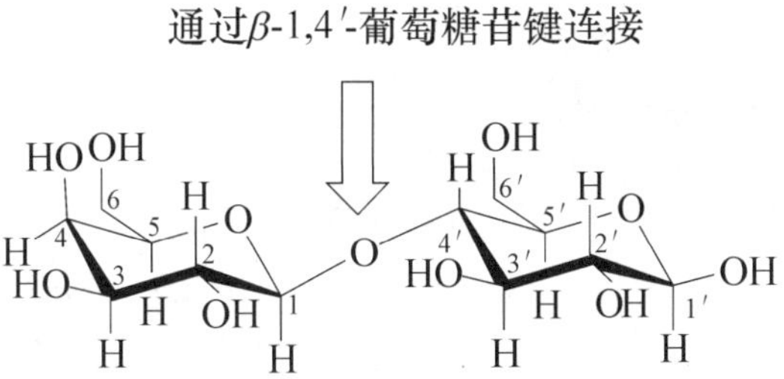

通过β-1,4'-葡萄糖苷键连接

β-纤维二糖

4. 乳糖

乳糖为白色粉末,易溶于水。乳糖是由一分子 D-半乳糖(D-葡萄糖的 C_4 差向异构体)和一分子 D-葡萄糖通过β-1,4'-葡萄糖苷键连接的,其中 D-葡萄糖仍保留苷羟基,所以是还原糖,具有变旋光现象。乳糖中的半缩醛羟基可以分为 α-型和 β-型,所以乳糖也有 α- 和 β- 两种异构体。β-乳糖结构式如下:

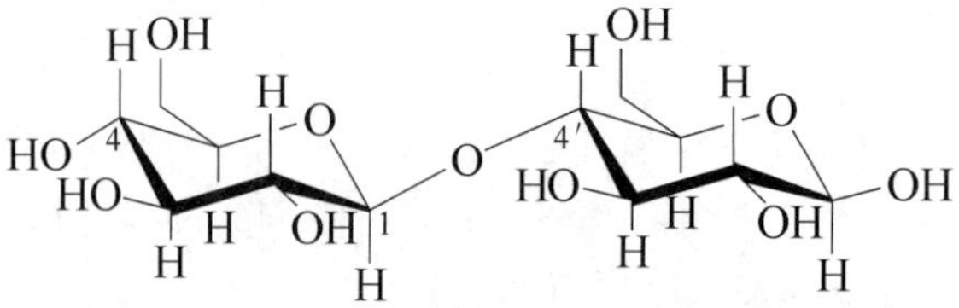

β-乳糖

乳糖存在于哺乳动物的乳液中,人乳中含量为 $6\%\sim8\%$,牛乳中含量为 $4\%\sim6\%$。乳糖水解需要一种半乳糖苷酶(有时称为乳糖酶)的催化。

15.4 多 糖

多糖广泛存在于自然界。有些多糖是构成动植物体的重要物质,如纤维素、甲壳质等;另外一些是动植物体储存能量的物质,如淀粉、肝糖、肝糖元、肌糖元等,当机体需要能量时,它们会在相关酶的作用下分解成单糖。

多糖是一种天然高分子化合物。一分子多糖水解后生成几百或数千个单糖分子。因此,可以把多糖视为多个单糖分子的苷羟基和醇羟基脱水缩合的产物。多糖的性质与单糖、二糖不同。多糖一般不溶于水,即使溶于水,也只能形成胶体溶液。另外,多糖都没甜味,无还原性,也不具有变旋光现象。

15.4.1 淀粉

1. 直链淀粉

直链淀粉在玉米、马铃薯等的淀粉(starch)中的含量占 $20\%\sim30\%$,能溶于热水而不成糊状,相对分子质量比支链淀粉小,是 D-葡萄糖以 α-1,4'-苷键聚合而成的链状化合物,所以称为直链淀粉。直链淀粉的部分结构如图 15-6 所示。

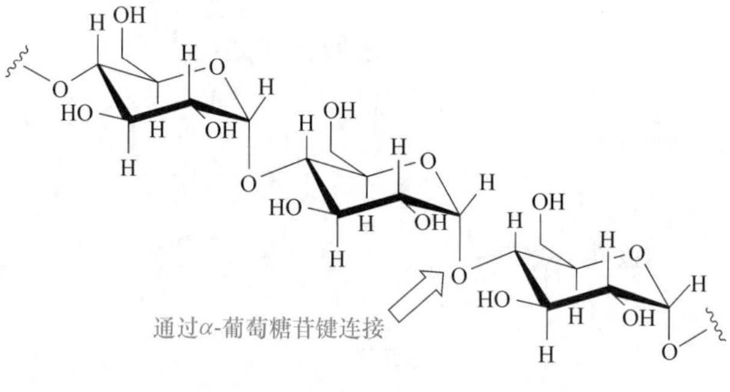

通过α-葡萄糖苷键连接

图 15-6 直链淀粉结构示意图

直链淀粉并非直线形分子,而是呈逐渐弯曲的形式,并借分子内氢键卷曲成螺旋状。直链淀粉遇碘显蓝色。碘与淀粉之间并不是形成了化学键,而是碘分子钻入了螺旋当中的空隙(图 15-7)。碘分子与淀粉之间借助于范氏力联系在一起,形成了一种络合物,这种络合物呈深蓝色,这是用淀粉-碘化物来检测氧化剂的基础。将被检测物质加入含有碘化钾的淀粉水溶液中,若被检测物是一种氧化剂,部分碘离子会被氧化成碘分子,这时就会和淀粉形成蓝色的络合物。

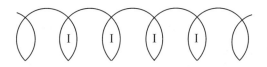

图 15 - 7　碘和淀粉的络合示意图

2. 支链淀粉

支链淀粉是一种不溶性淀粉,在淀粉中的含量为 $70\%\sim90\%$。支链淀粉也是由 D-葡萄糖基以 α-1,4'-苷键缩合形成的长链,但每 $20\sim30$ 个葡萄糖单元就会出现一个支化点,分支链也是以 α-1,4'-苷键相连,但分支点处通过 α-1,6'-苷键与主链相连。图 15 - 8 是含一个支链的淀粉的部分结构。

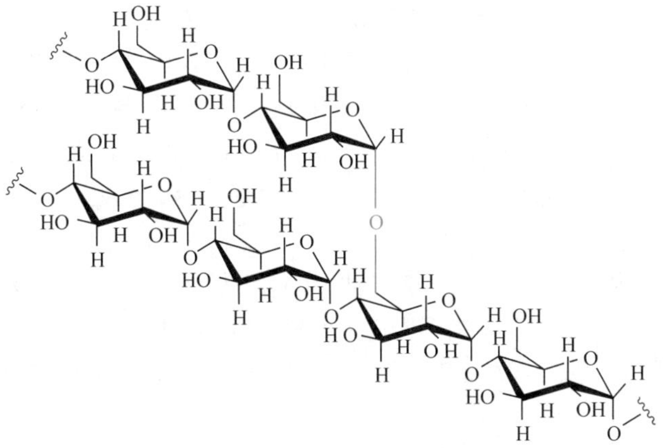

图 15 - 8　支链淀粉的部分结构

15.4.2　纤维素

纤维素(cellulose)是自然界最丰富的有机化合物。它构成植物的支持组织,是植物细胞壁的主要组分。棉花是含纤维素最高的物质,含量最高达 98%,其次是亚麻和木材。木材中含纤维素约为 50%,一般植物的干、叶中含纤维素为 $10\%\sim20\%$。

纤维素由 D-葡萄糖单元通过 β-1,4'-苷键连接而成(图 15 - 9),这种键的排列相当坚固和稳定,形成了纤维这种结构材料的特殊性质。

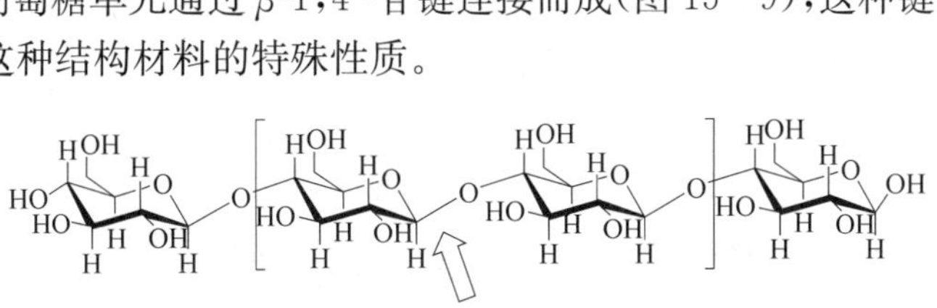

通过β-葡萄糖苷键连接

图 15 - 9　纤维素的结构式

纤维素和直链淀粉一样,是没有分支的链状分子。分子中葡萄糖单元以 β-1,4'-苷键连接,这样纤维素分子的链和链之间便能借分子间氢键像麻绳一样拧紧,形成坚硬的、不溶于水的纤维状高分子,构成理想的植物细胞壁。

人类消化道中没有能水解 β-1,4'-葡萄糖苷键的纤维素酶,因此不能直接消化吸收纤维

素。而食草动物却能以纤维为主要饲料,在这些动物肠道中能分泌纤维素酶,将纤维素分解成纤维二糖,再将纤维二糖分解成 D-葡萄糖。当一头牛吃了干草后,这些纤维素酶可将 20%~30%的纤维素转化为可消化的糖。

随着人类社会的发展,能源短缺已经成为世界各国普遍关注的问题,对可再生化工资源和能源的开发和利用是化学与化工领域面临的一项新挑战。生物质能作为一种可再生且环境友好的能源,越来越受到人们的重视。生物质主要由纤维素、半纤维素和木质素组成,还有少量可溶于极性或弱极性溶剂的成分。生物质经过热化学转化和生物化学转化等技术可转化为生物油。生物油可单独使用或与石油混合使用。

从长远看,目前以粮食或经济作物为原料的工业化生物油具有规模限制性和不可持续性。利用秸秆、禾草和森林工业废弃物等非食用纤维素生产生物油是未来大规模替代石油的方向。

地球上的植物通过光合作用每年生产 2000 亿吨的生物质,其中被人类利用的仅占 3%~4%。生物质的利用对可持续发展和降低全球温室效应起着重要的作用,它的两个主要开发领域是:①生物质直接或间接地用作能源;②生物质用作化学品、材料产品的资源。对化学工业来说,目前集中在三个研究开发领域:①取代石化原料,用作可再生的原料;②生物过程取代传统的化学过程,制备有机物和其他化学品;③开发新的生物产品。以生物质为原料、酶为催化剂生产有机化合物,因其条件温和、设备简单、选择性好、无污染,已成为绿色化学研究的重点之一。

液体生物燃料,如由菜油生产的生物柴油、由植物糖类生产的生物乙醇及其衍生物 ET-BE,以及由木质纤维素生产的生物甲醇及其衍生物 MTBE,是可再生的燃料,所占比例逐年增加。生物柴油即脂肪酸甲酯,在欧洲已有几个工厂投产。在美国,添加生物乙醇的汽油已占所有汽车燃料的 12%。

在生物聚合物领域,Cargill 和 Dow 化学共同开发的合成聚乳酸(PLA)新工艺是利用谷物衍生的糖作原料。PLA 是第一个由可再生资源生产的合成聚合物。DuPont 公司则用微生物代谢工程生产 1,3-丙二醇(PDO),中试装置中 PDO 产率达到 $135g \cdot L^{-1}$,速率 $4g \cdot (L \cdot h)^{-1}$。PDO 是生产聚三亚甲基对苯二甲酸酯(PTT)的原料之一。

美国环境保护局的 P. Anastas、M. Kirchchoff 和 T. Williamson 开发的 Biofine 工艺以农作物、农业残余物、纸厂沉淀物、废纸、废木、城市固体废弃物等生物质为原料,采用高温、稀酸水解过程使纤维素生物质转化成乙酰丙酸及其衍生物,再分别经催化加氢等步骤制成燃料添加剂、农药、除莠剂、涂料等有实用价值的化学品。该项目的研究开辟了利用废弃生物质生产有用化学品的新途径,获得 1999 年美国"总统绿色化学挑战奖"。

15.4.3 甲壳素

甲壳素也称甲壳质(chitin),是甲壳类动物外壳、节肢动物表皮等生物组织中广泛存在的天然动物纤维,是继淀粉、纤维素之后开发的第三大生物资源。自然界中甲壳素的每年生物合成量达 1000 亿吨。甲壳素是由 2-乙酰胺基葡萄糖通过 β-1,4-糖苷键连接而成的直链多糖。

甲壳素脱乙酰基后生成的物质称为壳聚糖(chitosan)。与纤维素相比,两者的差别仅在于壳聚糖只是把纤维素中葡萄糖的 C_2—OH 换为—NH_2。或者说,壳聚糖是由 2-氨基葡萄糖通过 β-1,4-糖苷键形成的动物性纤维。

甲壳素　　　　　　　　　　壳聚糖　　　　　　　　　　纤维素

现代药理学研究表明,壳聚糖及其水解产物或部分水解产物具有各种生理和药理活性。例如,壳聚糖具有促进伤口愈合和断骨再生,增强人体免疫力,抑制肿瘤、降低血糖、血脂和胆固醇,并具有解毒、排毒等功能。壳聚糖的水解产物是人体细胞或组织必需的生物活性物质,与人体组织有良好的生物相容性。目前对它们的研究和开发利用已成为多糖研究的一个热点。

15.4.4　细胞表面的多糖

细胞表面的多糖种类复杂,按照连接方式分类,可分为 O 连多糖(*O*-糖)、N 连多糖(*N*-糖)、C 连多糖(*C*-糖)和 GPI 锚定连接多糖。其中,以 O 连多糖和 N 连多糖最常见。

O-糖多修饰于丝氨酸(Ser)或苏氨酸(Thr)的侧链羟基上,目前研究较多的是肿瘤细胞表面的变异 *O*-糖的结构和免疫学功能。由于肿瘤细胞表面的 *O*-糖和正常细胞表面表达的有所不同,病变的细胞表面多糖链变短,而且高度唾液酸化,生成的一类特殊的 *O*-糖称为肿瘤糖抗原。利用这些抗原,可以设计并合成肿瘤相关的治疗性疫苗分子,以达到攻克癌症的目的。

N-糖多修饰于天冬酰胺(Asn)的侧链氨基上,并且大多数作为一个核心区域,表达在病毒的包膜糖蛋白表面。目前研究的热点也在于这些病毒表面的多糖结构。与 *O*-糖不同,*N*-糖的结构比较简单,分为三类:高甘露糖型(GlcNAc 和甘露糖组成)、复合型(除了 GlcNAc 和甘露糖外,还有果糖、半乳糖和唾液酸)和杂合型(综合高甘露糖型和复合型,包括一个五糖核心)。*N*-糖的修饰程度有很大的差别,不同营养环境的糖蛋白,*N*-糖的修饰完整度也不同,这种高度变异的特性与病毒的免疫逃逸密切相关。

* 15.4.5　寡糖的合成

糖生物学的兴起及与糖有关的药物学的蓬勃发展带动了糖合成化学的发展。糖化学合成方法从以溴代糖为供体(糖供体即异头碳被活化并能够与羟基发生偶联反应,生成糖苷键的糖单元),Ag 盐为催化剂的 Koenigs(凯尼格)-Knorr 偶联法开创以来,经过几十年卓有成效的探索,在方法学上已经取得长足的进步,可以说采用保护—偶联—脱保护的例行策略能合成许多糖链及其缀合物。

在寡糖的合成中,为了在糖环上定点地引入糖苷键和各种官能团,首先必须对糖环上的各个羟基、氨基或者羧基进行保护,然后逐次选择性地脱去保护基,并分别先后定位地引入糖基或其他官能团,在完成合成之后再脱去所有的保护基团。目前,已发展出的各类保护基团达数百种之多,它们分别对糖环上的不同部位的羟基、氨基或者羧基具有选择性,而它们脱去反应的条件和试剂也明显不同。因此,可以根据寡糖合成路线的需要,依次引入并选择性地脱去各个保护基团。这些进展大大提高了现代寡糖合成的效率和质量。

可以说糖合成化学任务难点在于异头碳的立体选择性。一般化学偶联的立体选择性主要受邻基参与效应(NGP,neighboring group participation)的影响,即供体 2 位上酯基或酰胺基的存在有助于形成 1,2-反式的糖苷键。例如,木糖、葡萄糖、葡萄糖醛酸酯、氨基葡萄糖、半乳糖、氨基半乳糖、半乳糖醛酸酯的吡喃衍生物供体偶联时,β-糖苷键为主要产物;而甘露糖型的吡喃糖衍生物供体偶联时,α-糖苷键为主要产物。

但供体 2 位上为游离羟基、叠氮基或醚键时,有的倾向于形成 α-糖苷键,有的倾向于形成 α-和 β-糖苷键。葡萄糖、半乳糖、甘露糖这三类糖中以甘露糖为供体的 β-糖苷键的合成策略的研究最具挑战性。实质上影响异头碳立体选择性的因素是复杂的,应从动力学和热力学等方面考虑,许多偶联的结果与上述邻基参与效应是相左的,这意味着有其他因素如异头效应等在起作用。这就大大增加了糖合成化学工作者合成糖链的难度。

近年来,一些国内外杰出工作者研究了更多先进的寡糖合成方法,其中包括酶催化合成法和固相合成法。酶催化反应具有高度的立体和区域选择性,快速、高效且反应条件温和,这些特性决定了酶促合成是解决寡糖合成中异头碳的活化、糖环上各个羟基的不同反应、糖苷键形成时的立体专一性及寡糖分子水溶性等问题的最有效手段。同时,还免去了传统方法各种原料的选择保护及反应中的选择性脱保护等步骤,从而使合成过程达到最大程度的简化。固相合成方法是在 20 世纪 70 年代初糖化学家仿照多肽和寡聚核酸固相合成的方法做的合成寡糖的新尝试。其设计思想是,先将一个寡糖残基通过载体连接在高分子载体之上,然后将适当保护的另一个寡糖残基以适当的糖苷键合方法连接上去,每一步产物经过过滤和洗涤纯化,最后将寡糖从高分子载体上用适当的方法切下来,从而得到纯的多糖分子。目前两种新的方法都有着长足的发展和广阔的前景。

习　题

1. 写出戊醛糖的所有链式构型异构体,并用 R/S 标记法标记所有的不对称碳。
2. 写出 D-葡萄糖的对映异构体。α 和 β 构型的吡喃式葡萄糖是否为对映异构体?为什么?
3. 请解释什么是糖的变旋光现象,并用反应式表示。
4. 请解释什么是糖的差向异构化,并用反应式表示。
5. 请解释什么是还原糖,什么是非还原糖,醛糖是否都是还原糖,酮糖是否都是非还原糖。
6. 下列哪些糖是还原糖?哪些是非还原糖?

   (1) D-甘露糖　　　　　　　　　　(2) D-阿拉伯糖

   (3) D-山梨糖　　　　　　　　　　(4) L-来苏糖

   (5) L-果糖　　　　　　　　　　　(6) D-葡萄糖

   (7)

   (8)

(9) 甲基-β-D-葡萄糖苷　　　　　(10) 纤维二糖

(11) 麦芽糖　　　　　　　　　　　(12) 蔗糖

(13) 淀粉　　　　　　　　　　　　(14) 纤维素

7. 把下列链式结构写成 Haworth 式(吡喃式)。

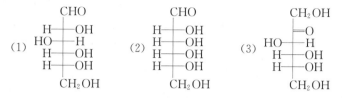

8. D-葡萄糖在不同的条件下重结晶,可以得到两种不同熔点的晶体,一种熔点为 146℃,另一种熔点为 150℃,将两种晶体溶于水后配成新鲜溶液,其比旋光度相差很大,但放置一段时间后,两溶液的比旋光度却趋于一致,试解释之。

9. 判断下列化合物中所有不对称碳的 R,S 构型。

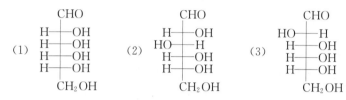

10. 请写出吡喃式 D-(+)-甘露糖的 Haworth 投影式,指出哪个构型是 α-型,哪个构型是 β-型,并画出其较稳定的构象式。

11. 写出下列糖用溴水氧化后的产物。

　　(1) L-葡萄糖　　　(2) D-赤藓糖　　　(3) D-甘露糖

12. 下列糖分别用稀硝酸氧化,产物是否有旋光性?

　　(1) D-甘露糖　　　(2) L-核糖　　　(3) D-苏阿糖

13. 写出下列化合物与过量高碘酸反应的产物。

　　(1) L-甘露糖　　　(2) D-半乳糖　　　(3) D-核糖

14. 写出 D-果糖与硼氢化钠反应的产物。

15. 请给出 D-(+)-半乳糖与下列试剂反应后所得的主要产物。

　　(1) 苯肼　　　　　　　　　　(2) HNO_3,$NaNO_2$,0℃　　　　　(3) $NaCN/H^+$

　　(4) $Na-Hg/H_2O/OH^-$　　　(5) Br_2/H_2O　　　　　　　　　(6) CH_3OH/HCl

　　(7) $(CH_3CO)_2O/ZnCl_2$　　(8) $(CH_3)_2SO_4$,$NaOH$　　　　(9) CH_2N_2/BF_3

　　(10) CH_3COCH_3/H_2SO_4　　(11) NH_2OH

16. 一己醛糖用稀的温热的 HNO_3 氧化,得到无光学活性的化合物。己醛糖应有怎样的结构? 写出相关的反应简式。

17. 一戊醛糖的分子式为 $C_5H_{10}O_5$(A)。A 经小心氧化得分子式为 $C_5H_{10}O_6$ 的酸 B。B 用 HI/P 处理得到异戊酸。给出 A、B 的构造式及相关反式。

18. 葡萄糖还原时可得到单一的葡萄糖醇,果糖还原时则生成两种差向异构体,其中之一就是葡萄糖醇。试解释其原因。

19. 葡萄糖经乙酰化后产生两种异构的五乙酰衍生物,后者不和苯肼、Tollens 试剂反应,如何解释这一现象?

20. 化合物 A 分子式为 $C_5H_{10}O_4$,有旋光性,和乙酐反应生成二乙酸酯,但不和 Tollens 试剂反应。A 用稀酸处理得到甲醇和(B)($C_4H_8O_4$),后者有旋光性,和乙酐成三乙酸酯。B 经还原可生成无旋光性的(C)($C_4H_{10}O_4$),后者可和乙酐成四乙酸酯。B 温和氧化的产物 D 是一个羧酸($C_4H_8O_5$),用 NaOX 处理 D 的酰胺得到 D-甘油醛。根据上述实验事实确定 A~D 的构造式。

21. 有两种化合物 A 和 B，分子式均为 $C_5H_{10}O_4$，与 Br_2 作用得到分子式相同的酸 $C_5H_{10}O_5$，与乙酐反应均生成三乙酸酯，用 HI 还原 A 和 B 都得到戊烷，用 HIO_4 作用都得到一分子 H_2CO 和一分子 HCO_2H，与苯肼作用，A 能生成脎，而 B 则不能。推导 A 和 B 的结构，写出上述反应过程。找出 A 和 B 的手性碳原子，写出对映异构体。

22. 有一个糖类化合物溶液，用 Fehling 试剂检验没有还原性。如果加入麦芽糖酶放置片刻再检验则有还原性。经分析用麦芽糖酶处理后的溶液知道其中含有 D-葡萄糖和异丙醇。写出原化合物的结构式。

23. 有一个 D-己醛糖 A 用 H_2/Ni 还原得到无旋光性的己六醇 B。将该糖 A 用 Ruff 降解得到 D-戊醛糖 C，将 C 用硝酸氧化得到一种旋光的糖二酸 D。试推导 A～D 的结构式。

第16章 氨基酸、多肽、蛋白质及核酸

16.1 氨 基 酸

16.1.1 α-氨基酸的结构、命名和分类

氨基酸(amino acid)是羧酸碳链上的氢原子被氨基取代后的化合物。根据氨基连在碳链上的位置,氨基酸可分为 α-、β-、γ-、……、ω-氨基酸。蛋白质水解得到的都是 α-氨基酸(表 16-1),且仅有二十几种。本章主要讨论 α-氨基酸。α-氨基酸(R—CHCOOH)分子中,R 部分称$$\underset{NH_2}{\quad}$$为侧链。例如,苏氨酸的侧链是—CH(CH$_3$)OH。

$$\underset{NH_2}{R{-}\overset{\alpha}{CH}COOH}$$

α-氨基酸

$$\underset{NH_2}{R\overset{\beta}{CH}\overset{\alpha}{CH_2}COOH}$$

β-氨基酸

$$\underset{NH_2}{\overset{\omega}{CH_2}(CH_2)_n\overset{\alpha}{CH_2}COOH}$$

ω-氨基酸

表 16-1 常见 α-氨基酸的俗名和简写

氨基酸	英文名称	英文符号	字母代号	汉字代号	侧链
甘氨酸	glycine	Gly	G	甘	H—
丙氨酸	alanine	Ala	A	丙	CH$_3$—
*缬氨酸	valine	Val	V	缬	CH$_3$—CH(CH$_2$)—
*亮氨酸	leucine	Leu	L	亮	(CH$_3$)$_2$CH—CH$_2$—
*异亮氨酸	isoleucine	Ile	I	异亮	CH$_3$—CH$_2$—CH(CH$_3$)—
*蛋氨酸	methionine	Met	M	蛋	CH$_3$—S—(CH$_2$)$_2$—
脯氨酸	proline	Pro	P	脯	$\underset{\big|_____\big|}{-N-(CH_2)_3-CH}$
*苯丙氨酸	phenylalanine	Phe	F	苯丙	Ph—CH$_2$—
*色氨酸	tryptophan	Trp	W	色	![色氨酸侧链]CH$_2$—
天冬酰胺	asparagine	Asn	N	天冬酰胺	H$_2$N—CO—CH$_2$—
谷氨酰胺	glutamine	Gln	Q	谷酰胺	H$_2$N—CO—(CH$_2$)$_2$—
丝氨酸	serine	Ser	S	丝	HO—CH$_2$—
*苏氨酸	threonine	Thr	T	苏	CH$_3$—CH(OH)—
酪氨酸	tyrosine	Tyr	Y	酪	HO—⟨ ⟩—CH$_2$—
半胱氨酸	cysteine	Cys	C	半胱	HS—CH$_2$—
天冬氨酸	aspartic acid	Asp	D	天冬	HOOC—CH$_2$—

氨基酸	英文名称	英文符号	字母代号	汉字代号	侧链
谷氨酸	glutamic acid	Glu	E	谷	$HOOC—(CH_2)_2—$
精氨酸	arginine	Arg	R	精	$HN=C(NH_2)—NH—(CH_2)_3—$
组氨酸	histidine	His	H	组	$\underset{H}{N}\diagdown\diagup N —CH_2—$
* 赖氨酸	lysine	Lys	K	赖	$H_2N—(CH_2)_4—$

* 必需氨基酸(essential amino acid),即人体必需的,但自身无法合成的氨基酸。

　　根据分子结构特点,可将氨基酸分为脂肪族氨基酸、芳香族氨基酸和杂环氨基酸。根据分子中氨基和羧基的相对个数也可将氨基酸进行分类:氨基和羧基个数相等的为中性氨基酸,如亮氨酸;氨基数目多于羧基的为碱性氨基酸,如赖氨酸;羧基数多于氨基的为酸性氨基酸,如谷氨酸。

　　氨基酸的系统命名法是将氨基作为羧酸的取代基进行命名。那些能够通过蛋白质水解得到的氨基酸都有俗名,且俗名更为常用(表 16-1)。

　　通常用 D/L 标记法标记 α-氨基酸中的不对称碳。除氨基乙酸(甘氨酸)外,α-氨基酸分子中的 α-碳原子都是手性碳,都具有旋光性,组成蛋白质的常见氨基酸的构型均为 L 型。

16.1.2　氨基酸的性质

1. 物理性质

　　氨基酸都是结晶固体,易溶于水,难溶于乙醚、丙酮和苯等非极性有机溶剂。氨基酸由于可形成两性离子,因此熔点很高(一般在 200℃ 以上),且多数在熔化时分解。

2. 化学性质

1) 羧基的反应

　　α-氨基酸分子中的羧基具有典型羧基的性质,如能与碱、五氯化磷、氨、醇、氢化铝锂等反应。在多肽合成中,与 PCl_5 反应可用于活化羧基,与 $PhCH_2OH$ 反应可用于保护羧基。

$$\underset{\underset{NH_2}{|}}{RCHCOOH} \begin{cases} \xrightarrow[-POCl_3,-HCl]{PCl_5} \underset{\underset{NH_2}{|}}{RCHCOCl} \\ \xrightarrow[-H_2O]{PhCH_2OH} \underset{\underset{NH_2}{|}}{RCHCOOCH_2Ph} \end{cases}$$

2) 氨基的反应

　　α-氨基酸分子中的氨基具有典型氨基的性质。例如,与亚硝酸反应定量释放氮气,可由氮气体积计算氨基酸含氮量,称为 van Slyke(范斯奈基)氨基测定法;甲醛可与氨基酸的氨基亲核加成,而后脱水生成碳氮双键,此产物可像普通羧酸一样被碱滴定;氨基的酰化可用于反应中保护氨基。其中所用的保护基苄氧羰基($PhCH_2OCO—$)常简写成 Cbz,可用催化氢化方法除去。而所用的保护基叔丁氧羰基[$(CH_3)_3COCO—$]常简写成 Boc,酸性条件下可去酰基化;氨基酸与 2,4-二硝基氟苯(DNFB)发生烃基化反应,生成的 2,4-二硝基苯的衍生物在多肽端基分析中十分有用[Sanger(桑格尔)法,详见 16.2.2]。

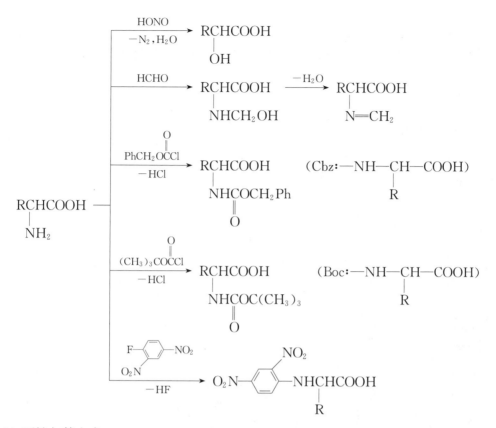

3) 两性与等电点

α-氨基酸在水中的溶解度都大于在乙醚中。这是因为 α-氨基酸具有内盐结构,这种内盐同时具有两种离子的性质,又称**两性离子**(amphoteric ion)。

$$\underset{NH_2}{RCHCOOH} \rightleftharpoons \underset{^+NH_3}{RCHCOO^-}$$

两性离子既可与 H^+ 作用,也可与 OH^- 作用,在溶液中形成一个平衡。

$$\underset{\substack{|\\^+NH_3}}{RCHCOOH} \underset{H^+}{\overset{OH^-}{\rightleftharpoons}} \underset{\substack{|\\^+NH_3}}{RCHCOO^-} \underset{H^+}{\overset{OH^-}{\rightleftharpoons}} \underset{\substack{|\\NH_2}}{RCHCOO^-}$$

　　　　　　　　　　　K_1　　　　　　　　K_2

　　　　Ⅰ　　　　　　　　Ⅱ　　　　　　　　Ⅲ

溶液酸性强时,氨基酸主要以正离子Ⅰ形式存在,在电场中向负极移动;当溶液碱性强时,氨基酸主要以负离子Ⅲ形式存在,在电场中向正极移动;当溶液为某一 pH 时,负离子Ⅲ和正离子Ⅰ浓度相等,净电荷为零,在电场中不发生净定向移动,则此时的 pH 称为氨基酸的**等电点**(isoelectric point,pI)此时氨基酸主要以偶极离子Ⅱ的形式存在,溶解度最小。不同氨基酸的等电点不同,参见表 16-2。因此可以通过调节 pH 使不同的氨基酸先后沉淀而达到分离的目的。

表 16 - 2 α-氨基酸的 pK 和 pI

氨基酸	pK$_1$	pK$_2$	pK$_3$	pI
		中性氨基酸		
甘氨酸	2.3	9.6		6.0
丙氨酸	2.3	9.7		6.0
缬氨酸	2.3	9.6		6.0
亮氨酸	2.4	9.6		6.0
异亮氨酸	2.4	9.7		6.1
蛋氨酸	2.3	9.2		5.8
脯氨酸	2.0	10.6		6.3
苯丙氨酸	1.8	9.1		5.5
色氨酸	2.4	9.4		5.9
天冬酰胺	2.0	8.8		5.4
谷氨酰胺	2.2	9.1		5.7
丝氨酸	2.2	9.2		5.7
苏氨酸	2.6	10.4		5.6
酪氨酸	2.2	9.1	10.1	5.7
半胱氨酸	1.7	10.8	8.3	5.0
		酸性氨基酸		
天冬氨酸	2.1	3.9	9.8	3.0
谷氨酸	2.2	4.3	9.7	3.2
		碱性氨基酸		
精氨酸	2.2	9.0	12.5	10.8
组氨酸	1.8	6.0	9.2	7.6
赖氨酸	2.2	9.0	10.5	9.8

对于只有一个羧基和一个氨基的氨基酸(中性氨基酸),其 pI 计算值等于(pK$_1$+pK$_2$)/2。由于羧基的解离度比氨基大,因此中性氨基酸的等电点略偏酸性,而不是中性。α-氨基酸的 pK 值和等电点 pI 见表 16 - 2。

4) 络合性能

氨基酸中的羧基可以与金属成盐,同时氨基的氮原子上的孤对电子可以与某些金属离子形成配位共价键,得到稳定络合物。例如,一些 α-氨基酸与 Cu^{2+} 能形成蓝色络合物晶体,可用于分离或鉴定氨基酸。

5）茚三酮反应

α-氨基酸与茚三酮水溶液一同加热，可生成紫色的有色物质。此反应很灵敏，且生成物颜色的强度和氨基酸的浓度直接相关。这是 α-氨基酸特有的反应，常用于 α-氨基酸的定性或定量分析。脯氨酸与羟基脯氨酸的 α-氨基为环中的仲氨基，反应产物呈橙色。

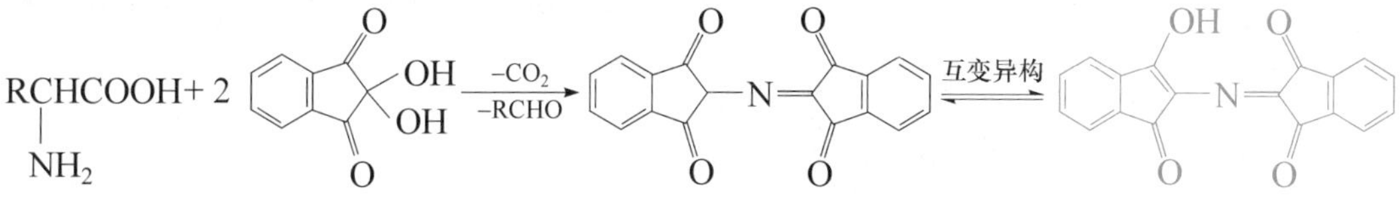

紫色

6）受热脱水或脱氨

在加热情况下，α-氨基酸发生两分子之间的氨基与羧基的脱水，生成交酰胺。

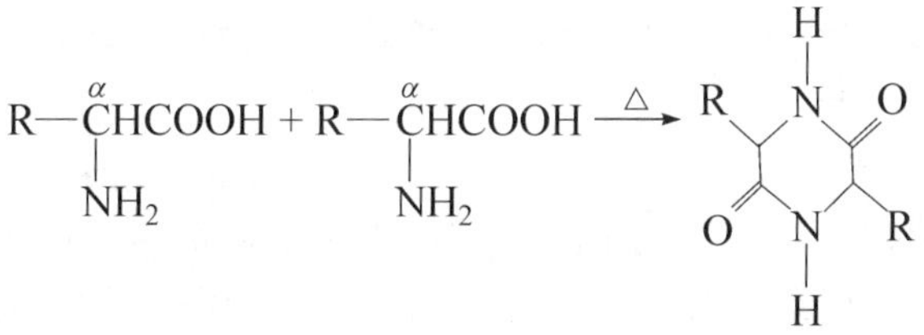

16.2　多　　肽

16.2.1　多肽的组成

多肽（peptide）存在于自然界中并有重要的生理作用。多肽与蛋白质间没有明显的界线，一种区分方法是将能透过一种天然渗析膜定为多肽的上限，相当于相对分子质量约 10000，含约 100 个氨基酸。有时也把含 50 个以上氨基酸的多肽称为蛋白质。但是，区分蛋白质的更常用标准是其结构。蛋白质相对分子质量较大，部分水解时生成多肽。

氨基酸分子间的氨基与羧基脱水，通过酰胺键连接而成的化合物称为肽（或多肽），其中的酰胺键—CONH—又称肽键。二肽由两个氨基酸组成，三肽和多肽分别由三个和多个氨基酸组成。组成多肽的氨基酸可以相同也可以不同。多肽和氨基酸一样也是两性离子，因此也有等电点且在等电点时溶解度最小，也可以用离子交换层析法进行分离。

书写多肽的化学式时，一般将氨基的一端（N-端）写在左边，羧基的一端（C-端）写在右边：

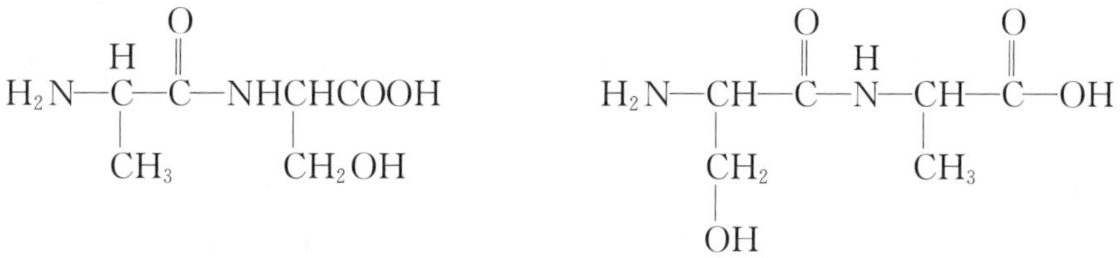

丙氨酰丝氨酸　简写为丙-丝（Ala-Ser）　　　丝氨酰丙氨酸　简写为丝-丙（Ser-Ala）

多肽的命名是以含 C-端的氨基酸为母体，把肽链中其他氨基酸中的"酸"字改为"酰"字，按它们在链中顺序依次写在母体名称之前。氨基酸单位依次编号，从 N-端开始作为 1，C-端氨基酸最后编号。所以上面左式的命名为丙氨酰丝氨酸，右式为丝氨酰丙氨酸。多肽的命名也

可用较简单的缩写来表示,如丙氨酰苯丙氨酰甘氨酸简称为丙-苯丙-甘或用英文简称 Ala-Phe-Gly。

16.2.2 多肽的结构测定

为了确定肽的结构,通常需要测定多肽的组成,包括氨基酸的种类、数目、在肽链中的排列顺序等。

1. 肽的水解

将多肽与 $6mol \cdot L^{-1}$ 盐酸在 112℃中加热 24～72h,可使其彻底水解,得到氨基酸混合物。然后用适当的方法,如电泳、离子交换层析或氨基酸分析仪等,测定氨基酸的种类和数量。

2. 氨基酸顺序测定

N-端分析是指辨别肽链 N-端是哪一种氨基酸的分析方法。C-端分析是指辨别肽链 C-端是哪一种氨基酸的分析方法。

1) C-端氨基酸单元的分析

C-端氨基酸单元可以通过羧肽酶催化水解的方法加以确定。羧肽酶选择性地依次切断C-端氨基酸,通过监测不同氨基酸的出现时间,从而可以推断 C-端氨基酸的排列顺序。此法一般只适用于较短肽链的 C-端氨基酸顺序鉴定,对长肽链的测定用处不大。

2) N-端氨基酸单元的分析

(1) 2,4-二硝基氟苯法(Sanger 法)。

2,4-二硝基氟苯(DNFB)与多肽作用后,将肽链水解,N-端氨基酸会生成黄色的 N-(2,4-二硝基苯基)氨基酸,通过纸层析便可确定 N-端氨基酸。

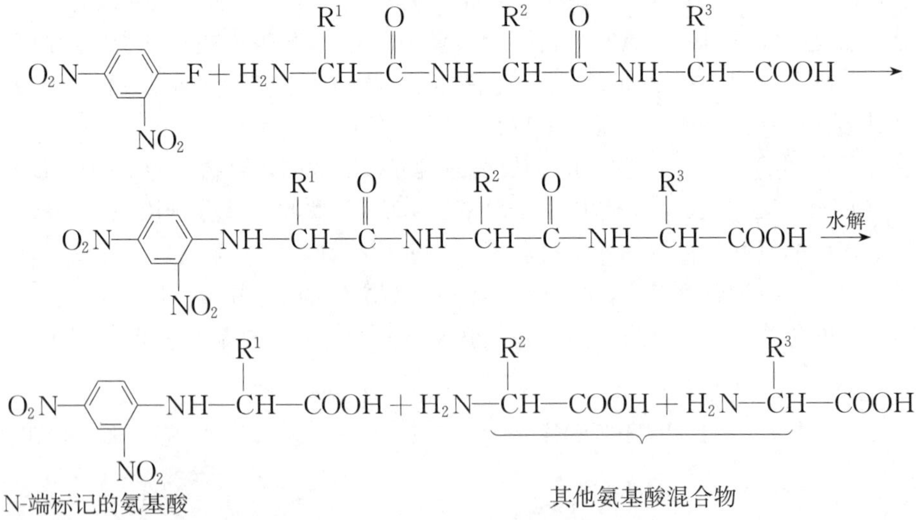

(2) 异硫氰酸酯法(Edman 法)。

异硫氰酸苯酯与多肽 N-端氨基加成,生成苯氨甲硫酰基(PTC)衍生物。将产物小心水解,则末端氨基酸与标记试剂环化,形成苯乙内酰硫脲而从多肽链上分离下来。经与标准样品比较,便可确定是哪种氨基酸。

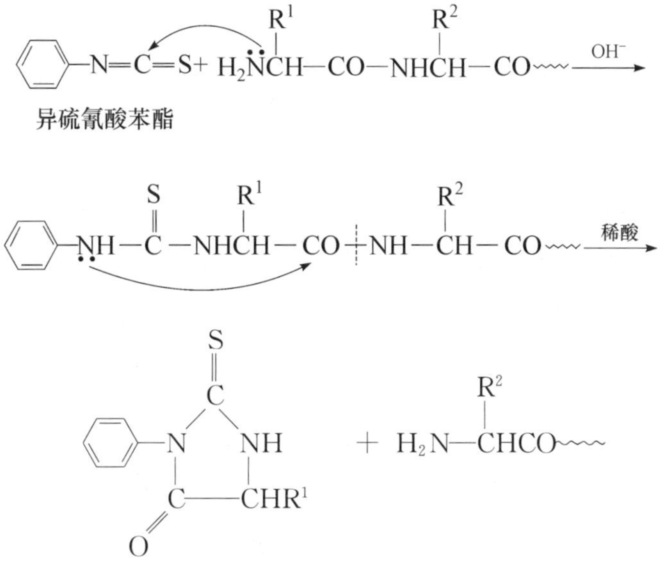

$$\text{异硫氰酸苯酯}$$

$$\text{苯乙内酰硫脲}$$
$$(N\text{-phenylthiohydantoin,PTH})$$

3）酶催化部分水解肽键

测定肽链氨基酸顺序的关键是部分水解,将长链分解成为许多小肽的片段,然后将这些小肽分离,再进行氨基酸分析,最终得到整个肽链氨基酸的顺序。通过小片段的拼接得出可能的肽链结构。此外,有些酶只对特定序列的肽片段在特定位点水解,了解相应酶的特性就更容易推测肽链的顺序。1955 年,F. Sanger 领导的小组用酶催化水解法测定了胰岛素分子中全部氨基酸顺序。

*4）质谱分析法

近年来,随着质谱技术的发展,电喷雾电离(electrospray ionization,ESI)质谱、基质辅助激光解吸电离(matrix assisted laser desorption ionization,MALDI)质谱等用于生物大分子质谱分析的软电离技术逐渐走向成熟。质谱凭借其高灵敏度、高准确性,在多肽的氨基酸序列测定中发挥了重要的作用。其中一种方法称为梯状测序法(ladder sequencing),此方法与 Edman(埃德曼)法类似,利用化学探针或酶解使多肽从 N-端逐一解下氨基酸残基,形成相互差一个氨基酸残基的系列肽,经质谱检测,由相邻峰的相对质量差可确定相应氨基酸残基。另一种方法则是根据待测分子在电离及飞行过程中产生的亚稳离子,通过分析相邻同组类型峰的相对质量差,识别相应氨基酸残基。

16.2.3　多肽合成

1. 液相合成

液相合成实质上是在溶液体系中分步缩合并纯化,直至得到目标产物。

导引:

多肽合成的基本方式为,保护了氨基的氨基酸与保护了羧基的另一个氨基酸在偶联试剂作用下发生反应。需要时,还可以采用一定的方法将第一个氨基酸的羧基活化。

1) 保护氨基

(1) 氯代甲酸苯甲酯 $\langle\bigcirc\rangle$—CH$_2$OCCl（Cbz 保护法）。

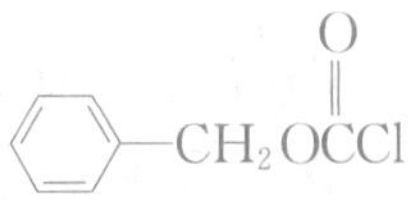

保护：

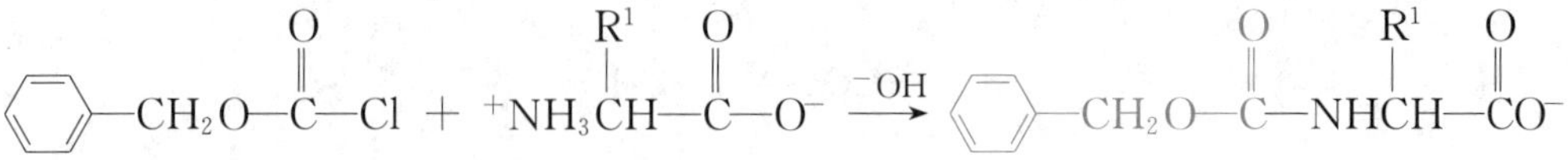

$$\bigcirc\text{—CH}_2\text{O—C—Cl} + \text{}^+\text{NH}_3\text{CH—C—O}^- \xrightarrow{\ ^-\text{OH}\ } \bigcirc\text{—CH}_2\text{O—C—NHCH—CO}^-$$

脱保护：

$$\bigcirc\text{—CH}_2\text{O—C—NHCHC—NHCHC—OH} \xrightarrow[\text{Pd-C}]{\text{H}_2}$$

$$\bigcirc\text{—CH}_3 + \text{CO}_2 + \text{}^+\text{NH}_3\text{CHC—NHCHCO}^-$$

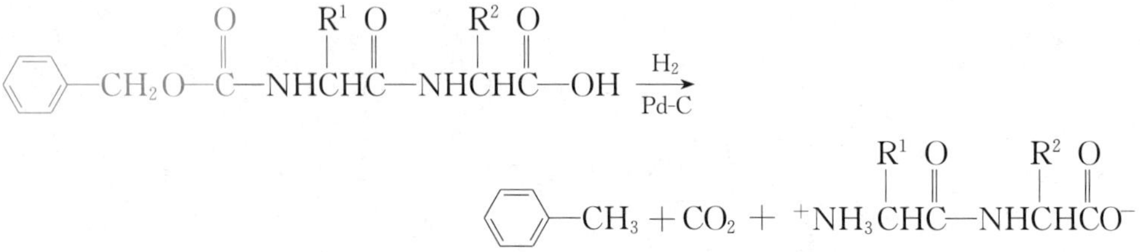

(2) 氯代甲酸叔丁酯 $(CH_3)_3COCCl$（Boc 保护法）。

保护：

$$(CH_3)_3CO\text{—C—Cl} + \text{}^+\text{NH}_3\text{CH—C—O}^- \longrightarrow (CH_3)_3CO\text{—C—NHCHC—OH}$$

脱保护：

$$(CH_3)_3CO\text{—C—NHCHC—NHCHC—OH} \xrightarrow{\text{H}^+}$$

$$(CH_3)_2C\!=\!CH_2 + CO_2 + \text{}^+NH_3\text{CHCNHCHCO}^-$$

2) 保护羧基

甲酯、乙酯、叔丁酯或苯甲酯都能保护羧酸。酯基比酰胺易水解。例如，甲酯在室温通过稀碱水解即可除去，叔丁酯可用温和酸性水解除去，苯甲酯可催化氢解除去。三氟乙酸就是一种很好的脱保护试剂，可脱去多种保护基（包括一些氨基酸侧链保护基），但是三氟乙酸酸性很强，要注意防护。

3) 多肽合成

多肽合成的一般步骤为，先保护 N-端氨基酸的氨基（Ⅰ），活化 N-端被保护的氨基酸的羧基端（Ⅱ），保护下一个氨基酸的羧基（Ⅲ），将活化的 N-端氨基酸与下一个氨基酸相连（Ⅳ），最后脱保护（Ⅴ）。

$$\text{H}_2\text{N}-\overset{\overset{\text{O}}{\|}}{\underset{\underset{R^1}{|}}{\overset{|}{\underset{|}{\text{C}}}}}\text{—OH} \xrightarrow{\;I\;} \boxed{\text{氨基保护基团}}\text{—HN}-\overset{\text{H}}{\underset{R^1}{\text{C}}}-\overset{\overset{\text{O}}{\|}}{\text{C}}\text{—OH} \xrightarrow{\;II\;} \boxed{\text{氨基保护基团}}\text{—HN}-\text{C}-\text{C}-\boxed{\text{羧基活化基团}}$$

$$\text{H}_2\text{N}-\text{C}-\text{C}\text{—OH} \xrightarrow{\;III\;} \text{H}_2\text{N}-\text{C}-\text{C}-\boxed{\text{羧基保护基团}}$$

$$\boxed{\text{氨基保护基团}}\text{—HN}-\text{C}-\text{C}-\boxed{\text{羧基活化基团}} + \text{H}_2\text{N}-\text{C}-\text{C}-\boxed{\text{羧基保护基团}} \xrightarrow{\;IV\;}$$

$$\boxed{\text{氨基保护基团}}\text{—HN}-\text{C}-\text{C}-\text{HN}-\text{CH}-\text{C}-\boxed{\text{羧基保护基团}} \xrightarrow{\;V\;}$$

$$\text{H}_2\text{N}-\text{C}-\text{C}-\text{HN}-\text{CH}-\text{C}\text{—OH}$$

2. 固相树脂合成及自动化合成

在液相合成法的每一步反应中,都需将所得产物分离、提纯,产品的收率随着分离提纯等操作次数增多而呈指数下降,最终所需多肽的收率甚低。20 世纪 60 年代,R. B. Merrifield(麦瑞菲尔德)发展了固相合成多肽的方法,并仅用 6 周就成功合成了含 124 个氨基酸的核糖核苷酶,大大地缩短了合成所需的时间并提高了收率。简单来说,固相合成是在不溶的聚苯乙烯固体树脂载体上进行的合成。在固体树脂的苯环上引入氯甲基(—CH$_2$Cl)后,氨基酸的羧基很容易与树脂上的苯氯甲基形成苯甲酯。树脂与第二个 N-端被保护的氨基酸在缩合剂中振荡,从而得到 N-端带有保护基的二肽。去掉保护基后重复上述步骤,得到所需的多肽,再用化学方法将其从树脂上分离下来。上述步骤可用图 16-1 简单表示,式中 P 表示保护基。

固相合成法的优点:过量的试剂可以使反应更快而有效地进行;过量的试剂、副产物和溶剂容易洗去;最后只有产物留在树脂上,省去分离中间产物的步骤,易于自动化。

目前固相合成法有很大进展,已有各种适合不同肽链端氨基酸的树脂。应用此原理的固相合成仪(自动化合成)也被广泛应用,每步反应产率均在 99% 以上,并已合成成千上万种多肽。

*3. 多肽片段缩合

采用固相合成法已可快捷地获得含数十个氨基酸残基的多肽,但是绝大多数具有生理活性的蛋白质(或多肽)分子含有的氨基酸数目常多达上百,超过固相合成法的上限,因而无法用

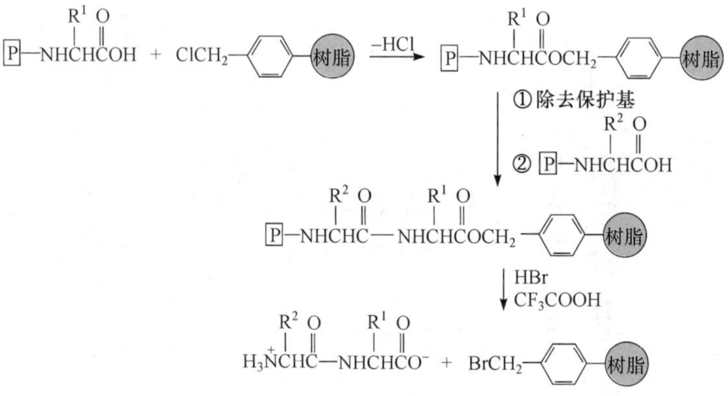

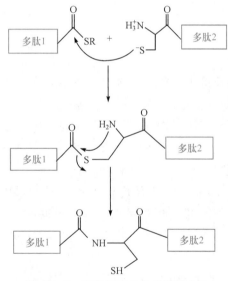

图 16-1 多肽的固相合成

这种常规方法一次性地获得目标分子。为了克服这一困难,有必要将一个大的蛋白质分子分割成几个小的多肽片段,分别合成出这些小的片段,而后用一种高效、便捷的方法将这些片段按一定顺序连接起来,即可合成较大的多肽或蛋白质,这就是多肽片段缩合合成法。

多肽片段缩合合成法的核心是如何将合成的多肽片段高效地连接。1994 年,Kent(肯特)小组发展了半胱氨酸多肽片段缩合法(native chemical ligation),成功地应用于较长多肽的合成(图 16-2)。

图 16-2 半胱氨酸多肽片段缩合法

16.3 蛋 白 质

16.3.1 蛋白质的分类、功能和组成

蛋白质(protein)存在于几乎所有的细胞中。蛋白质根据形状、溶解度可分为纤维蛋白和球蛋白。纤维蛋白的分子为细长形,不溶于水,如蚕丝、指甲、毛发、角、蹄等;球蛋白呈球形或椭球形,一般能溶于水或含有盐类、酸、碱和乙醇的水溶液,如酶、蛋白激素等。

蛋白质按化学组成分为简单蛋白和结合蛋白。简单蛋白完全水解只生成 α-氨基酸。结合蛋白由简单蛋白质与非蛋白质部分结合而成,非蛋白质部分称为辅基(prosthetic group)。辅基可以是碳水化合物、脂类、核酸或磷酸苷等。例如,核蛋白的辅基为核酸,而血红蛋白的辅基则为血红素分子。

16.3.2　蛋白质的结构

蛋白质的结构复杂,并与其功能密切相关。

1. 一级结构

每一种蛋白质分子都有特有的氨基酸组成和排列顺序,即一级结构(primary structure),一般认为这种氨基酸排列顺序决定它的特定空间结构,也就是蛋白质的一级结构决定了蛋白质的二级、三级等高级结构,这就是荣获诺贝尔奖的著名的 Anfinsen(安芬森)原理(但目前也有许多事实表明并非完全如此)。

胰岛素(insulin)由 51 个氨基酸残基组成,分为 A、B 两条链。A 链 21 个氨基酸残基,B 链30 个氨基酸残基。A、B 两条链之间通过两个二硫键联结在一起,A 链另有一个链内二硫键。不同动物胰岛素 A 链的一级结构不同(图 16-3)。

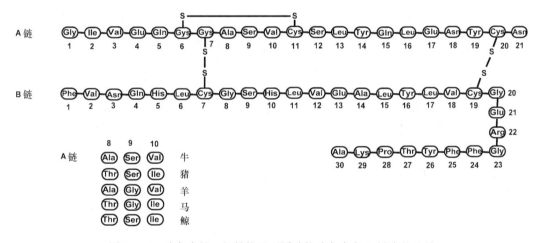

图 16-3　胰岛素的一级结构及不同动物胰岛素在 A 链中的差异

1965 年,我国采用液相合成法在世界上首次人工合成了结晶牛胰岛素。这一创举开辟了人工合成蛋白质的新时代,是人类在认识生命、探索生命奥秘的征途中的又一个里程碑。

2. 二级结构

常见蛋白质的二级结构(secondary structure)有以下几种。

1) α-螺旋

拓展:

一般含十个以上氨基酸的多肽(超过三轮螺旋)才能形成 α-螺旋构象。它在疏水环境(如质膜、三氟乙醇等溶剂环境或气相环境)下会更加稳定。稳定 α-螺旋构象的是分子内氢键,α-螺旋不会暴露出极性基团,所以它是跨膜蛋白中较为常见的构象。

α-螺旋（α-helix）是一种右螺旋结构。在α-螺旋中，每轮螺旋包含约3.6个氨基酸残基，相当于中心轴上升约540pm的距离。氨基酸侧链伸向外侧，同一肽链上的每个残基的酰胺氢和位于它之后的第4个残基上的羰基氧间形成氢键（大致与螺旋轴平行），这就是形成α-螺旋构象的推动力。α-螺旋体允许所有的肽键参与链内氢键的形成，因此是稳定的构象，同时也是蛋白质中最常见的含量最多的二级结构（图16-4）。

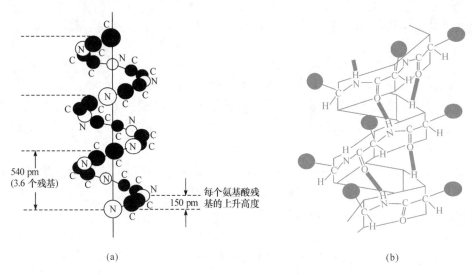

(a)　　　　　　　　　　　　　　　　　　(b)

图 16-4　α-螺旋结构

2）β-折叠

β-折叠（β-sheet）也是一种重复的稳定结构，可分为平行式和反平行式两种类型，它们通过肽链间或肽段间的氢键维系。可以把它们想象为由折叠的条状纸片侧向并排而成，每条纸片可看成是一条肽链，称为β-折叠股。肽主链沿纸条形成锯齿状，是最伸展的构象。与α-螺旋中氢键不同，β-折叠的氢键主要在股间而不是股内（图16-5）。

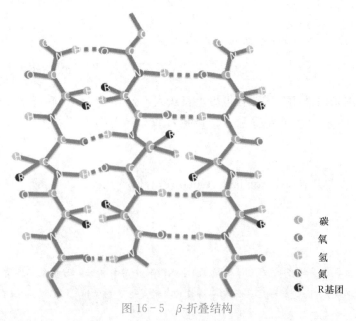

碳
氧
氢
氮
R基团

图 16-5　β-折叠结构

拓展：

　　一些蛋白容易以 β-折叠的方式发生聚集，形成类似淀粉样的沉淀，这类蛋白质被称为淀粉样蛋白。在淀粉样蛋白中，β-折叠以水平和垂直两个方向交叉存在。它的侧链各有疏水和亲水的基团，使得它更容易在极性和非极性的交界处形成。淀粉样沉淀形成与否受氨基酸序列的影响，由此可以通过对氨基酸突变的方法阻止蛋白的自聚集。疯牛病中的 prion 蛋白（朊蛋白）、阿尔茨海默症中的 Aβ 蛋白、帕金森病中的 α-synuclein 蛋白（α-核突触蛋白）都较容易形成含 β-折叠的淀粉样聚集体。

　　3）无规则卷曲

　　无规则卷曲（random coil）或称卷曲（coil），泛指不能被归入明确的二级结构（如折叠或螺旋）的多肽区段。实际上这些区段大多数既不是卷曲，也不是完全无规则的。它们也像其他二级结构那样是明确而稳定的结构，否则蛋白质就不可能形成三维空间上的周期性结构的晶体。

　　3. 三级结构

　　三级结构（tertiary structure）是指整条多肽链在二级结构基础上再按一定空间取向盘绕交联构建成一定的形状，包括一级结构中相距远的肽段之间的空间相互关系、骨架和侧链在内的所有原子的空间排列。蛋白质特定的空间构象是由氢键、离子键、偶极与偶极相互作用、疏水作用等作用力维持的，有些蛋白质还涉及二硫键。多肽链经卷曲折叠成三级结构，使分子表面形成了某些具有生物功能的特定区域，如酶的活性中心等。如果蛋白质分子仅由一条多肽链组成，三级结构就是它的最高结构层次（图 16-6）。

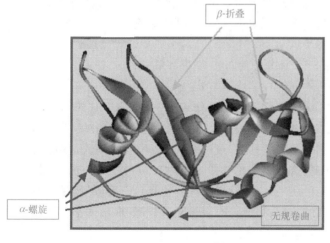

图 16-6　蛋白质三级结构

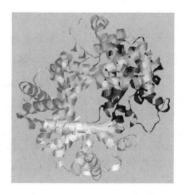

图 16-7　血红蛋白的四级结构

　　4. 四级结构

　　许多蛋白质由若干个简单的蛋白质分子或多肽链组成，这些具有三级结构的简单蛋白质或多肽称为亚基（subunit）。四级结构（quaternary structure）是指亚基和亚基之间通过相互作用结合成为有序排列的特定空间结构（图 16-7）。

　　血红蛋白分子就是含有两个由 141 个氨基酸残基组成的 α 亚基和两个由 146 个氨基酸残基组成的 β 亚基的一个球状蛋白质分子，这些亚基在空间具有特定的排列方式，每个亚基中各

有一个含亚铁离子的血红素辅基。四个亚基间靠氢键和八个盐键维系着血红蛋白分子严密的空间构象。

16.3.3 蛋白质的性质

1. 两性和等电点

蛋白质凭借游离的氨基和羧基而具有两性特征,在等电点易生成沉淀。不同的蛋白质等电点不同,该特性常用于蛋白质的分离提纯。

2. 溶液性质

蛋白质由于其相对分子质量大和解离度低,在维持蛋白质溶液形成的渗透压中也起着重要作用。蛋白质两性导致的缓冲和大相对分子质量导致的渗透作用对于维持内环境的稳定和平衡具有非常重要的意义。蛋白质含有大量的极性基团($—NH_2$,$—SH$,$—COOH$),从而导致蛋白质的水溶液是一种稳定的亲水胶体。

3. 盐析

在蛋白质溶液中加入无机盐(如氯化钠)溶液后,蛋白质便从溶液中析出,这种作用称为盐析(salting out)。这是因为蛋白质是亲水性大分子,在水溶液中有双电层结构,保证了分子的溶解度平衡并稳定存在。当加入盐时,离子的电性破坏了蛋白质的双电层结构,从而使其析出。这是一个可逆过程,盐析出来的蛋白质还可再溶于水,并不影响其性质。所有的蛋白质在浓的盐溶液中都可沉淀出来,但不同的蛋白质盐析时所需盐溶液浓度不同,利用这个性质可以分离不同的蛋白质。用乙醇等对水有很大亲和力的有机溶剂处理蛋白质的水溶液,也可使蛋白质沉淀,并且在初期也是可逆的,而用重金属离子 Hg^{2+}、Pb^{2+} 等形成不溶性蛋白质的过程则是不可逆的。

4. 变性作用

蛋白质的变性作用是指蛋白质在物理或化学因素的作用下,分子内规则的结构因为氢键或其他次级键被破坏而变成不规则结构,伴随着蛋白质原有的性质发生变化。变性作用有两种:可逆变性和不可逆变性。如果变性不超过一定限度,蛋白质结构变化不大,在适当的条件下,蛋白质的结构和功能还能自行恢复,这种变性称为可逆变性。可逆变性一般限制在三、四级结构发生变化。变性的最初阶段是可逆的,一旦外界条件变化超过一定限度,蛋白质的二级结构甚至化学键发生变化,蛋白质的性质及其功能将不能恢复,这种变性则为不可逆变性。

5. 水解反应

蛋白质中肽键和普通的酰胺键一样,可在酸性或碱性条件下水解断裂,产生 α-氨基酸。但是酸碱条件会破坏许多氨基酸。例如,酸性条件会破坏色氨酸,碱性条件会破坏苏氨酸、半胱氨酸、丝氨酸和精氨酸。在生物体内一般利用酶在温和的条件下水解蛋白质。

6. 颜色反应

有些试剂能与蛋白质分子中的酰胺键或不同的氨基酸残基反应,产生特有的颜色。利用这个性质,可以对蛋白质进行定性鉴定和定量分析(表 16-3)。

表 16 - 3 蛋白质颜色反应

反应名称	试剂	颜色	反应有关基团	有此反应的蛋白质或氨基酸
双缩脲反应	NaOH 及少量稀 $CuSO_4$	紫色或粉红色	两个以上的肽键	所有蛋白质
Millon(米隆)反应	Millon 试剂[$HgNO_3$,$Hg(NO_3)_2$ 和 HNO_3 混合物]共热	红色	酚基	酪氨酸
黄色反应	浓硝酸和氨	黄色,橘色	苯基	酪氨酸,苯丙氨酸
茚三酮反应	茚三酮	蓝紫色	氨基,羧基	脯氨酸、羟脯氨酸生成黄色物质。α-氨基酸及蛋白质都生成蓝紫色物质

拓展：

人类基因组计划的初步研究成果发现,人类基因组中编码蛋白质的基因数为 20000～25000 个,这一数目远少于人类蛋白质组中的蛋白质数(约 200000 个)。这个发现不仅推翻了过去一个基因决定一个蛋白质的假设,也使科学界意识到研究人类蛋白质组的功能和相互作用不仅不能和基因组研究画等号,而且是一个更为复杂、更为严峻的考验。因此,人类蛋白质组研究成为继人类基因组计划后,科学界的又一项国际性科研工程,又称之为"人类蛋白质组计划"。首批的研究课题包括"人类肝脏蛋白质组"、"人类血浆蛋白质组"等方面的研究,我国的研究机构和学者在其中发挥着举足轻重的作用。

16.4 酶

狭义上来说,酶(enzyme)是一种具有生物活性的蛋白质,在生物体的"化学反应"中担当催化剂的角色。但目前也发现了一些非蛋白质组成的酶,如核酸酶。

酶按其催化性能分为氧化还原酶、转移酶、水解酶、裂解酶、异构酶和连接酶六种。按其组成可分为单纯酶和结合酶两种。单纯酶只含蛋白质,不含其他物质,其催化活性仅由蛋白质的结构决定。结合酶则由酶蛋白和辅助因子组成,辅助因子是结合酶催化活性中不可缺少的部分。

酶是一种生物催化剂,在体外合适的环境下仍有催化活性。酶的催化效力很高,一般远远超过化学催化剂(高 $10^8 \sim 10^9$ 倍)。除了高效之外,它还有高度的专一性(立体选择性和区域选择性),能从混合物中选择特定异构体进行催化反应。例如,蛋白酶只催化水解蛋白质,淀粉酶只对淀粉起催化水解作用。酶对反应环境的要求比较苛刻,pH、温度等都有特定的范围,如果超出该范围可引起酶的变性、失效。

16.5 核 酸

核酸(nucleic acid)是由戊糖、杂环碱和磷酸构成的大分子化合物。与蛋白质一样,核酸也是一种重要的生物大分子,在生物体的新陈代谢、蛋白质合成和遗传等过程中扮演着不可或缺的角色。

16.5.1 核酸的组成与结构

在酸的作用下，核酸(图 16-8)可以完全水解成戊糖、杂环碱和磷酸。而在弱酸、弱碱及合适的酶的作用下，核酸可以部分水解生成核苷酸(nucleotide)。核苷酸可以进一步水解为核苷(nucleoside)和磷酸，而核苷再水解则生成杂环碱和戊糖。

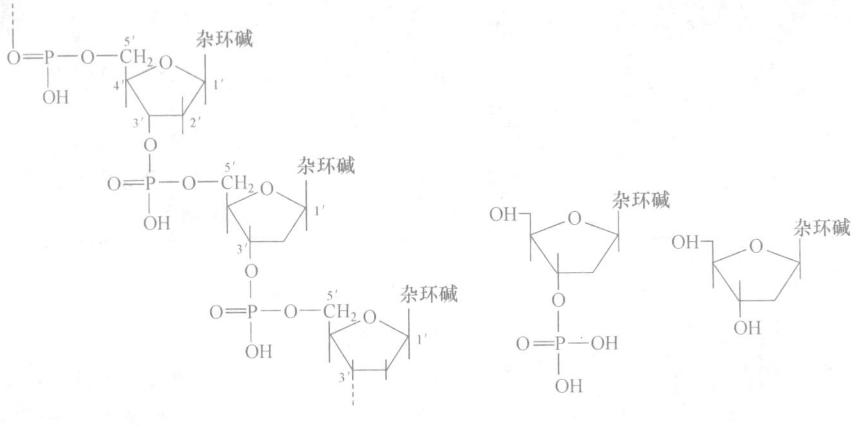

核酸　　核苷酸　　核苷

图 16-8　核酸组成(以脱氧核糖核酸为例)

构成核酸的戊糖通常有两种：β-D-核糖和 β-D-2-脱氧核糖。由 β-D-核糖构成的核酸称为核糖核酸(ribonucleic acid)，简写为 RNA；由 β-D-2-脱氧核糖构成的核酸称为脱氧核糖核酸(deoxyribonucleic acid)，简写为 DNA。

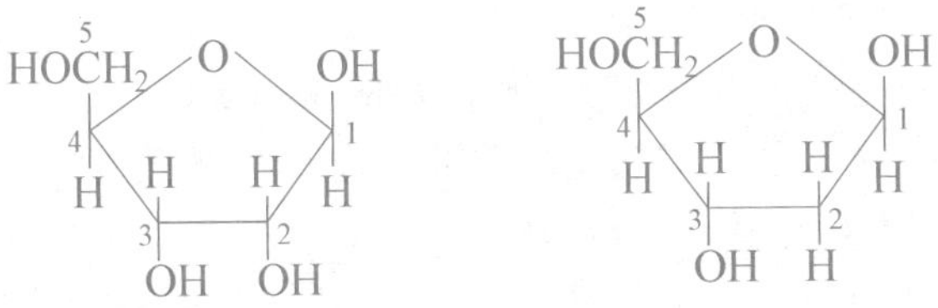

β-D-核糖　　β-D-2-脱氧核糖

核酸水解生成的杂环碱分为嘌呤衍生物和嘧啶衍生物两种。其中，嘌呤衍生物有鸟嘌呤和腺嘌呤。嘧啶衍生物有胞嘧啶、尿嘧啶和胸腺嘧啶，结构如下：

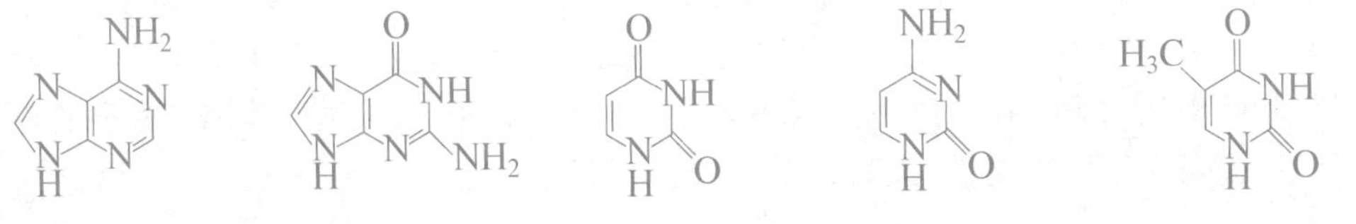

腺嘌呤 (adenine,A)　　鸟嘌呤 (guanine,G)　　尿嘧啶 (uracil,U)　　胞嘧啶 (cytosine,C)　　胸腺嘧啶 (thymine,T)

核糖核酸和脱氧核糖核酸在杂环碱的组成上有一定的区别。核糖核酸的杂环碱包括鸟嘌呤、腺嘌呤、胞嘧啶和尿嘧啶，而脱氧核糖核酸的杂环碱包括鸟嘌呤、腺嘌呤、胞嘧啶和胸腺嘧啶。

核糖或脱氧核糖分子 1 位的羟基与嘧啶环 1 位或嘌呤环 9 位氮原子上的氢结合脱水，生

成以 β-苷键形式结合的核苷。

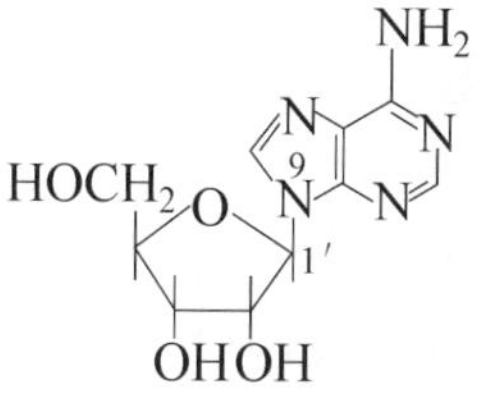

腺嘌呤核苷

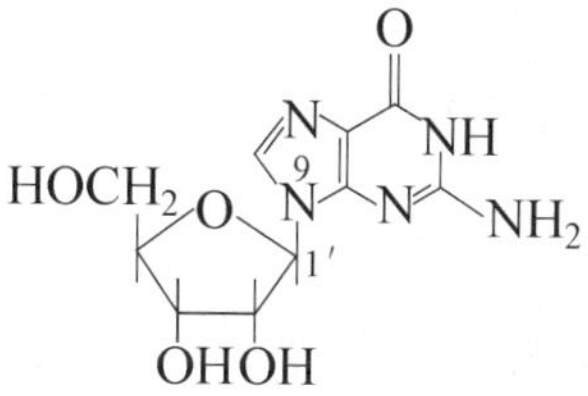

鸟嘌呤核苷

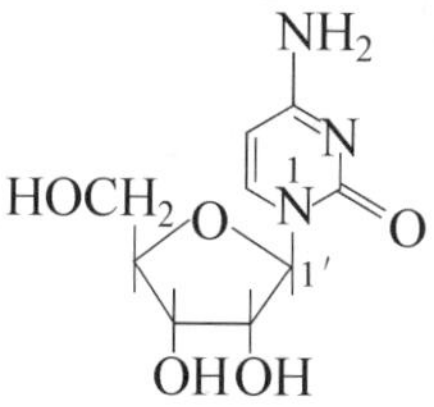

胞嘧啶核苷

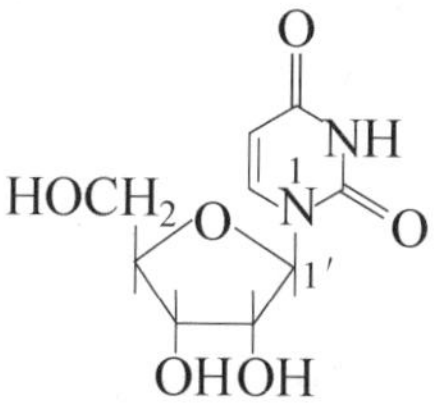

尿嘧啶核苷

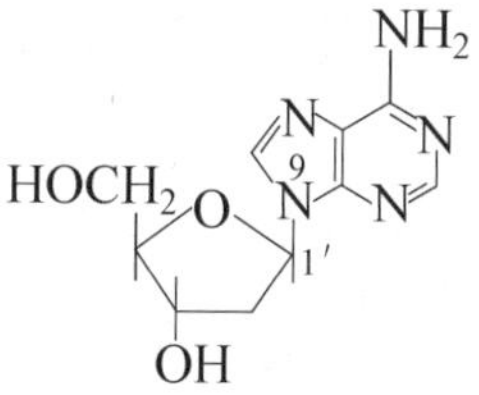

腺嘌呤-2-脱氧核苷

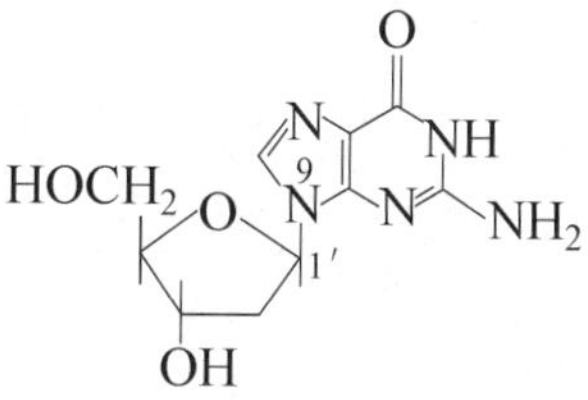

鸟嘌呤-2-脱氧核苷

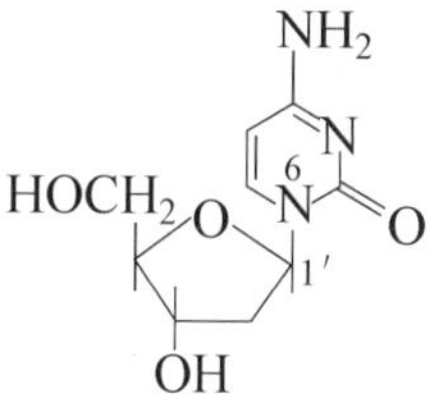

胞嘧啶-2-脱氧核苷

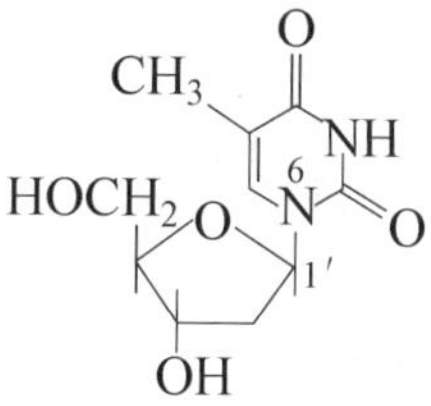

胸腺嘧啶-2-脱氧核苷

核苷 3 位或 5 位的羟基与磷酸酯化形成核苷酸。按照酯化位置的不同,可以命名为 3-某苷酸、5-某苷酸(或者某苷-3-磷酸、某苷-5-磷酸)。例如:

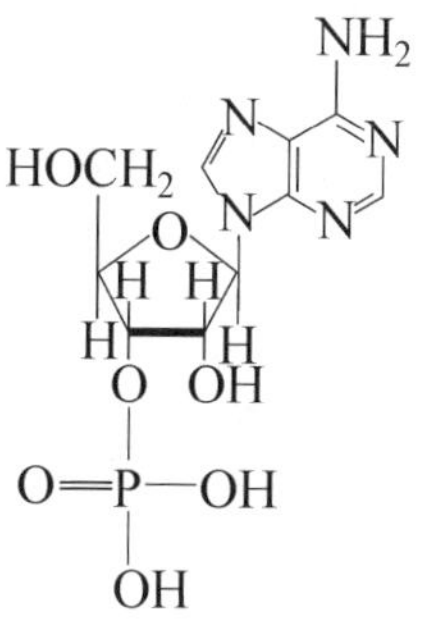

腺苷-3′-磷酸

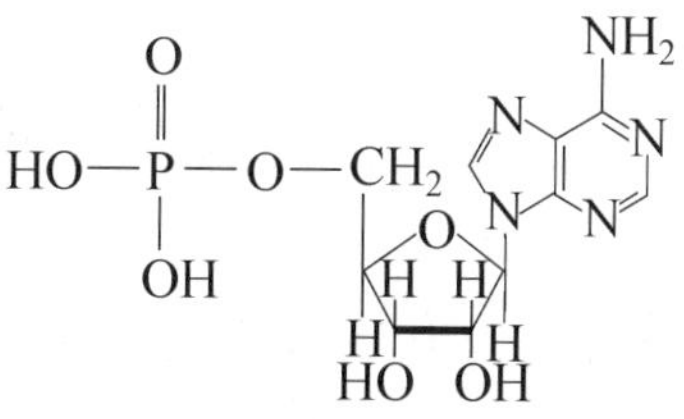

腺苷-5′-磷酸

核苷酸可以进一步相互结合形成多核苷酸,即核酸。在核酸中,一个核苷酸戊糖5位上的磷酸可与另一个核苷酸戊糖3位的羟基通过磷酸二酯键结合(图16-8)。

含不同杂环碱的核苷酸在核酸中的排列顺序即为核酸的一级结构。一级结构决定了核酸的基本性质。

同时,核酸作为大分子,其空间结构即核酸的二级结构也对其性质有很大的影响。1953年,Watson(沃森)和Crick(克里克)根据X射线衍射及分子模型的研究结果,提出了脱氧核糖核酸的双螺旋结构(DNA double helix)。双螺旋结构理论认为,DNA是由两条反向平行的脱氧核糖核酸链通过右手螺旋方式相互缠绕形成,两条链通过嘌呤和嘧啶之间的氢键结合固定。其中,腺嘌呤(A)和胸腺嘧啶(T)通过两个氢键结合,鸟嘌呤(G)和胞嘧啶(C)通过三个氢键结合,依次形成互补的结构(图16-9)。

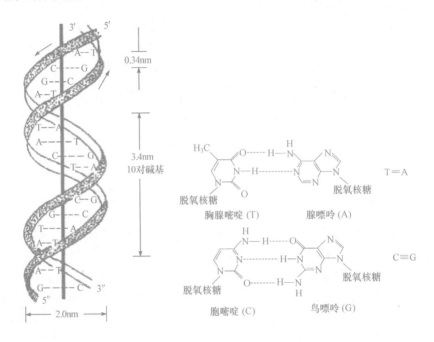

图16-9 DNA的双螺旋结构

拓展:

DNA的特定碱基对互补性质在维持DNA的二级结构、控制遗传和蛋白质合成等方面意义重大,目前已应用于自组织成复杂结构的生物材料。目前正在兴起的DNA自组装方法——DNA折纸术(origami)已成功地构造出各种二维和三维图形,如各种规则或不规则的几何图形、美洲地图、活动的海豚、可开闭的DNA盒子等。我国科学家也成功地构造出纳米级的中国地图。DNA折纸术为复杂纳米器件的构造打下很好的基础。

在DNA双螺旋结构中,每个螺旋有10对碱基配对,直径约2nm,核苷酸之间的夹角为36°。双螺旋的表面有两条深浅、宽窄不一的螺旋槽,其中较宽的一条称为大沟(major groove),较窄的一条称为小沟(minor groove)。

核糖核酸一般分为三种,即转运RNA(tRNA)、信使RNA(mRNA)以及核糖体RNA(rRNA)。通常,不同核糖核酸分子的二级结构差别较大,某些核糖核酸分子含有部分的双链

螺旋结构,某些则完全为单链的螺旋结构。

16.5.2　核酸的性质

核酸在生物体中起着十分重要的作用,它是生物遗传的基础,控制蛋白质的合成,同时某些核酸自身也有重要的功能。

控制遗传:DNA 的双链可以分开形成两个单链,而每个单链可以以自身为模板,形成新的互补的单链。通过这样的方式,一条 DNA 双链可以复制为两条 DNA 双链,且这两条 DNA 双链与原 DNA 双链的核苷酸种类、顺序完全相同。生物体通过 DNA 链的复制将遗传信息传递给下一代。

控制蛋白质合成:DNA 也可以部分解除双螺旋,并将一段核苷酸的顺序和结构(遗传信息)转录为互补的 RNA。该段 RNA(称为 pre-mRNA)经过适当的修饰后形成成熟的 mRNA,并被送往细胞质中与核糖体结合。在核糖体上,依据 mRNA 转录的信息,tRNA 携带相应的氨基酸,通过一定的方式排列连接形成肽链。肽链再经过适当的修饰和折叠,形成生物体必需的各种蛋白质。

其他性质:某些核苷酸自身也对生物体的机能有重要作用。例如,腺苷三磷酸(adenosine triphosphate, ATP)对于生物体储存、转运和释放能量有重要作用。而某些核苷酸则是生物体的重要激素。

拓展:

核糖核酸酶(RNAse)是一种能够将 RNA 水解成更小分子的核酸酶。它可分为内切核糖核酸酶(endoribonuclease)和外切核糖核酸酶(exoribonuclease)。转运 RNA 则是在转译时准确地携带特定氨基酸到多肽链上的 RNA 小分子。核糖核酸酶 P(ribonuclease P)是核糖核酸酶的一种,它能够剪切tRNA上多余的序列。加拿大细胞生物学家 S. Altman(奥尔特曼)因发现核糖核酸酶 P 能剪切 RNA 的 5′端而获得 1989 年的诺贝尔化学奖。

*16.6　生物技术和生物技术药物

伴随着人类对蛋白质、核酸等生物大分子认识的不断加深,将这些认识应用于医学领域,开发新型药物或治疗传统方法无法治疗的疾病,就成为化学以及生物学领域的研究热点。

16.6.1　基因工程

基因工程是指利用 DNA 重组技术在体外重组 DNA,并将其引入受体细胞,从而达到修复受损基因,表达新基因的目的。研究表明,许多外源环境影响(如核辐射、紫外照射以及一些化学物质)和人体自身的代谢活动(如 ATP 代谢的副产物自由基)都会导致基因的损伤。这些基因损伤是导致细胞癌变的重要因素,因此,修复基因损伤可能会成为人类攻克癌症的重要手段之一。

16.6.2　干扰素

20 世纪 50 年代,科学家发现细胞在受到某些病毒感染后会分泌具有抗病毒功能的特异性蛋白质,这类蛋白质能够与周围未感染细胞上的相关受体作用,促使这些细胞合成抗病毒蛋

白,防止进一步的感染。这种物质被命名为干扰素(interferon)。

干扰素属于糖蛋白,具有宿主特异性。因此要应用于人体,必须使用人体细胞产生的干扰素。目前在人类身上共发现了三种类型的干扰素:α 型干扰素由白细胞产生,β 型干扰素由成纤维细胞产生,γ 型干扰素由淋巴细胞产生。这三种干扰素都是有效的病毒抑制剂。20 世纪80 年代后,人类利用生物工程手段批量生产干扰素,并在乙肝等疾病的临床治疗方面取得了一定的成果。

16.6.3 多肽类药物

许多多肽类药物是具有生物活性的内源肽,在生物体内种类繁多,但浓度很低。例如,在人的大脑中就有近 40 种多肽类激素,但它们在血液中的浓度往往低于 10^{-10} mol · L^{-1}。它们的生理活性很强,在生命活动中起着重要的调控作用。常见的用于人类疾病治疗的多肽类激素药物包括:治疗糖尿病的胰岛素,治疗骨质疏松的降钙素,促性腺激素的绒促性素,刺激生长的生长激素,刺激肾上腺皮质合成和分泌的促肾上腺皮质激素,具有抗利尿和升高血压作用的加压素,用于增强和调整机体免疫功能、参与机体细胞免疫反应、促进淋巴细胞分化成熟的胸腺素等。

目前,人们已开发出各类非内源性的具有治疗作用的多肽,多肽类药物正在被广泛研究。例如,抗肿瘤多肽、抗病毒多肽、多肽疫苗、多肽导向药物、抗菌活性肽、诊断用多肽等都是国内外研究的热点。如何增强多肽稳定性、发挥多肽药物在人体内的功能也成为化学家和药物开发者关注的问题。

拓展:

在抗 HIV(人体免疫缺陷病毒)的多肽类药物中,T-20(enfuvirtide,Fuzeon)是全球第一个也是目前唯一一个被批准用于临床治疗的 HIV-1 膜融合抑制剂。该药物由 36 个氨基酸组成,来源于 HIV 表面包膜糖蛋白 gp41 中的一段,由瑞士罗氏公司和美国 Trimeris 公司共同研制、筛选得到。其作用机理是阻断 HIV 入侵 T 细胞的膜融合过程,但是目前已经有很多耐药性的 HIV 类型出现,所以对 T-20 的改进还在不断进行中。

16.6.4 抗体药

抗体是指有机体在外源物质(抗原,如细菌、病毒、毒素等)刺激下所产生的一种免疫球蛋白。抗体通过识别并结合特定的目标抗原,起到抑制抗原入侵细胞、消灭抗原或引导其他免疫细胞清除抗原的作用。抗体是免疫系统发挥预防、治疗疾病的重要物质,因此利用人工制备抗体对抗疾病也就成为医学领域的热门课题之一。

抗体类药物具有高特异性、有效性和安全性的特点,目前发展已经历了三代。第一代抗体药物源于动物多价抗血清,主要用于细菌感染疾病的早期被动免疫治疗。第二代抗体药物是利用杂交瘤技术制备的单克隆抗体及其衍生物。第三代抗体药物已经进入了基因工程抗体时代。随着技术的进步,抗体药物正逐渐发展成为国际药品市场上一大类新型药物。其中,单克隆抗体作为医药生物技术产品的杰出代表已经成功用于治疗乙肝、癌症等多种疾病。

习　题

1. 解释下列名词。
   (1) α-螺旋　(2) β-折叠　(3) 三级结构　(4) 等电点　(5) 变性　(6) 酶的性质

2. 命名下列短肽，并写出英文简称。

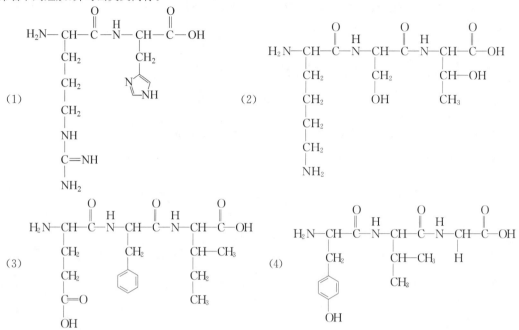

3. 写出下列化合物的结构式。
   (1) 甘氨酰-丙氨酸　　　　　　　　(2) 苏氨酰-赖氨酸
   (3) 天冬氨酰-苯丙氨酸　　　　　　(4) 谷氨酰-组氨酰-亮氨酰-脯氨酰-酪氨酸

4. 用两性离子的形式写出下列氨基酸的结构。
   (1) Val　　　(2) Cys　　　　(3) Glu　　　(4) His

5. 用 Fischer 投影式写出下列短肽的结构式。
   (1) 丙氨酸-丝氨酸　　　　　　(2) 蛋氨酸-亮氨酸　　　　　　(3) 苯丙氨酸-甘氨酸
   (4) 苏氨酸-酪氨酸-谷氨酸　　(5) 组氨酸-色氨酸-异亮氨酸

6. 写出下列条件下谷氨酸的主要存在形式，并解释为何谷氨酰胺的等电点比谷氨酸大。
   (1) 在强酸溶液中　　(2) 在强碱溶液中　　(3) 等电点 pI=3.2

7. 指出下列氨基酸水溶液的酸碱性。
   (1) 天冬氨酸　　　　(2) 精氨酸　　　　(3) 谷氨酸　　　　(4) 脯氨酸
   (5) 赖氨酸　　　　　(6) 亮氨酸　　　　(7) 组氨酸

8. 苏氨酸、脯氨酸、苯丙氨酸和羟脯氨酸(3-羟基脯氨酸)中哪些不能与亚硝酸和茚三酮反应？为什么？

9. 某九肽化合物用胰胰酶裂解产生 Val-Val-Pro-Tyr-Leu-Arg，Ser-Ile-Arg；用胰凝乳胰酶裂解产生 Leu-Arg，Ser-Ile-Arg-Val-Val-Pro-Tyr。写出九肽的结构式。

10. 如何分离赖氨酸和甘氨酸？

11. 写出下列物质反应后的产物。

(1) $CH_3\underset{\underset{NH_2}{|}}{CH}COOH$ +

(2) $CH_3CHCH_2CH_2COOH \xrightarrow{\triangle}$
$\quad\quad\;\; |$
$\quad\quad\;\; NH_2$

(3) $NH_2CH_2CH_2CH_2CH_2CHCOOH \xrightarrow{\triangle}$
$\quad\quad\quad\quad\quad\quad\quad\quad\quad\quad\quad |$
$\quad\quad\quad\quad\quad\quad\quad\quad\quad\quad\quad NH_2$

(4) $NH_2CH_2CH_2CH_2CH_2CHCOOH + HCHO \longrightarrow \xrightarrow{-H_2O}$
$\quad\quad\quad\quad\quad\quad\quad\quad\quad\quad\quad |$
$\quad\quad\quad\quad\quad\quad\quad\quad\quad\quad\quad NH_2$

(5) $H_2N-CH-\overset{\displaystyle O}{\overset{\displaystyle \|}{C}}-OH + O_2N-\!\!\!\bigcirc\!\!\!\overset{NO_2}{\underset{F}{}} \longrightarrow$
$\quad\quad\quad\;\; |$
$\quad\quad\quad\;\; CH_3$

12. 说出两种从 N-端对氨基酸序列进行分析常用的方法,并解释作用原理。

13. 写出蛋白质各级结构的含义以及维持蛋白质各级结构的常见作用力。

14. 阐述 DNA 和 RNA 在结构上的主要区别。

15. 写出核酸中五种主要的碱基。

*第17章 周环反应

前述的一些有机化学成环反应包含了自由基或碳正离子等中间体,其过程大多是分步的反应历程。而周环反应(pericyclic reaction)是一种协同反应(concerted reaction),其旧键的断裂和新键的形成都相互协调地在同一步骤中完成。本章简要讨论电环化、环加成和 σ 迁移三种周环反应。

有机化学家 R. B. Woodward(伍德沃德)在维生素 B_{12} 的全合成过程中,总结了周环反应的规律:这些反应的共同特点是仅在加热或光照的条件下即可得到具有高度立体专一性的有机化合物。理论化学家 Hofmann 从理论上对这些规律进行分析。1965 年,两人共同提出了分子轨道对称守恒原理,即化学反应是分子轨道进行重新组合的过程,在一个协同反应中,分子轨道的对称性是守恒的(由原料到产物,轨道的对称性始终不变),分子轨道的对称性控制着反应能否进行以及产物的立体专业一性。

分子轨道对称守恒原理的理论处理有三种理论,即前线轨道理论(frontier orbital theory)、能量相关理论(energy correlation theory)和芳香过渡态理论(aromatic transition state theory)。本章主要在前线轨道理论的基础上讨论这三种反应。

17.1 前线轨道理论

1951 年,日本化学家福井谦一提出前线分子轨道理论。它的依据是在分子轨道中,电子占据的能量最高的轨道称为最高占有分子轨道(highest occupied molecular orbital,HOMO),HOMO 上的电子能量最高,所受束缚最小,所以最活泼,容易变动。而未被电子占据的能量最低的轨道称为最低未占分子轨道(lowest unoccupied molecular orbital,LUMO),LUMO 在所有的未占轨道中能量最低,最容易接受电子。这两种轨道最易相互作用,统称为前线轨道(frontier molecular orbital,FMO)。分子间的化学反应过程中,最先作用的分子轨道是前线轨道,起关键作用的电子是前线轨道上的电子。前线轨道决定分子中电子的得失和转移能力,决定分子间反应的空间取向等重要化学性质。前线轨道理论在解释周环反应中的反应条件、产物的立体化学结构时非常简单实用。

当利用前线轨道理论分析周环反应时,首先需要了解该分子的分子轨道形状。以乙烯分子为例,有两个 π 分子轨道,其中一个相对能量较低,分子轨道没有节面(node),为成键(bonding)轨道。另一个有一个节面,为反键(antibonding)轨道,相对轨道能级较高。图 17-1 为乙烯的分子轨道。

1,3-丁二烯有四个 π 分子轨道。ψ_1 轨道没有节面,ψ_2 有一个节面,ψ_3 有两个节面,ψ_4 有三个节面,轨道的能级由低到高依次为 ψ_1、ψ_2、ψ_3、ψ_4。图 17-2 是 1,3-丁二烯的分子轨道和能级。可以看出,在基态和激发态时 1,3-丁二烯分子轨道的 HOMO 和 LUMO 会发生变化。

当组成分子轨道的碳原子为偶数时,分子轨道中的成键轨道和反键轨道数是相等的。当组成分子轨道的碳原子为奇数时,除了成键轨道和反键轨道外,还有一个非键(nonbonding)轨道(NBMO)。图 17-3 是 C_n 直链共轭多烯分子轨道能级图。可以看出,随着轨道能级的增

加,轨道中的节面数增多。

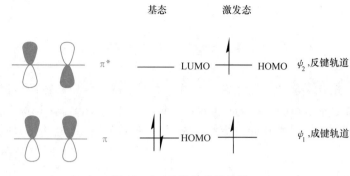

图 17－1　乙烯的分子轨道

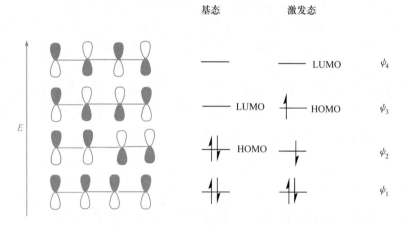

图 17－2　1,3-丁二烯的分子轨道和能级

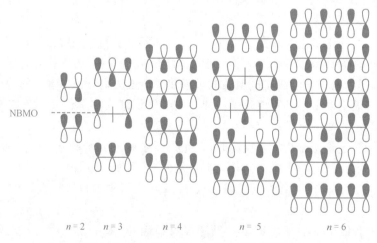

图 17－3　C_n 直链共轭多烯分子轨道能级

17.2 电环化反应

电环化反应(electrocyclic reaction)是在光或热的作用下,共轭 π 体系末端两个碳原子的 π 电子环合成一个 σ 键,从而形成比原来分子少一个双键、多一个 σ 键的环烯烃。反应条件不同,产物的立体结构不同:

反应条件对产物立体结构的影响可用前线轨道理论分析。下面以 1,3-丁二烯的电环化反应来分析。1,3-丁二烯是含有 4 个 π 电子、4 个 π 分子轨道的体系,可用图 17-2 的分子轨道对称性来分析。

前线轨道理论认为反应过程是分子的 HOMO(π 键轨道)转化为一个新的 σ 键。π 键是由轨道侧面重叠形成的,而 σ 键是由轨道轴向重叠形成的,因此在发生电环化反应时末端碳原子的键必须旋转。反应在基态时(加热条件),只有当 HOMO(ψ_2)两端的原子采取顺旋(conrotatory)方式时,才可能使分子轨道位相相同的一端互相接近,从而成键(对称允许的)。反之,对旋(disrotatory)则是对称禁阻的(不能发生)。

在光照条件下(图 17-2 激发态),由于一个电子被激发,从成键轨道 ψ_2 跃迁到反键轨道 ψ_3,此时分子的 HOMO 为 ψ_3,只有对旋的方式才能形成新的化学键,顺旋则不能。

π 电子个数为 $4n$ 的共轭烯烃发生电环化反应的规律与 1,3-丁二烯相同。

对于 6π 电子的体系,根据图 17-3 的分子轨道能级,在加热和光照条件下的反应与 4π 电子体系恰好相反。6π 电子体系在加热情况下的 HOMO 是 ψ_3,发生对旋的电环化反应是对称允许的。而光照条件下的 HOMO 是 ψ_4,发生顺旋反应是对称允许的。6π 电子体系的分子轨道对称性及旋转方式如下:

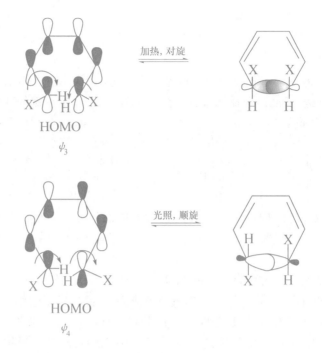

从上式可以看出,在加热或光照时,末端碳的键的旋转方式不同,导致最终产物取代基 X 的取向不同,即产物的立体结构不同。

电环化反应有高度的立体选择性,反应条件决定了产物的立体选择性。

$(2E,4Z,6E)$-2,4,6-辛三烯共有 6 个 π 分子轨道和 6 个 π 电子,π 电子数属于 $4n+2$ 体系。根据前线轨道理论,基态 6 电子体系的 HOMO 是它的 ψ_3 轨道,而在光照条件下,电子激发到 ψ_4 轨道,ψ_4 成为 HOMO。该化合物分别在光照和加热条件下发生电环化反应的产物如下:

可以看出,在光照下产物为反式结构,而加热条件下为顺式结构。

应当指出的是,电环化反应是可逆的,反应中一般是以产物开链化合物的分子轨道能级来判定反应的对称性。例如,顺式二甲基取代的环丁烯在加热条件下发生开环的反应,应该以 4 个 π 电子的体系来判断反应产物的立体专一性。因此该反应在加热条件下顺旋是对称允许的(加热时发生顺旋开环)。

同样对于1,3,5-环辛三烯发生下列反应,是以6个π电子(4n+2)的分子轨道能级对称性来判断反应产物的立体化学。表17-1总结了两种不同体系的电环化反应的选择规律。

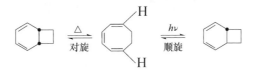

表 17-1 电环化反应规律

π电子数目	反应条件	对称允许
4n	加热	顺旋
	光照	对旋
4n+2	加热	对旋
	光照	顺旋

17.3 环加成反应

环加成反应(cycloaddition reaction)中处于分子末端的两个π体系之间成键(反应条件也是光照或加热),形成一个新的环状化合物。产物比反应物多了两个σ键,少了两个π键,反应过程中不消除任何碎片。环加成反应一般根据参与反应体系的π电子数来分类,有$[4\pi+2\pi]$环加成、$[2\pi+2\pi]$环加成等,通常简称为$[4+2]$环加成、$[2+2]$环加成。例如,一分子1,3-丁二烯与一分子乙烯加热生成环己烯的反应为$[4+2]$环加成,也是大家熟知的 Diels-Alder 反应。

亲双烯体　双烯体

不同环加成反应的反应条件不同。例如,$[4+2]$环加成反应在加热条件下进行,$[2+2]$环加成反应在光照条件下进行。不同环加成反应所需反应条件不同,其规律可用前线轨道理论分析。

根据FMO理论,在基态时$[4+2]$环加成反应中的双烯体的 HOMO、LUMO 分别为ψ_2、ψ_3,而亲双烯体的 HOMO、LUMO 分别为ψ_1、ψ_2(轨道对称性参见图 17-1 和图 17-2)。

双烯体的HOMO
亲双烯体的LUMO

对称允许

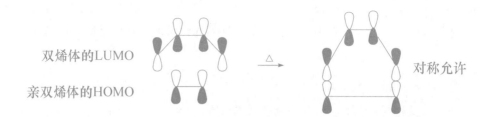

双烯体的LUMO
亲双烯体的HOMO
对称允许

在环加成过程中,π体系中进行反应的两端转化成 σ 键。两个 π 轨道必须达到最大程度的重叠,这就要求两个 π 轨道采取头对头的同面加成方式。因此,对环加成反应,产物的构型取向总是立体专一的顺式结构。由上面的前线分子轨道可见,在加热条件下(基态),无论是用丁二烯的HOMO与乙烯的LUMO,还是用丁二烯的 LUMO 与乙烯的HOMO,其轨道两端的位相都是相同的,对称允许,可以相互成键。因此,在加热条件下可以顺利进行[4+2]环加成反应(热允许反应)。若是在光照条件下,乙烯分子的最外层电子跃迁到反键轨道 ψ_2 上,即

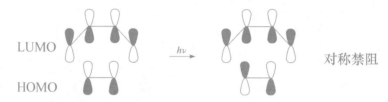

LUMO
HOMO
对称禁阻

此时 1,3-丁二烯分子的 LUMO 与乙烯的 HOMO 对称性不匹配,同面的情况下没有最大程度的重叠,不能够成键。从丁二烯分子被激发的角度进行分析也可得出类似结论。因此[4+2]环加成反应在光照条件下无法发生(光禁阻反应)。

与[4+2]环加成类似,[2+2]环加成反应的历程相同,只是结论相反,可以根据乙烯的 ψ_1 和 ψ_2 轨道之间的环加成对称性来判断:光照条件下,ψ_2 和 ψ_2 对称性匹配,可以反应;加热条件下,ψ_1 和 ψ_2 对称性不匹配(对称禁阻),不能反应。

应当指出的是,环加成反应有一些特定的规律:

(1) 在环加成反应中,反应的条件和结果取决于反应体系的总 π 电子数,其规律见表 17-2。

表 17-2 环加成反应规律

反应体系的总π电子数	加热(基态)	光照(激发态)
$4n$	禁阻	允许
$4n+2$	允许	禁阻

(2) 当双烯体上有给电子基时,会使其 HOMO 能量升高,而亲双烯体的不饱和碳上连有吸电子基团时会使 LUMO 能量降低,使反应容易进行。光电子能谱(PES)实验表明,大多数环加成反应中,双烯体提供 HOMO,而亲双烯体提供 LUMO。两个反应的示例如下:

$$\text{双烯} + CH_2=CHCHO \xrightarrow{\triangle} \text{产物CHO}$$

100%

（3）环加成反应是一个同面的过程，在反应中双烯和亲双烯均保持其构型。例如：

（4）环加成反应中，如果生成桥环化合物，按照同面的加成过程可以生成两种立体构型的产物——内型（endo）产物和外型（exo）产物，但一般情况下产物以内型为主。例如，[4＋2]体系的环戊二烯和顺丁烯二酸酐反应生成的环加成产物以内型为主。主要原因可能是形成内型产物的过渡态中，不形成新键的原子之间也存在轨道之间的作用（次级轨道作用），使内型过渡态的稳定性增加。

环戊二烯　　　　顺丁烯二酸酐　　　　endo（主）　　　　exo（次）

环加成反应目前已经应用到一些复杂有机分子的反应。例如，C_{60}（亲双烯体）与蒽（双烯体）可发生 Diels-Alder 反应，生成相应的环加成反应产物。

$$200℃, 48h \over 萘$$

17.4　σ迁移反应

σ迁移反应（σ-migration reaction）是指在光照或加热条件下，链状共轭大 π 体系内的一个 σ 键沿着共轭体系由一个位置转移到另一个位置，同时伴随着 π 键转移的反应。例如：

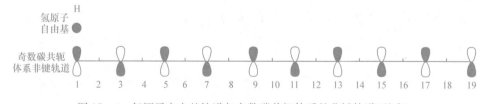

σ迁移的命名方法是:以反应物中发生迁移的 σ 键作为标准,从其迁移起点的两端开始分别编号,将新生成的 σ 键所连接的两个原子的位置 i,j 放在方括号内,称为$[i,j]\sigma$迁移。

对于不同原子的 σ 迁移,反应条件(光照或加热)不同,迁移的终点和产物的构型不同,其规律可用前线轨道理论分析。

以下根据迁移原子的不同、迁移方式的不同,分别进行分析。

17.4.1 H$[1,j]\sigma$ 迁移

对氢原子的$[1,j]\sigma$迁移,可将其视为发生迁移的 σ 键发生均裂,产生一个氢原子自由基和一个奇数碳共轭体系自由基,迁移时该氢原子自由基与含 j 个 π 电子的共轭多烯自由基的轨道相互作用,当两者轨道对称性匹配时,即可实现迁移(这是一个简化的处理过程,实际反应过程中并没有任何反应中间体)。

基态时(加热条件下),含奇数碳自由基共轭体系的前线轨道是非键轨道(图 17-4),其轨道对称性特点为偶数碳原子上的电子云密度为零,奇数碳原子上电子云密度值相等,位相交替变化。

图 17-4 氢原子自由基轨道与奇数碳共轭体系的非键轨道(基态)

为了满足对称性匹配的要求,新 σ 键形成时必须发生同位相的重叠,即当氢原子自由基在同面迁移(原来 C—H 键所在的面)时,只有 5 位、9 位、13 位、17 位等位置的轨道对称性匹配,因此氢原子同面迁移时只能有$[1,5]$、$[1,9]$、$[1,13]$、$[1,17]$等迁移。如果要迁移到 3 位、7位、11 位、15 位、19 位等位置时,只能发生异面迁移(原来 C—H 键所在面的另一面),因此氢原子异面迁移时只能有$[1,3]$、$[1,7]$、$[1,11]$、$[1,15]$、$[1,19]$等迁移。

激发态(光照时)由于电子跃迁,奇数碳原子共轭体系的前线轨道发生了变化,其对称性也随之变化(本书不详述其轨道特点,有兴趣的同学可参考《March 高等有机化学》关于"重排反应"的论述),迁移反应规律与基态(加热时)正好相反(表 17-3)。

表 17 - 3 　H[1,j]σ迁移规律

1+j	加热(基态)	光照(激发态)
4n+2	同面	异面
4n	异面	同面

需要指出的是,对于异面迁移。尽管对称性允许,但由于氢原子要翻越分子平面,反应活化能很高,通常情况下不易发生。

以下具体分析几个 H[1,j]迁移过程:

H[1,3]同面迁移

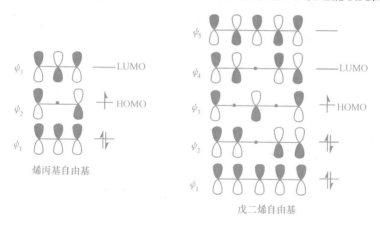

H[1,3]异面迁移

以烯丙基自由基和戊二烯自由基为例(图 17 - 3),它们的分子轨道能级见图 17 - 5。

图 17 - 5　烯丙基自由基和戊二烯自由基分子轨道

可以看出基态时烯丙基自由基的 HOMO 是 ψ_2,戊二烯自由基的 HOMO 是 ψ_3。它们与氢原子自由基的 1s 轨道相关的对称性如下:

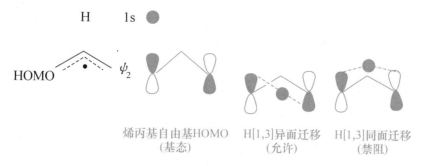

烯丙基自由基HOMO　　H[1,3]异面迁移　　H[1,3]同面迁移
(基态)　　　　　　　　(允许)　　　　　　(禁阻)

HOMO ψ_3

H 1s

戊二烯自由基
(基态)

H[1,5]同面迁移
(允许)

H[1,5]异面迁移
(禁阻)

对烯丙基自由基而言,观察它们的轨道对称性可以发现,其两端位相与氢原子自由基 1s 轨道位相不匹配。因此,在基态条件下,氢原子的 1,3-同面迁移是禁阻的。对于 H[1,3]异面迁移,虽然轨道位相相互匹配,但由于它需越过分子平面,反应所需活化能很高,通常情况下不易发生。因此,对氢原子而言,基态条件下不易发生 H[1,3]迁移。但在激发态条件下,由于最外层电子跃迁到反键轨道上,此时轨道的位相相互匹配,允许发生 H[1,3]同面迁移。因此,光照条件下,H[1,3]同面迁移是允许的。

对于 H[1,5]迁移而言,由于戊二烯自由基 HOMO 两端位相相同,它与氢原子自由基 1s 轨道位相匹配。因此,在基态条件下,H[1,5]同面迁移是允许的。与前面的讨论相类似,若在激发态(光照)条件下,由于戊二烯自由基的最外层电子跃迁到反键轨道 ψ_4 上,此时它与氢原子自由基 1s 轨道位相不再匹配,因此,在激发态条件下氢原子的 H[1,5]同面迁移是禁阻的。

17.4.2 C 原子的[1, j]σ 迁移

由于碳原子自由基最外层轨道为 p 轨道,它具有位相相反的两瓣,因此反应性与氢原子不同。对氢原子迁移禁阻的反应,碳原子迁移可以通过改变构型的方法来实现,即迁移时伴随着迁移碳原子构型的改变。以加热条件下碳原子的 1,3-迁移为例:虽然其 1,3-同面迁移位相不匹配,不能发生正常的迁移反应,但它可通过改变碳原子的构型来满足其位相的要求。例如:

可以清楚地看到,发生 C[1,3]σ 烷基迁移反应时,碳原子的构型要发生翻转。含有不同取代基的桥环发生[1,3]烷基迁移反应的立体化学过程如下:

X=H   Y=CH$_3$

CH$_3$ H

H   OAc

对于碳原子加热条件下的 1,5-迁移而言,由于位相对称守恒,可发生碳原子构型保持不变的迁移反应。例如:

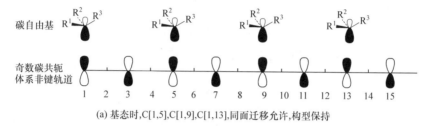

基态(加热时)C[1,j]σ 迁移时的轨道相互作用及构型变化规律见图 17-6。

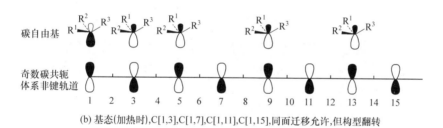

(a) 基态时,C[1,5],C[1,9],C[1,13],同面迁移允许,构型保持

(b) 基态(加热时),C[1,3],C[1,7],C[1,11],C[1,15],同面迁移允许,但构型翻转

图 17-6 基态时 C[1,j]同面迁移轨道相互作用及构型变化规律

激发态(光照)时,奇数碳原子共轭体系的前线轨道发生了变化,迁移规律与基态(加热)时正好相反,见表 17-4。

表 17-4 C[1,j]σ 迁移规律

1+j	加热(基态)	光照(激发态)
$4n+2$	同面:构型保持	同面:构型翻转
	异面:构型翻转	异面:构型保持
$4n$	同面:构型翻转	同面:构型保持
	异面:构型保持	异面:构型翻转

17.4.3 [i,j]σ 迁移

[i,j]σ 迁移有各种类型,最常见的有[3,3]σ 迁移。对[3,3]σ 迁移而言,可看作分子首先发生 σ 键断裂,生成两个烯丙基自由基,然后两个自由基相互作用形成新的 σ 键。对烯丙基自由基而言,其分子轨道 HOMO 两端的位相相互对称,因此在加热条件下,可以顺利发生反应,导致[3,3]σ 迁移。例如:

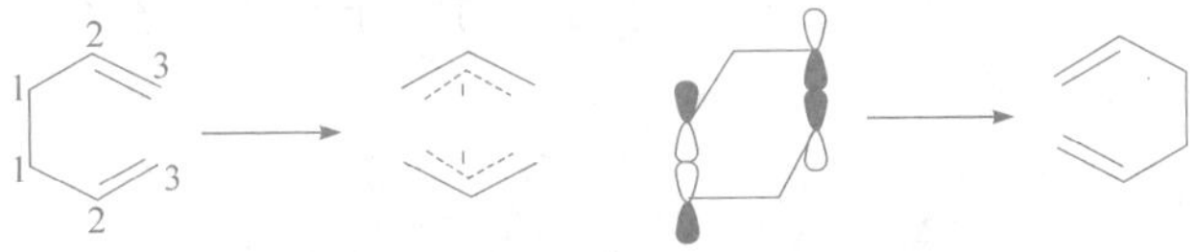

同面允许

    Claisen 重排也是一个[3,3]σ迁移的典型例子。反应物在加热条件下首先发生[3,3]σ迁移,生成中间产物环己二烯酮中间体(IT)衍生物,后者进一步发生[3,3]σ迁移,经酮-烯醇互变异构转化为最终产物。如果用同位素标记*C 的反应物进行实验,并采用顺丁烯二酸酐与环己二烯酮中间体进行[4+2]环加成反应,可以确定该反应进行了两步[3,3]σ迁移反应。反应过程如下:

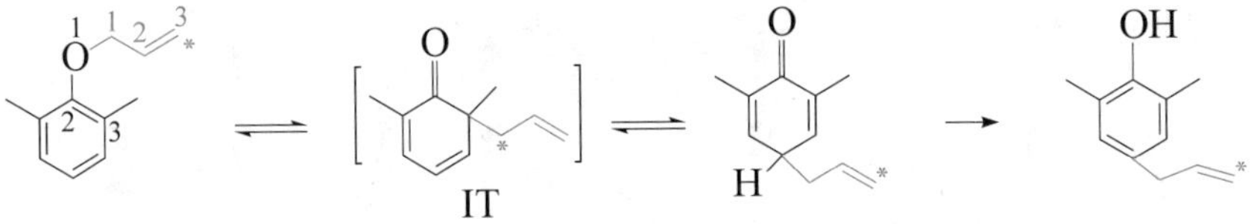

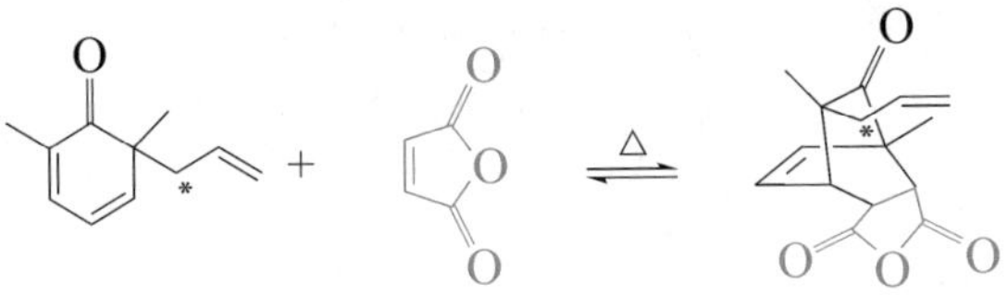

    σ迁移反应的平衡受到反应前后两种化合物的热力学相对稳定性控制。例如,下面反应的反应物为三元环,分子内存在较大的环张力,热力学稳定性较差。而生成的产物消除了部分环张力,热力学稳定性高,因而反应可以顺利进行。

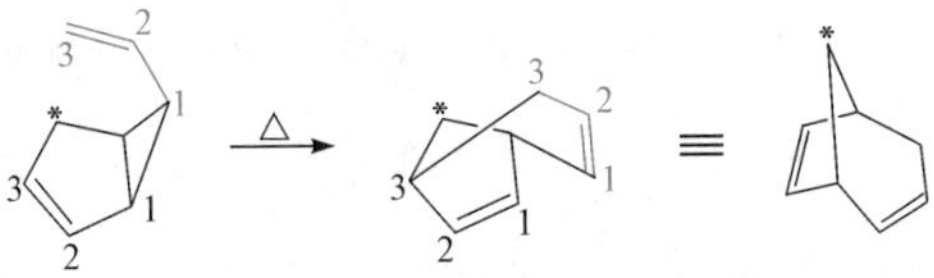

    通过应用前线轨道理论,我们对周环反应有了初步的了解。周环反应已广泛应用于有机、无机、催化、生化反应等许多重要领域,是微观化学反应动力学和量子化学应用的一个里程碑。

习　　题

1. 解释以下名词。
  (1) HOMO   (2) LUMO   (3) FMO   (4) NBMO
  (5) 电环化反应 (6) 环加成反应 (7) σ迁移反应 (8) 周环反应
2. 画出以下共轭体系的分子轨道图,并分别指出其基态和激发态时的 HOMO 和 LUMO 轨道。
  (1) 乙烯   (2) 丁二烯   (3) 己三烯
  (4) 烯丙基自由基 (5) 戊二烯自由基
3. 完成以下反应。

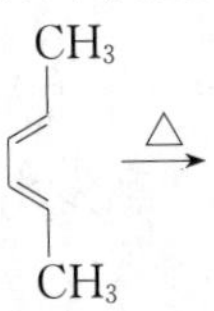

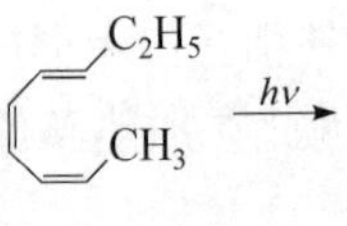

(3) 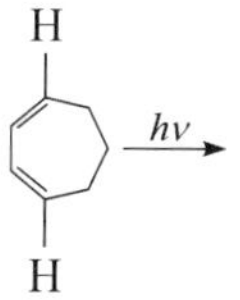 $\xrightarrow{h\nu}$ (4) 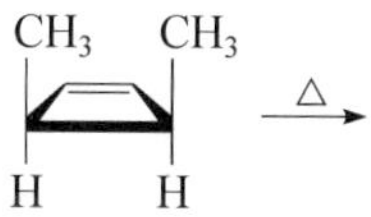 $\xrightarrow{\triangle}$

4. 完成以下反应。

(1) 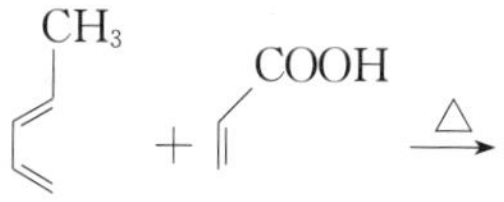 $\xrightarrow{\triangle}$

(2) 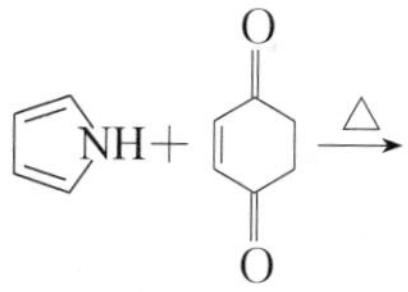 $\xrightarrow{\triangle}$

(3) 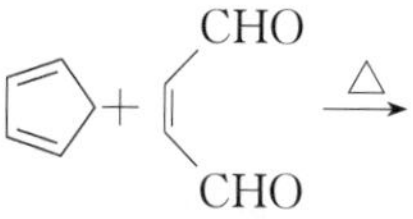 $\xrightarrow{\triangle}$

(4) 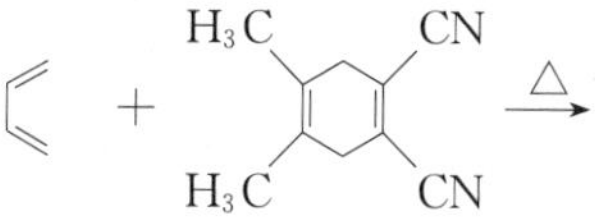 $\xrightarrow{\triangle}$

(5) 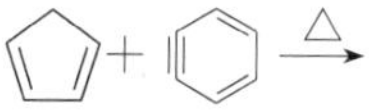 $\xrightarrow{\triangle}$

5. 写出完成下列反应所需的条件。

(1) 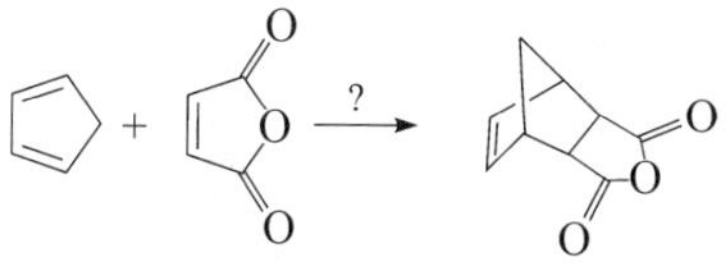 $\xrightarrow{?}$

(2) 2 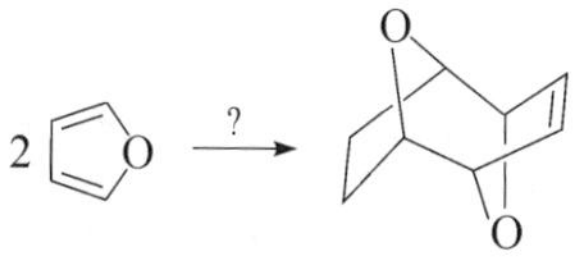 $\xrightarrow{?}$

(3) 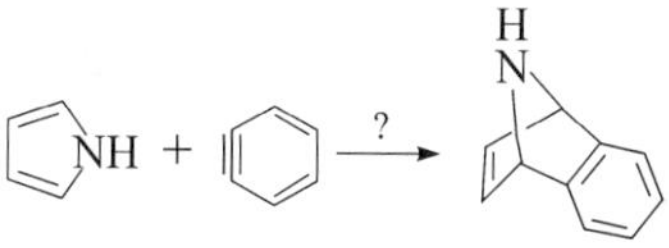 $\xrightarrow{?}$

6. 利用环加成反应合成以下化合物。

(1)  (2) 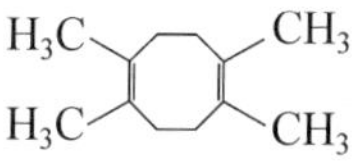 (3)

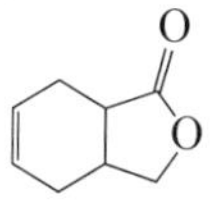

7. 用前线轨道理论解释表 17-4 的规律。

8. 写出以下反应的产物。

(1) 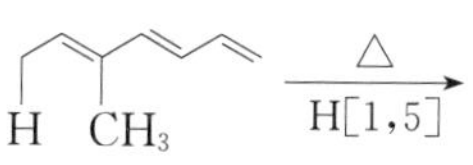 $\xrightarrow[\text{H[1,5]}]{\triangle}$

(2) 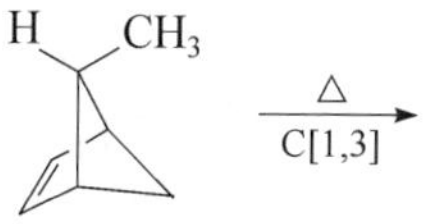 $\xrightarrow[\text{C[1,3]}]{\triangle}$

(3) $\xrightarrow[\text{H[1,5]}]{\triangle}$

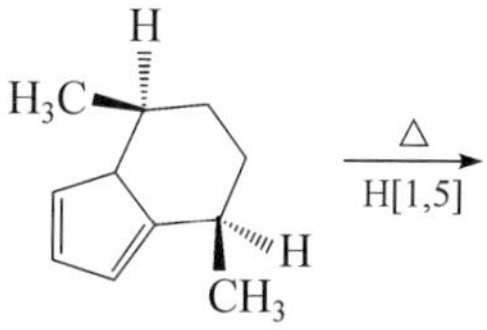

(4) 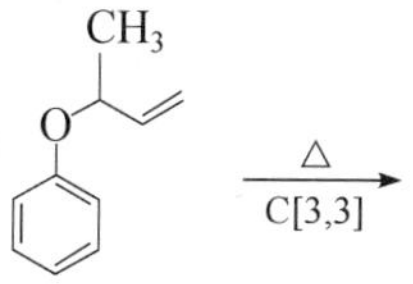 $\xrightarrow[\text{C[3,3]}]{\triangle}$

9. 给出下列反应的产物,并表明其立体化学。

(1) 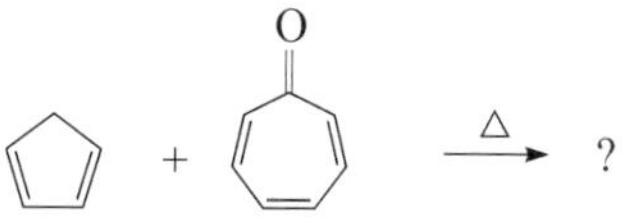 + $\xrightarrow{\triangle}$?

(2) + (NC)₂C ═ C(CN)₂ 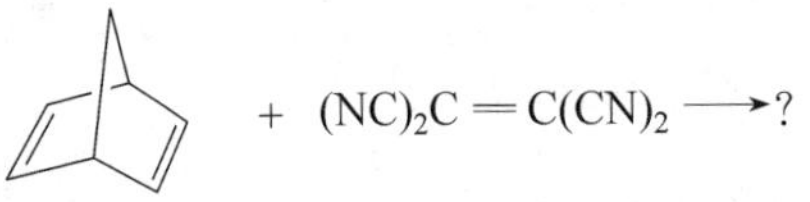 ⟶ ?

(3) 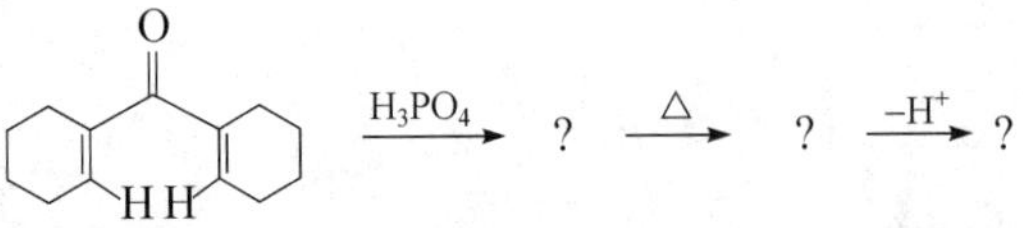 $\xrightarrow{H_3PO_4}$? $\xrightarrow{\triangle}$? $\xrightarrow{-H^+}$?

(4) 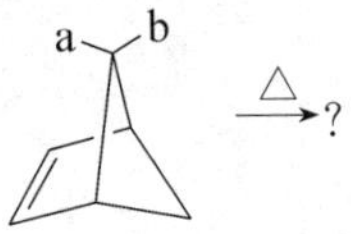 $\xrightarrow{\triangle}$?

(5) 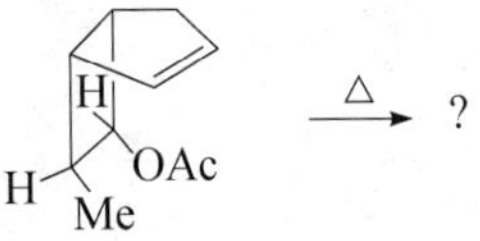 $\xrightarrow{\triangle}$?

(6) 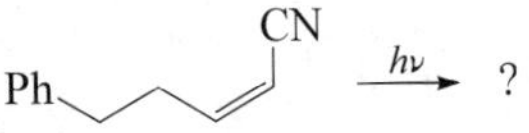 $\xrightarrow{h\nu}$?

(7) 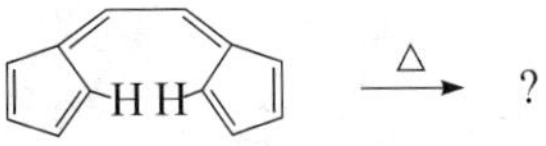 $\xrightarrow{\triangle}$?

(8) 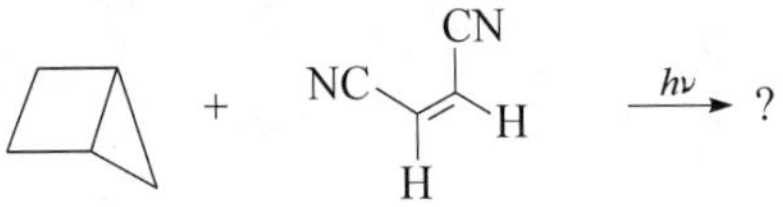 + $\xrightarrow{h\nu}$?

(9) 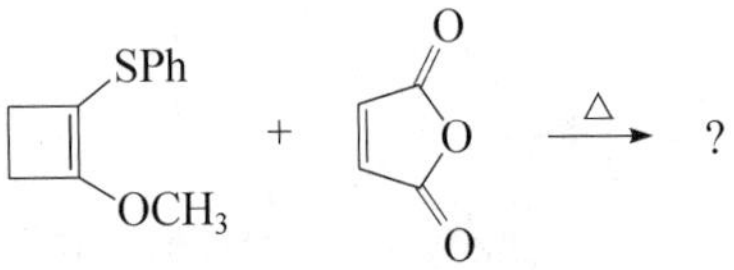 + $\xrightarrow{\triangle}$?

(10) 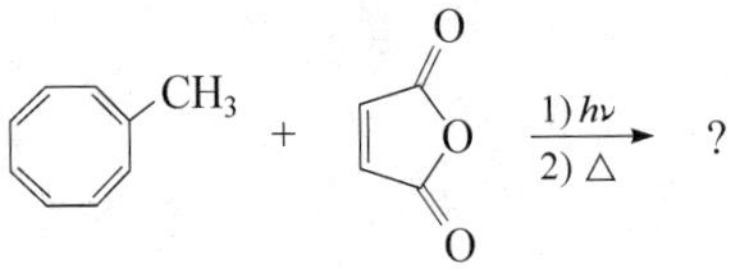 + $\xrightarrow[2)\,\triangle]{1)\,h\nu}$?

10. 写出以下反应的历程。

(1) 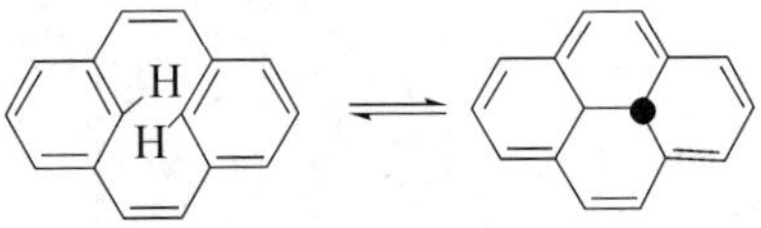 ⇌

(2) 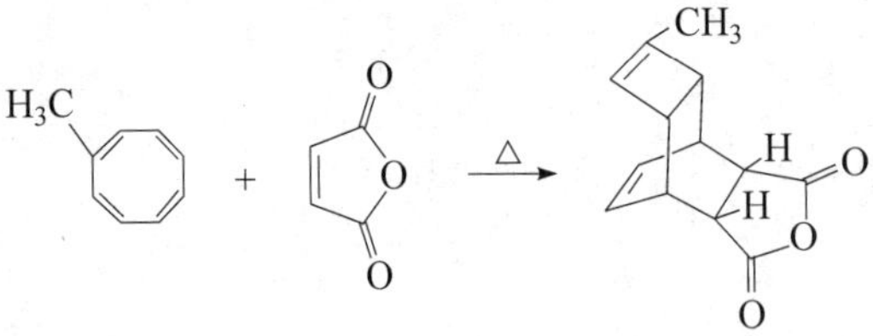 + $\xrightarrow{\triangle}$

(3) 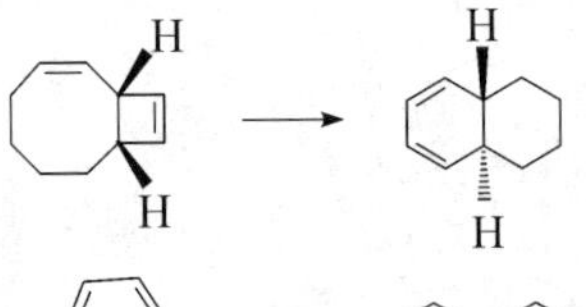 ⟶

(4) 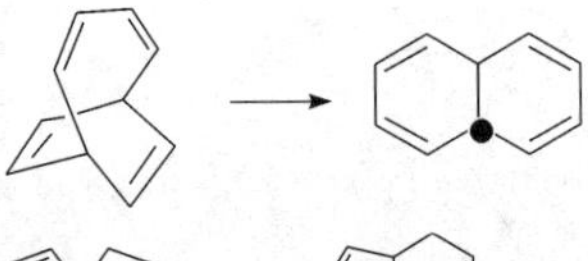 ⟶

(5)  ⟶

(6)

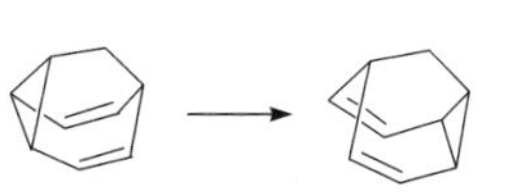

(7)

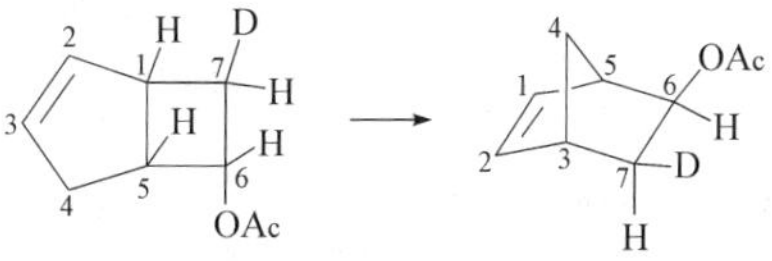

(8)

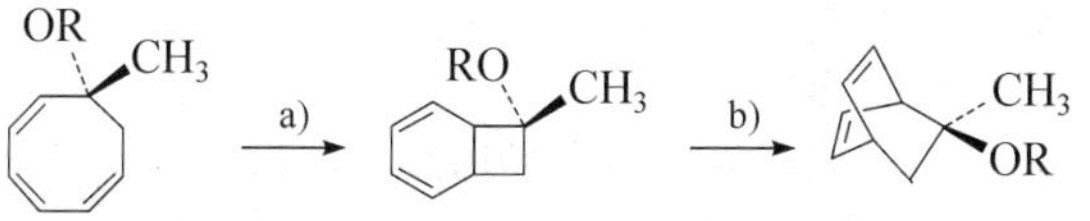

(9)

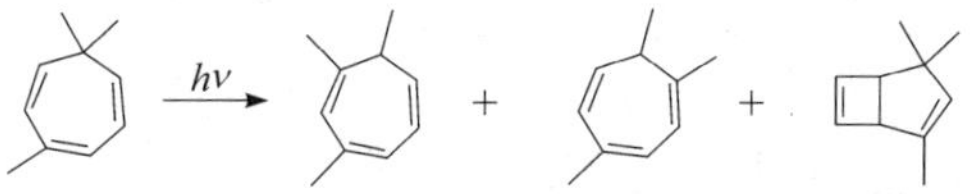

(10) 人体皮肤中含有 7-脱氢胆甾醇(T),在阳光照射下可转变为维生素 D₃,写出这一过程的反应历程。

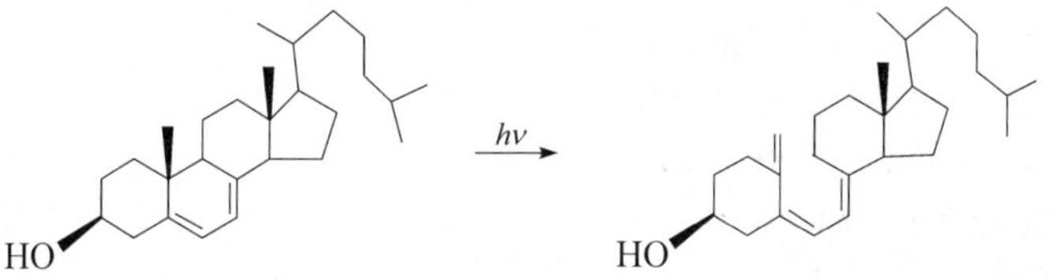

(T)　　　　　　　　　　　维生素D₃

部分习题答案

第1章

2. 具有偶极的分子:(1)两 H 原子中心指向 O 原子方向;(2)由 H 原子指向 Br 原子;(4)H 原子指向三个 Cl 原子的中心方向;(5)乙基指向羟基方向

3. (2)CH_3F>(3)CH_3Cl>(4)CH_3Br>(5)CH_3I>(1)CH_4

4. 单键最长,双键次之,叁键最短。单键中两个原子间的电子云密度小,叁键两个原子间的电子云密度最大,共同的电子把两个原子吸引得最近。所以说,叁键最短,单键最长,双键处于中间。

5. 酸:Cu^{2+},$FeCl_3$,CH_3CN;碱:NH_3,CH_3NH_2,$C_2H_5OC_2H_5$;加合物:CH_3COOH,CH_3OH

8. (1) B. F>D. Cl>C. Br>A. I
   (2) B. F>A. OR>C. NR_2
   (3) A. NR_3^+>B. NR_2

11. $C_5H_{12}O$

12. $C_8H_{10}N_4O_2$

第2章

1. (2)>(3)>(7)>(6)>(5)>(1)>(4)
2. (3)>(2)>(1)>(5)>(4)
9. $CH_3CHCH_2CH_2CH_3$ (含 CH_3 取代基)
10. $(CH_3)_3C—C(CH_3)_3$
11. 2-甲基-1-溴丙烷的含量为 0.6%,2-甲基-2-溴丙烷的含量为 99.4%。
12. 产物:甲烷、乙烷、丙烷、丁烷、己烷、庚烷、辛烷;乙烯、丙烯、1-丁烯;氢气
13. (2)>(1)>(4)>(3)
14. (1) 1,1,2-三甲基环丙烷
   (2) 1,2,4-三甲基环戊烷
   (3) 异丙基环丙烷
   (4) 2-甲基-3-乙基-1-碘环己烷
   (5) 2-甲基-3-环丙基辛烷
   (6) 二环[4.4.0]癸烷
   (7) 3-甲基二环[3.2.0]庚烷
   (8) 2,7,7-三甲基二环[2.2.1]庚烷
   (9) 螺[4.4]壬烷
   (10) 4-甲基螺[2.4]壬烷
   (11) 环丙基环戊烷

第3章

2. (3)、(4)为共轭化合物;(1)、(3)、(4)有顺反异构
3. (1) E 型 (2) E 型 (3) Z 型 (4) E 型
7. 生成的主要产物是 4-甲基-3-溴环戊烯。反应机理为自由基取代历程(略)
14. (3)<(1)<(2)
18. A. 环丁烷;B. 甲基环丙烷;C. 1-丁烯;D. 2-甲基丙烯;E、F 为顺式和反式 2-丁烯

19. A.
   B.
   C.

20. A. B.
   C. CH_3CH—CH_2CH_3 (含 CH_3 取代基)

第4章

1. (1) (2)
   (3) (4)
   (5) (6)

3. (1) 对叔丁基甲苯 (2) 2-硝基-4-氯甲苯
   (3) 对乙烯基苯甲酸 (4) 2,4,6-三硝基甲苯
   (5) 2-甲基-3-苯基丁烷
6. (1) D>E>A>B>C (2) B>D>E>A>C
   (3) C>A>D>B (4) C>D>B>A
7. (2)和(7)
13. (1) 3,6-二甲基-2 硝基萘
   (2) 9,10-二溴菲

16. (1) 无 (2) 无 (3) 有 (4) 有 (5) 有
(6) 无 (7) 有 (8) 有 (9) 有 (10) 无

17. (Ⅰ) 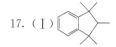 (Ⅱ)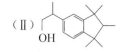

18. 茚 苉 茚满 苉

第 5 章

2. (1)(7)正确,(2)(3)(4)(5)(6)不正确

3. +23.0°

4. (4)(7)不同,其他相同

6. 薄荷醇分子中有 3 手性碳原子,可能有 8 个异构体

7. (1)(6)有对称中心,(4)有对称面,均没有手性

9. (1)S (2)S (3)1S,3S (4)R (5)2R,3R
(6) 2S,3R (7)1S,2R (8)S (9)R (10)R

13. (3)相同,其他为对映体

15. (4)无,其他有

16. (1) 使用旋光性酸形成两个非对映体,然后进行分级结晶,得到结晶后,再用碱水解得到纯净的产物(如酒石酸)
(2) 使用旋光性碱形成两个非对映体,然后进行分级结晶,得到结晶后,再用酸水解得到纯净的产物(如生物碱类)
(3) 先与丁二酸酐作用形成半酯,再与具有旋光性的碱作用,形成非对映体,然后进行分级结晶,得到结晶后,再用酸水解得到纯净的产物

18. A. $C_2H_5CH(CH_3)C≡CH$
B. $C_2H_5CH(CH_3)CH_2CH_3$

19. A. $CH_3CH=CHCH(CH_3)C≡CCH_3$
B. $CH_3CH_2CH_2CH(CH_3)CH_2CH_3$
C.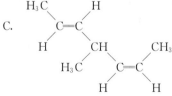

第 6 章

2. (1) 正戊基碘 (2) 正丁基溴 (3) 正庚基溴
(4) 间溴甲苯沸点相对较高

3. (1) C_2H_5I (2) CH_3CH_2Br (3) CH_3CH_2F
(4) $CH_2=CHCl$ 偶极矩相对较大

4. 亲电试剂:(3)、(4)、(5)和(9);亲核试剂:(1)、

(2)、(6)、(7)和(8)

7. (1)S_N2 (2)S_N2 (3)S_N1 (4)S_N1 (5)S_N1
(6)S_N2 (7)S_N1 (8)S_N2

10.

	S_N1	S_N2	E1	E2
(1)	(A)>(C)>(B)	(B)>(C)>(A)	(A)>(C)>(B)	(A)>(C)>(B)
(2)	(B)>(C)>(A)	(A)>(C)>(B)	(B)>(C)>(A)	(B)>(C)>(A)

11. (1) (C)>(A)>(B)
(2) (A)>(D)>(C)>(B)
(3) (A)>(C)>(B)
(4) (D)>(A)>(C)>(B)

14. C 和 D

19. (A)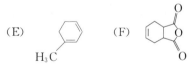

20. (A) $CH_2=CHCH_2CH_3$
(B) $CH_2ClCHClCH_2CH_3$
(C) $CH_2=CHCHClCH_3$
(D) $CH_2=CHCHOHCH_3$
(E) $CH_2=CHCH=CH_2$
(F)

21. (A) (B) (C) (D) (E) (F)

第 7 章

3. 分子内氢键与分子间氢键

6. 依次为环己烷、氯仿、苯和正己烷

7. (1)2 (2)4 (3)5/4 (4)3 (5)4

8. (1) $C(CH_3)_4$ (2)
(3) CH_3OCH_3 (4) $H_2C=C=CH_2$
(5) CH_2BrCH_2Br (6) $C(CH_3)_3C(CH_3)_3$

12. 1-丁醇(a),2-丁醇(b)

14. $(H_3C)_3C-CH_2-\overset{\underset{|}{CH_3}}{C}=CH_2$

15. 1-苯基丙醇

17. 4>2>3>1

20. 丙醛

第8章

1. (1) 3-氯-2-戊醇

   (2) (E)-4-氯-2-甲基-2-丁烯-1-醇

   (3) (E)-3-辛烯-6-炔-2-醇

   (4) 5-甲基-2-环戊烯-1-醇

   (5) 2-苯基-1-丙醇

   (6) 4-硝基-1-萘酚

   (7)

   (8)

   (9)

   (10)

4. (1) D>B>A>C>E　理由:化合物在水中的溶解度主要取决于分子极性及其亲水性,分子中羟基越多,极性越大,亲水性越强,溶解度越大

   (2) A>B>C>D

   (3) (A)对甲氧基苄醇>苄醇>对硝基苄醇

      (B) α-苯基乙醇>苄醇>β-苯基乙醇

   (4) A>C>B

   (5) F>E>D>B>C>A　理由:酚酸性一般强于醇,酚的酸性看苯环上所连基团的给电子或吸电子能力的强弱,吸电子的能力强,酸性强

10. (1) 苯酚(OH) +CH₃CH₂Br　(2) I I

---

(3) 甲苯 $+CH_3CH$　(4) 结构式

(5) 结构式

13. $\underset{\underset{CH_3}{|}}{\overset{\overset{CH_3}{|}}{CH_3}}C-CH_2OH \xrightarrow[\triangle]{H_2SO_4} \underset{CH_3}{\overset{CH_3}{}}C=CHCH_3 \xrightarrow[Zn]{O_3}$

   $CH_3-CO-CH_3 + CH_3CHO$

14. (A) $\underset{CH_3}{\overset{CH_3}{}}CH-\underset{CH_3}{\overset{\overset{Br}{|}}{C}H} \xrightarrow[H_2O]{NaOH}$ (B) $\underset{CH_3}{\overset{CH_3}{}}CH-\underset{CH_3}{\overset{\overset{OH}{|}}{C}H}$

   $\xrightarrow{H_2SO_4}$ (C) $\underset{CH_3}{\overset{CH_3}{}}C=CHCH_3$

   $\xrightarrow[Zn]{O_3}$ $CH_3-CO-CH_3 + CH_3CHO$

15. (A) $\underset{CH_3}{\overset{CH_3}{}}CH-\underset{CH_2CH_3}{\overset{\overset{Br}{|}}{C}H} \longrightarrow$ (B) $\underset{CH_3}{\overset{CH_3}{}}C=CHCH_2CH_3$

   $+(CH_3)_2CHCH=CHCH_3$ (C)

   (B) $\xrightarrow[Zn]{O_3}$ $CH_3-CO-CH_3 + CH_3CH_2CHO$ (D) (E)

   (C) $\xrightarrow[Zn]{O_3}$ $(CH_3)_2CHCHO + CH_3CHO$

16. 苯环-CH_2CH_2OH

第9章

2. (1) 苯环-$CH=CHCHO$

   (2) $CH_3-CO-CH(CH_3)_2$

(3) 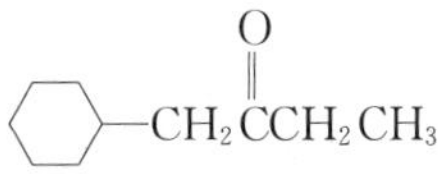

(4) 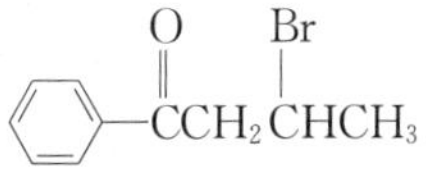

(5) 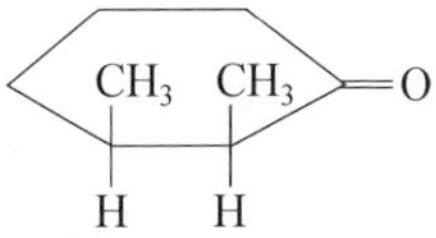

(6) 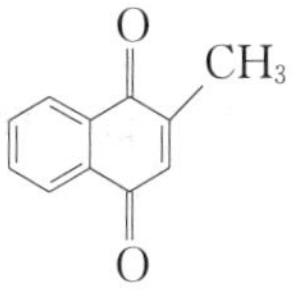

(7) $CH_3CH_2\overset{\overset{\large NCONH_2}{\|}}{C}CH_3$

(8) $CH_3CH{=}CHC{=}NNHC_6H_5$

4. (1) 正丁醇>丁酮>乙醚

(2) $CHOCH_2CHO$ > 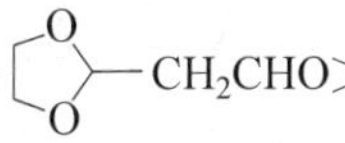 >

CH_3CHO > $CH_3\overset{\overset{O}{\|}}{C}CH_3$

(3) 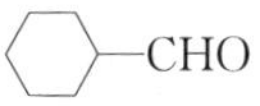 > 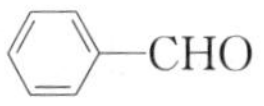 >

$CH_3\overset{\overset{O}{\|}}{C}CH_3$ > $CH_3CH_2\overset{\overset{O}{\|}}{C}CH_3$

(4) 丙酮>丁酮>2-戊酮

7. $(CH_3)_2CCOCH_3$ 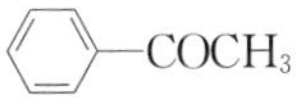

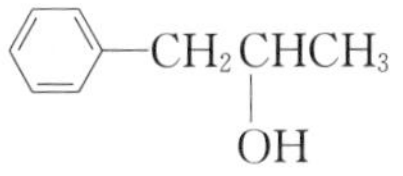

以上化合物能发生碘仿反应

10. (1)(3)(5)(6)

20. 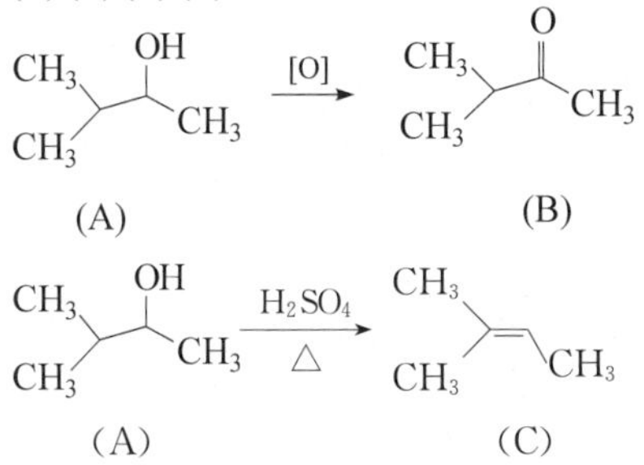
[O]
(A)
(B)
H_2SO_4
△
(A)
(C)
1) O_3
2) Zn, H_2O

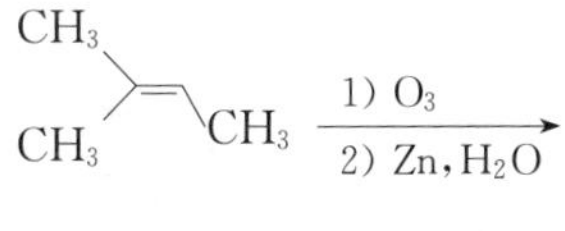

21. 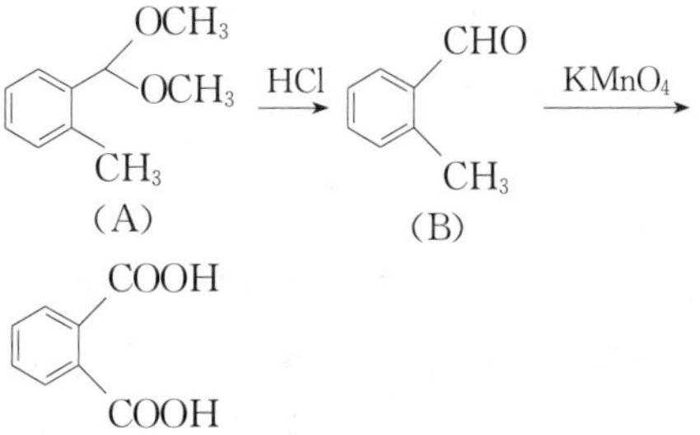
HCl
$KMnO_4$
(A)
(B)

23. 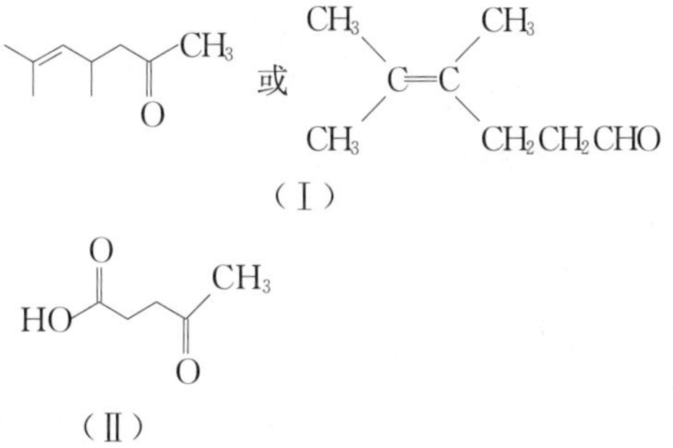
或
(Ⅰ)
(Ⅱ)

第 10 章

4. (1) C>B>A (2) C>A>B>D
(3) A>D>B>C (4) D>C>B>A

6. (1) 因为乙酸和乙酰胺能形成分子间氢键
(2) 因为甲酸乙酯中含有醛基，醛基有还原性，所以能发生银镜反应
(3) 因为酰胺分子中的 N 原子上孤对电子与羰基发生共轭，因此碱性弱

14. (1) CH_3COOEt (2) $(CH_3CO)_2O$
(3) $CH_3CONHCH_3$ (4) $CH_3COCH_2CH_3$

15. (1) 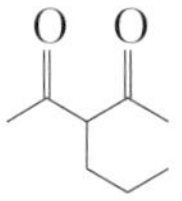 (2) 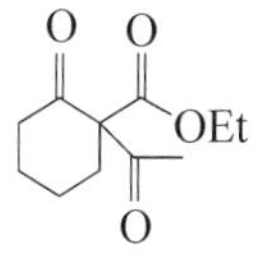

21. 甲：CH_3CH_2COOH

乙：$H\overset{\overset{O}{\|}}{C}OC_2H_5$

丙：CH_3COOCH_3

24. (A) 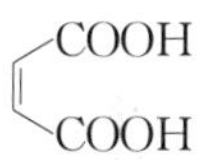 (B) 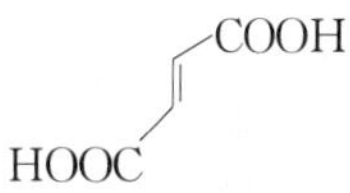

(C) 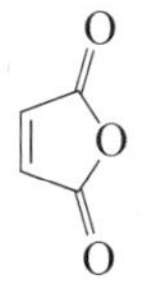 (D) 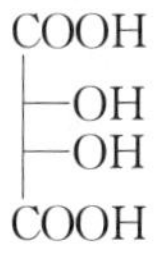

(E) HO—COOH/OH/COOH　HO—COOH/OH/COOH

25. ⟨苯环⟩—CH₂CH₂COOH

第 11 章

6. 从分子间氢键的角度考虑,伯胺和仲胺能形成分子间氢键,但伯胺形成氢键能力最强、沸点最高,叔胺不能形成分子间氢键、沸点最低

8.（1）HCl 和对甲苯磺酰氯
　（2）对甲苯磺酰氯
　（3）pH 试纸

10.（1）B>D>A>C
　（2）D>C>A>B
　（3）E>F>B>A>D>A
　（4）F>B>A>C>E>D
　（5）E>A>B>D>C
　（6）A>B>D>C
　（7）C>A>B>D

24.　NH_2 →（甲）$\xrightarrow{NaNO_2}$ OH（乙）$\xrightarrow{NaNO_2}$

　　$\xrightarrow{KMnO_4}$ CH_3COOH + 〜COOH（丙）

25.　CN

第 12 章

1.（1）乙硫醇　　（2）甲基乙基硫醚
　（3）4-氯苯硫酚　（4）4-甲基-2-戊烯磺酸
　（5）亚硫酸　　（6）甲亚磺酸
　（7）二甲亚砜　（8）甲磺酸
　（9）二甲砜　　（10）3-氨基苯磺酸
　（11）2-萘磺酸

2.（1）乙基膦　　（2）二乙基膦
　（3）亚膦酸　　（4）甲基膦酸
　（5）次亚膦酸　（6）磷酸
　（7）亚磷酸

4.（4）>（2）>（1）>（3）

第 13 章

4. 有芳香性的是下列化合物,参与 π 体系的未共用电子对如结构式所示

8.（1）D>F>E>A>B>C
　（2）D>B>E>A>C

11. 酸性溶液中 3-N 将被质子化,以下列形式存在:

19. 脂环氮上的未共用电子为 sp³ 杂化,受饱和脂环的作用,电子云更加集中,碱性强。而奎啉环氮上的未共用电子为 sp² 杂化,受苯环的影响,电子云更加分散,碱性较弱。

20.（A）SO_3H　（B）OH

23.　⟨呋喃⟩—CHO $\xrightarrow{[O]}$ ⟨呋喃⟩—COOH $\xrightarrow{NaOH}$
　　$C_5H_4O_2$　　　　　$C_5H_4O_3$

　⟨呋喃⟩—COO⁻Na + $Ca(OH)_2$ $\xrightarrow{\triangle}$ ⟨呋喃⟩
　　　　　　　　　　　　　　　C_4H_4O

第 14 章

7.（1）　（2）
　（3）　（4）—CHO
　（5）　O
　（6）

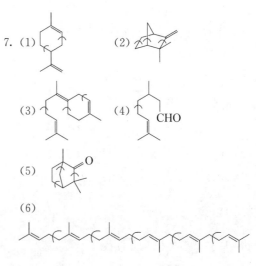

8.

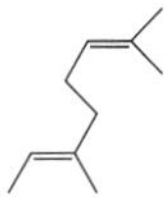

9.

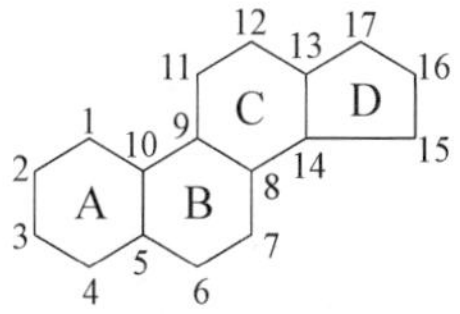

第 15 章

6. 还原糖：(1)(2)(4)(6)(8)(10)

   非还原糖：(3)(5)(7)(9)(12)(13)(14)

8. D-葡萄糖在不同条件下可得到两种结晶，α 型和 β-型 D-葡萄糖，其稳定性不同，熔点和比旋光度也不相同。但是不管开始时是 α 型还是 β-型，当它们溶于水放置一段时间后可达到溶液平衡，其比例保持恒定，其中 α 型约为 37%，β-型约为 63%，开链式约 0.1%，此时平衡体系的比旋光度恒定在 +52.7°（平衡式略）

9. (1) $(2R,3R,4R,5R)$-2,3,4,5,6-五羟基己醛

   (2) $(2R,3S,4R,5R)$-2,3,4,5,6-五羟基己醛

   (3) $(2S,3R,4R,5R)$-2,3,4,5,6-五羟基己醛

18. 果糖中的羰基碳具有前手性

19. 没有游离的醛基和羰基

第 16 章

2. (1) 精氨酰组氨酸 Arg-His

   (2) 赖氨酰丝氨酰苏氨酸 Lys-Ser-Thr

   (3) 谷氨酰苯丙氨酰异亮氨酸 Glu-Phe-Ile

   (4) 酪氨酰缬氨酰甘氨酸 Tyr-Val-Gly

7. 酸性：天冬氨酸、谷氨酸

   碱性：赖氨酸、精氨酸、组氨酸

   中性：亮氨酸　脯氨酸

8. 脯氨酸和羟脯氨酸与亚硝酸反应不产生氮气；脯氨酸和羟脯氨酸与茚三酮反应得到橙色物质

9. Ser-Ile-Arg-Val-Val-Pro-Tyr-Leu-Arg

第 17 章

3. (1)

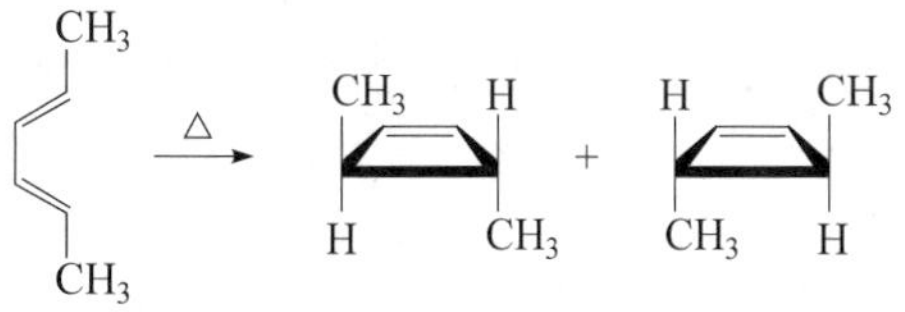

   (2)

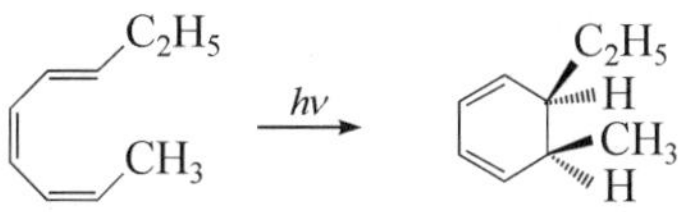

   (3)

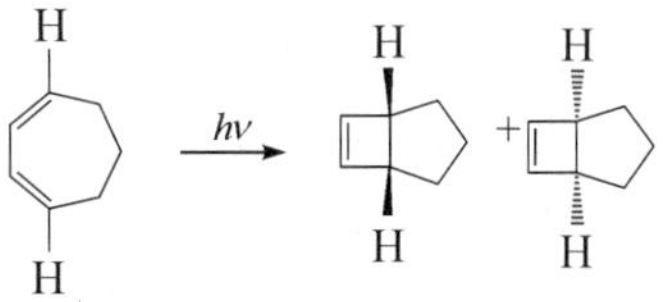

   (4)

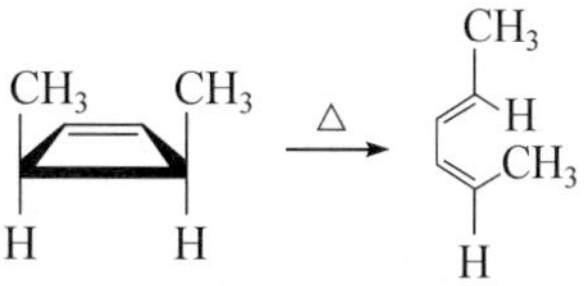

4. (1) 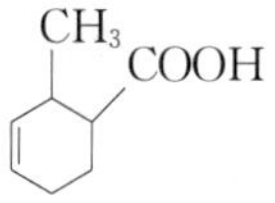
   (2)

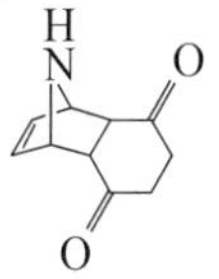

   (3) 
   (4)

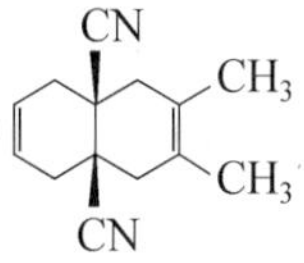

   (5)

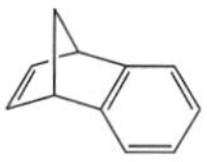

5. 反应条件均为加热

参 考 文 献

杜作栋,陈剑华,贝小来,等. 1990. 有机硅化学. 北京:高等教育出版社

傅建熙. 2005. 有机化学. 2 版. 北京:高等教育出版社

高鸿宾. 2005. 有机化学. 4 版. 北京:高等教育出版社

高占先. 2007. 有机化学. 2 版. 北京:高等教育出版社

古练权,汪波,黄志纾,等. 2008. 有机化学. 北京:高等教育出版社

胡宏纹. 2006. 有机化学. 3 版. 北京:高等教育出版社

黄量,于德泉. 2000. 紫外光谱在有机化学中的应用. 上册. 北京:科学出版社

黄培强,靳立人,陈安齐. 2004. 有机合成. 北京:高等教育出版社

巨勇,赵国辉,席婵娟. 2002. 有机合成化学与路线设计. 北京:清华大学出版社

李志裕. 2007. 药物化学. 南京:东南大学出版社

孟令芝,龚淑玲,何永炳. 2003. 有机波谱分析. 2 版. 武汉:武汉大学出版社

宁永成. 2000. 有机化合物结构鉴定与有机波谱学. 2 版. 北京:科学出版社

帕特里克. 2003. 有机化学. 李艳梅译. 北京:科学出版社

裴伟伟. 2008. 有机化学核心教程. 北京:科学出版社

钱旭红. 2006. 有机化学. 2 版. 北京:化学工业出版社

汪小兰. 2005. 有机化学. 4 版. 北京:高等教育出版社

王锋鹏. 2009. 现代天然产物化学. 北京:科学出版社

王积涛,王永梅,张宝申,等. 2009. 有机化学. 天津:南开大学出版社

王芹珠,杨增家. 有机化学. 1997. 北京:清华大学出版社

魏荣宝. 2007. 高等有机化学. 北京:高等教育出版社

吴毓林,麻生明,戴立信. 2005. 现代有机合成化学进展. 北京:化学工业出版社

邢其毅,裴伟伟,徐瑞秋,等. 2005. 基础有机化学. 3 版. 北京:高等教育出版社

张自义,李兆陇,陈立民. 1989. 物理有机化学概要、习题及解答. 北京:高等教育出版社

赵玉芬,赵国辉,麻远. 2005. 磷与生命化学. 北京:清华大学出版社

赵玉芬,赵国辉. 1998. 元素有机化学. 北京:清华大学出版社

赵振宇,张韻慧. 2009. 牛磺酸药理作用的研究进展. 中国医院药学杂志,29:1390-1393

Aamer K A,de Jeu W H,Tew G N. 2008. Diblock copolymers containing metal complexes in the side chain of one block. Macromolecules,41(6):2022-2029

Atkins R C,Carey F A. 2002. Organic Chemistry: A Brief Course. 3rd ed. New York:McGraw-Hill Higher Education

Carey F A. 2003. Organic Chemistry. 5th ed. New York:McGrawHill Higher Education

Komatsu K,Murata Y,Sugita N,et al. 1993. Use of Naphthalene as a Solvent for Selective Formation of the 1:1 Diels-Alder Adduct of C_{60} with Anthracene. Tetrahedron Letters,34(52):8473

McMurry J. 2003. Fundamental of Organic Chemistry. 5th ed. Toronto:Thomson Brooks

McMurry J,Simanek E. 2008. 有机化学基础. 6 版. 任丽君,向玉联,等译. 北京:清华大学出版社

Miller A. 2004. Wittig Reaction Mechanisms in Organic Chemistry. 2nd ed. Holand:Elsevier Ltd.

Smith M,March J. 2010. 高等有机化学——反应、机理与结构. 李艳梅译. 北京:化学工业出版社

Streitwieser A,Heathcock C H. 1981. Introduction to Organic Chemistry. 2nd ed. New York:Macmillan Publishing Co. Inc.

Xie S Y,Gao F,Lu X,et al. 2004. Capturing the Labile Fullerene[50] as $C_{50}Cl_{10}$. Science,304:699

科 学 出 版 社教学支持说明

科学出版社为了对教师的教学提供支持,特对教师免费提供本教材的电子课件,以方便教师教学。

获取电子课件的教师需要填写以下情况调查表,以确保本电子课件仅为任课教师获得,并保证只能用于教学,不得复制传播用于商业用途。否则,科学出版社保留诉诸法律的权利。

地址:北京市东黄城根北街 16 号,100717

科学出版社 化学与资源环境分社 陈雅娴(收)

联系方式:010-64011132(传真) 010-64002239

chem@mail. sciencep. com

请将本证明签字盖章后,传真或者邮寄到我社,我们确认销售记录后立即赠送。

如果您对本书有任何意见和建议,也欢迎您告诉我们。意见经采纳,我们将赠送书目,教师可以免费赠书一本。

证 明

兹证明_____大学_____学院/_____系第_____学年□上/□下学期开设的课程,采用科学出版社出版的 _____ /_____(书名/作者)作为上课教材。任课老师为_____共_____人,学生_____个班共_____人。

任课教师需要与本教材配套的电子课件。

电 话:_____

传 真:_____

E-mail:_____

地 址:_____

邮 编:_____

院长/系主任:_____ (签字)

(学院/系办公室章)

_____年_____月_____日